Springer-Lehrbuch

Siegfried K. Berninghaus
Karl-Martin Ehrhart · Werner Güth

Strategische Spiele

Eine Einführung in die Spieltheorie

Zweite, überarbeitete
und erweiterte Auflage
mit 82 Abbildungen

#

Professor Dr. Siegfried K. Berninghaus
Universität Karlsruhe
Institut für Wirtschaftstheorie
und Operations Research
Zirkel 2 Rechenzentrum
76128 Karlsruhe
E-Mail: siegfried.berninghaus@wiwi.uni-karlsruhe.de

Professor Dr. Karl-Martin Ehrhart
Geschäftsführer der Takon GmbH – Spieltheoretische Beratung
Waldstraße 65
76133 Karlsruhe
E-Mail: ehrhart@takon.de

Dr. Werner Güth
Direktor des Max-Planck-Institutes
zur Erforschung von Wirtschaftssystemen
Kahlaische Straße 10
07745 Jena
E-Mail: gueth@mpiew-jena.mpg.de

Bibliografische Information Der Deutschen Bibliothek
Die Deutsche Bibliothek verzeichnet diese Publikation in der Deutschen Nationalbibliografie;
detaillierte bibliografische Daten sind im Internet über *http://dnb.ddb.de* abrufbar.

ISBN-10 3-540-28414-1   2. Auflage   Springer Berlin Heidelberg New York
ISBN-13 978-3-540-28414-7   2. Auflage   Springer Berlin Heidelberg New York
ISBN 3-540-42803-8   1. Auflage   Springer Berlin Heidelberg New York

Dieses Werk ist urheberrechtlich geschützt. Die dadurch begründeten Rechte, insbesondere die der Übersetzung, des Nachdrucks, des Vortrags, der Entnahme von Abbildungen und Tabellen, der Funksendung, der Mikroverfilmung oder der Vervielfältigung auf anderen Wegen und der Speicherung in Datenverarbeitungsanlagen, bleiben, auch bei nur auszugsweiser Verwertung, vorbehalten. Eine Vervielfältigung dieses Werkes oder von Teilen dieses Werkes ist auch im Einzelfall nur in den Grenzen der gesetzlichen Bestimmungen des Urheberrechtsgesetzes der Bundesrepublik Deutschland vom 9. September 1965 in der jeweils geltenden Fassung zulässig. Sie ist grundsätzlich vergütungspflichtig. Zuwiderhandlungen unterliegen den Strafbestimmungen des Urheberrechtsgesetzes.

Springer ist ein Unternehmen von Springer Science+Business Media
springer.de

© Springer Berlin Heidelberg 2004, 2006
Printed in Germany

Die Wiedergabe von Gebrauchsnamen, Handelsnamen, Warenbezeichnungen usw. in diesem Werk berechtigt auch ohne besondere Kennzeichnung nicht zu der Annahme, dass solche Namen im Sinne der Warenzeichen- und Markenschutz-Gesetzgebung als frei zu betrachten wären und daher von jedermann benutzt werden dürften.

Umschlaggestaltung: design & production GmbH
Herstellung: Helmut Petri
Druck: Strauss Offsetdruck

SPIN 11543398   Gedruckt auf säurefreiem Papier – 42/3153 – 5 4 3 2 1 0

Vorwort zur zweiten Auflage

Die guten Verkaufszahlen der ersten Auflage dieses Buches haben eine zweite Auflage ermöglicht. Wir bedanken uns dafür bei allen Lesern. Viele Kommentare und alle Schreib- und Druckfehler, die uns von unseren Lesern genannt wurden, haben wir bei der Neuauflage berücksichtigt. Da die Auktionstheorie in den letzten Jahren ein immer wichtigeres Teilgebiet der Spieltheorie geworden ist, haben wir unser Buch um ein neues Kapitel über Auktionen erweitert. Außerdem haben wir weitere Ergänzungen u. a. über „Mechanism Design" und das „Stabilitätskonzept" von Kohlberg und Mertens eingefügt.

Unser besonderer Dank gilt Frau Dipl.-Wi.-Ing. Marion Ott, die bei der Koordinierung der Arbeiten zur Neuauflage und der Bearbeitung des Manuskripts wertvolle Dienste geleistet hat sowie Frau cand. math. oec. Valerie Hildenbrand, die uns bei der Erstellung des neuen Kapitels zur Auktionstheorie unterstützt hat. Weiterhin danken wir allen Kollegen und Studenten, die uns mit ihren kritischen Kommentaren begleitet und damit zur Weiterentwicklung dieses Buches beigetragen haben.

September 2005
Siegfried K. Berninghaus, Karlsruhe
Karl-Martin Ehrhart, Karlsruhe
Werner Güth, Jena

Vorwort

Verfasst man in diesen Jahren ein neues Lehrbuch der Spieltheorie, so muss man sich zuerst die Frage stellen, welches das *spezielle Anliegen* ist, das dieses Buch von den mittlerweile in großer Zahl erschienenen Spieltheorie-Lehrbüchern (z. B. Fudenberg und Tirole 1991, Myerson 1991, Friedman 1986, Binmore 1992, Van Damme 1996) unterscheiden soll. Vorbild für eine ganze Generation von Spieltheorie-Büchern ist das ausgezeichnete Lehrbuch *Stability and Perfection of Nash Equilibria* von Eric van Damme, das in kompakter Form nur den zentralen Bereich der nicht-kooperativen Spieltheorie und deren neuesten Forschungsstand abdeckt. Es ist mit großer fachlicher Kompetenz geschrieben und hervorragend geeignet, Studenten mit entsprechendem mathematischen Hintergrund und Grundkenntnissen der Spieltheorie in den aktuellen Stand der Forschung einzuführen. Als einführendes Lehrbuch für Studenten ohne Grundkenntnisse der Spieltheorie und ohne Kenntnisse fortgeschrittener formaler Methoden ist das Buch nach unseren eigenen Lehrerfahrungen jedoch weniger geeignet.

Wir sehen unser Lehrbuch in folgendem Sinne als bisher fehlende Ergänzung an: Es sollen auch diejenigen Leser angesprochen werden, die über keine

Vorkenntnisse in Spieltheorie verfügen, die aber auch an formaler Modellierung interessiert sind. Wir denken, dass man durch das Nacharbeiten von elementaren Beweisen spieltheoretischer Resultate auch einen tieferen Einblick in die grundlegenden Konzepte selbst erhält. Durch zahlreiche Beispiele wird der Stoff anschaulich illustriert. Alle formalen Argumente werden ausführlich durchgeführt. Das Buch kann von Ökonomie-Studenten im Hauptstudium oder von Studenten anderer Fachrichtungen mit Interesse an formaler Modellierung auch im Selbststudium verwendet werden, da alle über eine Einführung in die Mathematik für Wirtschaftswissenschaftler hinausgehenden formalen Konzepte im Anhang erklärt werden.

Die Spieltheorie hat in den letzten 20 Jahren eine starke Spezialisierung erfahren. War es bei „älteren" Lehrbüchern der Spieltheorie noch selbstverständlich, *alle* Gebiete der Spieltheorie abzuhandeln, so halten wir jetzt den Zeitpunkt für gekommen, von diesem Prinzip abzugehen. Aus diesem Grund liegt das Schwergewicht unserer Darstellung eindeutig auf der sog. *nicht-kooperativen* Spieltheorie. Innerhalb dieser betonen wir – bedingt durch unser eigenes Forschungsinteresse – die neuesten Resultate der *Evolutionären Spieltheorie*. Den Teil der Spieltheorie, der üblicherweise als „kooperative Spieltheorie" bezeichnet wird, haben wir in diesem Buch nur gestreift.

Darüber hinaus denken wir, dass das vorliegende Lehrbuch in zweierlei Hinsicht innovativ ist.

1. Wir legen ein starkes Gewicht auf die Verbindung spieltheoretischer Argumentation mit *ökonomischen Anwendungen*. Wir denken, dass die Verbindung von Spieltheorie und ökonomischer Theorie in Zukunft noch stärker sein wird, so dass es sinnvoll ist, auch in einem Lehrbuch der Spieltheorie die Verbindungslinien zu relevanten ökonomischen Anwendungen aufzuzeigen.
2. Die *experimentelle Spieltheorie* hat in den letzten Jahren einen enormen Aufschwung genommen. Unseres Erachtens ist die Zeit reif, auch in einem Lehrbuch der Spieltheorie die Verbindung von theoretischen Resultaten und entsprechenden Experimenten herzustellen. Wir wollen damit auf keinen Fall ein Lehrbuch der experimentellen Spieltheorie ersetzen, sondern wir beschränken uns darauf, einen Ausblick auf die experimentelle Überprüfung einiger wichtiger theoretischer Resultate zu geben.

Wie an jedem Lehrbuch, haben auch an diesem Buch viele Wissenschaftler mehr oder weniger indirekt mitgewirkt. Wir danken in erster Linie Reinhard Selten und den von ihm inspirierten experimentellen Ökonomen in Deutschland, die uns in zahlreichen Diskussionen von der wachsenden Bedeutung der experimentellen Spieltheorie überzeugt haben und uns viele wertvolle Anregungen für unsere Arbeiten gegeben haben. Für die Anregungen und die Unterstützung bzgl. der Anwendung der Spieltheorie danken wir Jürgen von Hagen und Konrad Stahl. Daneben sei allen Kollegen gedankt, die unsere Arbeit in den letzten Jahren kritisch und konstruktiv begleitet haben, dazu gehören in besonderem Maß die Mitarbeiter der Sonderforschungsbereiche in Ökonomie an den Universitäten Berlin und Mannheim.

Der Stoff dieses Lehrbuchs basiert auf Spieltheorie-Vorlesungen im Hauptstudium, die wir an den Universitäten Mannheim, Karlsruhe und Berlin gehalten haben. Unser Dank gilt auch den Studenten unserer Vorlesungen und Seminare, durch deren Anregungen das Manuskript verbessert wurde. Nicht zuletzt gilt unser Dank auch Marion Ott, Melanie Mickel, Dipl.-Wi.-Ing. Stefan Seifert und Dipl.-Wi.-Ing. Stefan Napel, die unser Manuskript gründlich auf Fehler aller Art geprüft haben. Wir wünschen uns, dass der Leser dieses Buchs angeregt wird, sich weiter mit der Spieltheorie und deren Anwendungen zu beschäftigen, so dass dieses Buch eher als Startpunkt denn als Endpunkt einer Reise in die „Welt des strategischen Denkens" dient.

Karlsruhe, im Juli 2001

Siegfried K. Berninghaus, Karlsruhe
Karl-Martin Ehrhart, Karlsruhe
Werner Güth, Jena

Inhaltsverzeichnis

1	**Einleitung**		1
	1.1 Der Ursprung der Spieltheorie		1
	1.2 Entwicklungsetappen der Spieltheorie		3
	1.3 Personenkult in der Spieltheorie		8
2	**Spiele in Normalform**		11
	2.1 Grundlegende Konzepte		11
		2.1.1 Strategiemengen und Auszahlungsfunktionen	11
		2.1.2 Lösungskonzepte	16
	2.2 Nash-Gleichgewichte		24
		2.2.1 Definition und elementare Eigenschaften des Gleichgewichts	24
		2.2.2 Gemischte Strategien	29
		2.2.3 Beste-Antwort-Funktionen	34
	2.3 Die Existenz von Nash-Gleichgewichten		37
	2.4 Anwendungen des Nash-Konzeptes		41
		2.4.1 Das homogene Mengen-Oligopol	41
		2.4.2 Das Bertrand-Duopol	46
	2.5 Axiomatische Charakterisierung von Gleichgewichten		49
	2.6 Perfekte Gleichgewichte		54
		2.6.1 Definition und Existenz von perfekten Gleichgewichten	54
		2.6.2 Eigenschaften von perfekten Gleichgewichten	59
		2.6.3 (Un-)Möglichkeit konsistenter Verfeinerung und strikte Gleichgewichte	66
		2.6.4 Auswahl von Gleichgewichten	71
	2.7 Gemischte Strategien und unvollständige Information		76
		2.7.1 Unvollständige Information	77
		2.7.2 Nash-Gleichgewichte bei unvollständiger Information	81
	2.8 Mechanismusgestaltung und Revelationsprinzip		86

3 Spiele in Extensivform ... 91
3.1 Grundlegende Konzepte ... 91
3.1.1 Spielbaum eines Extensivformspiels ... 91
3.1.2 Strategien ... 95
3.2 Gleichgewichte ... 104
3.2.1 Nash-Gleichgewichte ... 104
3.2.2 Teilspielperfekte Gleichgewichte ... 107
3.2.3 Sequentielle Gleichgewichte ... 117
3.2.4 Perfekte Gleichgewichte ... 127
3.2.5 Die Agenten-Normalform ... 133
3.2.6 Das Stabilitätskonzept und Vorwärtsinduktion ... 139
3.3 Ökonomische Anwendungen ... 143
3.3.1 Leader-follower Strukturen ... 143
3.3.2 Unvollständige Information ... 149

4 Theorie der Verhandlungen ... 155
4.1 Kooperative Verhandlungstheorie ... 156
4.1.1 Die kooperative Nash-Lösung ... 160
4.1.2 Die Kalai/Smorodinsky-Lösung ... 176
4.1.3 Ökonomische Anwendungen des kooperativen Verhandlungsmodells ... 180
4.1.4 Experimentelle Überprüfung ... 190
4.2 Nicht-kooperative Verhandlungstheorie ... 193
4.2.1 Erste Ansätze der nicht-kooperativen Verhandlungstheorie ... 193
4.2.2 Das Rubinstein-Modell ... 202

5 Auktionstheorie ... 225
5.1 Einleitung ... 225
5.2 Eingutauktionen ... 227
5.2.1 Auktionsformen ... 228
5.2.2 Der Independent-Private-Values-Ansatz ... 229
5.2.3 Das IPV-Grundmodell ... 235
5.2.4 Erweiterungen des IPV-Grundmodells ... 242
5.2.5 Unbekannte, voneinander abhängige Wertschätzungen ... 252
5.3 Mehrgüterauktionen ... 258
5.3.1 Art und Bewertung der Güter ... 258
5.3.2 Auktionsformen ... 259
5.3.3 Eigenschaften von Mehrgüterauktionen ... 266

6 Evolutionäre Spieltheorie ... 273
6.1 Einleitung ... 273
6.2 Das Konzept der evolutionär stabilen Strategie (ESS) ... 274
6.2.1 Das Hawk-Dove-Spiel ... 274
6.2.2 Definition einer evolutionär stabilen Strategie ... 278

6.3 Struktureigenschaften von ESS 282
6.4 Populationsdynamik 291
6.5 Erweiterungen des Grundmodells 300
   6.5.1 Endliche Populationen 300
   6.5.2 Asymmetrische Spiele 304
   6.5.3 Ökonomische Anwendungen 308
6.6 Mutation und Selektion 324
   6.6.1 Das Grundmodell der evolutorischen Strategieanpassung 325
   6.6.2 Dynamik der Strategiewahl 329
   6.6.3 Charakterisierung langfristiger Gleichgewichte 333

7 Wiederholte Spiele 341
7.1 Grundlegende Konzepte 342
   7.1.1 Basisspiel 342
   7.1.2 Definition des wiederholten Spiels 348
   7.1.3 Gleichgewichtskonzepte 353
7.2 Endlich wiederholte Spiele ohne Diskontierung 355
   7.2.1 Nash-Gleichgewicht 356
   7.2.2 Teilspielperfektes Gleichgewicht 362
   7.2.3 Vergleich von Nash-Gleichgewicht und
         teilspielperfektem Gleichgewicht 370
   7.2.4 Isomorphie und Teilspielkonsistenz 372
7.3 Endlich wiederholte Spiele mit Diskontierung 373
7.4 Unendlich wiederholte Spiele ohne Diskontierung 376
   7.4.1 Nash-Gleichgewicht 377
   7.4.2 Teilspielperfektes Gleichgewicht 381
   7.4.3 Vergleich von Nash-Gleichgewicht und
         teilspielperfektem Gleichgewicht 387
7.5 Unendlich wiederholte Spiele mit Diskontierung 390
   7.5.1 Nash-Gleichgewicht 391
   7.5.2 Teilspielperfektes Gleichgewicht 394
   7.5.3 Vergleich von Nash-Gleichgewicht und
         teilspielperfektem Gleichgewicht 397
7.6 Isomorphie, Teilspielkonsistenz und asymptotische Konvergenz 397
7.7 Wiederholte Spiele mit unvollständiger Information 400
   7.7.1 Reputationsgleichgewichte 402
   7.7.2 Das Vertrauens(basis)spiel 404

A Die experimentelle Methode 413
A.1 Feldforschung versus Experiment 413
A.2 Schwächen experimenteller Evidenz 414
A.3 Chancen experimenteller Forschung 416
A.4 Ethik spieltheoretischer Experimente 418
A.5 Kontroversen 421
A.6 Fazit 422

B Mengen und Funktionen 425
  B.1 Mengen 425
  B.2 Funktionen 430

C Korrespondenzen 435

D Beweisidee von Satz 2.13 439

E Nutzen- und Auszahlungsfunktionen 441

F Binäre Lotterien 443

G Zufallsexperiment und Zufallsvariable 445

H Rangstatistiken 451

I Markov-Ketten 453
  I.1 Grundlagen 453
  I.2 Stationäres Grenzverhalten von Markov-Ketten 455
  I.3 Markov-Ketten und Graphentheorie 458

J Dynamische Systeme 463

Literaturverzeichnis 467

Sachverzeichnis 477

1
Einleitung

1.1 Der Ursprung der Spieltheorie

Die Spieltheorie gehört zu den Disziplinen, deren „Eintritt in die wissenschaftliche Öffentlichkeit" im Sinne einer Etablierung als allgemein anerkannte Disziplin mit dem Erscheinen eines einzelnen Buchs, nämlich des Buches *Games and Economic Behavior* von John von Neumann und Oskar Morgenstern (NM) im Jahre 1944 zusammenfällt. Im Gegensatz zu anderen Disziplinen, in denen die ersten Lehrbücher nur die Zusammenfassung und Systematisierung lange vorher diskutierter bekannter Erkenntnisse sind, besteht das Buch von NM im Wesentlichen aus Originalmaterial. Das bedeutet allerdings nicht, dass vor dem Erscheinen dieses Buches überhaupt keine spieltheoretische Forschung betrieben wurde. Hier ist auf die grundlegenden Arbeiten von Zermelo oder von Neumann zu verweisen, die einige der später erzielten spieltheoretischen Ergebnisse schon vorwegnahmen.[1] Dennoch wurde in diesen Arbeiten die Darstellung eines damals neuen und radikalen Denkansatzes in der ökonomischen Theorie, nämlich des so genannten *strategischen Kalküls* nicht so deutlich wie in dem oben zitierten Buch. Ein wesentliches Anliegen von NM bestand darin, diese neue Art des Denkens anstelle des bis dahin vorherrschenden Denkens in reinen *Optimierungskalkülen* in der Ökonomie zu etablieren. Diese und andere lesenswerte Forderungen sind in der *Einleitung* des Buches zu finden. Die besagte Einleitung kann auch als ein Forschungsprogramm für die ökonomische Theorie interpretiert werden, dessen wichtigste Anregungen wir kurz wiedergeben wollen.

Das erste Anliegen dieses Programms betrifft die geforderte *Mathematisierung der Wirtschaftswissenschaften*. NM beklagen mit Recht den geringen damaligen Stand der Formalisierung ökonomischer Theorien. So wie die Physik (mit Newton und dessen Nachfolgern) wesentliche Fortschritte in ihrer

---

[1] Einen sehr guten Überblick über diese ersten spieltheoretischen Arbeiten gibt der Artikel von Schwalbe und Walker (2001).

Disziplin erst durch die strenge Formalisierung ihrer Theorien in der Mechanik erreicht hat, so könnten auch in der Ökonomie Fortschritte nur durch weitere Formalisierung erwartet werden. Dies gehe am besten – so argumentieren sie – durch eine weitere Forcierung der ökonomischen Grundlagenforschung. So sollten beispielsweise erst die logischen und formalen *Grundlagen* einer Theorie des Güter-Tausches oder der Produktionsentscheidungen erarbeitet werden, bevor weitreichende wirtschaftspolitische Empfehlungen ohne eine rigorose theoretische Basis ausgesprochen werden. Vom gegenwärtigen Standpunkt der Entwicklung aus gesehen, kann man – mehr als 50 Jahre nach der ersten Veröffentlichung des Buches – ohne Übertreibung sagen, dass zwar immer noch wirtschaftspolitische Empfehlungen häufig ohne theoretische Fundierung sind, dass aber eine rigorose theoretische Basis hierfür oft vorhanden ist. Dazu trug nicht zuletzt die zunehmende Hinwendung vieler mathematisch orientierter Ökonomen zur Grundlagenforschung bei, die u. a. zu einem enormen Aufschwung der *Theorie des Allgemeinen Gleichgewichts* in den fünfziger und sechziger Jahren führte.[2] Ergebnisse der Allgemeinen Gleichgewichtstheorie haben schließlich auch zu neuen Analysemethoden der Makrotheorie geführt, die wiederum zu theoretisch besser fundierten, wirtschaftspolitischen Empfehlungen führen (sollten).

Ein zweites Anliegen von NM betrifft die *Befruchtung der Mathematik* durch die neue Disziplin Spieltheorie. So wie die Infinitesimalrechnung als Teildisziplin der Mathematik durch Fragestellungen der klassischen Mechanik weiterentwickelt wurde, so vermuteten NM, dass auch die Spieltheorie neue Teildisziplinen in der Mathematik entstehen lassen könnte. Diese Vermutung hat sich allerdings bisher nicht bestätigt. Durch neue Fragestellungen der Spieltheorie wurden zwar einzelne Spezialergebnisse aus der Mathematik angefordert, die bisher zwar nicht im Mittelpunkt mathematischer Forschung standen, die aber dennoch lange vorher bekannt waren.[3]

Der dritte Teil des Forschungsprogramms betrifft die Bereicherung der ökonomischen Theorie durch *Strategische Kalküle*. Zum Zeitpunkt der Publikation des Buches von NM waren in der ökonomischen Theorie Optimierungskalküle eindeutig vorherrschend. So nahmen beispielsweise in der mikroökonomischen Theorie die Probleme des vollkommenen Wettbewerbs einen sehr großen Raum ein. In diesem theoretischen Rahmen geht man von vielen Konsumenten und von großen Märkten aus, in denen sich die Akteure (Haushalte, Firmen) nur als Preisanpasser verhalten können, da sie wegen der großen Zahl von Konkurrenten das Gesamtangebot nur unwesentlich beeinflussen können. Konsumenten- sowie Firmenentscheidungen werden getroffen, indem die *Preissignale* auf den einzelnen Märkten aber nicht die *Aktionen der*

---

[2] Einen Überblick über diese Entwicklung findet man z. B. in Debreu (1974) oder Hildenbrand und Kirman (1988).

[3] Dazu gehören z. B. spezielle Versionen von Fixpunktsätzen sowie die spezielle Formulierung des Konzeptes der *Stetigkeit von Korrespondenzen* (siehe Anhang C).

anderen Marktteilnehmer berücksichtigt werden. Die Zielgrößen, welche die Marktteilnehmer maximieren wollen, hängen nur von den eigenen Entscheidungsvariablen wie Absatzmengen, konsumierten Gütermengen etc. sowie den Marktpreisen ab. Dagegen argumentieren NM, dass die meisten ökonomischen Probleme strategische Probleme sind, bei denen die Marktteilnehmer auch die Aktionen der anderen Akteure in ihre Entscheidungen einbeziehen müssen, da ihre Zielgrößen auch von deren Aktionen abhängen. Nahe liegende Beispiele für strategische Kalküle sind *Modelle des unvollständigen Wettbewerbs*, in denen nur wenige Firmen (Oligopolisten) in direkter Wettbewerbsbeziehung miteinander stehen. In einer solchen Situation ist es für eine einzelne Firma sinnvoll, bei allen ihren Entscheidungen (wie Preis-, Absatz- oder Werbepolitik) auch die Reaktionen ihrer Konkurrenten zu berücksichtigen. Strategische Kalküle sind allerdings nicht auf Probleme des unvollständigen Wettbewerbs beschränkt, sondern umfassen einen großen Teil ökonomischer Probleme, wie wir in den folgenden Kapiteln sehen werden.

Die neuere Entwicklung der Spieltheorie ist durch die Entdeckung vieler neuer Anwendungsbereiche von strategischen Kalkülen charakterisiert. So können beispielsweise der Zentralbankpräsident, der Wirtschaftsminister und die Tarifparteien in einer Volkswirtschaft als Spieler in einem Spiel aufgefasst werden, in dem jeder die Aktionen der übrigen Spieler bei seiner eigenen Planung berücksichtigen muss. In einer ähnlichen Situation sind auch Vertragsparteien wie Mieter und Vermieter, Arbeitnehmer (Gewerkschaften) und Arbeitgeber, so dass man auch bei der Ausgestaltung von Verträgen strategische Kalküle heranziehen sollte. Die Spieltheorie untersucht, wie die unterschiedliche Ausgestaltung der Vertragstexte durch das Setzen von unterschiedlichen Anreizen zu unterschiedlichem Verhalten der Vertragspartner führt.

Wiederum vom gegenwärtigen Zeitpunkt der Entwicklung der Spieltheorie aus betrachtet, ist die dritte Forderung von NM, strategische Kalküle gegenüber Optimierungskalkülen zu präferieren, zu einem großen Teil realisiert worden. Die moderne *Industrieökonomik* (siehe z. B. Tirole 1988) und *Kontrakttheorie* (siehe z. B. Hart und Holstrom 1987) sind in vielen Teilen angewandte Spieltheorie. Strategische Kalküle haben – wie oben angedeutet – sogar Eingang in makroökonomische Modellierungen in der Form von so genannten *policy games* (zwischen Regierung und Zentralbank, zwischen Gewerkschaften und Zentralbank etc.) gewonnen (siehe z. B. Rogoff 1985).

1.2 Entwicklungsetappen der Spieltheorie

In den ersten Jahrzehnten nach der Veröffentlichung des Buches *Games and Economic Behavior* haben die Entwicklung der Spieltheorie und das Interesse daran einen eher zyklischen Verlauf angenommen. Kurz nach Erscheinen des Buches hat in einer *erste Phase* das Interesse an der Spieltheorie zunächst bis in die Mitte der fünfziger Jahre stark zugenommen. Es wurde theoretische Pionierarbeit geleistet. Sowohl die Theorie der Normalformspiele, der Extensivformspiele und vor allem der Spiele in charakteristischer Funktionen-Form wurde wesentlich vorangetrieben. Ein Schwerpunkt der Forschungsarbeiten lag auf den so genannten *streng kompetitiven Spielen*, die auch *Nullsummen-Spiele* genannt werden. Diese Spiele sind dadurch charakterisiert, dass ein Spieler genausoviel gewinnt wie der jeweilige Gegenspieler verliert, d. h. es besteht ein fundamentaler Interessengegensatz, der Kooperation ausschließt.[4]

Diese Pionierarbeit ist u. a. mit Namen von Spieltheoretikern der ersten Stunde wie Lloyd Shapley, Harold Kuhn und John Nash verbunden. Was die ökonomischen Anwendungen betrifft, so dachte man damals in erster Linie an Anwendungen spieltheoretischer Lösungskonzepte auf Fragestellungen des unvollständigen Wettbewerbs. Die Euphorie über die grenzenlosen Möglichkeiten der Spieltheorie, die in der Gründerphase entstanden war, verflog allerdings nach einiger Zeit wieder. Ein Grund für diese Entwicklung war nicht zuletzt die Enttäuschung darüber, dass man die theoretisch befriedigenden Ergebnisse über Nullsummen-Spiele nicht problemlos auf allgemeinere Spiele übertragen konnte. Nullsummen-Spiele sind für die meisten ökonomischen Anwendungen zu speziell. Sie eignen sich eher für die Anwendung auf Gesellschaftsspiele, bei denen der Gewinner genausoviel gewinnt wie der Verlierer verliert. In ökonomischen Spielen treten solche Situationen dagegen selten auf. So kann eine Unternehmung durch eine drastische Preissenkung einen Gewinnzuwachs erzielen. Dieser Zuwachs muss aber nicht zwangsläufig zu einer Gewinnreduktion in gleichem Ausmaß bei den Konkurrenten führen, wenn der Markt für das Produkt durch die wahrgenommene durchschnittliche Preissenkung insgesamt wächst. Oder man betrachte die Aufteilung der Unternehmensergebnisse einer Volkswirtschaft durch Lohnverhandlungen. Auch hier geht es nur auf den ersten Blick um die Aufteilung eines „Kuchens" fester Größe zwischen den Tarifparteien, also um ein Nullsummen-Spiel. Tatsächlich werden durch die erzielten Verhandlungsergebnisse die Unternehmensergebnisse in den Folgeperioden und damit wiederum der Gesamtumfang des Kuchens beeinflusst. Selbst in statischen Modellen kann die Verteilung des Kuchens seine Größe verändern, z. B. auf Grund unterschiedlicher marginaler Konsumquoten via Multiplikatoreffekten. Einen sehr guten, kritischen Überblick und eine Bestandsaufnahme über die Ergebnisse der Spieltheorie bis in die Mitte der fünfziger Jahre bietet das Buch *Games and Decisions* von Luce und Raiffa (1957), das auch heute noch als Meilenstein der spieltheoretischen Literatur gilt. Das Buch enthält u. a. eine ausgezeichnete Diskussion der Nullsummen-Spiele.

Nachdem das Interesse vieler Ökonomen an der Spieltheorie nach einer ersten Phase der Euphorie zurückgegangen war, begann eine zweite Blütezeit der Spieltheorie zu Beginn der sechziger Jahre. In dieser *zweiten Phase* stand die Weiterentwicklung der so genannten kooperativen Spieltheorie im Mittelpunkt des Interesses. Im Rahmen dieser Theorie wurden Lösungs-

---

[4] Diese und weitere Begriffe, die in diesem Abschnitt angesprochen werden, werden in den folgenden Kapiteln präzisiert.

konzepte entwickelt, die – grob gesagt – stabile bzw. faire Aufteilungen von Auszahlungen beschreiben sollten, die durch gemeinsame Aktivitäten aller Spieler erzielt werden können. Ein einfaches Beispiel für Fragestellungen dieser Art wäre das Problem der Gewinnaufteilung in Kapitalgesellschaften. Am Ende eines Jahres hat die Gesellschafterversammlung die Verteilung des ausgeschütteten Gewinns zu bestimmen. Was sind dabei *stabile Aufteilungen*? Ein weiteres Beispiel ist das in der Betriebswirtschaft bekannte Gemeinkosten-Zuordnungsproblem, das dadurch entsteht, dass ein Produkt bei seiner Produktion einige Produktionsfaktoren nutzt, deren Leistungen nicht direkt einem einzelnen Produkt zurechenbar sind, wie z. B. Energie- oder Mietkosten. Auch hier stellt sich die Frage, nach welchem Schema die Gemeinkosten zuzuordnen sind. Die kooperative Spieltheorie hat dazu in den letzten Jahren interessante Lösungsansätze geliefert.

Als Pioniere der zweiten Phase der Entwicklung der Spieltheorie sind u. a. Herbert Scarf und Robert Aumann zu nennen. Das Interesse an dem Ausbau der kooperativen Spieltheorie in den sechziger Jahren traf zusammen mit einem wachsenden Interesse an der Allgemeinen Gleichgewichtstheorie. Hauptgegenstand der Allgemeinen Gleichgewichtstheorie war zu jener Zeit das Konzept des *Walrasianischen Gleichgewichts* (Markträumung auf allen Märkten, herbeigeführt durch ein Preissystem für alle Güter, das die Entscheidungen aller Marktteilnehmer dezentralisiert), dessen Eigenschaften wie Existenz, Eindeutigkeit etc. seit vielen Jahren analysiert wurden. Als Ergebnis der Zusammenarbeit von kooperativer Spieltheorie und Allgemeiner Gleichgewichtstheorie konnte gezeigt werden, dass die Allokation ökonomischer Ressourcen über ein dezentrales Preissystem spezielle Stabilitätseigenschaften aufweist, die durch eine Adaption von Lösungskonzepten der kooperativen Spieltheorie definiert werden.[5] Dieser Zusammenhang wurde schon von Edgeworth (1881) nachgewiesen, der für die von ihm analysierten Replica-Tauschökonomien das Konzept des Kerns verwendet hat. Nachdem diese Analyse über sieben Jahrzehnte nicht beachtet wurde, hat der Spieltheoretiker Shubik (1959) sie zu Beginn der sechziger Jahre wiederentdeckt (vgl. dazu Hildenbrand und Kirman 1988).

Mitte der siebziger Jahre ließ das Interesse an der Spieltheorie zunächst wieder etwas nach. Die nächsten Entwicklungsphasen verliefen nicht mehr so eindeutig. Mehrere Entwicklungen überlagerten sich. Wir halten es für sinnvoll, innerhalb der *dritte Phase*, die bis in die Gegenwart reicht, zwei Teilphasen zu unterscheiden. Beide Teilphasen sind eng mit den Arbeiten von Reinhard Selten verbunden. Die erste Teilphase ist dadurch charakterisiert, dass das Interesse an so genannten Extensivformspielen zunahm, was nicht zuletzt auf die bahnbrechenden Arbeiten von Selten (1965, 1975) über neue Lösungskonzepte (*teilspielperfektes Gleichgewicht*) zurückzuführen war. Ex-

---

[5] Das spieltheoretische Lösungskonzept des *Kerns* war in jener Zeit das vorherrschende Konzept, durch das die Stabilität von Aufteilungen der gesamten Ressourcen in einer Ökonomie, insbesondere von Marktallokationen beurteilt wurde.

tensivformspiele sind – kurz gesagt – dadurch charakterisiert, dass viele Einzelheiten des Spiels wie die Zugfolge der Spieler und deren Informationsstand über die Züge der Mitspieler explizit modelliert werden. John Harsanyi hat die Modellierung auf Spiele ausgeweitet, in denen auch die Informationsmängel der Spieler bzgl. der Charakteristika ihrer Mitspieler wie z. B. deren strategische Möglichkeiten oder deren Auszahlungsmöglichkeiten modelliert werden kann. Denn bis zu diesem Zeitpunkt wurde in den meisten spieltheoretischen Modellen angenommen, dass alle Spieler alle für das Spiel relevanten Daten kennen. Das impliziert beispielsweise in einer konkreten Problemstellung wie im unvollständigen Wettbewerb, dass alle Firmen vollständig über Kosten- und Nachfragestrukturen ihrer Konkurrenten informiert sind.

Nach der Rezeption der Arbeiten von Harsanyi und Selten entstand wieder ein verstärktes Interesse an der Spieltheorie.[6] Diese Teilphase in der Entwicklung der Spieltheorie, die u. a. auch durch die Arbeiten von Kreps, Wilson, Milgrom und Roberts wesentlich beeinflusst wurde, setzte als Anwendung spieltheoretischer Konzepte eine beispiellose Weiterentwicklung der theoretischen *Industrieökonomik* in Gang, die bis heute anhält. Die Industrieökonomik war bis dahin eine Disziplin, die ihre theoretische Basis z. T. in der traditionellen Preistheorie und zum Teil in der empirischen Wirtschaftsforschung fand. Industrieökonomische Fragestellungen entstanden aus speziellen Problemstellungen des unvollständigen Wettbewerbs wie z. B. aus Fragen des Markteintritts, des optimalen Einsatzes von Forschungs- und Entwicklungsausgaben oder aus Fragen der sich im Wettbewerb herausbildenden Produktdifferenzierung. Mit der schnellen Adaption spieltheoretischer Konzepte Mitte der siebziger Jahre setzte ein enormer Erkenntnisfortschritt auf diesem Gebiet ein, der in etwas abgeschwächter Form noch bis heute anhält. Einen ausgezeichneten Einblick in diese Entwicklung geben die Bücher von Tirole (1988) und Martin (1993).

Parallel zur Weiterentwicklung der Extensivformspiele verlief eine völlig andere Richtung der Spieltheorie, die wir hier als zweite Teilphase bezeichnen wollen. Ausgangspunkt dieses Entwicklungszweiges war das Interesse einiger Forscher, darunter Maynard Smith und Price sowie Selten, an spieltheoretischen Erklärungsansätzen für biologische Phänomene wie beispielsweise Partnersuche und Revierkämpfe in Tierpopulationen. Diesem Forschungsprogramm standen einige Spieltheoretiker zunächst skeptisch gegenüber, da die Spieltheorie ursprünglich als eine Theorie über das rationale Handeln *bewusst handelnder* Personen und nicht als Theorie des instinktbestimmten Handelns konzipiert wurde. Spieltheoretisch interessierte Biologen entwickelten trotz dieser Vorbehalte in den achtziger Jahren die *Evolutionäre Spieltheorie*. Viel

---

[6] Hat die zweite Phase der Arbeit von Edgeworth ihren berechtigten Platz zugewiesen, so kann man die dritte Phase als späte Rechtfertigung von Cournot (1838) ansehen, dessen Duopollösung von Nash (1950b) allgemein begründet und in seiner Existenz allgemein nachgewiesen wurden. Selten hat im Wesentlichen die von Cournot und Nash propagierte Lösung verfeinert.

wichtiger als die Erklärung biologischer Phänomene war unseres Erachtens die Tatsache, dass im Rahmen der Evolutionären Spieltheorie das Konzept der individuellen Rationalität aufgeweicht wurde, so dass ein neues Konzept, nämlich das des *Lernens* und der *beschränkten Rationalität* Eingang in die Spieltheorie finden konnte. Die Kritik am Rationalitätskonzept der Ökonomie ist nicht neu, sie geht auf die Arbeiten von Simon (1957), vgl. auch in jüngerer Zeit Selten (1991), zurück.

Das steigende Interesse an der Modellierung beschränkt rationalen Verhaltens in der Spieltheorie entwickelte sich nicht zufällig parallel zum steigenden Interesse an *spieltheoretischen Experimenten*.[7] Einige Experimente haben gezeigt, dass theoretische Resultate der Spieltheorie, die auf strengen Rationalitätsannahmen beruhen, teilweise im Experiment nicht bestätigt werden konnten. Bei anderen Experimenten konnte zumindest eine Approximation an die von der Theorie prognostizierten Resultate erzielt werden. Aus den Resultaten spieltheoretischer Experimente wurde bald klar, dass eine theoretische Fundierung der experimentellen Resultate ohne ein Konzept des beschränkt rationalen Verhaltens gar nicht auskommen kann.

Zunächst unabhängig von der Entwicklung der experimentellen Spieltheorie, in der auch Lernprozesse eine große Rolle spielten, entwickelte sich in dieser Phase eine theoretische Teildisziplin, die man mit „Lernen in Spielen" beschreiben kann. Ausgangspunkt dieser Arbeiten war das so genannte *Gleichgewichtsauswahlproblem*, das in Spielen mit mehreren Lösungen relevant ist. Haben die Lösungen die Eigenschaft, dass sie für verschiedene Spieler unterschiedlich vorteilhaft sind, dann ist es nicht trivial zu prognostizieren, welche Lösung sich letztlich einstellen wird, da jeder Spieler zunächst das von ihm bevorzugte Gleichgewicht ansteuert. Einen Ausweg aus diesem Dilemma bietet die theoretische Konzipierung von Lernprozessen, in denen die Spieler jeweils die bisherigen Strategiewahlen ihrer Gegenspieler kennen lernen und ihr eigenes Verhalten daran ausrichten können. Wegen der formalen Komplexität der Lernprozesse wurden in diesen Ansätzen häufig strenge Rationalitätskriterien durch so genannte plausible *Daumenregeln* ersetzt, die wiederum als Präzisierung beschränkt rationalen Verhaltens interpretiert werden können.

Die noch junge Geschichte der Spieltheorie ist ohne Zweifel eine Erfolgsgeschichte. Die Spieltheorie hat sich von einem Teilgebiet der angewandten Mathematik zu einem mächtigen methodischen Werkzeugkasten für die gesamte ökonomische Theorie wie auch darüber hinaus für andere Sozialwissenschaften entwickelt. Wir stehen heute erst am Anfang einer Entwicklung, bei der sich viele Gebiete der Ökonomischen Theorie durch Einbeziehung des strategischen Kalküls von Grund auf ändern werden. Ein Blick in die neuesten Lehrbücher der Mikroökonomik (z. B. Kreps 1990, Mas-Colell, Whinston und Green 1995) stützt diese Vermutung. Es wäre allerdings zu kurz gegriffen, das

---

[7] Einen historischen Überblick über die Entwicklung der experimentellen Wirtschaftsforschung, die teils durch die Theorie der Konkurrenz, teils durch die Spieltheorie initiiert wurde, vermittelt Roth (1995).

Schwergewicht der Weiterentwicklung der Spieltheorie ausschließlich in den Wirtschaftswissenschaften zu sehen. Als Disziplin, die in allgemeiner Form Konfliktsituationen behandelt, ist die Spieltheorie geeignet, jede Art von sozialen Konfliktsituationen zu analysieren. In letzter Zeit wurde die Spieltheorie sogar im Rahmen naturwissenschaftlicher Anwendungen (Biologie, Chemie) weiterentwickelt. Es ist klar, dass wir in einem elementaren Lehrbuch nicht alle diese neuen Entwicklungslinien nachzeichnen können. Schwerpunkt dieses Lehrbuchs ist eine präzise Darstellung *grundlegender* spieltheoretischer Methoden und ihrer wichtigsten ökonomischen Anwendungen sowie die Anbindung der wichtigsten theoretischen Resultate an die experimentelle Forschung.

1.3 Personenkult in der Spieltheorie

In der Spieltheorie, wie allgemein in der Mathematischen Wirtschaftstheorie üblich, werden häufig Konzepte mit den Namen ihres manchmal mehr (z. B. Shapley-Wert) manchmal minder (z. B. Nash-Gleichgewicht) eindeutigen Erfinders benannt. Das kann zu durchaus sinnvollen, aber manchmal auch zu recht abstrusen Aussagen etwa der folgenden Art führen:

> „Anders als bei Pareto-optimalen Walras-Allokationen für eine Arrow-Debreu-Ökonomie, die sich graphisch durch eine Edgeworth-Box veranschaulichen lässt, basiert die Ableitung eines Bayes-Nash-Gleichgewichts eines stochastischen Cournot-Duopols auf von Neumann--Morgenstern-Nutzenfunktionen der Anbieter, die den Savage-Axiomen entsprechen."

In normaler Prosa liest sich das dann wie folgt:

> „Anders als bei effizienten Konkurrenzallokationen für eine Marktwirtschaft, die sich graphisch durch ein Tauschbox-Diagramm veranschaulichen lässt, basiert die Ableitung eines sich selbst stabilisierenden Gleichgewichts eines stochastischen Duopolmarktes auf kardinalen Nutzenfunktionen der Anbieter, die durch weitergehende Axiome über die Bewertung von Lotterien charakterisiert werden können."

Ein gravierender Nachteil der Personifizierung von Modellen und Konzepten ist der Verzicht auf inhaltlich informative Begriffsbildung, wie zum Beispiel im Fall von Anreizkompatibilität, Verhandlungsmenge, Teilspielperfektheit, Revelationsmechanismen oder Zweithöchstgebotsauktion. Gelegentlich offenbart auch gründlicheres Quellenstudium ungerechtfertigte Zuweisungen, da vorherige oder unabhängige Beiträge vernachlässigt wurden. Trotz dieser Nachteile werden auch in diesem Buch Konzepte zum Teil personifiziert. Der Grund hierfür ist, dass dies inzwischen üblich ist und wir den Zugang und Anschluss an die übliche Methodik einschließlich der gebräuchlichen Terminologie in der Spieltheorie vermitteln wollen.

1.3 Personenkult in der Spieltheorie

Auch gebührt vielen führenden Spieltheoretikern unsere Bewunderung und Anerkennung für ihre hervorragenden Leistungen. Obwohl sicherlich schon seit langer Zeit einfache Brettspiele durch die Methode der *Rückwärtsinduktion*[8] von realen Spielern immer schon gelöst wurden, sind die Beiträge von Selten (1965, 1975) oder Zermelo (1913) über rückwärtsinduktives Lösen von sequentiellen Spielen von großer Bedeutung. Auch wenn die Idee wechselseitig optimaler individueller Strategien schon vorher verwandt wurde (zum Beispiel Condorcet, Cournot, Hume), ist die allgemeine Formulierung dieses Konzepts und der Nachweis der Existenz für endliche Spiele mit kontinuierlich variierbaren Wahrscheinlichkeiten einzelner Strategien durch Nash (1950b) äußerst einflussreich und fruchtbar für die weitere Forschung gewesen. Wesentliches Verdienst des als Geburtsstunde der Spieltheorie gefeierten Buches *Theory of Games and Economic Behavior* ist die systematische Behandlung vorher nur eklektisch ausgesprochener Aspekte. Viele der von Neumann und Morgenstern geäußerten Überzeugungen bewegen die Spieltheorie noch heute, so z. B. ob die Normalform eines Spiels alle relevanten Aspekte eines strategischen Entscheidungsproblems erfasst (vgl. hierzu etwa Kuhn 1982, Selten 1975, Kreps und Wilson 1982, Kohlberg und Mertens 1986). Imponierend ist auch die Anzahl führender Spieltheoretiker, die Schüler von Bob Aumann sind, dem es wesentlich zuzuschreiben ist, dass die Spieltheorie in den sechziger und siebziger Jahren des letzten Jahrhunderts eine fast ausschließlich israelische Disziplin war.

Statt eines eigenen historischen Abrisses, dessen Kurzversion wir im vorhergehenden Abschnitt vorgestellt haben, können wir auf die sehr gründliche Abhandlung von Schwödiauer (2001) verweisen, die sich speziell der spezifischen Bedeutung widmet, die Oskar Morgenstern und John von Neumann für die Entstehung und Entwicklung der Spieltheorie haben. Allerdings glauben wir nicht, dass man bei einer gemeinsamen Arbeit die spezifisch individuellen Leistungen herauskristallisieren sollte. Die Zurechnung individueller Beiträge in einem dynamischen und interaktiven Forschungsprozess ist so schwierig wie die Gemeinkostenverrechnung auf Kostenträger und erfordert höchstwahrscheinlich selbst wiederum spieltheoretische Wertkonzepte.

Eigentlich ist alles sehr einfach: Wir verdanken vor allem Bob Aumann, Antoine Augustin Cournot, Francis Edgeworth, John Harsanyi, Harold Kuhn, Oskar Morgenstern, John Nash, John von Neumann, Reinhard Selten, Lloyd Shapley, Martin Shubik, William Vickrey, Bob Wilson, Ernst von Zermelo und vielen anderen Spieltheoretikern eine große Zahl inspirierender Ideen, die jeden Forscher auf dem Gebiet der Spieltheorie in seinem gesamten Forscherleben begleiten. Dafür gebührt Ihnen unser Dank und unsere uneingeschränkte Bewunderung. Uns bleibt die Hoffnung, dass wir mit diesem Buch die Gedanken dieser Pioniere in angemessener und anregender Form zu Papier gebracht haben, so dass mancher Leser motiviert wird, sich intensiv mit der Spieltheorie zu beschäftigen.

---

[8] Im Kapitel über Extensivformspiele wird dieses Konzept detailliert eingeführt.

2
Spiele in Normalform

Wir werden in diesem Buch Spiele nach der formalen Darstellung unterscheiden, mit der Konfliktsituationen modelliert werden. So unterscheiden wir Spiele in *Normalform* und Spiele in *Extensivform*. Durch Normalformspiele beschreiben wir Konfliktsituationen mit einem Minimum an formalen Konzepten. Zugfolge, Informationsstand der Spieler über den bisherigen Spielablauf, Zufallszahl usw. werden nicht explizit behandelt, sondern sie gehen alle ein in das Konzept der *Strategie* und der *Auszahlungsfunktion* eines Spielers.

Allerdings lässt dies offen, wen man als Subjekt betrachtet. Die übliche Normalform unterstellt, dass alle Entscheidungen von einem Spieler getroffen werden, der sich in verschiedene Stadien des Spielverlaufs versetzen muss, um mit seiner globalen Strategie situationsadäquate Entscheidungen auszuwählen. Im Vergleich dazu weist die so genannte *Agenten-Normalform* (vgl. Kap. 3.2.5) einem Spieler nur dezentrale Entscheidungsbefugnis zu: Jeder Agent einer Entscheidungsperson ist nur für einen Zug dieser Person verantwortlich. Eine Person wird daher bei dieser Interpretation durch ein Team von Agenten repräsentiert.

2.1 Grundlegende Konzepte

2.1.1 Strategiemengen und Auszahlungsfunktionen

Ein Spiel in Normalform wird formal beschrieben durch die Menge der Spieler, deren Strategiemöglichkeiten und deren Auszahlungen, die von den Ausgängen des Spiels abhängen. Wir betrachten in diesem Kapitel ausschließlich Spiele mit *endlich vielen* Teilnehmern. Bezeichnet I die Menge der Spieler, dann wollen wir also $|I| = n < \infty$ verlangen. Wir wollen als Spieler diejenigen Personen verstehen, die am Beginn des Spiels eine Strategie wählen müssen. Die Menge der strategischen Möglichkeiten eines Spielers i wird durch seine Strategiemenge Σ_i bezeichnet. Ein Element der Strategiemenge Σ_i heißt eine *reine Strategie* und wird mit σ_i bezeichnet. Im Rahmen der Normalformspiele lassen wir offen, wie diese Strategien in konkreten Spielsituationen beschrieben werden. Es kann sich um komplizierte Handlungsanweisungen handeln, die den Spielern im Zeitablauf verschiedene Aktionen vorschreiben (z. B. die mehrmalige Teilnahme an Auktionen, die Festlegung der Perioden-Preise einer Firma, die im unvollständigen Wettbewerb mit mehreren Konkurrenzfirmen steht), oder um einfache, einmalige Handlungsanweisungen wie z. B. den Kauf einer Einheit eines Konsumgutes von einem speziellen Anbieter oder die Entscheidung über die Höhe des Beitrags zur Finanzierung öffentlicher Aufgaben.

Wir nehmen in diesem Kapitel an, dass alle Spieler *simultan* ihre individuelle Strategie $\sigma_i \in \Sigma_i$ „ein für alle Mal" wählen (*One Shot*-Spiele) . Dabei ist der Begriff simultane Wahl nicht wörtlich zu verstehen. Die Spieler können ihre Strategiewahl zu verschiedenen Zeitpunkten vornehmen; wichtig ist nur, dass sie zum Zeitpunkt ihrer eigenen Wahl die Strategiewahl der übrigen Spieler nicht kennen. Dies ist entscheidungstheoretisch äquivalent zu einer Situation, in der alle Spieler simultan ihre Entscheidungen treffen.

Allerdings hat sich experimentell gezeigt, dass die (allgemeine Kenntnis der) zeitlichen Reihenfolge von Entscheidungen durchaus das Verhalten der Spieler beeinflussen kann. Beim so genannten „positional order"-Protokoll entscheiden zunächst einige Spieler, ohne jedoch ihre Entscheidungen den übrigen Spielern, die später entscheiden, mitteilen zu können.[1] In der Regel beanspruchen die zunächst Entscheidenden einen Vorteil gegenüber den später Reagierenden (vgl. Rapaport 1997, Güth, Huck und Rapaport 1998). Das Sprichwort „wer zuerst kommt, mahlt zuerst" hat also seine Berechtigung, wird aber durch die Normalformdarstellung vernachlässigt.

Das Resultat der Strategiewahlen aller Spieler wird Strategiekonfiguration oder Strategieprofil

$$\sigma = (\sigma_1, \ldots, \sigma_n) \in \Sigma := \Sigma_1 \times \ldots \times \Sigma_n$$

genannt. Eine Strategiekonfiguration σ induziert ein Spielergebnis (*outcome*), das jeder Spieler individuell gemäß seiner Auszahlungsfunktion (*payoff function*) $H_i : \Sigma \longrightarrow \mathbb{R}$ bewertet. Interpretiert man beispielsweise in einer konkreten Situation σ_i als Preis, den eine Unternehmung i während einer Periode setzen kann, so könnte die Auszahlung $H_i(\sigma)$ beispielsweise den Gewinn der Unternehmung i bezeichnen, der sich einstellt, wenn alle Konkurrenten die Preiskonfiguration $(\sigma_1, \ldots, \sigma_{i-1}, \sigma_{i+1}, \ldots, \sigma_n)$ wählen.

In diesem Beispiel ist die Interpretation einer Auszahlung $H_i(\sigma)$ nahe liegend und scheinbar unproblematisch.[2] Wir wollen diesen Punkt hier nicht

---

[1] In einem „pen and paper"-Experiment mit nur zwei Spielern kann man zunächst einen Spieler entscheiden lassen, diese Entscheidung in einen blickdichten Umschlag stecken, den Umschlag versiegeln und dann an den anderen Spieler weiterreichen, der die vorherige Entscheidung zwar in Händen hält, aber sie nicht kennt (vgl. Güth, Huck und Rapaport 1998).

[2] Im Allgemeinen wird eine Auszahlung als (kardinaler) *Nutzen* des Spielergebnisses für einen Spieler interpretiert. Auch der Unternehmenserfolg wird zunächst in

vertiefen. Solange wir abstrakt theoretisch argumentieren, brauchen wir nicht zu präzisieren, wie $H_i(\sigma)$ zu interpretieren ist. Es reicht aus, spezielle formale Eigenschaften der Funktion $H_i(\cdot)$ zu postulieren (z. B. Stetigkeit, Konkavität). Bei der Analyse von konkreten Beispielen wollen wir die Interpretation der Auszahlungsfunktion pragmatisch aus der Problemstellung erschließen. Wir fassen zusammen:

Definition 2.1. *Ein Spiel in Normalform wird durch ein $2n + 1$-Tupel*

$$G = \{\Sigma_1, \ldots, \Sigma_n \; ; \; H_1, \ldots, H_n \; ; \; I\}$$

beschrieben, wobei die Σ_i die Strategiemenge, H_i die Auszahlungsfunktion von Spieler i und I die Menge aller Spieler bezeichnet.

Zur Illustration dieser Konzepte wollen wir zwei einfache Beispiele betrachten.

Beispiel 2.1 a) Das vereinfachte *OPEC-Spiel*. Wir betrachten ein 2-Personen Spiel in Normalform, durch das wir die grundlegende strategische Situation der OPEC abbilden wollen. Um das Spiel so einfach wie möglich zu gestalten, nehmen wir an, dass die Organisation der OPEC nur aus zwei Mitgliedsblöcken besteht. Bekanntlich wurde die OPEC mit dem Ziel gegründet, Vereinbarungen über Ölfördermengen zu treffen. Wir nehmen an, dass die Spieler keine *bindenden* Absprachen treffen können. Die von ihnen unterzeichneten Dokumente enthalten im Prinzip nur politische Absichtserklärungen. Wir vereinfachen das Problem weiter dahingehend, dass die Mitgliedsländer nur zwei Niveaus der Ölfördermengen wählen können: „H" (bzw. „N") stehe für hohe (bzw. niedrige) Fördermenge. Die Strategiemengen der Spieler sind daher die endlichen Mengen $\Sigma_1 = \Sigma_2 = \{H, N\}$. Da die Σ_i nur aus 2 Elementen bestehen, können die Auszahlungsfunktionen vollständig durch die Zahlen $H_i(N,N), H_i(N,H), H_i(H,N), H_i(H,H)$ ($i = 1, 2$) beschrieben werden. Eine alternative Darstellungsform ist die Auszahlungstabelle (in Bimatrix-Form):

Spieler 2

		N	H
Spieler 1	N	$H_2(N,N)$ / $H_1(N,N)$	$H_2(N,H)$ / $H_1(N,H)$
	H	$H_2(H,N)$ / $H_1(H,N)$	$H_2(H,H)$ / $H_1(H,H)$

Die Felder der Auszahlungstabelle repräsentieren die Auszahlungskombinationen für beide Spieler, wenn Spieler 1 und 2 Strategie N bzw. H wählen.

Nutzen gemessen, der allerdings unter bestimmten Annahmen in Geldeinheiten transformiert werden kann. Siehe dazu auch Anhang E.

Die Auszahlungen in den Feldern sollen als Rohölexporterlöse interpretiert werden, die sich durch die Fördermengenkombinationen ergeben. Wir können nun die Auszahlungen numerisch wie folgt spezifizieren.

Spieler 2

		N	H
Spieler 1	N	5 \ 5	6 \ 0
	H	0 \ 6	1 \ 1

Die stilisierten Daten des numerischen Beispiels drücken das grundlegende strategische Problem der OPEC-Mitglieder aus: Wählen beide Spieler eine geringe Fördermenge (N, N), so steigen die Weltmarkt-Erdölpreise, was zu den hohen Zusatz-Exporterlösen (fünf Mrd. \$) für beide Länder führt. Diese Situation kann aber ein einzelnes Land zum eigenen Vorteil ausnutzen, indem es die eigene Fördermenge erhöht. Damit kann es bei hohen Weltmarktpreisen von einer weitere Steigerung der Exporterlöse (auf sechs Mrd. \$) profitieren. Antizipiert das andere Land die erhöhte Fördermenge und steigert es ebenfalls seine Fördermenge, so landen beide Länder wegen des zu erwartenden Preisverfalls, der nicht durch die resultierende Nachfragesteigerung kompensiert werden kann, bei der geringen Exporterlössituation $(1, 1)$.

Die strategische Situation dieses Beispiels hat die Struktur des so genannten *Gefangenendilemmas* (Prisoners' Dilemma) : Die für beide Spieler vorteilhafte Strategiekonfiguration (N, N), die zu hohen Exporterlöszuwächsen für beide Länder führt, ist extrem instabil. Jedes Land hat einen Anreiz, seine eigene Fördermenge zu erhöhen. Wenn aber beide Länder so handeln, erreichen sie eine schlechtere Exportsituation.

b) *Gefangenendilemma (GD)*: Wir wollen hier die Original-Version dieses bekannten Spiels beschreiben, das Grundlage für die Modellierung vieler sozialer Konfliktsituationen ist.

Zwei Täter, die gemeinschaftlich eine schwere Straftat begangen haben, werden verhaftet und getrennt dem Haftrichter vorgeführt. Da es keine Tatzeugen gibt, kann nur das Geständnis wenigstens eines Täters zur Verurteilung beider Täter führen. Gesteht nur ein Täter, geht er aufgrund einer Kronzeugenregelung frei aus dem Verfahren heraus, während seinen Kumpan die volle Härte des Gesetzes trifft (zehn Jahre Gefängnis). Gestehen beide Täter, erhalten sie acht Jahre Gefängnis wegen mildernder Umstände. Gesteht keiner, werden beide wegen einer kleinen nachweisbaren Straftat (z. B. illegaler Waffenbesitz) zu einem Jahr Gefängnis verurteilt. Beide Täter sind in getrennten Zellen untergebracht und können nicht miteinander kommunizieren. Die Strategiemengen der Spieler sind definiert durch $\Sigma_i := \{G, N\}$, wobei G bzw. N die Strategie „gestehen" bzw. „nicht gestehen" bezeichnet. Die Auszahlungsfunktionen können wir wieder durch eine Auszahlungstabelle repräsentieren.

2.1 Grundlegende Konzepte

Spieler 2

		G	N
Spieler 1	G	−8, −8	−10, 0
	N	0, −10	−1, −1

Die Auszahlungen in der Tabelle werden in negativen Gefängnis-Jahren gemessen. Aus der Auszahlungstabelle erkennt man, dass beide Spieler sich sehr gut stellen, wenn beide nicht gestehen. Wegen der Kronzeugenregelung ist diese Situation aber nicht stabil. Denn jeder Spieler kann durch Inanspruchnahme der Kronzeugenregelung seine Situation einseitig verbessern, indem er die Tat gesteht. Wenn beide Spieler diese Entscheidungen des jeweiligen Gegenspielers antizipieren, so werden beide gestehen und damit letztlich eine sehr schlechte Auszahlung ($= (-8, -8)$) erhalten. Obwohl es sich um eine vom OPEC-Spiel völlig verschiedene Anwendung handelt, ist das zugrunde liegende strategische Problem dasselbe. Die für beide Spieler vorteilhafte Auszahlungskombination ist instabil, da jeder Spieler seine Auszahlung durch einseitiges Abweichen erhöhen kann. Wenn beide Spieler dies tun, erzielen sie aber eine unvorteilhafte Auszahlungssituation.

Das GD-Spiel ist eine der am häufigsten experimentell untersuchten Situationen.[3] Für die Ökonomie ist es das krasse Gegenbeispiel zum wichtigsten Glaubenssatz der *unsichtbaren Hand*, der besagt, dass individueller Eigennutz zwangsläufig zu gesellschaftlich erwünschten Resultaten führt. Nach dem Gefangenendilemma ist genau das Gegenteil der Fall: Eigennutz schadet auch der Allgemeinheit. Experimentell wird häufig behauptet, dass in One Shot-Experimenten sehr oft kooperiert wird. Die diesbezüglichen Befunde sind jedoch recht mager (z. B. Ledyard 1995). Im Allgemeinen dürfte das Verhalten in solchen Experimenten davon abhängen,

- um wie viel vorteilhafter die (N, N)-Auszahlungen gegenüber den (G, G)-Auszahlungen sind,
- wie hoch die Anreize für einseitige Abweichungen vom (N, N)-Verhalten sind und
- wie gefährlich das Hereinlegen durch den anderen ist.

Im kognitiven Überlegungsprozess eines Experimentteilnehmers können diese konfligierenden Anreize je nach individuellen Ausprägungen dominieren und damit die Verhaltensentscheidung präjudizieren.

---

[3] Eine detaillierte Einführung in die experimentelle Methode ist in Anhang A zu finden.

Übersetzt man im obigen GD-Spiel die Gefängnismonate in Nutzenwerte gemäß

		Spieler 2	
		G	N
Spieler 1	G	y / y	$y - \Delta$ / $x + \delta$
	N	$x + \delta$ / $y - \Delta$	x / x

mit $x > y$ und $\Delta, \delta > 0$, so lässt sich das Spiel als zerlegtes GD-Spiel anders präsentieren. Für $i=1,2$ und $j \neq i$ implizieren die Entscheidungen G_i und N_i folgende Auszahlungseffekte:

	i erhält	j erhält
G_i	a	b
N_i	c	d

Da beide Auszahlungen zusammen die Auszahlungen im GD-Spiel ergeben müssen, gilt:

$$y = a + b \qquad x + \delta = a + d$$
$$y - \Delta = c + b \qquad x = c + d$$

Die Lösung dieses Gleichungssystems existiert nur für $\Delta = \delta$ und lautet in diesem Fall:

$$c^* = x - d$$
$$b^* = y - x + d - \Delta$$
$$a^* = x - d + \Delta$$

Es gibt daher eine einparametrige Familie von zerlegten GD-Spielen, die alle dem ursprünglichen GD-Spiel mit $\Delta = \delta$ entsprechen. Pruitt (1967) hat gezeigt, dass in einem zerlegten GD-Experiment mit geeignetem d-Wert ganz anders als in einem normalen GD-Experiment entschieden wird (es wird häufiger kooperiert).

2.1.2 Lösungskonzepte

Bisher haben wir allgemein die strategische Situation der an einem Normalformspiel G beteiligten Spieler anhand einiger numerischer Beispiele diskutiert. Dabei wurde offen gelassen, welche Strategie ein Spieler in einem konkreten Spiel wählen soll. Bei der Diskussion der Beispiele stand diese Frage zwar im Raum, wir haben aber noch keine definitiven Antworten darauf gegeben, was die beste Strategiewahl ist, bzw. wie die beste Strategiewahl überhaupt definiert ist. Präziser suchen wir nach einer Strategiekonfiguration $\sigma \in \Sigma$, die wir als *Lösung* eines Spiels G in einem noch zu präzisierenden Sinne betrachten können. In der spieltheoretischen Literatur werden solche Strategiekonfigurationen *Gleichgewichte* genannt. In diesem Kapitel wollen wir ausschließlich *nicht-kooperative Lösungskonzepte* betrachten.

Wir wollen eine Lösungsfunktion für Normalformspiele G allgemein als eine Funktion $L(\cdot)$ auffassen, die jedem Spiel G eine Menge von Lösungen $L(G) \subseteq \Sigma$ zuordnet. Wir werden später sehen, dass die von uns betrachteten Lösungskonzepte nicht immer eindeutig sind, d. h. es kann Spiele G geben, für die $|L(G)| > 1$ gilt. Ebenso ist auch $|L(G)| = 0$ möglich, allerdings nur wenn der Lösungsbegriff zu anspruchsvoll ist oder, im Falle des Gleichgewichtkonzeptes das Spiel G unvernünftig ist.[4] Wir werden im Folgenden immer voraussetzen, dass $L(G)$ nicht leer ist. Daher formulieren wir allgemein die Lösungsfunktion $L(\cdot)$ als nicht-eindeutige Funktion.[5] Damit $L(\cdot)$ ein sinnvolles, nicht-kooperatives Lösungskonzept ist, müssen wir einige zusätzliche Restriktionen formulieren:

a) $L(\cdot)$ wird ausschließlich auf nicht-kooperative Spiele G angewendet. Solche Spiele lassen keine bindenden Vereinbarungen über die Strategiewahl zwischen den Spielern zu.[6] In der älteren Literatur wurde zusätzlich verlangt, dass die Spieler gar nicht (oder nur mit sehr hohen Kosten) miteinander kommunizieren können.[7]
Daher muss jedes Element in $L(G)$ *self enforcing* sein, d. h. alle Spieler müssen ein Eigeninteresse haben, sich ohne bindende Verträge gemäß einer durch $L(G)$ vorgeschriebenen Lösung zu verhalten.

b) Eine Strategiekonfiguration $\sigma \in L(G)$ soll beschreiben, wie *rationale Spieler* das Spiel spielen. Diese Forderung muss bei der Modellierung *beschränkt rationaler Spieler* allerdings abgeschwächt werden.

Wir können also zunächst festhalten:

Definition 2.2. *Es bezeichne $\mathcal{G}$ die Menge aller Normalform-Spiele, Σ_G bezeichnet die zu Spiel G gehörige Menge aller Strategiekonfigurationen. Weiter bezeichne $\mathcal{P}(\Sigma_G)$ die Menge aller Teilmengen von Σ_G.*

Eine Lösungsfunktion für Normalformspiele $G \in \mathcal{G}$ ist eine Funktion $L(\cdot)$ mit

---

[4] Wie zum Beispiel, wenn derjenige Spieler von mehreren gewinnt, der die größte Zahl wählt. Wenn die Anzahl der Zahlen, die ein Spieler wählen kann, unbeschränkt ist (man nehme z. B. $\Sigma_i = \mathbb{N}$ oder $\Sigma_i = \mathbb{R}$ an), kann es offenbar keine (Gleichgewichts)-Lösung geben.

[5] Solche Funktionen werden wir im Folgenden *Korrespondenzen* nennen (Siehe Anhang C).

[6] Natürlich können die konkreten Implikationen bestimmter Strategievektoren den Abschluss bindender Verträge beinhalten. Was ausgeschlossen wird, sind bindende Abmachungen, welche die Wahl von σ selbst betreffen.

[7] Dies trifft beispielsweise auf das Gefangenendilemma-Spiel zu.

$$L : \mathcal{G} \longrightarrow \bigcup_{G \in \mathcal{G}} \mathcal{P}(\Sigma_G),$$

die jedem Spiel in Normalform $G \in \mathcal{G}$ *eine Menge von Strategiekonfigurationen* $L(G) = \{\sigma\} \subseteq \Sigma_G$ *zuordnet, die rationales Verhalten der Spieler beschreiben.*

Wir illustrieren Lösungsfunktionen $L(\cdot)$ mit der Diskussion eines nahe liegenden Lösungskonzepts, nämlich des Konzepts der Lösung eines Spiels in *streng dominanten Strategien*: Betrachten wir das OPEC-Spiel (Beispiel 2.1a)) und versetzen uns in die strategische Situation von Land 1. Es ist unabhängig von der Fördermenge in Land 2 für Land 1 immer besser, H anstatt L zu wählen. Die gleiche Überlegung können wir für Land 2 anstellen, da es sich exakt in der gleichen strategischen Situation befindet. Auch für Land 2 ist es stets besser, die hohe Fördermenge H zu wählen. Wir nennen H eine *streng dominante Strategie*.

Bevor wir diesen Begriff präzisieren, wollen wir die folgende nützliche Notation einführen: Gegeben sei eine Strategiekonfiguration $\sigma = (\sigma_1, \ldots, \sigma_n)$. Wenn wir uns auf die Strategiewahl von Spieler i konzentrieren, ist es sinnvoll, die Strategiekonfiguration σ wie folgt in zwei Teile aufzuspalten $\sigma = (\sigma_{-i}, \sigma_i)$, wobei $\sigma_{-i} := (\sigma_1, \ldots, \sigma_{i-1}, \sigma_{i+1}, \ldots, \sigma_n)$ die Strategiekonfiguration aller Spieler außer Spieler i bezeichnet. Wir verwenden diese Notation in erster Linie, wenn wir nur Veränderungen von σ_i (bei Konstanz der Strategien der übrigen Spieler) vornehmen möchte.

Wir können nun das Konzept der dominanten Strategie als nicht-kooperatives Lösungskonzept wie folgt präzisieren.

Definition 2.3. *Eine Strategie* $\sigma_i^0 \in \Sigma_i$ *heißt streng dominant, wenn im Vergleich mit jeder anderen Strategie* $\sigma_i \in \Sigma_i - \{\sigma_i^0\}$ *gilt:*[8]

$$H_i(\sigma_{-i}, \sigma_i^0) > H_i(\sigma_{-i}, \sigma_i) \quad \text{für alle} \quad \sigma_{-i} \in \Sigma_{-i}$$

Eine streng dominante Strategie σ_i^0 von Spieler i ist also dadurch charakterisiert, dass sie unabhängig von der Strategiewahl der übrigen Spieler eine höhere Auszahlung als alternative Strategien $\sigma_i \in \Sigma_i$ garantiert. Verfügt in einem Spiel jeder Spieler über eine streng dominante Strategie σ_i^0, so ist es offenbar für jeden Spieler rational, die Strategiekonfiguration σ^0 als nicht-kooperative Lösung zu spielen. Aus Definition 2.3 folgt sofort, dass ein Spieler nur maximal *eine* streng dominante Strategie haben kann.

Dies garantiert allerdings nicht, dass die resultierenden Auszahlungen auch *kollektiv rational* sind. Im OPEC-Spiel z. B. schreibt die Lösung in streng

---

[8] Wir verwenden hier die folgende Bezeichnung für die *Differenz von Mengen*: Seien M_1, M_2 Teilmengen einer Menge X, dann definiert man:

$$M_1 - M_2 := \{x \in M_1 \mid x \notin M_2\}$$

2.1 Grundlegende Konzepte

dominanten Strategien die Strategiekonfiguration (H, H) als Lösung vor, im GD-Spiel wird die streng dominante Strategiekonfiguration (G, G) als nichtkooperative Lösung vorgeschrieben. Die Auszahlungen für beide Spieler sind allerdings bei diesen Strategiekonfigurationen nicht sehr hoch. Wenn beide Spieler die alternative Strategie wählen würden, erhielten sie eine höhere Auszahlung. Wir sagen in diesem Fall, dass die Strategiekonfigurationen (H, H) bzw. (G, G) nicht kollektiv rational oder *Pareto-effizient* sind. Beide Spieler könnten höhere Auszahlungen durch die Wahl von (N, N) im OPEC-Spiel bzw. (N, N) im GD-Spiel erzielen. Wir wissen aber, dass diese kollektiv rationalen Strategiekonfigurationen nicht stabil bzw. nicht „self enforcing" sind und daher keine sinnvollen Kandidaten für ein nicht-kooperatives Lösungskonzept sein können. Sie werden von den Strategien H bzw. G streng dominiert. Dies ist keine Entdeckung, die für zwei zufällig von uns ausgewählten 2 × 2-Spiele (hier: OPEC-Spiel, GD-Spiel) gemacht haben, sondern es kann gezeigt werden, dass dieses Phänomen für *alle* Spiele mit GD-Struktur gilt. Solche Spiele können durch folgende Eigenschaft charakterisiert werden: Die individuell rationalen und die kollektiv rationalen Lösungen des Spiels fallen auseinander.

Das Lösungskonzept der streng dominanten Strategien ist vom Standpunkt des individuellen Entscheiders aus gesehen überzeugend, auch wenn es nicht immer zu zufrieden stellenden Auszahlungen führt. Es ist allerdings ein sehr *spezielles* Lösungskonzept. Denn es gibt viele Spiele, für die eine Lösung in streng dominanten Strategien nicht existiert. Dazu sei das folgende Beispiel angeführt.

Beispiel 2.2 Das folgende Beispiel stammt aus dem Pazifischen Krieg (*Battle of the Bismarck Sea*). Die damaligen Kriegsgegner USA und Japan standen vor dem folgenden Problem: Der japanische Flottenadmiral will einen Teil der japanischen Flotte zu einer Insel bringen, um Nachschub für die kämpfenden Truppen dorthin zu transportieren. Dazu stehen ihm vom Heimathafen aus zwei Routen zur Verfügung, die Nord-Route (N) und die Süd-Route (S). Der amerikanische Luftwaffengeneral hat seine Flugzeugstaffel auf einer Insel zwischen der Nord- und Süd-Route stationiert. Er kann die Flugzeuge entweder auf die Süd- oder auf die Nord-Route dirigieren. Die Strategiemengen sind also für beide Spieler gegeben durch $\Sigma_i := \{N, S\}$, die Auszahlungen werden (in makabrer Weise) in resultierenden Bombardierungstagen gemessen. Die Auszahlungsfunktionen werden durch folgende Auszahlungstabelle repräsentiert.

	Japan	
	N	S

		N	S
USA	N	-2 / 2	-2 / 2
	S	-1 / 1	-3 / 3

Wenn beide Parteien die gleiche Route benutzen, ist die Süd-Route für die USA günstiger, da wegen des besseren Wetters auf der Süd-Route mehr Bombardierungstage möglich sind. Werden unterschiedliche Routen gewählt, so müssen die Flugzeuge jeweils umdirigiert werden. Werden die Flugzeuge fälschlicherweise nach Süden geleitet, führt dies zum geringsten Bombardierungserfolg, da die Flugzeuge nach Norden umdirigiert werden müssen und dann durch das schlechte Wetter auf der Nord-Route behindert werden. Da der Erfolg des einen Spielers der Misserfolg des Gegenspielers ist, handelt es sich hier um ein *Nullsummen-Spiel*.

Man prüft leicht nach, dass das in Beispiel 2.2 dargestellte Spiel keine streng dominante Strategie besitzt. Welche Strategiewahl kann man hier den Spielern empfehlen? Für den Zeilenspieler (USA) ist es wichtig zu antizipieren, welche Strategie der Spaltenspieler (Japan) wählen wird, denn die Vorteilhaftigkeit einer Strategie hängt von der Strategiewahl des Gegners ab. Für den Spaltenspieler gilt die folgende Überlegung: Wenn der Zeilenspieler N spielt, ist seine Auszahlung für N nicht schlechter als bei der Wahl von S. Strategie N ist zwar keine streng dominante Strategie für den Spaltenspieler, dennoch erwarten wir von einem rationalen Spaltenspieler, dass er N spielen wird, da er mit S nicht besser fahren kann, und sich im schlimmsten Falle sogar verschlechtern kann. Wir nennen für den Spaltenspieler die Strategie N *dominant* bzw. die Strategie S *dominiert*. Zum Vergleich zweier Strategien wird das Konzept der *paarweisen Dominanz* verwendet.

Definition 2.4. *Die Strategie $\sigma_i^0 \in \Sigma_i$ dominiert die Strategie $\sigma_i \in \Sigma_i - \{\sigma_i^0\}$, wenn für alle $\sigma_{-i} \in \Sigma_{-i}$ gilt*

$$H_i(\sigma_{-i}, \sigma_i^0) \geqq H_i(\sigma_{-i}, \sigma_i)$$

und mindestens ein $\sigma'_{-i} \in \Sigma_{-i}$ existiert mit

$$H_i(\sigma'_{-i}, \sigma_i^0) > H_i(\sigma'_{-i}, > \sigma_i).$$

Allgemein lässt sich Dominanz wie folgt definieren.

Definition 2.5. *Eine Strategie $\sigma_i^0 \in \Sigma_i$ heißt dominant, wenn sie jede andere Strategie $\sigma_i \in \Sigma_i - \{\sigma_i^0\}$ dominiert.*

Aus den Definitionen 2.4 und 2.5 folgt, dass eine Strategie genau dann dominant ist, wenn sie alle anderen Strategien des Spielers paarweise dominiert. Der Unterschied zwischen einer dominanten und einer streng dominanten Strategie besteht alleine darin, dass es Strategiekonfigurationen σ_{-i} geben kann, bei der sich Spieler i durch Wahl der dominanten Strategie gegenüber den alternativen Strategiewahlen nicht echt verbessern kann.

Analog zu Definition 2.4 lässt sich das Konzept der *dominierten Strategie* definieren.

Definition 2.6. *a) Eine Strategie $\sigma_i \in \Sigma_i$ heißt dominiert, wenn mindestens eine Strategie $\sigma_i^0 \in \Sigma_i$ existiert, welche die Strategie σ_i dominiert.*

b) Eine Strategiekonfiguration $\sigma \in \Sigma$ heißt dominiert, wenn wenigstens ein σ_i dominiert ist.

Es ist klar, dass dominante Strategien und dominierte Strategien eine wichtige Rolle bei der Strategiewahl rationaler Spieler spielen. Durch sukzessives Ausscheiden von dominierten Strategien können sich neue Strategien als dominant erweisen. Hierdurch wird die resultierende strategische Situation häufig vereinfacht, so dass die Strategiewahl unter rationalen Spielern nahe liegt. Für Beispiel 2.2 kann man beispielsweise argumentieren: Wir versetzen uns in die Lage des Zeilenspielers. Er überlegt sich, dass der Spaltenspieler keine Veranlassung hat, die Strategie S zu spielen, da sie durch N dominiert wird. Die Auszahlungstabelle nach *Eliminierung der dominierten Strategien* reduziert sich dann auf

Japan

		N
USA	N	$2 \quad -2$
	S	$1 \quad -1$

Für den Zeilenspieler ist N im reduzierten Spiel die streng dominante Strategie. Wir würden demnach hier als Lösung für rationale Spieler die Strategiekonfiguration (N, N) vorschlagen. Diese Lösung wurde durch *Eliminierung dominierter Strategien* erhalten. Es ist interessant zu bemerken, dass die historischen Gegner im Zweiten Weltkrieg tatsächlich beide die Nord-Route wählten.

Auch wenn die meisten Spiele nicht durch sukzessive Eliminierung dominierter Strategien zu lösen sind,[9] erweist sich die Existenz spezieller Spiele mit

---

[9] Verfügen mehrere Spieler über dominierte Strategien, so kann das Endergebnis, d. h. Spiel ohne dominierte Strategien durchaus davon abhängen, wer zunächst seine Strategie ausschließt. Eine willkürfreie Lösungsfunktion würde natürlich die simultane Eliminierung dominierter Strategien für alle Spieler auf jeder Iterationsstufe verlangen.

dieser Eigenschaft als sehr bedeutsam. Man könnte eventuell darauf hinwirken, die Spielregeln so zu ändern, dass die Spielsituation im obigen Sinn eindeutig lösbar wird. So gibt es im deutschsprachigen Raum seit Jahrhunderten so genannte Verdingungsordnungen für Bauleistungen (VOB, vgl. den historischen Rückblick von Gandenberger (1961)). Hier sind die Spieler Baufirmen, die eine bestimmte Bauleistung (z. B. Bau eines Hörsaalgebäudes) anbieten, indem sie verdeckte Gebote (d. h. im versiegelten Umschlag) abgeben.

Die Jahrhunderte alten Regeln schreiben vor, den günstigsten Bieter auszuwählen und ihn für die Erstellung der Bauleistung mit seinem Gebot zu bezahlen. Offenbar will dann jede Baufirma das geringste Gebot seiner Konkurrenten marginal unterbieten, d. h. es gibt kein dominantes Gebot, da das optimale Gebot vom Verhalten der anderen Bieter abhängt. Würde man die VOB-Regeln ändern, indem man den günstigsten Bieter gemäß dem zweitniedrigsten (dem niedrigsten nicht akzeptierten) Gebot entlohnt, wäre jedoch die einzige dominante Gebotsstrategie dadurch bestimmt, dass man genau seine Zusatzkosten für den Auftrag als Gebot wählt. Der Grund hierfür ist, dass dann das Gebot nur den Bereich der Preise (oberhalb des Gebots) absteckt, zu denen man lieferungswillig ist, während man bei niedrigeren Preisen nicht am Auftrag interessiert ist. Wie viel man für die Lieferung erhält, wird durch das günstigste Angebot der anderen bestimmt (siehe Abschnitt 5.2.2, Satz 5.3).

In Experimenten kann man zwar die materiellen Anreize der Teilnehmer bewusst gestalten, aber nur unzureichend ihre Bewertung derselben steuern. So könnte man daran interessiert sein, wie ein Teilnehmer die Lotterie

$$\mathcal{L} = (X|p, Y|(1-p))$$

bewertet, die ihm den Geldpreis X bzw. Y mit der Wahrscheinlichkeit p bzw. $(1-p)$ verspricht. Wir gehen dabei davon aus, dass der Teilnehmer das Monotonie-Axiom erfüllt, nach dem er mehr Geld weniger Geld vorzieht. Man könnte z. B. am Sicherheitsäquivalent für $\mathcal{L}$ interessiert sein, d. h. an dem (sicheren) Geldbetrag, der für den Teilnehmer genauso viel wert ist wie die Lotterie $\mathcal{L}$.

Um dies zu erfahren, könnte man zufällig einen Preis p mit $\min\{X,Y\} \leqq p \leqq \max\{X,Y\}$ ziehen und den Teilnehmer um sein Preislimit $\bar{p}$ bitten. Er würde dann nur Preise $p \leqq \bar{p}$ akzeptieren und bei Preisen $p > \bar{p}$ den Kauf der Lotterie $\mathcal{L}$ ablehnen. Es ist (wenn alle Preise p im beschriebenen Intervall möglich sind) die einzige dominante Strategie, genau sein Sicherheitsäquivalent zu bieten Becker, DeGroot und Marschak (1964). Durch spezielle Spielgestaltung hat man also das Konzept dominierter Strategien anwendbar gemacht.

Beide Verfahren (die sich gemäß Eliminierung dominierter Strategien lösen lassen) sind so genannte anreizkompatible Mechanismen, in denen die Strategien Gebote sind und das ehrliche Bieten dominant ist. Oft ist die Kenntnis der wahren Werte eine Voraussetzung für Allokationseffizienz, was die Bedeutung anreizkompatibler Mechanismen verdeutlicht.[10]

Auch das Lösungskonzept, das auf das Spiel Battle of the Bismarck Sea angewendet wurde, ist leider nicht für alle nicht-kooperativen Spiele G anwendbar, wie wir sofort sehen werden. Es gibt Spiele, in denen keine dominanten Strategien existieren.

Beispiel 2.3 *Battle of the sexes*: Gegeben sei ein befreundetes Paar, das am Abend zusammen ausgehen möchte, wobei beide Partner von vornherein nur zwei Aktivitäten ins Auge fassen: Entweder sie gehen zu einem Boxkampf (B) oder ins Theater (T). Das strategische Problem in diesem Beispiel besteht darin, dass beide Partner am Nachmittag getrennt in die Stadt gehen und die Möglichkeit haben, bei einem Kartenhändler genau eine Karte für eine der Veranstaltungen zu kaufen. Beide Partner können während ihres Aufenthalts in der Stadt nicht miteinander kommunizieren und sie haben sich auch vorher nicht abgesprochen, welche Veranstaltung sie besuchen wollen. Ein Partner (traditionell der männliche Teil) bevorzugt den Boxkampf, der andere (traditionell der weibliche Teil) das Theater. Beide möchten auf keinen Fall voneinander getrennt in eine der beiden Veranstaltungen gehen. Für jeden Partner besteht nun das Problem, die Entscheidung des Partners zu antizipieren, um die richtige Karte zu kaufen. Die Strategiemengen der Spieler sind also gegeben durch $\Sigma_i := \{B, T\}$, die Auszahlungsfunktionen wird durch die folgende Auszahlungstabelle repräsentiert.

		Frau	
		B	T
Mann	B	1, 2	−1, −1
	T	−1, −1	2, 1

Aus den Zahlen der Auszahlungstabelle kann man schließen, dass zum einen die Strategiekonfigurationen (B, T) und (T, B) von beiden Spielern vermieden werden, und zum anderen die Konfigurationen (B, B) und (T, T) von beiden Spielern bevorzugt aber unterschiedlich bewertet werden. Der Zeilenspieler (Mann) präferiert (B, B), der Spaltenspieler (Frau) präferiert (T, T). Die Auszahlung jeder Strategie hängt kritisch davon ab, welche Strategie der Gegenspieler wählt. Offenbar können die bisher diskutierten Lösungskonzepte nicht angewendet werden. Keine Strategie ist streng dominant oder dominiert die andere Strategie im Sinne der vorhergehenden Definitionen.

---

[10] Weitere Vorteile sind, dass sie komplizierte, strategische Überlegungen (was bieten die anderen?) erübrigen und keine „Spionageanreize" bieten.

Betrachten wir die Strategiekonfigurationen (B,B) und (T,T) in Beispiel 2.3, so weisen diese allerdings eine wichtige Stabilitätseigenschaft auf: Weicht ein Spieler einseitig von dieser Konfiguration ab, so verschlechtert er sich. Umgekehrt kann jeder Spieler ausgehend von den Strategiekonfigurationen (B,T) bzw. (T,B) seine Auszahlung durch Abweichen erhöhen. (B,T) und (T,B) sind instabil. Daher halten wir vorläufig die Strategiekonfigurationen (B,B) und (T,T) als Kandidaten für ein Lösungskonzept fest. Im folgenden Abschnitt zeigen wir, dass diese Strategiekonfigurationen Beispiele für das am meisten verwendete Lösungskonzept in Normalform-Spielen sind, das als *Nash-Gleichgewicht* in der Literatur bekannt ist.[11]

2.2 Nash-Gleichgewichte

2.2.1 Definition und elementare Eigenschaften des Gleichgewichts

Das Lösungskonzept, das wir in diesem Abschnitt behandeln, wurde von John Nash (1950b) vorgeschlagen. In der spieltheoretischen Literatur hat sich schon bald der Name „Nash-Gleichgewicht" durchgesetzt. Die Definition des Nash-Geichgewichts zeigt, dass es auf dem gleichen, intuitiven Stabilitätskriterium basiert, das wir auf das Battle of the sexes-Spiel in Beispiel 2.3 angewendet haben.

Definition 2.7. *Eine Strategiekonfiguration $\sigma^* = (\sigma_1^*, \ldots, \sigma_n^*)$ heißt Nash-Gleichgewicht, wenn für jede Strategie $\sigma_i \in \Sigma_i$ eines jeden Spielers $i \in I$ gilt:*

$$H_i(\sigma_{-i}^*, \sigma_i^*) \geqq H_i(\sigma_{-i}^*, \sigma_i)$$

Um eine Strategiekonfiguration $\sigma \in \Sigma$ auf ihre Nash-Eigenschaft hin zu prüfen, muss demnach für jeden Spieler einzeln geprüft werden, ob einseitiges *profitables Abweichen* zu einer alternativen Strategie möglich ist. Wenn dies nicht möglich ist, wird kein Spieler eine Veranlassung haben, einseitig von der gewählten Strategiekonfiguration abzuweichen. Dann liegt ein Nash-Gleichgewicht vor. Dies ist genau die self-enforcing-Eigenschaft, die wir für nicht-kooperative Lösungsfunktionen $L(\cdot)$ gefordert haben. Hingegen sind definitionsgemäß alle Nicht-Gleichgewichte selbst-destabilisierend: Würde ein solches Verhalten allgemein erwartet, so würde der Spieler abweichen, für den es annahmegemäß lohnt. Allein das Eigeninteresse der Spieler führt dazu, dass die Spieler keinen Anreiz haben, ein Nash-Gleichgewicht einseitig zu verlassen. In folgendem Beispiel wollen wir das Nash-Gleichgewicht für ein komplexeres Spiel als das Battle of the sexes-Spiel bestimmen.

---

[11] Für die von ihm betrachteten Duopolmärkte hat A. Cournot schon 1838 solche Lösungen (allerdings mit einer lerntheoretischen Rechtfertigung) postuliert (Cournot 1838).

Beispiel 2.4 Gegeben sei ein 2-Personenspiel G mit $\Sigma_i = \{X, Y, Z\}$. Die Auszahlungsfunktionen werden durch die folgende Auszahlungstabelle repräsentiert.

Spieler 2

		X	Y	Z
Spieler 1	X	4 / 0	0 / 4	3 / 5
	Y	0 / 4	4 / 0	3 / 5
	Z	5 / 3	5 / 3	**6** / **6**

Wir sehen, dass auch hier die auf Dominanz basierenden Lösungskonzepte nicht anwendbar sind. Indem man systematisch alle Strategiekonfigurationen prüft, sieht man, dass $\sigma^* = (Z, Z)$ das einzige Nash-Gleichgewicht in diesem Spiel ist. In der Auszahlungstabelle sieht man: Ist für eine beliebige Strategiekonfiguration entweder nur eine Ziffer oder überhaupt keine Ziffer fett gedruckt, so lohnt es sich für wenigstens einen Spieler, einseitig von der vorliegenden Strategiekonfiguration abzuweichen. Bei (Y, Y) zum Beispiel würde es sich für Spieler 1 lohnen, nach X abzuweichen. In σ^* sind beide Auszahlungen fett gedruckt; es gibt für keinen Spieler einen Anreiz von seiner gewählten Strategie abzuweichen.

In diesem Beispiel führt das Nash-Gleichgewicht auch zu der höchsten Auszahlung für beide Spieler. Es ist also kollektiv rational.

Das in Beispiel 2.4 dargestellte Spiel hat offenbar ein eindeutiges Nash-Gleichgewicht. Das Battle of the sexes-Spiel zeigt aber, dass diese Eigenschaft nicht charakteristisch für das Nash-Konzept ist. Denn im Battle of the sexes-Spiel gibt es zwei Nash-Gleichgewichte: (B, B) und (T, T). Spiele mit multiplen Gleichgewichte können problematisch sein, da die Spieler u. U. nicht wissen, welche Gleichgewichtsstrategie die Gegenspieler wählen. Dieses Problem der Auswahl eines speziellen Gleichgewichts aus einer Menge von Gleichgewichten, wird *Gleichgewichtsauswahlproblem* genannt und wird in den folgenden Kapiteln an verschiedenen Stellen immer wieder aufgegriffen werden. Wir stellen die Problematik hier kurz an einem einfachen Beispiel dar.

Beispiel 2.5 Wir betrachten ein *symmetrisches* 2-Personenspiel G mit $\Sigma_1 = \Sigma_2 = \{X, Y\}$. Die Auszahlungsfunktionen werden durch die folgende Auszahlungstabelle repräsentiert,

2 Spiele in Normalform

Spieler 2

	X	Y
X	a / a	0 / 0
Y	0 / 0	b / b

Spieler 1

wobei gilt $a, b > 0$. Wir sehen sofort, dass dieses Spiel zwei Nash-Gleichgewichte $\sigma^* = (X, X)$ und $\sigma^{**} = (Y, Y)$ hat. Das Spiel G wird *reines Koordinationsspiel* genannt. Für Spieler in einem solchen Spiel ist es auf jeden Fall besser, sich auf die gleiche Strategie zu koordinieren als unterschiedliche Strategien zu wählen. Koordinieren sie sich auf ein spezielles Gleichgewicht, dann spielt dessen Auszahlung eine wichtige Rolle.

Wenn $a = b$ gilt, dann stehen die Spieler vor einem großen Problem. Ist beispielsweise keine Kommunikation zwischen ihnen möglich, so besteht die Gefahr der Fehlkoordination, denn beide Gleichgewichte sind nicht mehr bzgl. ihrer Auszahlung unterscheidbar. Gilt aber z. B. $a < b$, dann können beide Gleichgewichte bzgl. ihrer Auszahlung geordnet werden. Rationale Spieler werden Strategie Y, d. h. das auszahlungsdominante Gleichgewicht σ^{**} wählen, das in der Literatur auch als *Pareto-dominantes* Gleichgewicht bezeichnet wird. In einem solchen Spiel ist das Gleichgewichtsauswahlproblem leichter zu lösen.

Wir betrachten nun ein etwas modifizierte Spiel Koordinationsspiel G' mit der Auszahlungstabelle

Spieler 2

	X	Y
X	8 / 8	1 / 8
Y	8 / 1	10 / 10

Spieler 1

Hier ist ebenfalls das Gleichgewicht σ^{**} auszahlungsdominant. Dennoch hat sich in vielen experimentellen Untersuchungen von Koordinationsspielen gezeigt (vgl. z. B. Cooper, DeJong, Forsythe und Ross 1990, Cooper, DeJong, Forsythe und Ross 1992), dass das Gleichgewicht σ^* in Spielen vom Typ G' sehr häufig gewählt wird. Eine mögliche Erklärung für dieses Verhalten verwendet das Konzept der *Risikodominanz*, das auf Harsanyi und Selten (1988) zurück geht. In der experimentellen Situation von Koordinationsspielen zeigt sich, dass Spieler in der Regel nicht davon ausgehen, dass ihre Gegenspieler vollkommen rational sind. Häufig wurden die Experimente zu Koordinationsspielen in einem Design durchgeführt, in dem ein Spieler nacheinander gegen wechselnde, anonyme Gegenspieler spielte. In einer solchen Situation, in der nur sehr schwer Vertrauen in die Rationalität des Gegenspielers aufgebaut werden kann, kann es sich für einen Spieler im Spiel G'

als sinnvoll erweisen, die Strategie X zu wählen, obwohl dies zu einem auszahlungsdominierten Gleichgewicht führt. Denn angenommen Spieler 1 ist nicht sicher, dass Spieler 2 die auszahlungsdominante Gleichgewichtsstrategie Y wählt, dann würde eine Fehlkoordination bei Wahl von Y, die zu einem Auszahlungsverlust von neun $(= 10-1)$ führen würde, riskanter sein als eine Fehlkoordination bei der Wahl von X, die zu keinem Auszahlungsverlust führt. Das Gleichgewicht σ^* wird risikodominant genannt.

Formal ist die Eigenschaft der Risikodominanz in symmetrischen 2×2-Spielen mit der folgenden Auszahlungstabelle

Spieler 2

		X	Y
Spieler 1	X	a , a	c , b
	Y	b , c	d , d

wie folgt definiert:

Das Gleichgewicht σ^* ist risikodominant, wenn gilt:

$$a - c > d - b$$

Offenbar ist diese Bedingung für das Gleichgewicht σ^* in Spiel G' erfüllt. Dieses Beispiel zeigt, dass es Spiele gibt, in denen das risikodominante Gleichgewicht nicht mit dem auszahlungsdominanten Gleichgewicht zusammenfällt. In obigem Spiel G dagegen ist das Gleichgewicht σ^{**} für $a < b$ sowohl auszahlungs- als auch risikodominant. In solchen Koordinationsspielen ist das Gleichgewichtsauswahlproblem leichter als in G' zu lösen.

In welcher Beziehung steht das Nash-Konzept zu den vorher diskutierten Lösungskonzepten der strengen Dominanz und der Eliminierung dominierter Strategien? Der folgende Satz gibt darüber Auskunft.

Satz 2.8. a) *Eine Lösung in streng dominanten Strategien ist eindeutiges Nash-Gleichgewicht des Spiels.*

b) *Eine (eindeutige) Lösung, die durch Eliminierung dominierter Strategien erreicht wurde, ist ein Nash-Gleichgewicht.*

Beweisskizze: a) Folgt sofort aus der Definition einer streng dominanten Strategie.

b) Angenommen σ^* ist durch sukzessive Eliminierung dominierter Strategien entstanden, aber kein Nash-Gleichgewicht. Dann gibt es wenigstens einen Spieler i' und wenigstens eine Strategie $\sigma'_{i'}$ mit der Eigenschaft:

$$H_{i'}(\sigma^*_{-i'}, \sigma'_{i'}) > H_{i'}(\sigma^*_{-i'}, \sigma^*_{i'})$$

Dann kann $\sigma_{i'}^*$ definitionsgemäß nicht durch Eliminierung dominierter Strategien entstanden sein.

q. e. d.

Wir halten fest, dass wir also bisher in allen Beispielen eigentlich nur über ein und dasselbe Lösungskonzept gesprochen haben, nämlich über das Nash-Gleichgewicht. Die bisher diskutierten Dominanz-Lösungskonzepte sind Spezialfälle des Nash-Gleichgewichts. Man sieht leicht, dass die Dominanzkonzepte aber nicht mit dem Nash-Konzept zusammenfallen. Die Implikationsbeziehung in Satz 2.8 a) ist nicht umkehrbar, denn man kann leicht Spiele angeben (z. B. *Battle of the sexes*), in denen ein Nash-Gleichgewicht keine Lösung in streng dominanten Strategien ist. Ebenso gilt die umgekehrte Implikationsbeziehung in Satz 2.8 b) nicht, denn man betrachte als Gegenbeispiel ein einfaches 2×2-Spiel in Normalform, dessen Auszahlungstabelle wie folgt gegeben ist.

Spieler 2

		X_2	Y_2
Spieler 1	X_1	1 \ 1	1 \ 1
	Y_1	0 \ 0	1 \ 1

Wir prüfen leicht nach, dass die Strategiekonfiguration $\sigma^* = (Y_1, Y_2)$ ein Nash-Gleichgewicht ist. Gleichzeitig sehen wir, dass die Strategie Y_1 dominiert ist. Also können Nash-Gleichgewichte auch dominierte Strategien, d. h. Strategien enthalten, die durch Eliminierung dominierter Strategien ausgeschieden werden können.

Wir haben bisher Beispiele von Spielen kennen gelernt, in denen wenigstens ein Nash-Gleichgewicht existiert. Wir wollen nun fragen, ob dies typisch für das Nash-Konzept ist oder ob es Spiele gibt, für die kein Nash-Gleichgewicht existiert. Dieses Problem ist als das Problem der *Existenz von Nash-Gleichgewichten* bekannt, das am Beginn der spieltheoretischen Forschung in den fünfziger Jahren im Mittelpunkt des Forschungsinteresses stand. Wir geben zunächst ein Beispiel eines Spiels ohne Nash-Gleichgewicht.

Beispiel 2.6 *Matching Pennies*-Spiel: Gegeben ist ein 2-Personen Spiel, in dem die Spieler in Unkenntnis der Wahl des Gegenspielers eine Seite einer Münze auswählen (H oder T). Die Seitenwahl beider Spieler wird dann verglichen. Haben beide Spieler die gleiche Seite gewählt, gewinnt Spieler 1 eine Geldeinheit, während Spieler 2 leer ausgeht. Besteht keine

Übereinstimmung, so gewinnt Spieler 2, während Spieler 1 leer ausgeht.
Die Auszahlungstabelle kann wie folgt geschrieben werden.

Spieler 2

		H	T
Spieler 1	H	0 / 1	1 / 0
	T	1 / 0	0 / 1

Durch systematisches Überprüfen der Strategiekonfigurationen sieht man, dass kein Nash-Gleichgewicht existiert. In jeder Strategiekonfiguration ist es für wenigstens einen Spieler profitabel, eine andere Strategie zu wählen.

2.2.2 Gemischte Strategien

Das in Beispiel 2.6 dargestellte Spiel zeigt, dass auch das Nash-Gleichgewicht keine Lösungsfunktion $L(\cdot)$ für alle nicht-kooperativen Spiele G definiert. Dies ist zunächst kein überzeugendes Resultat für das Nash-Konzept. Nur wenn die Menge der nicht-kooperativen Spiele G, für die kein Nash-Gleichgewicht existiert, sehr klein wäre, würde das Resultat des Matching Pennies-Spiels nicht weiter stören. Leider führt dieser Ansatz zu keinem Erfolg. Man kann das Matching Pennies-Spiel in vielfältiger Weise abändern, indem man die Auszahlungen an die Spieler entweder asymmetrisch erhöht oder reduziert, wobei die Nicht-Existenz-Aussage erhalten bleibt.[12] In der Spieltheorie ist man daher einen anderen Weg gegangen, um das Nicht-Existenz-Problem zu lösen. Das bisher eingeführte Strategiekonzept wurde durch die Einführung von so genannten *gemischten Strategien* verallgemeinert.

Gemischte Strategien sind Wahrscheinlichkeitsverteilungen über der Menge der Strategien $\sigma_i \in \Sigma_i$. Zur besseren begrifflichen Abgrenzung werden die σ_i häufig *reine Strategien* genannt. Tatsächlich ist diese Abgrenzung künstlich, da eine reine Strategie als spezielle gemischte Strategie interpretiert werden kann, bei der *genau diese* reine Strategie in Σ_i mit Wahrscheinlichkeit 1 gewählt wird. Wir können uns vorstellen, dass die Wahl einer gemischten Strategie äquivalent ist mit der Auswahl eines Zufallsmechanismus (über Σ_i). Besteht Σ_i beispielsweise nur aus zwei Elementen, so kann man die Wahl einer gemischten Strategie als Wahl einer speziellen Münze interpretieren, die

---

[12] Man addiere beispielsweise $\varepsilon > 0$ zu den Auszahlungen $H_1(H,H)$ und $H_1(T,T)$, und subtrahiere den gleichen Betrag von $H_2(T,H)$ und $H_2(H,T)$. Die Größe ε kann immer klein genug gewählt werden, so dass weiterhin kein Nash-Gleichgewicht existiert.

mit vorgegebener Wahrscheinlichkeit auf eine ihrer Seiten fällt. Aus verhaltenstheoretischer Sicht ist die Annahme bewusster und kontrollierter Randomisierung nicht unproblematisch. Wenn man Menschen um eine rein zufällige Sequenz von Kopf und Zahl bittet, die einem unverzerrten, wiederholten Zufallszug entspricht, so ergeben sich systematisch weitaus häufiger Wechsel (von Kopf nach Zahl und umgekehrt) als für wirkliches Randomisieren. Gründe hierfür sind unsere beschränkte (Kurz)-Speicherkapazität und das Bestreben, über den Erinnerungszeitraum Kopf und Zahl gleich häufig zu wählen (Kareev 1992).

Bei der Formalisierung des Konzepts einer gemischten Strategie gehen wir von einer *endlichen* Menge reiner Strategien $\Sigma_i = \{\sigma_{i1}, \ldots, \sigma_{im_i}\}$ aus. Die Menge aller gemischten Strategien von Spieler i ist dann gegeben durch eine Menge von m_i-dimensionalen Vektoren

$$S_i := \{(p_{i1}, \ldots, p_{im_i}) \in \mathbb{R}_+^{m_i} \mid \sum_{h=1}^{m_i} p_{ih} = 1\},$$

wobei p_{ij} die Wahrscheinlichkeit bezeichnet, mit der Spieler i die reine Strategie σ_{ij} wählt. Ein Element $s_i \in S_i$ bezeichne im Folgenden eine gemischte Strategie von Spieler i, d. h. eine Wahrscheinlichkeitsverteilung über Σ_i. Wir illustrieren die Situation graphisch für $|\Sigma_i| = 2$ in Abb. 2.1.

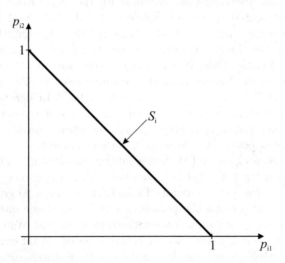

Abb. 2.1. Gemischte Strategien für eine Strategiemenge mit $|\Sigma_i| = 2$

Die Menge der gemischten Strategien in Abb. 2.1 besteht aus allen Vektoren auf dem Geradenstück S_i. Offenbar ist S_i eine konvexe und kompakte Menge im $\mathbb{R}^2$. Besteht die endliche Menge Σ_i aus $m_i \geqq 1$ Elementen, dann ist S_i allgemein eine kompakte und konvexe Menge in einem höherdimensionalen Raum $\mathbb{R}^{m_i}$. In der mathematischen Literatur wird S_i als

$(m_i - 1)$-dimensionales Einheitssimplex im $\mathbb{R}^{m_i}$ – symbolisiert durch Δ^{m_i} – bezeichnet. Für $|\Sigma_i| = 2$ kann daher die Menge der gemischten Strategien auch eindimensional durch die Wahrscheinlichkeit p_{i1} der ersten Strategie des Spielers i repräsentiert werden (denn es gilt $p_{i2} = 1 - p_{i1}$ und $0 \leqq p_{i1} \leqq 1$). Für $n = 2$ und $|\Sigma_1| = 2 = |\Sigma_2|$ ist dann der Raum der gemischten Strategievektoren $s = (s_1, s_2)$ durch das Einheitsquadrat bestimmt (siehe Abb. 2.2).

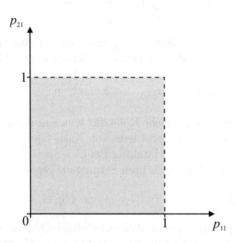

Abb. 2.2. Der Raum der gemischten Strategien für $n = 2$ und $|\Sigma_1| = 2 = |\Sigma_2|$

Das Konzept der gemischten Strategie ist nicht auf endliche reine Strategiemengen $|\Sigma_i| < \infty$ beschränkt. Für eine allgemeinere Formulierung für unendliche Strategiemengen Σ_i sind allerdings einige fortgeschrittene, mathematische Konzepte notwendig, die den Rahmen dieses Lehrbuchs sprengen würden.[13] Wir nehmen im Folgenden immer $|\Sigma_i| < \infty$ an, wenn wir gemischte Strategien behandeln.

Wählt wenigstens ein Spieler eine gemischte Strategie, die nicht mit einer reinen Strategie zusammenfällt, dann ist das Ergebnis der Strategiewahlen nicht determiniert. Die Strategiekonfiguration s generiert dann eine Wahrscheinlichkeitsverteilung über die möglichen Spiel-Ausgänge $\sigma \in \Sigma$. Daher muss auch das Konzept der Auszahlungsfunktionen $H_i(\cdot)$ an den neuen Begriffsrahmen angepasst werden: Die Auszahlungsfunktionen sind bisher auf den reinen Strategiekonfigurationen $\sigma \in \Sigma$ definiert. Gemischte Strategien induzieren eine Wahrscheinlichkeitsverteilung über die $\sigma \in \Sigma$. Es ist nahe liegend, die Auszahlungsfunktionen nun allgemeiner über gemischte Strategiekonfigurationen

---

[13] Eine sehr gute Darstellung dieser allgemeineren Version von gemischten Strategien findet man beispielsweise in dem Lehrbuch von Burger (1966).

$$s = (s_1, \ldots, s_n) \in S := S_1 \times \ldots \times S_n$$

als *Erwartungswerte* der $H_i(\cdot)$ zu definieren.

Gegeben sei für jeden Spieler i eine gemischte Strategie $s_i := (p_{i1}, \ldots, p_{im_i})$, mit $m_i := |\Sigma_i|$. Dann ist die erwartete Auszahlung $u_i(s)$ für Spieler i bei gegebener Strategiekonfiguration $s = (s_1, \ldots, s_n)$ definiert durch:[14]

$$u_i(s) := \sum_{j_1=1}^{m_1} \ldots \sum_{j_n=1}^{m_n} p_{1j_1} \cdot \ldots \cdot p_{nj_n} H_i(\sigma_{1j_1}, \ldots, \sigma_{nj_n}) \qquad (2.1)$$

Um die Notation nicht unnötig zu überfrachten, werden wir in Zukunft unabhängig davon, ob sie auf Σ oder auf S definiert ist, dasselbe Symbol für die Auszahlungsfunktionen $H_i(\cdot)$ verwenden. Daher werden wir im Folgenden den Ausdruck $u_i(s)$ durch $H_i(s_1, \ldots, s_n)$ ersetzen.

Wir können nun zeigen, welche Rolle das Konzept der gemischten Strategien für die Lösung des Existenzproblems von Nash-Gleichgewichten spielt. Dazu betrachten wir wieder das Matching Pennies-Spiel. Bei diesem 2-Personen Spiel sind die Mengen der gemischten Strategien gegeben durch:

$$S_1 := \{(p, (1-p)) \mid p \in [0,1]\}, \quad S_2 := \{(q, (1-q)) \mid q \in [0,1]\}$$

Dabei bezeichnet p (bzw. q) die Wahrscheinlichkeit, mit welcher der Zeilenspieler (bzw. der Spaltenspieler) die reine Strategie H spielt. Wir versuchen nun, ein Nash-Gleichgewicht in echt gemischten Strategien (d. h. $p, q \in (0,1)$) für das Matching Pennies-Spiel zu finden. Sollte dies gelingen, dann hätte man berechtigte Hoffnung, die Nash-Gleichgewicht Lösungsfunktion zumindest in der erweiterten Form mit gemischten Strategien auf alle Normalform-Spiele G auszudehnen.

Wie kann man ein Nash-Gleichgewicht $s^* = (s_1^*, s_2^*)$ in gemischten Strategien für das Matching Pennies-Spiel charakterisieren? Zunächst übertragen wir die Definition des Nash-Gleichgewichts (siehe Definition 2.7) auf Spiele mit gemischten Strategien.

Definition 2.9. *Eine Strategiekonfiguration* $s^* = (s_1^*, \ldots, s_n^*)$ *heißt Nash-Gleichgewicht, wenn für jede gemischte Strategie* $s_i \in S_i$ *eines jeden Spielers* $i \in I$ *gilt:*

$$H_i(s_{-i}^*, s_i^*) \geqq H_i(s_{-i}^*, s_i)$$

Wegen der Linearität von $H_i(s_{-i}, s_i)$ in den durch s_i determinierten Wahrscheinlichkeiten folgt aus der Gleichgewichtsbedingung in Definition 2.9, dass für alle reinen Strategien $\sigma_i \in \Sigma_i$ eines jeden Spielers $i \in I$ gilt:

---

[14] Die Erwartungswertformel impliziert, dass die gemischte Strategiekonfiguration s ein Produkt-Wahrscheinlichkeitsmaß über Σ induziert, d. h. die Spieler wählen Zufallsmechanismen, welche die reinen Strategien der Spieler *stochastisch unabhängig* voneinander realisieren.

2.2 Nash-Gleichgewichte

$$H_i(s^*_{-i}, s^*_i) \geqq H_i(s^*_{-i}, \sigma_i)$$

Das heißt, wenn es im Raum der gemischten Strategien S_i keine bessere Antwort auf s^*_{-i} gibt, dann gibt es auch im Raum der reinen Strategien Σ_i keine bessere Antwort. Umgekehrt gilt allerdings: Ist s' eine gemischte Strategiekonfiguration mit der Eigenschaft, dass für alle reinen Strategien $\sigma_i \in \Sigma_i$ eines jeden Spielers $i \in I$

$$H_i(s'_{-i}, s'_i) \geqq H_i(s'_{-i}, \sigma_i)$$

gilt, dann kann es auch keine bessere Antwort s_i auf s'_{-i} in S_i als s'_i geben (wegen der oben erwähnten Linearität würde dies einen Widerspruch implizieren, da dann mindestens eine reine Strategie im Träger von s_i besser als s'_i sein müsste), und folglich bildet s' ein Nash-Gleichgewicht des Spiels.

Die erwarteten Auszahlungen im Matching Pennies-Spiel lauten für Spieler 1 und 2 im Nash-Gleichgewicht[15] $s^* = (s^*_1, s^*_2)$ (mit $s^*_1 = (p^*, 1 - p^*)$, $s^*_2 = (q^*, 1 - q^*)$)

$$H_1(s^*_1, s^*_2) = p^* H_1(H, s^*_2) + (1 - p^*) H_1(T, s^*_2)$$
$$H_2(s^*_1, s^*_2) = q^* H_2(s^*_1, H) + (1 - q^*) H_2(s^*_1, T)$$

mit $p^*, q^* \in (0, 1)$. Betrachten wir zunächst Spieler 1: Angenommen, es gilt $H_1(H, s^*_2) > H_1(T, s^*_2)$ (oder $H_1(H, s^*_2) < H_1(T, s^*_2)$). Dann folgt aus der Definition 2.9

$$H_1(s^*_1, s^*_2) = p^* H_1(H, s^*_2) + (1 - p^*) H_1(T, s^*_2) < H_1(H, s^*_2)$$

(oder $H_1(s^*_1, s^*_2) < H_1(T, s^*_2)$) für $0 < p^* < 1$. Dies widerspricht der Nash-Eigenschaft von s^*_1. Also muss für das Matching Pennies-Spiel in einem Nash-Gleichgewicht mit echt gemischten Strategien die Gleichheit

$$\begin{aligned} H_1(H, s^*_2) &= H_1(T, s^*_2) \\ &\Longleftrightarrow \\ q^* \cdot 1 + (1 - q^*) \cdot 0 &= q^* \cdot 0 + (1 - q^*) \cdot 1 \end{aligned} \quad (2.2)$$

gelten, d. h. Spieler 1 ist indifferent zwischen der Wahl von H und T. Analog muss für Spieler 2 gelten:

$$\begin{aligned} H_2(s^*_1, H) &= H_2(s^*_1, T) \\ &\Longleftrightarrow \\ p^* \cdot 0 + (1 - p^*) \cdot 1 &= p^* \cdot 1 + (1 - p^*) \cdot 0 \end{aligned} \quad (2.3)$$

---

[15] Wir verwenden hier die bequeme Konvention, degenerierte gemischte Strategien nicht durch einen entsprechenden Wahrscheinlichkeitsvektor sondern durch das Symbol der reinen Strategie auszudrücken. Das heißt wir schreiben „H" und nicht $(1, 0)$ für die gemischte Strategie, mit Wahrscheinlichkeit 1 die reine Strategie H zu spielen.

Aus den Gleichungen (2.2) und (2.3) berechnet man leicht $q^* = \frac{1}{2} = p^*$. Wir haben auf diese Weise eine gemischte Strategiekonfiguration $s^* = ((\frac{1}{2}, \frac{1}{2}), (\frac{1}{2}, \frac{1}{2}))$ berechnet, die in der Tat Nash-Eigenschaft hat. Dies lässt sich wie folgt zeigen.

- Für den Zeilenspieler (Spieler 1) gilt bei gegebenem $s_2^* = (\frac{1}{2}, \frac{1}{2})$ für alle gemischten Strategien $s_1 = (p, 1-p) \in S_1$:

$$H_1(s_1, s_2^*) = pH_1(H, s_2^*) + (1-p)H_1(T, s_2^*) = H_1(s_1^*, s_2^*)$$

Dies gilt wegen $H_1(H, s_2^*) = H_1(T, s_2^*)$. Also kann Spieler 1 seine erwartete Auszahlung nicht durch Abweichen auf ein $s_1 \neq s_1^*$ erhöhen.

- Für den Spaltenspieler (Spieler 2) gilt bei gegebenem $s_1^* = (\frac{1}{2}, \frac{1}{2})$ für alle gemischten Strategien $s_2 = (q, 1-q) \in S_2$:

$$H_2(s_1^*, s_2) = qH_2(s_1^*, H) + (1-q)H_2(s_1^*, T) = H_2(s_1^*, s_2^*)$$

Dies gilt wegen $H_2(s_1^*, H) = H_2(s_1^*, T)$. Also kann auch Spieler 2 seine erwartete Auszahlung nicht durch Abweichen auf ein $s_2 \neq s_2^*$ erhöhen.

d. h. für beide Spieler ist ein Abweichen von s_i^* nicht profitabel. Im Nash-Gleichgewicht des Matching Pennies-Spiels wählen beide Spieler beide Seiten der Münze mit gleicher Wahrscheinlichkeit. Die erwartete Auszahlung dieser Strategie ist gleich $\frac{1}{2}$. Die Spieler könnten das Nash-Gleichgewicht beispielsweise durch das Werfen einer fairen Münze implementieren. In der älteren spieltheoretischen Literatur werden gemischte Strategien als ein Mittel interpretiert, die eigene Strategiewahl vor dem Gegenspieler zu verdecken. Betrachtet man das Matching Pennies-Spiel, so ist ein solches Verhalten nicht abwegig. Denn sollte ein Spieler die Strategiewahl des Gegenspielers (aus welchen Überlegungen auch immer) richtig antizipieren, dann könnte er den Gegenspieler durch geeignete eigene Strategiewahl ausbeuten. Das Ergebnis eines Zufallsexperiments als Resultat der Wahl einer gemischten Strategie lässt sich dagegen nicht mit Sicherheit antizipieren.[16] Wir werden in Kap. 2.7.1 auf eine weitere Interpretation von gemischten Strategien zurückkommen.

2.2.3 Beste-Antwort-Funktionen

Am Beispiel des Matching Pennies-Spiels haben wir gesehen, wie das Problem der Nicht-Existenz von Nash-Gleichgewichten (in reinen Strategien) gelöst werden kann. Wir werden dieses Problem im folgenden Abschnitt in formaler Allgemeinheit behandeln. Zur Vorbereitung dieser Überlegungen illustrieren wir das Problem der Bestimmung eines Nash-Gleichgewichts für das Matching Pennies-Spiel graphisch. Wir berechnen zunächst allgemein die erwartete Auszahlung von Spieler 1 bei Strategiekonfiguration (s_1, s_2):

---

[16] Ob und wie das gelingt, hängt natürlich von der Möglichkeit zu randomisieren ab.

$$H_1(s_1, s_2) = p(q \cdot 1 + (1-q) \cdot 0) + (1-p)(q \cdot 0 + (1-q) \cdot 1)$$
$$= p \cdot (2q - 1) + 1 - q \tag{2.4}$$

Wir können daraus die so genannte Beste-Antwort-Funktion ($g_1(\cdot)$) von Spieler 1 ableiten.[17] Diese Funktion ordnet jeder Strategie s_2 des Gegenspielers diejenige Strategie s_1 zu, die $H_1(\cdot, s_2)$ maximiert. Mit Hilfe von (2.4) kann man wie folgt argumentieren: Seine erwartete Auszahlung kann Spieler 1 durch geeignete Wahl von p maximieren. Wegen der Linearität der erwarteten Auszahlungsfunktion in p und der Beziehung

$$\frac{\partial H_1(s)}{\partial p} = 2q - 1 \begin{cases} > 0 \text{ für } q > \frac{1}{2} \\ < 0 \text{ für } q < \frac{1}{2} \end{cases}$$

kann man sofort sehen, dass die beste Antwort von Spieler 1 für $q > \frac{1}{2}$ gleich $p = 1$ und für $q < \frac{1}{2}$ gleich $p = 0$ ist. Für $q = \frac{1}{2}$ ist Spieler 1 indifferent zwischen der Wahl von H und T, d. h. alle $p \in [0, 1]$ sind als beste Antworten zugelassen.[18]

Analog geht man für Spieler 2 vor. Man berechnet seine erwarteten Auszahlungen:

$$H_2(s_1, s_2) = q \cdot (p \cdot 0 + (1-p) \cdot 1) + (1-q) \cdot (p \cdot 1 + (1-p) \cdot 0) \tag{2.5}$$
$$= q \cdot (1 - 2p) + p$$

Für die Ableitung der Beste-Antwort-Funktion von Spieler 2 ($g_2(\cdot)$) argumentieren wir analog zu Spieler 1: Wegen der Beziehung

$$\frac{\partial H_2(s)}{\partial q} = 1 - 2p \begin{cases} < 0 \text{ für } p > \frac{1}{2} \\ > 0 \text{ für } p < \frac{1}{2} \end{cases}$$

setzt Spieler 2 für $p < \frac{1}{2}$ die Strategie $q = 1$ und $q = 0$ für $p > \frac{1}{2}$. Für $p = \frac{1}{2}$ sind alle $q \in [0, 1]$ als beste Antwort zugelassen. Wir stellen die beiden Funktionen $g_i(\cdot)$ im p/q-Diagramm in Abb. 2.3 dar.

Für $g_1(\cdot)$ in Abb. 2.3 ist die q-Achse die Abszisse, für $g_2(\cdot)$ ist die p-Achse die Abszisse. In $q = \frac{1}{2}$ (bzw. $p = \frac{1}{2}$) ist $g_1(q)$ (bzw. $g_2(p)$) nicht eindeutig. Betrachten wir den Punkt (q', p'), der weder auf dem Graphen von $g_1(\cdot)$ noch von $g_2(\cdot)$ liegt (es sei $q' = 0.25$). Durch Anwendung der Beste-Antwort-Funktionen auf (q', p') sieht man, dass sich beide Spieler verbessern können. Die gemeinsame beste Antwort beider Spieler auf (q', p') ist nämlich $(1, 0)$. Nun betrachten wir einen Punkt (q'', p'') auf dem Graphen von $g_2(\cdot)$, wobei $q'' = q'$ gilt. Während Spieler 2 bei p'' indifferent zwischen allen $q \in [0, 1]$ ist, kann sich Spieler 1 verbessern. Die gemeinsam besten Antworten sind in dem gesamten Intervall $[0, 1]$ auf der q-Achse. Der einzige Punkt, von dem aus sich

---

[17] In der oligopoltheoretischen Literatur werden Beste-Antwort-Funktionen bzw. Beste-Antwort-Kurven als *Reaktionsfunktionen* bzw. *Reaktionskurven* bezeichnet.

[18] Dies zeigt, dass $g_1(\cdot)$ keine eindeutige Funktion sein muss, sondern i. d. R. eine Korrespondenz ist.

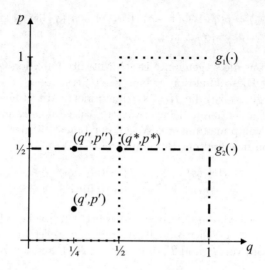

Abb. 2.3. Beste-Antwort-Korrespondenzen $g_1(\cdot), g_2(\cdot)$

beide Spieler nicht mehr verbessern können, ist der Schnittpunkt der Graphen $g_1(\cdot)$ und $g_2(\cdot)$. In der Terminologie der Beste-Antwort-Funktionen kann man sagen, dass der Vektor (q^*, p^*) beste Antwort auf sich selbst ist. Das heißt wenn beide Spieler auf (q^*, p^*) ihre beste Antwort spielen, resultiert wieder (q^*, p^*).

Wir wollen diese Überlegung weiter formalisieren. Auf der Menge $[0,1] \times [0,1]$ aller (q,p) Kombinationen definieren wir eine Korrespondenz $F : [0,1] \times [0,1] \longrightarrow [0,1] \times [0,1]$ durch $F(q,p) := (g_2(p), g_1(q))$, die so genannte Beste-Antwort-Korrespondenz des Spiels. Wir haben am Beispiel des Matching Pennies-Spiels (siehe Abb. 2.3) den folgenden Zusammenhang festgestellt:

$$(q^*, p^*) \text{ ist Nash-Gleichgewicht}$$
$$\iff \quad (2.6)$$
$$(q^*, p^*) \text{ ist beste Antwort auf sich selbst.}$$

Die Eigenschaft eines Vektors beste Antwort auf sich selbst zu sein, kann man formal auch wie folgt ausdrücken:

$$(q^*, p^*) \in F(q^*, p^*) \quad (2.7)$$

Mit anderen Worten: (q^*, p^*) ist Fixpunkt der Korrespondenz $F(\cdot)$ (siehe Anhang C). Damit erhalten wir eine weitere, wichtige Charakterisierung von Nash-Gleichgewichten:

$$(q^*, p^*) \text{ ist Nash-Gleichgewicht.}$$
$$\iff \quad (2.8)$$
$$(q^*, p^*) \text{ ist Fixpunkt von } F(\cdot).$$

Diese wichtige Äquivalenzbeziehung werden wir im folgenden Abschnitt verwenden, um die Existenz von Nash-Gleichgewichten in allgemeinen Normalform-Spielen zu zeigen.

2.3 Die Existenz von Nash-Gleichgewichten

Wir werden zunächst die Überlegungen am Ende des letzten Abschnitts bzgl. des Matching Pennies-Spiels auf beliebige Normalform-Spiele G verallgemeinern. Dazu betrachten wir Spiele $G = \{\Sigma_1, \ldots, \Sigma_n; H_1, \ldots, H_n; I\}$, wobei wir die Interpretation der Strategiemengen Σ_i noch offen lassen.[19] Allgemein definieren wir die Beste-Antwort-Korrespondenzen wie folgt:

Definition 2.10. *Die Beste-Antwort-Korrespondenz* $g_i : \Sigma_{-i} \longrightarrow \Sigma_i$ *von Spieler i ist gegeben durch:*

$$g_i(\sigma_{-i}) := \{\sigma_i^* \in \Sigma_i \mid \forall \sigma_i \in \Sigma_i : H_i(\sigma_{-i}, \sigma_i^*) \geqq H_i(\sigma_{-i}, \sigma_i)\} \qquad (2.9)$$

Die Menge $g_i(\sigma_{-i})$ besteht also aus denjenigen Strategien von i, die seine Auszahlung, gegeben σ_{-i}, maximieren.[20] Wir wollen im Folgenden die Beste-Antwort-Korrespondenzen auf dem gesamten Raum aller Strategiekonfigurationen Σ definieren. Dazu definieren wir zunächst in einem Zwischenschritt folgende Korrespondenzen:

$$f_i(\sigma) := g_i(\sigma_{-i})$$

Die $f_i(\cdot)$ haben die gleiche Interpretation wie die $g_i(\cdot)$.

Definition 2.11. *Die globale Beste-Antwort-Korrespondenz* $F : \Sigma \longrightarrow \Sigma$ *ist gegeben durch:*

$$F(\cdot) := (f_1(\cdot), \ldots, f_n(\cdot))$$

Nash-Gleichgewichte können – wie wir im vorhergehenden Abschnitt gesehen haben – als beste Antwort auf sich selbst charakterisiert werden. Daher ist die folgende äquivalente Charakterisierung von Nash-Gleichgewichten möglich.

Satz 2.12.

$$\sigma^* \text{ ist Nash-Gleichgewicht} \iff \forall i : \sigma_i^* \in f_i(\sigma^*) \iff \sigma^* \in F(\sigma^*). \qquad (2.10)$$

Beweis: a) Die zweite Äquivalenzbeziehung folgt unmittelbar aus der Definition von $F(\cdot)$ (siehe Definition 2.11).

---

[19] Die σ_i können hier reine oder gemischte Strategien sein.
[20] Wir nehmen hier implizit an, dass zu jedem σ_{-i} wenigstens ein Maximum von $H_i(\sigma_{-i}, \cdot)$ existiert. Wir werden bald zeigen, dass diese Annahme für die meisten hier betrachteten Spiele keine Einschränkung der Allgemeinheit darstellt.

b) Bzgl. der ersten Äquivalenzbeziehung argumentiert man wie folgt: Ist σ^* ein Nash-Gleichgewicht, dann gilt für alle i: $H_i(\sigma^*_{-i}, \sigma^*_i) \geqq H_i(\sigma^*_{-i}, \sigma_i)$ für alternative Strategien $\sigma_i \in \Sigma_i$, also $\sigma^*_i \in f_i(\sigma^*)$.

Gilt für alle i: $\sigma^*_i \in f_i(\sigma^*)$, dann folgt aus der Definition von $f_i(\cdot)$:

$$H_i(\sigma^*_{-i}, \sigma^*_i) = \max_{\sigma_i \in \Sigma_i} H_i(\sigma^*_{-i}, \sigma_i)$$

Folglich ist σ^* ein Nash-Gleichgewicht.

q. e. d.

Wir können also die Nash-Gleichgewichte eines Spiels G mit den Fixpunkten von $F(\cdot)$ identifizieren. Damit haben wir das Problem der Existenz von Nash-Gleichgewichten auf das Problem der Existenz von Fixpunkten für eine gegebene Abbildung $F(\cdot)$ zurückgeführt. Das Fixpunktproblem ist ein in der Mathematik bekanntes Problem, das auf verschiedenen Allgemeinheitsstufen gelöst wurde. Wir können daher von den bekannten Lösungen in der Mathematik, den so genannten *Fixpunktsätzen* profitieren. Der Existenzbeweis für Nash-Gleichgewichte verwendet diese Resultate in folgender Weise: Es werden spezielle Restriktionen an das Spiel G formuliert. Diese Restriktionen implizieren ihrerseits spezielle Eigenschaften der Beste-Antwort-Korrespondenz $F(\cdot)$. Sind die Restriktionen an G so gewählt, dass auf die Abbildung $F(\cdot)$ ein Fixpunktsatz (hier: Der *Fixpunktsatz von Kakutani*) angewendet werden kann, dann ist wegen (2.10) das Existenzproblem für Nash-Gleichgewichte von G gelöst.

Im folgenden Satz werden wir die Bedingungen an G präzise formulieren, welche die Existenz eines Nash-Gleichgewichts garantieren. Da der Beweis einige fortgeschrittene, formale Konzepte verwendet, haben wir ihn im Anhang D dargestellt. Der an formalen Details nicht interessierte Leser kann den Beweis ohne Verständnisprobleme für den restlichen Text überspringen.

Satz 2.13. *Gegeben sei ein Spiel in Normalform G.*[21] *Wenn für für jeden Spieler i gilt:*

1. *Σ_i ist eine kompakte und konvexe Teilmenge eines endlich-dimensionalen Euklidischen Raumes,*
2. *$H_i : \Sigma \longrightarrow \mathbb{R}$ ist stetig,*
3. *$\forall \sigma_{-i} : H_i(\sigma_{-i}, \cdot) : \Sigma_i \longrightarrow \mathbb{R}$ ist quasi-konkav in σ_i,*

dann existiert ein Nash-Gleichgewicht in G.

Beweisidee: Siehe Anhang D.

Die in Satz 2.13 angenommene Stetigkeit der Auszahlungsfunktionen ist keine starke Restriktion. Die Quasi-Konkavität ist eine eher technische Forderung, die garantiert, dass die Menge der besten Antworten konvex ist und

---

[21] Alle in Satz 2.13 angesprochenen mathematischen Konzepte sind in Anhang B definiert.

damit $F(\sigma)$ konvex ist (siehe dazu Anhang D). Die Konvexität ist eine wichtige Voraussetzung für die Anwendung des Kakutani'schen Fixpunktsatzes für $F(\cdot)$. Kritisch ist die Annahme der Konvexität der individuellen Strategiemengen Σ_i. In allen bisher angeführten Beispielen wurden die Σ_i als endlich angenommen, aber endliche Mengen sind nicht konvex. Daher scheint der Existenzsatz auf den ersten Blick für viele Spiele keine Bedeutung zu haben. Wir werden aber sofort zeigen, dass das Konzept der gemischten Strategie die Bedeutung des Existenzsatzes 2.13 erschließt.

Dazu betrachten wir die so genannte *gemischte Erweiterung* eines Normalformspiels $G = \{\Sigma_1, \ldots, \Sigma_n; H_1, \ldots, H_n; I\}$, im Folgenden mit dem Symbol G_s bezeichnet. Die gemischte Erweiterung G_s unterscheidet sich von dem zugrunde liegenden Spiel G nur darin, dass die Strategiemengen S_i aus gemischten Strategien bestehen und die Auszahlungsfunktionen von Σ auf S erweitert werden. Für die gemischte Erweiterung selbst gilt folgende Aussage.

Satz 2.14. *Die gemischte Erweiterung G_s eines Normalformspiels G erfüllt alle Annahmen von Satz 2.13.*

Beweisskizze: 1. Die Mengen S_i sind konvexe Teilmengen eines Euklidischen Raumes. Man betrachte beliebige Strategien $s', s'' \in S_i$, dann gilt für $s_i(\lambda) := \lambda s_i' + (1-\lambda) s_i''$ ($\lambda \in [0,1]$) mit $s_i' = \{p_{ij}'\}_j$, $s_i'' = \{p_{ij}''\}_j$, $s_i(\lambda) = \{p_{ij}(\lambda)\}_j$ und $p_{ij}(\lambda) = \lambda p_{ij}' + (1-\lambda) p_{ij}''$, so dass

$$\sum_h p_{ih}(\lambda) = \lambda \sum_h p_{ih}' + (1-\lambda) \sum_h p_{ih}'' = \lambda + (1-\lambda) = 1$$

und $s_i(\lambda) \in S_i$.

Aus $p_i \geqq 0$ und $\sum_h p_{ih} = 1$ folgt, dass die S_i abgeschlossen und beschränkt, also kompakt sind.

2. Die $H_i(s)$ sind Erwartungswerte mit den Wahrscheinlichkeitsgewichten $\pi(\sigma) := p_{1j_1} \cdot \ldots \cdot p_{nj_n}$. Die erwarteten Auszahlungen sind als Linearkombinationen der $H_i(\sigma)$ mit den Koeffizienten $\pi(\sigma)$ stetig in den Wahrscheinlichkeitsgewichten $\pi(\sigma)$.

3. Die Quasi-Konkavität von $H_i(s_{-i}, \cdot)$ folgt aus der Konkavität von $H_i(s_{-i}, \cdot)$, die Konkavität wiederum folgt aus der Linearität. Wir müssen demnach zeigen, dass $H_i(s_{-i}, \alpha s_i' + \beta s''_i) = \alpha H_i(s_{-i}, s_i') + \beta H_i(s_{-i}, s_i'')$ für $\alpha, \beta \in \mathbb{R}$ gilt.

Dazu verwenden wir die Bemerkung aus 2., dass die $H_i(s)$ Erwartungswerte sind, also Summen der Ausdrücke $\pi(\sigma) \cdot C_i(\sigma)$ (über alle $\sigma \in \Sigma$), wobei $C_i(\sigma)$ die Auszahlung von i bei der reinen Strategiekombination σ bezeichnet. Für $s_i' = \{p_{ij_i}'\}$ und $s_i'' = \{p_{ij_i}''\}$ erhält man:

$$H_i(s_{-i}, \alpha s'_i + \beta s''_i) = \sum_{j_1} \cdots \sum_{j_n} [\pi_{-i}(\cdot)(\alpha p'_{ij_i} + \beta p''_{ij_i})C_i(\cdot)]$$

$$= \sum_{j_1} \cdots \sum_{j_n} [\pi_{-i}(\cdot)\alpha p'_{ij_i} C_i(\cdot)] +$$

$$\sum_{j_1} \cdots \sum_{j_n} [\pi_{-i}(\cdot)\beta p''_{ij_i} C_i(\cdot)]$$

$$= \alpha H_i(s_{-i}, s'_i) + \beta H_i(s_{-i}, s''_i)$$

q. e. d.

Daraus können wir folgern:

Korollar 2.15. *Jedes Spiel in Normalform G hat ein Nash-Gleichgewicht in gemischten Strategien.*

Das Resultat von Korollar 2.15 ist aus verschiedenen Gründen bemerkenswert:

1. Es lässt als Spezialfall die Existenz eines Gleichgewichts in reinen Strategien zu (für so genannte degenerierte gemischte Gleichgewichtsstrategien).
2. Die Existenzaussage von Nash, die sich auf die gemischte Erweiterung von endlichen Spielen bezieht, ist mit einem fundamentalen Mangel behaftet. Akzeptiert man das Argument, dass real stets nur endlich viele (reine) Strategien verfügbar sein können (wegen der Ungenauigkeit menschlicher Wahrnehmung ist dies äußerst plausibel), so gilt dies natürlich auch für die Wahrscheinlichkeiten. Die Annahme, dass alle gemischten Strategien in Δ^{m_i} verfügbar sind, widerspricht damit der ursprünglichen Rechtfertigung der Endlichkeit von Spielen.
3. Die Bedingungen von Satz 2.13 sind nur *hinreichende* Existenzbedingungen. Sie garantieren die Existenz eines Gleichgewichts. Es ist aber durchaus möglich, dass wir Spiele G finden, welche die Bedingungen von Satz 2.13 nicht erfüllen und dennoch ein Nash-Gleichgewicht aufweisen. Für die meisten der bisher angeführten Beispiele in diesem Buch trifft dies zu, denn in ihnen wurden endliche Strategiemengen Σ_i angenommen.
4. Satz 2.13 und Korollar 2.15 sind reine Existenzsätze, die kaum Auskunft über die *Anzahl* der Nash-Gleichgewichte in G geben. Für fast alle Spiele[22] ist die Anzahl der Gleichgewichtspunkte ungerade, was allgemein für Fixpunktaussagen gilt. In der Tat haben wir in unseren Beispielen bereits gesehen, dass es Spiele mit mehreren Nash-Gleichgewichten gibt (z. B. Battle of the sexes-Spiel). Diese Spiele sind nicht unproblematisch, da nun jedem Spieler mehrere Gleichgewichtsstrategien zur Verfügung stehen. Wählen alle Spieler simultan ihre Strategie, so muss jeder Spieler exakt antizipieren, welche Gleichgewichtsstrategien die Gegenspieler wählen werden. Die

---

[22] Wählt man für einen gegebenen, endlichen Strategieraum die Auszahlungen zufällig gemäß eines stetigen Wahrscheinlichkeitsmaßes aus, so würde man mit Wahrscheinlichkeit Null ein Spiel mit gerader Anzahl von Gleichgewichten auswählen.

Problematik der Gleichgewichtsauswahl wird in den folgenden Kapiteln ausführlich behandelt.

2.4 Anwendungen des Nash-Konzeptes

Anwendungen des Nash-Gleichgewichts gibt es inzwischen in den verschiedensten Bereichen der Sozialwissenschaften. Es würde den Rahmen dieses Lehrbuchs sprengen, einen Überblick über alle diese Anwendungen zu geben. Wir wollen uns daher auf zwei elementare Anwendungen beschränken, die im Bereich der Industrieökonomik bzw. Oligopoltheorie liegen. Dabei wird sich zeigen, dass lange vor der Publikation von dem Artikel von Nash ein Lösungskonzept (von Augustin Cournot (1838)) entwickelt wurde, das mit dem Nash-Gleichgewicht identisch ist.[23]

2.4.1 Das homogene Mengen-Oligopol

Wir betrachten einen Markt für ein homogenes Produkt.[24] Das Produkt wird von n verschiedenen Unternehmen angeboten, die jeweils durch ihre (zweimal stetig differenzierbare) Kostenfunktion $c_i : \mathbb{R}_+ \longrightarrow \mathbb{R}_+$ und ihre Kapazitätsschranke $L_i > 0$ charakterisiert sind. Eine Kostenfunktion gibt für jede Absatzmenge x_i von Unternehmung i die minimalen Produktionskosten an, mit der diese Produktmenge hergestellt werden kann. Üblicherweise nimmt man in der mikroökonomischen Produktionstheorie an, dass die Kosten mit der Produktmenge wachsen und dass darüber hinaus die Kosten einer zusätzlichen Produkteinheit (Grenzkosten) ebenfalls wachsen.[25] Formal fordern wir also $c_i' > 0$ und $c_i'' > 0$. Die Existenz einer Kapazitätsgrenze $L_i > 0, L_i < \infty$ impliziert, dass keine Unternehmung beliebig große Gütermengen produzieren kann.

Die Marktnachfrageseite wird hier sehr einfach durch eine aggregierte (differenzierbare) Nachfragefunktion $d(\cdot)$ repräsentiert, die jedem Marktpreis p die gesamte nachgefragte Menge $x = d(p)$ des Gutes zuordnet. Da wir nur am strategischen Verhalten der Unternehmen interessiert sind, wollen wir die Preisbildung auf diesem Markt durch die Annahme eines impliziten Marktmechanismus vereinfachen, durch den jeder Gesamtabsatzmenge $x = x_1 + \ldots + x_n$

---

[23] In der Literatur wird dieses Konzept daher häufig *Cournot-Nash-Gleichgewicht* genannt (siehe z. B. Varian 1984).
[24] Homogenität von Produkten ist ein zentraler Begriff der ökonomischen Theorie. Wir wollen ein Gut *homogen* nennen, wenn gleiche Quantitäten des Gutes in jedem innerhalb der Analyse möglichen Gebrauch austauschbar sind. Die Homogenität eines Gutes kann auch als *Abwesenheit eines Markenbewusstseins* interpretiert werden.
[25] Diese Annahme ist in der Mikroökonomik auch als *Annahme zunehmender Grenzkosten* bekannt.

derjenige Preis zugeordnet wird, bei dem die Nachfrage genau das Gesamtangebot x aufnimmt. Dieser Mechanismus wird formal durch die *inverse Nachfragefunktion* $f(x) := d^{-1}(x)$ repräsentiert. Wir nehmen weiter an, dass das so genannte *Gesetz der Nachfrage* gilt, d. h. dass größere Produktmengen nur bei sinkenden Preisen von der Nachfrage aufgenommen werden. Daher fordern wir $f' < 0$. Wir nehmen weiter an, dass eine Sättigungsmenge $\bar{\xi}$ existiert derart, dass $f(x) = 0$ für $x \geq \bar{\xi}$, und dass ein Grenzpreis $\bar{p}$ existiert mit $f(0) = \bar{p}$. Ein Beispiel für eine solche inverse Nachfragefunktion ist in Abb. 2.4 skizziert.

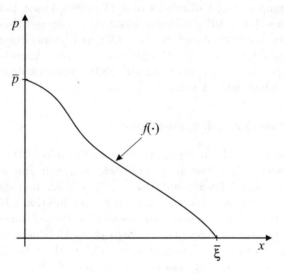

Abb. 2.4. Inverse Nachfrage

Die Gewinnfunktion einer Unternehmung hängt von den Absatzmengen aller Firmen ab. Der Gewinn einer Unternehmung ist definiert als die Differenz zwischen Verkaufserlösen und Produktionskosten. Die Verkaufserlöse sind durch den Marktpreis determiniert, der wiederum von der Gesamtabsatzmenge $x = (x_1 + \ldots + x_n)$ aller Unternehmen abhängt.[26] Damit kann die Gewinnfunktion $G_i(\cdot)$ einer Unternehmung i definiert werden durch:

$$G_i(x_1, \ldots, x_n) := x_i f(x_1 + \ldots + x_n) - c_i(x_i) \tag{2.11}$$

Das Entscheidungsproblem einer Unternehmung besteht nun darin, eine Absatzmenge x_i zu finden, die den Gewinn – gegeben die Absatzentscheidungen der übrigen Unternehmen – maximiert. Dieses Problem wurde bereits im 19. Jahrhundert von Augustin Cournot (1838) im Rahmen eines einfachen formalen Modells behandelt.

---
[26] Da nach unserer Annahme sich immer ein Preis bilden wird, bei dem die von den Unternehmen angebotenen Produktmengen auch abgesetzt werden, können wir hier Produktions- und Absatzmengen gleichsetzen.

Definition 2.16. *Gegeben seien n Oligopolisten, die durch ihre Gewinnfunktionen $G_i(\cdot)$ charakterisiert sind. Ein n-Tupel von Absatzmengen $x^* = (x_1^*, \ldots, x_n^*)$ heißt Cournot-Lösung, wenn alle Unternehmen i in x^* ihren Gewinn (bzgl. x_i) maximieren.*

Wenn die $G_i(\cdot)$ geeignete Konkavitätseigenschaften aufweisen und differenzierbar sind, kann die Cournot-Lösung durch die Bedingungen 1. Ordnung

$$\forall i: \quad \frac{\partial G_i(x^*)}{\partial x_i} = 0 \qquad (2.12)$$

charakterisiert werden.[27] Das Entscheidungsproblem der Unternehmen ist strategischer Natur und kann nur im Rahmen eines nicht-kooperativen Spiels G formuliert werden. Dazu werden die individuellen Strategien der Spieler mit den Absatzmengen x_i und die Auszahlungsfunktionen mit den Gewinnfunktionen $G_i(\cdot)$ identifiziert, d. h. wir haben:

$$\Sigma_i := [0, L_i], \quad H_i(\cdot) \equiv G_i(\cdot)$$

Wir stellen weiter fest, dass die Cournot-Lösung identisch mit dem Konzept des Nash-Gleichgewichts ist. Denn man kann das Nash-Konzept äquivalent als Maximierungsproblem wie folgt umformulieren:[28]

σ^* ist ein Nash-Gleichgewicht, wenn für alle $i \in I$ gilt:

$$H_i(\sigma^*) = \max_{\sigma_i \in \Sigma_i} H_i(\sigma_{-i}^*, \sigma_i). \qquad (2.13)$$

Die Identität von Cournot-Lösung und Nash-Gleichgewicht hat eine wichtige Implikation für die Cournot-Lösung: Wir können nun die Frage beantworten, für welche Märkte Cournot-Lösungen existieren. Durch Anwendung des Existenzsatzes für Nash-Gleichgewichte können wir direkt auf die Existenz von Cournot-Lösungen schließen. Wir verwenden dabei (analog den Strategiekonfigurationen) die Bezeichnungsweise x_{-i} für Konfiguration der Absatzmengen aller Spieler außer Spieler i, d. h. es gilt $x_{-i} = (x_1, \ldots, x_{i-1}, x_{i+1}, \ldots, x_n)$.

Satz 2.17. *Sind die Funktionen $f(\cdot)$ und $c_i(\cdot)$ (zweimal stetig) differenzierbar und erfüllen sie für alle $i \in I$ die Bedingung*

$$\forall (x_{-i}, x_i) \in \prod_i [0, L_i] :$$

$$2f'\left(\sum_{j \neq i} x_j + x_i\right) + x_i f''\left(\sum_{j \neq i} x_j + x_i\right) - c_i''(x_i) \leqq 0,$$

dann existiert eine Cournot-Lösung x^*.

---

[27] Der Einfachheit halber betrachten wir nur innere Lösungen $x_i^* > 0$.
[28] Wir sehen hier von möglichen technischen Komplikationen bzgl. der Existenz der Maxima ab.

Beweisskizze: Wir müssen prüfen, ob alle Bedingungen des Existenzsatzes für Nash-Gleichgewichte erfüllt sind.

a) Offenbar sind die Strategiemengen $[0, L_i]$ kompakte und konvexe Teilmengen von $\mathbb{R}$.

b) Die Gewinnfunktionen $G_i(\cdot)$ sind stetig, da $f(\cdot)$ und $c_i(\cdot)$ differenzierbar sind, demnach sind die Auszahlungsfunktionen $H_i(\cdot)$ stetig.

c) Es bleibt zu zeigen, dass die $G_i(x_{-i}, \cdot)$ quasi-konkav sind. Die Annahme des Satzes impliziert wegen

$$\frac{\partial^2 G_i(x)}{\partial x_i^2} = 2f'(\sum_{j \neq i} x_j + x_i) + x_i f''(\sum_{j \neq i} x_j + x_i) - c_i''(x_i) \leqq 0$$

sogar die Konkavität von $G_i(x_{-i}, \cdot)$.

Alle Annahmen von Satz 2.13 sind erfüllt, folglich existiert eine Cournot-Lösung x^*.

q.e.d.

Die Bedingung von Satz 2.17 ist beispielsweise erfüllt, wenn die inverse Nachfrage konkav ist. In der Oligopoltheorie verwendet man häufig Kostenfunktionen des Typs $c_i(x_i) := kx_i^2$ ($k > 0$) und lineare inverse Nachfragefunktionen $p = b - ax$ ($a, b > 0$). Für diese Funktionstypen sind alle Annahmen von Satz 2.17 erfüllt.

Man kann das Cournot'sche Lösungskonzept mit Hilfe von so genannten *Reaktionskurven* graphisch illustrieren. Dazu betrachten wir ein Duopol ($n = 2$). Sei $x^* = (x_1^*, x_2^*)$ die (innere) Cournot-Lösung im Duopol, dann gelten die Bedingungen erster Ordnung:

$$\frac{\partial G_1(x_1^*, x_2^*)}{\partial x_1} = 0, \quad \frac{\partial G_2(x_1^*, x_2^*)}{\partial x_2} = 0$$

Kann man das *Implizite-Funktionen Theorem* (siehe Anhang B) anwenden, dann werden durch diese Bedingungen (lokal um x_1^* bzw. x_2^*) implizit zwei Funktionen $R_i : \mathbb{R} \longrightarrow \mathbb{R}$ ($i = 1, 2$) definiert mit der Eigenschaft:[29]

$$\frac{\partial G_1(x_1, R_2(x_1))}{\partial x_1} = 0, \quad \frac{\partial G_2(R_1(x_2), x_2)}{\partial x_2} = 0$$

Die $R_i(\cdot)$ werden Reaktionsfunktionen genannt. $R_i(x_j)$ ordnet jeder geplanten Absatzmenge von Unternehmen j die gewinnmaximierende Absatzmenge x_i von Unternehmen i zu. Implizite Differentation von $R_i(\cdot)$ ergibt:

$$R_i' = -\frac{\partial^2 G_j}{\partial x_j^2} \bigg/ \frac{\partial^2 G_j}{\partial x_1 \partial x_2} \tag{2.14}$$

---

[29] Genauer heißt es: Für x_1 bzw. x_2 in einer geeignet gewählten Umgebung von x_1^* bzw. x_2^*.

Nimmt man
$$\frac{\partial^2 G_j}{\partial x_1 \partial x_2} = f' + x_j f'' < 0$$
und
$$\frac{\partial^2 G_j}{\partial x_j^2} = 2f' + x_j f'' - c_j'' < 0$$

an,[30] dann sind die Reaktionsfunktionen offenbar monoton fallend. In Abb. 2.5 sind zwei typische Reaktionsfunktionen skizziert.

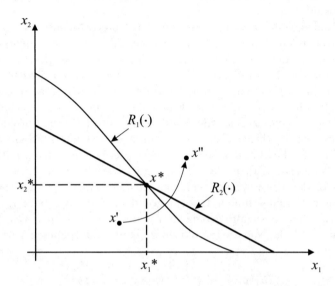

Abb. 2.5. Reaktionsfunktionen und Cournot-Lösung

Betrachten wir beispielsweise die Absatzmengenkombination x', und wenden die Reaktionsfunktionen darauf an, so sehen wir, dass beide Firmen in x' ihren Gewinn nicht maximiert haben. Die Reaktion auf x' ist die Absatzmengenkombination x''. Diese Kombination ist wiederum nicht stabil. Eine weitere Anwendung der Reaktionsfunktionen auf x'' führt zu einer anderen Absatzmengenkombination. Nur im Punkt x^* führt die Anwendung der Reaktionsfunktionen wieder zu x^*. In x^* maximiert also jeder Duopolist seinen Gewinn, wenn der Konkurrent i die Menge x_i^* anbietet. Der Punkt x^* stellt die Cournot-Lösung dar. Die Reaktionsfunktionen $R_i(\cdot)$ sind offenbar das Pendant zu den individuellen Beste-Antwort-Funktionen $g_i(\cdot)$, die wir in Abschnitt 2.3 definiert haben. In die Sprache der Beste-Antwort-Funktionen übertragen, ist die Cournot-Lösung x^* die beste Antwort auf sich selbst, also ein Nash-Gleichgewicht.

---

[30] Diese Annahmen sind für lineare Kosten- und Nachfragestrukturen immer erfüllt.

2.4.2 Das Bertrand-Duopol

Wir wollen in diesem Abschnitt die Annahme eines homogenen Marktes beibehalten, aber im Gegensatz zum vorhergehenden Abschnitt annehmen, dass die *Preise* p_i die Entscheidungsvariablen der Unternehmen sind. Damit entfällt die Notwendigkeit, einen Preismechanismus einzuführen, durch den immer gesichert ist, dass das gesamte Marktangebot von der Nachfrage aufgenommen wird. Jede Unternehmung schafft sich ihre eigene Nachfrage durch Setzen des Produktpreises. Der Einfachheit halber betrachten wir wieder ein Duopol. Die Unternehmen sind durch ihre lineare Kostenfunktion $c_i(x_i) := C_i x_i$ ($C_i > 0$) charakterisiert.

Die Nachfrage der Konsumenten bei den Unternehmen hängt von der jeweils herrschenden Preiskonstellation (p_1, p_2) ab. Die Konsumenten kennen die Marktpreise und haben keine Informations- oder Transportkosten. Daher werden sie wegen der Homogenität der angebotenen Güter ausschließlich bei der Unternehmung kaufen, die das Produkt zum niedrigeren Preis anbietet. Bei Preisgleichheit nehmen wir der Einfachheit halber an, dass sich die Nachfrage der Konsumenten gleichmäßig auf beide Unternehmen aufteilt.[31]

Die gesamte Marktnachfrage wird durch eine differenzierbare Funktion $d(\cdot) : \mathbb{R}_+ \longrightarrow \mathbb{R}_+$ beschrieben. Wir verlangen hier von $d(\cdot)$, dass sie das *Gesetz der Nachfrage* erfüllt, d. h. dass $d' < 0$ gilt. Die Gesamtnachfrage kann zu einem der beiden Unternehmen wandern oder sie kann sich zu gleichen Teilen auf die Unternehmen aufteilen. Dazu verwenden wir das Symbol $d_i(p_1, p_2)$, das die firmenspezifische Nachfrage bei Unternehmung i bezeichnet. Wir definieren die firmenspezifische Nachfragefunktion $d_1(\cdot)$ für Unternehmen 1 wie folgt:

$$d_1(p_1, p_2) := \begin{cases} d(p_1) & \ldots p_1 < p_2, \\ \frac{1}{2} d(p_1) & \ldots p_1 = p_2, \\ 0 & \ldots p_1 > p_2. \end{cases}$$

Für Unternehmen 2 definiert man $d_2(\cdot)$ analog. Die firmenspezifische Nachfrage von Unternehmen 1 ist in Abb. 2.6 skizziert.

Wir sehen in Abb. 2.6, dass die Funktionen $d_i(p_1, p_2)$ (jeweils in $p_j, j \neq i$) unstetig sind. Damit sind auch die Gewinnfunktionen der Firmen

$$G_i(p_1, p_2) := (p_i - C_i) d_i(p_1, p_2)$$

unstetig.

Analog zum homogenen Mengenoligopol ist die Frage, welche Preiskonfiguration $p = (p_1, p_2)$ sich auf diesem Markt einstellen wird. Wir fragen konkret nach dem Nash-Gleichgewicht auf diesem Markt, d. h. nach der Preiskonstellation p^*, bei der Unternehmung i ihren Gewinn bzgl. p_i maximiert, vorausgesetzt die Konkurrenz-Unternehmung bleibt bei ihrem Preis p_j^*. Wir formulieren dieses Problem wieder als nicht-kooperatives Spiel in Normalform G.

---

[31] Die folgenden Ergebnisse hängen nicht von dieser speziellen Aufteilungsregel ab.

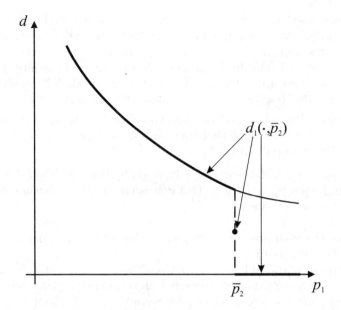

Abb. 2.6. Firmenspezifische Nachfrage von Unternehmung 1

Die Strategiemenge von Unternehmung i ist die Menge aller zulässigen Preise $\Sigma_i := [0, \infty)$. Die Auszahlungsfunktionen können mit den Gewinnfunktionen $G_i(\cdot)$ identifiziert werden. Die Lösung, nach der wir suchen, ist das Nash-Gleichgewicht $p^* = (p_1^*, p_2^*)$, das in der Literatur auch als *Bertrand-Lösung* bzw. *Bertrand-Edgeworth-Lösung* bezeichnet wird. Fraglich ist, ob ein Nash-Gleichgewicht für diesen Markt existiert. Leider können wir den Existenzsatz für Nash-Gleichgewichte (Satz 2.13) hier nicht anwenden, da die Strategiemengen nicht kompakt und die Auszahlungsfunktionen nicht stetig sind. Es ist dennoch möglich zu zeigen, dass dieses Spiel unter bestimmten Bedingungen ein eindeutiges Nash-Gleichgewicht besitzt.

Satz 2.18. *Angenommen, die Duopolisten seien symmetrisch, d. h. es gilt $C_1 = C_2 =: C$, und es existiere ein Preis*[32] *$\bar{p} > C$ derart, dass $d(p) > 0$ für $p \in (C, \bar{p})$, dann existiert ein eindeutiges Nash-Gleichgewicht p^* mit der Eigenschaft:*

$$p_1^* = p_2^* = C$$

Interpretation: Das Ergebnis besagt, dass im Nash-Gleichgewicht der Marktpreis p_i^* gleich den Grenzkosten bzw. Stückkosten der Unternehmen ist, so dass die Unternehmen keinen Gewinn machen. Dieses Ergebnis kennt man in der ökonomischen Theorie für Märkte mit vollständigem Wettbewerb, die

---

[32] Diese Annahme soll den trivialen Fall ausschließen, in dem die Stückkosten C so hoch sind, dass die Marktnachfrage für kostendeckende Preise gleich Null ist.

durch freien Marktzutritt und durch die Annahme der Preisanpassung charakterisiert sind. Vom Standpunkt der Markttheorie ist das Bertrand-Duopol aber ein extrem oligopolistischer Markt, in dem der Marktzutritt vollkommen beschränkt ist und die Unternehmen eine aktive Preispolitik verfolgen. „Paradox" an diesem Ergebnis ist, dass man in einem Modell unvollständigen Wettbewerbs die Resultate des vollständigen Wettbewerbs erhält.

Beweisidee: Wir müssen zeigen, dass von allen Preiskombinationen $p \neq p^*$ wenigstens ein Spieler profitabel abweichen kann. Dazu prüfen wir systematisch alle Preiskonstellationen[33] $p \neq p^*$.

- $p_1 > p_2 > C$: Unternehmung 1 kann profitabel abweichen durch Preissenkung nach $p'_1 \in (C, p_2)$. Dadurch kann sie ihren Gewinn von 0 auf $(p'_1 - C)d(p'_1)$ erhöhen.
- $p_1 > p_2 = C$: Unternehmung 2 kann profitabel abweichen nach $p'_2 \in (C, p_1)$. Dadurch sinkt zwar die gesamte Nachfrage, aber der Stückgewinn $(p_2 - C)$ wird positiv.
- Die Argumentation für $p_2 > p_1 > C$ und $p_2 > p_1 \geqq C$ verläuft analog.
- $p_1 = p_2 > C$: Beispielsweise kann Unternehmung 1 profitabel zu $p'_1 := p_1 - \varepsilon$ ($\varepsilon > 0$) abweichen. Wegen der Stetigkeit von $d(\cdot)$ kann man ε immer klein genug wählen, so dass

$$(p'_1 - C)d(p'_1) > \frac{1}{2}(p_1 - C)d(p_1)$$

  gilt. Auf dieselbe Weise kann auch Unternehmung 2 bei dieser Preiskonstellation ihren Gewinn erhöhen.
- $p_1 < p_2 \leqq C$: Unternehmung 1 kann profitabel nach $p'_1 = C$ abweichen. Bei p_1 hat sie zwar die gesamte Marktnachfrage, der Preis ist aber nicht kostendeckend. Durch das Abweichen macht Unternehmung 1 Null-Gewinn.
- Die Argumentation für $p_2 < p_1 \leqq C$ verläuft analog.
- $p_1 = p_2 < C$: Beide Unternehmen teilen sich zwar die Nachfrage, sie machen aber Verluste. Ein Abweichen z. B. von Unternehmung 1 resultiert in Null-Gewinn.
- $p_1 = p_2 = C$: Abweichen ist für keine Unternehmung profitabel. Angenommen, Unternehmung 1 erhöht den Preis, dann verliert sie die Nachfrage, der Gewinn bleibt Null. Bei Preissenkung gewinnt sie die Nachfrage, aber nur zu einem Preis, der die Stückkosten nicht deckt. Das führt zu Verlusten. Also ist kein profitables Abweichen möglich.

q. e. d.

Das unbefriedigende Resultat des Bertrand-Paradox war Ausgangspunkt vieler neuer und interessanter Arbeiten in der Industrieökonomik. Es wurden zwei verschiedene Auswege aus diesem Paradox vorgeschlagen:[34]

---

[33] Offenbar reicht es, Preise $p_i < \bar{p}$ zu prüfen.
[34] Einen guten Überblick über diese Weiterentwicklungen gibt die Monographie von Jean Tirole (1988).

1. Eine Ursache für das paradoxe Resultat ist die Annahme der *Homogenität der Güter*, die zusammen mit der Annahme der perfekten Preisinformation die Unstetigkeit der Gewinnfunktionen impliziert. *Produktdifferenzierung* kann zu einer Lösung des Paradoxes beitragen. Bei Produktdifferenzierung können die Unternehmen ihr Produkt zu unterschiedlichen Preisen anbieten, ohne dass eine Unternehmung ihre gesamte Nachfrage verliert, so dass die Unstetigkeit der Nachfrage (bei geeigneter Formulierung) verschwindet.[35]
2. Ohne eine derartig drastische Änderung des Konsumenten-Modells anzunehmen, wurde von Edgeworth eine Lösung des Paradoxes durch die Einführung von *Kapazitätsgrenzen* vorgeschlagen. In der Tat beruhen die Preisunterbietungsargumente im Beweis von Satz 2.18 darauf, dass die unterbietende Unternehmung die gesamte ihr zufallende Marktnachfrage auch aufnehmen kann. Nimmt man dagegen an, dass die Unternehmen Kapazitätsgrenzen haben, könnte die unterbietende Unternehmung nicht die gesamte Nachfrage aufnehmen. Man kann sich dann leicht die Existenz von stabilen Preiskombinationen vorstellen, in denen die Hochpreis-Unternehmung ihren höheren Preis im Nash-Gleichgewicht beibehalten kann, da die Käufer bei der preisgünstigeren Unternehmung nichts mehr kaufen können. Wir wollen hier auf eine präzise Formulierung dieses Sachverhalts verzichten, da dies die Einführung weitergehender Konzepte (z. B. Rationierungsschemen bei den kapazitätsbeschränkten Unternehmen) erfordern würde, die den Rahmen dieses Lehrbuchs sprengen würden.

2.5 Axiomatische Charakterisierung von Gleichgewichten

Bislang haben wir Gleichgewichte $s \in S$ von Normalformspielen als Lösungskandidaten für diese Spiele ausschließlich dadurch gerechtfertigt, dass sich solche Strategiekonfigurationen als allgemeine Verhaltenserwartung nicht selbst *destabilisieren*. Erwarten alle Spieler einen ungleichgewichtigen Strategievektor s von G, so würde sich definitionsgemäß ein Spieler verbessern können, wenn er davon abweicht, d. h. die Erwartung der Spieler kann sich nicht erfüllen. Daneben gibt es eine andere Rechtfertigung von Gleichgewichten als Ergebnis eines dynamischen Strategieanpassungsprozesses, die schon von Cournot (1838) verwendet wurde und in einem späteren Kapitel (siehe Kap. 6) diskutiert werden wird.

Tiefere Einsichten in die essentiellen Eigenschaften von Gleichgewichten lassen sich darüber hinaus durch axiomatische Charakterisierungen des

---

[35] Ist man an homogenen Märkten interessiert, so kann man heterogene Märkte mit parametrischem Heterogenitätsgrad (vgl. Berninghaus, Güth und Ramser 1999) analysieren und den Grenzfall mit verschwindendem Heterogenitätsgrad betrachten.

Gleichgewichtskonzeptes gewinnen, auf die wir in diesem Abschnitt eingehen wollen. Solche Beschreibungen können mehr oder minder nahe liegend sein. Wir diskutieren zunächst eine eher nahe liegende Charakterisierung von Gleichgewichten, die auf folgenden Axiomen basiert.

Optimalität (O) *Gegeben seine Erwartung $\hat{s}_{-i}$ über das Verhalten seiner Mitspieler soll jeder Spieler $i = 1,\ldots,n$ optimal reagieren, d. h. ein $s_i \in S_i$ wählen mit*
$$H_i(\hat{s}_{-i}, s_i) \geqq H_i(\hat{s}_{-i}, \hat{s}_i)$$
für alle $\hat{s}_i \in S_i$.

Rationale Erwartung (RE) *Für alle Spieler $i = 1,\ldots,n$ seien die Erwartungen rational, d. h. wenn s gespielt wird, erwartet jeder Spieler i die Konstellation $\hat{s}_{-i} = s_{-i}$.*

Man kann leicht zeigen, dass diese beiden Axiome die Gleichgewichte eines Normalformspiels $G \in \mathcal{G}$ vollständig charakterisieren. Dabei bezeichne im Folgenden die Korrespondenz $E: \mathcal{G} \to S$ die Gleichgewichtskorrespondenz von nicht-kooperativen Spielen G. Sie ordnet jedem Normalformspiel $G \in \mathcal{G}$ die Menge seiner Gleichgewichte $E(G) \subseteq S$ zu. $L: \mathcal{G} \to S$ bezeichnet allgemein die Lösungskorrespondenz für Normalformspiele.

Satz 2.19. *a) Ist s^* Gleichgewicht eines Spiels G, dann sind die Eigenschaften (O) und (RE) erfüllt.*

b) Jedes Element einer Lösungsmenge $L(G)$, das die Bedingungen (O) und (RE) erfüllt, ist ein Gleichgewicht.

Beweis: a) Aus der Definition eines Gleichgewichts folgt, dass die Spieler genau $\hat{s}_{-i} = s^*_{-i}$ erwarten und sich daran optimal anpassen.

b) Angenommen ein Lösungskonzept erfülle (O) und (RE), aber enthalte einen ungleichgewichtigen Strategievektor $s \in S$. Dann gibt es aber einen Spieler i und eine Strategie $\hat{s}_i \in S_i$ mit $\hat{s}_i \neq s_i$, die gegen $\hat{s}_{-i} = s_{-i}$ besser abschneidet, also die Bedingung (O) verletzt.

q. e. d.

Damit ist gesagt, dass nur Gleichgewichte die Gültigkeit der Bedingungen (O) und (RE) gewährleisten. Allerdings erfüllen Lösungskonzepte $L(\cdot)$, die auf alle endlichen Normalformspiele anwendbar sind und $L(G) \subseteq E(G)$ für wenigstens einige Spiele G vorsehen, also so genannte „Refinements" des Gleichgewichtskonzepts ebenso die Eigenschaften (O) und (RE). Man denke z. B. an eine Lösungsfunktion, die im Battle of the sexes-Spiel nur das „frauenfreundliche" Gleichgewicht als Lösung zulässt. Dies zeigt, dass die Gleichgewichtsfunktion

$E(\cdot)$ die maximale Lösungsfunktion $L(\cdot)$ mit den Eigenschaften (O) und (RE) ist.[36]

Wir wollen im Folgenden ein Axiomensystem angeben, das eine Lösungsfunktion $L(\cdot)$ ebenfalls als Gleichgewichtskorrespondenz $E(\cdot)$ charakterisiert, das aber nicht mehr alle Refinements von Nash-Gleichgewichten charakterisiert.[37] Dazu betrachten wir zunächst eine wichtige *Dezentralisierungseigenschaft* von Lösungen von Normalformspielen, die besagt: Wenn eine Teilgruppe von Spielern schon ihr Verhalten gemäß einer allgemein erwarteten Lösung determiniert hat, dann sehen die verbleibenden Spieler keinen Anlass, ihrerseits von der erwarteten Lösung abzuweichen. Konkret sei $\mathcal{G}$ die Menge aller endlichen Normalformspiele G und $L(\cdot)$ eine auf $\mathcal{G}$ definierte Lösungsfunktion, die für alle Spiele G eine Lösungsmenge $L(G) \subseteq S$ definiert. Für jedes $s^* \in L(G)$ und jede Teilmenge M von Spielern definieren wir ein reduziertes Spiel $G^{s^*,M}$ wie folgt.

Definition 2.20. *Gegeben sei ein Normalformspiel G, ein Lösungsvektor $s^* \in L(G)$ und eine nicht-leere Teilmenge $M \subseteq I$, dann ist das reduzierte Normalformspiel $G^{s^*,M}$ definiert durch*

$$G^{s^*,M} = \{(S_i)_{i \in M}, (\tilde{H}_i(\cdot))_{i \in M}\},$$

wobei gilt

$$\tilde{H}_i(s_M) := H_i(s_M, s^*_{-M})$$

für alle $i \in M$. Hierbei bezeichne $s_M = (s_i)_{i \in M}$ einen Strategievektor $s_M \in \prod_{i \in M} S_i =: S_M$ und $s^*_{-M} = ((s^*_j)_{j \notin M})$.

In einem reduzierten Spiel geht man offenbar davon aus, dass ein Teil der Spieler $(I - M)$ das Spiel verlässt, nachdem sie eine Strategiewahl s_{I-M} getroffen haben. Dies hat für die verbleibenden Spieler $(i \in M)$ die Konsequenz, dass die Werte ihrer Auszahlungsfunktionen von der Wahl s_{I-M} beeinflusst werden. Aus $G \in \mathcal{G}$ folgt leicht $G^{s^*,M} \in \mathcal{G}$. Diese Eigenschaft der Klasse $\mathcal{G}$ wird auch als Abgeschlossenheit bezeichnet. Wir gehen im Folgenden davon aus, dass die Klasse der betrachteten Normalformspiele in diesem Sinne abgeschlossen ist.

Wir wollen nun eine wichtige Dezentralisierungseigenschaft von Normalformspielen präzisieren.[38]

Konsistenz (K) *Eine Lösungsfunktion $L(\cdot)$ heißt konsistent, wenn für alle $G \in \mathcal{G}$, alle $s^* \in L(G)$ und alle nicht-leeren Spielermengen $M \subseteq I$ gilt:*

$$s^*_M \in L(G^{s^*,M})$$

---

[36] Wenn $L(\cdot)$ also alle mit (O) und (RE) vereinbaren Lösungen zulässt, so gilt $L(\cdot) \equiv E(\cdot)$.
[37] Unsere Ausführungen basieren im Wesentlichen auf Peleg und Tijs (1996).
[38] Die folgenden Ausführungen basieren auf einer Arbeit von Peleg und Tijs (1996).

Diese Eigenschaft kann wie folgt interpretiert werden. Im Spiel $G^{s^*,M}$ haben sich die Spieler $j \notin M$ schon auf ihre Strategie s_j^* festgelegt. Bei einer konsistenten Lösungsfunktion führt das aber nicht notwendig zu einer Revision der Strategiewahl durch die Spieler $i \in M$, da ihre ursprünglichen Absichten, s_i^* zu wählen, auch mit der Lösung $L(G^{s^*,M})$ für das reduzierte Spiel konsistent sind.

Man kann natürlich auch ganz allgemein für beliebige Strategievektoren $s \in S$ in einem Spiel $G \in \mathcal{G}$ die s, M reduzierten Spiele $G^{s,M}$ definieren. Dies ermöglicht die Definition:

$$L^*(G) := \{s \in S \mid \forall M \neq \emptyset,\ M \subseteq I:\ s_M \in L(G^{s,M})\}$$

Die Menge $L^*(G)$ ist die Menge aller Strategievektoren $s \in S$, die bei verkleinerter Spielermenge ($\emptyset \neq M \subseteq I$) lösungsgeeignet sind, wie es die Konsistenzeigenschaft für alle $s^* \in L(G)$ erfordert.

Es folgt leicht aus den Definitionen, dass die Konsistenz von Lösungsfunktionen auch (alternativ) wie folgt charakterisiert werden kann.

Eine Lösungsfunktion $L(\cdot)$ heißt konsistent, wenn gilt:

$$\forall G:\quad L(G) \subseteq L^*(G)$$

Die alternative Definition erklärt die Bezeichnung des nächsten Axioms.

Umgekehrte Konsistenz (UK) *Für alle Spiele $G \in \mathcal{G}$ mit $|I| \geq 2$ gilt:*

$$L^*(G) \subseteq L(G)$$

Mit der umgekehrten Konsistenz wird also gefordert, dass alle Strategievektoren, die jede echte Verkleinerung der Spielermenge überleben, als lösungsgeeignet betrachtet werden: Wenn ein Strategievektor s für alle M mit $\emptyset \neq M \subseteq I$ ein in $G^{s,M}$ lösungsgeeignetes Verhalten vorschreibt, so ist er auch für $M = I$ lösungsgeeignet. Für $|I| = 1$ ist diese Anforderung unsinnig, da keine Verkleinerung der Spielermenge im Sinne von $\emptyset \neq M \subseteq I$ möglich ist. Um die Lösungsfunktionen mit der Eigenschaft $L(G) = E(G)$ für alle $G \in \mathcal{G}$ zu charakterisieren, müssen wir Axiom (O) etwas modifizieren:

1-Optimalität (O1) *Für alle Spiele $G \in \mathcal{G}$ mit $|I| = 1$ gilt:*

$$L(G) = \{s_1 \in S_1 \mid \forall \tilde{s}_1 \in S_1 : H_1(s_1) \geq H_1(\tilde{s}_1)\}$$

Mit Hilfe der Axiome (O1), (K) und (UK) können wir die Gleichgewichtskorrespondenz eindeutig charakterisieren.

2.5 Axiomatische Charakterisierung von Gleichgewichten 53

Satz 2.21. *Erfüllt eine Lösungsfunktion $L(\cdot)$ die Axiome (O1), (K) und (UK), dann gilt $L(\cdot) \equiv E(\cdot)$.*

Beweis: a) Offenbar erfüllt $E(\cdot)$ alle angegebenen Axiome:

- Für ein Spiel G mit $n = 1$ erfüllt jedes $s \in E(G)$ definitionsgemäß die Forderung (O1).
- Sei G ein endliches Normalformspiel. Für $s \in E(G)$ gilt auch $s_M^* \in E(G^{s^*,M})$, da ein Spieler $i \in M$ auch in $G^{s^*,M}$ nicht profitabel abweichen kann. Also jedes $s \in E(G)$ erfüllt Axiom (K).
- Wir betrachten ein[39] $s \in E^*(G)$. Dann gilt insbesondere für alle $i = 1,\ldots,n$ $s_{\{i\}} = s_i \in E(G^{s,\{i\}})$, d. h. kein Spieler kann profitabel von s abweichen, d. h. $s \in E(G)$. Wegen $E^*(G) \subseteq E(G)$ erfüllt $E(\cdot)$ auch Axiom (UK).

b) Der Nachweis, dass nur $E(\cdot)$ als Lösungsfunktion die drei Axiome erfüllt, basiert auf einem Induktionsbeweis über die Anzahl n der Spieler in G.

- $n = 1$: Wegen (O1) gilt offenbar $L(\cdot) \equiv E(\cdot)$.
- $n \geq 2$: Nach Induktionsannahme gelte für alle Spiele $G \in \mathcal{G}$ mit $n < \tilde{n}$, dass $E(\cdot)$ durch die Axiome vollständig charakterisiert ist.

Man betrachte ein Normalformspiel mit $\tilde{n}$ Spielern. Es gilt dann

- $L(G) \subseteq L^*(G)$ (da $L(\cdot)$ annahmegemäß Axiom (K) erfüllt),
- $= E^*(G)$ (wegen der Induktionsannahme)
- $\subseteq E(G)$ (da $E(\cdot)$ Axiom (UK) erfüllt),

also gilt $L(G) \subseteq E(G)$.

Um die Gleichheit von $L(\cdot)$ und $E(\cdot)$ zu zeigen, weisen wir die umgekehrte Inklusion nach: Es gilt

- $E(G) \subseteq E^*(G)$ (denn $E(\cdot)$ erfüllt gemäß Teil a) das Axiom (K)),
- $= L^*(G)$ (wegen der Induktionsannahme),
- $\subseteq L(G)$ (da $L(\cdot)$ annahmegemäß Axiom (UK) erfüllt).

q. e. d.

Durch die Forderungen (O1), (K) und (UK) wird genau die Gleichgewichtsmenge $E(G)$ eines jeden Spiels als Lösungsmenge postuliert. Ist es dann noch möglich, bestimmte Gleichgewichte $s \in E(G)$ als Lösung eines Spiels $G \in \mathcal{G}$ auszuschließen? Im Folgenden werden wir zunächst darlegen, dass dies durchaus erwünscht sein kann. Danach werden wir noch einmal abstrakt untersuchen, mit welchen Axiomen ein solcher Ausschluss von Gleichgewichten vereinbar ist und mit welchen nicht.

---

[39] $E^*(\cdot)$ ist analog zu $L^*(\cdot)$ definiert.

2.6 Perfekte Gleichgewichte

2.6.1 Definition und Existenz von perfekten Gleichgewichten

Der folgende Abschnitt basiert auf Arbeiten von Reinhard Selten (1965, 1975), die großen Einfluss auf die Entwicklung der Spieltheorie in den letzten Jahrzehnten hatten. Ausgangspunkt ist die Überlegung, dass das Nash-Konzept nicht für alle Normalform-Spiele G eine intuitiv plausible Lösung anbietet. Als einfaches Beispiel für diese Aussage betrachten wir dazu das folgende einfache 2×2-Spiel, dessen Auszahlungsfunktionen repräsentiert sind durch

Spieler 2

		σ_{21}	σ_{22}
Spieler 1	σ_{11}	100 0	100 0
	σ_{12}	-10 -10	40 40

In diesem Spiel gibt es zwei Nash-Gleichgewichte in reinen Strategien, $\sigma^* = (\sigma_{11}, \sigma_{21})$ und $\sigma^{**} = (\sigma_{12}, \sigma_{22})$. Eine weitergehende Überlegung zeigt, dass diese Nash-Gleichgewichte unterschiedlich plausibel sind. Die Grundidee dieser Plausibilitätsprüfung besteht darin zu postulieren, dass auch rationale Spieler annehmen müssen, dass ihre Gegenspieler mit einer zwar geringen, aber dennoch positiven Wahrscheinlichkeit von einer angestrebten Strategiewahl abweichen.

Betrachten wir beispielsweise das Gleichgewicht σ^* und versetzen uns in die Situation von Spieler 2. Er muss annehmen, dass Spieler 1 mit kleiner Wahrscheinlichkeit ε von Strategie σ_{11} abweicht. Mit anderen Worten, er sieht sich eigentlich mit der gemischten Strategie $s'_1 := ((1-\varepsilon), \varepsilon)$ und nicht mit σ_{11} konfrontiert. Ein Vergleich der erwarteten Auszahlungen der beiden reinen Strategien von Spieler 2, wenn s'_1 gespielt wird, ergibt:

$$H_2(s'_1, \sigma_{21}) = (1-\varepsilon)100 - 10\varepsilon = 100 - 110\epsilon <$$
$$H_2(s'_1, \sigma_{22}) = (1-\varepsilon)100 + 40\varepsilon = 100 - 60\varepsilon$$

Unter der Hypothese, dass Spieler 1 mit einer sehr kleinen Wahrscheinlichkeit σ_{12} wählt, ist es für Spieler 2 nicht sinnvoll, das Gleichgewicht σ^* anzustreben. Weicht Spieler 1 mit kleiner Wahrscheinlichkeit von σ_1^* ab, ist die erwartete Auszahlung von Spieler 2 bei σ_{22} größer als bei σ_{21}.

Betrachten wir nun das Gleichgewicht σ^{**}. Wir können zeigen, dass dieses Gleichgewicht gegenüber kleinen, irrationalen Abweichungen robust ist. Betrachten wir die Situation von Spieler 1. Er sieht sich mit der gemischten Strategie $s'_2 = (\varepsilon, (1-\varepsilon))$ konfrontiert. Ein Vergleich seiner reinen Strategien, wenn s'_2 gespielt wird, ergibt für hinreichend kleines ε:

2.6 Perfekte Gleichgewichte

$$H_1(\sigma_{12}, s_2') = 40 - 50\epsilon > H_1(\sigma_{11}, s_2') = 0$$

Für Spieler 2 gilt: Er sieht sich mit der gemischten Strategie $s_1' = (\varepsilon, (1-\varepsilon))$ konfrontiert. Ein Vergleich seiner reinen Strategien, wenn s_1' gespielt wird, ergibt für hinreichend kleines ε:

$$H_2(s_1', \sigma_{22}) = 40 + 60\epsilon > H_2(s_1', \sigma_{21}) = -10 + 110\varepsilon$$

Wir sehen also, dass die beiden Strategiekonfigurationen σ^*, σ^{**} zwar Nash-Gleichgewichte sind, aber sie sind unterschiedlich robust gegen kleine (irrationale) Abweichungen der Spieler. Wie die obigen Ungleichungen zeigen, kann es durchaus vorkommen, dass beispielsweise Strategie σ_{11} eine höhere Auszahlung als σ_{12} hat, wenn die Abweichungswahrscheinlichkeit von σ_{22} groß genug ist. Daher spielt die Größe der Wahrscheinlichkeit der Abweichung eine kritische Rolle für dieses Robustheitskonzept, das wir im Folgenden *perfektes Gleichgewicht* nennen werden.

Im Folgenden wird dieses Robustheitskonzept formalisiert. Dazu benötigen wir einige vorbereitende Definitionen. Die Grundidee der Formalisierung besteht darin, so genannte *perturbierte Spiele* in Normalform zu konstruieren, die dadurch charakterisiert sind, dass jeder Spieler *jede* seiner reinen Strategien, so unvorteilhaft sie auch sein mag, mit positiver Wahrscheinlichkeit wählen muss. Interessant sind diejenigen perturbierten Spiele, bei denen die Spieler alle Strategien mit einer sehr kleinen Minimumwahrscheinlichkeit wählen müssen. Wir befinden uns dann in einer Situation wie im obigen Beispiel: Jeder Spieler weicht mit einer kleinen, aber positiven Wahrscheinlichkeit von einem (möglichen) Nash-Gleichgewicht in reinen Strategien ab. Wir wollen zuerst das Konzept der Minimumwahrscheinlichkeit definieren.

Definition 2.22. *Eine Funktion*

$$\eta : \cup_i \Sigma_i \longrightarrow [0, 1)$$

heißt Minimumwahrscheinlichkeitsfunktion (trembling function), wenn für alle i gilt:

1. $\forall \sigma_i \in \Sigma_i : \quad \eta(\sigma_i) > 0$
2. $\sum_{\sigma_i \in \Sigma_i} \eta(\sigma_i) < 1$

Die Funktion $\eta(\cdot)$ sichert, dass jeder Spieler *jede* Strategie mit positiver Wahrscheinlichkeit spielt. Die zweite Forderung impliziert, dass das Entscheidungsproblem der Spieler, welche die untere Wahrscheinlichkeitsschranke $\eta(\cdot)$ berücksichtigen müssen, ein echtes Entscheidungsproblem bleibt (würde $\sum_{\sigma_i \in \Sigma_i} \eta(\sigma_i) = 1$ gelten, hätte Spieler i keine andere Wahl als $\eta(\sigma_i)$ als einzige gemischte Strategie zu wählen).

Mit Hilfe der Funktion $\eta(\cdot)$ können wir aus jedem Normalform-Spiel ein Spiel ableiten, in dem alle Spieler alle Strategien mit positiver Wahrscheinlichkeit wählen. Dazu definieren wir so genannte *perturbierte Strategiemengen*:

$$S_i(\eta) := \{s_i \in S_i | s_i = (p_{i1}, \ldots, p_{im_i}), \quad \forall j_i : p_{ij_i} \geqq \eta(\sigma_{ij_i})\}$$

Definition 2.23. *Gegeben sei ein Spiel in Normalform G, dann ist das perturbierte Spiel $G(\eta)$ gegeben durch*

$$G(\eta) = \{S_1(\eta), \ldots, S_n(\eta); \hat{H}_1, \ldots, \hat{H}_n; I\},$$

wobei die Auszahlungsfunktionen $\hat{H}_i$ die Beschränkungen der Funktion H_i auf die in $G(\eta)$ möglichen Strategievektoren s sind.

Um unnötige Komplexität der Symbolik zu vermeiden, werden wir im Folgenden auf die spezielle Bezeichnung $\hat{H}_i$ für Auszahlungsfunktionen verzichten und generell das Symbol H_i verwenden.

Wir definieren perfekte Gleichgewichte als Grenzwert von Nash-Gleichgewichten in perturbierten Spielen, wenn die Minimumwahrscheinlichkeiten gegen Null konvergieren.

Definition 2.24. *Gegeben sei ein Spiel in Normalform G, ein Strategietupel s^* heißt perfektes Gleichgewicht des Spiels G, wenn eine Folge $\{(s^t, \eta^t)\}_t$ existiert mit:*[40]

- $\eta^t \downarrow 0 \quad (t \to \infty)$
- $s^t \longrightarrow s^* \quad (t \to \infty)$
- $\forall t : s^t$ *ist ein Nash-Gleichgewicht von $G(\eta^t)$*

Wir bemerken, dass das Perfektheitskonzept nicht sehr restriktiv ist. Damit eine Strategiekonfiguration s^* perfekt ist, genügt es bereits, dass überhaupt *irgendeine* Folge von perturbierten Nash-Gleichgewichten existiert, die gegen s^* konvergiert. Damit Definition 2.24 sinnvoll ist, fragen wir zunächst, ob in jedem perturbierten Normalformspiel Nash-Gleichgewichte existieren. Das folgende Lemma gibt darüber Auskunft.

Lemma 2.25. *Jedes perturbierte Spiel $G(\eta)$ hat ein Nash-Gleichgewicht.*

Beweisskizze: Man prüft leicht nach, dass alle Voraussetzungen von Satz 2.13 erfüllt sind:

a) Gegeben eine Minimumwahrscheinlichkeitsfunktion $\eta(\cdot)$, so sind die Strategiemengen der Spieler

$$S_i(\eta) = S_i \cap \{p_i \in \mathbb{R}_+^{m_i} \mid p_{ij_i} \geq \eta(\sigma_{ij_i})\}$$

konvex und kompakt als Durchschnitt von zwei konvexen Mengen (siehe Satz B.2 in Anhang B) bzw. als Durchschnitt einer kompakten und einer abgeschlossenen Menge (siehe Anhang B, Satz B.17).

b) Die Auszahlungsfunktionen $H_i(\cdot)$ sind auf der Teilmenge $S(\eta) := S_1(\eta) \times \ldots \times S_n(\eta) \subseteq S$ definiert. Ihre Eigenschaften (Linearität und Stetigkeit), die in Satz 2.14 abgeleitet wurden, ändern sich nicht. Also sind alle Annahmen

---

[40] Wegen der Endlichkeit der Σ_i kann die Funktion $\eta(\cdot)$ mit einem endlich dimensionalen Vektor identifiziert werden. Konvergenz von η^t ist äquivalent mit der Vektor-Konvergenz im endlich-dimensionalen Euklidischen Raum.

des Existenzsatzes für Nash-Gleichgewichte in $G(\eta)$ erfüllt.

q. e. d.

Aus dem Resultat von Lemma 2.25 wissen wir, dass jedes perturbierte Spiel ein Nash-Gleichgewicht hat. Das folgende Lemma charakterisiert die Nash-Gleichgewichte in den perturbierten Spielen $G(\eta)$. Diese Charakterisierung wird sich – wie wir sofort sehen werden – als außerordentlich wichtig für die Identifikation von perfekten Gleichgewichten erweisen.

Lemma 2.26. s^* *ist ein Nash-Gleichgewicht in einem perturbierten Spiel $G(\eta)$ genau dann, wenn für alle i die folgende Beziehung erfüllt ist:*

$$H_i(s^*_{-i}, \sigma_{ij}) < H_i(s^*_{-i}, \sigma_{ik}) \Longrightarrow p^*_{ij} = \eta(\sigma_{ij})$$

Interpretation: Ein Nash-Gleichgewicht in einem perturbierten Spiel ist dadurch charakterisiert, dass ein Spieler eine nicht optimale Strategie nur mit der zulässigen Minimumwahrscheinlichkeit spielt.

Beweisskizze: Wir vereinfachen den Ausdruck $H_i(s^*_{-i}, s^*_i)$ derart, dass die Abhängigkeit von σ_{ij} und σ_{ik} deutlich wird. Wegen der Linearität von $H_i(\cdot)$ können wir die erwartete Auszahlung von i aufspalten in einen Teil, der von der Wahl von σ_{ij} und von σ_{ik} abhängt:

$$H_i(s^*_{-i}, s^*_i) = p^*_{ij} H_i(s^*_{-i}, \sigma_{ij}) + p^*_{ik} H_i(s^*_{-i}, \sigma_{ik}) + \sum_{h \neq j,k} p^*_{ih} H_i(s^*_{-i}, \sigma_{ih})$$

Wenn $H_i(s^*_{-i}, \sigma_{ij}) < H_i(s^*_{-i}, \sigma_{ik})$ und $p^*_{ij} > \eta(\sigma_{ij})$ gelten würde, dann könnte Spieler i seine Auszahlung erhöhen, indem er Wahrscheinlichkeitsmasse von σ_{ij} auf σ_{ik} verschiebt. Also könnte s^* kein Nash-Gleichgewicht sein. Die Umkehrung der Aussage ist offensichtlich.

q. e. d.

Wir wenden nun das Kriterium von Lemma 2.26 an, um die perfekten Gleichgewichte unseres Eingangsbeispiels mit der Auszahlungstabelle

Spieler 2

	σ_{21}	σ_{22}
σ_{11}	100 / 0	100 / 0
σ_{12}	−10 / −10	40 / 40

Spieler 1

zu bestimmen. Unsere informellen Überlegungen zu Beginn dieses Abschnitt führten dazu, die Strategiekombination $\sigma^{**} = (\sigma_{12}, \sigma_{22})$ als robust (gegenüber irrationalen Abweichungen der Gegenspieler) zu bezeichnen. Wir wollen nun zeigen, dass σ^{**} das einzige perfekte Gleichgewicht dieses Spiels ist.

Dazu betrachten wir eine Folge von Minimumwahrscheinlichkeitsfunktionen $\eta^t(\cdot) \equiv \frac{1}{t}$ (für $t \to \infty$) und eine Folge von Nash-Gleichgewichten s^t in $G(\eta^t)$ mit:

$$s_1^t := (\frac{1}{t}, (1 - \frac{1}{t}))$$

$$s_2^t := (\frac{1}{t}, (1 - \frac{1}{t}))$$

Offenbar gilt $s^t \longrightarrow \sigma^{**}$. Es muss nur noch gezeigt werden, dass die Strategiekonfigurationen $s^t = (s_1^t, s_2^t)$ für hinreichend große t-Werte Nash-Gleichgewichte der perturbierten Spiele $G(\eta^t)$ sind. Dazu verwenden wir das Resultat von Lemma 2.26.

Wie wir am Beginn dieses Abschnitts berechnet haben, gilt

$$H_1(\sigma_{12}, s_2^t) > H_1(\sigma_{11}, s_2^t) \tag{2.15}$$
$$H_2(s_1^t, \sigma_{22}) > H_2(s_1^t, \sigma_{21}) \tag{2.16}$$

für genügend große t. Nach Lemma 2.26 müssen daher die reinen Strategien σ_{11} und σ_{21} mit der Minimumwahrscheinlichkeit $\frac{1}{t}$ gewählt werden. Die alternativen Strategien σ_{12} und σ_{22} müssen dann mit der Wahrscheinlichkeit $(1 - \frac{1}{t})$ gewählt werden. Also sind die Strategiekonfigurationen s^t für t „groß genug" Nash-Gleichgewichte in den perturbierten Spielen $G(\eta^t)$. Die Strategiekonfiguration σ^{**} ist ein perfektes Gleichgewicht. Um zu zeigen, dass σ^{**} auch das einzige perfekte Gleichgewicht dieses Spiels ist, genügt es die Implikation von $\eta^t(\sigma_{12}) > 0$ zu betrachten: Da damit $p_{12}^t > 0$ gilt, ist in jedem Spiel $G(\eta^t)$ mit $\eta^t(\sigma_{12}) > 0$ die Strategie σ_{21} von Spieler 2 eindeutig schlechter als σ_{22}, d. h. es muss stets $p_{21}^t = \eta^t(\sigma_{21})$ gelten. Für $\eta^t \downarrow 0$ mit $t \to \infty$ folgt daher $p_{21}^t \downarrow 0$ für $t \to \infty$. Damit muss Spieler 2 in jedem perfekten Gleichgewicht σ_{22} wählen, worauf Spieler 1 natürlich mit σ_{12} reagieren muss. Dies beweist, dass σ^{**} das einzige perfekte Gleichgewicht ist.

Wir wollen nun zwei Fragen systematisch diskutieren:

1. Existieren für jedes Spiel in Normalform perfekte Gleichgewichte?
2. Wie kann man perfekte Gleichgewichte charakterisieren?

Es ist klar, dass ein Gleichgewichtskonzept nicht interessant sein kann, wenn es eine nicht zu vernachlässigende Menge von Spielen gibt, die kein Gleichgewicht haben. Wie beim Nash-Gleichgewicht müssen wir daher auch hier prüfen, ob für jedes Spiel in Normalform ein perfektes Gleichgewicht existiert. Diese Frage wird durch den folgenden Satz vollständig beantwortet.

Satz 2.27. *Jedes Spiel in Normalform G hat ein perfektes Gleichgewicht.*

Beweisidee: Wir betrachten eine Folge von perturbierten Spielen $G(\eta^t)$ mit $\eta^t \downarrow 0$.

Nach Lemma 2.25 existiert in jedem Spiel $G(\eta^t)$ ein Nash-Gleichgewicht $s^t \in S(\eta^t) \subseteq S$. Da S kompakt ist, existiert ein $s^* \in S$ und eine Teilfolge[41] $\{s^{t_k}\}_k$ mit:

$$s^{t_k} \longrightarrow s^*$$

s^* ist als Grenzwert einer Folge von Nash-Gleichgewichten in perturbierten Spielen $G(\eta^{t_k})$ definitionsgemäß ein perfektes Gleichgewicht.

q. e. d.

Der Beweis dieses Satzes scheint im Gegensatz zum Existenzsatz von Nash-Gleichgewichten auf den ersten Blick nicht sehr tiefliegend zu sein, er verwendet nur eine Charakterisierung von kompakten Mengen. Dieser Eindruck ist falsch, denn er rekurriert auf das Resultat von Lemma 2.25, das wiederum auf dem grundlegenden Existenzsatz für Nash-Gleichgewichte (Satz 2.13) basiert.

2.6.2 Eigenschaften von perfekten Gleichgewichten

Wir wollen uns nun der zweiten Fragestellung zuwenden. Welche Eigenschaften haben perfekte Gleichgewichte? Zunächst klären wir die Beziehung zwischen perfekten Gleichgewichten und Nash-Gleichgewichten. In unserem Eingangsbeispiel zu diesem Abschnitt wurde ein spezielles Nash-Gleichgewicht (σ^{**}) zwar auch als perfektes Gleichgewicht identifiziert, aber aus der Definition eines perfekten Gleichgewichts ist nicht sofort zu ersehen, welche Beziehung zwischen diesen beiden Gleichgewichtskonzepten besteht. In folgendem Satz wird sich zeigen, dass die Stetigkeit der Auszahlungsfunktionen in den gemischten Strategien s_i die Nash-Eigenschaft der approximierenden Gleichgewichte in den perturbierten Spielen auf ihren Grenzwert „überträgt".

Satz 2.28. *Jedes perfekte Gleichgewicht ist ein Nash-Gleichgewicht.*

Beweisidee: Angenommen s^* ist ein perfektes Gleichgewicht aber kein Nash-Gleichgewicht. Dann gibt es wenigstens einen Spieler i und eine Strategie $s_i' \in S_i$ mit

$$H_i(s^*) < H_i(s^*_{-i}, s_i').$$

Für die folgende Überlegung unterscheiden wir zwei Fälle:

a) Angenommen, s_i' hat nur strikt positive Komponenten, d. h. ist vollständig gemischt, dann existiert ein $\bar{t}$ derart, dass für alle $t > \bar{t}$ gilt:

$$s_i' \in S_i(\eta^t)$$

Die Strategiekonfiguration s^* ist definitionsgemäß Limes von Nash-Gleichgewichten s^t in $G(\eta^t)$. Wegen der Stetigkeit von $H_i(\cdot)$ gilt dann für η^t klein genug:

$$H_i(s^t) < H_i(s^t_{-i}, s_i')$$

---

[41] Siehe Satz B.19 in Anhang B.

Dies ist ein Widerspruch zur Annahme, dass die s^t Nash-Gleichgewichte in $G(\eta^t)$ sind.

b) Angenommen, wenigstens eine Komponente von s_i' ist gleich 0. Dann perturbiere man s_i' zu $s_i'' \approx s_i'$, so dass s_i'' nur strikt positive Komponenten hat. Wegen der Stetigkeit von $H_i(\cdot)$ kann man s_i' derart perturbieren, dass

$$H_i(s^*) < H_i(s^*_{-i}, s_i')$$

gilt. Nun kann man mit der Argumentation in Teil a) fortfahren.

q. e. d.

Unser Eingangsbeispiel zeigt, dass die Umkehrung des Resultats von Satz 2.28 nicht richtig ist. In diesem Beispiel ist σ^* ein Nash-Gleichgewicht aber kein perfektes Gleichgewicht. Also sind in solchen Spielen die perfekten Gleichgewichte eine echte Untermenge der Nash-Gleichgewichte. In diesem Sinne kann man von perfekten Gleichgewichten als Refinement des Nash-Konzeptes sprechen. Wir wollen ein weiteres einfaches Beispiel zur Illustration dieser Zusammenhänge vorstellen.

Beispiel 2.7 Gegeben sei ein 2×2-Spiel mit folgender Auszahlungstabelle.

Spieler 2

		X_2	Y_2
Spieler 1	X_1	1 \\ 1	0 \\ 0
	Y_1	0 \\ 0	0 \\ 0

Dieses Spiel hat zwei Nash-Gleichgewichte $\sigma^* = (X_1, X_2)$ und $\sigma^{**} = (Y_1, Y_2)$. Unsere Intuition sagt uns, dass vollkommen rationale Spieler nicht das Gleichgewicht σ^{**} wählen werden. Tatsächlich ist σ^{**} auch kein perfektes Gleichgewicht (σ^* ist das einzige perfekte Gleichgewicht des Spiels), was aus den folgenden Ungleichungen sofort ersichtlich ist. Es gilt für beliebige, vollständig gemischte Strategien s_2, s_1:

$$H_1(X_1, s_2) > H_1(Y_1, s_2)$$
$$H_2(s_1, X_2) > H_2(s_1, Y_2)$$

Also sind alle Nash-Gleichgewichte in perturbierten Spielen dadurch charakterisiert, dass die reinen Strategien Y_1 und Y_2 mit Minimumwahrscheinlichkeit $\eta(Y_1)$ und $\eta(Y_2)$ gewählt werden. σ^{**} kann demnach nicht durch Nash-Gleichgewichte in $G(\eta)$ approximiert werden.

2.6 Perfekte Gleichgewichte

Unsere letzten beiden Beispiele von 2×2-Spielen weisen eine wichtige Gemeinsamkeit auf: Die nicht perfekten Nash-Gleichgewichte sind jeweils durch die Alternativstrategie dominiert. In Beispiel 2.7 ist Y_1 bzw. Y_2 jeweils eine dominierte Strategie. Im Eingangsbeispiel dieses Abschnitts ist σ_{21} dominiert. Es stellt sich die Frage, ob diese Eigenschaft charakteristisch für perfekte Gleichgewichte ist, d. h. ob alle perfekten Gleichgewichte aus nicht-dominierten Strategien bestehen oder ob es sich hier um eine Eigenschaft handelt, die nur für spezielle numerische Beispiele gilt. Um diese Frage allgemein beantworten zu können, werden wir einige zusätzliche Konzepte einführen.

Zunächst definieren wir den *Träger* einer gemischten Strategie s_i als eine Menge von reinen Strategien, die mit positiver Wahrscheinlichkeit von s_i gewählt werden.

Definition 2.29. *Gegeben sei $s_i \in S_i$.*

a) Der Träger von s_i ist gegeben durch:

$$Tr(s_i) := \{\sigma_{ij} \in \Sigma_i \mid p_{ij} > 0\}$$

b) Der Träger von $s \in S$ ist gegeben durch:

$$Tr(s) := Tr(s_1) \times \ldots \times Tr(s_n)$$

Für jede Kombination von gemischten Strategien $s \in S$ kann man die Menge der besten Antworten in reinen Strategien bestimmen.

Definition 2.30. *Gegeben sei $s \in S$, dann ist die Menge der besten Antworten von Spieler i in reinen Strategien gegeben durch:*

$$BA_i(s) := \{\sigma_i^* \in \Sigma_i \mid \forall \sigma_i : H_i(s_{-i}, \sigma_i^*) \geqq H_i(s_{-i}, \sigma_i)\}$$

Dieses Konzept ist nicht zu verwechseln mit der Beste-Antwort-Korrespondenz $F(\cdot)$, die am Beginn dieses Kapitels eingeführt wurde. Diese Funktion ließ als beste Antwort alle Strategien in der ursprünglichen Strategiemenge zu. Mit $BA(s) := BA_1(s) \times \ldots \times BA_n(s)$ sollen nur die besten Antworten in reinen Strategien erfasst werden.

Mit Hilfe dieser Konzepte sind wir in der Lage, eine weitere Charakterisierung des perfekten Gleichgewichts mit Hilfe von so genannten ε-perfekten Gleichgewichten vorzunehmen.

Definition 2.31. $s^* \in S$ *heißt ε-perfektes Gleichgewicht von G, wenn gilt:*

i) $Tr(s^*) = \Sigma$
ii) $\forall i, \forall \sigma_{ij}: \quad H_i(s_{-i}^*, \sigma_{ij}) < H_i(s_{-i}^*, \sigma_{ik}) \Longrightarrow p_{ij} \leqq \varepsilon$

für $\varepsilon > 0$.

Die Grundidee von ε-perfekten Gleichgewichten ist einfach: Unvorteilhafte reine Strategien werden mit einer oberen Wahrscheinlichkeitsschranke gewählt. Wenn diese Schranke sehr klein ist, sind also „irrationale" Abweichungen sehr unwahrscheinlich, aber wegen Annahme i) immer noch möglich. Eine Verwandtschaft zum Perfektheitskonzept ist leicht zu sehen. In der Tat kann man zeigen, dass perfekte Gleichgewichte auch als Grenzwert von ε-perfekten Gleichgewichten interpretiert werden können.

Satz 2.32. *Gegeben sei eine Kombination von gemischten Strategien $s^* \in S$, dann sind die folgenden Behauptungen äquivalent:*

i) s^* ist ein perfektes Gleichgewicht
ii) für $\varepsilon_t \downarrow 0$ gilt: s^* ist Häufungspunkt einer Folge von ε-perfekten Gleichgewichten s_t
iii) für $\varepsilon_t \downarrow 0$ gilt: s^* ist Häufungspunkt einer Folge s_t^* mit $Tr(s_t^*) = \Sigma$ und s^* ist beste Antwort auf jede Strategiekombination s_t^*

Beweisskizze:
i) $\Longrightarrow$ ii): Nach Definition von s^* existiert eine Folge von Nash-Gleichgewichten $\{s^t\}_t$ in $G(\eta^t)$ mit $s^t \longrightarrow s^*$ ($t \to \infty$, $\eta^t \downarrow 0$). Man definiere für jedes t eine ε-Schranke durch

$$\varepsilon_t := \max_{\sigma_{ij}} \eta^t(\sigma_{ij}),$$

wobei das Maximum über alle Strategien σ_{ij} aller Spieler i angenommen wird. Dann sind die s^t ε_t-perfekte Gleichgewichte, denn es gilt

$$Tr(s^t) = \Sigma,$$
$$H_i(s^*_{-it}, \sigma_{ij}) < H_i(s^*_{-it}, \sigma_{ik}) \Longrightarrow p_{ij} = \eta(\sigma_{ij}) \leqq \varepsilon_t.$$

Bei der Beziehung $p_{ij} = \eta(\sigma_{ij})$ haben wir das Resultat von Lemma 2.26 verwendet.

ii) $\Longrightarrow$ iii): Gegeben sei eine Folge von ε_t-perfekten Gleichgewichten $\{s_t\}_t$ mit s^* als Häufungspunkt. Es genügt zu zeigen, dass ein $\bar{t}$ existiert, so dass für $t \geqq \bar{t}$ gilt:

$$\forall i: \quad Tr(s_i^*) \subseteq BA_i(s_t)$$

Nehmen wir im Gegenteil an, dass für einen Spieler i' eine Teilfolge $\{t_k\}_k$ existiert mit der Eigenschaft:

$$\sigma_{i'j} \in Tr(s_{i'}^*) \quad \text{und} \quad \sigma_{i'j} \notin BA_{i'}(s_{t_k})$$

Da $\sigma_{i'j}$ nicht beste Antwort auf die s_{t_k} ist und gleichzeitig im Träger von s^* ist, gilt für t_k groß genug:

$$p_{i'j} \leqq \varepsilon_{t_k} < p_{i'j}^*$$

Dies steht im Widerspruch zur Annahme, dass s^* Häufungspunkt der Folge $\{s_t\}_t$ ist.

iii) $\Longrightarrow$ i): Wir können ohne Beschränkung der Allgemeinheit annehmen, dass s^* eindeutiger Grenzwert der Folge $\{s_t\}_t$ ist. Man definiere dann eine trembling function η^t wie folgt:

2.6 Perfekte Gleichgewichte

$$\eta^t(\sigma_{ij}) := \begin{cases} p_{ij}^t & \ldots \sigma_{ij} \notin Tr(s_i^*) \\ \varepsilon_t & \ldots \text{sonst} \end{cases}$$

Offenbar konvergiert η^t gegen 0 bei $\varepsilon_t \downarrow 0$. Daher kann eine Folge von perturbierten Spielen $G(\eta^t)$ definiert werden. Für ε klein genug gilt $s_t \in S(\eta^t)$. Nach Lemma 2.26 ist s_t ein Nash-Gleichgewicht des perturbierten Spiels $G(\eta^t)$.

q. e. d.

Die Eigenschaft von perfekten Gleichgewichten, Häufungspunkt von ε-perfekten Gleichgewichten zu sein, erweist sich in vielen konkreten Spielen als sehr nützlich. Unsere intuitive Überlegung zur Bestimmung der Robustheit von Strategiekonfigurationen am Beginn dieses Abschnitts beruht auf diesem Resultat. Die irrationalen Abweichungen zu ungünstigeren Strategien haben eine obere Wahrscheinlichkeitsschranke ε.

Wir sind nun in der Lage, den Zusammenhang von perfekten Gleichgewichten und dominierten Strategien (siehe Definition 2.6) präzise zu formulieren.

Satz 2.33. *Jedes perfekte Gleichgewicht besteht aus nicht dominierten Strategien.*

Beweisskizze: Angenommen, s^* ist ein perfektes Gleichgewicht und enthält eine dominierte Strategie. Dann existieren ein i und ein $s_i' \in S_i$ mit der Eigenschaft

$$\forall s_{-i}: \quad H_i(s_{-i}, s_i') \geqq H_i(s_{-i}, s_i^*),$$
$$\exists s_{-i}': \quad H_i(s_{-i}', s_i') > H_i(s_{-i}', s_i^*).$$

Da reine Strategien ein Spezialfall von gemischten Strategien sind, folgt:

$$\forall \sigma_{-i}: \quad H_i(\sigma_{-i}, s_i') \geqq H_i(\sigma_{-i}, s_i^*) \qquad (2.17)$$

Außerdem muss wenigstens ein reines Strategietupel σ_{-i}' existieren mit:

$$H_i(\sigma_{-i}', s_i') > H_i(\sigma_{-i}', s_i^*) \qquad (2.18)$$

Nach Satz 2.32 ii) ist s^* Limes von ε-perfekten Gleichgewichten $s(\varepsilon)$. Da $s(\varepsilon) > 0$ gilt, folgt aus den Ungleichungen (2.17) und (2.18):

$$H_i(s_{-i}(\varepsilon), s_i') > H_i(s_{-i}(\varepsilon), s_i^*)$$

Aus dieser Ungleichung folgt, dass es wenigstens zwei reine Strategien $\sigma_{ij} \in Tr_i(s_i')$ und $\sigma_{ik} \in Tr_i(s_i^*)$ gibt, so dass gilt:

$$H_i(s_{-i}(\varepsilon), \sigma_{ij}) > H_i(s_{-i}(\varepsilon), \sigma_{ik})$$

Da $s(\varepsilon)$ ein ε-perfektes Gleichgewicht ist, folgt daraus $p_{ik}(\varepsilon) \leqq \varepsilon$. Dies ist wegen $\varepsilon \downarrow 0$ und $\sigma_{ik} \in Tr_i(s_i^*)$ ein Widerspruch.

q. e. d.

Angenommen, man könnte zeigen, dass auch die Umkehrung dieses Satzes gilt, d. h. dass perfekte Gleichgewichte und nicht dominierte Strategietupel äquivalent sind, dann wäre das Perfektheitskonzept schlicht überflüssig, es würde nur einen bereits bekannten Typ von Lösungen auf neue Weise beschreiben. Ein triviales Gegenbeispiel zeigt allerdings, dass die beiden Konzepte nicht äquivalent sind. Die Umkehrung von Satz 2.33 gilt demnach nicht.

Im 2-Personen-Spiel

Spieler 2

		σ_{21}	σ_{22}	σ_{23}
Spieler 1	σ_{11}	0 / 1	2 / 0	3 / 1
	σ_{12}	3 / 0	2 / 0	0 / 0

sind offenbar alle drei reinen Strategien von Spieler 2 nicht dominiert (selbst nicht im Raum der gemischten Strategien, d. h. für jede reine Strategie σ_{2j} gibt es gemischte Strategien s_1 von Spieler 1, für die σ_{2j} einzige beste Antwort ist). Für Spieler 1 ist nur σ_{11} nicht dominiert. Das einzige perfekte Gleichgewicht ist daher $\sigma^* = (\sigma_{11}, \sigma_{23})$, obwohl auch $(\sigma_{11}, \sigma_{21})$ und $(\sigma_{11}, \sigma_{22})$ keine dominierten Strategien enthalten. Weniger einfach ist das folgende Beispiel.

Beispiel 2.8 Wir betrachten ein 3-Personen Spiel in Normalform, in dem jedem Spieler i zwei Strategien (X_i, Y_i) zur Verfügung stehen. Die Auszahlungen können dann durch die folgenden beiden Tabellen dargestellt werden. Die Konvention hierbei ist, dass die Auszahlung von Spieler 1 links unten, von Spieler 2 in der Mitte und von Spieler 3 rechts oben steht.

Wenn Spieler 3 die Strategie X_3 wählt:

Spieler 2

		X_2	Y_2
Spieler 1	X_1	1 / 1 / 1	1 / 0 / 1
	Y_1	1 / 1 / 1	1 / 0 / 0

Wenn Spieler 3 die Strategie Y_3 wählt:

2.6 Perfekte Gleichgewichte

Spieler 2

	X_2	Y_2
X_1	0 ／ 1 ／ 1	0 ／ 0 ／ 0
Y_1	0 ／ 1 ／ 0	0 ／ 0 ／ 1

Spieler 1

Offenbar ist die Strategiekombination $\sigma^* = (Y_1, X_2, X_3)$ nicht dominiert.[42] Aber man kann zeigen, dass σ^* kein perfektes Gleichgewicht ist.

Dazu betrachten wir eine Folge von Minimumwahrscheinlichkeiten η^t mit $\eta^t \downarrow 0$ und die davon induzierten perturbierten Spiele $G(\eta^t)$. Für Spieler 2 und 3 gilt:

$$H_2(s_{-2}, X_2) > H_2(s_{-2}, Y_2) = 0$$
$$H_3(s_{-3}, X_3) > H_3(s_{-3}, Y_3) = 0$$

für beliebige, strikt positive Strategiekombinationen s_{-2}, s_{-3}. Nach Lemma 2.26 gilt für jedes Nash-Gleichgewicht in $G(\eta^t)$ die Beziehung $p_{22}(\eta^t) = \eta^t(Y_2)$ und $p_{32}(\eta^t) = \eta^t(Y_3)$.

Damit kann Spieler 1 seine erwartete Auszahlung in einem Nash-Gleichgewicht in $G(\eta^t)$ wie folgt berechnen:

$$H_1(s_{-1}, X_1) = (1 - \eta^t(Y_2))(1 - \eta^t(Y_3)) + \eta^t(Y_2)(1 - \eta^t(Y_3)) + (1 - \eta^t(Y_2))\eta^t(Y_3),$$
$$H_1(s_{-1}, Y_1) = (1 - \eta^t(Y_2))(1 - \eta^t(Y_3)) + \eta^t(Y_2)\eta^t(Y_3)$$

Für $H_1(\cdot)$ gilt demnach:

$$H_1(s_{-1}, X_1) > H_1(s_{-1}, Y_1) \iff \frac{\eta^t(Y_2) + \eta^t(Y_3)}{\eta^t(Y_2)\eta^t(Y_3)} = \frac{1}{\eta^t(Y_3)} + \frac{1}{\eta^t(Y_2)} > 3$$

Die Ungleichung ist erfüllt für η^t „klein genug". Da Spieler 1 die Strategie Y_1 mit Minimumwahrscheinlichkeit wählt, kann σ^* kein Häufungspunkt einer Folge von Nash-Gleichgewichten in $G(\eta^t)$ sein, d. h. σ^* ist nicht perfekt.

Die Umkehrung von Satz 2.33 gilt also nicht allgemein. Die bisher in diesem Abschnitt betrachteten 2 × 2-Spiele sind allerdings dadurch charakterisiert, dass die perfekten Gleichgewichte mit den Strategiekonfigurationen in nicht dominierten Strategien zusammenfallen. Im Lichte des Resultats von Beispiel 2.8 bleibt zu prüfen, ob dieser Zusammenhang systematisch ist oder nur zufällig für die speziell gewählten numerischen Beispiele gilt. Der folgende

---

[42] Es gilt für alle i und σ': $H_i(\sigma^*) \geqq H_i(\sigma')$

Satz zeigt, dass die Resultate für unsere Beispiele in der Tat Struktureigenschaften von 2-Personen-Spielen sind. Denn für 2-Personen-Spiele gilt auch die Umkehrung des Resultats von Satz 2.33.

Satz 2.34. *Sei G ein 2-Personen Spiel. Dann gilt:*

Ein Nash-Gleichgewicht s^* ist genau dann ein perfektes Gleichgewicht, wenn es eine Strategiekonfiguration in nicht dominierten Strategien ist.

Beweis: Siehe Van Damme (1996), Theorem 3.2.2.

2.6.3 (Un-)Möglichkeit konsistenter Verfeinerung und strikte Gleichgewichte

Im Rahmen der axiomatischen Charakterisierung von Gleichgewichten wurde das Konsistenzaxiom (K) eingeführt, das zusammen mit seiner dualen Formulierung umgekehrter Konsistenz (UK) und dem Optimierungspostulat (O1) für alle endlichen Spiele in Normalform die Menge der Gleichgewichte eindeutig beschreibt. Eine zweite Forderung ist die

Existenz (E) *Für alle endlichen Normalformspiele ist die Lösungsfunktion nicht leer, d. h.:*
$$\forall G \in \mathcal{G}: \quad L(G) \neq \emptyset$$

Mit Postulat (E) verlangen wir, dass eine Lösungsfunktion allgemein anwendbar ist, zumindest in der Klasse von Spielen, in der die Existenz von Gleichgewichten unproblematisch ist. Wir erhalten zunächst die folgende Charakterisierung.

Satz 2.35. *(Norde, Potters, Reijnierse und Vermeulen 1996) Jede Lösungsfunktion $L(\cdot)$, welche die Forderungen (O1), (K) und (E) erfüllt, erfüllt die Bedingung*
$$\forall G \in \mathcal{G}: \quad E(G) = L(G),$$
wobei $E(G)$ wiederum die Menge der Gleichgewichtsstrategiekonfigurationen für das Spiel G bezeichnet.

Da wir die Existenz der verschiedenen Verfeinerungen des Gleichgewichtskonzepts bewiesen haben, ist offensichtlich, dass sie im Allgemeinen der Konsistenzeigenschaft (K) widersprechen. Umgekehrt kann es Verfeinerungen geben, deren Konsistenz völlig selbstverständlich ist, die aber nicht immer existieren. Wir wollen hierfür ein Beispiel geben. Eine überaus wünschenswerte Verfeinerung des Gleichgewichts, die allen bisherigen Verschärfungen der Gleichgewichtsanforderungen genügt, ist das *strikte Gleichgewicht*.

2.6 Perfekte Gleichgewichte

Definition 2.36. *Ein Gleichgewicht* $s^* \in S$ *heißt strikt, wenn jeder Spieler, der als einziger davon abweicht, verliert, d. h. für alle i gilt:*

$$s'_i \in S_i - \{s^*_i\} \implies H_i(s^*_{-i}, s'_i) < H_i(s^*_{-i}, s^*_i)$$

Strikte Gleichgewichte sind natürlich niemals echt gemischt, da dies zwei gleich gute beste Antworten voraussetzt. Das Matching Pennies-Spiel zeigt damit schon die Verletzung der Existenzforderung (E) (für Lösungen in reinen Strategien) auf. Da wie alle Gleichgewichte auch die strikten Gleichgewichte konsistent sind, wird hierdurch Forderung (E) verletzt.

Auswege aus diesem Dilemma bieten daher

- die Verallgemeinerung des Konzeptes des strikten Gleichgewichts, indem man auch für Spiele $G \in \mathcal{G}$ ohne striktes Gleichgewicht eine Lösung mit etwas schwächeren Anforderungen, aber ähnlich guten Stabilitätseigenschaften definiert oder
- die Abschwächung der Konsistenzforderung, indem man z. B. eine anspruchsvollere Definition reduzierter Spiele verlangt. Wir können hierauf nicht näher eingehen.

Wie Gleichgewichte im Allgemeinen erfüllen natürlich auch strikte Gleichgewichte (sogar in noch wünschenswerterer Form) die Bedingung der (strikten) Optimalität und der Konsistenz. Sie verdeutlichen damit die Unmöglichkeitsaussage von Norde et al. (1996), dass sich zwar sinnvolle Verfeinerungen des Gleichgewichts finden lassen, die jedoch nicht die allgemeine Existenz aufweisen. Nun kann die Nicht-Existenz mehr oder minder bedeutsam sein, z. B. in dem Sinne, dass die Klasse der Spiele, in denen die Existenz nicht gilt, sehr klein ist. Wir wollen hier aufzeigen, wie das Konzept strikter Gleichgewichte verallgemeinert werden kann, so dass seine Existenz weniger problematisch ist. Wir gehen dabei von einem endlichen Spiel $G = \{S_1, \ldots, S_n; H_1(\cdot), \ldots, H_n(\cdot); I\}$ in Normalform aus. Man kann dann zeigen:

Satz 2.37. *Ist s^* striktes Gleichgewicht von G, so gilt:*

i) s^* ist ein Gleichgewicht in reinen Strategien, d. h. für alle i gilt $s^*_i(\sigma^*_i) = 1$ für eine reine Strategie $\sigma^*_i \in \Sigma_i$.

ii) s^* ist ein perfektes Gleichgewicht.

Beweis: i) Angenommen, es gäbe zwei reine Strategien σ_i, σ'_i für einen Spieler i mit $s^*_i(\sigma_i), s^*_i(\sigma'_i) > 0$. Da sowohl σ_i und σ'_i beste Antworten auf s^*_{-i} sein müssen, gilt $H_i(s^*_{-i}, \sigma_i) = H_i(s^*_{-i}, \sigma'_i)$, im Widerspruch zur Striktheit von s^*.

ii) Ist $\sigma^* = \{\sigma^*_1, \ldots, \sigma^*_n\}$ ein striktes Gleichgewicht, dann gilt

$$\forall i: \quad H_i(\sigma^*_{-i}, \sigma^*_i) > H_i(\sigma^*_{-i}, \sigma_i)$$

für $\sigma_i \neq \sigma^*_i$. Wegen der Stetigkeit der Auszahlungsfunktionen $H_i(\cdot)$ gibt es eine Folge von echt gemischten Strategietupeln $\{s_t\}_t$ mit $s_t \to \sigma^*$ (für $t \to \infty$) und

$$H_i(s_{-it}, \sigma_i^*) > H_i(s_{-it}, \sigma_i).$$

Das heißt, die Strategiekonfigurationen s_t mit

$$\forall i : s_{it}(\sigma_i) =: \eta_t(\sigma_i) \text{ für } \sigma_i \neq \sigma_i^*$$

und

$$s_{it}(\sigma_i^*) =: \eta_t(\sigma_i^*) = (1 - \sum_{\sigma_i \neq \sigma_i^*} \eta_t(\sigma_i))$$

bilden eine Folge von Nash-Gleichgewichten in den perturbierten Spielen $G(\eta_t)$, welche die Strategiekonfiguration σ^* approximieren, d. h. σ^* ist perfekt.

q. e. d.

Wir führen nun das Konzept der *Formation* von Spielen ein.

Definition 2.38. *a) Gegeben sei ein endliches Normalformspiel G. Man betrachte eine Kollektion von Teilmengen F_i für $i \in I$ mit $\emptyset \neq F_i \subseteq S_i$, die bzgl. der Beste-Antwort-Korrespondenz abgeschlossen in G sind (alle Beste-Antwort-Strategien s_i aller Spieler $i \in I$ auf Strategievektoren $s \in F := F_1 \times \ldots \times F_n$ sind in F_i enthalten) und definiere die Auszahlungsfunktionen $H_i^F(s) := H_i(s)|_{s \in F}$. Dann heißt das Normalformspiel*

$$G^F := \{F_1, \ldots, F_n; H_1^F(\cdot), \ldots, H_n^F(\cdot); I\}$$

die Formation F von G.

b) Die Formation heißt minimal, wenn sie keine echte Teilformation von G enthält.

Aus dieser Definition kann man sofort folgern:

Satz 2.39. *a) Ist s^* striktes Gleichgewicht von G, so ist durch*

$$F_i := \{s_i^*\} \quad \text{für} \quad i = 1, \ldots, n$$

eine minimale Formation von G bestimmt, die wir als $G^{\{s^*\}}$ beschreiben.

b) Seien $G^{F'}$ und $G^{F''}$ zwei Formationen von G und gilt $F := F' \cap F'' \neq \emptyset$, dann ist auch G^F eine Formation.

Da G auch Formation von G ist, gibt es mithin immer eine nicht-leere und eindeutige Menge von Teilmengen von S, d. h. $\{F^1, \ldots, F^m\}$, die disjunkt sind und minimale Formationen von G erzeugen. Ferner entspricht jedem strikten Gleichgewicht s^* von G eine minimale Formation von G. Gemäß der Existenzaussage für Gleichgewichte in Normalformspielen verfügt ferner jede minimale Formation über eine Gleichgewichtslösung $s^j \in F^j$. Die folgende Aussage zeigt, dass Abweichen von einem Gleichgewicht $s^j \in F^j$ zu einem anderen Gleichgewicht $s^k \in F^k$ mit $F^j \cap F^k = \emptyset$ einer Abweichung von einem strikten Gleichgewicht entspricht.

2.6 Perfekte Gleichgewichte

Lemma 2.40. *Es sei $s^j \in F^j$ Gleichgewicht der minimalen Formation G^{F^j} und s^k Gleichgewicht einer anderen minimalen Formation. Weicht Spieler i von s^j als einziger nach s^k ab, so verschlechtert er sich.*

Beweis: Da Spieler i von s^j zu einer Strategie $s_i^k \notin F^j$ abweicht, muss er sich gemäß der minimalen Formationseigenschaft verschlechtern.

q. e. d.

Im Folgenden werden wir unterstellen, dass alle minimalen Formationen nur über ein einziges Gleichgewicht verfügen und hierfür die Verallgemeinerung des Konzeptes strikter Gleichgewichte illustrieren.

Annahme (MF) *Für $j = 1, \ldots, n$ hat jede der minimalen Formationen G^{F_j} von G eine eindeutige Gleichgewichtslösung s^j.*

Wir transformieren das Spiel G nun in ein Spiel G^*, für das wir die Existenz strikter Gleichgewichte garantieren können.

Definition 2.41. *Das transformierte Spiel G^* entsteht aus G, indem man für alle Spieler $i \in I$*

i) *für alle minimalen Formationen G^{F^j} ($j = 1, \ldots, m$) die Strategiemenge F_i^j durch die Gleichgewichtsstrategie s_i^j ersetzt und*
ii) *die Auszahlungsfunktion $H_i(\cdot)$ entsprechend anpasst.*

Wir beschreiben mit $G^* = \{S_1^*, \ldots, S_n^*; H_1^*(\cdot), \ldots, H_n^*(\cdot); I\}$ das transformierte Spiel G^* von G in Normalform.

Die Existenz minimaler Formationen für jedes endliche Normalformspiel G und eines Gleichgewichts s^j für jede minimale Formation beweist aufgrund von Lemma 2.40 die folgende Aussage:

Satz 2.42. *Für alle endlichen Normalformspiele, die Annahme (MF) erfüllen, gilt, dass das transformierte Spiel G^* von G über eine nicht-leere Menge an strikten Gleichgewichten verfügt.*

Unter der Gültigkeit von Annahme (MF) kann die Nicht-Existenz strikter Gleichgewichte mithin vermieden werden, wenn die Substrukturen des Spiels G im Sinne minimaler Formationen durch deren offenbare Gleichgewichtslösungen s^j ersetzt werden ($j = 1, \ldots, m$). Dies lässt unseres Erachtens das wünschenswerte Verfeinerungskonzept strikter Gleichgewichte in einem neuen Licht erscheinen. Allerdings erscheint die obige Annahme zwar typischerweise erfüllt zu sein (in allen bisherigen Anwendungen, z. B. der Gleichgewichtsauswahltheorie, (vgl. Harsanyi und Selten 1988, Güth und Kalkofen 1989), ist nie eine minimale Formation mit multiplen Gleichgewichten aufgetaucht), aber sie gilt nicht generell, wie das folgende Beispiel zeigt.

Beispiel 2.9 Wir betrachten ein Normalformspiel G mit folgender Auszahlungstabelle.

Spieler 2

		σ_{21}	σ_{22}	σ_{23}	σ_{24}
Spieler 1	σ_{11}	−1 1	1 −1	0 0	0 0
	σ_{12}	1 −1	−1 1	0 0	0 0
	σ_{13}	0 0	0 0	−1 1	1 −1
	σ_{14}	0 0	0 0	1 −1	−1 1

Spiel G verfügt über keine echte Teilformation, da z. B. auf $\hat{s}_i$ mit $\hat{s}_i(\sigma_{11}) = \frac{1}{2} = \hat{s}_i(\sigma_{12})$ oder $\tilde{s}_i$ mit $\tilde{s}_i(\sigma_{13}) = \frac{1}{2} = \tilde{s}_i(\sigma_{14})$ alle Strategien $\sigma_j \in \Sigma_j = \{\sigma_{j1}, \ldots, \sigma_{j4}\}$ mit $j \neq i$ beste Antwort sind. Alle Strategiekombinationen der Form

$$s_i := \lambda_i \hat{s}_i + (1 - \lambda_i)\tilde{s}_i \quad \text{mit } \lambda_i \in (0,1)$$

für $i = 1, 2$ sind aber Gleichgewichte von G, d. h. die minimale Formation G von G verfügt über mehrere Gleichgewichte.

Man kann dieses Problem mit Gewalt lösen, indem man auf die üblichen Verfahren zurückgreift. Wir wollen hier nur kurz auf eine Methode verweisen, die in Abschnitt 2.7 ausführlicher angesprochen wird. Während perfekte Gleichgewichte von perturbierter Strategiewahl ausgehen, wird gemäß

$$H_i^\varepsilon(s) := H_i(s) + \varepsilon \sum_{\sigma_i \in \Sigma_i} \ln(s_i(\sigma_i))$$

für $\varepsilon > 0$ von einer Auszahlungsperturbation mit

$$H_i(s) = \lim_{\varepsilon \to 0} H_i^\varepsilon(s)$$

ausgegangen. Offenbar gibt es im (minimalen Formations)-Spiel G^{F^ε} von G^F mit $\varepsilon > 0$ keine reine Gleichgewichtsstrategie. Im Beispiel 2.9 wäre das einzige Gleichgewicht von G^{F^ε} für alle $\varepsilon > 0$ durch $s_i(\sigma_i) = \frac{1}{4}$ für alle $\sigma_i \in \Sigma_i$ und $i = 1, 2$ bestimmt. Dies zeigt, wie man das seltene Problem multipler Gleichgewichte für minimale Formationen durch Auszahlungsperturbationen der obigen Art vermeiden kann, die allerdings die Multilinearität der Auszahlungsfunktionen in den Wahrscheinlichkeiten reiner Strategien aufheben.

2.6.4 Auswahl von Gleichgewichten

Gemäß der Philosophie perfekter Gleichgewichte wird in der Theorie der Gleichgewichtsauswahl[43] das eigentliche (unperturbierte) Spiel nur als Grenzspiel für verschwindende Perturbationen betrachtet. Man geht daher konstruktiv wie folgt vor:

1. Das Spiel G wird ε-uniform perturbiert, d. h. die Mindestwahrscheinlichkeiten im ε-uniform perturbierten Spiel G^ε mit $\varepsilon > 0$, aber sehr klein, sind einheitlich ε, d. h.:

$$s_i(\sigma_i) \geqq \varepsilon \quad \text{für alle} \quad \sigma_i \in \Sigma_i \quad \text{und} \quad i \in I$$

2. Für alle $\varepsilon > 0$ wird das Spiel G^ε zunächst reduziert, indem man wiederholt dominierte Strategien eliminiert und doppelte (für alle bzw. nur für einen selbst implizieren diese immer dieselben Auszahlungen) Strategien durch die unverzerrte Mischung der doppelten Strategien ersetzt.
3. Für alle $\varepsilon > 0$ wird das reduzierte Spiel $G^{r(\varepsilon)}$ von G^ε auf minimale Formationen bzgl. $F^1, \ldots, F^m$ untersucht, deren Gleichgewichtslösungen $s^1, \ldots, s^m$ primäre Lösungskandidaten für $G^{r(\varepsilon)}$ sind. Indem man die minimalen Formationen durch ihre Gleichgewichte ersetzt (vgl. die Definition von G^* im vorhergehenden Abschnitt), definiert man das transformierte Spiel $(G^{r(\varepsilon)})^*$ vom reduzierten Spiel $G^{r(\varepsilon)}$ von G.
4. Man vergleicht die primären Lösungskandidaten von $(G^{r(\varepsilon)})^*$, was wir nur für den einfachsten Fall von 2×2-Normalformspielen mit zwei strikten Gleichgewichten illustrieren werden.
5. Ist nur eine willkürliche (wie in symmetrischen Spielen, z. B. dem Battle of the sexes-Spiel) Auswahl zwischen primären Kandidaten möglich, so werden diese ausgeklammert[44] und gegebenenfalls neue Kandidaten aufgenommen, die dann wiederum gemäß 4. verglichen werden.

Außer Punkt 4. wurden die Schritte schon vorher mehr oder minder detailliert angesprochen. Wir werden daher im Folgenden nur noch für die Klasse der 2×2-Normalformspiele mit zwei Lösungskandidaten den Vergleich primärer Lösungskandidaten illustrieren.[45] Ein solches Spiel G kann allgemein wie folgt dargestellt werden:

---

[43] Die Notwendigkeit wurde schon von Nash (1953) eingesehen und (nur) für Einstimmigkeitsverhandlungen mit seiner nicht-kooperativen Rechtfertigung der Nash-Verhandlungslösung wegweisend gelöst. Die erste allgemeine Theorie der Gleichgewichtsauswahl ist die von Harsanyi und Selten, die allerdings auf unterschiedliche Ideen wie z. B. Strategie- und Auszahlungsperturbationen zurückgreift.
[44] Man kann dies dadurch vermeiden, dass man die entsprechenden minimalen Formationen ignoriert und für die umfassenderen Formationen (im Battle of the sexes-Spiel das gesamte Spiel) nun andere Gleichgewichtslösungen betrachtet (im Battle of the sexes-Spiel das gemischte Gleichgewicht).
[45] Unsere Darstellung orientiert sich an Harsanyi und Selten (1988).

2 Spiele in Normalform

Spieler 2

	X_2	Y_2
X_1	a $\quad\alpha$	b $\quad\beta$
Y_1	c $\quad\gamma$	d $\quad\delta$

Spieler 1

Aus $a > c$, $d > b$ und $\alpha > \beta$, $\delta > \gamma$ folgt:

$$X = (X_1, X_2) \quad \text{und} \quad Y = (Y_1, Y_2)$$

sind strikte Gleichgewichte. Es bezeichne $\tilde{\mathcal{G}}$ die Menge aller dieser 2×2-Spiele G in Normalform. Wir definieren eine Lösungsfunktion $\phi(\cdot)$ auf $\tilde{\mathcal{G}}$, die für alle Spiele $G \in \tilde{\mathcal{G}}$ eine eindeutige Gleichgewichtslösung auswählt.

Definition 2.43. *Zwei Spiele G und G' aus $\tilde{\mathcal{G}}$ haben dieselbe Beste-Antwort-Struktur, falls für alle $s = (s_1, s_2) \in S = S_1 \times S_2$, d. h. für alle gemischten Strategievektoren in G bzw. G' der reine Strategievektor $\sigma = (\sigma_1, \sigma_2) \in \Sigma = \Sigma_1 \times \Sigma_2$ genau dann Beste-Antwort-Vektor auf s in G ist, wenn er sich als Beste-Antwort-Vektor auf s in G' erweist.*

Satz 2.44. *$G, G' \in \tilde{\mathcal{G}}$ haben genau dann dieselbe Beste-Antwort-Struktur, wenn ihre gemischten Gleichgewichte übereinstimmen.*

Beweis: Es genügt zu zeigen, dass für jedes $G \in \tilde{\mathcal{G}}$ durch den gemischten Gleichgewichtspunkt $s^* = (s_1^*, s_2^*)$ mit $s_1^*(X_1) = x_1^*$ und $s_2(X_2) = x_2^*$ die Beste-Antwort-Korrespondenz[46]

$$F(s) := \{(\arg\max_{\sigma_1 \in \Sigma} H_1(\sigma_1, s_2), \arg\max_{\sigma_2 \in \Sigma_2} H_2(s_1, \sigma_2))\}$$

bestimmt ist. Da

$$x_1^* = \frac{\delta - \gamma}{\alpha - \beta + \delta - \gamma} \quad \text{und} \quad x_2^* = \frac{d - b}{a - c + d - b}$$

gilt, hat man speziell für $x = (x_1, x_2)$:

$$F(x) = \begin{cases} X & \text{für } x > x^* \\ Y & \text{für } x < x^* \\ (X_1, Y_2) & \text{für } x_1 < x_1^* \text{ und } x_2 > x_2^* \\ (Y_1, X_2) & \text{für } x_1 > x_1^* \text{ und } x_2 < x_2^* \\ \{(\sigma_1, X_2) \mid \sigma_1 \in \Sigma_1\} & \text{für } x_1 > x_1^* \text{ und } x_2 = x_2^* \\ \{(\sigma_1, Y_2) \mid \sigma_1 \in \Sigma_1\} & \text{für } x_1 < x_1^* \text{ und } x_2 = x_2^* \\ \{(X_1, \sigma_2) \mid \sigma_2 \in \Sigma_2\} & \text{für } x_2 > x_2^* \text{ und } x_1 = x_1^* \\ \{(Y_1, \sigma_2) \mid \sigma_2 \in \Sigma_2\} & \text{für } x_2 < x_2^* \text{ und } x_1 = x_1^* \\ \Sigma & \text{für } x_1 = x_1^* \text{ und } x_2 = x_2^* \end{cases}$$

---

[46] Wir adaptieren die allgemeine Definition der Beste-Antwort-Korrespondenz in Abschnitt 2.3 auf die spezielle Situation der Spiele $G \in \tilde{\mathcal{G}}$.

was sich graphisch durch Abb. 2.7 illustrieren lässt.

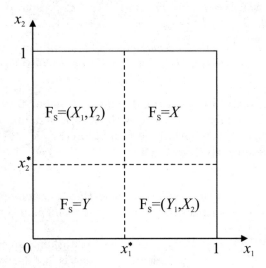

Abb. 2.7. Illustration des Beweises von Satz 2.44

Damit ist gezeigt, dass $F(s)$ für alle $s \in S$ durch $x^* = (x_1^*, x_2^*)$ festgelegt wird.

q. e. d.

Wir wollen nun die Lösungsfunktion $\phi(\cdot)$ axiomatisch charakterisieren.

Beste Antwort (BA) *Die Lösungsfunktion $\phi(\cdot)$ auf $\tilde{\mathcal{G}}$ reagiert nur auf die Beste-Antwort-Struktur, wenn für alle $G, G' \in \tilde{\mathcal{G}}$ mit denselben Beste-Antwort-Strukturen die Lösung identisch ist, d. h. $\phi(G) = \phi(G')$.*

Aus (BA) folgt sofort, dass zwei Spiele mit denselben gemischten Gleichgewichten dieselbe Lösung haben.

Das nächste Axiom verlangt, dass die willkürliche Festlegung

i) der Spielernamen (1 und 2),
ii) der Strategiebezeichnung (X_i oder Y_i für $i = 1, 2$) oder
iii) der kardinalen Nutzen ($\tilde{H}_i(\cdot) = b_i + a_i H_i(\cdot)$ mit $a_i > 0$ für $i = 1, 2$)

die Lösung nicht beeinflussen soll.

Definition 2.45. *Sind G und G' zwei Spiele in $\tilde{\mathcal{G}}$, die durch eine beliebige Kombination der Transformationen i), ii) und iii) ineinander überführt werden können, so nennen wir die beiden Spiele isomorph.*

Sind die Spiele G und G' isomorph, so sei die Kombination der Transformationen, die G' in G abbildet, mit $\mathcal{I}(\cdot)$ bezeichnet, d. h. $G = \mathcal{I}(G')$.

Isomorphie-Invarianz (INV) *Die Lösungsfunktion $\phi(\cdot)$ auf $\tilde{\mathcal{G}}$ heißt isomorphieinvariant, wenn sie bzgl. der Transformationen i), ii) und iii) invariant (bis auf die entsprechende Umbenennung) ist, d. h. sind G und G' aus $\tilde{\mathcal{G}}$ isomorph gemäß $G = \mathcal{I}(G')$, so gilt $\phi(G) = \mathcal{I}(\phi(G'))$.*

Satz 2.46. *Ist das Spiel $G \in \tilde{\mathcal{G}}$ symmetrisch, so kann durch eine dem Axiom (INV) genügende Lösungsfunktion nur das isomorphieinvariante gemischte Gleichgewicht s^* mit $x^* = (x_1^*, x_2^*)$ ausgewählt werden.*

Beweis: Ist G symmetrisch, so kann durch eine Kombination der drei Transformationen i), ii) und iii) das Gleichgewicht X in Y und umgekehrt überführt werden, was gemäß Axiom (INV) die Lösung $\phi(G) = X$ und $\phi(G) = Y$ ausschließt, d. h. es muss $\phi(G) = s^*$ gelten.

q. e. d.

Insbesondere ist damit im symmetrischen Koordinationsspiel die Lösung durch das gemischte Gleichgewicht s^* bestimmt, wenn man von der Gültigkeit des Axioms (INV) ausgeht.

Das nächste Axiom verlangt, dass eine Verstärkung eines primären Lösungskandidaten (X oder Y) diesen zur eindeutigen Lösung erklärt, wenn auch ohne diese Bestärkung der andere primäre Lösungskandidat nicht die Lösung ist.

Definition 2.47. *Für $\sigma \in \{X, Y\}$ sagen wir, dass das Spiel $G' \in \tilde{\mathcal{G}}$ sich von G durch eine Verstärkung von σ unterscheidet, falls der einzige Unterschied von G und G' in der Beziehung*

$$H'_i(\sigma) = H_i(\sigma) + c_i \qquad \text{mit} \quad c_i > 0$$

für wenigstens ein i besteht, d. h. $a < a'$ oder $\alpha < \alpha'$ für $\sigma = X$ und $d < d'$ oder $\delta < \delta'$ für $\sigma = Y$.

Monotonie (M) *Die Lösungsfunktion $\phi(\cdot)$ auf $\tilde{\mathcal{G}}$ heißt monoton, falls für $\hat{\sigma}, \tilde{\sigma} \in \{X, Y\}$ mit $\tilde{\sigma} \neq \hat{\sigma}$ und alle Spiele $G \in \tilde{\mathcal{G}}$ mit $\phi(G) \neq \tilde{\sigma}$ gilt, dass $\phi(G') = \hat{\sigma}$, sofern G' aus G durch eine Verstärkung von $\hat{\sigma}$ entsteht.*

Für die Klasse der 2×2-Normalformspiele G mit zwei strikten Gleichgewichten wird durch die drei Lösungsanforderungen (BA), (INV) und (M) eine Lösungsfunktion $\phi(\cdot)$ auf $\tilde{\mathcal{G}}$ charakterisiert, die mit dem allgemeineren Konzept der Risikodominanz (Harsanyi und Selten 1988), aber auch anderen Konzepten zur Gleichgewichtsauswahl übereinstimmt.

Satz 2.48. *Ist $\phi(\cdot)$ eine auf $\tilde{\mathcal{G}}$ definierte Lösungsfunktion, die für jedes Spiel $G \in \tilde{\mathcal{G}}$ eindeutig ein Gleichgewicht $\phi(G)$ als Lösung auswählt und den drei Axiomen (BA), (INV) und (M) genügt, dann gilt:*

$$\phi(G) = \begin{cases} X \text{ für } (a-c)(\alpha-\beta) > (d-b)(\delta-\gamma) \\ Y \text{ für } (a-c)(\alpha-\beta) < (d-b)(\delta-\gamma) \\ s^* \text{ für } (a-c)(\alpha-\beta) = (d-b)(\delta-\gamma) \end{cases}$$

2.6 Perfekte Gleichgewichte

Beweis: Für ein beliebiges Spiel $G \in \tilde{\mathcal{G}}$ hat das Spiel G' mit Auszahlungstabelle

Spieler 2

		X_2	Y_2
Spieler 1	X_1	$\alpha - \beta$ / $a - c$	0 / 0
	Y_1	0 / 0	$\delta - \gamma$ / $d - b$

dasselbe gemischte Gleichgewicht s^*. Wir können also gemäß (BA) das Spiel G lösen, indem wir G' lösen. Ferner unterscheidet sich das Spiel G''', das durch folgende Auszahlungstabelle charakterisiert ist,

Spieler 2

		X_2	Y_2
Spieler 1	X_1	1 / $\frac{a-c}{d-b}$	0 / 0
	Y_1	0 / 0	$\frac{\delta-\gamma}{\alpha-\beta}$ / 1

von G' nur durch eine Anwendung der Transformation iii). Wir können also gemäß (BA) und (INV) das Spiel G lösen, indem wir G'' lösen. Für

$$\frac{a-c}{d-b} = \frac{\delta-\gamma}{\alpha-\beta} \quad \text{bzw.} \quad (a-c)(\alpha-\beta) = (d-b)(\delta-\gamma)$$

ist das Spiel G'' symmetrisch, d. h. gemäß (INV) muss $\phi(G) = s^*$ gelten. Gilt obige Gleichung und betrachten wir ein Spiel G''', das aus G'' durch eine Verstärkung von X entsteht, d. h. $a''' > a$ oder $\alpha''' > \alpha$, so wäre die linke Seite der obigen Gleichung größer als die rechte. Umgekehrt würde eine Verstärkung von Y die rechte Seite größer machen. Gemäß (M) wäre dann die Lösung von G''' der primäre Kandidat X im ersten Fall und der primäre Kandidat Y im letzten.

q. e. d.

Wir haben damit für eine enge Klasse von Spielen illustriert, wie man zwischen strikten Gleichgewichten gemäß sinnvollen Kriterien auswählen kann. Für allgemeine Spiele kann man das Problem der Anzahl zwischen Gleichgewichten bislang nur weniger elegant lösen, da man auf vielfältige Ideen wie Strategie- und Auszahlungsperturbationen zurückgreifen muss. Man kann natürlich auch die drei zugrunde liegenden Axiome (BA), (INV) und (M) bezweifeln. So widerspricht das Axiom (BA) zum Beispiel dem Kriterium der Auszahlungsdominanz:

Satz 2.49. *Erfüllt $\phi(\cdot)$ das Axiom (BA), so wählt $\phi(\cdot)$ unter Umständen ein auszahlungsdominiertes striktes Gleichgewicht als Lösung eines Spiels $G \in \tilde{\mathcal{G}}$ aus.*

Beweis: Im Spiel $G \in \tilde{\mathcal{G}}$ mit der Auszahlungstabelle

Spieler 2

		X_2	Y_2
Spieler 1	X_1	10 \ 10	0 \ 19
	Y_1	19 \ 0	20 \ 20

wird $X = (X_1, X_2)$ durch $Y = (Y_1, Y_2)$ auszahlungsdominiert, aber im gemäß Axiom (BA) äquivalenten Spiel mit Auszahlungstabelle

Spieler 2

		X_2	Y_2
Spieler 1	X_1	10 \ 10	0 \ 0
	Y_1	0 \ 0	1 \ 1

wird Y durch X dominiert. Unterstellt man daher Axiom (BA), so sind Auszahlungsdominanzen zwischen den strikten Gleichgewichten ohne Bedeutung für die Lösung.

q. e. d.

Experimentelle Befunde, die beleuchten, wie Teilnehmer an einem Experiment entscheiden, wenn in einem Spiel Auszahlungsdominanz mit Risikodominanz konkurriert, werden in Abschnitt 6.5.3 diskutiert.

2.7 Gemischte Strategien und unvollständige Information

Die Motivation, die wir bisher für die Verwendung von gemischten Strategien gegeben haben, ist nicht sehr überzeugend. Betrachten wir z. B. das Matching Pennies-Spiel, das nur ein Nash-Gleichgewicht in strikt gemischten Strategien zulässt. In Abschnitt 2.2 haben wir das Nash-Gleichgewicht für das Matching Pennies-Spiel bestimmt, indem wir für jeden Spieler diejenige gemischte Strategie berechnet haben, bei welcher der Gegenspieler indifferent zwischen der

Wahl der beiden reinen Strategien und damit auch indifferent zwischen der Wahl irgendeiner gemischten Strategie ist. Wir erinnern daran, dass beispielsweise für Spieler 1 im Matching Pennies-Spiel

$$H_1(H, s_2^*) = H_1(T, s_2^*)$$

gilt. Für Spieler 1 hat jede gemischte Strategie $s_1 \in S_1$ die gleiche Auszahlung. Dennoch kann man daraus nicht den Schluss ziehen, dass es für Spieler 1 egal ist, welches s_1 er wählt. Damit Spieler 2 keinen Anreiz hat, von $s_2^* = (\frac{1}{2}, \frac{1}{2})$ abzuweichen, muss Spieler 1 genau die gemischte Strategie $s_1^* = (\frac{1}{2}, \frac{1}{2})$ wählen. Der einzige Grund, eine spezielle Kombination von gemischten Strategien zu wählen, die ein Nash-Gleichgewicht bilden, besteht darin, dass sie wechselseitig konsistent sind. Diese Eigenschaft bestärkt nicht unser Vertrauen darauf, dass die Spieler ein Gleichgewicht in gemischten Strategien finden, wenn sie sich nicht zufällig von Anfang an in einem solchen befinden.

Implizit wird häufig angenommen, dass gemischte Strategien eine approximative Beschreibung von beobachtetem Verhalten liefern, bei dem die Spieler bei einer Folge von Wiederholungen des Spiels in jeder Periode zwar eine reine Strategie wählen, aber ihre reine Strategiewahl von einer Periode zur anderen ändern, so dass die relativen Häufigkeiten, mit denen die einzelnen reinen Strategien gewählt werden, gegen die Wahrscheinlichkeiten konvergieren, die ein gemischtes Gleichgewicht konstituieren. In diesem Abschnitt werden wir zeigen, dass diese intuitive Betrachtung präzisiert werden kann, wenn man das Konzept der *unvollständigen Information* in geeigneter Weise einführt.

2.7.1 Unvollständige Information

Wir wollen hier nur einige grundlegende Konzepte für Normalformspiele darstellen, und eine detailliertere Diskussion der unvollständigen Information auf das nächste Kapitel (Extensivformspiele) verschieben. Die Annahme *vollständiger Information* der Spieler über alle Charakteristika der Mitspieler, die wir bisher mehr oder weniger implizit gemacht haben, hat unsere Argumentation zwar an vielen Stellen vereinfacht, sie ist allerdings nur in Ausnahmefällen in Anwendungen der Spieltheorie erfüllt. Die Annahme vollständiger Information über die Auszahlungsfunktionen aller Mitspieler würde z. B. in industrieökonomischen Anwendungen implizieren, dass Unternehmen in einem Oligopol die Kostenfunktionen und die Nachfragesituation aller ihrer Konkurrenten kennen. Ein so hoher Grad an Information über die Gewinnsituation von Konkurrenten ist sicher nur in Ausnahmefällen wie z. B. in reifen Märkten zu erwarten, daher ist die Aufgabe der Annahme vollständiger Information gerade für industrieökonomische Anwendungen spieltheoretischer Modelle sehr wichtig.

Im Prinzip können die Spieler eines Normalformspiels mehr oder weniger über die Charakteristika ihrer Gegenspieler, wie z. B. ihre Strategiemengen oder ihre Auszahlungsfunktionen informiert sein. Wir wollen uns hier auf die

Betrachtung der unvollständigen Information über die Auszahlungsfunktionen $H_i(\cdot)$ der Spieler beschränken.

Um unvollständige Information über die Auszahlungsfunktionen der Spieler zu modellieren, müssen wir zunächst eine alternative formale Beschreibung von Normalformspielen einführen. Wir gehen aus von einem Normalformspiel

$$G = \{\Sigma_1, \ldots, \Sigma_n; H_1, \ldots, H_n; I\}$$

mit $m := |\Sigma| < \infty$. Mit m bezeichnen wir also die Anzahl aller reinen Strategiekombinationen in G. Stellen wir uns die endlich vielen Strategiekombinationen (beliebig) geordnet vor $(\sigma^1, \ldots, \sigma^m \in \Sigma)$, dann kann man einen Vektor

$$A_G := [(H_1(\sigma^1), \ldots, H_n(\sigma^1)), \ldots, (H_1(\sigma^m), \ldots, H_n(\sigma^m))] \in \mathbb{R}^{n \cdot m} \quad (2.19)$$

konstruieren, der alle Auszahlungsmöglichkeiten jedes Spielers in G beschreibt. Offenbar sind alle Spiele G in Normalform mit denselben Strategiemengen $\Sigma_1, \ldots, \Sigma_n$ vollständig durch den Vektor A_G beschrieben.[47] Wir können also ein Normalformspiel G mit dem Vektor A_G selbst identifizieren.

Unvollständige Information über die Auszahlungsfunktion wird wie folgt modelliert: Man nimmt an, dass jeder Spieler eine so genannte wahre Auszahlungsfunktion hat, die nur er selbst kennt, dass aber für die übrigen Mitspieler seine wahre Auszahlungsfunktion durch einen additiven Störterm überlagert erscheint. Präzise formulieren wir diesen Störterm durch einen Zufallsvektor:[48]

$$X_i : (\Omega, \mathcal{F}, P) \to \mathbb{R}^m \qquad (i = 1, \ldots, n)$$

X_i ist eine m-dimensionale Zufallsvariable, deren j-te Komponente, bezeichnet durch X_i^j die stochastischen Störungen der Auszahlung des i-ten Spielers beschreibt, wenn die Strategiekonfiguration $\sigma^j \in \Sigma$ gewählt wird. Wird eine gemischte Strategiekonfiguration $s \in S$ gewählt, so berechnet man die erwartete Störung durch:

$$X_i(s) := \sum_{j=1}^{m} X_i^j s(\sigma^j)$$

Man beachte, dass $X_i(s)$ als konvexe Kombination von reellen Zufallsvariablen wiederum eine Zufallsvariable ist.

Definition 2.50. *Unvollständige Information in G wird durch den Vektor von Wahrscheinlichkeitsverteilungen*

$$\mu = (\mu_1, \ldots, \mu_n)$$

---

[47] Wird ein Spiel nur unvollständig geschrieben, indem man die Auszahlungsfunktion nicht spezifiziert, so sprechen wir von einer *Spielstruktur*. Für eine gegebene Spielstruktur wird durch den Vektor A_G eindeutig ein Normalformspiel G definiert.

[48] Eine Einführung in die grundlegenden Konzepte der Wahrscheinlichkeitstheorie findet man in Anhang G.

2.7 Gemischte Strategien und unvollständige Information

repräsentiert, wobei μ_i die unvollständige Information jedes Spielers $j \neq i$ über die Auszahlungsfunktion von i repräsentiert. Dabei bezeichnet μ_i die von X_i erzeugte Verteilung auf $\mathbb{R}^m$.

Die Wahrscheinlichkeitsverteilung μ_i ist die präzise Darstellung unvollständiger Information über die Auszahlungsfunktion von Spieler i. Eine zentrale Annahme in dieser Modellierung ist die Annahme, dass alle Spieler $j \neq i$ in gleicher Weise über die Auszahlungsfunktion von i unvollständig informiert sind, d. h. μ_i repräsentiert die unvollständige Information jedes Spielers $j \neq i$. Für die einzelnen Spieler gilt also: Alle Spieler $j \neq i$ kennen nur die Verteilung der Störungen von i's Auszahlungsfunktion $H_i(s)$, während Spieler i die Realisierung der Störung kennt. Bezeichne $x_i(s)$ eine Realisierung der Zufallsvariablen $X_i(s)$, dann definiert man die perturbierte Auszahlung von Spieler i durch:

$$H_i^p(s, x_i) := H_i(s) + x_i(s)$$

Spieler i kennt $x_i(s)$ und damit auch seine wahre Auszahlungsfunktion, während seine Gegenspieler nicht mit Sicherheit auf i's Auszahlungsfunktion zurückschließen können.

Wir illustrieren die neuen Konzepte an einem einfachen numerischen Beispiel. Ein Koordinationsspiel $G = \{\Sigma_1, \Sigma_2; H_1, H_2; I\}$ sei durch die folgende Auszahlungstabelle charakterisiert.

Spieler 2

		X_2	Y_2
Spieler 1	X_1	2 / 2	0 / 0
	Y_1	0 / 0	2.5 / 2.5

Σ besteht aus vier Strategiekombinationen:

$$\sigma^1 = (X_1, X_2) \quad \sigma^2 = (X_1, Y_2) \quad \sigma^3 = (Y_1, X_2) \quad \sigma^4 = (Y_1, Y_2)$$

Daher kann man dieses Spiel durch den Vektor

$$A_G = ((2,2), (0,0), (0,0), (2.5, 2.5)) \in \mathbb{R}^8$$

darstellen. Wir nehmen nun an, dass die Auszahlungen stochastisch gestört werden. Wir unterscheiden dabei zwei Fälle:

a) Diskrete Störung: Angenommen die Verteilungen der Störungen μ_1 und μ_2 sind wie folgt definiert[49]

---

[49] Die Abkürzung „m.W." bedeutet hier „mit Wahrscheinlichkeit".

$$\mu_1 \ldots \begin{cases} (0,0,0,0) \ldots \text{m.W.} & \frac{1}{2} \\ (0,3,0,0) \ldots \text{m.W.} & \frac{1}{2}, \end{cases}$$
$$\mu_2 \ldots \quad (0,0,0,0) \ldots \text{m.W.} \quad 1.$$

Die Informationsannahme in diesem Spiel kann man als *asymmetrische Information* beschreiben. Die Auszahlungen von Spieler 2 sind allgemein bekannt, während Spieler 2 nur unvollständig über die Auszahlungsfunktion von Spieler 1 informiert ist. Durch die stochastische Störung kann das Spiel seinen strategischen Charakter vollständig ändern. Das oben gegebene Informationssystem (μ_1, μ_2) erzeugt zwei Typen von Spielen mit den folgenden Auszahlungstabellen.

Spieler 2

		X_2	Y_2
Spieler 1	X_1	2 / 2	0 / 0
	Y_1	0 / 0	2.5 / 2.5

α) Reines Koordinationsspiel

Spieler 2

		X_2	Y_2
Spieler 1	X_1	2 / 2	0 / 3
	Y_1	0 / 0	2.5 / 2.5

β) Spiel mit dominanter Strategie

Spieler 2 weiß nicht, ob er sich in Spiel α) oder β) befindet. Beide Spiele verlangen unterschiedliche strategische Überlegungen. Während Spiel α) ein symmetrisches Spiel mit zwei Gleichgewichten in reinen Strategien ist, ist Spiel β) ein asymmetrisches Spiel, bei dem Spieler 1 eine dominante Strategie hat.

Alternativ (siehe Harsanyi 1967) kann man die Situation auch so beschreiben: Spieler 2 stellt fest, dass er einem von zwei möglichen *Typen* von Spieler 1 gegenübersteht. Spieler 1 hat zwei Typausprägungen $T_1 = \{t_{11}, t_{12}\}$, seine Auszahlungsfunktion ist abhängig von der Typausprägung, d. h. er hat zwei Auszahlungsfunktionen $H_1(\cdot, t_{11}), H_1(\cdot, t_{12})$. Man sieht leicht, wie man mit Hilfe des Typ-Konzeptes ein Normalformspiel mit unvollständiger Information beschreiben kann. Neben seinen Strategiemengen Σ_i ist jeder Spieler charakterisiert durch die Menge seiner Typausprägungen T_i und durch seine (typabhängige) Auszahlungsfunktion $H_i : \Sigma \times T_i \longrightarrow \mathbb{R}$. Die unvollständige Information der Spieler kann dann durch eine Wahrscheinlichkeitsverteilung über die Typenausprägungen $t \in T := T_1 \times T_2$ beschrieben werden. In unserem Beispiel bezeichnet die Wahrscheinlichkeitsfunktion über T die Wahrscheinlichkeit, mit der sich die Spieler in Spiel α) oder β) befinden.

b) Stetige Störung: Wir nehmen nun an, dass die Verteilungen μ_i *Gleichverteilungen* auf dem Intervall $[-\varepsilon, +\varepsilon]$ ($\varepsilon > 0$) sind, und die Auszahlungsfunktionen die Form

$$H_i^p(\sigma, x_i(\sigma)) = H_i(\sigma) + x_i(\sigma)$$

haben.

In diesem speziellen Modellrahmen, der von Harsanyi (1973a) verwendet wurde, wollen wir die Problemstellung dieses Abschnitts behandeln. Wir erweitern nun das Strategiekonzept für Normalformspiele mit unvollständiger Information wie folgt. Eine Strategie $\tilde{s}_i(\cdot)$ ist eine Funktion von $\mathbb{R}^m$ nach S_i, die jeder Realisierung x_i eine gemischte Strategie $\tilde{s}_i(x_i) = s_i \in S_i$ zuordnet. Daraus konstruiert man die *erwartete Strategie* s_i^e wie folgt:

$$s_i^e := \int_{\mathbb{R}^m} \tilde{s}_i(x_i) d\mu_i$$

Die Strategie s_i^e ist diejenige gemischte Strategie von Spieler i, die seine Mitspieler tatsächlich erwarten. Selbst wenn Spieler i auf jede Realisierung von X_i nur mit reinen Strategien antworten würde, d. h. wenn $\tilde{s}_i(\cdot)$ jeder Realisierung x_i jeweils eine (andere) reine Strategie σ_i zuordnet, erscheint es für die Mitspieler so, als würde er seine Strategien zufällig wählen. Der Zufallsmechanismus wird hierbei nicht durch bewusste Wahl von Spieler i gesteuert, sondern wird durch die Realisierungen der Störvariable X_i „in Gang gesetzt".

2.7.2 Nash-Gleichgewichte bei unvollständiger Information

Geht man davon aus, dass Spieler i seine Auszahlungsfunktion kennt und immer schon kannte, wie es der Interpretation als *privater Information* entspricht, dann ist der Zufallszug, der die Typenkonstellation $t = (t_1, \ldots, t_n) \in T = \prod_{i=1}^n T_i$ aus dem Typenraum T auswählt, rein fiktiv (diese Interpretation geht auf Harsanyi (1967) zurück). Insbesondere ist dann der Spieler i, der für alle seine Typenausprägungen $t_i \in T_i$ das Verhalten des Spielers i vom Typ t_i festlegt, ein spieltheoretisches Konstrukt. Dieser Spieler i in seiner Typenvielfalt existiert nur in den Vorstellungen der Mitspieler von i, sofern sie den wahren Typ des i nicht kennen. Der Entscheider i selbst kennt seinen Typ $t_i \in T_i$ und denkt nur deshalb über das Verhalten anderer Typen in T_i nach, weil er darüber nachdenken muss, was andere Spieler von ihm erwarten und daher tun werden.

Eine ganz andere Interpretation unterstellt einfach den Zufallszug, der ein $t_i \in T_i$ auswählt, als real. Es handelt sich dann einfach um ein *Stochastisches Spiel*, auf das das Gleichgewichtskonzept direkt anwendbar ist, da die Auszahlungen kardinale Nutzen sind, was die Bewertung stochastischer Spielergebnisse für die möglichen Strategievektoren $\sigma \in \Sigma$ erlaubt. Die konzeptionelle

Leistung von Harsanyi (1967, 1968a, 1968b) bestand darin, Spiele mit privater Information durch Einführung eines fiktiven Zufallszuges in Stochastische Spiele zu überführen. Die Lösungskonzepte müssen dann aber gewährleisten, dem Entscheider i als Diktator aller seiner Typen $t_i \in T_i$ keine Bedeutung zukommen zu lassen, da er bei Vorliegen privater Information als solcher gar nicht existiert. Es ist jeweils der Typ $t_i \in T_i$ des Spielers i, der sich rational entscheiden muss.

Das Konzept des Nash-Gleichgewichts für ein Normalformspiel mit vollständiger Information kann in natürlicher Weise auf Normalformspiele mit unvollständiger Information übertragen werden, die wir im Folgenden mit G_I bezeichnen wollen. Ein solches Normalformspiel ist bestimmt durch die Informationsstruktur $\mu = (\mu_1, \ldots, \mu_n)$ und die typisierten Auszahlungsfunktionen $H_i^p(s, x_i)$ jedes Spielers, die von der Realisierung $x_i(s)$ der Zufallsvariablen $X_i(s)$ abhängen. Da wir jeden Typ eines Spielers als rationalen Entscheider einführen wollen, ist es sinnvoll die Strategiewahl, d. h. das Auswählen eines Elements $s_i \in S_i$ von der Realisierung eines Typs, also von der Realisierung der Zufallsvariablen X_i abhängig zu machen. Damit wird die Strategiewahl des Spielers i als Funktion aufgefasst, die jedem x_i ein Element $\tilde{s}_i(x_i) \in S_i$ zuordnet. Wir bezeichnen mit $\tilde{S}_i$ die Menge dieser Strategiefunktionen von Spieler i. Damit können wir Normalformspiele mit unvollständiger Information definieren.

Definition 2.51. *Gegeben sei ein Normalformspiel*

$$G = \{S_1, \ldots, S_n; H_1, \ldots H_n; I\}.$$

Dann ist das zugeordnete Normalformspiel mit unvollständiger Information gegeben durch:

$$G_I := \{\tilde{S}_1, \ldots, \tilde{S}_n; H_1^p, \ldots, H_n^p; \mu; I\}$$

Wir wollen nun Strategiekombinationen $\tilde{s}^*(\cdot)$ Nash-Gleichgewicht nennen, wenn kein Spieler für irgendeine Realisierung x_i von X_i profitabel von $\tilde{s}_i^*(x_i)$ abweichen kann.[50] Dieses Gleichgewicht wird in der Literatur auch als *Bayes-Nash-Gleichgewicht* bezeichnet (siehe z. B. Eichberger 1993, Tirole 1988). Wir definieren präzise:

Definition 2.52. *Ein n-Tupel von Strategiefunktionen $\tilde{s}^*(\cdot)$ heißt Bayes-Nash-Gleichgewicht, wenn für alle i und alle Realisierungen x_i gilt:*

$$s_i \in S_i \implies H_i^p(s_{-i}^{e*}, \tilde{s}_i^*(x_i), x_i) \geqq H_i^p(s_{-i}^{e*}, s_i, x_i)$$

In einem Bayes-Nash-Gleichgewicht hat kein Spieler einen Anreiz, bei beliebiger Realisierung des Störterms x_i von der gewählten gemischten Strategie $s_i^*(x_i)$ abzuweichen. Dabei ist das Zielkriterium durch die erwarteten Auszahlungen $H_i^p(\cdot)$ bestimmt, bei der die Erwartungswerte bzgl. der erwarteten

---

[50] Da den möglichen Realisierungen x_i die Typen $t_i \in T_i$ entsprechen, ist das gerade die postulierte Rationalität jedes Typs eines Spielers.

Strategien s_j^e gebildet werden. Denkt man an das Modell diskreter Störungen, so ist es offensichtlich, dass sich die Existenzresultate für Nash-Gleichgewichte in Normalformspielen leicht auf Spiele mit unvollständiger Information übertragen lassen. Man muss nur die Menge der Spieler erhöhen, indem man jede Typausprägung eines Spielers im ursprünglichen Spiel als separaten Spieler im modifizierten Spiel auffasst. Im allgemeinen Fall beliebiger stochastischer Störungen benötigt man fortgeschrittene formale Methoden. Wir werden hier nur die wichtigsten Resultate zitieren.

Satz 2.53. *a) Jedes Normalformspiel mit unvollständiger Information hat wenigstens ein Bayes-Nash-Gleichgewicht $\tilde{s}^*$.*

b) Bei stetigen stochastischen Störungen existiert zu jeder Gleichgewichtsstrategie $\tilde{s}_i^*$ eine äquivalente Strategie $\tilde{s}_i'$ mit der Eigenschaft $\forall x_i : \tilde{s}_i'(x_i) \in \Sigma_i$.

c) Fast jedes Nash-Gleichgewicht in G ist Grenzwert einer Folge von Bayes-Nash-Gleichgewichten (für $x_i^j \in [-\varepsilon, \varepsilon]$).

Beweis: Siehe z. B. Van Damme (1996), Theorem 5.2.3., 5.2.4. und Theorem 5.6.2.

Kommentare zu Satz 2.53:

zu b): Zwei Strategien $\tilde{s}_i(\cdot)$, $\tilde{s}_i'(\cdot)$ heißen äquivalent, wenn sie fast überall (d. h. bis auf Mengen mit Wahrscheinlichkeit null) gleich sind. Präzisiert wird dies durch die Bedingung $\mu_i(\{x_i | \tilde{s}_i(x_i) \neq \tilde{s}_i'(x_i)\}) = 0$. Bemerkenswert an dem Ergebnis von Teil b) ist, dass man jedes Gleichgewicht bei unvollständiger Information durch die Wahl *reiner Strategien* (gegeben eine Realisierung x_i) erreichen kann. Man spricht hier von *Gleichgewichtspurifikation* (Erzeugung reiner Gleichgewichtsstrategien) durch die Einführung unvollständiger Information. Wichtige Voraussetzung für dieses Resultat ist die Stetigkeit der stochastischen Störungen.

zu c): Dieser Teil von Satz 2.53 enthält eine so genannte generische Aussage, die besagt, dass die Menge der Nash-Gleichgewichte von G, die nicht durch Bayes-Nash-Gleichgewichte approximierbar ist, „sehr klein" ist. Dieses Konzept wollen wir hier nicht weiter präzisieren.

Satz 2.53 (Teil b) und c)) enthält die zentrale Aussage dieses Abschnitts: Fast jedes Nash-Gleichgewicht $s \in S$ in gemischten Strategien lässt sich interpretieren als Grenzwert von Gleichgewichten $\tilde{s}(\cdot)$ in reinen Strategien in Spielen mit unvollständiger Information, wenn die Information präziser wird, d. h. wenn ε gegen Null geht. Damit haben wir eine interessante Rechtfertigung für Gleichgewichte in gemischten Strategien. Externen Beobachtern, welche die Realisierungen der Störungen nicht kennen, mag die Strategiewahl (über mehrere Perioden hinweg) als Realisierungen einer echt gemischten Strategie erscheinen, obwohl alle Spieler nur reine Strategien wählen. Zum Abschluss dieses Kapitels wollen wir die wesentlichen Argumente, die dem Resultat von Satz 2.53 zugrunde liegen, anhand eines einfachen Beispiels illustrieren.

Beispiel 2.10 Wir betrachten ein 2×2-Spiel mit unvollständiger Information, die durch stetige, stochastische Störungen modelliert ist. Die Auszahlungstabelle dieses Spiels sei wie folgt gegeben.

Spieler 2

	X_2	Y_2
X_1	2 2	ε_2 2
Y_1	2 ε_1	4 4

Spieler 1

Die ε_i seien *gleichverteilt* im Intervall $[0, \varepsilon]$ ($\varepsilon > 0$). Wir nehmen an, dass $\varepsilon < 2$ gilt. Geht die maximale Störung ε gegen Null, so hat die resultierende Auszahlungstabelle die folgende Form.

Spieler 2

	X_2	Y_2
X_1	2 2	0 2
Y_1	2 0	4 4

Spieler 1

Das resultierende Spiel ohne unvollständige Information ist ein symmetrisches Koordinationsspiel mit drei Nash-Gleichgewichten. Das einzige echt gemischte Nash-Gleichgewicht ist gegeben durch $s^* = ((0.5, 0.5), (0.5, 0.5))$. Die Gleichgewichte in reinen Strategien sind gegeben durch $\sigma^* = (X_1, X_2)$ und $\sigma^{**} = (Y_1, Y_2)$.

Wir wollen nun eine geeignete Folge von Bayes-Nash-Gleichgewichten konstruieren, die gegen s^* konvergiert. Dazu bestimmen wir den Kandidaten für eine Bayes-Nash-Strategie von Spieler 1. Angenommen, $\varepsilon_1 > 0$ ist die Realisierung des Störterms bei Spieler 1, dann bestimmt Spieler 1 seine beste Antwort, gegeben die erwartete Strategie $s_2^e = (q, (1-q))$ von Spieler 2, wie folgt: Er wählt X_1, wenn

$$2 \cdot q + 2 \cdot (1-q) > \varepsilon_1 \cdot q + 4 \cdot (1-q)$$

und er wählt Y_1 als beste Antwort, wenn die umgekehrte Ungleichung gilt. Durch Umformung dieser Ungleichung können wir zusammenfassen.

$$\tilde{s}_1(\varepsilon_1) = \begin{cases} X_1 \ldots \varepsilon_1 < 4 - \frac{2}{q} \\ Y_1 \ldots \varepsilon_1 > 4 - \frac{2}{q} \end{cases}$$

Den Fall $\varepsilon_1 = 4 - \frac{2}{q}$ können wir vernachlässigen, da er (wegen der angenommenen Gleichverteilung von ε_i) mit Wahrscheinlichkeit Null eintritt. Wir sehen, dass die Strategiewahl von Spieler 1 von der Realisierung des Störterms

2.7 Gemischte Strategien und unvollständige Information

abhängt. Ist beispielsweise das realisierte ε_i „groß genug", so ist die reine Strategie Y_1 beste Antwort auf eine erwartete Strategie $s_2^e = (q, 1-q)$ von Spieler 2.

Für Spieler 2 bestimmen wir die beste Antwort auf eine erwartete Strategie $s_1^e = (p, (1-p))$ analog.

$$\tilde{s}_2(\varepsilon_2) = \begin{cases} X_2 \ldots \varepsilon_2 < 4 - \frac{2}{p} \\ Y_2 \ldots \varepsilon_2 > 4 - \frac{2}{p} \end{cases}$$

Die Wahrscheinlichkeit p, mit der Spieler 1 seine reine Strategie X_1 wählt, ist demnach gleich der Wahrscheinlichkeit, dass der Störterm ε_1 in das Intervall $[0, 4 - \frac{2}{q}]$ fällt. Da der Störterm als gleichverteilt angenommen wurde, erhält man:

$$p = \text{Prob}\left\{\varepsilon_1 < 4 - \frac{2}{q}\right\} = \frac{1}{\varepsilon}\left(4 - \frac{2}{q}\right)$$

Analog berechnet man für Spieler 2 die Wahrscheinlichkeit q:

$$q = mboxProb\left\{\varepsilon_2 < 4 - \frac{2}{p}\right\} = \frac{1}{\varepsilon}\left(4 - \frac{2}{p}\right)$$

Ein Bayes-Nash-Gleichgewicht impliziert die Gültigkeit folgender Beziehungen:

$$p^* = \frac{1}{\varepsilon}\left(4 - \frac{2}{q^*}\right)$$

$$q^* = \frac{1}{\varepsilon}\left(4 - \frac{2}{p^*}\right)$$

Eine Lösung dieses Gleichungssystems muss offenbar $p^* = q^* =: \pi^*$ erfüllen, wobei man π^* aus der Beziehung

$$\pi^* = \frac{1}{\varepsilon}\left(4 - \frac{2}{\pi^*}\right)$$

bestimmt. Man erhält $\pi^* = \frac{1}{\varepsilon}(2 - \sqrt{(4-2\epsilon)})$. Die beobachteten gemischten Strategien sind im Bayes-Nash-Gleichgewicht gegeben durch:

$$s_\varepsilon^e = ((\pi^*, 1-\pi^*), (\pi^*, 1-\pi^*))$$

Man prüft leicht nach, dass die Beziehung

$$\lim_{\varepsilon \downarrow 0} s_\varepsilon^e = s^* = ((0.5, 0.5), (0.5, 0.5))$$

gilt. Wir haben also gezeigt, dass sich ein Gleichgewicht in echt gemischten Strategien approximieren lässt durch eine Folge von Bayes-Nash-Gleichgewichten, bei denen jeder Spieler i im Wesentlichen nur reine Strategien – in Abhängigkeit von der Realisierung des Störterms ε_i, d. h. im Sinne einer reinen Strategie eines Typs von Spieler i – wählt.

2.8 Mechanismusgestaltung und Revelationsprinzip

Die ordnungspolitische Gestaltungsaufgabe der Spieltheorie kann darin bestehen

a) Anforderungen an die Regeln von sozialen Interaktionssituationen selbst zu stellen, wie etwa Willkürfreiheit und die Freiwilligkeit eventueller Verpflichtungen, oder

b) zu fragen, ob bestimmte Allokationsergebnisse durch Rationalverhalten bei entsprechend ausgestalteten Regeln erreichbar sind.

Bezüglich a) könnte man z. B. verlangen, dass Verhandlungsspiele bestimmten Spielerrollen keine besonderen Rechte zubilligen. Dies würde das Ultimatumspiel (vgl. Abschnitt 4.2.1) ausschließen, während das Forderungsspiel, wie es von Nash (1951, 1953) vorgeschlagen wurde (vgl. Abschnitt 4.2.1), in diesem Sinne als prozedural fair anzusehen wäre. Betrachtet man demokratische Wahlen als ein weiteres Beispiel sozialer Interaktion, so wäre hier das „one woman/man, one vote"-Prinzip anzuführen, das man als sinnvolles Ergebnis einer Diskussion über die Regeln demokratischen Umgangs ansehen könnte.

Für eine öffentliche (sealed bid) Auktion mit den Bietern $i \in I = \{1,\ldots,n\}(n \geq 2)$ kann Willkürfreiheit als Neidfreiheit der Nettotauschvektoren bezüglich der Gebote $b_i (\geq 0)$ postuliert werden: Gemäß der durch das Gebot b_i ausgedrückten Präferenz sollte kein Bieter i den Nettotauschvektor eines anderen seinem eigenen vorziehen (Güth 1986). Bezeichnet w den Gewinner der Auktion und p den Preis, den er für das zu erwerbende unteilbare Gut zu bezahlen hat, so erfordert dessen Neidfreiheit die Bedingung

$$b_w - p \geq 0,$$

da die Nichtgewinner $i \neq w$ leer ausgehen. Für die Nichtgewinner $i \neq w$ erfordert Neidfreiheit in diesem Sinne:

$$0 \geq b_i - p$$

Insgesamt folgt daraus:
$$b_w \geq p \geq \max_{i \neq w} b_i$$

Das heißt, der Gewinner muss Höchstbieter sein und der Preis muss im Intervall von Zweithöchst- und Höchstgebot liegen. Die üblichen Auktionsverfahren (siehe Kap. 5) genügen dieser Norm der Willkürfreiheit, aber die so genannten Dritt- und Viertpreisauktionen sowie solche, die nicht dem Höchstbieter den Zuschlag erteilen, werden hierdurch ausgeschlossen.

Die Aufgabenstellung b) sieht die Spielregeln nicht als um ihrer selbst willen zu gestaltenden Aspekt an, sondern nur als Mittel zum Zweck, wünschenswerte Allokationsergebnisse herbeizuführen. Ob die solche Allokationen bewirkenden Spielregeln allgemein üblichen Anforderungen wie etwa der Willkürfreiheit genügen und wie sensitiv diese Regeln auf Parameteränderungen reagieren, bleibt außen vor.

2.8 Mechanismusgestaltung und Revelationsprinzip

Im Allgemeinen werden wünschenswerte Allokationen im Sinne ökonomischer Effizienz (es darf nicht möglich sein, irgend jemanden besser zu stellen, ohne das Ergebnis für andere Wirtschaftssubjekte zu verschlechtern) postuliert. Die Gestaltungsaufgabe ist daher, Spiele zu definieren, deren Lösungen effiziente Allokationen beinhalten. Dieser – man denke an das Gefangenendilemma – naive Anspruch ist aus der Tradition des *Wohlfahrtstheorems*[51] verständlich, welches das Anspruchsdenken vieler Ökonomen bestimmt hat. Im Allgemeinen ist dieser Anspruch jedoch nicht erfüllbar. Für bestimmte soziale Interaktionssituationen lassen sich die mit Gleichgewichtsverhalten vereinbaren Allokationsergebnisse allerdings durch Anwendung des so genannten *Revelationsprinzips* ausloten.

Es geht hierbei um die Beurteilung von Entscheidungssituationen mit privater Information. Betrachten wir der Einfachheit halber das oben angesprochene Beispiel einer Auktion.[52] Dort könnte z. B. nur jeder Bieter $i \in I$ selbst seinen wahren Wert $v_i (\geq 0)$ für das zu versteigernde Gut kennen. Auktionsregeln, die jeden Bieter i eine wahre oder falsche Bewertung $b_i (\geq 0)$ abgeben lassen, sind dann so genannte direkte Mechanismen. Ein solcher direkter Mechanismus wäre ein Revelationsmechanismus, wenn für alle $v_i \geq 0$ und alle Bieter $i \in I$ durch $b = (b_1, \ldots, b_n) = v = (v_1, \ldots, v_n)$ ein Gleichgewicht gegeben ist. Gilt $b_w \geq b_i$ für alle $i \in I$ und

$$p = \max_{i \neq w} b_i,$$

so ist z. B. durch die Regeln der so genannten Zweitpreisauktion ein derartiges Revelationsspiel gegeben (vgl. Vickrey 1961).

Im Allgemeinen lassen sich jedoch Revelationsmechanismen nicht so einfach ableiten, was im Folgenden näher zu beschreiben sein wird. In der obigen Situation haben wir noch nicht einmal ein wohldefiniertes Spiel, da wir keine Erwartungen der Spieler $j \, (\neq i)$ bezüglich v_i spezifiziert haben. Üblicherweise reagieren die optimalen (im Sinne von ökonomischer Effizienz) Revelationsmechanismen sehr sensitiv auf Änderungen solcher Erwartungen über die Typen (private Information) der anderen.

Wir wollen den Begriff des Mechanismus bzw. eines Revelationsmechanismus im Folgenden etwas näher beschreiben. Dabei greifen wir auf Konzepte von *Spielen mit unvollständiger Information* zurück.[53] Wir wollen hier Spiele in Normalform mit unvollständiger Information G_I wie folgt beschreiben. Es handelt sich um Normalformspiele G mit privater Information, in dem nur jeder Spieler $i \in I$ seinen Typ $t_i \in T_i$, d. h. seine charakteristischen Merkmale kennt und nur subjektive Erwartungen bezüglich der Typenkonstellationen seiner Mitspieler hat. Diese Erwartungen werden präzise ausgedrückt

---

[51] In der einfachsten Version lautet das Wohlfahrtstheorem (vgl. Mas-Colell et al. (1995), Proposition 16.C1): *Alle Konkurrenzallokationen sind effizient.*
[52] Weiterführende Ausführungen zur Auktionstheorie sind in Kap. 5 zu finden.
[53] Siehe Abschnitt 2.7.1.

durch Dichtefunktionen $f_{-i}(\cdot)$, definiert über der Menge der Vektoren der Typausprägungen der Mitspieler:

$$T_{-i} := \{t_{-i} = (t_j)_{j \neq i} \in (T_j)_{j \neq i}\}$$

Dabei wird jede Dichte $f_{-i}(\cdot)$ (für $i \in I$) als Randdichte einer ursprünglich gegebenen gemeinsamen Dichte

$$f : T_1 \times \ldots \times T_n \longrightarrow \mathbb{R}$$

aufgefasst (der so genannte konsistente Fall privater Information, vgl. Harsanyi (1967, 1968a, 1968b)).

In unserem Auktionsbeispiel werden Typausprägungen t_i als individuelle Wertschätzung v_i eines Bieters i für einen zu versteigernden Gegenstand interpretiert. In der einfachsten Version der Auktionen, den so genannten „independent private values" Auktionen nimmt man an, dass die gemeinsame Dichtefunktion $f(\cdot)$ über die Typausprägungen der Bieter das Produkt der Dichtefunktionen der individuellen Typausprägungen ist, d. h. dass

$$f(v_1, \ldots, v_n) = f_1(v_1) \cdot \ldots \cdot f_n(v_n)$$

gilt (siehe Abschnitt 5.2.2).

Als *Verkaufsmechanismus* wollen wir ein Tripel $M = \{B, P, Z\}$ einführen, wobei $B := B_1 \times \ldots \times B_n$ gilt und $B_i \subset \mathbb{R}$ die Menge aller möglichen *Gebote* von Bieter i bezeichnet. Die Funktion $P : B \longrightarrow \Delta$, wobei Δ die Menge der Wahrscheinlichkeitsverteilungen über der (endlichen) Menge der Bieter I bezeichnet, heißt *Allokationsfunktion*. Sie ordnet jedem Vektor von Geboten $b = (b_1, \ldots, b_n)$ die Wahrscheinlichkeit $P_i(b)$ zu, mit der Bieter i das Gut erhält. Und $Z : B \longrightarrow \mathbb{R}^n$ bezeichnet die Bezahlregel, die jedem Bietvektor b die Beträge $Z_j(b)$ zuordnet, welche Bieter $j \in I$ bezahlen müssen.

Bekannte Beispiele für Verkaufsmechanismen sind die Erst- und die Zweitpreisauktion (siehe Abschnitt 5.2.1): Bei der Erstpreisauktion gewinnt der Höchstbietende und zahlt sein Gebot als Preis, während in der Zweitpreisauktion der Höchstbietende das zweithöchste Gebot als Preis zu zahlen hat.

Für die Erstpreisauktion gilt:[54]

$$P_i(b) = 1 \text{ wenn } b_i > \max_{j \neq i} b_j, \quad Z_i(b) = b_i$$

$$P_j(b) = 0 \text{ und } Z_j(b) = 0 \quad \text{für } j \neq i$$

Für die Zweitpreisauktion gilt:

$$P_i(b) = 1 \text{ wenn } b_i > \max_{j \neq i} b_j, \quad Z_i(b) = \max_{j \neq i} b_j$$

$$P_j(b) = 0 \text{ und } Z_j(b) = 0 \quad \text{für } j \neq i$$

---

[54] Der Einfachheit halber verzichten wir hier auf die Angabe einer expliziten Aufteilungsregel im Fall der Gleichheit von Höchstgeboten.

2.8 Mechanismusgestaltung und Revelationsprinzip

Man sieht leicht, dass jeder Mechanismus M ein Normalformspiel mit unvollständiger Information G_I induziert mit den Typenmengen $T_i = V_i$, wobei V_i die Menge aller möglichen Wertschätzungen von Bieter i ist, und den Strategiemengen $\tilde{S}_i := \{\tilde{s}_i : V_i \longrightarrow B_i\}$, wobei die $\tilde{s}_i(\cdot)$ als Bietfunktionen interpretiert werden. Die Auszahlungsfunktionen von Bieter i hängen dann von seinen bedingt erwarteten Zahlungen $\mathrm{E}[Z_i(\tilde{s}(\cdot))\,|\,v_i]$ ab (siehe Abschnitt 5.2.2). Als Gleichgewichte $\tilde{s}^*(\cdot)$ des von M induzierten Normalformspiels G_I betrachten wir ausschließlich Bayes-Nash-Gleichgewichte (siehe Abschnitt 2.7.1).

In vielen Fällen betrachtet man statt eines Mechanismus M den einfacheren *direkten Mechanismus* $M_D = \{P_D, Z_D\}$, für den $B_i = V_i$ gilt und $P_D : V \longrightarrow \Delta$, $Z_D : V \longrightarrow \mathbb{R}^n$ die jeweils die von M auf M_D modifizierten Konzepte P und Z bezeichnen (mit $V = V_1 \times \ldots \times V_n$). In einem direkten Mechanismus wird ein Bieter aufgefordert, direkt eine Wertschätzung für das Gut anzugeben. Wenn ein Vektor von Wertschätzungen $v \in V$ bekannt ist, wird $P_D(v), Z_D(v)$ als Ergebnis des direkten Mechanismus bezeichnet.

Im folgenden Satz wird geklärt, ob es für einen Bieter sinnvoll sein kann, seine wahre Wertschätzung für das Objekt zu verschweigen.

Satz 2.54. *(Revelationsprinzip)* *Gegeben sei ein Verkaufsmechanismus M und ein Bayes-Nash-Gleichgewicht $\tilde{s}^*(\cdot)$ für diesen Mechanismus. Dann existiert ein direkter Mechanismus M_D, in dem*

i) jeder Bieter im Gleichgewicht seine wahre Wertschätzung offenbart und
ii) das Ergebnis in beiden Mechanismen gleich ist.

Beweis: Gegeben sei $\tilde{s}^*(\cdot)$. Man betrachte nun einen direkten Mechanismus M_D, der gegeben ist durch $P_D(v) := P(\tilde{s}^*(v))$ und $Z_D(v) := Z(\tilde{s}^*(v))$, d. h. mit anderen Worten M_D setzt sich aus M und $\tilde{s}^*(\cdot)$ zusammen. Daraus ergibt sich sofort die Gleichheit der Ergebnisse beider Mechanismen. Angenommen für einen Bieter i mit wahrer Wertschätzung v_i wäre es profitabel, in M_D die Wertschätzung $x_i \neq v_i$ zu signalisieren. Dann wäre für i im ursprünglichen Mechanismus ein Gebot $\tilde{s}_i^*(x_i)$ anstatt $\tilde{s}_i^*(v_i)$ profitabel, was der Gleichgewichtseigenschaft von $\tilde{s}^*(\cdot)$ widerspricht.

q. e. d.

Das Revelationsprinzip zeigt, dass die Gleichgewichtsergebnisse jedes Verkaufsmechanismus durch ein Gleichgewicht eines direkten Mechanismus erhalten werden kann, in dem alle Bieter ihre wahren Wertschätzungen nicht verbergen. Insofern ist es keine Beschränkung der Allgemeinheit, sich auf die Betrachtung direkter Mechanismen zu beschränken. Das Ergebnis von Satz 2.54 kann sowohl auf allgemeinere Mechanismen als auf Verkaufsmechanismen übertragen werden. Die Betrachtung von allgemeinen Allokationsmechanismen würde aber den Rahmen dieses Lehrbuchs sprengen.

3
Spiele in Extensivform

In der traditionellen Sicht der Spieltheorie sind Normalform und Extensivform eines Spiels nur zwei verschiedene Darstellungsformen der gleichen strategischen Entscheidungssituation. Es handelt sich bei dieser Unterscheidung also *nicht* um eine Unterteilung von strategischen Entscheidungsproblemen in zwei disjunkte Klassen. Während die Normalform nur eine sehr knappe, statische Beschreibung eines Spiels liefert, werden in der Extensivform weitere Eigenschaften eines Spiels wie die *Zugfolge*, der *Informationsstand* eines Spielers im Detail beschrieben. Bis zu den entscheidenden Arbeiten von Reinhard Selten (1965, 1975, 1978), welche die Spieltheorie in den siebziger Jahren revolutioniert haben, war allgemein akzeptiert, dass Normal- und Extensivform eine *äquivalente* Beschreibung der gleichen strategischen Situation liefern. Selten hat gezeigt, dass die Extensivform zusätzliche Einsichten in die Natur von strategischen Problemen liefern kann, die in der Normalform verloren gehen, was allerdings nicht unumstritten ist (vgl. z. B. Kohlberg und Mertens 1986).[1]

3.1 Grundlegende Konzepte

3.1.1 Spielbaum eines Extensivformspiels

In der Extensivform eines Spiels wird die *Reihenfolge*, in der die Spieler am Zug sind, explizit formuliert. Der Ablauf des Spiels wird in einzelne *Stufen* zerlegt. Auf jeder Stufe sind ein oder mehrere Spieler am Zuge. Dabei kann ein Spieler auf jeder Stufe unterschiedlich über die Züge der Gegenspieler auf den vorhergehenden Stufen informiert sein. Alles das kann in einem Extensivformspiel explizit modelliert werden. Das grundlegende Konzept eines Extensivformspiels ist der *Spielbaum*, der formal als Graph beschrieben werden kann, dessen Knoten die Entscheidungs- oder Endsituationen beschreiben

---

[1] Generell gilt, dass nur implizit durch die Normalform berücksichtigte, institutionelle Aspekte wie Zugfolge, Informationsannahmen usw. nur durch schärfere Lösungskonzepte für Normalformspiele erfassbar sind.

und dessen Kanten die Aktionen (alternative Handlungen) beschreiben, die ein Spieler durchführen kann, wenn er am Zug ist.

Als Illustrationsbeispiel für Extensivformspiele wählen wir ein einfaches *technisches Standardisierungsproblem*. Wir betrachten zwei Unternehmen, die zwei Typen von Disketten herstellen können. Unternehmung 1 beginnt mit der Produktion, während Unternehmung 2 die Produktionsentscheidung von 1 abwartet. Damit ist die Zugfolge vorgegeben. Weiterhin gibt es nur zwei Aktionen, die jede Unternehmung durchführen kann, wenn sie am Zug ist. Sie kann entweder das Diskettenformat „g" (groß) oder „k" (klein) wählen. Der in Abb. 3.1 gezeigte Spielbaum illustriert diese Entscheidungssituation. Die Endpunkte des Spielbaums bezeichnen die unterschiedlichen Spielverläufe. Mit ihnen sind Auszahlungsvektoren verbunden, deren erste (bzw. zweite) Komponente die Auszahlung des ersten (bzw. zweiten) Spielers bei dem gegebenen Spielausgang bezeichnet.

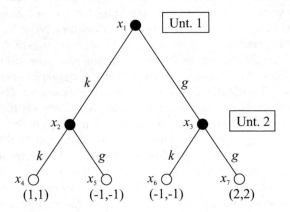

Abb. 3.1. Spielbaum des Standardisierungsspiels

Das Standardisierungsproblem ist ein einfaches Koordinationsproblem. Produzieren beide Unternehmen das gleiche Diskettenformat, erhalten sie höhere Auszahlungen als sie bei Fehlkoordination erhalten würden. Zusätzlich stellen sich beide besser, wenn sie sich auf das große Format koordinieren.

Wir wollen nun systematisch die Bestandteile eines Spielbaums[2] einführen. Ein Spielbaum ist charakterisiert durch seine *Knotenmenge K*. In dem Standardisierungsbeispiel in Abb. 3.1 ist die Knotenmenge gegeben durch $K = \{x_1, \ldots, x_7\}$. Ausgezeichnet in der Menge K ist die Menge der Endpunkte Z,

---

[2] Ein Spielbaum als Graph, bestehend aus Knoten und Kanten, muss zusammenhängend und schleifenlos sein und einen Knoten als Spielanfang auszeichnen.

welche die Ausgänge eines speziellen Spielverlaufs bezeichnet.[3] Im Standardisierungsbeispiel ist die Menge der Endpunkte gegeben durch $Z = \{x_4, \ldots, x_7\}$.

Subtrahiert man von der Menge aller Knoten die Endpunkte in Z, so erhält man die Menge der Entscheidungsknoten $X := K - Z$. Im Prinzip kann auch der Zufall einen Zug auswählen, wovon wir aber zunächst abstrahieren wollen. An jedem Knoten in X muss ein Spieler eine Entscheidung treffen. Im Standardisierungsbeispiel gilt $X = \{x_1, x_2, x_3\}$. Eine Zerlegung $P = \{P_1, \ldots, P_n\}$ der Menge aller echten Knoten X heißt *Spielerzerlegung*, wenn P_i genau diejenigen Knoten des Spielbaums umfasst, an denen Spieler i am Zuge ist. Im Standardisierungsbeispiel bestehen die Spielerzerlegungen aus den beiden Elementen $P_1 = \{x_1\}$ und $P_2 = \{x_2, x_3\}$.

In vielen Gesellschaftsspielen sind die Spieler auf einigen Stufen des Spiels nicht darüber informiert, welche Aktionen ihre Gegenspieler auf den vorhergehenden Stufen gewählt haben. Dies kann im Spielbaum durch so genannte *Informationsmengen* modelliert werden. Eine *Informationspartition* $U_i = \{u_{i1}, \ldots, u_{iK_i}\}$ eines Spielers i ist eine Zerlegung von P_i. Die u_{ik} repräsentieren die Information von Spieler i auf den Stufen des Spiels, an denen er am Zug ist. Ist ein u_{ik} einelementig, so hat er vollkommene Information über die vorhergehenden Züge. Hat u_{ik} mehr als ein Element, so kann Spieler i seine Position im Spielbaum nicht mehr exakt bestimmen, da er einige der vorher durchgeführten Aktionen nicht kennt. Die Informationszustände aller Spieler sind in $U = \{U_1, \ldots, U_n\}$ zusammengefasst. In unserem Standardisierungsbeispiel hätte man als Informationszerlegungen $U_1 = \{u_{11}\}$, $U_2 = \{u_{21}, u_{22}\}$ mit $u_{11} = \{x_1\}$, $u_{21} = \{x_2\}$, $u_{22} = \{x_3\}$. d. h. Spieler 2 ist vollkommen über die Aktionen von Spieler 1 informiert.

Um unvollkommene Information in das Standardisierungsbeispiel einzuführen, erweitern wir das einfache Szenario wie folgt: Wir nehmen an, dass Unternehmung 2 bei ihrer Produktionsentscheidung noch nicht weiß, welche Entscheidung Unternehmung 1 getroffen hat. Diese Situation ist in Abb. 3.2 illustriert.

Der Informationszustand von Unternehmung 2 hat sich geändert. Ihre Entscheidungsstufe ist durch die Informationszerlegung $U_2 = \{u_{21}\}$ mit $u_{21} = \{x_2, x_3\}$ charakterisiert, während für Unternehmung 1 weiterhin $u_{11} = \{x_1\}$ gilt. Die Informationsmenge u_{21} ist graphisch durch eine gestrichelte Linie zwischen x_2 und x_3 dargestellt.

Mit Hilfe der Informationszerlegung U können wir nun das Konzept der *Aktionsmenge* $C := \{C_u\}_{u \in U}$ einführen. Dabei bezeichnet C_u die Menge der Aktionen, die an der Informationsmenge u verfügbar sind. Im modifizierten Standardisierungsbeispiel sind die Aktionsmengen der Spieler gegeben durch $C_{u_{11}} = \{g, k\}$ und $C_{u_{21}} = \{g, k\}$. Bei der graphischen Darstellung eines Spielbaums wird die Aktionsmenge C_u an jedem Knoten $x \in u$ dargestellt, obwohl

---

[3] Die Endpunkte eines Spielbaumes werden in der Graphentheorie auch als *Blätter* bezeichnet. Häufig wird auch der Anfangspunkt eines Spielbaums (in der Graphentheorie *Wurzel* genannt) durch eine besondere Bezeichnung hervorgehoben.

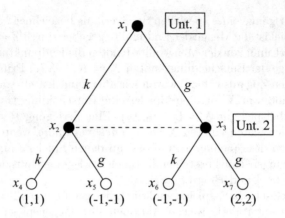

Abb. 3.2. Das Standardisierungsspiel bei unvollkommener Information

sie strenggenommen nicht auf den Knoten sondern auf den Informationsmengen u selbst definiert ist. Dies liegt daran, dass der Ausgang eines Spiels davon abhängt, welcher Punkt in einer Informationsmenge erreicht wurde. Der unvollkommen informierte Spieler kennt aber den exakten Ausgang nicht. Eine wichtige Forderung für die Darstellung von Informationsmengen ist daher: Die an jedem Knoten $x \in u$ verfügbaren Aktionsmengen sind gleich (C_u). Sonst könnte der in u entscheidende Spieler identifizieren, an welchem Knoten der Informationsmenge er sich befindet.

Eine Folge von aufeinander folgenden Aktionen der Spieler, die im Startpunkt des Spielbaums beginnt und (ohne Rückwärtsbewegung) in einem Endpunkt $z \in Z$ endet, wird *Pfad* oder *Partie* genannt. Jeder Pfad in einem Extensivformspiel wird durch einen Auszahlungsvektor bewertet, dessen Komponenten die Auszahlungen der einzelnen Spieler bezeichnen. Formal können wir die Auszahlungsfunktion eines Extensivformspiels als vektorwertige Funktion $\Pi : Z \longrightarrow \mathbb{R}^n$ einführen, wobei die i-te Komponente $\Pi_i(z)$ von $\Pi(z)$ die Auszahlung von Spieler i bezeichnet, wenn ein Pfad im Endpunkt z endet. Im Standardisierungsbeispiel hat man beispielsweise:

$$\Pi(x_4) = (1,1), \quad \Pi(x_5) = (-1,-1)$$

Um ein Extensivformspiel vollständig zu beschreiben, benötigt man ein weiteres Konzept. Bisher wurde angenommen, dass die Konsequenzen jeder Aktion *sicher* sind. So wird beispielsweise angenommen, dass die Unternehmen die Auszahlung ihrer Aktionen genau kennen. Werden die Auszahlungen im Spielbaum in Abb. 3.1 z. B. als Gewinnveränderungen interpretiert, so kann man in der Regel davon ausgehen, dass die Unternehmen diese nicht genau kennen, sondern sie schätzen müssen. Nehmen wir konkret an, dass die Unternehmen durch vergangene Erfahrungen ihre Auszahlung für alle Aktionsfolgen kennen bis auf den Fall, dass beide Unternehmen große Disketten anbieten. Hier ergebe eine Marktstudie, dass die Nachfrage zwei Ausprägungen annehmen kann, die mit Wahrscheinlichkeit 0.2 bzw. 0.8 eintreten können. Dieses Phänomen wird im Spielbaum durch einen so genannten *Zufallsspieler* (die Natur) modelliert, der spezielle Aktionen mit vorgegebenen Wahrscheinlichkeiten durchführt.

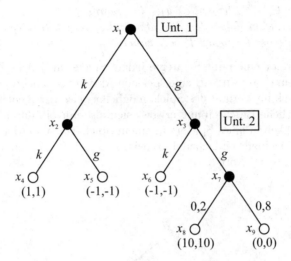

Abb. 3.3. Standardisierungsspiel mit Zufallsspieler

Formal wird der Zufallsspieler mit seiner Spielerzerlegung P_0 und den Wahrscheinlichkeitsverteilungen p an den Knoten $x \in P_0$ eingeführt. In unserem Beispiel haben wir $P_0 = \{x_7\}$ und $p_{x_7} = \{0.2, 0.8\}$.

Wir haben nun alle Elemente eingeführt, die man für die Beschreibung eines Extensivformspiels benötigt. Bezeichnet Pr die Menge aller Wahrscheinlichkeitsverteilungen, die der Zufallsspieler in einem Extensivformspiel zur Verfügung hat, und I die Spielermenge, dann kann man definieren:

Definition 3.1. *Ein Spiel in Extensivform ist gegeben durch das Tupel:*

$$\Gamma = \{I, K, Z, P, U, C, \Pi, Pr\}$$

Dabei bezeichnet I die (endliche) Spielermenge, K die Menge der Entscheidungsknoten, Z die Menge der Endpunkte, P die Spielerzerlegung von K, U die Informationszerlegung, C die Aktionsmengen der Spieler, Π die Auszahlungsfunktion (auf den Spielergebnissen) und Pr die Menge der Wahrscheinlichkeitsverteilungen des Zufallsspielers.

3.1.2 Strategien

In Analogie zur Terminologie in Normalformspielen wollen wir im Folgenden eine *reine Strategie* von Spieler i als eine Vorschrift verstehen, die jeder Informationsmenge $u_{ik} \in U_i$ von Spieler i eine ihm verfügbare Aktion in $C_{u_{ik}}$ zuordnet.

Definition 3.2. *Gegeben sei ein Extensivformspiel Γ. Eine reine Strategie von Spieler i ist eine Funktion*

$$\phi_i : U_i \longrightarrow \{C_u\}_{u \in U_i}$$

die jedem $u \in U_i$ ein Element $\phi_i(u) \in C_u$ zuordnet.

Mit Φ_i werde im Folgenden die Menge aller reinen Strategien von Spieler i in einem Extensivformspiel Γ bezeichnet.

Offenbar schreibt eine reine Strategie jedem Spieler an jedem Teil des Spielbaums, an dem er am Zug ist, eine spezielle Aktion vor, auch wenn dieser Teil des Spielbaums im Verlauf des Spiels möglicherweise gar nicht erreicht wird. Diese ausführliche Beschreibung erweist sich als sinnvoll, damit alle strategischen Möglichkeiten eines Spielers in einem Spiel erfasst werden können. Wir wollen das ein einem einfachen Extensivformspiel Γ mit nur einem Spieler ($n = 1$) illustrieren (Abb. 3.4).

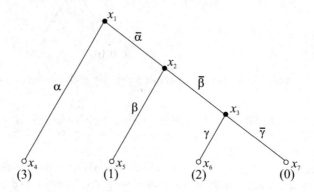

Abb. 3.4. Spielbaum eines Extensivformspiels mit $n = 1$

Auch wenn Spieler 1 den Zug α wählt und damit das Erreichen von x_2 und x_3 ausschließt, erfordert eine Strategie $\phi_1(\cdot)$, dass er nicht nur für x_1, sondern auch für x_2 und x_3 sein Verhalten festlegt. Man spricht in diesem Zusammenhang von kontrafaktischen Überlegungen.[4] In Experimenten wehren sich die Teilnehmer oft gegen solche aus praktischer Sicht überflüssigen, aus spieltheoretischer Sicht aber unerlässlichen Entscheidungen.

Das obige Beispiel illustriert aber auch ein fundamentales Problem der Rationalitätsannahme. Offenbar sollte Spieler 1 den Zug α wählen, der allein ihm die höchste Auszahlung bietet. In x_2 oder x_3 muss er aber davon ausgehen, den Zug α verpasst zu haben. Kann er dann aber, gegeben, dass x_2 oder x_3 wirklich erreicht wird, noch weiter an seine eigene Rationalität glauben?

---

[4] Im Prinzip haben wir solche schon für das Bayes-Nash-Gleichgewicht postuliert: Bei privater Information über t_i betrachtet Spieler i vom Typ t_i die anderen Typausprägungen als rein kontrafaktisch.

Anscheinend stellen sich solche spannenden Fragen erst, wenn man sequentiell wie in Extensivformspielen entscheidet.

Analog zu Normalformspielen wollen wir auch in Extensivformspielen gemischte Strategien betrachten. Eine *gemischte Strategie* von Spieler i wird als Wahrscheinlichkeitsverteilung s_i über Φ_i eingeführt.

Definition 3.3. *Gegeben sei die (endliche) Menge Φ_i der reinen Strategien von Spieler i in einem Extensivformspiel Γ mit $|\Phi_i| = m_i$, dann ist die Menge der gemischten Strategien von i gegeben durch:*

$$S_i := \left\{ s_i = (p_{i1}, \ldots, p_{im_i}) \in \mathbb{R}_+^{m_i} \mid \sum_{j=1}^{m_i} p_{ij} = 1 \right\}$$

Wir können eine gemischte Strategie also als einen Zufallsmechanismus auffassen, der *globale*, d. h. sich auf den gesamten Spielbaum beziehende Aktionspläne umfasst.

Im Gegensatz dazu kennen wir für Extensivformspiele ein weiteres Strategiekonzept, das einem Spieler *lokal* an jeder seiner Informationsmengen eine Wahrscheinlichkeitsverteilung über die ihm zur Verfügung stehenden Aktionen zuordnet. Ein solcher Plan wird *Verhaltensstrategie* genannt.

Definition 3.4. *Eine Verhaltensstrategie von Spieler i ist ein Tupel von Wahrscheinlichkeitsverteilungen $b_i = \{b_{iu}\}_{u \in U_i}$, wobei b_{iu} jeweils eine Wahrscheinlichkeitsverteilung über C_u bezeichnet.*

Mit B_i werde im Folgenden die Menge aller Verhaltensstrategien von Spieler i bezeichnet.

Eine Verhaltensstrategie b_i, bei der alle Wahrscheinlichkeitsverteilungen b_{iu} degeneriert sind, d. h. die an jeder Informationsmenge eine spezielle Aktion mit Wahrscheinlichkeit 1 wählt, fällt mit einer reinen Strategie $\phi_i \in \Phi_i$ zusammen. Die reinen Strategien sind demnach Spezialfälle von Verhaltensstrategien.

Welche Beziehung besteht nun zwischen gemischten Strategien und Verhaltensstrategien? Beide Konzepte induzieren für jeden Spieler auf jeder Stufe des Spiels Wahrscheinlichkeitsverteilungen auf der Menge der möglichen Aktionen. Bei der Konstruktion von gemischten Strategien wählt ein Spieler stochastisch einen vollständigen Verhaltensplan im Sinne einer Strategie, während die Konstruktion einer Verhaltensstrategie die separate Zufallswahl einer Aktion an jeder Informationsmenge erfordert. Das Problem der Gleichwertigkeit von Verhaltens- und gemischten Strategien wurde in einer grundlegenden Arbeit von Kuhn behandelt. Wir wollen hier nur das Ergebnis (Kuhn (1982), Theorem 4) zitieren:

> *Angenommen, alle Spieler können sich auf jeder Stufe des Spiels an alle ihre vergangenen Spielzüge erinnern, dann kann man zeigen, dass gemischte Strategien und Verhaltensstrategien äquivalent sind in dem Sinne, dass sie die gleichen (erwarteten) Auszahlungen generieren.*

Die Annahme, dass alle Spieler sich an alle ihre eigenen Spielzüge erinnern können, wird in der Spieltheorie *perfect recall* genannt. Da Verhaltensstrategien in den meisten Spielen sehr viel einfacher zu handhaben sind als gemischte Strategien, haben sich Verhaltensstrategien als das vorherrschende Strategiekonzept in Extensivformspielen durchgesetzt. Zusammen mit der Annahme des perfect recall, die in den meisten Spielen implizit oder explizit gemacht wird, bietet das Resultat von Kuhn eine Rechtfertigung für dieses Vorgehen.

In der Beschreibung eines Extensivformspiels Γ sind die Auszahlungen der Spieler den Endpunkten $z \in Z$ des Spielbaums und damit den Spielausgängen direkt zugeordnet. Davon ausgehend wollen wir nun die Auszahlungen einer Strategiekonfiguration von Verhaltensstrategien bzw. gemischten Strategien definieren. Dazu gehen wir zunächst von einer Konfiguration von Verhaltensstrategien $b = (b_1, \ldots, b_n)$ aus. Jedes b_i ordnet jeder Aktion von i auf jeder für i relevanten Spielstufe eine Wahrscheinlichkeitsverteilung über die jeweils zur Verfügung stehenden Alternativen zu, wobei die Wahrscheinlichkeiten auf jeder Stufe unabhängig von den Wahrscheinlichkeiten auf den übrigen Stufen gewählt werden. Da dies für alle Spieler gilt, induziert b eine Wahrscheinlichkeitsverteilung auf den möglichen Pfaden des Spielbaums und damit auf den Endpunkten $z \in Z$, die im Folgenden mit $P^b(\cdot)$ bezeichnet werden soll. Faktisch wird damit der Spielbaum ein rein stochastischer Entscheidungsbaum, für den die Wahrscheinlichkeiten der Endpunkte einfach das Produkt der Wahrscheinlichkeiten für die an ihrem Erreichen erforderlichen Züge sind.

Definition 3.5. *Gegeben sei ein Pfad $\tilde{p}$ der Länge k mit Endpunkt z_k. Er werde bezeichnet durch die Abfolge von Aktionen der Spieler $\tilde{p} = (c_{u(1)}, \ldots, c_{u(k)})$, wobei $c_{u(h)}$ eine Aktion des Spielers bezeichnet, der auf der h-ten Stufe an seiner Informationsmenge $u(h)$ am Zug ist. Dann ist die Wahrscheinlichkeit für Endpunkt z_k bei gegebener Konfiguration von Verhaltensstrategien b durch den Ausdruck*

$$P^b(z_k) = b_{i(u(1))}(c_{u(1)}) \cdot \ldots \cdot b_{i(u(k))}(c_{u(k)})$$

gegeben, wobei $i(u(h))$ den Index des Spielers bezeichnet, der auf Stufe h gemäß dem Pfad $\tilde{p}$ am Zuge ist.

Mit Hilfe der Wahrscheinlichkeitsverteilung über die Endpunkte $z \in Z$ des Spielbaums kann man die Auszahlungen der Spieler nun direkt einer Konfiguration von Verhaltensstrategien $b = (b_1, \ldots, b_n)$ zuordnen.

Definition 3.6. *Gegeben $b = (b_1, \ldots, b_n)$ und die Auszahlungsfunktion $\Pi(\cdot)$ eines Extensivformspiels. Die Auszahlung von Spieler i ist der Erwartungswert der Auszahlungen $\Pi(z)$ über alle möglichen Spielausgänge $z \in Z$, d. h.:*

$$H_i(b_1, \ldots, b_n) := \sum_{z \in Z} \Pi_i(z) P^b(z)$$

In gleicher Weise geht man bei einer Konfiguration von gemischten Strategien $s = (s_1, \ldots, s_n)$ vor. Jede Konfiguration von reinen Strategien induziert genau einen Pfad im Spielbaum. Die Kombination von gemischten Strategien induziert eine Wahrscheinlichkeitsverteilung auf den Pfaden, die wiederum zu einer Wahrscheinlichkeitsverteilung auf den Endpunkten $z \in Z$ führt. Im Gegensatz zur Verhaltensstrategie legt ein Spieler hier Wahrscheinlichkeiten für ganze Aktionsfolgen fest, er kann somit implizit die Aktionswahl auf den einzelnen für ihn relevanten Stufen korrelieren. Wir stellen fest, dass jedes Tupel von reinen Strategien $\phi = (\phi_1, \ldots, \phi_n)$ eindeutig einen Pfad $\tilde{p}_z$ mit Endpunkt z induziert. Um diese Abhängigkeit explizit zu machen, bezeichnen wir diese Strategiekombination mit ϕ^z.

Definition 3.7. *Gegeben sei eine Konfiguration von gemischten Strategien* $s = (s_1, \ldots, s_n)$, *dann ist die durch s induzierte Wahrscheinlichkeitsverteilung auf Z, bezeichnet mit $P^s(\cdot)$, gegeben durch:*

$$P^s(z) := s(\phi^z)$$

Wir können nun auch jeder Konfiguration von gemischten Strategien s eine Auszahlung für jeden Spieler zuordnen.

Definition 3.8. *Gegeben sei eine Konfiguration von gemischten Strategien* $s = (s_1, \ldots, s_n)$, *dann ist die Auszahlung von Spieler i gegeben durch:*

$$H_i(s_1, \ldots, s_n) := \sum_{z \in Z} \Pi_i(z) P^s(z)$$

Wir wollen diese neu eingeführten Konzepte anhand eines einfachen, numerischen Beispiels illustrieren.

Beispiel 3.1 a) Gegeben sei der folgende Spielbaum eines 2-Personen Extensivformspiels (Abb. 3.5).
Die Informationsmengen der Spieler sind gegeben durch $U_1 = \{\{x\}\}$ und $U_2 = \{\{y_1\}, \{y_2\}\}$, die Aktionsmengen sind $C_x = \{L, R\}$, und $C_{y_i} = \{l_i, r_i\}$ für $i = 1, 2$. Wir betrachten nun eine Konfiguration von Verhaltensstrategien $b = (b_1, b_2)$ mit

$$b_1 = b_x = \left(\frac{1}{2}, \frac{1}{2}\right), \quad b_2 = (b_{y_1}, b_{y_2}) = ((1,0), (1,0)).$$

Das heißt, Spieler 1 wählt Aktion L und R mit gleicher Wahrscheinlichkeit, während Spieler 2 immer Aktion l_i unabhängig von der Entscheidung von Spieler 1 auf der vorhergehenden Stufe wählt. Die Wahrscheinlichkeit mit der beispielsweise der Pfad (L, l_1) gewählt wird, ist offenbar gegeben durch $\frac{1}{2} \cdot 1 = \frac{1}{2}$. Also gilt $P^b(z_1) = \frac{1}{2}$. Analog bestimmt man die Wahrscheinlichkeiten für die übrigen Endpunkte:

$$P^b(z_2) = 0, \quad P^b(z_3) = \frac{1}{2}, quad P^b(z_4) = 0$$

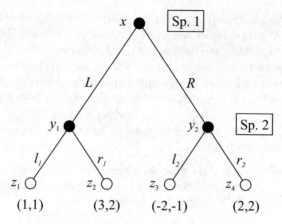

Abb. 3.5. Spielbaum von Beispiel 3.1 a)

Damit berechnet man die Auszahlungen für die gegebene Verhaltensstrategiekonfiguration $b = (b_1, b_2)$ durch:

$$H_1(b) = \frac{1}{2} \cdot 1 + \frac{1}{2} \cdot (-2) = -0.5, \quad H_2(b) = \frac{1}{2} \cdot 1 + \frac{1}{2} \cdot (-1) = 0$$

b) Wir wollen nun die Auszahlungen einer Konfiguration von gemischten Strategien berechnen. Dazu betrachten wir den folgenden Spielbaum eines 2-Personen 3-Stufen Spiels.

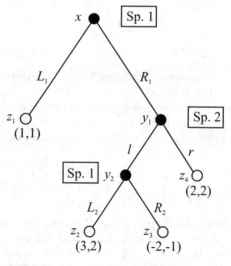

Abb. 3.6. Spielbaum von Beispiel 3.1 b)

In diesem Extensivformspiel ist Spieler 1 auf Stufe 1 und 3 am Zuge, falls Spieler 2 „l" wählt. Die Informationsmengen sind gegeben durch

$U_1 = \{\{x\}, \{y_2\}\}$, $U_2 = \{\{y_1\}\}$. Die Aktionsmengen sind gegeben durch $C_x = \{L_1, R_1\}$, $C_{y_1} = \{l, r\}$ und $C_{y_2} = \{L_2, R_2\}$. Spieler 1 stehen damit 4 reine Strategien zur Verfügung, die wir der Einfachheit halber als Aktionsfolgen darstellen:

$$\phi_{11} = (L_1, L_2), \quad \phi_{12} = (L_1, R_2), \quad \phi_{13} = (R_1, L_2), \quad \phi_{14} = (R_1, R_2)$$

So bezeichnet beispielsweise $\phi_{12} = (L_1, R_2)$ die reine Strategie von Spieler 1, die auf Stufe 1 die Aktion L_1 und auf Stufe 3 die Aktion R_2 wählt. Spieler 2 hat 2 reine Strategien $\phi_{21} = (l), \phi_{22} = (r)$. Wir nehmen nun an, dass Spieler 1 die gemischte Strategie $s_1 = (\frac{1}{4}, 0, 0, \frac{3}{4})$ und Spieler 2 die gemischte Strategie $s_2 = (\frac{1}{2}, \frac{1}{2})$ spielt. Das heißt Spieler 1 wählt die reine Strategie ϕ_{11} mit Wahrscheinlichkeit $\frac{1}{4}$ und ϕ_{14} mit Wahrscheinlichkeit $\frac{3}{4}$, während die restlichen reinen Strategien nicht gewählt werden. Da die Spieler ihre Aktionen unabhängig voneinander wählen, berechnet man die von $s = (s_1, s_2)$ erzeugte Verteilung über die Endpunkte wie folgt:

$$P^s(z_1) = \frac{1}{4}, \quad P^s(z_2) = 0, \quad P^s(z_3) = \frac{3}{4} \cdot \frac{1}{2} = \frac{3}{8}, \quad P^s(z_4) = \frac{3}{4} \cdot \frac{1}{2} = \frac{3}{8}$$

Die Auszahlungen für die Strategiekonfiguration $s = (s_1, s_2)$ sind gegeben durch:

$$H_1(s_1, s_2) = \frac{1}{4} + \frac{3}{8}(-2) + \frac{3}{8}2 = 0.25$$

$$H_2(s_1, s_2) = \frac{1}{4} + \frac{3}{8}(-1) + \frac{3}{8}2 = 0.625$$

Wir kommen noch einmal auf die Aussage des so genannten *Satzes von Kuhn* zurück, der die Äquivalenz von gemischten und Verhaltensstrategien (in Spielen mit perfect recall) feststellt. Wir wollen die Aussage dieses Satzes nun präzisieren. Wie wir oben anführten, ist die wichtigste Voraussetzung für die Gültigkeit dieser Behauptung die Annahme der *vollkommenen Erinnerung* (perfect recall). Wir wollen diese Eigenschaft anhand von Abb. 3.7 illustrieren.

In Abb. 3.7 (a) ist ein Extensivformspiel mit perfect recall dargestellt. Es handelt sich um ein 3-Stufenspiel, in dem Spieler 1 zweimal am Zuge ist. In Stufe 3 ist es zwar möglich, dass Spieler 1 nicht weiß, was Spieler 2 auf der vorhergehenden Stufe gewählt hat (Informationsmenge u), er weiß aber genau, welche Aktion er selbst auf Stufe 1 gewählt hat. Dies ist im Spielbaum in 3.7 b) nicht immer der Fall. Wenn Spieler 2 auf Stufe 2 derart wählt, dass Spieler 1 sich in der zweielementigen Informationsmenge u' befindet, dann ist das äquivalent damit, dass Spieler 1 vergessen hat, welche Aktion er auf Stufe 1 gewählt hat. Um das Konzept des perfect recall zu formalisieren, verwenden wir die folgende Definition.

Definition 3.9. *Sei $c \in C_u$ eine Aktion, die ein Spieler in Informationsmenge u durchführen kann, und $x \in X$, dann bedeutet die Relation $c \prec_\Gamma x$, dass die Kante c auf einem durch den Spielbaum von Γ gehenden Pfad vor dem Knoten x liegt.*

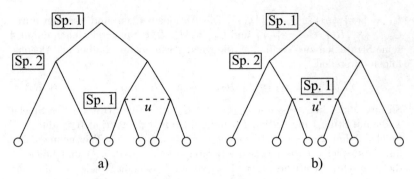

Abb. 3.7. (a) mit perfect recall (b) ohne perfect recall

Mit Hilfe der Relation $\prec_\Gamma$ können wir präzise den Begriff der vollkommenen Erinnerung an vergangene Spielzüge formulieren.

Definition 3.10. *Ein Extensivformspiel Γ weist perfect recall auf, wenn für jeden Spieler i gilt: Gegeben seien Informationsmengen $u, v \in U_i$ und $c \in C_u$, $x, y \in v$, dann gilt:*

$$c \prec_\Gamma x \iff c \prec_\Gamma y$$

Diese Definition besagt: Damit ein Spiel in Extensivform perfect recall aufweist, müssen alle Punkte in einer Informationsmenge eines Spielers i durch die gleiche Aktion c von i auf einer vorhergehenden Stufe induziert worden sein. Wir wollen nun den Satz von Kuhn präzise formulieren.

Satz 3.11. *Gegeben sei ein Extensivformspiel Γ mit perfect recall, dann gilt:*

Gegeben sei eine Konfiguration von gemischten Strategien s, für jede Komponente s_i kann eine Verhaltensstrategie b_i gefunden werden mit $H_i(s_{-i}, s_i) = H_i(s_{-i}, b_i)$. Umgekehrt kann in jeder Konfiguration von Verhaltensstrategien b für jede Komponente b_i eine gemischte Strategie s_i gefunden werden mit $H_i(b_{-i}, b_i) = H_i(b_{-i}, s_i)$.

Anstelle eines Beweises werden wir an folgendem Gegenbeispiel die Bedeutung der perfect recall Annahme für das Resultat von Satz 3.11 illustrieren.

Beispiel 3.2 Ein Extensivformspiel sei durch den folgenden Spielbaum charakterisiert.
Es handelt sich hier um ein 3-Stufen 2-Personen Spiel, bei dem Spieler 1 auf der ersten und dritten Stufe und Spieler 2 auf der zweiten Stufe entscheidet. Die dritte Stufe des Spiels wird nur erreicht, wenn Spieler 2 eine geeignete Entscheidung trifft. Offenbar ist die Annahme des perfect recall verletzt. Denn wenn die dritte Stufe des Spiels erreicht wird, hat Spieler 1 seine Entscheidung auf der ersten Stufe vergessen. Die reinen Strategien

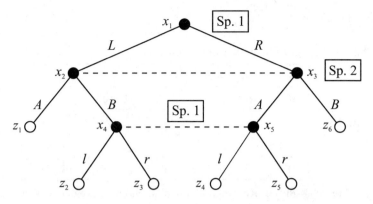

Abb. 3.8. Spielbaum von Beispiel 3.2

von Spieler 1 sind $\phi_{11} = (L, l)$, $\phi_{12} = (L, r)$, $\phi_{13} = (R, l)$, und $\phi_{14} = (R, r)$.
Die reinen Strategien von Spieler 2 sind $\phi_{21} = (A)$, $\phi_{22} = (B)$.
Spieler 1 mische nun seine reinen Strategien entsprechend $s_1 = (\frac{1}{2}, 0, 0, \frac{1}{2})$.
Man kann zeigen, dass wenigstens eine gemischte Strategie s_2 von Spieler 2 existiert derart, dass keine Verhaltensstrategie von Spieler 1 die Strategie s_1 ersetzen kann in dem Sinne, dass beide die gleichen Wahrscheinlichkeitsverteilungen über Z (und damit die gleichen erwarteten Auszahlungen) induzieren.

Dazu setzt man zunächst allgemein $s_2 = ((1-p), p)$ $(p \in (0, 1))$, wobei p die Wahrscheinlichkeit bezeichnet, die Aktion B zu wählen. Die Strategie s_1 induziert dann die folgende Wahrscheinlichkeitsverteilung auf Z (W bezeichnet die Wahrscheinlichkeit):

$z \in Z$	z_1	z_2	z_3	z_4	z_5	z_6
W	$\frac{1}{2}(1-p)$	$\frac{1}{2}p$	0	0	$\frac{1}{2}(1-p)$	$\frac{1}{2}p$

Angenommen, es gäbe eine realisationsäquivalente Verhaltensstrategie $b_1 = ((b_L, b_R), (b_l, b_r))$ von Spieler 1, wobei b_c die Wahrscheinlichkeit bezeichnet, mit der Spieler 1 Aktion c wählt. Allgemein kann man dann die Verteilung über die Endzustände durch folgende Tabelle charakterisieren.

$z \in Z$	z_1	z_2	z_3	z_4	z_5	z_6
W	$b_L(1-p)$	$b_L p b_l$	$b_L p b_r$	$b_R(1-p)b_l$	$b_R(1-p)b_r$	$b_R p$

Wären beide Verteilungen realisationsäquivalent, d. h. würden sie die gleiche Verteilung auf Z induzieren, so müsste gelten:

$$b_L p b_r = 0 = b_R(1-p)b_l$$

Wegen $p > 0$ folgt daraus:
    Entweder es gilt A)

$$(b_L = 0 \quad \wedge \quad b_l = 0)$$

oder B)
$$(b_L = 1 \quad \wedge \quad b_l = 1)$$

Im Fall A) gilt für die Verteilung über Z:

$z \in Z$	z_1	z_2	z_3	z_4	z_5	z_6
W	0	0	0	0	$(1-p)$	p

Im Fall B) gilt:

$z \in Z$	z_1	z_2	z_3	z_4	z_5	z_6
W	$(1-p)$	p	0	0	0	0

Wir sehen, dass für ein Kontinuum von gemischten Strategien s_2 keine realisationsäquivalente Verhaltensstrategie für s_1 gefunden werden kann. Das Ergebnis ist intuitiv einsichtig, denn durch spezielle gemischte Strategien kann Spieler 1 seine Wahl der Aktionen auf den diversen Stufen perfekt korrelieren, d. h. er spielt nur l (bzw. r) auf der dritten Stufe, wenn L (bzw. R) auf der ersten Stufe gewählt wurde. Es ist klar, dass diese Korrelation nicht mehr realisiert werden kann, wenn Spieler 1 sich nicht mehr an seinen ersten Zug erinnert und auf der ersten und dritten Stufe nur noch „lokal" randomisieren kann.

3.2 Gleichgewichte

3.2.1 Nash-Gleichgewichte

Wir werden uns im Folgenden ausschließlich auf die Betrachtung von Verhaltensstrategiekonfigurationen $b = (b_1, \ldots, b_n)$ ($b_i \in B_i$) konzentrieren. Zunächst fragen wir nach Gleichgewichtskonzepten für Verhaltensstrategiekonfigurationen b. Die Übertragung des Nash-Konzeptes für Normalformspiele auf Extensivformspiele ist nahe liegend.

Definition 3.12. *Eine Strategiekonfiguration* $b^* = (b_1^*, \ldots, b_n^*)$ *heißt Nash-Gleichgewicht, wenn für jeden Spieler* $i \in I$ *gilt:*

$$b_i \in B_i \implies H_i(b_{-i}^*, b_i^*) \geqq H_i(b_{-i}^*, b_i)$$

Eine Möglichkeit, Nash-Gleichgewichte in Extensivformspielen zu berechnen, besteht darin, dass man das Extensivformspiel in seine so genannte *induzierte Normalform* G_Γ transformiert, und dann das Nash-Gleichgewicht in Normalform berechnet. Die induzierte Normalform eines Spiels Γ können wir leicht bestimmen, indem wir die Mengen der reinen Strategien Φ_i in Γ als

Strategiemengen des induzierten Normalformspiels G_Γ auffassen. Die Auszahlungsfunktionen für das Normalformspiel erhält man, indem man jeder Strategiekombination $\phi = (\phi_1, \ldots, \phi_n) \in \Phi$ den resultierenden Endpunkt z_ϕ im Extensivformspiel zuordnet und definiert $H_i(\phi) := \Pi_i(z_\phi)$. Den Rahmen dieses induzierten Normalformspiels G_Γ erweitert man durch die Einführung von gemischten Strategien, die in erwarteten Auszahlungen $H_i(s_1, \ldots, s_n)$ resultieren. Nach dem Satz von Kuhn gibt es eine Verhaltensstrategiekonfiguration b in Γ mit $H_i(s) = H_i(b)$. Offenbar entspricht jedem Nash-Gleichgewicht in Γ ein Nash-Gleichgewicht der induzierten Normalform und umgekehrt. Daher können wir aus dem Existenzsatz für Normalformspiele (Satz 2.13) die Existenz eines Nash-Gleichgewichts b^* in Γ folgern. Wir wollen diese Zusammenhänge zwischen Γ und seiner induzierten Normalform G_Γ anhand eines bekannten Spiels illustrieren.

Beispiel 3.3 Im Spiel „NIM" können zwei Spieler nacheinander von einem Haufen mit fünf Steinchen jeweils ein oder zwei Steinchen wegnehmen. Wer den letzten Stein wegnimmt, wird zum Sieger erklärt und erhält eine Geldeinheit vom Verlierer. Der Spielbaum dieses Extensivformspiels ist in Abb. 3.9 dargestellt.[5]

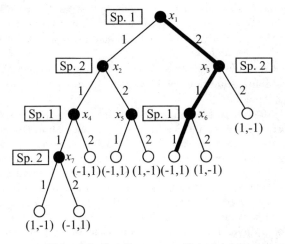

Abb. 3.9. Spielbaum von Beispiel 3.3

---

[5] Der Spielbaum ist hier in folgendem Sinne verkürzt dargestellt: Hat ein Spieler auf einer Endstufe keine Alternativen mehr, d. h. bleibt auf dieser Stufe nur noch ein Stein übrig, so lassen wir diesen Zweig im Spielbaum weg und integrieren das Ergebnis dieser Aktion bereits in die Auszahlung der vorhergehenden Stufe.

3 Spiele in Extensivform

Die Spielerzerlegung ist gegeben durch:

$$P_1 := \{x_1, x_4, x_5, x_6\}, \quad P_2 := \{x_2, x_3, x_7\}$$

Die Informationszerlegung ist gegeben durch:

$$U_1 := \{\{x_1\}, \{x_4\}, \{x_5\}, \{x_6\}\}, \quad U_2 := \{\{x_2\}, \{x_3\}, \{x_7\}\}$$

Die degenerierten Verhaltensstrategien (reinen Strategien) von Spieler 1 sind[6]

$$b_1 = (b_{1x_1}, b_{1x_4}, b_{1x_5}, b_{1x_6}),$$

wobei $b_{1x_k} \in \{1, 2\}$.
Die degenerierten Verhaltensstrategien von Spieler 2 sind

$$b_2 = (b_{2x_2}, b_{2x_3}, b_{2x_7}),$$

wobei $b_{2x_k} \in \{1, 2\}$.
Jede Strategiekombination erzeugt genau einen Pfad im Spielbaum, der in einem speziellen Endpunkt resultiert. Um eine Nash-Gleichgewichtskonfiguration b^* zu berechnen, kann man die Pfade des Spielbaums untersuchen und prüfen, ob einer der Spieler durch eine abweichende Aktion an einer seiner Informationsmengen profitieren könnte. Wir verfolgen hier eine andere Methode. Wir fassen die degenerierten Strategien b_i als reine Strategien der induzierten Normalform G_Γ auf. Da zu jeder Strategiekombination $b = (b_1, b_2)$ die Auszahlungen $H_i(\cdot)$ eindeutig bestimmt werden können, ist das Normalformspiel eindeutig bestimmt. Offenbar entspricht jedem Nash-Gleichgewicht im Extensivformspiel Γ eindeutig ein Nash-Gleichgewicht in der induzierten Normalform[7] G_Γ.
Spieler 1 hat sechzehn und Spieler 2 hat acht reine Strategien. Also können wir die Auszahlungsfunktion wie in Tabelle 3.1 durch eine 16 × 8 Auszahlungstabelle darstellen.
Die erste Spalte der Auszahlungstabelle zählt alle Strategien von Spieler 1 auf, die obere Zeile zählt alle Strategien von Spieler 2 auf. Die Zahlenpaare im Inneren der Tabelle geben die jeweils aus bestimmten Strategiekombinationen resultierenden Auszahlungen der beiden Spieler an (erste Komponente: Auszahlung von Spieler 1; zweite Komponente: Auszahlung von Spieler 2). Das Spiel hat 32 Nash-Gleichgewichte, die dadurch charakterisiert sind, dass Spieler 1 eine der Strategien $(2, 1, 1, 2)$, $(2, 1, 2, 2)$, $(2, 2, 1, 2)$ oder $(2, 2, 2, 2)$ wählt, während Spieler 2 irgendeine seiner 8 Strategien wählen kann. Er kann dadurch seine Auszahlung nicht beeinflussen, die in jedem Nash-Gleichgewicht gleich ist (1 für Spieler 1 und -1 für Spieler 2 ist). Das heißt Spieler 1 gewinnt immer, wenn er eine Nash-Gleichgewichtsstrategie spielt.
Alle vier Nash-Strategien von Spieler 1 können sehr einfach als NIM-Strategie interpretiert werden: Spieler 1 nimmt zuerst 2 Steine („wähle 2 in

---

[6] Der Einfachheit halber stellen wir diese Strategien durch die Abfolge der Zahlen der entwendeten Steine dar. Das heißt $b_1 = (1, 1, 1, 2)$ bedeutet, dass Spieler 1 in den Knoten x_1, x_4, x_5 jeweils einen Stein und in x_6 zwei Steine fortnimmt.
[7] Der Einfachheit halber beschränken wir uns hier nur auf reine Strategien.

Tabelle 3.1. Auszahlungstabelle des Spiels NIM

	(1,1,1)	(1,1,2)	(1,2,1)	(2,1,1)	(1,2,2)	(2,1,2)	(2,2,1)	(2,2,2)
(1,1,1,1)	(1,-1)	(-1,1)	(1,-1)	(-1,1)	(-1,1)	(-1,1)	(-1,1)	(-1,1)
(1,1,1,2)	(1,-1)	(-1,1)	(1,-1)	(-1,1)	(-1,1)	(-1,1)	(-1,1)	(-1,1)
(1,1,2,1)	(1,-1)	(-1,1)	(1,-1)	(1,-1)	(-1,1)	(1,-1)	(1,-1)	(1,-1)
(1,2,1,1)	(-1,1)	(-1,1)	(-1,1)	(-1,1)	(-1,1)	(-1,1)	(-1,1)	(-1,1)
(2,1,1,1)	(-1,1)	(-1,1)	(1,-1)	(-1,1)	(1,-1)	(-1,1)	(1,-1)	(1,-1)
(1,1,2,2)	(1,-1)	(-1,1)	(1,-1)	(1,-1)	(-1,1)	(1,-1)	(1,-1)	(1,-1)
(1,2,1,2)	(-1,1)	(-1,1)	(-1,1)	(-1,1)	(-1,1)	(-1,1)	(-1,1)	(-1,1)
(1,2,2,1)	(-1,1)	(-1,1)	(-1,1)	(1,-1)	(-1,1)	(1,-1)	(1,-1)	(1,-1)
(2,1,2,1)	(-1,1)	(-1,1)	(1,-1)	(-1,1)	(1,-1)	(-1,1)	(1,-1)	(1,-1)
(2,2,1,1)	(-1,1)	(-1,1)	(1,-1)	(-1,1)	(1,-1)	(-1,1)	(1,-1)	(1,-1)
(2,1,1,2)	(1,-1)	(1,-1)	(1,-1)	(1,-1)	(1,-1)	(1,-1)	(1,-1)	(1,-1)
(1,2,2,2)	(-1,1)	(-1,1)	(-1,1)	(1,-1)	(-1,1)	(1,-1)	(1,-1)	(1,-1)
(2,1,2,2)	(1,-1)	(1,-1)	(1,-1)	(1,-1)	(1,-1)	(1,-1)	(1,-1)	(1,-1)
(2,2,1,2)	(1,-1)	(1,-1)	(1,-1)	(1,-1)	(1,-1)	(1,-1)	(1,-1)	(1,-1)
(2,2,2,1)	(-1,1)	(-1,1)	(1,-1)	(-1,1)	(1,-1)	(-1,1)	(1,-1)	(1,-1)
(2,2,2,2)	(1,-1)	(1,-1)	(1,-1)	(1,-1)	(1,-1)	(1,-1)	(1,-1)	(1,-1)

x_1"), nimmt Spieler 2 darauf einen Stein weg (gelangt man nach x_6), dann sichert sich Spieler 1 den Gewinn, indem er die restlichen beiden Steine wegnimmt („wähle 2 in x_6"). Nimmt Spieler 2 beide Steine weg, hat Spieler 1 keine echten Alternativen mehr, es bleibt nur noch die Wegnahme eines Steines, was ihm wiederum den Gewinn sichert. Dies wird dadurch präzisiert, dass die Nash-Strategien in x_1 und x_6 jeweils die Wegnahme von 2 Steinen empfehlen. Die anderen Knoten $x_2, x_4, x_5,$ und x_7 werden gar nicht erreicht. Wie wir im nächsten Abschnitt sehen werden, ist dies eine wichtige Eigenschaft von Nash-Gleichgewichten in Extensivformspielen.

3.2.2 Teilspielperfekte Gleichgewichte

Ähnlich wie bei Normalformspielen kann man auch für Extensivformspiele zeigen, dass Nash-Gleichgewichte in einigen Spielen unplausible Ergebnisse liefern können. Reinhard Selten (1975, 1978) hat dies in verschiedenen Artikeln systematisch untersucht. Seine Ergebnisse, die wir in den folgenden Abschnitten detaillierter vorstellen werden, zeigen, dass die behauptete Äquivalenz von Normalform- und Extensivformspielen neu überdacht werden muss. Wir werden sehen, dass bestimmte Eigenschaften von Nash-Gleichgewichten in Extensivformspielen bei dem Übergang auf die induzierte Normalform nicht mehr erkannt werden oder durch schärfere Lösungskonzepte erfasst werden müssen.

Zur Illustration dieser Überlegungen betrachten wir ein einfaches Beispiel eines Extensivformspiels. Dieses 2-Personen Spiel behandelt ein Markteintrittsspiel, bei dem ein Monopolist (Unternehmung 2) Alleinanbieter auf einem Markt ist. Ein potentieller Konkurrent (Unternehmung 1) überlegt sich, ob er in diesen Markt eintreten soll. Zur Vereinfachung nehmen wir an, dass der Monopolist zwei Reaktionsmöglichkeiten auf den Markteintritt hat. Er kann entweder „aggressiv" (durch aggressive Preis- oder Werbepolitik) oder „friedlich" (durch friedliche Marktteilung) reagieren. Der Spielbaum dieses Spiels ist in Abb. 3.10 dargestellt.

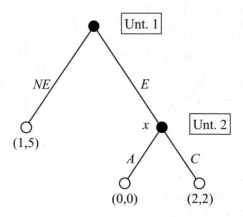

Abb. 3.10. Spielbaum des einfachen Eintrittsspiels

Unternehmung 1 wählt in der ersten Stufe des Spiels zwischen Markteintritt („E") oder dem Nicht-Eintritt („NE"), woraufhin Unternehmung 2 in der zweiten Spielstufe mit aggressiver („A") oder friedlicher Politik („C") antworten kann.[8] Die Auszahlungen des Spiels sind zwar für das Beispiel speziell konstruiert, sie können aber durchaus ökonomisch sinnvoll interpretiert werden: Für den potentiell eintretenden Konkurrenten lohnt sich ein Markteintritt nur, wenn der Monopolist friedlich reagiert, während es für den Monopolisten am günstigsten ist, wenn kein Markteintritt erfolgt.

Wir bestimmen zunächst die Nash-Gleichgewichte (in reinen Strategien) in diesem Spiel. Man prüft leicht nach, dass zwei Nash-Gleichgewichte in dem Markteintrittsspiel existieren:[9]

$$b^* = (b_1^*, b_2^*) = (E, C), \quad b^{**} = (b_1^{**}, b_2^{**}) = (NE, A)$$

---

[8] In der Originalliteratur werden die Aktionen von Unternehmung 2 als „aggressive" und „cooperative" bezeichnet.

[9] Zur Erleichterung der Schreibweise verwenden wir auch hier, wenn keine Verwechslungen zu befürchten sind, die suggestive Schreibweise, reine Verhaltensstrategien durch die Folge der Aktionen auf dem durch die Strategiekonfiguration realisierten Pfad darzustellen. Sonst müsste man z. B. schreiben $b^* = (b_1^*, b_2^*) = ((0,1),(0,1))$, wobei $b_1^* = (0,1)$ die degenerierte Wahrscheinlichkeitsverteilung bezeichnet, die mit Sicherheit E wählt, während $b_2^* = (0,1)$ die Wahrscheinlichkeitsverteilung bezeichnet, die mit Sicherheit C wählt.

Die Strategiekonfiguration b^* beschreibt eine Situation, in welcher der Monopolist den Markteintritt nicht verhindern kann, während b^{**} eine Situation der erfolgreichen Eintrittsabschreckung durch Unternehmung 2 repräsentiert, bei der dem Konkurrenten gedroht wird, einen Markteintritt mit einer aggressiven Reaktion zu beantworten. In der Tat würde Unternehmung 1 sich bei tatsächlicher Durchführung der angedrohten Aktion verschlechtern, wenn sie in den Markt eintreten würde. Fraglich ist allerdings, ob diese Drohung auch *glaubwürdig* ist. Wenn Unternehmung 1 tatsächlich eintritt, stellt sich Unternehmung 2 nur schlechter, wenn sie darauf aggressiv reagiert. Für rationale Entscheider ist b^{**} kein vernünftiges oder plausibles Nash-Gleichgewicht. Denn die Drohung von Unternehmung 2 ist nicht glaubhaft. Wir haben damit ein Beispiel eines einfachen Extensivformspiels gefunden, bei dem nicht alle Nash-Gleichgewichte plausibel sind. Die plausiblen Gleichgewichte haben in diesem Spiel die Eigenschaft, dass sie keine *unglaubwürdigen Drohungen* beinhalten. Sie werden auch *teilspielperfekte Gleichgewichte* genannt.

Bevor wir eine präzise Formulierung dieses neuen Gleichgewichtskonzeptes geben, müssen wir zunächst den Begriff des *Teilspiels* eines Extensivformspiels Γ einführen.

Definition 3.13. *Gegeben sei ein Extensivformspiel Γ und ein Knoten $x \in X$. Lassen wir ein neues Extensivformspiel in x beginnen, d. h. betrachten wir x als Anfangsknoten eines neuen Extensivformspiels, in dem alle Pfade aus den Pfaden von Γ bestehen, die durch den Knoten x gehen, so erhalten wir ein Teilspiel Γ_x, sofern folgende Restriktion erfüllt ist: Alle Informationsmengen von Γ gehören entweder zu Γ_x oder nicht, d. h. durch Teilspielbildung sollen keine Informationsmengen zerschnitten werden.*

Abbildung 3.11 stellt einen Teil des Spielbaums eines Spiels dar, in dem diese Eigenschaft verletzt ist.

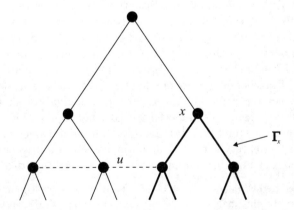

Abb. 3.11. Teilspiel Γ_x verletzt die Teilspiel-Forderung

Das in x beginnende Teilspiel zerschneidet die Informationsmenge u. Wollte man Γ_x als Teilspiel zulassen, so wäre damit die strategische Situation des Spielers, der in u am Zuge ist, gegenüber dem ursprünglichen Spiel Γ geändert, denn er weiß in Γ_x genau welche Aktion ein Gegenspieler auf der vorhergehenden Stufe gewählt hat.

Gegeben sei eine Konfiguration von Verhaltensstrategien $b = (b_1, \ldots, b_n)$, dann bezeichne im Folgenden $b_x = (b_{1x}, \ldots, b_{nx})$ die von b auf Γ_x induzierte Konfiguration von Verhaltensstrategien. Um b_x zu implementieren, müssen wir nur die Verhaltensstrategie b_i jedes Spielers auf die in Γ_x vorhandenen Informationsmengen einschränken. Mit diesen Vorbereitungen können wir das Konzept des teilspielperfekten Gleichgewichts definieren.

Definition 3.14. $b^* = (b_1^*, \ldots, b_n^*)$ *heißt teilspielperfektes Gleichgewicht, wenn b^* auf jedem Teilspiel Γ_x ein Nash-Gleichgewicht b_x^* induziert.*

Wenden wir das neue Gleichgewichtskonzept auf das Markteintrittsspiel an, so sieht man, dass das Nash-Gleichgewicht $b^{**} = (NE, A)$ nicht teilspielperfekt ist. In dem einzigen echten Teilspiel dieses einfachen Spiels hat nur noch ein Spieler (Unternehmung 2) als Auszahlungsmaximierer zu entscheiden. Die Wahl von Aktion A ist in diesem Teilspiel nicht auszahlungsmaximierend.[10] Das Nash-Gleichgewicht b^* dagegen ist teilspielperfekt.

Das hier gezeigte einfache Markteintrittsspiel ist nur ein Ausschnitt des originalen Chain Store-Spiels, das von Reinhard Selten (1978) ursprünglich diskutiert wurde. Im Originalspiel wird angenommen, dass der Monopolist 20 Filialen in verschiedenen Städten hat. In jeder Stadt könnte ein potentieller Konkurrent in den Markt eintreten. In der einfachsten Version dieses Spiels wird angenommen, dass die potentiellen Konkurrenten in einer vorgegebenen Reihenfolge sequentiell in den jeweiligen Markt eintreten können. Wir verzichten darauf, den komplexen Spielbaum dieses Spiels darzustellen, sondern versuchen, ein teilspielperfektes Gleichgewicht durch plausible Argumentation abzuleiten. Dazu betrachten wir die Situation auf dem letzten Markt, nachdem bereits 19 Eintrittsmöglichkeiten analysiert wurden. Strategisch haben wir hier das gleiche Problem wie im einfachen Chain Store-Spiel, dessen einziges teilspielperfektes Gleichgewicht (E, C) ist, unabhängig von den Aktionen der Spieler auf den vorhergehenden Stufen. Nun betrachte man die vorletzte Stufe. Da die Entscheidungen in der letzten Stufe nicht von den Entscheidungen der vorletzten Stufe abhängen, ist die Kombination (E, C) ebenfalls Bestandteil des einzigen teilspielperfekten Gleichgewichts. Wir können diese Überlegung bis zur ersten Stufe des Spiels fortführen und stellen fest, dass das einzige teilspielperfekte Gleichgewicht darin besteht, dass jeder Konkurrent auf den Markt tritt und der Monopolist auf allen Märkten friedlich reagiert.

---

[10] Das im Knoten x beginnende Teilspiel des Chain Store-Spiels ist ein degeneriertes Spiel, in dem nur ein einziger Spieler zu entscheiden hat. Ein Nash-Gleichgewicht dieses Spiels ist dann identisch mit der Wahl einer auszahlungsmaximierenden Aktion.

3.2 Gleichgewichte

Diese Argumentation, mit der man i. d. R. teilspielperfekte Gleichgewichte leicht bestimmen kann, wird *Rückwärtsinduktion* genannt.

Das soeben abgeleitete Resultat ist in der Literatur auch als *Chain Store-Paradox* bekannt. Es handelt sich nicht um ein Paradox im strengen Wortsinn. Paradox wir das Ergebnis hier deshalb genannt, da eine ganz spezielle Situation als Ergebnis vollkommen rationalen Argumentierens abgeleitet wird, die offenbar in striktem Gegensatz zu einem empirisch relevanten Problem, nämlich den häufig zu beobachtenden Markteintrittskämpfen steht. Zudem steht das Resultat auch in krassem Gegensatz zu experimentellen Resultaten, die zeigen, dass Probanden in den ersten Perioden als Monopolisten aggressiv reagieren, also zuerst Reputation aufbauen und erst gegen Ende des Spiels friedliche Marktteilung praktizieren. Zwei Auswege aus diesem Paradox wurden in der Literatur vorgeschlagen: Reinhard Selten selbst (Selten 1978) hat die Diskrepanz von spieltheoretischer Lösung und Experiment bzw. ökonomischer Realität dadurch erklärt, dass Entscheider im Allgemeinen nicht in der Lage sind, die Rückwärtsinduktion über viele Perioden hinweg durchzuführen. Daher bricht die oben gezeigte Argumentationskette zusammen und Eintritt abschreckendes, aggressives Verhalten des Monopolisten ist möglich. Selten entwickelt in der zitierten Arbeit die so genannte *3-Ebenen Theorie* der Entscheidung, die *beschränkt rationalen Verhalten* beschreiben soll, und die darüber hinaus auch in der Lage ist, das eintrittsabschreckende Verhalten in den ersten Runden zu erklären. Wir wollen diesen Ansatz hier nicht weiter verfolgen.

Ein zweiter Ausweg aus dem Paradox lässt sich unter dem Begriff *Reputationsgleichgewichte in (wiederholten) Spielen mit unvollständiger Information* subsumieren. Die grundlegende Idee der Spiele mit unvollständiger Information besteht darin anzunehmen, dass die Spieler nicht vollständig über die relevanten Daten der Gegenspieler wie beispielsweise die Auszahlungsfunktionen informiert sind. Dies scheint eine natürliche Annahme zu sein, wenn man reale Markteintrittssituationen betrachtet. Hier sind die Konkurrenzfirmen in der Regel nicht vollständig über die Kosten- und Gewinnstruktur der marktansässigen Monopolisten informiert. In diesem Modellrahmen kann der Monopolist dann durch aggressive Reaktion in den ersten Perioden den Glauben der Konkurrenten verstärken, dass es bei seiner Kosten- und Gewinnstruktur profitabel ist, aggressiv auf einen Markteintritt zu reagieren. Auf diese Weise ist es möglich, das Chain Store-Paradox zu vermeiden.[11] Wir werden in einem späteren Kapitel auf Spiele mit unvollkommener Information zurückkommen.[12]

---

[11] Selbstverständlich ist das Paradox dadurch im strengen Sinne nicht gelöst, da der Rahmen des Chain Store-Spiels substantiell geändert wurde. Dies ist allerdings bei der Auflösung aller Paradoxe so geschehen.

[12] Unvollständige Information in Normalformspielen wurde bereits in Abschnitt 2.7.1 behandelt.

112   3 Spiele in Extensivform

Betrachten wir noch einmal das einfache Chain Store-Spiel und dessen induzierte Normalform G_Γ. Die reinen Strategien des Monopolisten sind A und C, die des Konkurrenten sind NE und E. Die Auszahlungsfunktionen werden durch folgende Auszahlungstabelle repräsentiert

Monopolist

		A	C
Potentieller Konkurrent	E	0, 0	2, 2
	NE	5, 1	5, 1

In der Normalform gibt es zwei Nash-Gleichgewichte (E, C) und (NE, A). Es ist aber in der Normalform allein durch die Gleichgewichtsbedingung[13] nicht möglich, die unterschiedliche Qualität der beiden Nash-Gleichgewichte zu erkennen. Offenbar verliert man durch den Übergang auf die induzierte Normalform wesentliche Informationen über die Charakteristik von Nash-Gleichgewichten.

Die Teilspielperfektheit stellt eine sehr strenge Anforderung an die Rationalität der Spieler dar, wie an folgendem einfachen Beispiel illustriert wird. Wir betrachten ein 3-Stufen Extensivformspiel mit 2 Spielern, dessen Spielbaum in Abb. 3.12 gegeben ist.

Auf jeder Stufe des Spiels hat der Spieler, der am Zug ist, die Wahl, das Spiel abzubrechen oder eine Stufe weiterlaufen zu lassen. Ein teilspielperfektes Gleichgewicht kann durch Rückwärtsinduktion bestimmt werden: Auf der letzten Stufe wählt Spieler 1 die Aktion R_3. Spieler 2 antizipiert das Verhalten von Spieler 1 in der letzten Stufe und wählt daher die Aktion R_2. Spieler 1 antizipiert auf der ersten Stufe alle Aktionen auf den folgenden Stufen und wählt daher R_1. Also konstituiert die Aktionsfolge (R_1, R_2, R_3) ein teilspielperfektes Gleichgewicht. In diesem Gleichgewicht muss sich jeder Spieler auf die Rationalität der anderen verlassen. Für Spieler 1 z. B. könnte es attraktiv sein, L_1 auf Stufe 1 zu wählen, wenn er glaubt, dass Spieler 2 nicht vollkommen rational ist und auf der zweiten Stufe L_2 wählt. Denn dann könnte er in Stufe 3 eine höhere Auszahlung erzielen als durch die Wahl der teilspielperfekten Strategie. Anhand des Spiels in Abb. 3.12 sollen einmal genau die Bedingungen an

- die Rationalität der Spieler, sowie
- die Kenntnis der Rationalität anderer

---

[13] Da die Strategie A dominiert ist, erweist sich (E, C) auch als einziges Gleichgewicht in undominierten Strategien. Dies verdeutlicht, wie man die weniger informative Normalformbeschreibung durch schärfere Lösungsanforderungen wettmachen kann.

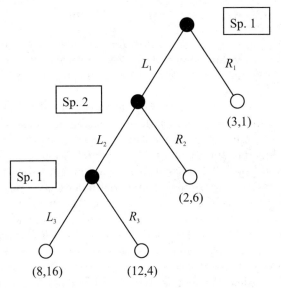

Abb. 3.12. Das Centipede-Spiel

bei der Rückwärtsinduktion herausgearbeitet werden. Um

zu schließen, dass	ist es notwendig, dass
Spieler 1 den Zug R_3 vorzieht	Spieler 1 rational ist (Ra_1)
Spieler 2 den Zug R_2 wählt	Spieler 2 weiß, dass Spieler 1 rational ist $(K_2(Ra_1))$ und Spieler 2 rational ist (Ra_2)
Spieler 1 den Zug R_1 wählt	Spieler 1 weiß, dass $K_2(Ra_1)$ gilt (d. h. $K_1(K_2(Ra_1))$) und Spieler 2 rational ist $(K_1(Ra_2))$ sowie Spieler 1 rational ist (Ra_1)

Letztlich müssen also beide Spieler rational sein (Ra_1, Ra_2) und beide dies wissen $(K_1(Ra_2), K_2(Ra_1))$ und Spieler 1 zusätzlich weiß, dass Spieler 2 dies weiß.[14]

Geht man in einem n-Personen-Spiel von allgemeiner Rationalität

$$Ra = (Ra_i \text{ für } i = 1, \ldots, n)$$

aus, so verdeutlicht das Beispiel, dass spieltheoretisches Lösen nicht nur Rationalität (Ra), sondern mehr oder minder weitreichende Kenntnis der Rationalität voraussetzt. Kann man für alle Spieler die Kette der Kenntnis von (Ra) beliebig lange fortsetzen, d. h.

---

[14] Wir gehen davon aus, dass eigene Rationalität (Ra_i) des Spielers i auch das Wissen des i um seine Rationalität $(K_i(Ra_i), K_i(K_i(Ra_i)), \ldots)$ impliziert.

$$(abRa) = (K_i(K_j(\ldots(K_i(Ra_j))\ldots) \quad \text{für} \quad i = 1,\ldots,n,$$

so spricht man von *allgemein bekannter Rationalität* (*abRa*). Im Allgemeinen wird einfach (*abRa*) vorausgesetzt. Das Beispiel verdeutlicht jedoch, dass dies nur eine hinreichende, aber keine notwendige Bedingung für Teilspielperfektheit ist.

Experimente basierend auf Extensivformspielen mit einem oder mehreren teilspielperfekten Gleichgewichten sind so zahlreich, dass sich der Versuch eines Überblicks verbietet. Einen unvollkommenen Überblick über die ältere Literatur stellt das *Handbook of Experimental Economics* (herausgegeben von Kandori und Rob (1995)) dar. Es sei darauf hingewiesen, dass auch, wenn die theoretischen Modelle kompakte und kontinuierliche Mengen C_u zulassen, jedes Experiment endlich ist, da aufgrund von Messbarkeits- und Wahrnehmungsbeschränkungen nur diskrete Variationen möglich sind.

Im Folgenden wollen wir kurz auf das bekannte *Ultimatumexperiment* in Extensivform eingehen, das eine sehr schöne Illustration der Teilspielperfektheit im Experiment darstellt. Diese Version des Ultimatumspiels kann wie folgt charakterisiert werden: Wir betrachten ein 2-Personen-Spiel, bei dem Spieler 1 zuerst am Zug ist, Spieler 2 antwortet auf die Aktion. Häufig interpretiert man die Entscheidungssituation so, dass Spieler 1 einen Geldbetrag von 100 erhält, den er zwischen sich und Spieler 2 aufteilen kann. Spieler 2 kann diesen Vorschlag akzeptieren oder nicht. Das können wir wie folgt präzisieren:

- Spieler 1 legt zuerst seine Forderung $c_1 \in C_{u_1} := \{0, 1, 2 \ldots, 99\}$ fest. Ist $c_1 = 99$, so reklamiert er den gesamten ihm zugeteilten Geldbetrag für sich, verlangt Spieler 1 den Geldbetrag $c_1 = 0$, d. h. wählt er den anderen Extrempunkt, so überlässt er den gesamten Geldbetrag Spieler 2.
- Die Forderung von Spieler 1 wird Spieler 2 bekannt gegeben. Dies erzeugt eine Menge von Informationsmengen

$$U_2 := \{u_{c_1} \mid c_1 \in C_{u_1}\}$$

  für Spieler 2. Das heißt jede mögliche Aktion von Spieler 1 auf der ersten Stufe des Spiels führt zur einelementigen Informationsmenge (Spieler 2 ist vollkommen informiert) u_{c_1}.
- Spieler 2 kann den Vorschlag von 1 annehmen oder ablehnen. Es gilt dann $C_{u_{c_1}} = \{0, 1\}$, wobei $c_{u_{c_1}} = 0$ Ablehnung und $c_{u_{c_1}} = 1$ Annahme des Vorschlags von Spieler 1 bedeutet.
- Die reinen Strategien ϕ_1 von Spieler 1 fallen mit seinen Aufteilungsvorschlägen $c_1 \in C_{u_1}$ auf Stufe 1 zusammen, d. h. wir haben $\phi_1(u_1) = c_1$. Spieler 2 wählt eine Strategie $\phi_2(\cdot)$, die jedem Aufteilungsvorschlag 0 oder 1 zuordnet.
- Die Auszahlungsfunktionen der Spieler sind gegeben durch:

$$H_1(\phi_1, \phi_2) := \phi_1 \phi_2(\phi_1), \quad H_2(\phi_1, \phi_2) = (100 - \phi_1)\phi_2(\phi_1)$$

Das heißt, wenn Spieler 2 zustimmt, erhält er den ihm von Spieler 1 zugedachten Betrag, Spieler 1 erhält seinen eigenen Aufteilungsvorschlag. Akzeptiert Spieler 2 den Aufteilungsvorschlag nicht, gehen beide leer aus.

Offenbar gibt es für dieses Spiel ein eindeutiges teilspielperfektes Gleichgewicht mit

$$\phi_1^* = 99, \quad \phi_2^*(\cdot) \equiv 1.$$

Das heißt, Spieler 1 reklamiert 99 für sich und Spieler 2 akzeptiert alle Forderungen, da ihn eine Ablehnung (mit Auszahlung 0) schlechter stellen würde als die Annahme. Das Verhalten in Experimenten ist allerdings weit von dieser theoretischen Lösung entfernt.[15] Es gilt hierbei jedoch zu beachten, dass auch die Konfigurationen (ϕ_1, ϕ_2) mit

$$\phi_1 = \alpha, \quad \phi_2(\phi_1) = \begin{cases} 1 \text{ für alle } \phi_1 \leqq \alpha \\ 0 \text{ sonst} \end{cases}$$

für $\alpha \in \{0, 1, \ldots, 99\}$ ein Nash-Gleichgewicht ist. Die experimentellen Befunde widersprechen damit dem teilspielperfekten Gleichgewicht, sie widersprechen aber nicht dem Gleichgewichtsbegriff generell. Allerdings wird das Gleichgewichtskonzept durch die häufigen Befunde von Spielern mit $\phi_2(\phi_1) = 0$ widerlegt (vgl. z. B. die Resultate von Kagel, Kim und Moser 1996, Gneezy und Güth 2003, Slembeck 1999).

Eine andere, auf dem Ultimatumspiel aufbauende Verhandlungsprozedur nimmt *alternierende Forderungen* an. Hier entsteht erst in der letzten Verhandlungsrunde das Ultimatumspiel als Teilspiel. Vorher führen Ablehnungen zu einer neuerlichen Forderung durch die ablehnende Partei. Sind zum Beispiel nur die Forderungen von 50 und 99 und nur zwei Verhandlungsrunden möglich, so ergibt sich ein Extensivformspiel, dessen Spielbaum in Abb. 3.13 dargestellt ist.

Offenbar wird Spieler 1 in Runde 2 stets annehmen, d. h. es gilt

$$\phi_1(x_5) = \phi_1(x_6) = \phi_1(x_7) = \phi_1(x_8) = 1,$$

woraus folgt:

$$\phi_2(x_1) = \phi_2(x_2) = 0$$

Es gibt damit zwei teilspielperfekte Gleichgewichte (in reinen Strategien), die sich nur bezüglich des Aufteilungsvorschlags von 50 bzw. 99 von Spieler 1 in der ersten Runde unterscheiden und die beide in einer Einigung in Runde 2 mit den Auszahlungen von 1 für Spieler 1 und 99 für Spieler 2 enden. Ganz allgemein gilt, dass derjenige Spieler, der in der letzten Runde vorschlägt, den anderen ausbeuten sollte (wenn eine solche Forderung zulässig ist). Unseres Wissens sind solche Experimente niemals durchgeführt worden. Allerdings

---

[15] Forderungen von Spieler 1 über 75 (67) werden meistens (häufig) abgelehnt, die häufigste Forderung ist oft $\phi_1 = 50$, der Durchschnitt der Forderungen liegt bei ca. 60.

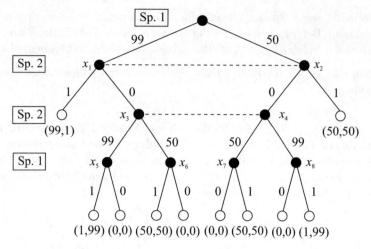

Abb. 3.13. Das erweiterte Ultimatumspiel

gibt es eine umfangreiche Literatur, in der in den einzelnen Runden unterschiedlich große Kuchen verteilt werden können. Für nur zwei Runden könnte man von

k_1 – dem in Runde 1 zu verteilenden Kuchen (Geldbetrag) und
k_2 – dem in Runde 2 zu verteilenden Kuchen

ausgehen, wobei wir der Einfachheit halber von kontinuierlich variierbaren Forderungen und davon, dass bei Indifferenz die Forderung angenommen wird, ausgehen wollen. Offenbar gilt dann in der zweiten Runde (wenn Spieler 2 eine Aufteilung vorschlägt):

$$\phi_1^*(\cdot) \equiv 1, \quad \phi_2^*(\cdot) \equiv k_2$$

Das heißt, Spieler 2 fordert den gesamten Kuchen ein. Für Runde 1 hängt das Lösungsverhalten von der Kuchenentwicklung ab:

Kuchenentwicklung	ϕ_1^*	$\phi_2^*(\cdot)$
$k_1 > k_2 > 0$	$k_1 - k_2$	$\equiv 1$
$k_1 = k_2 > 0$	?	$\equiv 0$
$0 < k_1 < k_2$	?	$\equiv 0$

Die mittlere Zeile der Tabelle ist analog zur speziellen Situation mit $k_1 = k_2 = 100$ und $\phi_i(\cdot) \in \{50, 99\}$ für $i = 1, 2$ zu lösen. Die untere Zeile beschreibt analog eine Situation, in der eine frühe Einigung vermieden wird. In der ersten Zeile finden wir eine Situation vor, in der das Verzögern einer Einigung den Kuchen schrumpfen lässt. Hier antizipiert Spieler 1, was sich Spieler 2 in

Runde 2 sichern kann, nämlich k_2, und bietet ihm diesen Betrag schon in Runde 1 an, was dann Spieler 2 auch akzeptiert. Situationen mit schrumpfendem Kuchen und (un-)endlich vielen Verhandlungsrunden sind sowohl theoretisch (Ståhl 1972, Krelle 1975, Rubinstein 1982) als auch experimentell (vgl. die Übersichtsaufsätze von Güth und Tietz (1990), Güth (1995) und Roth (1995)) analysiert worden. Allgemein hat sich gezeigt, dass

- die Teilnehmer nicht die Rückwärtsinduktion teilspielperfekter Gleichgewichte anwenden,[16]
- die erzielten Einigungen ähnlich fair wie die im Ultimatumexperiment sind und
- man dann eine Einigung anstrebt, wenn der Kuchen maximal ist (bei schrumpfendem Kuchen also in Runde 1).[17]

3.2.3 Sequentielle Gleichgewichte

Wir haben gesehen, dass man mit dem Konzept des teilspielperfekten Gleichgewichts unplausible Nash-Gleichgewichte ausschließen kann. Das folgende Beispiel zeigt allerdings, dass auch dieses Konzept nicht ausreicht, um alle unplausiblen Gleichgewichte in Extensivformspielen auszuschalten. Als einfaches Gegenbeispiel betrachten wir ein 3-Personen 3-Stufen Spiel Γ_B, dessen Spielbaum in Abb. 3.14 illustriert ist.

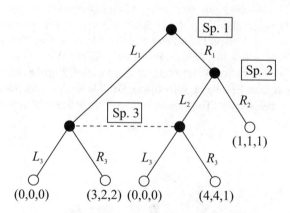

Abb. 3.14. Spielbaum von Γ_B

---

[16] Man hat sie z. B. nicht automatisch über die Kuchengrößen späterer Perioden informiert, sondern diese Information nur durch Anklicken (am PC im Computer-Labor) verfügbar gemacht. Es wurden häufig die ersten Entscheidungen getroffen, ohne diese Informationen abzurufen.

[17] Güth, Ockenfels und Wendel (1993) sind von ansteigendem Kuchen, Anderhub, Güth und Marchand (2001) vom gesamten Spektrum (ansteigend, fallend, erst ansteigend dann fallend, erst fallend dann ansteigend) ausgegangen.

Da das Spiel Γ_B kein echtes Teilspiel zulässt, ist jedes Nash-Gleichgewicht in diesem Spiel auch teilspielperfekt. In diesem Spiel hat Spieler 2 die Möglichkeit, den Fortgang des Spiels zu stoppen, sofern Spieler 1 auf der ersten Stufe R_1 wählt. Wenn Spieler 1 die Aktion L_1 wählt, kommt Spieler 2 nicht mehr zum Zuge und Spieler 3 muss eine Aktion wählen. In diesem Fall sind die Nash-Auszahlungen für alle Spieler unabhängig von der Entscheidung von Spieler 2. Daher ist beispielsweise die Aktionsfolge (L_1, R_2, R_3) ein Nash-Gleichgewicht.[18] Eine kurze Überlegung zeigt, dass dieses Nash-Gleichgewicht nicht plausibel ist. Denn Spieler 1 kann die Wahl von L_2 durch Spieler 2 antizipieren, wenn er selbst mit R_1 beginnt, da Spieler 2 seinerseits die Wahl von R_3 voraussieht, da diese Aktion dominant für Spieler 3 ist. Also ist es besser für Spieler 2 die Aktion L_2 zu wählen. Dies alles kann Spieler 1 antizipieren, der sich durch die Wahl von R_1 (mit Auszahlung 4) besser stellt als durch die Wahl von L_1 (mit Auszahlung 3).

Wir sehen, dass in diesem Spiel die Schwäche des Nash-Konzepts darin liegt, dass die möglichen Aktionen von Spielern, die im Gleichgewicht nicht zum Zuge kommen, bei den strategischen Überlegungen nicht berücksichtigt werden. Ein adäquates Gleichgewichtskonzept müsste beispielsweise auch Spieler 2 einbeziehen. Dies wird bei einem teilspielperfekten Gleichgewicht zwar gemacht (wenn man ein Teilspiel mit Spieler 2 beginnen lassen würde), aber in dem hier diskutierten Beispiel kann mit Spieler 2 kein echtes Teilspiel beginnen, da sonst die Informationsmenge von Spieler 3 „zerschnitten" würde.

Im Folgenden wollen wir ein neues Gleichgewichtskonzept (*sequentielles Gleichgewicht*) vorstellen, das diese Schwächen der Teilspielperfektheit vermeidet.[19] Im obigen Beispiel kann mit Spieler 2 kein echtes Teilspiel beginnen, da sonst die Forderung für Teilspiele verletzt wäre. Wir können uns darüber hinaus auch eine Situation vorstellen, in der Spieler 2 unvollkommen über die Entscheidungen von Spieler 1 informiert ist. Diese Modifikation sei in Abb. 3.15 durch den relevanten Teil des erweiterten Spielbaums von Spiel Γ_B skizziert.

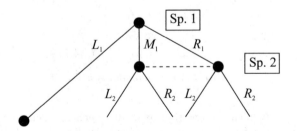

Abb. 3.15. Unzulässiges Teilspiel

---

[18] Das gleiche gilt für die Aktionsfolge (R_1, L_2, R_3).
[19] Dies würde auch durch Übertragung der Perfektheitsidee auf Extensivformspiele geschehen.

3.2 Gleichgewichte

Nach dem Teilspielperfektheitskonzept könnte mit Spieler 2 auch in dem erweiterten Spielbaum von Γ_B kein Teilspiel beginnen, da es in einer nicht-degenerierten Informationsmenge von Spieler 2 beginnen müsste, also die Forderung für Teilspiele verletzt wäre. Wenn die potentiellen Entscheidungen jedes Spielers an jedem Punkt des Spielbaums in einem Gleichgewicht berücksichtigt werden sollten, dann müsste auch für diesen Fall vorgesorgt werden, in dem ein Teilspiel in einer nicht-degenerierten Informationsmenge beginnt.

Das Konzept des sequentiellen Gleichgewichts, das von Kreps und Wilson (1982) eingeführt wurde, ist geeignet, um diese Probleme adäquat behandeln zu können. Jeder Spieler soll auf jeder Stufe des Spiels in der Lage sein, die weitere Entwicklung des Spiels zu bewerten, wenn das Spiel mit seiner Entscheidung beginnen würde. Wenn ein Teilspiel in einer echten Informationsmenge beginnt, so besteht zunächst ein Problem darin, dass ein Spieler, der an dieser Informationsmenge am Zug ist, nicht weiß, in welchem Teil des Spielbaums er sich befindet. Um dieses Informationsdefizit auszugleichen, wird im sequentiellen Gleichgewicht angenommen, dass jeder Spieler eine Wahrscheinlichkeitsverteilung über die Knoten seiner Informationsmengen hat. Diese Wahrscheinlichkeitsverteilungen (jeweils definiert auf allen Informationsmengen) werden *System von Überzeugungen* genannt.

Definition 3.15. *Ein System von Überzeugungen ist eine Funktion*

$$\mu : X \longrightarrow [0,1]$$

mit der Eigenschaft:

$$\forall u \in U : \quad \sum_{x \in u} \mu(x) = 1$$

Mit anderen Worten, $\mu(x)$ für $x \in u$ bezeichnet die Wahrscheinlichkeit, mit der ein Spieler, der in u am Zuge ist, annimmt, dass auf den vorhergehenden Stufen so gewählt wurde, dass $x \in u$ resultiert. Bei vollkommener Information, d. h. für einelementige Informationsmengen u gilt natürlich $\mu(x) = 1$.

Ist ein Spieler an einer bestimmten Stelle $u \in U$ des Spielbaumes am Zuge, dann sind für seine Entscheidung an dieser Stelle seine *bedingt-erwarteten* Auszahlungen relevant, d. h. die erwartete Auszahlung für den Rest des Spiels, vorausgesetzt die Informationsmenge u wurde erreicht, d. h. das Spiel startet neu in u. Bei der Berechnung dieser Auszahlungsfunktionen spielt das System von Überzeugungen $\mu(\cdot)$ eine wichtige Rolle, denn es gibt die Wahrscheinlichkeit an, von welchen Knoten in u gestartet wird. Wir wollen das Konzept der bedingten Auszahlung anhand eines konkreten numerischen Beispiels illustrieren. Dazu betrachten wir den Ausschnitt eines Spielbaums eines Extensivformspiels in Abb. 3.16.

Wir betrachten den Ausschnitt eines Spielbaums, in dem die relevante Wahrscheinlichkeitsverteilung über eine Informationsmenge u gegeben ist durch $\mu(x) = \frac{1}{4}, \mu(y) = \frac{3}{4}$. Die Wahrscheinlichkeiten, mit denen die von u ausgehenden Aktionen gewählt werden, werden durch eine Verhaltensstrategiekonfiguration b induziert, deren relevanter Teil in Abb. 3.16 dargestellt

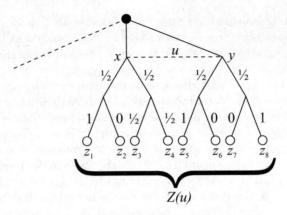

Abb. 3.16. Berechnung der bedingt erwarteten Auszahlung

ist.[20] Durch μ und b wird eine bedingte Wahrscheinlichkeitsverteilung auf den von u aus erreichbaren Endpunkten bestimmt. Die Menge der von u aus erreichbaren Endpunkte wird mit $Z(u)$ bezeichnet. Konkret berechnen wir die bedingte Wahrscheinlichkeitsverteilung auf $Z(u)$ wie folgt:

$$P^b_\mu(z_1|u) = \frac{1}{4}\frac{1}{2} = \frac{1}{8} \qquad P^b_\mu(z_2|u) = 0 \qquad P^b_\mu(z_3|u) = \frac{1}{4}\frac{1}{2}\frac{1}{2} = \frac{1}{16}$$

$$P^b_\mu(z_4|u) = \frac{1}{4}\frac{1}{2}\frac{1}{2} = \frac{1}{16} \qquad P^b_\mu(z_5|u) = \frac{3}{4}\frac{1}{2} = \frac{3}{8} \qquad P^b_\mu(z_6|u) = 0$$

$$P^b_\mu(z_7|u) = 0 \qquad P^b_\mu(z_8|u) = \frac{3}{4}\frac{1}{2} = \frac{3}{8}$$

Mit Hilfe der bedingten Verteilung über $Z(u)$ definiert man dann die bedingt erwartete Auszahlung von Spieler i (gegeben μ und b) durch:

$$H^\mu_i(b|u) := \sum_{z \in Z(u)} P^b_\mu(z|u)\Pi_i(z) \qquad (3.1)$$

Wir fragen nun, welche Kriterien eine Verhaltensstrategiekonfiguration $b = (b_1, \ldots, b_n)$ erfüllen muss, damit sie Bestandteil eines sequentiellen Gleichgewichts ist. Zunächst wird verlangt, dass kein Spieler an irgendeiner seiner Informationsmengen Veranlassung hat, von seiner gewählten Verhaltensstrategie abzuweichen, wenn das Spiel dort starten würde. Diese Forderung an b wird *sequentielle Rationalität* genannt. Da diese Forderung immer auf einem bestimmten System von Überzeugungen μ basiert, bezieht sich das Konzept

---

[20] In Abänderung der bisher von uns verwendeten Konvention sind an den Ästen des Spielbaums die Wahrscheinlichkeiten abgetragen, mit denen die Aktionen gewählt werden. Für die Zwecke unserer Betrachtung hier ist es unwichtig, welcher Spieler welche Aktion wählt.

der sequentiellen Rationalität nicht nur auf eine Verhaltensstrategiekonfiguration b, sondern auch auf das zugrunde liegende System von Überzeugungen μ.

Definition 3.16. *Ein Tupel (μ, b^*) heißt sequentiell rational, wenn für jeden Spieler i an jeder seiner Informationsmengen $u_i \in U_i$ gilt:*

$$b_i \in B_i \implies H_i^\mu(b^*|u_i) \geq H_i^\mu(b^*_{-i}, b_i|u_i)$$

Eine Strategiekonfiguration b^* ist offenbar sequentiell rational, wenn b_i^* an jeder Informationsmenge beste Antwort von Spieler i ist. Durch die Forderung der sequentiellen Rationalität werden alle Spieler in die Betrachtung einbezogen, auch wenn sie in konkreten Spielabläufen gar nicht handeln müssen (wie z. B. Spieler 2 in dem in Abb. 3.14 dargestellten Spielbaum, wenn Spieler 1 die Aktion L_1 gewählt hat). Da μ für alle Informationsmengen definiert ist, kann ein Spieler immer seine bedingt erwartete Auszahlung für jede seiner Informationsmengen u_i berechnen, auch wenn u_i während des Spielablaufs gar nicht erreicht wird.

Bisher haben wir unsere Überlegungen auf ein bestimmtes System von Überzeugungen μ basiert, das exogen vorgegeben wurde. Wie aber kann μ selbst bestimmt werden? Unter der Annahme der vollkommenen Rationalität der Spieler ist es sinnvoll anzunehmen, dass ein Spieler alle zur Verfügung stehenden Informationen auswerten wird. Nehmen wir an, dass während des Spielablaufs eine Informationsmenge u_i von Spieler i erreicht wird. Für eine Strategie b kann Spieler i die Realisationswahrscheinlichkeit jedes Knotens x – bezeichnet mit $P^b(x)$ – und damit auch die Realisationswahrscheinlichkeit von u_i – bezeichnet mit $P^b(u_i)$ – berechnen.[21] Für jeden Knoten $x \in u_i$ wird $\mu(x)$ als bedingte Wahrscheinlichkeit[22] von x definiert:

$$\mu(x) := \frac{P^b(x)}{P^b(u_i)} \qquad (3.2)$$

Diese Definition von μ ist (wegen $P^b(u_i) > 0$) unproblematisch für Informationsmengen u_i, die während eines von b generierten Spielverlaufs tatsächlich

---

[21] Aus der Verteilung über die Endpunkte, die durch eine Strategiekonfiguration b erzeugt wird, leitet man die benötigten Wahrscheinlichkeiten wie folgt ab

$$P^b(x) := \sum_{z \in Z(x)} P^b(z),$$
$$P^b(u_i) := \sum_{x \in u_i} P^b(x),$$

wobei $Z(x)$ die Endpunkte $z \in Z$ bezeichnet, die von x aus erreicht werden können.

[22] Die experimentellen Befunde zur so genannten *base rate fallacy* (vgl. z. B. Scholz 1983) zeigen, dass Menschen nicht (richtig) gelernt haben, in bedingten Wahrscheinlichkeiten zu denken.

erreicht werden, sie ist aber problematisch für Informationsmengen u_i, die bei gegebenem b während des Spielverlaufs gar nicht erreicht werden, d. h. für die $P^b(u_i) = 0$ gilt. Kreps und Wilson (1982) haben für diesen Fall ein spezielles Verfahren der Berechnung von Tupeln (μ, b) vorgeschlagen: Das Tupel (μ, b) wird approximiert durch Folgen von Systemen von Wahrscheinlichkeitsverteilungen μ_n und Strategiekonfigurationen b^n mit der Eigenschaft $P^{b^n}(u_i) > 0$ (für alle u_i), d. h. b wird approximiert durch Strategiekonfigurationen b^n, die jeden Punkt des Spielbaums mit positiver Wahrscheinlichkeit erreichen. Für solche Strategiekonfigurationen ist daher μ_n auf allen Informationsmengen u_i wohldefiniert. Die Tupel (μ, b), die in dieser Weise approximiert werden können, werden *konsistent* genannt.

Definition 3.17. *Das Tupel (μ, b) heißt konsistent, wenn eine Folge $\{(\mu_n, b^n)\}_n$ existiert mit*

- $\mu = \lim_n \mu_n, \quad b = \lim_n b^n$ *und*
- $(\mu_n, b^n) \in \Pi := \{(\mu, b) \mid P^b(u) > 0, \; \mu(x) = \frac{P^b(x)}{P^b(u)}, \; x \in u\}.$

Formal äquivalent kann man formulieren:

> *Ein Tupel (μ, b) ist genau dann konsistent, wenn $(\mu, b) \in \bar{\Pi}$, wobei $\bar{\Pi}$ die Abschließung[23] der Menge Π bezeichnet.*

Mit anderen Worten, ein Tupel (μ, b) heißt konsistent, wenn man Strategietupel finden kann, die sich von b nur wenig unterscheiden und die alle Informationsmengen u_i mit positiver Wahrscheinlichkeit erreichen. Daraus folgt sofort, dass Tupel (μ, b) mit $P^b(u) > 0$ (für alle $u \in U$) immer konsistent sind. Konsistenz und sequentielle Rationalität sind die wesentlichen Bestandteile eines sequentiellen Gleichgewichts.

Definition 3.18. *Ein Tupel (μ^*, b^*) heißt sequentielles Gleichgewicht, wenn es sequentiell rational und konsistent ist.*

Wir bemerken dazu, dass es für die Angabe eines sequentiellen Gleichgewichts keinen Sinn macht, nur ein Strategietupel b anzugeben, es muss immer das System von Überzeugungen μ angegeben werden, auf das sich b bezieht. Zur Illustration dieses Gleichgewichtskonzepts betrachten wir das folgende numerische Beispiel.

Beispiel 3.4 Gegeben sei ein 2-Personen 2-Stufen Spiel, dessen Spielbaum wie folgt gegeben ist.
Wenn Spieler 1 Aktion A wählt, ist das Spiel bereits beendet. Wenn er L_1 oder R_1 wählt, kommt Spieler 2 zum Zuge, der aber nicht weiß, ob auf der vorhergehenden Stufe L_1 oder R_1 gewählt wurde. Offenbar ist L_2 eine dominante Aktion für Spieler 2.

---

[23] Siehe Anhang B.

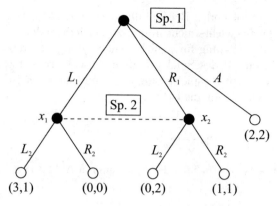

Abb. 3.17. Spielbaum von Beispiel 3.4

Da kein echtes Teilspiel existiert, ist jedes Nash-Gleichgewicht auch teilspielperfekt. Man prüft leicht nach, dass die Aktionsfolgen (A, R_2) und (L_1, L_2) teilspielperfekte Gleichgewichte sind. Wir können zeigen, dass (L_1, L_2) auch ein sequentielles Gleichgewicht ist. Dieses Gleichgewicht können wir beschreiben durch:

$$b^* = ((p_{L_1}, p_{R_1}, p_A), (p_{L_2}, p_{R_2})) = ((1,0,0),(1,0))\,,$$
$$\mu^*(x_1) = 1\,, \quad \mu^*(x_2) = 0$$

Offenbar ist μ^* konsistent, da die Informationsmenge von Spieler 2 im Spielverlauf erreicht wird. Weiter ist (μ^*, b^*) sequentiell rational. Denn da für Spieler 2 die Aktion L_2 dominant ist, ist die bedingt erwartete Auszahlung für Spieler 2 – sogar unabhängig von μ – am höchsten, wenn L_2 gewählt wird.

Dagegen kann die von (A, R_2) induzierte Strategiekonfiguration

$$b^{**} = ((p_{L_1}, p_{R_1}, p_A), (p_{L_2}, p_{R_2})) = ((0,0,1),(0,1))$$

nicht Bestandteil eines sequentiellen Gleichgewichts sein, da die Wahl von R_2 durch Spieler 2 zu keinem System von Überzeugungen μ sequentiell rational sein kann.

In Beispiel 3.4 stellt die Aktionsfolge (A, R_2) das Resultat einer unglaubwürdigen Drohung dar. Durch die Drohung, die Aktion R_2 zu spielen, könnte Spieler 1 abgeschreckt werden, L_1 oder R_1 zu wählen, da er damit eine geringere Auszahlung als mit A erzielen würde. Ein rationaler Spieler 2 würde allerdings niemals R_2 wählen, wenn seine Informationsmenge im Spiel tatsächlich erreicht wird. Wir sehen, dass durch das Konzept des sequentiellen Gleichgewichts – ähnlich wie durch das teilspielperfekte Gleichgewicht – unglaubwürdige Drohungen ausgesondert werden können.

Wir werden am folgenden Beispiel illustrieren, dass auch das Konzept des sequentiellen Gleichgewichts nicht immer zu befriedigenden Resultaten führt, da die Konsistenzbedingung für μ nicht scharf genug ist, wenn eine Informationsmenge u_i während des Spielverlaufs gar nicht erreicht wird. Dazu modifizieren wir das obige Beispiel geringfügig dadurch, dass die Aktion L_2 für Spieler 2 nicht mehr dominant ist.

Beispiel 3.5 Wir betrachten den Spielbaum in Abb. 3.18.

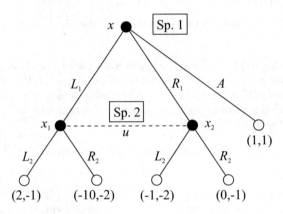

Abb. 3.18. Spielbaum von Beispiel 3.5

Wenn Spieler 1 die Aktion L_1 (bzw. R_1) wählt, ist es für Spieler 2 besser, L_2 (bzw. R_2) zu wählen. Um seine Strategie zu bestimmen, muss Spieler 2 demnach Wahrscheinlichkeiten für x_1 und x_2 festlegen. Zunächst diskutieren wir einen Typ von sequentiellen Gleichgewichten, in dem (A, R_2) gewählt wird.

a) Wir zeigen, dass die Aktionsfolge (A, R_2) ein sequentielles Gleichgewicht $b^{**} = ((0,0,1), (0,1))$ zu allen Wahrscheinlichkeitsverteilungen μ^{**} mit $\mu^{**}(x_1) \leqq \frac{1}{2}$ konstituiert. Dazu muss man prüfen:
1. (μ^{**}, b^{**}) ist sequentiell rational, denn für die bedingt erwartete Auszahlung von Spieler 2 gilt:

$$\begin{aligned} H_2^{\mu^{**}}(b_1^{**}, R_2|u) &= -2\mu^{**}(x_1) - (1 - \mu^{**}(x_1)) \\ &\geqq -\mu^{**}(x_1) - 2(1 - \mu^{**}(x_1)) \\ &= H_2^{\mu^{**}}(b_1^{**}, L_2|u) \\ \iff \mu^{**}(x_1) &\leqq \frac{1}{2} \end{aligned}$$

Das heißt, wenn Spieler 2 glaubt, dass Spieler 1 eher R_1 als L_1 gewählt hat, ist es sequentiell rational, R_2 zu wählen.

2. (μ^{**}, b^{**}) ist konsistent. Dazu konstruiert man z. B. Folgen von Strategietupeln:
$$b_1^n = (\frac{1}{4n}, \frac{3}{4n}, 1 - \frac{1}{n}), \quad b_2^n = (\frac{1}{n}, 1 - \frac{1}{n})$$
Offenbar gilt für diese Folgen und für die daraus konstruierbaren Systeme von Überzeugungen μ_n^{**}:

$$b_1^n \longrightarrow b_1^{**}, \quad b_2^n \longrightarrow b_2^{**}$$

$$\mu_n^{**}(x_1) = \frac{\frac{1}{4n}}{\frac{1}{n}} = \frac{1}{4} \longrightarrow \mu^{**}(x_1) = \frac{1}{4}$$

$$\mu_n^{**}(x_2) = \frac{\frac{3}{4n}}{\frac{1}{n}} = \frac{3}{4} \longrightarrow \mu^{**}(x_2) = \frac{3}{4}$$

Mit Hilfe dieses Konstruktionsverfahrens kann man die restlichen sequentiellen Gleichgewichte bestimmen, die sich nur durch unterschiedliche Systeme von Überzeugungen μ unterscheiden.

b) Analog kann man zeigen, dass (L_1, L_2) ein sequentielles Gleichgewicht $b^* = ((1,0,0),(1,0))$ für Verteilungen $\mu^*(x_1) \geq \frac{1}{2}$ ist.

Obwohl die Strategiekonfiguration b^{**} in Beispiel 3.5 Teil eines sequentiellen Gleichgewichts ist, sind die zulässigen Verteilungen μ^{**} nicht plausibel. Denn wenn Spieler 1 tatsächlich nicht A wählen würde, dann würde er L_1 wählen, da er damit die Chance hätte, eine höhere Auszahlung als mit A zu erhalten (wenn Spieler 2 Aktion L_2 wählt). Mit R_1 könnte er keine höhere Auszahlung als mit A erzielen. Eine Verteilung μ über u, die x_1 mit geringerer Wahrscheinlichkeit als x_2 bewertet, ist also nicht *plausibel*. Offenbar schließt die Konsistenzbedingung allein dieses Phänomen nicht aus. Die Bestimmung der Verteilungen μ über Informationsmengen, die in einem Gleichgewicht überhaupt nicht erreicht werden (so genannte *out of equilibrium beliefs*), haben immer einen Grad an Willkür, der ein ernstes Problem für dieses Gleichgewichtskonzept darstellt.

Um unplausible Verteilungen μ auszuschalten, wurden verschiedene Wege eingeschlagen, deren detaillierte Darstellung den Rahmen dieses Buches sprengen würde. Wir werden in einem späteren Abschnitt im Rahmen der *Signalspiele* noch einmal darauf zurückkommen. Zum Abschluss dieses Abschnitts möchten wir noch einen kurzen Einblick in das Konzept der gerechtfertigten Überzeugungen (*justifiable beliefs*, siehe McLennan (1985)) geben, durch das in einigen Spielen unplausible Systeme von Überzeugungen μ ausgeschaltet werden können.

Die Grundidee besteht darin, wenn möglich, dominierte Strategien sukzessive auszuschließen. Dies wollen wir an folgendem Beispiel illustrieren. Wir betrachten ein 2-Personen 2-Stufen Spiel, dessen Spielbaum in Abb. 3.19 gegeben ist.

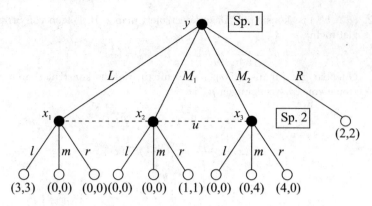

Abb. 3.19. Justifiable beliefs

Spieler 1 stehen auf der ersten Spielstufe vier Aktionen zur Wahl, d. h. $C_y = \{L, M_1, M_2, R\}$. Wird die Informationsmenge u erreicht, so ist Spieler 2 am Zuge. Er kann ein Element aus $C_u = \{l, m, r\}$ wählen.

Rationale Spieler werden die folgenden Vorüberlegungen machen:

- Spieler 2: Wenn u erreicht wird, also wenn Spieler 1 nicht R wählt, dann wird er nicht M_1 wählen, da er bei dieser Wahl auf jeden Fall eine geringere Auszahlung als bei R erzielen würde $\Longrightarrow \mu^*(x_2) = 0$.
  Mithin wird Spieler 2 auf keinen Fall r wählen.
- Spieler 1 antizipiert das Verhalten seines Gegenspielers und wird daher nicht M_2 wählen $\Longrightarrow \mu^*(x_3) = 0$.
- Spieler 2 antizipiert das Verhalten seines Gegenspielers, was zu $\mu^*(x_1) = 1$ führt.

Also ist

$$b^* = ((p_L, p_{M_1}, p_{M_2}, p_R), (p_l, p_m, p_r)) = ((1,0,0,0), (1,0,0))$$

zu μ^* ein sequentielles Gleichgewicht mit gerechtfertigten Überzeugungen.

Wir überlegen, ob es weitere sequentielle Gleichgewichte in dem in Abb. 3.19 dargestellten Spiel gibt. Als Kandidaten betrachten wir das von (R, r) erzeugte Strategietupel $b' = ((0,0,0,1), (0,0,1))$. Damit dieses Strategietupel ein sequentielles Gleichgewicht ist, muss es sequentiell rational sein. Dazu müssen die Überzeugungen μ die folgenden Bedingungen erfüllen:

$$\mu(x_2) \geqq 3\mu(x_1), \quad \mu(x_2) \geqq 4\mu(x_3)$$

Die erste (bzw. zweite) Ungleichung besagt, dass die bedingt erwartete Auszahlung von r größer sein muss als die von l (bzw. m). Ein System von Überzeugungen μ', das diese Ungleichungen erfüllt, ist z. B. $\mu(x_1) = \mu(x_3) = 0.05, \mu(x_2) = 0.9$. Wir wissen aus den vorhergehenden Überlegungen, dass dieses System von Überzeugungen nicht gerechtfertigt ist.

3.2.4 Perfekte Gleichgewichte

Wir haben bereits im vorhergehenden Kapitel perfekte Gleichgewichte für Normalformspiele kennen gelernt. In diesem Abschnitt wollen wir das Perfektheitskonzept auf Extensivformspiele übertragen. Die Ausführungen in diesem Abschnitt basieren auf der grundlegenden Arbeit von Reinhard Selten über perfekte Gleichgewichte (Selten 1975). Die Grundidee des perfekten Gleichgewichts besteht in Extensivformspielen darin, Verhaltensstrategie-Konfigurationen auszusondern, die nicht robust gegenüber kleinen (irrationalen) Abweichungen der Gegenspieler sind. Dazu definieren wir zu einem gegebenen Spiel in Extensivform Γ das perturbierte Extensivformspiel, in dem alle Spieler alle Aktionen mit positiver (Minimumwahrscheinlichkeit) an allen Informationsmengen spielen müssen. Diese Minimumwahrscheinlichkeitsfunktion definieren wir analog zu den Normalformspielen.

Definition 3.19. *Eine Funktion*

$$\eta : \cup_u C_u \longrightarrow [0,1)$$

heißt Minimumwahrscheinlichkeitsfunktion (trembling function), wenn für alle Spieler i gilt:

1. $\forall u : c \in C_u \Longrightarrow \eta(c) > 0$
2. $\forall u : \sum_{c \in C_u} \eta(c) < 1$

Die Minimumwahrscheinlichkeitsfunktion zwingt jeden Spieler, der in einer Informationsmenge u am Zuge ist, die mögliche Aktion $c \in C_u$ wenigstens mit der Wahrscheinlichkeit $\eta(c)$ zu spielen. Mit Hilfe der Minimumwahrscheinlichkeitsfunktion können wir zu jedem Extensivformspiel Γ ein perturbiertes Extensivformspiel $\Gamma(\eta)$ wie folgt definieren.

Definition 3.20. *Gegeben sei ein Extensivformspiel Γ, das perturbierte Spiel $\Gamma(\eta)$ entsteht aus Γ, indem man die Menge der Verhaltensstrategien B_i ersetzt durch die Menge der perturbierten Verhaltensstrategien:*

$$B_i(\eta) = \{b_i \in B_i \mid \forall u \in U_i : c \in C_u \Longrightarrow b_i(c) \geq \eta(c)\}$$

Definition 3.21. *Ein Tupel von Verhaltensstrategien $b^* = (b_1^*, \ldots, b_n^*) \in B$ heißt perfektes Gleichgewicht, wenn eine Folge von Nash-Gleichgewichten $b(\eta)$ in $\Gamma(\eta)$ existiert mit $b^* = \lim b(\eta)$ ($\eta \downarrow 0$).*

Alle Eigenschaften von perfekten Gleichgewichten, die wir für Normalformspiele festgestellt hatten (siehe Abschnitt 2.6), gelten auch für Extensivformspiele. Insbesondere werden wir das folgende Kriterium für die Nash-Eigenschaft von Strategiekonfigurationen $b(\eta)$ in perturbierten Spielen $\Gamma(\eta)$ (siehe Lemma 2.26) verwenden:

Bezeichne b_{ic} (bzw. $b_{ic'}$) eine Verhaltensstrategie von Spieler i, bei der er an einer Informationsmenge $u \in U_i$ die Aktion c (bzw. c') wählt. Dann ist $b(\eta)$ ein Nash-Gleichgewicht in $\Gamma(\eta)$ genau dann, wenn für alle $i \in I$ an jeder Informationsmenge $u \in U_i$ gilt:

$$H_i(b_{-i}(\eta), b_{ic}) < H_i(b_{-i}(\eta), b_{ic'}) \iff b_i(\eta)(c) = \eta(c)$$

Das bedeutet, dass eine nicht beste Aktion $c \in C_u$ im Nash-Gleichgewicht mit Minimumwahrscheinlichkeit gespielt wird.

Das Konzept des perfekten Gleichgewichts wurde von Selten zeitlich vor dem Konzept des sequentiellen Gleichgewichts eingeführt. In ihrer Arbeit haben sich Kreps und Wilson (1982) ausführlich mit dem Problem auseinandergesetzt, welche Beziehung zwischen ihrem Gleichgewichtskonzept und dem perfekten Gleichgewicht besteht. Ihre Motivation bestand nicht darin, ein völlig neues Gleichgewichtskonzept zu entwickeln, sondern sie wollten mit ihrem sequentiellen Gleichgewicht ein Konzept entwickeln, das nicht „zu weit" vom Konzept des perfekten Gleichgewichts entfernt ist, das aber einfacher zu operationalisieren ist. Wir wollen uns hier nicht auf die Diskussion einlassen, welches der beiden Gleichgewichtskonzepte einfacher zu handhaben ist, sondern uns eher auf die Frage konzentrieren, ob beide Gleichgewichtskonzepte wenigstens zu gleichen bzw. ähnlichen Resultaten, sprich Verhaltensstrategiekonfigurationen führen. Es wird sich zeigen, dass eine formal präzise Beantwortung dieser Frage fortgeschrittene mathematische Methoden erfordert, die wir hier nicht im Detail darstellen wollen. Wir beschränken uns statt dessen darauf, die wesentlichen Resultate dieser Diskussion anhand eines einfachen numerischen Beispiels zu illustrieren.

Dazu betrachten wir ein einfaches 2-Personen 2-Stufen Spiel, dessen Spielbaum in Abb. 3.20 dargestellt ist.

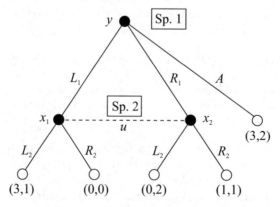

Abb. 3.20. Sequentielles vs. perfektes Gleichgewicht (I)

In diesem Beispiel gibt es zwei Typen von sequentiellen Gleichgewichten: Durch die Aktionenfolge (L_1, L_2) wird ein Gleichgewicht

$$b^* = ((p_{L_1}, p_{R_1}, p_A), (p_{L_2}, p_{R_2})) = ((1,0,0),(1,0))$$

zu dem System von Überzeugungen μ^* mit $\mu^*(x_1) = 1$ induziert. Ein zweiter Typ von sequentiellen Gleichgewichten ist durch $b^{**} = ((0,0,1),(1,0))$ (induziert durch (A, L_2)) gegeben, wobei μ^{**} über u beliebig gewählt werden kann, da die Aktion L_2 die Aktion R_2 dominiert. Für Spieler 2 ist es daher immer sequentiell rational, die Aktion L_2 zu wählen.

Es bleibt nun zu prüfen, ob die beiden Verhaltensstrategiekonfigurationen b^* und b^{**}, die Bestandteile von sequentiellen Gleichgewichten sind, auch perfekte Gleichgewichte sind. Es wird sich herausstellen, dass b^* kein perfektes Gleichgewicht ist. Dazu betrachten wir eine Folge von Nash-Gleichgewichten $b(\eta)$ in $\Gamma(\eta)$. Wegen $b(\eta) > 0$, gilt für Spieler 1:

$$H_1(L_1, b_2(\eta)) < H_1(A, b_2(\eta))$$
$$H_1(R_1, b_2(\eta)) < H_1(A, b_2(\eta))$$

Die Gültigkeit obiger Ungleichung für R_1 ist offensichtlich, da diese Aktion auf jeden Fall eine geringere Auszahlung als die Aktion A erzeugt. Die erwartete Auszahlung von L_1 ist geringer als von A, da Spieler 2 in $b_2(\eta)$ jede Aktion mit positiver Wahrscheinlichkeit spielen muss, so dass Spieler 1 als erwartete Auszahlung eine „echte Mischung" von 0 und 3, also eine Zahl strikt kleiner als 3 erhält.

Da Aktion A für Spieler 1 im Spiel $\Gamma(\eta)$ eine höhere Auszahlung als L_1 und R_1 erzeugt, muss Spieler 1 nach dem bekannten Nash-Kriterium für perturbierte Spiele die Aktionen L_1 und R_1 mit Minimumwahrscheinlichkeit spielen. Also sind alle Nash-Gleichgewichte in den perturbierten Spielen $G(\eta)$ charakterisiert durch $b_1(\eta) = (\eta(L_1), \eta(R_1), 1 - \eta(L_1) - \eta(R_1))$. Wegen $\eta \downarrow 0$ kann nur gelten $\lim b_1(\eta) = (0,0,1) \neq b_1^*$. Also kann b^* kein perfektes Gleichgewicht sein.

Dagegen ist b^{**} ein perfektes Gleichgewicht. Denn wir haben eben gezeigt, dass eine Folge von Nash-Gleichgewichten $b(\eta)$ in $\Gamma(\eta)$ existiert mit $\lim b_1(\eta) = b_1^{**}$. Da L_2 die Aktion R_2 dominiert, wird jede Gleichgewichtsstrategie von Spieler 2 $b_2(\eta)$ in $\Gamma(\eta)$ dadurch charakterisiert sein, dass R_2 mit der Minimumwahrscheinlichkeit angenommen wird, d. h. wir haben $b_2(\eta) = ((1 - \eta(R_2), \eta(R_2))$. Wegen $\lim b_2(\eta) = (1,0) = b_2^{**}$ gilt also $\lim b(\eta) = b^{**}$. Die Strategiekonfiguration b^{**} ist das einzige perfekte Gleichgewicht.

Das Beispiel hat gezeigt, dass nicht alle sequentiellen Gleichgewichte auch perfekte Gleichgewichte sein müssen. Mann kann allgemein beweisen (siehe Satz 3.22), dass die Menge der perfekten Gleichgewichtsstrategiekombinationen eine Teilmenge der sequentiellen Gleichgewichtsstrategiekombinationen ist. Die Beziehung zwischen den beiden Konzepten ist allerdings enger als es im obigen Beispiel erscheinen lässt. Um dies zu zeigen, ändern wir das obige Beispiel etwas ab. Die Auszahlung von Spieler 1 bei Wahl von Aktion A werde um einen kleinen Betrag $\varepsilon > 0$ modifiziert. Der so modifizierte Spielbaum ist in Abb. 3.21 skizziert.

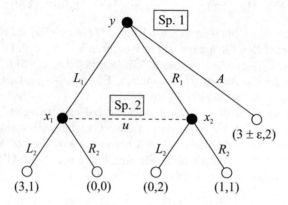

Abb. 3.21. Sequentielle vs. perfekte Gleichgewichte (II)

Erhält Spieler 1 die Auszahlung $3 + \varepsilon$ (mit $\varepsilon > 0$), wenn er A wählt, so wird durch (A, L_2) ein eindeutiges perfektes Gleichgewicht erzeugt, das zugleich auch ein sequentielles Gleichgewicht ist. Erhält er $3 - \varepsilon$, so wird durch (L_1, L_2) ein eindeutiges sequentielles und perfektes Gleichgewicht erzeugt. Wegen $3 - \varepsilon < 3$ ist die obige Argumentation, nach der die erwartete Auszahlung von L_1 und R_1 immer kleiner als die von A ist, nicht mehr gültig. Man kann dann immer ein η_t finden, so dass die erwartete Auszahlung von A kleiner als die von L_1 ist. Wir können also festhalten: Liegt ein Extensivformspiel Γ vor, in dem sequentielle und perfekte Gleichgewichte auseinanderfallen, kann man Γ immer minimal modifizieren derart, dass diese Gleichgewichte wieder zusammenfallen. Man sagt in diesem Fall, dass die beiden Gleichgewichtskonzepte *generisch* gleich sind. Eine präzise Formulierung dieser Zusammenhänge ist in folgendem Satz (siehe Teil c)) zu finden.

Satz 3.22. a) *Jedes sequentielle Gleichgewicht ist teilspielperfekt.*

b) *Jedes perfekte Gleichgewicht ist ein sequentielles Gleichgewicht.*

c) *Für „fast alle" Extensivformspiele Γ gilt: „Fast alle" sequentiellen Gleichgewichte sind perfekt.*

Beweisidee: a) Jedes sequentielle Gleichgewicht (b^*, μ^*) ist sequentiell rational und damit teilspielperfekt, denn wegen der sequentiellen Rationalität ist b_x^* beste Antwort auf sich selbst in jedem echten Teilspiel Γ_x.

b) Angenommen b^* ist ein perfektes Gleichgewicht, dann existiert eine Folge von Nash-Gleichgewichten $b(\eta_t)$ in $\Gamma(\eta_t)$ mit $\lim_t b(\eta_t) = b^*$. Wegen $b(\eta_t) > 0$ wird in $\Gamma(\eta_t)$ jede Informationsmenge mit positiver Wahrscheinlichkeit erreicht. Daher können wir Wahrscheinlichkeitsverteilungen μ_t auf den Knoten von $\Gamma(\eta_t)$ wie folgt definieren für $x_i \in u$:

$$\mu_t(x_i) := \frac{P^{b(\eta_t)}(x_i)}{P^{b(\eta_t)}(u_i)}$$

Ohne Beschränkung der Allgemeinheit können wir annehmen, dass μ_t gegen ein μ^* konvergiert. (b^*, μ^*) ist demnach konsistent.[24]

Um zu zeigen, dass (b^*, μ^*) ein sequentielles Gleichgewicht ist, genügt es zu zeigen, dass es sequentiell rational ist: Wegen $b(\eta_t) > 0$ wird jede Informationsmenge in $\Gamma(\eta_t)$ mit positiver Wahrscheinlichkeit erreicht. Also gilt für jeden Spieler $i \in I$ an jeder Informationsmenge $u \in U_i$

$$H_i(b_{-i}(\eta_t), b_i(\eta_t)|u) \geqq H_i(b_{-i}(\eta_t), b_i)|u)$$

für beliebige Verhaltensstrategien $b_i \in B_i(\eta_t)$. Wegen der Stetigkeit von $H_i(\cdot)$ folgt die Gültigkeit der Ungleichung auch für $b^* = \lim_t b(\eta_t)$ und beliebige $b_i \in B_i$, also ist (b^*, μ^*) auch sequentiell rational.

c) Der Beweis verwendet fortgeschrittene mathematische Methoden, die den Rahmen eines einführenden Lehrbuchs sprengen würden. Der interessierte Leser wird auf die Originalarbeit von Kreps und Wilson (1982) verwiesen.

q. e. d.

Im vorhergehenden Beispiel (siehe Abb. 3.21) wurde gezeigt, dass eine kleine Änderung eines Extensivformspiels, in dem sequentielle und perfekte Gleichgewichte auseinanderfallen, genügt, um die Gleichheit der beiden Konzepte wiederherzustellen. In diesem Sinne kann die Aussage von Teil c) (Satz 3.22) verstanden werden. Wie kann man den Begriff „kleine Änderung eines Extensivformspiels" Γ präzisieren? Dazu fassen wir ein Spiel Γ als einen Vektor

$$\Gamma = (\Pi_1(z^1), \ldots, \Pi_n(z^1), \ldots, \Pi_1(z^m), \ldots, \Pi_n(z^m)) \in \mathbb{R}^{n \times |Z|}$$

auf, wobei $z^1, \ldots, z^m$ die in eine bestimmte Anordnung gebrachten Endpunkte des Spiels, also Elemente in Z bezeichnen. Mit anderen Worten, ein Extensivformspiel Γ mit vorgegebenem Strategienraum Φ wird beschrieben durch alle denkbaren Auszahlungsvektoren für alle Spieler. Diese Darstellung eines Spiels als *Punkt* in einem endlich-dimensionalen Vektorraum hat große Vorteile: 1.) Man kann präzisieren, was eine kleine Änderung von Γ bedeutet, nämlich eine „kleine Verschiebung" des gegebenen Vektors Γ im Vektorraum. 2.) Man kann Aussagen über „Mengen von Spielen" präzisieren. Es sind Mengen von Vektoren mit einer speziellen Eigenschaft. Der Terminus „für fast alle" Spiele bedeutet, dass die Menge der Spiele, für die eine bestimmte Eigenschaft nicht gilt, „sehr klein" ist. Äquivalent kann man sagen, dass man ein gegebenes Spiel, für das eine Eigenschaft nicht gilt, nur „ein wenig" ändern muss, um

---

[24] Die Besonderheit sequentieller Gleichgewichte ist daher, dass diese explizit die bedingten Erwartungen angeben und diese auch (abgesehen von der Konsistenz) auch beliebig spezifizieren lassen, während für perfekte Gleichgewichte die sie stützenden bedingten Erwartungen implizit durch die Folge $b(\eta)$ ($\eta \downarrow 0$) von approximierenden Gleichgewichten ableitbar sind.

eine generische Eigenschaft wiederherzustellen, wie im obigen Beispiel (siehe Abb. 3.21) demonstriert wurde. Dies ist der wesentliche Gehalt von Satz 3.22 Teil c).

Wir fassen unsere Resultate aus den vorhergehenden Abschnitten zusammen. In diesen Abschnitten wurden verschiedene Gleichgewichtskonzepte für Extensivformspiele eingeführt. In welcher Beziehung stehen alle bisher für Extensivformspiele entwickelten Gleichgewichtskonzepte? Satz 3.22 gibt eine vollständige Antwort auf diese Frage. Bezeichne $\mathcal{NE}$, $\mathcal{SE}$, $\mathcal{PE}$ und $\mathcal{TPE}$ die Menge der Nash-Gleichgewichte, der sequentiellen Gleichgewichte, der perfekten und der teilspielperfekten Gleichgewichte eines Extensivformspiels, dann gilt die Beziehung:

$$\mathcal{PE} \subset \mathcal{SE} \subset \mathcal{TPE} \subset \mathcal{NE} \quad (3.3)$$

Die erste und zweite Inklusion folgen aus Satz 3.22 a) und b). Die dritte Inklusion folgt sofort aus der Definition der Teilspielperfektheit, da ein Extensivformspiel Γ immer auch ein Teilspiel von sich selbst ist.[25]

Experimente führen im Allgemeinen nur dann zu verschiedenen Vorhersagen von teilspielperfektem und perfektem oder sequentiellem Gleichgewichtsverhalten, wenn die Spiele mehrelementige Informationsmengen besitzen. Eine besonders wichtige Klasse sind hier die Signalspiele, die durch

- private Information (unvollständige Information)
- sequentielles Entscheiden (Extensivformspiel) und
- frühes Entscheiden der informierten Spieler

charakterisiert sind.[26] Letzteres führt dazu, dass später entscheidende Spieler unter Umständen aus den Aktionen der besser informierten Spieler deren private Information ablesen können, bzw. dass die besser informierten Spieler ihre private Information durch Wahl einer geeigneten Aktion signalisieren können. Hierzu zählen die wiederholten Spiele mit privater Information (Aumann und Maschler (1972), vgl. auch den Überblick von Roth (1995) im *Handbook of Game Theory*). Andere inspirierende theoretische Beiträge waren von Harsanyi und Selten (1972) sowie von Spence (1973). Die zitierte Arbeit von Harsanyi und Selten hat auch eine frühe experimentelle Untersuchung inspiriert (Hoggat, Selten, Crockett, Gill und Moore 1978). Heute

---

[25] Man kann natürlich die Sequenz in (3.3) noch verlängern, indem man z. B. die Lösungsanforderungen weiter verschärft. So könnte man nur bestimmte trembles zulassen, wobei vor allem der Fall von *uniform trembles* (d. h. $\eta(\cdot) \equiv \varepsilon$) interessant ist. Wird mit $\mathcal{UPE}$ die Menge der uniform perfekten Gleichgewichte bezeichnet, so gilt offenbar $\mathcal{UPE} \subset \mathcal{PE}$. Ein anderes Konzept (*properness*) geht davon aus, dass die Minimumfehlerquoten $\eta(c)$ letztlich lexikographisch mit dem Schaden zunimmt, den ein Fehler impliziert (vgl. Myerson 1978). Für die Menge $\mathcal{PPE}$ der proper equilibria gilt ebenfalls $\mathcal{PPE} \subset \mathcal{PE}$.

[26] Eine formal rigorose Einführung dieses Typs von Extensivformspielen wird in Kap. 3.3.2 gegeben.

gibt es etliche experimentelle Studien, die z. T. explizit den Perturbationsgedanken perfekter Gleichgewichte umsetzen (vgl. z. B. Gantner und Königstein (1998), Anderhub, Engelmann und Güth (2002), sowie den knappen Überblick in Brandts und Figueras (2003)) und die sich vielfach auf industrieökonomische Fragestellungen beziehen (wie z. B. das Herdenverhalten in so genannten Kaskadenexperimenten (vgl. Anderson und Holt 1997)).

In Signalspielen kann es, aber es muss nicht zum Signalisieren privater Information kommen. Weiß zum Beispiel nur Spieler 1 im *Ultimatumexperiment*, ob der Kuchen groß ($\bar{k}$) oder klein ($\underline{k}$) ist, wobei $\bar{k} > \underline{k} > 0$, so würde er gemäß dem teilspielperfekten Gleichgewicht fast immer den gesamten Kuchen für sich fordern, also die Kuchengrößen nicht signalisieren. Allerdings zeigen Experimente (Mitzkewitz und Nagel 1993, Rapaport 1997), dass

- Spieler 1 seinen Eigennutz oft versteckt, indem er vom großen Kuchen nur die Hälfte des kleinen Kuchens abgibt, d. h. er stellt sich als fair dar,
- während diejenigen Spieler 1, die den kleinen Kuchen vorgefunden haben, davon signifikant weniger abgeben.

Obwohl aus spieltheoretischer Sicht nicht signalisiert werden sollte, ist das wirkliche Verhalten der Spieler 1 verräterisch: Wenn Spieler 2 genau $\underline{k}/2$ angeboten wird, sollte seine a posteriori Wahrscheinlichkeit dafür, dass der Kuchen groß ist, seine a priori Wahrscheinlichkeit hierfür übertreffen.

3.2.5 Die Agenten-Normalform

Wir haben in den letzten Abschnitten gesehen, dass durch die Reduktion eines Extensivformspiels auf seine Normalform wesentliche Informationen über die Eigenschaften von Gleichgewichten verloren gehen können. Als prominentes Beispiel dafür können wir die Reduktion des Chain Store-Spiels auf seine Normalform anführen. Wir werden in diesem Abschnitt die Reduktion eines Extensivformspiels auf eine andere Normalform, die so genannte *Agenten-Normalform* diskutieren (siehe z. B. Kuhn 1982, Selten 1975). Im Gegensatz zur bisher betrachteten reduzierten Normalform kann sich bei der Agenten-Normalform die Spielermenge (gegenüber der Extensivform) erhöhen.

Präzise ist die Agenten-Normalform wie folgt charakterisiert: Gegeben sei ein Extensivformspiel $\Gamma = \{I, K, Z, P, U, C, \Pi, Pr\}$, man konstruiert die Agent-Normalform G_A wie folgt:

1. Jeder Informationsmenge $u_{i_k} \in U_i$ wird ein Spieler i_k in G_A zugeordnet. Damit ist die Zahl der Spieler in G_A identisch mit der Zahl der Informationsmengen in Γ, d. h. sie ist gegeben durch:

$$N := |U_1| + |U_2| + \ldots + |U_n|$$

2. Jedem Spieler i_k in G_A wird als Strategiemenge Σ_{i_k} die Aktionenmenge $C_{u_{i_k}}$ aus Γ zugeordnet.

3. Jedem Spieler i_k in G_A wird als Auszahlungsfunktion die Auszahlungsfunktion $H_i(\cdot)$ aus Γ durch

$$H_{i_k}(\sigma_1,\ldots,\sigma_{i_k},\ldots,\sigma_N) = H_i(b_1,\ldots,b_i,\ldots,b_n)$$

zugeordnet, wobei die b_i degenerierte Verhaltensstrategien sind und i_k den Spieler in G_A bezeichnet, der aus demselben Spieler i in Γ generiert wurde. Alle Spieler in G_A, die aus demselben Spieler in Γ generiert wurden, erhalten die gleichen Auszahlungsfunktionen.

Offenbar erzeugt jedes Tupel von degenerierten Verhaltensstrategien $b = (b_1,\ldots,b_n)$ in Γ ein Tupel von reinen Strategien $\sigma = (\sigma_1,\ldots,\sigma_N)$ in G_A und umgekehrt. Einer echt gemischten Strategie eines Spielers i_k in G_A entspricht eine lokale Verhaltensstrategie $b_{u_{i_k}}$ von Spieler i an der Informationsmenge u_{i_k}, die jede Aktion in $C_{u_{i_k}}$ mit positiver Wahrscheinlichkeit wählt. Wir wollen dieses wichtige Konzept anhand eines einfachen Beispiels illustrieren.

Beispiel 3.6 Wir betrachten ein 2-Personen 3-Stufen Extensivformspiel Γ, dessen Spielbaum in der folgenden Abbildung skizziert ist.

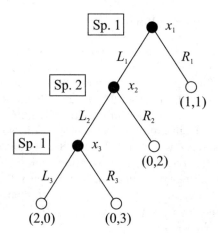

Abb. 3.22. Spielbaum von Beispiel 3.6

Die Informationsmengen sind gegeben durch:

$$U_1 = \{\{x_1\}, \{x_3\}\}, \quad U_2 = \{\{x_2\}\}$$

Die Aktionenmengen sind gegeben durch:

$$C_{x_1} = \{L_1, R_1\}, \quad C_{x_2} = \{L_2, R_2\}, \quad C_{x_3} = \{L_3, R_3\}$$

3.2 Gleichgewichte 135

Wir konstruieren die Agenten-Normalform wie folgt: Die Zuordnung von Informationsmengen in Γ und Spielern in G_A ist gegeben durch:

$$x_1 \mapsto 1, \quad x_2 \mapsto 2, \quad x_3 \mapsto 3$$

Aus dem 2-Personen Extensivformspiel wird ein 3-Personen Spiel in Normalform. Die Strategiemengen in G_A sind gegeben durch:

$$\Sigma_1 := \{L_1, R_1\}, \quad \Sigma_2 := \{L_2, R_2\}, \quad \Sigma_3 := \{L_3, R_3\}$$

Die Auszahlungsfunktionen werden durch die folgenden Auszahlungstabellen repräsentiert.
Bei $\sigma_3 = L_3$:

Spieler 2

		R_2	L_2
Spieler 1	R_1	1 / 1 / 1	1 / 1 / 1
	L_1	0 / 2 / 0	2 / 0 / 2

Bei $\sigma_3 = R_3$:

Spieler 2

		R_2	L_2
Spieler 1	R_1	1 / 1 / 1	1 / 1 / 1
	L_1	0 / 2 / 0	0 / 3 / 0

Da Spieler 1 und 3 in G_A aus demselben Spieler in Γ hervorgegangen sind, erhalten sie in G_A jeweils die gleichen Auszahlungen.
Betrachtet man dagegen die „traditionelle" Reduktion von Γ auf die Normalform G_Γ, so erhält man ein Spiel in Normalform mit den Strategiemengen:

$$\Sigma_1 = \{(L_1, L_3), (L_1, R_3), (R_1, L_3), (R_1, R_3)\} \text{ und } \Sigma_2 = \{L_2, R_2\}$$

Die Auszahlungsfunktionen sind durch die folgende Auszahlungstabelle repräsentiert.

		Spieler 2	
		L_2	R_2
	(L_1, L_3)	0 2	2 0
	(L_1, R_3)	3 0	2 0
Spieler 1	(R_1, L_3)	1 1	1 1
	(R_1, R_3)	1 1	1 1

Wir brechen das Beispiel hier ab, um es nach einigen allgemeinen Ausführungen über die Äquivalenz von Gleichgewichten in G_A und Γ fortzusetzen.

Obwohl alle Agenten derselben Spielerperson i alle Endpunkte in gleicher Weise bewerten, sind ihre Interessen nicht notwendig gleich. Im obigen Beispiel 3.6 hält nur der erste Agent von Spieler 1 (der in x_1 entscheidet) alle vier Auszahlungsvektoren für möglich. Für den zweiten Agenten von Spieler 1 sind nur die Auszahlungsvektoren $(2,0)$ und $(0,3)$ möglich, wenn es zur Entscheidung in x_3 kommt. Dies verdeutlicht, dass später entscheidende Agenten eine lokale Interessenlage haben können, die globale Überlegungen als obsolet erweist. Im folgenden Spiel, dessen Spielbaum in Abb. 3.23 dargestellt ist,

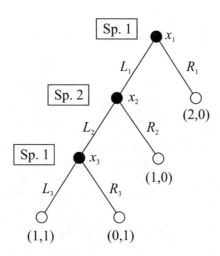

Abb. 3.23. Spielbaum zur Agenten-Normalform

sollte Spieler 1 den Zug R_1 mit maximal möglicher Wahrscheinlichkeit realisieren. Aber dies kann nur der Agent von Spieler 1, der in x_1 agiert. Für den

3.2 Gleichgewichte

zweiten Agenten von Spieler 1, der in x_3 entscheidet, ist es müßig, darüber nachzudenken. Er kann nur das Beste aus der verfahrenen Situation herausholen, indem er L_3 realisiert.

Die Zielinteressen, die aus den mehr oder minder lokalen Interessen verschiedener Agenten desselben Spielers resultieren, werden in beeindruckender Weitsicht durch die so genannte *Coase-Vermutung* für die Situation dauerhafter Monopole behauptet. Hier kann ein Monopolist eine vorgegebene Nachfrage heute, morgen, übermorgen,... befriedigen. Je ungeduldiger (im Vergleich zu den Nachfragern) er ist, umso weniger wird er verdienen, da er sich selber Konkurrenz macht. Da er nämlich später wegen der kleineren Restnachfrage zu geringeren Preisen verkauft, warten einige Nachfrager diese Preissenkungen ab, so dass in der ersten Verkaufsperiode bei hohem Preis er sehr viel weniger verdienen kann als ein Monopolist mit nur einer Verkaufsperiode. Als Beispiel können hier die geringen Verkaufszahlen der Erstauflagen (hard cover-Version) von Büchern dienen, die sich durch die Erwartung späterer Taschenbuch (paperback)-Versionen erklären lassen.

Experimentell kann man die lokalen Interessen dadurch induzieren, dass man einen Spieler i durch mehrere Personen verwalten lässt, welche die spezifischen Aufgaben eines der Agenten des Spielers i übernehmen. Allerdings ist uns keine entsprechende Untersuchung dazu bekannt (die Experimente zu dauerhaften Monopolen, vgl. Güth, Ockenfels und Ritzenberger (1995), gehen vom „einheitlichen Monopolisten" aus).

Im Folgenden werden wir die Eigenschaften der Agenten-Normalform verwenden, um weitere Eigenschaften von perfekten Gleichgewichten in Extensivformspielen abzuleiten. Für Nash-Gleichgewichte in perturbierten Spielen gilt das folgende Resultat.

Satz 3.23. *Jedes Nash-Gleichgewicht b^* in $\Gamma(\eta)$ induziert ein Nash-Gleichgewicht in $G_A(\eta)$ und umgekehrt.*

Beweisidee: a) Angenommen, b^* ist ein Nash-Gleichgewicht in $\Gamma(\eta)$, dann kann kein Spieler i an irgendeiner seiner Informationsmengen $u_{i_k} \in U_i$ durch Änderung seiner lokalen Strategie $b_{u_{i_k}}$ profitabel abweichen. Nach Definition von $G_A(\eta)$ kann kein Spieler i_k in $G_A(\eta)$ profitabel abweichen, wenn er die Strategie $s_{i_k}^*$ wählt, welche die reine Strategie $\sigma_{i_k} = c_{i_k} \in C_{u_{i_k}}$ mit Wahrscheinlichkeit $b_{u_{i_k}}^*(c_{i_k})$ wählt.

b) Die Umkehrung ist offensichtlich.

q. e. d.

Wir können nun sofort durch Grenzübergang für $\Gamma(\eta)$ und $G_A(\eta)$ (mit $\eta \downarrow 0$) schließen:

Korollar 3.24. *Jedem perfekten Gleichgewicht b^* in Γ entspricht ein perfektes Gleichgewicht s^* in G_A und umgekehrt.*

3 Spiele in Extensivform

Wir können nun das Ergebnis des Korollars verwenden, um die Existenz für perfekte Gleichgewichte in Extensivformspielen zu zeigen, was bisher noch aussteht. Das Spiel G_A ist ein Spiel in Normalform. Nach Satz 2.27 existiert daher in G_A ein perfektes Gleichgewicht. Wegen Korollar 3.24 folgt daraus sofort das Ergebnis des nächsten Korollars.

Korollar 3.25. *Jedes Extensivformspiel Γ hat ein perfektes Gleichgewicht.*

Wir setzen nun Beispiel 3.6 fort, indem wir die Beziehung der Nash-Gleichgewichte in Γ, G_A und G_Γ analysieren.

Beispiel 3.7 a) Wir betrachten zunächst die perfekten Gleichgewichte in Γ. Anstelle der üblichen Grenzwertbetrachtungen über die perturbierten Spiele nutzen wir hier die spezielle Spielstruktur aus. Offenbar gibt es ein eindeutiges teilspielperfektes Gleichgewicht b^* in Γ mit der Eigenschaft:

$$b_1^* = ((p_{L_1}, p_{R_1}), (p_{L_3}, p_{R_3})) = ((0,1),(1,0)), \quad b_2^* = (p_{L_2}, p_{R_2}) = (0,1)$$

Das heißt, dieses Gleichgewicht wird durch den Strategievektor $((R_1, R_2, L_3))$ in G_A induziert. Da die perfekten Gleichgewichte Teilmenge der teilspielperfekten Gleichgewichte sind und da jedes Spiel Γ wenigstens ein perfektes Gleichgewicht hat, ist b^* das einzige perfekte Gleichgewicht.

b) Wir betrachten nun die perfekten Gleichgewichte der Agenten-Normalform G_A. Für ein beliebiges, perturbiertes Spiel $G_A(\eta)$ gilt: Da die Aktion L_3 die Aktion R_3 dominiert, wird R_3 in jedem Nash-Gleichgewicht $s(\eta)$ mit Minimumwahrscheinlichkeit η gespielt, d. h. es gilt für Spieler 3:

$$s_3(\eta)(L_3) = 1 - \eta, \quad s_3(\eta)(R_3) = \eta$$

Aus den Auszahlungstabellen erhält man für Spieler 2: Wenn η und damit $s_3(\eta)(R_3) = \eta$ klein genug ist, ist Strategie L_2 besser als R_2, also hat man:

$$s_2(\eta)(R_2) = 1 - \eta, \quad s_2(\eta)(L_2) = \eta$$

Damit gilt für Spieler 1 (für genügend kleines η) $H_1(s_{-1}(\eta), R_1) > H_1(s_{-1}(\eta), L_1)$, also gilt:

$$s_1(\eta)(R_1) = 1 - \eta, \quad s_1(\eta)(L_1) = \eta$$

Somit erhält man $s(\eta) \longrightarrow s^* = ((0,1),(0,1),(1,0))$ (für $\eta \downarrow 0$). Dies induziert die gleiche Aktionenfolge wie das einzige perfekte Gleichgewicht b^* in Γ. Gemäß unserer Argumentation ist dieses sogar uniform perfekt, d. h. $b^* = (b_1^*, b_2^*) \in \mathcal{UPE}$ (Menge der uniform perfekten Gleichgewichte).

c) Schließlich betrachten wir die perfekten Gleichgewichte des induzierten Normalformspiels G_Γ. Für Spieler 2 ist es nur dann sinnvoll, L_2 zu spielen, wenn er glaubt, dass Spieler 1 (L_1, R_3) spielt. Da (L_1, R_3) dominiert ist, wird Spieler 1 diese Strategie in jedem Nash-Gleichgewicht in einem perturbierten

Spiel mit Minimumwahrscheinlichkeit η spielen. Daher ist es für genügend kleines η für Spieler 2 vorteilhaft, seine Nash-Gleichgewichtsstrategie R_2 zu spielen. Dann ist es für Spieler 1 beispielsweise besser (R_1, L_3) zu spielen. Wir erhalten damit ein perfekte Gleichgewicht $((0,0,1,0),(0,1))$. Analog kann man $((0,0,0,1),(0,1))$ als weiteres perfektes Gleichgewicht erhalten.

3.2.6 Das Stabilitätskonzept und Vorwärtsinduktion

Man kann darüber streiten, ob alle Züge eines Spielers von ein und demselben Entscheider (der omnipotente Spielerbegriff, wie er schon von Von Neumann und Morgenstern (1944) propagiert wurde) entschieden werden oder ob verschiedene Züge einer Person der unterschiedlichen lokalen Interessenlage dieser Person gemäß unterschiedliche und unabhängige Entscheider erfordern. Diese Kontroverse lässt sich unter Umständen dadurch vermeiden, dass man zwar omnipotente Spieler zulässt, die alle Züge einer Person entscheiden, aber durch verschärfte Lösungsanforderungen den lokalen Interessen adäquate (z. B. im Sinne sequentieller Rationalität) Zugentscheidungen garantiert. Dies versucht das so genannte *Stabilitätskonzept*, das als weiteres Refinement von Nash-Gleichgewichten betrachtet werden kann. Das Stabilitätskonzept ist nicht vollkommen zufrieden stellend, da es z. B. nicht Teilspielperfektheit impliziert.

Das Stabilitätskonzept geht von einem reduzierten Spiel in Normalform

$$G = \{\Sigma_1, \ldots, \Sigma_n; H_1(\cdot), \ldots, H_n(\cdot)\}$$

aus.[27] Wir bezeichnen mit $E(G)$ die Menge der Gleichgewichte dieses Spiels.

Definition 3.26. *Eine nicht-leere und abgeschlossene Teilmenge I von $E(G)$ heißt stabil, falls*

(i) für alle $\varepsilon > 0$ ein $\delta > 0$ existiert, so dass es für alle perturbierten Spiele $G(\eta)$ mit $\max \eta(\cdot) < \delta$ ein Gleichgewicht $s^\eta \in E(G(\eta))$ mit

$$\max_{i \in N} \max_{\sigma_i \in \Sigma_i} |s_i(\sigma_i) - s_i^\eta(s_i)| < \varepsilon$$

für wenigstens ein Element $s \in I$ gibt, und
(ii) die Menge I bezüglich der Eigenschaft (i) minimal ist.

---

[27] Kohlberg und Mertens (1986) basieren ihre Betrachtung auf Spiele, in denen die Strategiemengen durch sukzessive Anwendung zulässiger Transformationen reduziert werden, so dass alle strategisch „unwesentlichen" Aspekte verschwinden. Eine systematische Diskussion dieser zulässigen Transformationen ist z. B. in Van Damme (1996), Theorem 10.1., zu finden.

3 Spiele in Extensivform

Im Gegensatz zu den bisher betrachteten Refinements ist das Stabilitätskonzept von vornherein als *Mengen-Konzept* eingeführt.

Offensichtlich folgen aus der Definition sofort einige einfache Folgerungen:

1. Gilt für $\sigma^* \in E(G)$, dass σ^* strikt ist, d. h. jede unilaterale Abweichung eines Spielers von s^* führt zu einem Verlust dieses Spielers, so ist die einelementige Menge $I = \{\sigma^*\}$ stabil.
   Beweis: Da s^* strikt ist, gilt für genügend gering perturbierte Spiele $G(\eta)$ von G, dass s^* mit $s_i^*(\sigma_i^*) = 1 - \sum_{\sigma_i \in \Sigma_i, \sigma_i \neq \sigma_i^*} \eta(\sigma_i)$ für alle $i \in N$ das Erfordernis $s^* \in E(G(\eta))$ erfüllt. Die Menge $\{\sigma^*\}$ ist außerdem minimal.
2. Ist I stabil und $s \in I$, so gilt für alle Strategien $\sigma_i \in \Sigma_i$ mit $s_i(\sigma_i) > 0$ und $i \in N$, dass σ_i in G nicht (schwach) dominiert wird.
   Beweis: In jedem perturbierten Spiel $G(\eta)$ von G und für jedes $s^\eta \in E(G(\eta))$ würde gelten, dass $s_i^\eta(\sigma_i) = \eta(\sigma_i)$, wenn σ_i in G (schwach) dominiert ist. Ein Gleichgewicht $s \in E(G)$ mit $s_i(\sigma_i) > 0$ ist also nicht im Sinne der Stetigkeitsanforderung (i) approximierbar.

Führt man ein neues Lösungskonzept ein, so muss zunächst gezeigt werden, dass in jedem Spiel solche Lösungen auch existieren. Der folgende Satz gibt die für das Stabilitätskonzept notwendige Information.

Satz 3.27. *Für jedes endliche reduzierte Spiel G gibt es eine stabile Menge $I \in E(G)$.*

Beweisidee: Die Gleichgewichtsbedingungen sind Ungleichungen, was zeigt, dass $E(G)$ aus endlich vielen zusammenhängenden Teilmengen von S bestehen. Wenigstens eine dieser Teilmengen (der so genannten Gleichgewichtskomponenten) muss eine stabile Menge enthalten (vgl. Kohlberg und Mertens (1986), die das im Detail nachweisen).

Wir wollen diese Zusammenhänge anhand eines einfachen Beispiels illustrieren. In dem 2×2-Bimatrix-Spiel

Spieler 2

	X_2	Y_2	
X_1	$\alpha + e$ / $a + \varepsilon$	α / b	
Y_1	β / a	$\beta + d$ / $b + \delta$	$\varepsilon, \delta, e, d > 0$

Spieler 1

mit zwei strikten Gleichgewichten $X = (X_1, X_2)$ und $Y = (Y_1, Y_2)$ sind die Gleichgewichtsungleichungen durch

$$(a + \varepsilon)q + b(1 - q) \gtreqless aq + (b + \delta)(1 - q) \quad \text{bzw.} \quad \varepsilon q \gtreqless \delta(1 - q)$$

und

$$(\alpha + e)p + \beta(1-p) \gtreqless \alpha p + (\beta + d)(1-p) \text{ bzw. } ep \gtreqless d(1-p)$$

für $p = \text{Prob}\{\text{Spieler 1 wählt } X_1\}$ und $q = \text{Prob}\{\text{Spieler 2 wählt } X_2\}$ bestimmt. Die abgeschlossenen Teilmengen, die jeweils ein striktes Gleichgewicht enthalten, lassen sich daher im p,q-Einheitsquadrat abbilden (siehe Abb. 3.24).

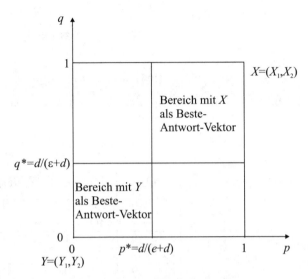

Abb. 3.24. p,q-Einheitsquadrat

Die minimalen Teilmengen in den Bereichen mit X bzw. Y als Beste-Antwort-Vektor sind natürlich die stabilen Mengen $\{X\}$ und $\{Y\}$. Für das gemischte Gleichgewicht (p^*, q^*) lassen sich durch kleinste Störungen alle vier Eckpunkte als eindeutige beste Antwort begründen. Die entsprechende Gleichgewichtskomponente ist damit das ganze Einheitsquadrat in jedem perturbierten Spiel, die aber nicht minimal ist (da sie die strikten Gleichgewichtskomponenten enthält).

Wir haben schon oben bemerkt, dass auch das Stabilitätskonzept nicht allen Erwartungen an ein „gutes Gleichgewicht" gerecht wird. Abschließend wollen wir an dem Beispiel eines Normalformspiels, das aus einem Extensivformspiel entstanden ist, zeigen, dass stabile Gleichgewichte, d. h. Elemente von I nicht notwendig Teilspielperfektheit in dem Extensivformspiel impliziert. Unser Beispiel verdeutlicht, welche Konsequenzen der omnipotente Spielerbegriff haben kann. Er ermöglicht es nämlich, dass vorherige Züge Verhaltensabsichten bezüglich späterer Züge signalisieren, was man als Vorwärtsinduktion bezeichnen kann.

Im Extensivformspiel in Abb. 3.25 sind die Strategien (O_i, L_i) und (O_i, R_i) für $i = 1,2$ Duplikate, da sie dieselben Auszahlungen implizieren.

Im reduzierten Normalformspiel G

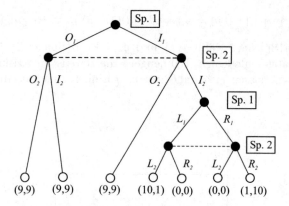

Abb. 3.25. Extensivformspiel mit Duplikat-Strategien

Spieler 2

		O_2	(I_2, L_2)	(I_2, R_2)
	O_1	9 9	9 9	9 9
Spieler 1	(I_1, L_1)	9 9	1 10	0 0
	(I_1, R_1)	9 9	0 0	10 1

sind dann die Strategie (I_1, R_1) durch O_1 und die Strategie (I_2, L_2) durch O_2 schwach dominiert und werden daher durch jedes $s \in I \subset E(G)$ für eine stabile Menge I von G mit Wahrscheinlichkeit Null verwendet. Für das auf die Zugfolge (I_1, I_2) folgende Teilspiel wird damit der Strategievektor (L_1, R_2) durch jedes Element $s \in I$ vorgeschrieben, der jedoch kein Gleichgewicht dieses Teilspiels ist.

Die Logik der Vorwärtsinduktion für dieses Beispiel besagt, dass man den Verzicht auf O_i so zu interpretieren hat, dass in dem auf (I_1, I_2) folgenden Teilspiel Spieler i mehr als 9 verdienen will; Spieler 1 wird also nicht R_1 wählen (was ihm maximal 1 einbringen würde) und Spieler 2 nicht L_2. Dass dies natürlich für beide Spieler so zu interpretieren wäre, zeigt, dass solche Interpretationen absurd erscheinen können. Nach den Zügen I_1 und I_2 sind solche Ansprüche an das Verhalten im Teilspiel inkonsistent und sollten revidiert werden.

Modellierungsmethodisch wäre es problematisch, die Vorwärtsinduktionslogik zu akzeptieren. Man müsste stets fragen, ob es nicht eine Vorgeschichte der Interaktion gibt, z. B. im Sinne eines umfassenderen Extensivformspiels, das die Interaktion als Teilspiel enthält, und ob nicht die vergangenen Züge die Verhaltensabsichten in der betrachteten Interaktionssituation signalisieren und damit auch präjudizieren. Dies würde in aller Regel zu allzu komplexen Spielen führen, deren Normalform kaum noch praktikabel analysierbar wäre. Man sollte die Dekompositionseigenschaft und damit die Rechtfertigung unserer Spielmodelle als selbstständige Teile komplizierterer Situationsbeschreibungen nicht leichtfertig aufgeben.

3.3 Ökonomische Anwendungen

Die sequentielle Entscheidungsstruktur, die man mit Hilfe von Extensivformspielen sehr gut modellieren kann, findet man in diversen ökonomischen Problemen wieder, von denen wir einige hier exemplarisch vorstellen wollen. Wir beginnen mit der klassischen Stackelberg-Lösung, die ein erster theoretischer Versuch war, Marktführer-Verhalten formal abzubilden.

3.3.1 Leader-follower Strukturen

Stackelberg-Lösung

Die Stackelberg-Lösung ist eine Erweiterung des klassischen Cournot-Duopols, bei der die Simultanität der Strategiewahl zugunsten eines anpassenden Verhaltens an einen Marktführer aufgegeben wird. In der ursprünglichen Version der Stackelberg-Lösung (Von Stackelberg 1934) wird von einer exogen vorgegebenen *leader-follower* Struktur ausgegangen, ohne diese selbst zu rechtfertigen. Konkret kann man sich beispielsweise vorstellen, dass der Marktführer einen großen Kostenvorteil in der Produktion hat und daher einen größeren Marktanteil als der Konkurrent hat.

Formal gehen wir von folgendem einfachen Modell aus: Wir betrachten ein homogenes Duopol. Die beteiligten Unternehmen sind durch Kostenfunktionen $c_i : \mathbb{R}_+ \longrightarrow \mathbb{R}_+$ mit $c_i' > 0$ und $c_i'' > 0$ charakterisiert ($i = 1, 2$). Die (inverse) Marktnachfrage wird durch eine Funktion $f : \mathbb{R}_+ \longrightarrow \mathbb{R}_+$ mit $f' < 0$ beschrieben. $f(\cdot)$ ordnet jeder Gesamtproduktionsmenge $x = x_1 + x_2$ denjenigen Marktpreis $f(x)$ zu, bei dem der Markt geräumt ist. Die Gewinnfunktionen der Unternehmen sind definiert durch

$$G_i(x_1, x_2) := x_i f(x_1 + x_2) - c_i(x_i),$$

wobei x_i die Absatzmenge von Unternehmung i bezeichnet.

Im Gegensatz zum traditionellen Cournot-Oligopol wird in der Stackelberg Variante angenommen, dass eine der beiden Unternehmungen ihren Konkurrenten als Marktführer betrachtet und erst dann ihre Absatzentscheidung trifft, wenn der Marktführer über seine Absatzmenge entschieden hat. Wir nehmen in diesem Abschnitt an, dass Unternehmung 2 der *follower* und Unternehmung 1 der *leader* ist.

Definition 3.28. *Eine Konfiguration von Absatzmengen (x_1^*, x_2^*) heißt Stackelberg-Lösung, wenn gilt:*

Spieler 2 wählt seine Absatzmenge x_2^* gemäß seiner Reaktionsfunktion $R_2(x_1^*)$, x_1^* ist Lösung des Optimierungsproblems:

$$\max_{x_1} G_1(x_1, R_2(x_1))$$

Wir können die Entscheidungssituation der beiden Unternehmen durch ein 2-Personen 2-Stufen Extensivformspiel modellieren, in dem die Aktionen auf jeder Stufe des Spiels die Absatzmengen sind. Der Spielbaum dieses Spiels ist in Abb. 3.26 skizziert.

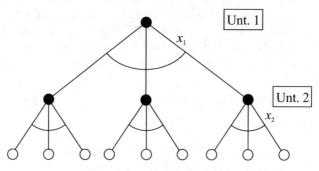

Abb. 3.26. Stackelberg-Spiel

Es handelt sich um ein Extensivformspiel, in dem die Aktionsmengen überabzählbar unendlich sind. Im Spielbaum wird dies durch einen Viertelkreisbogen dargestellt, der jeweils durch zwei Äste des Spielbaums nach außen begrenzt wird, ein dritter Ast ist exemplarisch in der Mitte jedes Viertelkreisbogens eingezeichnet. Unternehmung 1 entscheidet auf der ersten Stufe, Unternehmung 2 entscheidet auf der zweiten Stufe über ihre Absatzmenge. Die Auszahlungen an den Endpunkten des Spielbaums sind hier wegen der besseren Übersichtlichkeit weggelassen. Jeder Endpunkt $z \in Z$ ist durch eine ganz spezielle Kombination von Absatzmengen der beiden Unternehmen (x_1, x_2) charakterisiert. Die Auszahlung in einem solchen Endpunkt ist allgemein gegeben durch:

$$\Pi(z) = (G_1(x_1, x_2), G_2(x_1, x_2))$$

Als spieltheoretisches Lösungskonzept bietet sich hier das teilspielperfekte Gleichgewicht an, das wir durch Rückwärtsinduktion leicht ableiten können: Unternehmung 2 wählt auf der letzten Stufe des Spiels zu jeder für sie gegebenen Absatzmenge x_1 von Unternehmung 1 diejenige Absatzmenge x_2, die ihre Gewinnfunktion $G_2(x_1, \cdot)$ maximiert. Unternehmung 1 antizipiert das Verhalten des followers auf der letzten Stufe und wählt diejenige Absatzmenge x_1, die bei Antizipation des Verhaltens von Unternehmung 2 die höchste Auszahlung generiert.

Mit Hilfe des bekannten Konzepts der Reaktionsfunktion (bzw. Beste-Antwort-Funktion) eines Duopolisten (siehe Abschnitt 2.4.1) können wir das

3.3 Ökonomische Anwendungen 145

teilspielperfekte Gleichgewicht wie folgt umschreiben: Bezeichne $R_2(\cdot)$ die Reaktionsfunktion von Unternehmung 2. Sie ordnet jeder Absatzmenge x_1 von Unternehmung 1 ihre gewinnmaximierende Absatzmenge x_2 zu. Die teilspielperfekte Verhaltensstrategie von Unternehmung 2 kann also durch ihre Reaktionsfunktion $R_2(\cdot)$ dargestellt werden. Unternehmung 1 wird auf der 1. Stufe des Spiels die Reaktionen von Unternehmung 2 richtig antizipieren und dann diejenige Absatzmenge x_1 wählen, die unter Berücksichtigung der Reaktion von 2 ihre Auszahlung maximiert. Ein teilspielperfektes Gleichgewicht erhält man demnach als Lösung des einfachen Maximierungsproblems:

$$\max_{x_1} G_1(x_1, R_2(x_1))$$

Bezeichne x_1^* die Lösung des Maximierungsproblems, dann impliziert das teilspielperfekte Gleichgewicht die Aktionsfolge $(x_1^*, R_2(x_1^*))$. Diese Lösung wurde von Stackelberg bereits im Jahre 1934 ohne Verwendung des spieltheoretischen Instrumentariums als Lösung dieser speziellen Duopolsituation vorgeschlagen.

Während perfekte Gleichgewichtspunkte auf Perturbation bei der Strategiewahl rekurrieren, ist *Rauschen* mehr auf die Weitergabe von Informationen bezogen. Geht man in der Stackelberg-Situation z. B. davon aus, dass die gewählte Menge x_1 der Unternehmung 2 nur verrauscht mitgeteilt werden kann, so soll dies besagen, dass Unternehmung 2 zwar die von 1 gewählte Menge mit hoher Wahrscheinlichkeit erfährt, aber mit sehr geringer Wahrscheinlichkeit auch jede andere Menge $\tilde{x}_1 \neq x_1$ fälschlicherweise mitgeteilt bekommt. Um maßtheoretische Terminologie zu vermeiden, sei unterstellt, dass nur endlich viele Mengen x_1 wählbar sind. Es lässt sich dann zeigen (Bagwell 1995, Van Damme und Hurkens 1997, Güth, Kirchsteiger und Ritzberger 1998), dass im verrauschten Spiel nur die Cournot-Lösung als Gleichgewicht in reinen Strategien Bestand hat, egal wie gering das positive Rauschen angesetzt wird.

Der Grund hierfür ist die Tatsache, dass zwar die Folgen-Mengen $x_2^* = R_2(x_1^*)$ optimal auf x_1^* reagieren, dass aber x_1^* nicht optimal an x_2^* angepasst ist. Im verrauschten Spiel würde daher Unternehmung 1 statt x_1^* lieber $x_1 = R_1(x_2^*)$ realisieren. Unternehmung 2 würde, wenn sie an die Stackelberg-Lösung glaubt, dies nur als Rauschen, d. h. als falsche Mitteilung interpretieren. Würden also beide Unternehmungen die Stackelberg-Lösung erwarten, so würde diese Erwartung sich selbst destabilisieren.

Stackelberg-Märkte sind auch experimentell untersucht worden, sowohl mit als auch ohne Rauschen (z. B. Müller 2001) . In der Regel weichen die Experiment-Teilnehmer recht stark von der theoretischen Lösungen ab, da sie

- z. T. faire Gewinnaufteilungen anstreben,
- den strategischen Vorteil (first mover oder commitment advantage) nicht ausnutzen oder

- sich häufig auch aggressiver verhalten (mehr als die Cournot-Mengen verkaufen wollen[28]).

Die Monopol-Gewerkschaft

Obwohl wir die Theorie der Verhandlungen erst in Kap. 4 behandeln werden, wollen wir hier einen einfachen Spezialfall der Lohnverhandlungen kennen lernen, an dem man die Bedeutung einer sequentiellen Entscheidungsstruktur sehr gut illustrieren kann. Wir diskutieren hier das einfachste Lohnverhandlungsmodell, die so genannte *Monopol-Gewerkschaft*, bei dem eine Unternehmung sich einer (Haus-) Gewerkschaft gegenübersieht.[29] Die Verhandlungsmacht beider Parteien kann unterschiedlich verteilt sein. Diese Verteilung wird das Ergebnis der Lohnverhandlungen wesentlich beeinflussen.

Im Modell der Monopol-Gewerkschaft wird eine extreme Verteilung der Verhandlungsmacht angenommen: Die Gewerkschaft hat die Macht, jeden von ihr geforderten Lohnsatz w durchzusetzen, während die Unternehmung danach die Beschäftigungsmenge L aus dem insgesamt zur Verfügung stehenden Arbeitskräftepool (mit Gesamtzahl N) wählen kann. Im Folgenden bezeichne $U(w, L)$ die Zielfunktion der Gewerkschaft. Die Zielfunktion $U(\cdot)$ wird – wie in der Entscheidungstheorie üblich – als *quasi-konkav* angenommen. Diese so genannte Gewerkschafts-Nutzenfunktion hängt nur vom Lohnsatz w und der Beschäftigungsmenge L ab, wobei in der Regel die plausiblen Annahmen $\frac{\partial U}{\partial w} > 0$ und $\frac{\partial U}{\partial L} > 0$ gemacht werden. Es ist sicher nicht restriktiv anzunehmen, dass der Nutzen der Gewerkschaft mit steigenden Lohnsätzen bzw. steigender Beschäftigung steigt.[30] In vielen Arbeiten zur mikroökonomischen Theorie der Gewerkschaft wird $U(\cdot)$ explizit definiert. Häufig wird die gesamte Lohnsumme als Gewerkschaftsnutzen definiert, d. h. man definiert:

$$U(w, L) := wL \tag{3.4}$$

Die Frage nach der „richtigen" Zielfunktion der Gewerkschaft stand lange Jahre im Mittelpunkt der *Mikroökonomik der Gewerkschaften* (siehe dazu den Übersichtsaufsatz von Oswald (1982)). Die Zielfunktion (3.4) wird häufig motiviert durch den erwarteten Nutzen eines repräsentativen Gewerkschaftsmit-

---

[28] In wiederholten Märkten lässt sich dies durch Imitationsverhalten erklären (Vega-Redondo 1997) und auch experimentell belegen (Huck, Normann und Oechssler 1999).

[29] Dieses Modell entstammt der angelsächsischen Lohnverhandlungstradition. In der BRD sind solche Lohnbildungsprozesse komplizierter, da sich hier Vertreter von Unternehmerverbänden und Arbeitnehmern auf verschiedenen regionalen sowie Branchen-Ebenen gegenüberstehen, die sich teilweise überlappen.

[30] Gleichwohl wird in der politischen Auseinandersetzung manchmal behauptet, dass Gewerkschaften nur an der Lohnhöhe der zur Zeit beschäftigten Arbeitnehmer und nicht so sehr an der zusätzlichen Beschäftigung arbeitsloser Arbeitnehmer interessiert sind.

glieds: Ein repräsentatives Gewerkschaftsmitglied wird mit der Wahrscheinlichkeit $\frac{L}{N}$ beschäftigt und mit der Wahrscheinlichkeit $\frac{N-L}{N}$ unbeschäftigt sein. Bei Arbeitslosigkeit werde ihm eine Unterstützung in Höhe von $\bar{w}$ gezahlt. Der erwartete Nutzen eines repräsentativen Gewerkschaftsmitglieds ist dann gegeben durch:

$$V(w,L) := \frac{L}{N}w + (1 - \frac{L}{N})\bar{w} = \frac{L}{N}(w - \bar{w}) + \bar{w}$$

Bei der Maximierung von $V(\cdot)$ kann man auf den Zähler N und die additive Konstante $\bar{w}$ verzichten, so dass man die Zielfunktion einer Gewerkschaft häufig in der Form $L(w - \bar{w})$ findet. Normiert man $\bar{w} = 0$, so erhält man die einfache Zielfunktion (3.4), die wir im Folgenden ausschließlich verwenden wollen.

Die Zielfunktion der Unternehmung ist ihre Gewinnfunktion:

$$\Pi(w,L) := pF(L) - wL, \qquad (3.5)$$

Hierbei bezeichnet $F(\cdot)$ die Produktionsfunktion der Unternehmung, die der Einfachheit halber als nur von der Arbeitsmenge L abhängig angenommen wird. Die Unternehmung verhält sich als Preisanpasser, d. h. sie sieht den Marktpreis p für das von ihr verkaufte Produkt als gegeben an. Im klassischen Modell der Monopolgewerkschaft wird angenommen, dass die Gewerkschaft alleine den Lohn setzt, während die Unternehmung – in Kenntnis des geforderten Lohnsatzes – die gewinnmaximierende Beschäftigungsmenge bestimmt.

Definition 3.29. *Eine Lohn-Beschäftigungskombination (w^*, L^*) heißt Monopollösung (siehe z. B. Manning (1987), Oswald (1982)), wenn sie Lösung des folgenden Optimierungsproblems ist:*

$$\max_{w \geqq 0} U(w, L)$$

$$s.t.: \max_{L \geqq 0} \Pi(w, L)$$

Wir können das Modell der Monopol-Gewerkschaft als 2-Personen 2-Stufen Extensivformspiel darstellen. Auf der ersten Stufe des Spiels wählt die Gewerkschaft den Lohn, auf der folgenden Stufe wählt die Unternehmung die Beschäftigungsmenge. Der Spielbaum dieses Extensivformspiels ist in Abb. 3.27 dargestellt.

Bei der Bestimmung eines teilspielperfekten Gleichgewichts dieses Extensivformspiels betrachten wir zunächst die Entscheidung der Unternehmung auf der zweiten Stufe des Spiels. Bei gegebenem Lohnsatz w sucht sie diejenige Beschäftigungsmenge L, die ihre Auszahlung, d. h. ihren Gewinn maximiert. Die Lösung L^* dieses einfachen Optimierungsproblems

$$\max_{L \geqq 0} pF(L) - wL$$

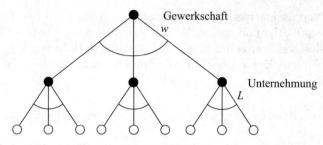

Abb. 3.27. Spielbaum der Monopol-Gewerkschaft

bei gegebenem w ist ein Punkt (w, L^*) auf der *Arbeitsnachfragekurve* der Unternehmung. Nehmen wir die Existenz einer inneren Lösung $L^* > 0$ an, so können wir L^* berechnen als Lösung der notwendigen Gewinnmaximierungsbedingung $F'(L^*) = \frac{w}{p}$. Nimmt man an, dass die Produktionsfunktion $F(\cdot)$ konkav ist, dann ist diese Bedingung auch hinreichend für ein Gewinnmaximum.

Die Gewerkschaft antizipiert das Verhalten der Unternehmung auf der zweiten Stufe des Spiels für jeden von ihr gewählten Lohnsatz w. Das ist äquivalent mit der Annahme, dass sie die Arbeitsnachfragekurve der Unternehmung – im Folgenden bezeichnet mit $L(\cdot)$ – kennt. Um ein teilspielperfektes Gleichgewicht zu bestimmen, muss die Gewerkschaft denjenigen Lohnsatz w^* berechnen, der ihre Auszahlung (Zielfunktion) bei antizipierter Arbeitsnachfrage maximiert, d. h. w^* ist Lösung des Maximierungsproblems:

$$\max_{w \geq 0} wL(w) \qquad (3.6)$$

Die so erhaltene Lohn-Beschäftigungskombination $(w^*, L(w^*))$ entspricht genau der Monopollösung von Definition 3.29. Diese Verhandlungslösung kann nicht den Anspruch erheben, als reale Beschreibung von Lohnverhandlungen zu dienen. Vergleichbar dem Monopol und dem vollständigem Wettbewerb in der Markttheorie liefert sie aber einen wichtigen Referenzpunkt in der Theorie der Lohnverhandlungen, der dadurch charakterisiert ist, dass die Gewerkschaft mit höchster Verhandlungsmacht ausgestattet ist. Die Monopollösung ist graphisch in Abb. 3.28 illustriert.

In Abb. 3.28 ist die Arbeitsnachfragefunktion $L(\cdot)$ als fallende und konkave Funktion dargestellt.[31] Die Arbeitsnachfragefunktion der Unternehmung kann

---

[31] Die Monotonieeigenschaft der Arbeitsnachfrage folgt durch implizite Differentiation der Gewinnmaximierungsbedingung aus der Konkavität von $F(\cdot)$:

$$\frac{dL}{dw} = \frac{1}{pF''(L(w))} \leqq 0$$

Daraus folgt, dass die Konkavität der Arbeitsnachfrage $L(\cdot)$ die Annahme $F''' < 0$ voraussetzt, die in der Mikroökonomik i. d. R. nicht benötigt wird. Wir sehen in

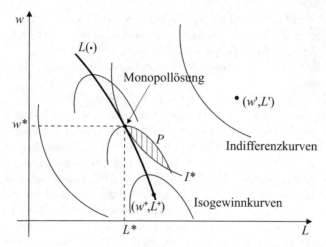

Abb. 3.28. Monopollösung (w^*, L^*)

auch als geometrischer Ort aller (w, L)-Kombinationen aufgefasst werden, bei denen die Unternehmung ihren Gewinn maximiert (d. h. für die $pF'(L) = w$ gilt).

Die Nutzenfunktion der Gewerkschaft erzeugt Indifferenzkurven (Höhenlinien), die einfache symmetrische Hyperbeln sind. Alle (w, L)-Kombinationen auf der gleichen Indifferenzkurve haben den gleichen Nutzen. Die Indifferenzkurven, die weiter in nordöstlicher Richtung vom Nullpunkt liegen, repräsentieren ein höheres Nutzenniveau. Die Gewerkschaft antizipiert, dass jede Lohnforderung durch eine Beschäftigungsmenge beantwortet wird, die auf dem Graphen der Arbeitsnachfragefunktion $L(\cdot)$ liegt. Durch Abtasten der Arbeitsnachfragefunktion bestimmt die Gewerkschaft ihr Nutzenmaximum im Tangentialpunkt von $L(\cdot)$ und einer Indifferenzkurve I^*. Andere (w, L)-Kombinationen können durch die Monopollösung entweder gar nicht realisiert werden (z. B. (w', L')) oder sie haben ein zu geringes Nutzenniveau (z. B. (w^+, L^+)).

3.3.2 Unvollständige Information

In Abschnitt 2.7.1 haben wir bereits das Problem unvollständiger Information der Spieler über einige Charakteristika des Spiels angeschnitten. Dort wurde unvollständige Information über die Auszahlungsfunktionen der Mitspieler im Rahmen von Normalformspielen behandelt. Wir wollen in diesem Abschnitt zeigen, dass sich gerade Extensivformspiele ausgezeichnet dazu eignen, Ef-

---

Abb. 3.28, dass die Konkavität von $L(\cdot)$ sichert, dass die Tangentiallösung in der Tat eine eindeutige Lösung des Optimierungsproblems 3.6 ist.

fekte unvollständiger Information geeignet zu modellieren.[32] Wir werden hier ebenfalls ausschließlich unvollständige Information der Spieler über die Auszahlungsfunktionen der Mitspieler analysieren. Alle Überlegungen in diesem Abschnitt gehen auf die grundlegenden Arbeiten von Harsanyi (1967, 1968a, 1968b) zurück.

Um unsere Überlegungen zu vereinfachen, betrachten wir ein 2-Personen-Spiel mit *asymmetrischer Information*. Das heißt Spieler 1 kenne die Auszahlungsfunktion von Spieler 2, aber Spieler 2 sei unvollständig über die Auszahlungsfunktion von Spieler 1 informiert. Er weiß allerdings, dass die Auszahlungsfunktion von Spieler 1 zwei verschiedene Formen annehmen kann, die wir *Typausprägungen* nennen. Die Menge $T = \{t_1, t_2\}$ bezeichne alle möglichen Typausprägungen von Spieler 1. Die unvollständige Information auf Seiten von Spieler 2 wird durch eine Wahrscheinlichkeitsverteilung $(\pi, 1 - \pi)$ über T formalisiert. Diese Situation kann man alternativ dadurch beschreiben, dass der unvollständig informierte Spieler nicht genau weiß, in welchem Extensivformspiel er sich befindet, sondern nur eine bestimmte Wahrscheinlichkeit dafür angeben kann. Harsanyi hat in drei beeindruckenden Arbeiten gezeigt, dass man Spiele mit *unvollständiger Information* in Spiele mit *unvollkommener Information* überführen kann (*Harsanyi-Transformation*). Spiele mit unvollkommener Information sind aber – wie wir in diesem Kapitel gesehen haben – problemlos mit Hilfe des Informationsmengenkonzeptes in einem Extensivformspiel behandelbar. Die Grundidee besteht darin, einen Zufallszug z. B. am Beginn des Spielbaums einzubauen, mit dem die Natur die verschiedenen Typausprägungen von Spieler 1 mit den gegebenen Wahrscheinlichkeiten auswählt. Basierend auf den verschiedenen Resultaten des Zufallszuges gelangt man dann in die verschiedenen Teilbäume, die den unterschiedlichen Auszahlungsfunktionen der Spieler entsprechen.

Wir wollen diese Grundkonstruktion an einem einfachen numerischen Beispiel illustrieren, das in der Literatur als das Beer-Quiche-Beispiel (siehe Cho und Kreps 1987) bekannt wurde. Der Spielbaum dieses Spiels ist in Abb. 3.29 skizziert.

Eine Geschichte, die dieses Extensivformspiel illustriert, könnte wie folgt lauten: Stellen wir uns eine Situation in einem Wild-West-Saloon vor, in dem Spieler 2 auf einen geeigneten Kontrahenten wartet, um sich mit ihm zu duellieren. Spieler 1 betritt den Saloon, er kann ein starker (S) oder schwacher (W) Kontrahent sein. Spieler 2 hat eine a priori Verteilung darüber, zu welchem Typ Spieler 1 gehört. π bezeichne die Wahrscheinlichkeit, mit der Spieler 1 zum Typ S gehört.

---

[32] Wir wollen hier den Leser auf den Unterschied von *unvollständiger Information* (incomplete information) und *unvollkommener Information* (imperfect information) hinweisen. Unvollkommene Information bezieht sich auf die Kenntnis der bisher gemachten Züge der Mitspieler, während unvollständige Information sich auf die Kenntnis der Charakteristika der Spieler bezieht.

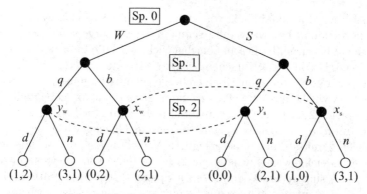

Abb. 3.29. Spielbaum des Beer-Quiche-Spiels

Spieler 2 hat nun die Möglichkeit, Spieler 1 beim Frühstück zu beobachten. Spieler 1 kann entweder Bier (b) oder eine Quiche (q) zum Frühstück bestellen. Darauf entscheidet sich Spieler 2, ob er den Kontrahenten zum Duell fordert (d) oder nicht (n). Die Auszahlungen der Spieler sind wie folgt charakterisiert:

α) Ein Spieler vom Typ S bevorzugt Bier, während ein Spieler vom Typ W Quiche bevorzugt;

β) trifft Spieler 2 auf einen Kontrahenten vom Typ S, so duelliert er sich lieber nicht, trifft er auf einen vom Typ W, ist ein Duell vorteilhaft.[33]

Im Spielbaum wird die asymmetrische Information durch den Zufallsspieler modelliert, der seinen Zug am Beginn des Spieles durchführt. Er wählt S mit Wahrscheinlichkeit π und W mit Wahrscheinlichkeit $(1 - \pi)$. Spieler 1 weiß selbst, von welchem Typ er ist. Seine Aktion (b oder q) kann von Spieler 2 als *Signal* über den Typ von Spieler 1 interpretiert werden. Spieler 2 wählt an einer der beiden Informationsmengen $u_b := \{x_S, x_W\}$ (wenn auf der vorhergehenden Stufe b gewählt wurde) und $u_q := \{y_S, y_W\}$ (wenn auf der vorhergehenden Stufe q gewählt wurde).

Wir wollen nun die Gleichgewichte in diesem Spiel bestimmen. Offenbar ist das *sequentielle Gleichgewicht* ein geeignetes Konzept, um Gleichgewichte in diesem Spiel zu beschreiben. Es gibt in diesem Spiel zwei Typen von sequentiellen Gleichgewichten:

---

[33] Offenbar kann man die Charakteristika dieses Spiels auf andere strategische Entscheidungsprobleme übertragen. So können beispielsweise die Spieler als Unternehmen in einem Markteintrittsspiel aufgefasst werden. Spieler 1 kann als marktansässige Firma interpretiert werden, über deren Kostenstruktur die potentiell eintretende Firma (Spieler 2) nicht vollständig informiert ist. Typ S wird als „starker Monopolist", Typ W als „schwacher Monopolist" interpretiert. Durch spezielle Aktionen wie z. B. Ausbau der Unternehmenskapazität kann der Monopolist dem Konkurrenten signalisieren, wie er auf einen Markteintritt reagieren wird.

a) Spieler 1 wählt unabhängig von seinem Typ die Aktion b, während Spieler 2 die Aktion d (bzw. n) wählt, wenn auf der vorhergehenden Stufe q (bzw. b) gewählt wurde. In diesem Gleichgewicht wird die Informationsmenge u_b erreicht. Damit die Wahrscheinlichkeitsverteilung (μ_{x_S}, μ_{x_W}) über u_b ein konsistentes System von Überzeugungen darstellt, muss $\mu_{x_S} = \pi$ gelten. Nehmen wir konkret $\pi = 0.9$ an, dann ist es offenbar sequentiell rational für Spieler 2 in u_b den Kontrahenten nicht zum Duell zu fordern.

Die Informationsmenge u_q wird in diesem Gleichgewicht nicht erreicht. Spieler 2 muss daher eine geeignete Verteilungshypothese machen, um dieses Gleichgewicht zu stützen: Alle Systeme von Überzeugungen mit $\mu_{y_W} \geqq \frac{1}{2}$ sind geeignet, damit es für Spieler 2 sequentiell rational ist, sich mit dem Kontrahenten zu duellieren, wenn er q auf der vorhergehenden Stufe wählt.

Bei Antizipation der Aktionen auf der zweiten Stufe ist es für Spieler 1 sequentiell rational, immer b zu wählen. Das impliziert, dass ein schwacher Spieler 1 dem Duell mit 2 entgehen kann, in dem er durch eine geeignete Wahl des Frühstücks signalisiert, dass er vom Typ S ist.

b) Spieler 1 wählt unabhängig von seinem Typ die Aktion q, während Spieler 2 sich duelliert, wenn b gewählt wurde und sich nicht duelliert, wenn q gewählt wurde. In diesem Gleichgewicht wird die Informationsmenge u_b nicht erreicht. Dieses Gleichgewicht kann nur gestützt werden durch Verteilungen $\mu_{x_W} \geqq \frac{1}{2}$. d. h. Spieler 1 wird eher ein Bier zum Frühstück wählen, wenn er ein W-Typ ist.

Dieses Gleichgewicht erfüllt alle formalen Erfordernisse eines sequentiellen Gleichgewichts, dennoch erscheint die subjektive Einschätzung von Spieler 2 über u_b nicht plausibel. Warum sollte ein Spieler vom S-Typ eher q als b wählen?

Die Probleme in diesem Beispiel entstehen dadurch, dass das Konzept des sequentiellen Gleichgewichts zu wenig einschränkend für Verteilungen μ über Informationsmengen ist, die während des Spiels nicht erreicht werden. Wir haben dieses Problem schon in einem vorhergehenden Beispiel angesprochen. Dort wurde die Lösung von McLennan (*justifiable beliefs*) anhand eines Beispiels skizziert. In vielen Extensivformspielen müssen zusätzliche Kriterien entwickelt werden, um unplausible sequentielle Gleichgewichte auszuschließen. Ad hoc[34] für Signalspiele wurde ein vergleichbares Kriterium von David Kreps (1987) vorgeschlagen, das unter dem Namen *intuitives Kriterium* bekannt wurde.

Um dieses Kriterium präziser zu beschreiben, wollen wir den Rahmen eines Signalspiels verallgemeinern. An einem einfachen Signalspiel nehmen 2 Spieler teil. Spieler 1 empfängt eine private Information, die z. B. darin besteht, dass er weiß, zu welchem Typ $t \in T$ er gehört. Der Typ von Spieler 1 werde durch eine Wahrscheinlichkeitsverteilung π bestimmt, die allgemein bekannt ist. Wenn

---

[34] Weniger situationsspezifische Ideen verwendet man in der Gleichgewichtsauswahltheorie, die für alle (endlichen) Spiele entwickelt wurden.

3.3 Ökonomische Anwendungen

Spieler 1 seinen Typ kennt, sendet er ein Signal $m \in M$. Spieler 2 empfängt das Signal m und wählt eine Antwort $r \in R$. Um die Abhängigkeiten der Auszahlungsfunktionen der Spieler von den Charakteristika eines Signalspiels besonders hervorzuheben, verwenden wir hier die folgende Bezeichnungskonvention: Die Auszahlung von Spieler 1 bezeichnen wir mit $u(t, m, r)$, die von Spieler 2 wird mit $v(t, m, r)$ bezeichnet. Spieler 2 wählt seine beste Antwort durch Maximierung seiner erwarteten Auszahlung als Lösung des Maximierungsproblems:

$$\max_r \sum_t v(t, m, r) \pi(t)$$

Es bezeichne $B(\pi, m)$ die Lösungsmenge dieses Problems. Werden bestimmte Typausprägungen von vornherein ausgeschlossen, d. h. beschränkt man sich auf eine Teilmenge $I \subset T$, so definiert man die Menge der besten Antworten, die durch Verteilungen auf I induziert sind, durch:

$$B(I, m) := \cup_{\{\pi | \pi(I) = 1\}} B(\pi, m)$$

Wir betrachten nun ein (sequentielles) Gleichgewicht des Spiels, in dem die erwartete Auszahlung von Spieler 1 (vom Typ t) gleich u_t^* ist.

Wir sagen, dass dieses Gleichgewicht nicht das *intuitive Kriterium* erfüllt, wenn wir ein Signal m' finden können, das in diesem Gleichgewicht nicht gesendet wird, und eine echte Teilmenge von Typen $J \subset T$ und ein Typ $t' \in T - J$ existiert, so dass gilt:

i) $\forall t \in J$ und $\forall r \in B(T, m') : \quad u_t^* > u(t, m', r)$
ii) $\forall r \in B(T - J, m') : \quad u_{t'}^* < u(t', m', r)$

In $i)$ wird postuliert: Für Spieler vom Typ $t \in J$ ist es – unabhängig von der (optimalen) Reaktion von Spieler 2 – nicht profitabel, das Signal m' zu senden. In $ii)$ wird postuliert: Ein Spieler 1 vom Typ $t \notin J$ profitiert von der Sendung von m' unabhängig von der (optimalen) Reaktion von Spieler 2, solange Spieler 2 ausschließt, dass ein Typ $t \in J$ vorliegt.

Wir können leicht nachprüfen, dass die sequentiellen Gleichgewichte vom zweiten Typ im Beer-Quiche-Beispiel durch das intuitive Kriterium ausgeschlossen werden. Dazu setzen wir:

$$J := \{W\}, \quad m := q, \quad m' := b$$

Die Auszahlung von Spieler 1 vom Typ W ist in diesem Gleichgewicht $u_W^* = 3$, da Spieler 2 in der Informationsmenge u_q mit n reagiert. Da für alle Reaktionen r von Spieler 2 auf der (nicht erreichten) Informationsmenge u_b die Beziehung $u(W, b, r) \leqq 2$ gilt, folgt:

$$u_W^* > u(W, b, r) \tag{3.7}$$

Offenbar besteht die Typenmenge $T - J$ nur aus dem Element S. Im Gleichgewicht vom zweiten Typ gilt $u_S^* = 2$. Nimmt Spieler 2 an, dass sein Kontrahent vom Typ S ist, d. h. gilt $\pi(x_S) = 1$, dann ist seine beste Antwort auf das nicht gesendete Signal $m' = b$ die Aktion n. Die Auszahlung von 1 ist dann $u(S, b, n) = 3$, d. h. es gilt:

$$u_S^* < u(S, b, n) \tag{3.8}$$

Die Ungleichungen (3.7) und (3.8) zeigen, dass das sequentielle Gleichgewicht vom zweiten Typ das intuitive Kriterium nicht erfüllt.

Damit sind unsere informellen Ausführungen über die unplausiblen sequentiellen Gleichgewichte im Beer-Quiche-Signalspiel durch das intuitive Kriterium von Kreps und Wilson präzisiert worden. In dem einfachen Beer-Quiche-Beispiel kann man die Implausibilität des sequentiellen Gleichgewichts vom Typ b) relativ schnell erkennen. Das intuitive Kriterium ist für allgemeinere Signalspiele entwickelt worden. Die Unbestimmtheit der Systeme von Überzeugungen μ für nicht erreichte Informationsmengen bleibt ein grundlegendes Problem des sequentiellen Gleichgewichts. Kreps und Wilson haben allerdings in dieser Unbestimmtheit eher einen Vorteil ihres Gleichgewichtskonzeptes gesehen, da der Spieltheoretiker nun je nach Problemstellung eigene Vorstellungen über die Plausibilität von μ entwickeln kann und oft auch entwickeln muss.

Aus philosophischer Sicht sind solche Verschärfungen des Gleichgewichts bedenklich, sei es nur für Signalspiele, sei es für allgemeine Spiele (z. B. Myerson 1978). Die grundlegende Idee ist die „Rationalität von Fehlentscheidungen" in dem Sinne, dass man schlimmere Fehler mit größerer Wahrscheinlichkeit vermeidet. Statt dies einfach zu postulieren, sollte man von einer vernünftigen Hypothese über die Kosten von Fehlervermeidung ausgehen, z. B. in der Form, dass geringere Fehlerwahrscheinlichkeiten nur bei höheren Kosten möglich sind. Allerdings hat sich gezeigt (Van Damme 1996), dass dann andere Lösungen begründet werden.

Auf experimentelle Untersuchungen von Signalspielen wurde schon früher hingewiesen. In der Regel wird dabei der fiktive Zufallszug (Harsanyi-Transformation) real durchgeführt, d. h. man untersucht das stochastische Spiel nach der Harsanyi-Transformation. Im Rahmen der Reputationsexperimente wird der fiktive Zufallszug meist nicht real implementiert, sondern den Teilnehmern einfach unterstellt (vgl. z. B. McKelvey und Palfrey 1992). Man hat diese Vorgehensweise deshalb auch gelegentlich als „crazy perturbation approach" bezeichnet.

4
Theorie der Verhandlungen

Das Verhandlungsproblem ist ein in der ökonomischen Theorie relevantes Problem, für das eine befriedigende, theoretische Lösung lange Zeit gesucht wurde. Es ist dadurch gekennzeichnet, dass mehrere Wirtschaftssubjekte zwar ein gemeinsames Interesse an einer Einigung bzgl. eines Verhandlungsgegenstandes haben, dass sie aber individuell sehr unterschiedliche Einigungsresultate herbeiführen wollen.

Als Beispiel sei an das klassische Güterallokationsproblem in seiner einfachsten Form, dargestellt in der *Edgeworth Box*, erinnert (siehe z. B. Varian (1984), Kap. 5). In diesem einfachsten Fall betrachtet man zwei potentielle Tauschpartner, die anfänglich einen bestimmten Bestand an Gütern (*initiale Güterressourcen*) besitzen. Durch Gütertausch können die Tauschpartner ein Kontinuum von neuen Aufteilungen der initialen Ressourcen erreichen. Welche neue Aufteilung wird sich als Resultat des Tauschprozesses tatsächlich einstellen?

Oder betrachten wir das Verhandlungsproblem zwischen *Arbeitnehmern* und *Arbeitgebern*. Die regelmäßig wiederkehrenden Tarifverhandlungen zwischen beiden Gruppen oder die häufig von Regierungsseite forcierten langfristig angelegten Verhandlungen über viele Aspekte des Verhältnisses von Arbeit und Kapital[1] entsprechen formal den Verhandlungen über die Aufteilung der von Arbeitnehmer- und Arbeitgeberseite gemeinsam geleisteten Wertschöpfung. Welche Aufteilung der Wertschöpfung wird sich durchsetzen? Gibt es einen Verhandlungsprozess, der beschreibt, wie man ein spezielles Resultat erreicht? Charakteristisch für beide Fragestellungen ist die Tatsache, dass es bei effizienter Aufteilung des Gesamtprodukts oder der Gesamtressourcen ein Kontinuum von möglichen Aufteilungsvorschlägen gibt, die jeweils unterschiedlich vorteilhaft für die beiden Verhandlungsparteien sind. Welcher Aufteilungsvorschlag wird von beiden Verhandlungspartnern akzeptiert werden?

---

[1] In Deutschland und in anderen europäischen Ländern sind diese Verhandlungen unter dem Namen *Bündnis für Arbeit* bekannt geworden.

Die Spieltheorie hat schon relativ früh unter dem Begriff *kooperative Verhandlungstheorie* Konzepte zur Lösung der oben genannten Verhandlungsprobleme angeboten. Diese Konzepte sind allerdings weit von dem umgangssprachlichen Gebrauch des Wortes Verhandlung entfernt, denn sie beschreiben Verhandlungen nicht als eine zeitliche Abfolge einer Reihe von Geboten, sondern sie geben spezielle Lösungsvorschläge für ein Verhandlungsproblem vor. Man bezeichnet diese Konzepte auch häufig als *Schiedsrichterlösungen*, da sie das Verhandlungsproblem dadurch lösen, dass sie den Verhandlungspartnern Aufteilungen vorschlagen, die in einem zu spezifizierenden Sinn als gut bzw. gerecht zu beurteilen sind. Das bekannteste Lösungskonzept in dieser Richtung ist die so genannte *kooperative Nash-Lösung*. Sie beruht auf einem Axiomensystem, von dem man annehmen kann, dass es von einer großen Gruppe von rationalen Entscheidern als vernünftig akzeptiert wird.

Erst in den achtziger Jahren wurde systematisch die *nicht-kooperative* Verhandlungstheorie entwickelt, die eher den umgangssprachlichen Vorstellungen eines Verhandlungsprozesses entspricht. Sie beschreibt den Verhandlungsprozess zwischen den Beteiligten als eine Abfolge von Geboten und Gegen-Geboten. Pionierarbeit wurde auf diesem Gebiet auch von Rubinstein (1982) geleistet. Im Rahmen der nicht-kooperativen Verhandlungstheorie hat auch das Konzept der *Teilspielperfektheit* eine weitere Aufwertung erfahren, da es eindeutige Lösungen für spezielle Verhandlungsprobleme zulässt.

Neuere Arbeiten haben gezeigt, dass der Gegensatz zwischen kooperativen und nicht-kooperativen Verhandlungslösungen nicht prinzipieller Natur ist. In diesen Arbeiten wird die kooperative Nash-Lösung als Grenzwert von nicht-kooperativen Lösungen interpretiert (siehe Nash (1953) selbst, Binmore, Rubinstein und Wolinsky (1986) und die nur teilweise die Nash-Lösung rechtfertigenden Resultate von Güth und Ritzberger (2000)). Die Relevanz der kooperativen Nash-Lösung hat in letzter Zeit weitere Aufwertungen durch Arbeiten von Van Damme (1986) und Young (1993b) erfahren. Die Ergebnisse der spieltheoretischen Verhandlungstheorie sind auf viele konkrete ökonomische Verhandlungsprobleme angewendet worden. Darunter spielt die so genannte „Theorie der Lohnverhandlungen" (*wage bargaining*), die wir oben zitiert haben, eine herausragende Rolle. Wir werden in den folgenden Abschnitten ausführlich auf diese Thematik eingehen.

4.1 Kooperative Verhandlungstheorie

Grundlegend für die kooperative Verhandlungstheorie ist die folgende Situation: Im einfachsten Fall betrachtet man *zwei* Spieler (Verhandlungspartner), die durch gemeinsame Strategiewahl Ergebnisse erzielen können, die sie mit ihren Nutzenvorstellungen bewerten. Alle bewerteten Ergebnisse (u_1, u_2) liegen in einer Teilmenge des Nutzenraumes $\mathbb{R}^2$, die *Verhandlungsmenge B* genannt wird. B beschreibt also alle möglichen Nutzenkombinationen, welche die Spieler gemeinsam erreichen können. Auf welche Strategiekonfiguration bzw. auf welche Nutzenkombination in B werden sich die Spieler einigen? In der Regel werden sich die Spieler nicht konfliktfrei über die Elemente von B einigen können. Einige Nutzenvektoren in B werden von Spieler 1 bevorzugt, während andere Nutzenvektoren von Spieler 2 bevorzugt werden. Die Lösung dieses Problems ist offenbar nicht trivial.

Wir wollen im Folgenden die Konstruktion der Menge B zunächst an einem numerischen Beispiel illustrieren. Nehmen wir an, Spieler 1 und 2 spielen das *Battle of the sexes*-Spiel (siehe Kap. 2, Beispiel 2.3), das durch die folgende Auszahlungstabelle charakterisiert ist:

Spieler 2

		σ_{21}	σ_{22}
Spieler 1	σ_{11}	1 2	-1 -1
	σ_{12}	-1 -1	2 1

Wir nehmen nun an, dass beide Spieler nicht nur unabhängig voneinander simultan ihre gemischten Strategien $s_1, s_2 \in \Delta$ wählen können, sondern, dass sie ihre Strategiewahlen über einen Zufallsmechanismus *korrelieren* können. Ein solcher Zufallsmechanismus ist konkret eine Wahrscheinlichkeitsverteilung über die Strategiekonfigurationen:

$$(\sigma_{11}, \sigma_{21}),\ (\sigma_{11}, \sigma_{22}),\ (\sigma_{12}, \sigma_{21}),\ (\sigma_{12}, \sigma_{22})$$

Jeder Zufallsmechanismus wird durch einen Vektor $\lambda = (\lambda_1, \lambda_2, \lambda_3, \lambda_4)$ mit $\lambda_i \geq 0$ und $\sum_i \lambda_i = 1$ repräsentiert. Es ist leicht zu sehen, dass durch λ Verteilungen über die reinen Strategiekonfigurationen generiert werden können, die nicht durch die Kombination von gemischten Strategien erreichbar sind. Konkret können wir uns die korrelierte Strategiewahl als eine Verabredung der Spieler vorstellen, die gemeinsame Strategiewahl auf die Ausgänge eines vorher bestimmten Zufallsexperiments zu bedingen. Jede Wahrscheinlichkeitsverteilung λ generiert eine erwartete Auszahlung für beide Spieler, die gegeben ist (für Spieler i) durch:

$$\lambda_1 H_i(\sigma_{11}, \sigma_{21}) + \lambda_2 H_i(\sigma_{11}, \sigma_{22}) + \lambda_3 H_i(\sigma_{12}, \sigma_{21}) + \lambda_4 H_i(\sigma_{12}, \sigma_{22}) \quad (4.1)$$

Lassen wir die Wahrscheinlichkeitsverteilungen $\lambda = (\lambda_1, \ldots, \lambda_4)$ beliebig variieren, so erzeugen die erwarteten Auszahlungsvektoren die *konvexe Hülle* der Vektoren $\{(2,1), (1,2), (-1,-1)\}$, welche die Auszahlungen der reinen Strategiekonfigurationen darstellen. Die Verhandlungsmenge für dieses Beispiel ist in Abb. 4.1 durch den grauen Bereich B dargestellt. Jeder Punkt in B kann durch eine geeignete, korrelierte Strategiewahl von den Spielern erreicht werden. Auf welchen Punkt in B werden sich die Spieler einigen? Betrachten wir beispielsweise in B die Verbindungsgerade zwischen den Vektoren $(1,2)$

und (2,1). Auszahlungsaufteilungen auf dieser Geraden, die „näher" an (1,2) liegen, werden von Spieler 2 eher bevorzugt als solche, die „näher" an (2,1) liegen. Die kooperative Verhandlungstheorie – so werden wir in diesem Abschnitt zeigen – liefert Kriterien für die Auswahl von Einigungspunkten in der Verhandlungsmenge B.

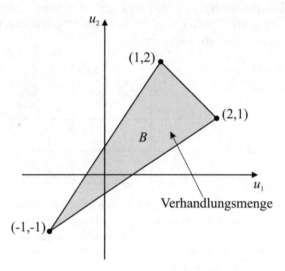

Abb. 4.1. Verhandlungsmenge für das Battle of the sexes-Spiel

Zeichnet sich die gemeinsame Randomisierung $\lambda(\cdot)$ mit

$$\forall \sigma \in \Sigma: \quad \lambda(\sigma) \geqq 0 \quad \text{und} \quad \sum_{\sigma \in \Sigma} \lambda(\sigma) = 1$$

zusätzlich dadurch aus, dass aus $\lambda(\sigma) > 0$ folgt, dass σ ein Gleichgewicht des Battle of the sexes-Spiels ist, so ist die gemeinsame Verabredung $\lambda(\cdot)$ sogar selbststabilisierend, d. h. jede Partei würde nicht gewinnen, indem sie einseitig vom durch $\lambda(\cdot)$ spezifizierten Verhalten abweicht. Solche selbststabilisierenden gemeinsamen Verabredungen $\lambda(\cdot)$ werden daher auch *Koordinationsgleichgewichte* genannt. Im obigen Beispiel ist jede gemeinsame Verabredung mit $\lambda_2 = 0 = \lambda_3$ ein Koordinationsgleichgewicht.

Wir wollen das spezielle numerische Beispiel verlassen und ein Verhandlungsspiel allgemein für n Personen definieren. Grundlegend für diese Definition ist die Verhandlungsmenge B, die nun allgemein als Menge von Nutzenvektoren $(u_1, \ldots, u_n)$ interpretiert wird, welche die Spieler gemeinsam erreichen können. Die Verhandlungsmenge B kann keine beliebige Menge im $\mathbb{R}^n$ sein, sondern sie muss bestimmte Regularitätsbedingungen erfüllen. Um ein kooperatives Verhandlungsspiel vollständig zu charakterisieren, benötigen wir neben der Verhandlungsmenge ein ausgezeichnetes Nutzentupel $d = (\bar{u}_1, \ldots, \bar{u}_n)$, das

Drohpunkt genannt wird. Der Drohpunkt bezeichnet diejenige Auszahlung, welche die Verhandlungspartner im Nicht-Einigungsfall erhalten. Man könnte in obigem Beispiel mit $n = 2$ annehmen, dass beide Spieler die Auszahlung 0 erhalten, wenn sie sich nicht einigen können, d. h. $d = (0, 0)$.

Definition 4.1. *Eine Verhandlungssituation (ein Verhandlungsproblem) ist ein Tupel (B, d), wobei gilt:*

1. *B ist eine kompakte, konvexe Teilmenge des $\mathbb{R}^n$*
2. *$d \in B$*
3. *$\exists b \in B : \quad b > d$*

Kompaktheit und Konvexität sind in erster Linie technische Annahmen, welche die formale Analyse wesentlich vereinfachen. Konvexität von B kann beispielsweise durch die Wahl von korrelierten Strategien über eine endliche Menge von reinen Strategienkombinationen (wie im obigen Beispiel) motiviert werden. Die Nutzenallokationen sind dann als Erwartungsnutzen (im Sinne der *Neumann/Morgenstern-Nutzenfunktion*[2]) zu interpretieren.

Die Kompaktheitsannahme von B impliziert, dass B eine *obere Schranke* besitzt. Dies ist sicher eine sinnvolle Annahme, da sonst das gesamte Verhandlungsproblem trivial wird. Denn die Spieler könnten beliebig hohe Auszahlungen erreichen. Die Abgeschlossenheit von B ist ebenfalls nur eine elementare technische Bedingung, die sichert, dass überhaupt rationale Verhandlungsentscheidungen getroffen werden können, d. h. effiziente Verhandlungsergebnisse existieren.

Die kooperativen Verhandlungslösungen, die wir in diesem Buch besprechen werden, haben die Eigenschaft, aus der Verhandlungsmenge B genau *einen* Vektor $(u_1, \ldots, u_n)$ als *Lösung* des Verhandlungsproblems zu selektieren. Bezeichne $\mathcal{B}$ die Menge aller Verhandlungsspiele (B, d), dann kann man eine kooperative Verhandlungslösung formal wie folgt definieren.

Definition 4.2. *Die kooperative Lösung von Verhandlungssituationen ist eine Abbildung*
$$L : \mathcal{B} \longrightarrow \mathbb{R}^n$$
mit der Eigenschaft $L(B, d) \in B$.

Wir wollen im Folgenden zwei der bekanntesten kooperativen Lösungskonzepte vorstellen: Die kooperative Nash-Lösung und die Kalai/Smorodinsky-Lösung. Beide Konzepte sind eindeutig aus ihren Axiomensystemen ableitbar. Durch Axiomensysteme werden spezielle Eigenschaften einer Verhandlungslösung postuliert, die in einem zu präzisierenden Sinne als vernünftig angesehen werden.

---

[2] Siehe dazu Anhang E.

4.1.1 Die kooperative Nash-Lösung

Das Axiomensystem von Nash

Die kooperative Nash-Lösung wurde von John Nash (1950a) zu Beginn der fünfziger Jahre entwickelt. Es war das Ziel von Nash, die Auswahl einer speziellen Verhandlungslösung auf möglichst wenige, allgemein akzeptierte Axiome zu gründen. Wir wollen diese Axiome im Detail behandeln und kommentieren. Dabei gehen wir stets von einer allgemeinen Verhandlungssituation mit n Spielern aus.

Axiom 1 *Gegeben sei eine Verhandlungssituation (B,d). Die Situation (B',d') sei aus dem Spiel (B,d) wie folgt abgeleitet:*

$$B' := \{y \mid \exists u \in B : y_i = a_i u_i + b_i \quad \text{für} \quad a_i > 0,\ b_i \in \mathbb{R},\ i = 1,\ldots,n\}$$

$$d'_i := a_i d_i + b_i \quad \text{für} \quad i = 1,\ldots,n$$

Dann gilt für $i = 1,\ldots,n$:

$$L_i(B',d') = a_i L_i(B,d) + b_i$$

Dieses Axiom fordert, dass affin lineare Transformationen[3] der Verhandlungsmenge B zu äquivalent transformierten Verhandlungslösungen führen sollen. Dieses Axiom motiviert unsere Überlegungen zur Konvexität von B im vorhergehenden Abschnitt. Es zeigt, dass die Auszahlungen in B als Erwartungsnutzen im Sinne der Neumann/Morgenstern-Nutzentheorie zu interpretieren sind. Denn die Erwartungsnutzen im Rahmen dieser Theorie sind nur eindeutig bis auf *affin lineare Transformationen*.[4] Also repräsentieren u_i und die transformierte Nutzenfunktion $au_i + b$, für $a > 0$ und $b \in \mathbb{R}$ dieselbe Präferenzordnung.[5] Sieht man die Neumann/Morgenstern-Nutzentheorie als sinnvolles Instrumentarium zur Modellierung der Entscheidungen bei Unsicherheit an, so ist die Forderung in Axiom 1 nur eine logische Konsequenz der Eindeutigkeit von Neumann/Morgenstern-Nutzenfunktionen bis auf affin lineare Transformationen. Zulässige Transformationen der Nutzenfunktionen liefern keine zusätzlichen Informationen über das Verhandlungsproblem, also

---

[3] Gegeben seine eine Abbildung $u : \mathbb{R} \longrightarrow \mathbb{R}$, dann heißt die Abbildung $v(\cdot) := au(\cdot) + b$ für $a > 0$ und $b \in \mathbb{R}$, eine affin lineare Transformation von $u(\cdot)$. Einzelheiten findet man in Anhang E.

[4] Siehe Anhang E.

[5] Experimentell sind derartige Transformationen oft überaus bedeutsam. Würde man im obigen Battle of the sexes-Spiel alle Auszahlungen von Spieler 1 um 10 erhöhen und die von Spieler 2 nur um 1, so dürfte Spieler 1 gerne bereit sein, das für Spieler 2 bessere Gleichgewicht $(\sigma_{12}, \sigma_{22})$ mit Wahrscheinlichkeit 1 zu realisieren.

sollen sie auch nicht bei der Lösung berücksichtigt werden. Axiom 1 deutet auf die Entstehungszeit der Nash-Lösung hin, die zu einer Zeit entwickelt wurde, in der die Neumann/Morgenstern-Nutzentheorie als herrschende *Theorie der Entscheidung bei Unsicherheit* anerkannt war.[6]

Es sei schon an dieser Stelle darauf hingewiesen, dass schon die frühen experimentellen Überprüfungen der Nash-Lösung genau diese Annahme widerlegen. So haben Nydegger und Owen (1975) die Spieler Chips statt Geld aufteilen lassen, wobei der Geldwert eines Chips für beide Spieler konstant aber unterschiedlich hoch war. Offenbar kann dann der Nutzen jedes Spielers durch die Anzahl seiner Chips gemessen werden. Wegen der sonstigen Symmetrie der Verhandlungssituation und dem gleich darzustellenden Symmetrieaxiom der Nash-Lösung hätten daher beide Spieler gleich viele Chips erhalten müssen. Stattdessen aber haben die Experimentteilnehmer ohne Ausnahme die Chips so aufgeteilt, dass für beide die Geldauszahlung gleich groß war.

Roth und Malouf (1979) haben in ihrem Experiment jeweils zwei Teilnehmer darüber verhandeln lassen, wer mit welcher Wahrscheinlichkeit einen hohen Geldpreis (statt des niedrigeren) gewinnt (mit der Restwahrscheinlichkeit gewinnt der andere). Hier kann der Nutzen jedes Spielers durch seine individuelle Gewinnwahrscheinlichkeit für seinen hohen Geldpreis gemessen werden (siehe Anhang F). Wegen der symmetrischen Verhandlungsprozedur steht dann beiden Spielern die gleiche Gewinnwahrscheinlichkeit (von $\frac{1}{2}$) zu. Das war auch die vorherrschende Beobachtung, aber nur, wenn die Geldpreise private Informationen waren. Waren die Geldpreise allgemein bekannt und recht verschieden, wurde die Gewinnwahrscheinlichkeit so aufgeteilt, dass für beide Parteien die Gelderwartung gleich groß ist. Man beachte, dass solche Informationen keinerlei spieltheoretische Bedeutung haben, da sie nur affinen Nutzentransformationen entsprechen.

Axiom 2 (Symmetrieaxiom) *Ein Verhandlungsproblem* (B, d) *habe folgende Eigenschaften:*

- $d_1 = \ldots = d_n$
- $u = (u_1, \ldots, u_n) \in B \Longrightarrow \pi(u) \in B$ *für alle Permutationen* $\pi(\cdot)$ *der Spieler*

Dann gilt:
$$L_1(B, d) = \ldots = L_n(B, d)$$

Axiom 2 wird Symmetrieaxiom genannt, da es besagt, dass symmetrische Verhandlungssituationen auch zu symmetrischen Verhandlungsergebnissen

---

[6] In den letzten Jahren wurden zahlreiche alternative Nutzentheorien für die *Entscheidungen bei Unsicherheit* entwickelt (einen ausgezeichneten Überblick über diese Entwicklungen liefert der Übersichtsartikel von Camerer und Weber (1987)).

führen sollen. In solchen Verhandlungssituationen sind die Spieler nicht zu unterscheiden, daher soll auch die Verhandlungslösung keinen Spieler bevorzugen. Symmetrische Verhandlungssituationen werden in Axiom 2 präzise beschrieben: Die Auszahlungen im Drohpunkt sind für alle Spieler gleich und die erreichbaren Auszahlungskombinationen sind austauschbar. Abbildung 4.2 illustriert die in Axiom 2 beschriebene Verhandlungssituation für den Fall $n = 2$ und linearem Pareto-Rand (Pareto-Grenze).[7]

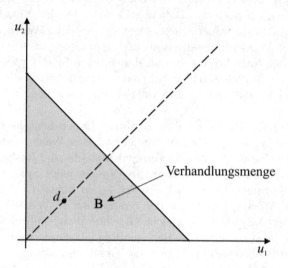

Abb. 4.2. Symmetrische Verhandlungssituation für $n = 2$

Gilt $B \subseteq \mathbb{R}_+^2$, dann muss der Drohpunkt bei symmetrischer Verhandlungssituation auf der 45°-Linie durch den nichtnegativen Orthanten liegen, und die Verhandlungsmenge B muss symmetrisch um die 45°-Linie angeordnet sein, damit die Beziehung $(u_1, u_2) \in B \Longrightarrow (u_2, u_1) \in B$ erfüllt ist.

Axiom 3 (Unabhängigkeitsaxiom) *Gegeben seien zwei Verhandlungssituationen (B, d) und (B', d) mit den folgenden Eigenschaften:*

- $B' \subset B$
- $L(B, d) \in B'$

Dann gilt:
$$L(B', d) = L(B, d)$$

---

[7] Ein Auszahlungsvektor $u \in B$ liegt auf dem Pareto-Rand B^* von B genau dann, wenn für alle $\tilde{u}$ mit $\tilde{u} \geqq u$ und $\tilde{u} \neq u$ die Bedingung $\tilde{u} \notin B$ folgt. Graphisch ist B^* die obere rechte Grenze von B (vgl. Abb. 4.2).

Dieses Axiom ist in der Literatur sehr kontrovers diskutiert worden. Auf den ersten Blick scheint es plausibel zu sein: Nehmen wir an, die Lösung eines Verhandlungsspiels (B, d) liegt in einer kleineren Verhandlungsmenge B', dann wird die gleiche Lösung gewählt, wenn nur die kleinere Verhandlungsmenge B zur Verfügung steht. Beim Übergang von B zu B' werden nur für die Entscheidung „irrelevante" Alternativen $u \neq L(B', d)$ entfernt. Daher wird dieses Axiom auch *Unabhängigkeit von irrelevanten Alternativen* oder kurz *Unabhängigkeitsaxiom* genannt. Äquivalent kann Axiom 3 wie folgt interpretiert werden: Angenommen, die Verhandlungslösung liege in der Verhandlungsmenge B. Wenn B durch Hinzunahme weiterer Alternativen vergrößert wird, ist entweder die neue Lösung gleich der vorherigen Lösung oder sie liegt außerhalb von B.

So einleuchtend das Axiom zunächst auch erscheint, seine Plausibilität wurde durch diverse Gegenbeispiele in Frage gestellt. Wir stellen ein einfaches Beispiel dieser Art für den Fall $n = 2$ vor: Der Wert einer Firma werde im Konkursfall mit 500.000 DM veranschlagt. Es gebe insgesamt zwei Gläubiger, die Forderungen in Höhe von 800.000 DM (Gläubiger 1) bzw. 600.000 DM (Gläubiger 2) an die Firma haben. Beide Gläubiger müssen nun den Wert von 500.000 DM unter sich aufteilen. Wir stellen die Verhandlungsmenge in Abb. 4.3 dar.[8]

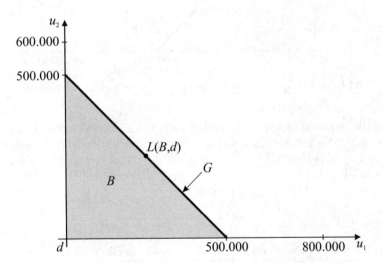

Abb. 4.3. Verhandlungsmenge vor Eintreffen einer Information

Obwohl wir i. d. R. nur eine vollständige Aufteilung des Geldbetrags in Höhe von 500.000 DM in Betracht ziehen, ist es dennoch sinnvoll, zunächst

---

[8] Die Nutzenvektoren in B werden hier direkt durch Geldbeträge dargestellt. Dies kann durch die Annahme einer linearen Geldnutzenfunktion $u_i(x) = ax + b$ nach geeigneter affin linearer Transformation erreicht werden.

einmal Aufteilungen zuzulassen, die den gesamten Geldbetrag nicht ausschöpfen. Daher besteht die Verhandlungsmenge B nicht nur aus der Geraden G, sondern auch aus allen darunter liegenden Vektoren im $\mathbb{R}_+^2$. Die Lösung $L(B,d)$ liege auf der Geraden G. Die genaue Position von $L(B,d)$ spielt für die folgende Argumentation keine Rolle.

Es werde nun bekannt, dass Gläubiger 2 tatsächlich nur eine Forderung in Höhe von 400.000 DM gehabt hat. Die neue Verhandlungsmenge B' ist in Abb. 4.4 dargestellt.

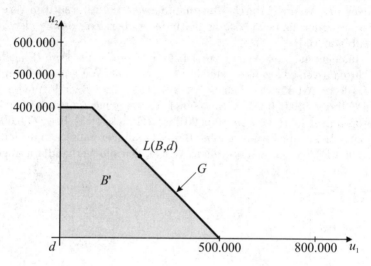

Abb. 4.4. Verhandlungsmenge nach Eintreffen einer Information

Da die Relation $B' \subset B$ gilt, verlangt Axiom 3, dass sich die Lösung nicht ändern soll. Die Erfahrung aus realen Konkursverfahren zeigt dagegen, dass der Konkursverwalter seinen Vorschlag an die Gläubiger ändern wird, wenn nachträglich bekannt wird, dass einer der Gläubiger eine Forderung hat, die vollkommen befriedigt werden könnte.[9]

Axiom 4 (Effizienzaxiom) *Für jedes Verhandlungsspiel (B,d) gilt:*

$$(u, u' \in B) \wedge (u' > u) \implies L(B,d) \neq u$$

Axiom 4 ist ein Postulat *kollektiver Rationalität* einer Verhandlungslösung. Es besagt, dass Nutzenvektoren in B, die in B streng dominiert sind, keine Lösungen des Verhandlungsproblems sein können. Die hier zitierte Version

---

[9] Unsere Argumentation unterstellt implizit, dass der Drohpunkt von der Höhe der Forderung des Gläubigers 2 unabhängig ist.

von Axiom 4 wird auch schwache kollektive Rationalität genannt. In der so genannten starken Version dieses Axioms wird die Ungleichheitsrelation $>$ durch $\geq$ ersetzt. Es wird dann verlangt, dass die Verhandlungslösung nicht durch einen anderen Nutzenvektor in B schwach dominiert sein darf.

Damit ist das von Nash vorgeschlagene Axiomensystem vollständig dargestellt. Man würde wegen der geringen Zahl der Axiome und deren hohen Abstraktionsgrades erwarten, dass es viele verschiedene Lösungsfunktionen $L(\cdot)$ gibt, welche die Axiome 1–4 erfüllen. Es ist eines der Verdienste von John Nash, gezeigt zu haben, dass die aus den Axiomen 1–4 abgeleitete Lösungsfunktion nicht nur eindeutig ist, sondern auch eine sehr einfache, explizite Form annimmt. Es sei darauf hingewiesen, dass es heute fundamental andere Charakterisierungen der Nash-Lösung gibt (z. B. Lensberg (1988), Thompson (1990)), die sich typischerweise des Konsistenzaxioms (K) bedienen.

Satz 4.3. *Es gibt eine eindeutige Verhandlungslösung, bezeichnet mit $LN(\cdot)$, welche die Axiome 1–4 erfüllt. $LN(\cdot)$ ordnet jedem Verhandlungsspiel (B,d) den Nutzenvektor u^* mit der folgenden Eigenschaft zu:*

u^* ist eindeutige Lösung des Maximierungsproblems:

$$\max \prod_{i=1}^{n}(u_i - d_i) \qquad (4.2)$$

$$s.\,t.: \quad u \in B \qquad (4.3)$$
$$u \geq d$$

Die Differenzen $(u_i - d_i)$ werden häufig als *(Einigungs-) Dividenden* bezeichnet, deren Produkt die Nash-Lösung maximiert. Bevor wir die Beweisidee von Satz 4.3 präsentieren, wollen wir die Nash-Lösung im Fall $n = 2$ graphisch illustrieren.

Die in Abb. 4.5 dargestellte Situation zeigt, welche Bedeutung dem Drohpunkt d für die Nash-Verhandlungslösung zukommt. Die Lösung wird berechnet, indem man das Koordinatensystem in den neuen Ursprung d verschiebt und die Niveaulinien der Funktion $u_1 \cdot u_2$ betrachtet. Diese Niveaulinien sind symmetrische Hyperbeln im verschobenen Koordinatensystem. Man sucht dann die Niveaulinie höchsten Niveaus, die die Menge B tangiert. Aus Abb. 4.5 ist ersichtlich, dass (nicht nur bei einem differenzierbaren Pareto-Rand) dies der Tangentialpunkt der am weitesten in nordöstlicher Richtung liegenden Hyperbel mit der Verhandlungsmenge B ist. Dies ist genau die Lösung des in Satz 4.3 beschriebenen Optimierungsproblems. Läge der Drohpunkt d im Nullpunkt, dann erhielte man die Nash-Lösung als Tangentialpunkt der am weitesten nordöstlich liegenden symmetrischen Hyperbel mit der Verhandlungsmenge B.

Wir sehen, dass die in Abb. 4.5 bezeichnete Lösung $LN(B,d)$ Spieler 1 einen höheren Nutzen als Spieler 2 zuweist. Dies ist (abgesehen vom relativ

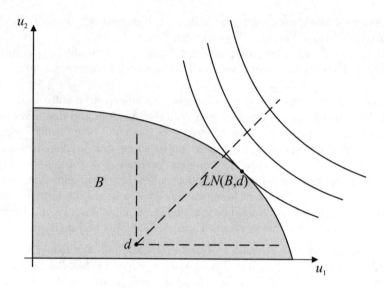

Abb. 4.5. Illustrationsbeispiel für die Nash-Lösung

flachen Verlauf des Pareto-Randes) eine Konsequenz der Lage des Drohpunkts, die Spieler 1 auch eine höhere Auszahlung im Falle der Nichteinigung zuweist. Läge der Drohpunkt d umgekehrt links von der 45°-Linie durch den Nullpunkt, d. h. hätte Spieler 2 in d eine relativ höhere Auszahlung als Spieler 1, dann würde die Nash-Lösung Spieler 2 relativ zu 1 bevorzugen.

Beweisidee von Satz 4.3: Wir werden die Idee des Beweises in mehrere Schritte zerlegen, wobei wir uns auf den einfachen Fall $n = 2$ beschränken.

Die grundlegende Idee des Beweises ist sehr einfach: Man transformiert ein vorgegebenes Verhandlungsspiel geeignet in ein symmetrisches Verhandlungsspiel, für das die Lösung sofort aus den Axiomen 2 und 4 abgeleitet werden kann. Man zeigt, dass in dem symmetrischen Spiel die axiomatisch vorgegebene Lösung mit der Nash-Lösung übereinstimmt. Da man jedes Verhandlungsspiel derart transformieren kann, ist die Nash-Lösung die einzige Lösung, welche die Axiome erfüllt.

a) Die Lösung u^* des Optimierungsproblems (4.2) ist offenbar wohl definiert, da B kompakt und die Funktion[10]

$$N(u) := \prod_{i=1}^{n}(u_i - d_i)$$

stetig ist. Die Lösung ist darüber hinaus eindeutig, da B konvex und $N(\cdot)$ streng quasi-konkav ist. Damit ist die Lösungsfunktion $LN(\cdot)$, die jedem Spiel (B, d) den eindeutigen Optimierer u^* zuordnet, wohl definiert.

---

[10] Diese Funktion wird auch *Nash-Produkt* genannt.

b) Es bleibe dem Leser überlassen zu zeigen, dass die Lösungsfunktion $LN(\cdot)$ die Axiome 1–4 erfüllt.

c) Wir zeigen nun, dass es keine andere Lösungsfunktion $L(\cdot)$ gibt, welche die Axiome erfüllt; d. h. dass für jede Lösungsfunktion $L(\cdot)$, welche die Axiome 1–4 erfüllt, die Beziehung $L(\cdot) \equiv LN(\cdot)$ gilt.

Gegeben sei ein Verhandlungsspiel (B, d) mit $LN(B, d) = u^*$. Man transformiert das Verhandlungsspiel (B, d) durch affin lineare Transformation in das Spiel $(B', 0)$. Dazu setzt man für $i = 1, 2$:

$$a_i := \frac{1}{u_i^* - d_i}, \quad b_i := \frac{-d_i}{u_i^* - d_i}$$

Daraus folgt für die transformierten Werte:

$$u_i^{'*} = \frac{u_i^*}{u_i^* - d_i} - \frac{d_i}{u_i^* - d_i} = 1$$

$$d_i' = \frac{d_i}{u_i^* - d_i} - \frac{d_i}{u_i^* - d_i} = 0$$

Für jede Lösungsfunktion $L(\cdot)$, die die Axiome erfüllt, gilt wegen Axiom 1:

$$L(B, d) = u^* \quad \Longleftrightarrow \quad L(B', 0) = (1, 1)$$

Da $LN(\cdot)$ translationsinvariant gegenüber affin linearen Transformationen ist, gilt für die Nash-Lösung $LN(B', 0) = (1, 1)$. Durch diese Transformation wurde das Spiel (B, d) in ein neues Spiel transformiert, das einen symmetrischen Drohpunkt $d = (0, 0)$ hat und bei dem die Funktion $N(\cdot)$ ihr Maximum in $u = (1, 1)$ annimmt.

d) Wir legen nun eine Tangente[11] an die transformierte Menge B' durch den Punkt $u = (1, 1)$ (siehe Abb. 4.6). Da B' konvex ist, stellt diese Tangente $H := \{(u_1, u_2) \in \mathbb{R}^2 \mid u_1 + u_2 = 2\}$ eine trennende Hyperebene dar derart, dass B' ganz in ihrem unteren Halbraum enthalten ist.

Wir betrachten nun weiter die abgeschlossene Menge $M := \{(u_1, u_2) \in \mathbb{R}^2 \mid u_1 \cdot u_2 \geq 1\}$, die wegen der Quasi-Konkavität von $N(\cdot)$ auch konvex ist (Satz B.24, Anhang B). Offenbar enthält M alle Nutzenvektoren oberhalb der Niveaulinie von $N(\cdot)$ durch den Punkt $u = (1, 1)$. Die transformierte Verhandlungsmenge B' ist ebenfalls konvex und abgeschlossen und es gilt $B' \cap M = \{(1, 1)\}$. Also existiert eine trennende Hyperebene H mit den oben genannten Eigenschaften.

e) Man konstruiert nun die symmetrische Hülle von B', bezeichnet mit $S(B')$. Die Menge $S(B')$ ist die kleinste symmetrische Menge, die B' enthält. Wegen Axiom 2 muss für eine Lösung $L(\cdot)$ des transformierten und symmetrisierten Verhandlungsspiels die Symmetrieeigenschaft gelten, d. h. sie muss auf

---
[11] Bei Nicht-Differenzierbarkeit des Pareto-Randes kann es natürlich mehrere Tangenten mit dieser Eigenschaft geben.

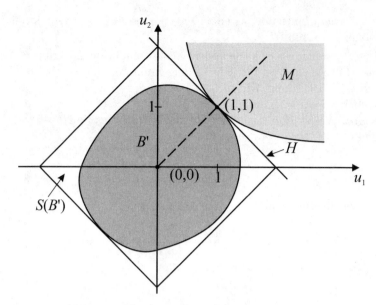

Abb. 4.6. Illustration zum Beweis von Satz 4.3

der 45°-Linie (in Abb. 4.6) liegen. Wegen Axiom 4 darf die Lösung nicht in $S(B')$ dominiert sein. Beide Forderungen implizieren, dass für eine Lösung $L(\cdot)$, die alle Axiome erfüllt, gelten muss $L(S(B'), 0) = (1,1)$. Aus Axiom 3 folgt schließlich $L(B', 0) = (1,1)$, d. h. es gilt $L(B', 0) = LN(B', 0)$.

f) Durch eine geeignete Transformation von $(B', 0)$ nach (B, d) erhält man schließlich das gewünschte Ergebnis, d. h. $L(B, d) = LN(B, d)$. Da man die Prozedur für jedes beliebige Verhandlungsspiel (B, d) durchführen kann, gilt $L(\cdot) \equiv LN(\cdot)$ für jede Lösungsfunktion, welche die Axiome 1–4 erfüllt. Damit ist die Eindeutigkeit von $LN(\cdot)$ gezeigt.

q. e. d.

Bevor wir auf die Diskussion einiger Erweiterungen der Nash-Lösung eingehen, wollen wir die Methode der Berechnung dieser Lösung anhand eines einfachen numerischen Beispiels demonstrieren.

Beispiel 4.1 Wir betrachten ein 2-Personen-Verhandlungsspiel, das durch die Verhandlungsmenge

$$B := \{(u_1, u_2) \in \mathbb{R}_+^2 \mid (u_1)^2 + (u_2)^2 \leqq 4^2\} \quad \text{mit} \quad d := (2, 0)$$

charakterisiert ist. Die Verhandlungsmenge B besteht also aus dem Teil der Kreisscheibe mit Radius 4, der im nichtnegativen Orthanten liegt. Der

Drohpunkt ordnet Spieler 1 eine höhere Auszahlung als Spieler 2 im Falle der Nichteinigung zu. Die Verhandlungsmenge B ist zwar symmetrisch, wegen der Asymmetrie des Drohpunktes erwarten wir aber eine Bevorzugung von Spieler 1, welche die Ungleichheit in der Rückfallposition der Spieler widerspiegeln soll. Um die Nash-Lösung für dieses Problem zu berechnen, müssen wir das folgende Optimierungsproblem lösen:

$$\max (u_1 - 2)u_2$$
$$s.\ t.: \quad (u_1)^2 + (u_2)^2 \geqq 16$$
$$u_1, u_2 \geqq 0$$

Durch eine graphische Analyse des Problems erhalten wir bereits wichtige Vorinformationen über die Lösung (siehe Abb. 4.7).

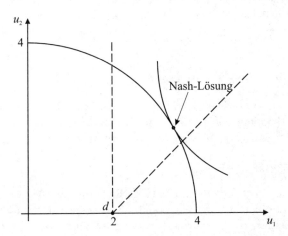

Abb. 4.7. Lösung des Optimierungsproblems

Wir sehen, dass in der Lösung die Nichtnegativitätsbedingung erfüllt ist und dass sie (wegen Axiom 4) auf dem Pareto-Rand der Verhandlungsmenge B liegt, der implizit beschrieben wird durch die Beziehung $(u_1)^2 + (u_2)^2 = 16$. Daher kann man das Problem mit Hilfe der Methode der *Lagrange-Multiplikatoren* lösen. Man definiert die Lagrange Funktion:[12]

$$\mathcal{L}(u_1, u_2, \lambda) := (u_1 - 2)u_2 + \lambda(16 - (u_1)^2 - (u_2)^2)$$

Die Bedingungen erster Ordnung für die (unbeschränkte) Maximierung von $\mathcal{L}(\cdot)$ lauten dann:

$$u_2 - \lambda 2 u_1 = 0$$
$$u_1 - 2 - \lambda 2 u_2 = 0$$
$$16 - (u_1)^2 - (u_2)^2 = 0$$

---

[12] Wir verweisen für eine detaillierte Darstellung der Methode, die in mikroökonomischen Optimierungsproblemen vielfältige Anwendung findet, auf die bekannten Lehrbücher von Böhm (1982), Lancaster (1969) und Varian (1984).

Dies ist ein Gleichungssystem mit drei Gleichungen und drei Variablen. Nach Elimination von λ und Ersetzen von u_2 durch $\sqrt{16 - u_1^2}$ erhält man schließlich eine einfache nichtlineare Gleichung

$$u_1^2 - u_1 - 8 = 0,$$

deren positive Lösung gegeben ist durch $u_1^* = 3.37228$. Mit $u_2^* = \sqrt{16 - u_1^{*2}}$ lautet die vollständige Nash-Lösung

$$u^* = (3.37228, 2.15122),$$

die unsere Vermutung hinsichtlich der Asymmetrie der Lösung bestätigt. Wegen der Pareto-Optimalität der Nash-Lösung (und der Konvexität von B) lässt sich das allgemeine Optimierungsproblem (4.2) immer in ein einfaches Lagrange-Problem überführen, sofern der Pareto-Rand von B durch eine differenzierbare, konkave Funktion beschrieben werden kann.

Diskussion der Nash-Lösung

Da es andere Charakterisierungen der Nash-Lösung gibt, kann unsere Diskussion naturgemäß nicht vollständig sein, sie soll in erster Linie dazu dienen, die Wirkungen der einzelnen Axiome zu beleuchten.

Pareto-Optimalität

Obwohl wir die Forderung der kollektiven Rationalität (Axiom 4) bei der Diskussion des Axiomensystems nicht weiter problematisiert haben, ist auch sie nicht unproblematisch. Sie verhindert beispielsweise, dass der Drohpunkt jemals als Verhandlungslösung gewählt wird. Ein Scheitern der Verhandlungen ist demnach bei der Nash-Lösung eigentlich nicht vorgesehen, obwohl dieses mögliche Scheitern das Verhandlungsergebnis wesentlich beeinflusst. Wie könnte man diesem Problem begegnen? Eine Möglichkeit ist die Ersetzung von Axiom 4 durch ein schwächeres Axiom.[13] Ein solches ist z. B. gegeben durch:

Axiom 5 $\qquad \forall(B,d): \quad L(B,d) \geqq d$

Dieses Axiom verletzt die Forderung der *individuellen Rationalität* nicht,[14] während es eine Verletzung der *kollektiven Rationalität* nicht ausschließt.

---

[13] Eine andere Möglichkeit ist die Einführung unvollständiger (privater) Information, so dass man seinen Typ durch Riskieren des Konfliktes beweisen muss, d. h. der Drohpunkt wird hier mit positiver Wahrscheinlichkeit realisiert,(Harsanyi und Selten (1972), und zu einer experimentellen Überprüfung Hoggat et al. (1978)).

[14] Unter individuell rationalen Lösungen versteht man solche Nutzenvektoren, die den Spielern nicht weniger als den Nutzen zuordnen, den sie erhalten können, wenn sie sich nicht einigen können.

Durch Axiom 5 wird nur verlangt, dass kooperative Verhandlungslösungen nicht schlechter als der Drohpunkt sein sollen. Mit Hilfe von Axiom 5 erhält man folgendes Resultat.

Satz 4.4. *Es gibt genau zwei Lösungen $L_1(\cdot), L_2(\cdot)$, die die Axiome 1-3 und 5 erfüllen, für die gilt:*

- $L_1(\cdot) \equiv LN(\cdot)$
- $L_2(\cdot) \equiv d$

Beweisidee: Die Beweisidee ist bis zu Schritt e) identisch mit der Beweisidee von Satz 4.3.

Wir betrachten die Symmetrische Hülle $S(B')$ von B' (siehe Beweisidee von Satz 4.3). Die Argumentation in Satz 4.3 war: Wegen des Symmetrieaxioms muss die Lösung $L(S(B'), 0)$ auf der Geraden durch den Drohpunkt $d = (0,0)$ und den Punkt $(1,1)$ liegen. Axiom 4 schließlich schließt alle Lösungen außer $(1,1)$ aus.

Da wir die Gültigkeit von Axiom 4 hier nicht annehmen, muss dieser Teil des Arguments modifiziert werden: Die Lösung kann zunächst irgendein Punkt auf der Geraden durch $(0,0)$ und $(1,1)$ sein, d. h. wir haben insbesondere $L(S(B'), 0) = (0,0)$ und $L(S(B'), 0) = (1,1)$. Wenn wir zeigen, dass jeder andere Punkt auf der Geraden keine Lösung sein kann, ist der Satz bewiesen.

Angenommen, die Lösung sei der Vektor $z = \begin{bmatrix} k \\ k \end{bmatrix}$ mit $k \in (0,1)$. Dann transformiert man $S(B')$ zu $M' := kS(B')$. Nach Axiom 3 gilt $L(M', 0) = z$, nach Axiom 1 gilt $L(M', 0) = kz$, im Widerspruch zu $k < 1$.

q. e. d.

Das Resultat des Satzes zeigt, dass das vorher besprochene Defizit der Nash-Lösung durch Abschwächung des Axioms 4 beseitigt werden kann: Auch der Drohpunkt kann nun ein zulässiges Verhandlungsergebnis sein.

Symmetrie

Eine weitere Abschwächung des Axiomensystems betrifft das Symmetrieaxiom. Das folgende Resultat zeigt wie das ursprüngliche Resultat von Satz 4.3 modifiziert werden muss, wenn man auf das Symmetrieaxiom verzichtet.

Satz 4.5. *Für jeden Vektor $p = (p_1, \ldots, p_n) > 0$ mit $\sum_i p_i = n$ gibt es eine eindeutige Lösungsfunktion, die die Axiome 1, 3 und 4 erfüllt. Sie ordnet jedem Verhandlungsspiel (B, d) die Lösung des folgenden Optimierungsproblems zu*

u^* *ist eindeutige Lösung des Maximierungsproblems:*

$$\max_u \prod_1^n (u_i - d_i)^{p_i} \tag{4.4}$$

$$s.\,t.: \quad u \in B \tag{4.5}$$
$$x \geq d$$

Beweis: Siehe Roth (1979), (Theorem 3, S. 16).

Die p_i werden manchmal auch als *Verhandlungsgewicht*[15] von Spieler i interpretiert. Diese Gewichte können beliebige Werte im Intervall $(0, n)$ annehmen. Es ist leicht zu zeigen, dass relativ hohe Gewichte auch zu relativ guten Verhandlungsergebnissen für den betreffenden Spieler führen. Für den symmetrischen Gewichtsvektor $p = (1, \ldots, 1)$ erhält man die ursprüngliche Nash-Lösung $LN(\cdot)$ als Spezialfall.

Ein einfaches numerisches Beispiel soll den Unterschied von symmetrischer und asymmetrischer Nash-Lösung illustrieren.

Beispiel 4.2 Wir betrachten ein Verhandlungsspiel für $n = 2$, das durch folgende Verhandlungsmenge charakterisiert ist:

$$B := \{(u_1, u_2) \in \mathbb{R}_+^2 \mid u_1 + u_2 \leqq 1\}, \qquad d := (0, 0)$$

Dieses Spiel ist vollkommen symmetrisch. Nach Axiom 2 erhalten wir sofort als Nash-Lösung:
$$u^* = (0.5, 0.5)$$

Wir nehmen nun an, dass die Verhandlungsmacht von Spieler 1 durch p und die von Spieler 2 genau $(1-p)$ ist, was sich darin äußert, dass die Zielfunktion des Optimierungsproblems nun lautet:

$$u_1^p u_2^{1-p}$$

Indem wir die gleiche Argumentation wie im vorhergehenden Beispiel anwenden, können wir die Bestimmung der asymmetrischen Nash-Lösung auf die Lösung des folgenden Maximierungsproblems reduzieren:

$$\max_{u_1} u_1^p (1 - u_1)^{1-p}$$

Als Lösung erhält man:
$$u^* = (p, 1 - p)$$

In der Lösung spiegeln sich exakt die asymmetrischen Gewichte der Spieler.

---

[15] Bei unvollständiger Information entsprechen die Verhandlungsgewichte den a priori-Wahrscheinlichkeiten der verschiedenen Typen der Verhandlungsexperten (vgl. zum verallgemeinerten Nash-Produkt Harsanyi und Selten (1972)).

Die Interpretation der Gewichte in der asymmetrischen Zielfunktion als Verhandlungsmacht ist zwar in verschiedenen Anwendungen der Nash-Lösung üblich aber nicht unproblematisch, da sie der jeweiligen Problemstellung i. d. R. exogen auferlegt wird. Ökonomisch befriedigender wäre ein Konzept der Verhandlungsmacht, das sich im Verhandlungsprozess selbst endogen bildet (vgl. z. B. Berninghaus und Güth 2001).

Ordinale Nutzenfunktionen

Die Verhandlungslösung von Nash basiert auf der in den fünfziger Jahren vorherrschenden Neumann/Morgenstern-Nutzentheorie als Nutzenkonzept (für die Bewertung von Spielausgängen). Wie in Anhang E dargestellt, sind diese Nutzenfunktionen nur bis auf affin lineare Transformationen eindeutig bestimmt. Dieses Konzept ist restriktiver als das in der Mikroökonomik verwendete Konzept einer *ordinalen Nutzenfunktion,* bei dem eine Präferenzordnung durch Nutzenfunktionen beschrieben wird, die nur bis auf monoton steigende Transformationen bestimmt sind. Da das ordinale Nutzenkonzept eine große Rolle in der Mikroökonomik spielt, liegt es auf der Hand zu prüfen, ob die bisher abgeleiteten Eigenschaften der Nash-Lösung auch für das ordinale Nutzenkonzept gelten, d. h. auch gelten, wenn Axiom 1 aufgegeben wird. Pionierarbeit wurde auf diesem Gebiet u. a. von Shapley (1969), bzw. Shapley und Shubik (1974) geleistet.

Um dieses Programm durchführen zu können, müssen die bisher entwickelten Konzepte eines Verhandlungsspiels modifiziert werden. Da monotone Transformationen die Konvexität von Mengen zerstören können, wäre die Forderung der Konvexität für Verhandlungsmengen B nicht sinnvoll. Daher werden die Annahmen an B etwas abgeschwächt. Wir definieren ein Verhandlungsspiel nun als ein Tupel (B, d), wobei B eine *zusammenhängende* und kompakte Menge des $\mathbb{R}^n$ ist. Als „Lösung" eines kooperativen Verhandlungsspiels wollen wir – wie vorher – eine Funktion $L(\cdot)$ verstehen, die jedem Tupel (B, d) einen eindeutigen Nutzenvektor $L(B, d) \in B$ zuordnet.

Da wir in diesem Modellrahmen Axiom 1 aufgeben müssen, fragen wir, wie der wesentliche Gehalt des Axioms auf die neue Situation übertragen werden kann. Dazu formulieren wir ein abgeschwächtes Axiom in der folgenden Form.

Axiom 1' *Gegeben seien n stetige, monoton steigende Transformationen*

$$m_i : \mathbb{R} \longrightarrow \mathbb{R}$$

und die Verhandlungsspiele $(B, d), (B', d')$, für die gilt:

- $d'_i = m_i(d_i)$
- $B' = m(B) = \{u' \in \mathbb{R}^n | \exists u \in B : u'_i = m_i(u_i)\}$

Dann gilt:
$$L_i(B', d') = m_i(L_i(B, d))$$

Axiom 1' besagt – analog zu Axiom 1 –, dass eine monotone Transformation von Verhandlungsmenge und Drohpunkt für die Verhandlungslösung irrelevant ist.

Shapley hat in Form eines Unmöglichkeits-Theorems gezeigt, dass im Rahmen der Verhandlungen mit ordinaler Nutzenbewertung bestimmte Axiome nicht simultan erfüllt werden können. Dazu benötigen wir eine leichte Modifikation von Axiom 5.

Axiom 5' $\qquad \forall (B, d): \quad L(B, d) > d$

Axiom 5' impliziert eine Verschärfung der Forderung der individuellen Rationalität. Es besagt, dass bei der Verhandlungslösung *alle* Spieler eine bessere Auszahlung als in ihrem Drohpunkt erhalten. Für das 2-Personen Verhandlungsproblem kann man das folgende Unmöglichkeits-Resultat zeigen.

Satz 4.6. *Es gibt keine Lösung $L(\cdot)$, die die Axiome 1' und 5' gleichzeitig erfüllt.*

Beweisidee: Man betrachte ein 2-Personen Verhandlungsspiel $(\tilde{B}, d)$ mit $\tilde{B} := \{(u_1, u_2) \in \mathbb{R}_+^2 \mid u_1 + u_2 \leq 1\}$ und $d := (0, 0)$. Ferner seien die folgenden Transformationsfunktionen gegeben:

$$m_1(u_1) := \frac{2u_1}{1 + u_1}, \qquad m_2(u_2) := \frac{u_2}{2 - u_2}$$

Offenbar gilt $m_i(0) = 0$ und $m_i(1) = 1$. Für $u_i \in (0, 1)$ gilt:

$$m_1(u_1) > u_1, \qquad m_2(u_2) < u_2$$
$$u_1 + u_2 < 1 \implies m_1(u_1) + m_2(u_2) < 1$$
$$u_1 + u_2 = 1 \implies m_1(u_1) + m_2(u_2) = 1$$

Zusammengefasst: Die Transformation $m := (m_1, m_2)$ bildet $\tilde{B}$ in sich selbst ab, wobei $(0, 0), (1, 0)$ und $(0, 1)$ Fixpunkte von $m(\cdot)$ sind. Daher gilt $(\tilde{B}, d) = m((\tilde{B}, d) := (B', d')$. Die Situation ist graphisch in Abb. 4.8 illustriert.

Aus $(\tilde{B}, d) = (B', d')$ folgt $L(\tilde{B}, d) = L(B', d')$. Aus Axiom 1' folgt:

$$L(B', d') = m(L(B', d')) = m(L(\tilde{B}, d))$$

Demnach muss $L(B', d')$ ein Fixpunkt von $m(\cdot)$ sein, d. h. $L(B', d')$ muss Element der Menge $\{(0, 1), (1, 0), (0, 0)\}$ sein, im Widerspruch zu Axiom 5'.

q. e. d.

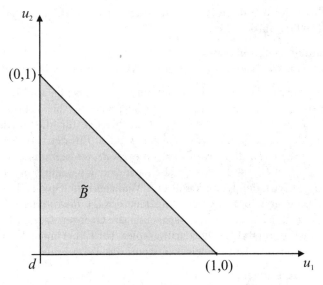

Abb. 4.8. Verhandlungsmenge $\tilde{B}$

Für $n > 2$ gilt eine andere Version des Unmöglichkeits-Theorems, das wir der Vollständigkeit halber hier nur zitieren wollen.

Satz 4.7. *Es gibt keine Verhandlungslösung, welche die Axiome 1', 3 und 5' gleichzeitig erfüllt.*

Diese Ergebnisse sollen hier nur andeuten, wie wichtig die jeweils zugrunde liegenden Nutzenkonzepte für die Lösung von Verhandlungsspielen sein kann.

Experimentell kann die Nash-Lösung nicht ohne weiteres implementiert werden, da die Axiomatik keine spielbare Prozedur suggeriert, die zur Nash-Lösung führt. Allerdings hat Nash selbst seine Lösung nicht-kooperativ gerechtfertigt (Einzelheiten dazu in Abschnitt 4.2.1). Konkret wird für einen vorgegebenen Drohpunkt (in Nash (1953) wird auch der Drohpunkt endogen bestimmt, allerdings auf eine etwas unplausible Weise[16]) davon ausgegangen, dass alle Spieler simultan ihre Forderungen u_i stellen. Gilt für den Forderungsvektor $u = (u_1, \ldots, u_n) \in B$, so erhält jeder Spieler, was er fordert, sonst resultiert d.

Wie in Kap. 4.2.1 gezeigt werden wird, besitzt dieses nicht-kooperative Verhandlungsspiel viele effiziente Gleichgewichte, von denen Nash mittels einer ad hoc-Auswahltheorie genau die Nash-Lösung auswählt. Dies zeigt, dass bei einer experimentellen Überprüfung die Teilnehmer mit einem gravierenden Koordinationsproblem konfrontiert sind (welches Gleichgewicht gespielt

---

[16] Es werden zunächst die Drohungen festgelegt, dann wird verhandelt. Plausibler erscheint es, dass zunächst verhandelt wird und dass der Drohpunkt das nicht-kooperative Ergebnis erst nach dem Scheitern der Verhandlungen spezifiziert.

werden sollte). Man hat ihnen dies dadurch erleichtert (vgl. den Überblick von Roth (1995)), dass man sie

- frei kommunizieren lässt, oder
- bei Forderungsvektoren $u \notin B$ weitere Verhandlungsrunden zulässt.

Eine weitere Möglichkeit (vgl. Berninghaus, Güth, Lechler und Ramser 2001) besteht darin, die Spieler statt die Forderungen u_i die Vektoren (F_i, G_i) mit $F_i \geqq G_i$ wählen zu lassen. F_i steht hierbei für die Forderung und G_i für die Akzeptanzgrenze von Spieler i. Gilt für den Forderungsvektor $F = (F_1, \ldots, F_n) \in B$, dann resultiert eine *Forderungseinigung*. Gilt $F \notin B$, aber $G = (G_1, \ldots, G_n) \in B$, so sprechen wir von *Grenzeinigung*. Gilt $F \notin B$ und $G \notin B$, so tritt der Konfliktfall ein. Während die Spieler bei einer Forderungseinigung gemäß F bezahlt werden, erfolgt dies gemäß G bei einer Grenzeinigung. Spieltheoretisch entsprechen die Grenzen G_i den Forderungen u_i im von Nash unterstellten Forderungsspiel. Im Experiment kann es jedoch das Koordinationsproblem erleichtern, wenn die Teilnehmer durch

- riskante Forderungen,
- aber vorsichtige Grenzen

Konzessionsbereitschaft im Sinne von $F_i > G_i$ zeigen können.

4.1.2 Die Kalai/Smorodinsky-Lösung

Wir wollen in diesem Abschnitt eine andere nicht-kooperative Verhandlungslösung kennen lernen, die unter dem Namen *Kalai/Smorodinsky-Lösung* bekannt wurde. Sie ist im Verlaufe der kritischen Diskussion des Unabhängigkeitsaxioms (Axiom 3) von Kalai und Smorodinsky (1975) entwickelt worden. Sie modifizierten das Axiomensystem von Nash durch Substitution des Unabhängigkeitsaxioms durch das so genannte *Monotonieaxiom*. Um dieses neue Axiom formulieren zu können, benötigen wir einige zusätzliche Hilfsmittel für die Beschreibung von Verhandlungsmengen.

Dazu betrachten wir exemplarisch ein Verhandlungsspiel (B, d), das in Abb. 4.9 illustriert ist.

Wir definieren zunächst für ein gegebenes Verhandlungsspiel (B, d) die maximal möglichen Auszahlungen B_1 und B_2 für die beiden Spieler

$$B_1(B, d) := \max\{u_1 \in \mathbb{R} \mid \exists u_2 : (u_1, u_2) \in B\},$$
$$B_2(B, d) := \max\{u_2 \in \mathbb{R} \mid \exists u_1 : (u_1, u_2) \in B\}.$$

Der Vektor $b := (B_1(B, d), B_2(B, d))$, der auch als *blisspoint* oder *Utopiepunkt* bezeichnet wird, beschreibt die maximalen Auszahlungen beider Spieler. In der Regel wird, wie in Abb. 4.9 demonstriert, dieser Punkt keine zulässige Verhandlungslösung sein (d. h. es gilt $b \notin B$). Wenn ein Spieler seine maximal mögliche Auszahlung realisieren will, muss der andere Spieler auf seine maximale Auszahlung verzichten.

4.1 Kooperative Verhandlungstheorie

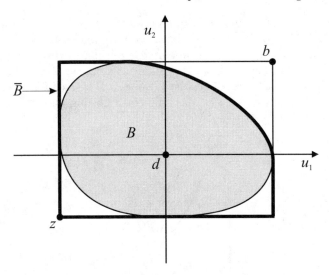

Abb. 4.9. Weitere Konzepte für Verhandlungsmengen

Das Gegenstück zu b ist der Vektor $z = (z_1, z_2)$ der minimalen Auszahlungen der Spieler mit

$$z_1 := \min\{u_1 \in \mathbb{R} \mid \exists u_2 : (u_1, u_2) \in B\},$$
$$z_2 := \min\{u_2 \in \mathbb{R} \mid \exists u_1 : (u_1, u_2) \in B\}.$$

In Abb. 4.9 wird die Menge $\bar{B}$ durch die Menge aller Punkte beschrieben, die durch die fett gedruckten Linien begrenzt werden. Sie besteht aus dem Pareto-Rand von B und allen Nutzenvektoren größer als z, die von mindestens einem Nutzenvektor in B dominiert werden, d. h. wir definieren:

$$\bar{B} := \{(u_1, u_2) \in \mathbb{R}^2 \mid u \geqq z, \exists u' \in B : u' \geqq u\}$$

Die Größe von $\bar{B}$ wird durch den Pareto-Rand, z und die maximalen Auszahlungen an die beiden Spieler B_1, B_2 determiniert. Wir können nun das so genannte *Monotonieaxiom* formulieren, das im Axiomensystem von Kalai/Smorodinsky das Unabhängigkeitsaxiom ersetzt.

Axiom 6 *Gegeben seien zwei Verhandlungsspiele (B, d) und (B', d'), wobei gilt:*
$$d = d', \quad B_1(B, d) = B_1(B', d') \quad und \quad \bar{B} \subset \bar{B}'$$
Dann folgt daraus:
$$L_2(B, d) \leqq L_2(B', d')$$
Analog kann man dies für Spieler 1 formulieren.

Interpretation: Angenommen die Verhandlungsmenge B wird derart abgeändert, dass die Menge der Pareto-effizienten Nutzenallokationen von B in B' enthalten sind und dass sich der maximal erreichbare Nutzen von Spieler 1 in der neuen Situation nicht ändert, dann soll Spieler 2 bei der Verhandlungslösung in B' nicht gegenüber der Lösung in B benachteiligt werden. Das Beispiel in Abb. 4.10 illustriert, dass die Nash-Lösung das Monotonieaxiom nicht erfüllen muss.[17]

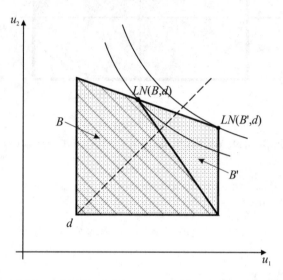

Abb. 4.10. Nash-Lösung und Monotonieaxiom

In Abb. 4.10 sind die Nash-Lösungen für beide Verhandlungsmengen B und B' dargestellt. Offenbar gilt $B_1(B,d) = B_1(B',d)$ und $\bar{B} \subset \bar{B}'$. Nach dem Monotonieaxiom müsste gelten $L_2(B,d) \leq L_2(B',d)$. Die Nash-Lösung dagegen ordnet Spieler 2 im Spiel (B',d) eine geringere Auszahlung als in (B,d) zu, obwohl die Verhandlungsmenge größer geworden ist und die maximale Auszahlung für Spieler 1 sich nicht verändert hat.

Die Kalai/Smorodinsky-Lösung ist eine alternative, kooperative Verhandlungslösung, die i. d. R. nicht mit der Nash-Lösung übereinstimmt und die ohne das kontroverse Unabhängigkeitsaxiom auskommt. Im Folgenden bezeichnen wir mit $P(B)$ den Pareto-Rand einer Verhandlungsmenge B, dann kann die Kalai/Smorodinsky-Lösung für den Fall $n = 2$ wie folgt präzise definiert werden.

---

[17] Zur Vereinfachung der Darstellung nehmen wir an dass $z = d$ für alle Verhandlungsmengen gilt.

Definition 4.8. *Gegeben sei ein Verhandlungsspiel* (B, d). *Die Kalai/Smorodinsky-Lösung – bezeichnet mit* $LKS(B, d)$ – *ist eine kooperative Verhandlungslösung, die die folgenden Bedingungen erfüllt:*

- $LKS(B, d) \in P(B)$
- $\frac{LKS_1(B,d) - d_1}{LKS_2(B,d) - d_2} = \frac{B_2(B,d) - d_2}{B_1(B,d) - d_1}$

Die erste Bedingung besagt, dass die Kalai/Smorodinsky-Lösung auf dem Pareto-Rand von B liegt. Die zweite Forderung ist in Form einer Geradengleichung formuliert, die besagt, dass die Kalai/Smorodinsky-Lösung auf einer Geraden durch die Punkte $d = (d_1, d_2)$ und $b = (B_1(B, d), B_2(B, d))$ liegt.

In Abb. 4.11 ist die Kalai/Smorodinsky-Lösung für zwei Verhandlungsspiele (B, d) und (B', d) illustriert. Außerdem ist die Reaktion der Kalai/Smorodinsky-Lösung auf eine Änderung der Verhandlungssituation wie in Abb. 4.10 dargestellt.

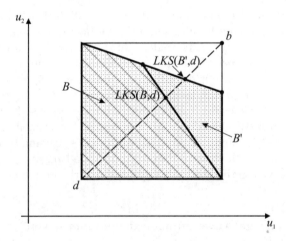

Abb. 4.11. Die Kalai/Smorodinsky-Lösung und das Monotonieaxiom

Wir sehen, dass diese Lösung dem Spieler 2 in Verhandlungssituation (B', d) – wie mit dem Monotonieaxiom vereinbar – eine höhere Auszahlung als in der Situation (B, d) zuordnet. Hier wird die Idee des Monotonieaxioms deutlich: Die Erweiterung der Verhandlungsmenge von B auf B' entsteht dadurch, dass zu einigen u_1 von Spieler 1 eine höheres maximal erreichbares u_2 zugeordnet werden kann. Dann soll dem Spieler 2 die Verhandlungslösung auch eine höhere Auszahlung zusichern.

Die Graphik verdeutlicht, dass die KS-Lösung die lokale Austauschrate[18] in ihrem Lösungspunkt völlig vernachlässigt, die für die Nash-Lösung

---

[18] Im Sinne der Grenzrate der Transformation im Punkt $LKS(B, d)$ auf dem Pareto-Rand.

so entscheidend ist. Während die Nash-Lösung also die Opportunitätskosten $du_i(LN(B,d))/du_j$ an die Grenzrate der Transformation in $LN(B,d)$ angleicht, versucht die KS-Lösung nur den globalen Maximalansprüchen zu genügen. Die empirische Frage besteht mithin darin, ob die lokalen Austauschwünsche oder eher die globalen Maximalforderungen die Einigung im Detail festlegen.

Kalai/Smorodinsky haben – wie Nash – gezeigt, dass die von ihnen vorgeschlagene Lösungsfunktion $LKS(\cdot)$ ebenfalls eindeutig aus einem Axiomensystem ableitbar ist, in dem das Unabhängigkeitsaxiom durch das Monotonieaxiom ersetzt wird. Wir formulieren präziser:

Satz 4.9. *Die Kalai/Smorodinsky-Lösung $LKS(\cdot)$ ist für $n = 2$ die einzige Lösung, die die Axiome 1, 2, 4 und 6 erfüllt.*

Beweis: Siehe z. B. Kalai und Smorodinsky (1975).

In Experimenten ist die KS-Lösung sehr häufig bestätigt worden (siehe z. B. Crott, Kutschker und Lamm 1977), was oft auch auf ihrer einfachen graphischen Bestimmung beruht, wenn die Verhandlungsmenge B graphisch vorgegeben wird. Dies gilt insbesondere für $d = (d_1, d_2) = (0,0)$ und für den Fall, in dem $\bar{B}_i$ durch den Punkt mit $u_j = 0$ und $j \neq i$ auf dem Pareto-Rand bestimmt ist. Verglichen mit der dann sehr einfachen graphischen Lösung ist das Abtasten des Pareto-Randes nach einem Tangentialpunkt mit einer gleichseitigen Hyperbel, wie es die Nash-Lösung erfordert, sehr viel schwieriger und auch weniger intuitiv. Allerdings wird in vielen Experimenten der Pareto-Rand als (stückweise) linear unterstellt, was die Bestätigung beider Lösungen fördern sollte. Für nicht-lineare Pareto-Ränder und negative Konfliktgewinne[19] sind sehr viel geringere Bestätigungen der theoretischen Lösungen zu erwarten.

4.1.3 Ökonomische Anwendungen des kooperativen Verhandlungsmodells

Wir werden in diesem Abschnitt einige Beispiele für ökonomische Verhandlungsprobleme aus unterschiedlichen Bereichen anführen, um einen kleinen Überblick über die Breite der Anwendungsmöglichkeiten dieses Paradigmas zu zeigen. Diese Probleme fallen in den Bereich der ökonomischen *Aufteilungsprobleme*, bei denen der Ertrag einer von mehreren Beteiligten erreichten Leistung auf diese Beteiligten so aufgeteilt werden soll, dass diese Aufteilung von allen Beteiligten akzeptiert wird. Es zeigt sich, dass die axiomatische Verhandlungstheorie viele Ansatzpunkte für die Lösung dieser ökonomischen Probleme liefert. Dabei hat sich die kooperative Nash-Lösung bei den Anwendungen eindeutig durchgesetzt, aber nicht unbedingt als empirisch besser erwiesen. Die Resultate von Nash-Lösung und Kalai/Smorodinsky-Lösung

---

[19] Oft durfte im Fall $u \in B$ mit $u < 0$ der Nullgewinn-Vektor die Rolle des Drohpunktes d übernehmen.

4.1 Kooperative Verhandlungstheorie

unterscheiden sich qualitativ kaum voneinander. Wir werden daher auch im Folgenden das Schwergewicht der Anwendungen auf die Nash-Lösung legen.

Lohnverhandlungen

Wir beginnen die ökonomischen Anwendungen mit einem einfachen Verhandlungsproblem zwischen einer Gewerkschaft und einer Unternehmung, das eine Erweiterung des in Abschnitt 3.3.1 diskutierten Modells darstellt. Wir nehmen an, dass die Zielfunktion $U(\cdot)$ der Gewerkschaft durch die Funktion $U(L, w) := L(u(w) - \bar{u})$ darstellbar ist, wobei w den geltenden Lohnsatz, $u(\cdot)$ die (streng konkave) Geldnutzenfunktion der Gewerkschaft und $\bar{u}$ den Opportunitätsnutzen bezeichnet.[20] Dabei wird $\bar{u} := u(\bar{w})$ für einen Lohnsatz $\bar{w}$ definiert. $\bar{w}$ bezeichnet den Reservationslohn eines Arbeitnehmers. Dieser Lohnsatz kann als derjenige Lohn interpretiert werden, den die Arbeitnehmer verdienen, wenn sie nicht in der Unternehmung beschäftigt sind. Es kann sich z. B. um Arbeitslosenunterstützung handeln oder um einen Lohnsatz, den die Arbeitnehmer auf einem anderen Arbeitsmarkt verdienen können. Offenbar ist die Gewerkschaft nur an Löhnen $w \geq \bar{w}$ interessiert. L bezeichne die gesamte Beschäftigungsmenge der Unternehmung. Die Zielfunktion[21] der Unternehmung ist ihr Gewinn $\Pi(L, w) := pF(L) - wL$, wobei p den Marktpreis bezeichnet, den die Unternehmung für ihr Produkt auf dem Markt erzielen kann. $F(\cdot)$ bezeichnet die (streng konkave) Produktionsfunktion der Unternehmung.

In Abschnitt 3.3.1 haben wir die sequentielle Entscheidungsstruktur des nicht-kooperativen Monopol-Gewerkschaftsspiels ausgenutzt, um die so genannte *Monopol-Lösung* des Lohnverhandlungsproblems abzuleiten. Wie wir gesehen haben, ist die Monopol-Lösung nicht effizient, da beide Spieler durch geeignete, alternative Wahl von w und L ihre Auszahlungen erhöhen können. In diesem Abschnitt wollen wir systematisch die *effizienten Verhandlungslösungen* (L, w) beschreiben. Daraus können wir die Nash-Lohnverhandlungslösung als eine spezielle effiziente Verhandlungslösung bestimmen.

Um die effizienten Lohn-Beschäftigungspläne (L, w) systematisch zu bestimmen, gehen wir analog zur Mikroökonomik bei der Bestimmung von Pareto-effizienten Güterallokationen vor (siehe z. B. Varian (1984), Kap. 5). Effizient sind solche Lohn-Beschäftigungspläne, bei denen kein Spieler eine höhere Auszahlung erhalten kann, ohne dass wenigstens ein Mitspieler eine geringere Auszahlung erhält. Formal definieren wir wie folgt:

Definition 4.10. *Ein effizienter Lohn-Beschäftigungsplan* (L^*, w^*) *ist Lösung des folgenden Optimierungsproblems:*

---

[20] Für eine detaillierte Diskussion von gewerkschaftlichen Zielfunktionen verweisen wir auf unsere Ausführungen in Abschnitt 3.3.1 bzw. auf den Übersichtsartikel von Oswald (1982).
[21] Wir nehmen wie in Abschnitt 3.3.1 an, dass die Unternehmung unter *vollkommener Konkurrenz* anbietet.

4 Theorie der Verhandlungen

$$\max_{L,w} \quad U(L,w) \tag{4.6}$$

$$s.t.: \quad \Pi(L,w) = c$$
$$L \geq 0, \quad w \geq \bar{w}$$

In dem in Definition 4.10 beschriebenen Optimierungsproblem wird die Auszahlung eines Spielers konstant auf einem bestimmten Niveau gehalten, während die Auszahlung des anderen Spielers maximiert wird. Man kann das Optimierungsproblem alternativ formulieren, indem man Ziel- und Nebenbedingungsfunktion austauscht. Unter unseren Annahmen an $U(\cdot)$ und $\Pi(\cdot)$ bestimmt die Lösung des Optimierungsproblems für jedes c genau *eine* effiziente Lösung. Durch Variation von c erhält man die übrigen effizienten Lösungen. Zur Vereinfachung wollen wir die Betrachtung von Randlösungen hier ausschließen und erhalten mit Hilfe der Methode des Lagrange-Multiplikators die notwendigen Optimierungsbedingungen:

$$\frac{\partial U}{\partial L} + \lambda \frac{\partial \Pi}{\partial L} = 0 \tag{4.7}$$

$$\frac{\partial U}{\partial w} + \lambda \frac{\partial \Pi}{\partial w} = 0 \tag{4.8}$$

Durch Elimination von λ erhält man die Bedingung:

$$w - pF'(L) = \frac{u(w) - \bar{u}}{u'(w)} \tag{4.9}$$

Wir wollen die Menge der effizienten Lohn-Beschäftigungspläne graphisch anschaulich beschreiben. In Abb. 4.12 sind repräsentativ einige Isogewinnkurven der Unternehmung und Indifferenzkurven der Gewerkschaft eingezeichnet. Die Form dieser Kurven ist bereits im Prinzip in Abschnitt 3.3.1 diskutiert worden. Da wir hier von einer modifizierten Zielfunktion der Gewerkschaft ausgehen, müssen wir das dort dargestellte Schaubild hinsichtlich der Indifferenzkurven der Gewerkschaft modifizieren. Alle Indifferenzkurven für die uns interessierenden (w, L)-Kombinationen (d. h. für Lohnsätze w mit $u(w) \geq \bar{u}$) verlaufen asymptotisch zur Horizontalen durch $\bar{w}$.

Graphisch lässt sich das Optimierungsproblem 4.6 wie folgt lösen: Zu jeder Isogewinnkurve $G_c := \{(L, w) \in \mathbb{R}^2_+ | \Pi(L, w) = c\}$ wird die Indifferenzkurve der Gewerkschaft gesucht, die G_c tangiert, da im Tangentialpunkt der Nutzen der Gewerkschaft maximiert wird.

Die effizienten (L, w)-Kombinationen sind geometrischer Ort aller Punkte im (L, w)-Diagramm, in denen die Steigung einer gewerkschaftlichen Indifferenzkurve gleich ist der Steigung einer Isogewinnkurve. Genau diese Bedingung ist formal in Gleichung (4.9) präzisiert. Denn die Steigung einer Isogewinnkurve ist gegeben durch

$$-\frac{\partial \Pi/\partial L}{\partial \Pi/\partial w} = \frac{pF'(L) - w}{L}$$

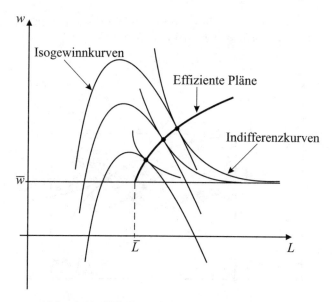

Abb. 4.12. Effiziente Lohn-Beschäftigungspläne

und die Steigung einer Indifferenzkurve ist gegeben durch

$$-\frac{u(w) - \bar{u}}{Lu'(w)}.$$

Durch geeignete Umformungen erhält man die Beziehung (4.9).

Wir wollen nun die kooperative Nash-Lösung für dieses Verhandlungsproblem bestimmen. Dazu müssen die (L, w)-Kombinationen in den Nutzenraum transformiert werden. Jeder Lohn/Beschäftigungskombination (L, w) entspricht dann eine Nutzenkombination (u_1, u_2), die wie folgt definiert ist:

$$u_1 := Lu(w) + (N - L)\bar{u} \tag{4.10}$$
$$u_2 := pF(L) - wL \tag{4.11}$$

u_1 bezeichnet den gesamten Gewerkschaftsnutzen, u_2 den Gewinn der Unternehmung in Abhängigkeit von Lohn und Beschäftigung. Bei dieser Transformation werden die effizienten Lohn-Beschäftigungspläne in den Pareto-Rand der Verhandlungsmenge übertragen.

Als Drohpunkt definieren wir den Vektor $d := (N\bar{u}, 0)$. Dies bedeutet, dass im Falle der Nichteinigung die Unternehmung eine Auszahlung von Null erhält, während die Gewerkschaft die Gesamtsumme der Opportunitätslöhne $\bar{u}$ als ihre Auszahlung betrachtet. Die Definition des Drohpunktes ist nicht trivial, von ihr hängt die resultierende Nash-Lösung ab. Wir verwenden hier die Definition des Drohpunktes von McDonald und Solow (1981). Diese Definition kann man als Auszahlungen an Unternehmung und Gewerkschaft im

Falle eines dauerhaften *Streiks* interpretieren. Die Verhandlungsmenge unseres Lohnverhandlungsproblems ist in Abb. 4.13 skizziert.

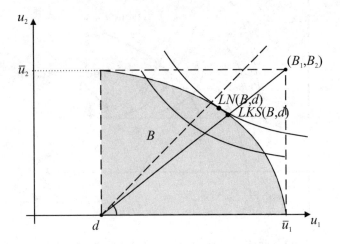

Abb. 4.13. Verhandlungsmenge des Lohnverhandlungsproblems

Wir interpretieren die maximalen Auszahlungen der Spieler wie folgt:

$$B_1(B,d) := \tilde{L}u(\tilde{w}) + (N - \tilde{L})\bar{u}$$
$$B_2(B,d) := pF(\bar{L}) - \bar{w}\bar{L}$$

Dabei bezeichne $(\tilde{L}, \tilde{w})$ den Lohn-Beschäftigungsplan, bei dem der Gewinn der Unternehmung Null ist. Und $(\bar{L}, \bar{w})$ bezeichnet – wie in Abb. 4.12 – denjenigen Lohn-Beschäftigungsplan, der der Unternehmung den höchstmöglichen Gewinn bringt, der mit der Bedingung $w \geq \bar{w}$ vereinbar ist. Alle Punkte auf dem Pareto-Rand der Verhandlungsmenge sind durch effiziente (w, L)-Kombinationen erzeugt.

Wir wollen nun die Nash-Lösung bestimmen. In Abb. 4.13 wird die kooperative Nash-Lösung mit $LN(B,d)$ bezeichnet. Bezeichne $P(B)$ wiederum den Pareto-Rand der Verhandlungsmenge B, dann kann man die Nash-Lösung analytisch als Lösung des Optimierungsproblems[22]

$$\max_{L,w} N(L,w) = (pF(L) - wL)(u(w) - \bar{u})L \qquad (4.12)$$
$$s.t.: \qquad (L,w) \in P(B)$$

bestimmen. Wir werden sehen, dass die Nebenbedingung des Optimierungsproblems bei der Bestimmung der Lösung nicht weiter berücksichtigt werden muss. Die notwendigen Optimierungsbedingungen lauten:

---
[22] Der Einfachheit halber schließen wir Randlösungen aus.

$$\frac{\partial N}{\partial L} = (pF'(L)L + pF(L) - 2wL)(u(w) - \bar{u}) = 0, \quad (4.13)$$

$$\frac{\partial N}{\partial w} = -L^2(u(w) - \bar{u}) + (pF(L)L - wL^2)u'(w) = 0. \quad (4.14)$$

Aus (4.13) erhält man die Bedingung:

$$w = \frac{1}{2}\left(pF'(L) + \frac{pF(L)}{L}\right) \quad (4.15)$$

Zusammen mit (4.14) leitet man ab:

$$w - pF'(L) = \frac{u(w) - \bar{u}}{u'(w)}. \quad (4.16)$$

Offenbar ist die Bedingung (4.16) äquivalent zur Bedingung (4.9), die effiziente (L, w)-Kombinationen charakterisiert. Die Nash-Lösung selektiert demnach aus der Menge aller effizienten Lösungen diejenige Lösung, die Bedingung (4.13) bzw. (4.15) erfüllt. Diese Bedingung hat eine interessante ökonomische Interpretation:

Sie besagt, dass die Nash-Lösung dadurch charakterisiert ist, dass der Lohnsatz das arithmetische Mittel aus Grenzertrag der Arbeit ($pF'(L)$) und Durchschnittsertrag der Arbeit ($pF(L)/L$) ist.
Bei $w = pF(L)/L$ wäre der Gewinn der Unternehmung $\Pi(w, L) = pF(L) - wL = 0$. Bei $w = pF'(L)$ wäre die Gewinnmaximierungsbedingung der Unternehmung erfüllt. Das dann resultierende (w, L)-Tupel entspricht der Monopolgewerkschaftslösung. Die Nash-Lösung gewichtet diese beiden extremen Konstellationen mit gleichen Gewichten.

Die Kalai/Smorodinsky-Lösung ist ebenfalls in Abb. 4.13 im Punkt LKS(B,d) dargestellt. Formal ist diese Lösung durch das Gleichungssystem

$$\frac{R(L) - wL}{L(u(w) - \bar{u})} = \frac{R(\bar{L}) - \bar{w}\bar{L}}{\tilde{L}(u(\tilde{w}) - \bar{u})} \quad (4.17)$$

$$w - pF'(L) = \frac{u(w) - \bar{u}}{u'(w)} \quad (4.18)$$

bestimmt. Bedingung 4.18 ist identisch mit 4.12, sie sichert, dass die Lösung des Gleichungssystems auf dem Pareto-Rand von B liegt. Die Kalai/Smorodinsky-Lösung sichert in Abb. 4.13 der Gewerkschaft eine höhere Auszahlung (auf Kosten der Unternehmung) als die Nash-Lösung zu. Dies ist allerdings kein allgemein gültiges Resultat. Man kann sich leicht eine Ausformung des Pareto-Randes vorstellen, bei welcher der Vergleich beider Lösungen ein gegenteiliges Resultat erbringen würde.

Kooperative Theorie der Haushaltsentscheidungen

In der traditionellen mikroökonomischen Theorie des Haushalts (siehe z. B. Varian (1984), Kap. 3) wird die Entscheidung eines Haushalts über Konsumnachfrage und Arbeitsangebot diskutiert. Kurz zusammengefasst kann dieses Problem wie folgt präzisiert werden: Ein Haushalt kann über den Kauf von m Gütern disponieren. $x = (x_1, \ldots, x_m) \in \mathbb{R}_+^m$ bezeichne einen *Konsumplan*. Das ist eine Liste von Gütermengen, die für jedes Gut die Menge festlegt, die der Haushalt konsumieren möchte. Dem Haushalt sind die Marktpreise der Güter $p = (p_1, \ldots, p_m)$ bekannt.

Um das Arbeitsangebot des Haushalts zu bestimmen, geht man wie folgt vor: Man nimmt an, dass dem Haushalt (pro Periode) eine bestimmte Menge an Zeit ($= T$) zur Verfügung steht, die er auf Arbeit ($= L$) oder Freizeit ($= R$) aufteilen kann.[23] Sein Einkommen bezieht der Haushalt aus seiner Arbeit, die mit dem Lohnsatz w bewertet wird und möglicherweise aus exogenen Einkommensquellen, die mit y bezeichnet werden.[24] Die Konsumausgaben des Haushalts sind für den Konsumplan x gegeben durch $p \cdot x = \sum_{h=1}^m p_h x_h$. Sein Arbeitseinkommen ist $wL = w(T - R)$. Der Haushalt kann sich nur solche Konsumpläne leisten, die er auch bezahlen kann. Diese Konsumpläne x sind durch die Bedingung

$$p \cdot x = wL + y \tag{4.19}$$

charakterisiert, die auch *Budgetgleichung* des Haushalts genannt wird. Durch Umformung von Bedingung (4.19) erhält man:

$$p \cdot x + wR = wT + y =: I \tag{4.20}$$

In dieser Formulierung wird der Verbrauch von Gütern und Freizeit als Konsumausgaben im weiteren Sinne (auf der linken Seite von Gleichung (4.20)) betrachtet, während sich das Gesamteinkommen I (auf der rechten Seite von (4.20)) aus exogenem Einkommen y und dem potentiellen Arbeitseinkommen wT zusammensetzt.

Eine zentrale Annahme der Haushaltstheorie ist die Existenz einer Nutzenfunktion $u : \mathbb{R}_+^{m+1} \longrightarrow \mathbb{R}$, die einen formal präzisen Ausdruck des persönlichen Geschmacks eines Haushalts darstellt. $u(x, R)$ bezeichnet den Nutzen, den der Haushalt aus dem Konsumplan x und der Freizeit in Höhe von R zieht. Üblicherweise nimmt man an, dass die Nutzenfunktion monoton steigend in ihren Argumenten ist, d. h. dass $\frac{\partial u}{\partial x_h}, \frac{\partial u}{\partial R} > 0$ gilt.

Definition 4.11. *Das Entscheidungsproblem eines Haushalts besteht darin, diejenige Menge an Gütern und Freizeit zu bestimmen, die den Nutzen über alle (x, R)-Tupel, die sich der Haushalt leisten kann, maximiert. Formal können*

---

[23] Geht man davon aus, dass ein Haushalt beispielsweise pro Tag eine Regenerationszeit (z. B. von 6 Stunden) benötigt, dann kann er die restliche Tageszeit (18 Stunden) flexibel auf Arbeit und Freizeit aufteilen.

[24] Alle Angaben beziehen sich auf einen Zeitraum, sie sind also *Fluss*-Größen.

wir formulieren:[25]

$$\max_{x,R} u(x, R) \quad (4.21)$$
$$s.t.: \quad p \cdot x + wR = I$$
$$0 \leq R \leq T, \quad x \geq 0$$

Die Lösung dieses Problems $(x(p, w, I), R(p, w, I))$ ist von Preisen (p, w) und Einkommen I abhängig. Sie wird *Haushaltsnachfrage* (nach Gütern und Freizeit) genannt. Das Arbeitsangebot erhält man dann durch $L(p, w, I) := T - R(p, w, I)$.

Ein großer Teil der Literatur über die mikroökonomische Haushaltstheorie beschäftigt sich mit qualitativen Aussagen über die Abhängigkeit der Nachfrage von Preisen und Einkommen. Eine erste intuitive Überlegung könnte dazu führen, dass man

$$\frac{\partial x_h}{\partial p_h}, \frac{\partial R}{\partial w} < 0 \quad \text{und} \quad \frac{\partial x_h}{\partial I}, \frac{\partial R}{\partial I} > 0$$

annimmt.[26] Mit den Nachfragefunktionen $x(\cdot), R(\cdot)$ kann man die *indirekte Nutzenfunktion* eines Haushalts durch

$$v(p, w, I) := u(x(p, w, I), R(p, w, I))$$

definieren. Die Funktion $v(\cdot)$ bezeichnet damit den maximalen Nutzen, den ein Haushalt bei gegeben Marktpreisen (p, w) und Einkommen I erreichen kann.

Die traditionelle mikroökonomische Haushaltstheorie liefert eine abstrakte Beschreibung des Entscheidungsproblems eines Haushalts als Entscheidungseinheit, ohne die personelle Zusammensetzung des Haushalts zu berücksichtigen. Diese vereinfachende Annahme kann für Mehr-Personen Haushalte problematisch sein. Dies ist immer der Fall, wenn man beispielsweise fundierte Aussagen über die „Partizipation des Ehepartners am Erwerbsleben" oder die „Mitarbeit von Kindern" machen will. Bei diesen Fragestellungen werden die Defizite der oben dargestellten traditionellen Theorie des Haushalts sichtbar.

Wir wollen in diesem Abschnitt einen Blick auf die Erweiterung des traditionellen Haushaltsmodells werfen, in dem der Haushalt nicht mehr als homogene Entscheidungseinheit betrachtet wird, sondern in dem die einzelnen

---

[25] Genauer müsste man die Nebenbedingung als Ungleichung

$$p \cdot x + wR \leq I$$

formulieren. Wird $u(\cdot)$ als monoton angenommen, dann ist leicht zu sehen, dass die Lösung des Optimierungsproblems die Budgetbedingung mit Gleichheit erfüllt.

[26] Die mikroökonomische Haushaltstheorie hat gezeigt, dass diese Intuition nicht immer zutrifft. Eine Diskussion dieser Problematik ist unter dem Namen *Slutzky-Zerlegung* (siehe Varian (1984), Kap. 3) bekannt.

Haushaltsmitglieder als Entscheider auftreten. Da Haushaltsentscheidungen in Familien kooperativ getroffen werden sollten, bietet sich die kooperative Verhandlungstheorie für die Bereitstellung spieltheoretischer Konzepte an, um gemeinsame Haushaltsentscheidungen zu modellieren. Das Standardmodell so genannter Verhandlungen zwischen Ehepartnern basiert auf der Nash-Lösung. Eine andere Vorgehensweise wurde von Güth, Ivanova-Stenzel und Tjotta (2004) sowie von Güth, Ivanova-Stenzel, Sutter und Weck-Hannemann (2000) experimentell untersucht.

Manser und Brown (1980) sowie McElroy und Horney (1981) haben einen Ansatz für die kooperativen Haushaltsentscheidungen entwickelt, den wir im Folgenden kurz vorstellen wollen. Wir beschränken uns dabei auf die Entscheidung eines 2-Personen Haushalts. Wir nehmen an, dass es neben den Konsumgütern, die jedes Haushaltsmitglied einzeln konsumiert eine neue Gruppe von Gütern gibt, die beide Haushaltsmitglieder *gemeinsam* nutzen (z. B. Strom, Wohnung). Diese Güter haben für den Haushalt den Charakter eines öffentlichen Gutes, wir wollen es in Zukunft *quasi-öffentliches Gut* nennen.

Zur Vereinfachung der Darstellung nehmen wie im Folgenden an, dass es nur *ein* quasi-öffentliches Gut gibt, dessen konsumierbare Menge mit x_1 bezeichnet wird. Weiter gibt es *ein* privates Gut, dessen Konsum mit x_2^i bezeichnet wird, wobei $i = 1, 2$ die beiden Haushaltsmitglieder indiziert. Der Vektor $p = (p_1, p_2)$ bezeichnet das Preissystem, w_i die Löhne der Haushaltsmitglieder und $Y := I_1 + I_2 + I_H$ bezeichnet das gesamte Haushaltseinkommen, das sich aus den individuellen Einkommen I_i der Haushaltsmitglieder i und dem sonstigen Haushaltseinkommen I_H zusammensetzt. I_H kann aus Transferzahlungen bestehen, die nur dem Haushalt zufließen. Ein Konsum- und Freizeitplan des Haushalts ist ein Vektor $(x_1, (x_2^1, x_2^2), R^1, R^2) \in \mathbb{R}^5$ (abgekürzt (x_1, x_2, R)). Die Menge aller Konsum- und Freizeitpläne, die sich der Haushalt ökonomisch leisten kann, ist dann definiert durch:

$$E(p, w, I) := \{(x_1, x_2, R) \in \mathbb{R}_+^5 \mid p_1 x_1 + p_2(x_2^1 + x_2^2) + w_1 R^1 + w_2 R^2 \leq I,$$

$$0 \leq R^i \leq T, x_1, x_2 \geq 0\}$$

Die Nutzenfunktionen der Familienmitglieder $u_i(\cdot)$ sind auf den Tupeln (x_1, x_2^i, R^i) definiert. Der Haushalt kann nun durch gemeinsame Käufe von Gütern und durch Freizeitentscheidungen spezielle Nutzenkombinationen (u_1, u_2) erzielen. Alle erreichbaren Nutzenkombinationen stellen die Verhandlungsmenge B eines noch zu definierenden Verhandlungsspiels dar. Wir konstruieren dabei die Verhandlungsmenge B wie folgt:

$$B := \{(u_1(x_1, x_2^1, R^1), u_2(x_1, x_2^2, R^2)) \mid (x_1, x_2, R) \in E\}$$

Als Drohpunkt des Haushalts-Verhandlungsspiels legen wir den maximalen Nutzen fest, den jedes Familienmitglied erhält, wenn es das Haushaltsentscheidungsproblem als Single-Haushalt löst, d. h. der Drohpunkt ist durch die individuellen, indirekten Nutzenfunktionen[27] der beiden Haushaltsmitglieder

$$d := (v_1(p_1, p_2, w_1, I_1), v_2(p_1, p_2, w_2, I_2))$$

gegeben.
Wir können nun die Haushaltsentscheidung aus der kooperativen Nash-Lösung des oben konstruierten Verhandlungsspiels (B, d) ableiten.

Definition 4.12. *Das kooperative Haushaltsentscheidungsproblem wird durch die Lösung des folgenden Optimierungsproblems (Maximierung des Nash-Produktes auf der Verhandlungsmenge) beschrieben:*

$$\max_{x,R} \; (u_1(x_1, x_2^1, R^1) - v_1(p, w^1, I_1))(u_2(x_1, x_2^2, R^2) - v_2(p, w^2, I_2))$$

$$s.t.: \quad (u_1(\cdot), u_2(\cdot)) \in B$$

Löst man dieses Optimierungsproblem für variierende Preis-Einkommenskombinationen, so erhält man die Güternachfrage- und Arbeitsangebotsfunktionen des Haushalts:

$$x_1(p, w, Y), \quad x_2^i(p, w, Y),$$
$$L_1(p, w, Y), \quad L_2(p, w, Y).$$

Wie in der traditionellen Haushaltstheorie kann man nun die Reaktionen des Haushalts auf Preis- und Einkommensveränderungen bestimmen. Dies ist eine komplexe Aufgabe, da eine parametrische Variation von Preisen und Einkommen nicht nur die Budgetrestriktion, sondern auch die Zielfunktion betrifft. Denn durch die Variation von Preisen und Einkommen wird der indirekte Nutzen und damit ein Teil der Zielfunktion verändert. Aus der traditionellen Haushaltstheorie weiß man, dass die allgemeine Analyse der Veränderung der Haushaltsnachfrage bei variierender Budgetrestriktion nicht immer zu eindeutigen Resultaten führt. Dies wird bei der *kooperativen Haushaltstheorie* sicher nicht einfacher werden, da die Variationen exogener Parameter auf Budgetrestriktion und Zielfunktion durchschlagen. Dennoch stellt der oben dargestellte Ansatz der gemeinsamen Haushaltsentscheidungen einen wesentlichen Fortschritt dar. Im Rahmen dieser Theorie können die konfligierenden Interessen der Haushaltspartner adäquat behandelt werden. Außerdem tritt das Problem der Nicht-Eindeutigkeit der Nachfragereaktionen auf Veränderungen von Preisen und Einkommen nicht auf, wenn man explizite Nutzenfunktionen der Haushaltsmitglieder annimmt, wie es beispielsweise in ökonometrischen Untersuchungen gemacht wird, in denen die Form von Nutzenfunktionen häufig parametrisch vorgegeben wird. In der Tat ist der oben beschriebene Ansatz in letzter Zeit immer häufiger als Grundlage von ökonometrischen Nachfrageschätzungen verwendet worden (siehe z. B. Kapteyn und Kooreman (1990) und Kapteyn, Kooreman und van Soest (1990)).

---

[27] Die indirekte Nutzenfunktion ist auf Preisen und Einkommen definiert. Sie bezeichnet den maximalen Nutzen, den ein Haushalt bei gegebenen Preisen und Einkommen erzielen kann. Für Details dieses Konzeptes siehe Varian (1984), Kap. 3.

4.1.4 Experimentelle Überprüfung

Nachdem in den fünfziger Jahren die grundlegenden theoretischen Erkenntnisse der kooperativen Verhandlungstheorie gelegt wurden, begann zunächst zögerlich die experimentelle Forschung auf diesem Gebiet. In diesem Abschnitt möchten wir im Detail die frühen Experimente von Nydegger und Owen (1975) beschreiben, die eindrucksvolle Resultate bzgl. der Axiomatik von Nash- und Kalai/Smorodinsky-Lösung gezeigt haben[28].

Es war das Ziel von Nydegger und Owen, drei kritische Axiome des bis dahin entwickelten Axiomensystems der kooperativen Verhandlungstheorie zu testen. Es wurden insgesamt 60 Versuchspersonen eingesetzt. Jeweils 20 Personen wurden in Paare von Verhandlungspartnern für eine Versuchsreihe eingeteilt, so dass in drei Versuchsreihen (A, B und C) jeweils zehn Verhandlungen stattfinden konnten. Verhandelt wurde in den Versuchsreihen A und B über die Aufteilung eines Dollars, in C wurde über die Aufteilung einer Menge von 60 Chips verhandelt, die in einem festgelegten Verhältnis in Geld umgetauscht werden konnten. Die Verhandlungszeit war fest vorgegeben. Wenn bis dahin keine Einigung erzielt wurde, gab es keine Auszahlung, d. h. der Drohpunkt wurde auf $d = (0,0)$ festgelegt.[29] Eine Vereinbarung über Seitenzahlungen war den Teilnehmern nicht gestattet.

Versuchsreihe A: In dieser Versuchsreihe sollte in erster Linie das Symmetrieaxiom getestet werden. Unter der Hypothese, dass die Spieler linearen Nutzen in Geld haben, der zusätzlich in gleichen Einheiten gemessen wird, kann man die Verhandlungssituation der Aufteilung eines Dollars durch eine vollständig symmetrische Verhandlungsmenge

$$B := \{(u_1, u_2) \in \mathbb{R}_+^2 \mid u_1 + u_2 \leq 1\}$$

im $\mathbb{R}^2$ beschreiben (siehe Abb. 4.14).

Die Nash-Lösung und die Kalai/Smorodinsky-Lösung prognostizieren beide, dass die Spieler den Dollar zu gleichen Teilen, d. h. zu je 50 Cents aufteilen. In der Tat haben alle zehn Verhandlungsgruppen dieses Resultat erzielt.

Versuchsreihe B: Gegenüber A wird hier zusätzlich angenommen, dass bei der Aufteilung des Dollars Spieler 2 höchstens 60 Cents bekommen darf. Dadurch ändert sich die Verhandlungsmenge zu:

$$B := \{(u_1, u_2) \in \mathbb{R}_+^2 \mid u_1 + u_2 \leq 1, u_2 \leq 0.6\}$$

Nach dem Unabhängigkeitsaxiom darf sich die Nash-Lösung gegenüber A nicht ändern, da die Lösung von A in der modifizierten Verhandlungsmenge liegt. Die neue Verhandlungssituation ist in Abb. 4.15 dargestellt.

---

[28] Für einen Überblick über weitere Experimente siehe den Band *Experimental Economics* von Davis und Holt (1993).

[29] Damit die Versuchspersonen u. U. nicht leer ausgingen, wurde ihnen vor Beginn des Experiments jeweils ein Dollar ausbezahlt.

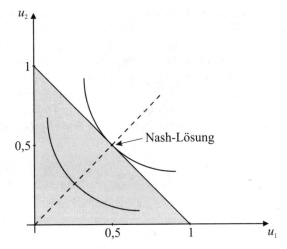

Abb. 4.14. Nydegger/Owen Experimente: Versuchsreihe A

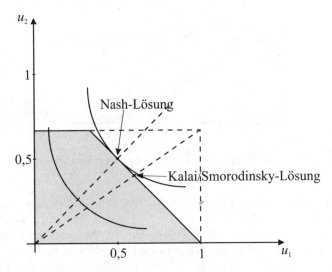

Abb. 4.15. Nydegger/Owen Experimente: Versuchsreihe B

Hier fallen Nash-Lösung und Kalai/Smorodinsky-Lösung auseinander. Nach dem Monotonieaxiom verschiebt sich die Aufteilung des Geldbetrags zugunsten von Spieler 1. Der experimentelle Befund von Versuchsreihe B ist eindeutig: Alle zehn Verhandlungspaare erreichen wie bei A die Aufteilung des Dollars zu gleichen Teilen. Dieser empirische Test spricht eindeutig gegen die Gültigkeit des Monotonieaxioms.

Versuchsreihe C: In dieser Versuchsreihe sollte die Gültigkeit von Axiom 1 überprüft werden. Gemäß Axiom 1 wird eine affin lineare Transformation der Nutzeneinheiten der Spieler die resultierende Nash-Lösung in gleicher Weise transformieren. Um diese Eigenschaft zu testen, mussten die Verhandlungspartner über die Aufteilung einer Menge von 60 Chips verhandeln, die zu einem unterschiedlichen Wechselkurs in Geldeinheiten umgetauscht werden konnten. Dabei bekam Spieler 1 zwei Geldeinheiten pro Chip, während Spieler 2 im Verhältnis eins zu eins tauschen konnte. Die neue Verhandlungssituation ist in Abb. 4.16 dargestellt.

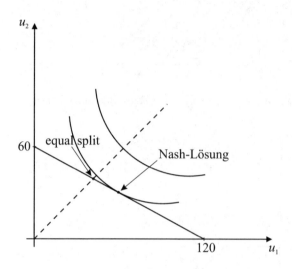

Abb. 4.16. Nydegger/Owen Experimente: Versuchsreihe C

Die Nash-Lösung liegt bei einer Aufteilung des Geldbetrags von 60 Cents für Spieler 1 (bzw. 30 Cents für Spieler 2). Diese Aufteilung entspricht einer Aufteilung der Chips zu gleichen Teilen. Die 10 Verhandlungspaare in Versuchsreihe C wählten nicht die Nash-Lösung, sondern ausnahmslos die *equal split* Lösung der Geldbeträge, die bei 40 Cents für beide Verhandlungspartner liegt. Diese Lösung resultiert in einer ungleichen Aufteilung der Chips. Die offensichtliche Verletzung des Nutzen-Invarianzaxioms hat ernsthafte Konsequenzen für die Anwendung der axiomatischen Verhandlungstheorie, da Nutzenbewertungen ja unbeobachtbar sind.

Unseres Erachtens widersprechen die fast zu eindeutigen[30] Resultate nicht der Gleichgewichtsverhandlungseigenschaft, wie sie im Symmetrieaxiom oder in der aus der Psychologie stammenden equity Theorie (vgl. Homans 1961)

---

[30] In der Regel ist das individuelle Verhalten sehr heterogen, da die Teilnehmer ihre subjektiven Erfahrungen und kognitive Perzeptionen in das Experiment einbringen.

vorkommt. Da die individuellen Nutzenbewertungen aber durchweg private Information sind, bezieht sich die Gleichbehandlung nicht auf die Nutzen sondern auf objektivierbare Belohnungen wie die Geldauszahlungen. Natürlich wären auch die individuell zugeteilten Chips objektivierbare Belohnungen. Es scheint aber allen Teilnehmern offenbar gewesen zu sein, dass die monetären Belohnungen der superiore Belohnungsstandard[31] ist.[32]

Wir wollen unsere kurzen Betrachtungen über die experimentelle Überprüfung der kooperativen Verhandlungstheorie hier abbrechen. Die Experimente von Nydegger und Owen waren ein Anfang der experimentellen Überprüfung. Diverse Einwände wurden gegen ihre Experimente vorgebracht. So ist z. B. das Design in Versuchsreihe A so speziell gewählt, dass hier die Nash-Lösung und die *faire Lösung* zusammenfallen. Faire Lösungen haben an sich eine starke Anziehungskraft[33], so dass aus den experimentellen Resultaten von Versuchsreihe A nicht klar wird, ob hier tatsächlich die Nash-Lösung oder nur eine focal point Lösung bestätigt wird.

4.2 Nicht-kooperative Verhandlungstheorie

Im Abschnitt über kooperative Verhandlungsspiele haben wir so genannte Schiedsrichterlösungen diskutiert, die dadurch charakterisiert sind, dass den Spielern in einer gemeinsam erreichbaren Nutzenmenge ein spezieller Nutzenvektor vorgeschlagen wird, der von allen beteiligten Spieler als vernünftig anerkannt werden kann. Die Verhandlungspartner haben hier eine eher passive Rolle. In diesem Abschnitt wollen wir den Leser in das *nicht-kooperative Verhandlungsproblem* einführen. Hier können die beteiligten Spieler selbst durch aktives Eingreifen in den Verhandlungsprozess das Ergebnis beeinflussen. John Nash hat bereits versucht, seine kooperative Lösung durch einen nichtkooperativen Verhandlungsprozess zu implementieren. Als einen der ersten nicht-kooperativen Ansätze kann man die Verhandlungstheorie von Zeuthen (1930) betrachten, über die wir ebenfalls in einem der folgenden Abschnitten berichten werden.

4.2.1 Erste Ansätze der nicht-kooperativen Verhandlungstheorie

Nashs nicht-kooperativer Verhandlungsansatz

Schon John Nash wollte seinen axiomatischen, kooperativen Lösungsansatz durch einen nicht-kooperativen Ansatz ergänzen, in dem die axiomatische

---

[31] Man kann Standards gemäß ihren Informationsanforderungen hierarchisch anordnen. Geldauszahlungen sind z. B. im Vergleich zu Chips superior, da diese die Kenntnis der monetären Chip-Äquivalente fordern.
[32] Dies wird auch eindeutig durch die vorher erwähnten experimentellen Befunde von Roth und Malouf (1979) bestätigt, die auch das Nutzeninvarianzaxiom widerlegen.
[33] Solche Lösungen werden in der Spieltheorie *focal point* Lösung genannt.

Lösung als Nash-Gleichgewicht in einem geeignet zu konstruierenden, nicht-kooperativen Spiel gewählt wird. In zwei grundlegenden Arbeiten hat er zwei nicht-kooperative Verhandlungsansätze vorgeschlagen (Nash 1950a, Nash 1953). Wir wollen hier beide Ansätze kurz darstellen. Es wird sich zeigen, dass der erste Ansatz ein gravierendes Gleichgewichtsauswahlproblem impliziert.

Erster Ansatz: Um die Argumentation nicht unnötig zu komplizieren, betrachten wir ein 2-Personen-Verhandlungsspiel. Der Pareto-Rand $P(B)$ der Verhandlungsmenge B sei eine fallende und differenzierbare Funktion; der Drohpunkt liege im Nullpunkt. Die Verhandlungsmenge ist in Abb. 4.17 beschrieben.

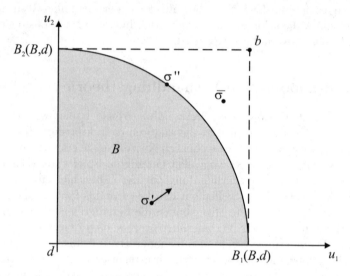

Abb. 4.17. Nashs nicht-kooperative Verhandlungslösung I

Das nicht-kooperative Spiel $G = \{\Sigma_1, \Sigma_2; H_1, H_2\}$, das Nash nun betrachtet, ist wie folgt charakterisiert: Die Strategiemengen der Spieler sind gegeben durch:

$$\Sigma_i := [0, B_i(B, d)]$$

Die Auszahlungsfunktionen der Spieler sind gegeben durch:[34]

$$H_i(\sigma_1, \sigma_2) := \begin{cases} d_i & \ldots (\sigma_1, \sigma_2) \notin B \\ \sigma_i & \ldots (\sigma_1, \sigma_2) \in B \end{cases}$$

Das heißt, beide Spieler wählen simultan einen Nutzenvorschlag σ_i für sich selbst im Intervall $[0, B_i(B, d)]$. Fallen die individuellen Vorschläge (σ_1, σ_2)

---

[34] Wir setzen hier der Einfachheit halber $d = (d_1, d_2) = (0, 0)$.

aus der Verhandlungsmenge B heraus, so erhalten beide Spieler nichts (Auszahlungen im Drohpunkt). Sind die Vorschläge durchführbar, so erhält jeder Spieler seinen eigenen Vorschlag. Da beide Spieler simultan entscheiden, ist das strategische Entscheidungsproblem für einen einzelnen Spieler nicht trivial. Es wäre gefährlich für einen Spieler, seinen maximal erreichbaren Nutzen $B_i(B,d)$ vorzuschlagen, denn dann muss er damit rechnen, dass er letztlich eine Auszahlung von Null im nicht-kooperativen Spiel erhält, da der Forderungsvektor (σ_1, σ_2) aus der Verhandlungsmenge B wahrscheinlich herausfällt. Dies wird nur dann mit Sicherheit nicht eintreten, wenn ein Spieler altruistisch seinem Mitspieler die maximale Auszahlung zugesteht und er für sich selbst nichts fordert. Handelt der Mitspieler aber ebenso altruistisch, dann resultiert die für beide Spieler schlechteste Auszahlung $H_i(\sigma) = 0$.

Wie sind die Nash-Gleichgewichte in diesem nicht-kooperativen Spiel charakterisiert? Zunächst ist das Strategietupel $b = (B_1(B,d), B_2(B,d))$ ein Nash-Gleichgewicht, denn jedes einseitige Abweichen eines Spielers ändert seine Auszahlung nicht. Wir sehen, dass – abgesehen vom (Gleichgewichts)-Vektor $(B_1(B,d), B_2(B,d))$ – ein Strategietupel in B, das nicht in $P(B)$ liegt, kein Nash-Gleichgewicht sein kann, da wenigstens ein Spieler durch eine höhere Nutzenforderung für sich selbst seine Auszahlung erhöhen könnte. Dies trifft z. B. für die Auszahlungsforderung σ' in Abb. 4.17 zu. Von σ' aus können sich beide Spieler durch höhere Auszahlungsforderungen verbessern. Kandidaten für Nash-Gleichgewichte sind alle Strategiekonfigurationen $(\sigma_1, \sigma_2) \in P(B)$ (z. B. σ'' in Abb. 4.17). Denn fordert ein Spieler mehr für sich, fällt die resultierende Konfiguration aus B heraus, fordert er weniger, hat er eine geringere Auszahlung. Es bleibt nun noch übrig, Strategietupel $\sigma \notin B$ und $\sigma \neq b$ zu betrachten. Für diese Strategietupel gilt offenbar: Eine geeignete Forderungsverminderung kann für wenigstens einen Spieler eine Erhöhung seiner Auszahlungen bringen (z. B. $\bar{\sigma}$ in Abb. 4.17). Wir können unsere Überlegungen damit wie folgt zusammenfassen.

Satz 4.13. *Die Menge der Nash-Gleichgewichte $N(G)$ des oben beschriebenen nicht-kooperativen Verhandlungsspiels G ist gegeben durch:*

$$N(G) = P(B) \cup \{b\}$$

Das oben konstruierte nicht-kooperative Verhandlungsspiel hat nicht nur *ein* Nash-Gleichgewicht sondern ein Kontinuum von Nash-Gleichgewichten. Die kooperative Nash-Lösung liegt in $P(B)$, also ist sie durch dieses nicht-kooperative Spiel zwar erreichbar, aber durch keinen Mechanismus wird garantiert, dass es aus der Auswahl von unendlich vielen Nash-Gleichgewichten von den Spielern tatsächlich gewählt wird. Das gleiche gilt im übrigen auch für die Kalai/Smorodinsky Lösung, die ebenfalls als ein Nash-Gleichgewicht in diesem nicht-kooperativen Spiel erreichbar ist. Dieses nicht-kooperative Spiel impliziert demnach ein massives Gleichgewichtsauswahlproblem.

Zweiter Ansatz: Nash (1953) hat danach eine weitere Version eines nichtkooperativen Spiels vorgeschlagen, in dem die kooperative Lösung durch Verwendung der Perturbationsidee eindeutig als Nash-Gleichgewicht erreicht wird und damit das Gleichgewichtsauswahlproblem löst.

Man definiere eine differenzierbare Funktion $h : \mathbb{R}_+^2 \longrightarrow [0,1]$, die auf der Verhandlungsmenge B den Wert 1 annimmt und monoton sinkt, wenn man sich von B entfernt.[35] Präzise definiert man:

$$h(u_1, u_2) := \begin{cases} 1 & \ldots (u_1, u_2) \in B \\ \in [0,1] & \ldots (u_1, u_2) \notin B \end{cases}$$

wobei für $u = (u_1, u_2) \notin B$ gilt:

$$u \leq u' \implies h(u) \geq h(u')$$
$$u_i \longrightarrow \infty \implies h(u) \longrightarrow 0$$

Man definiert nun ein nicht-kooperatives Spiel G_h wie folgt.

Definition 4.14. *Gegeben sei eine differenzierbare Funktion $h(\cdot)$, die wie in (4.22) definiert ist, dann ist das durch $h(\cdot)$ induzierte nicht-kooperative Spiel G_h definiert durch:*

$$G_h := \{\Sigma_1, \Sigma_2; H_1, H_2; \{1, 2\}\}$$

mit

$$\Sigma_i := \mathbb{R}_+, \quad H_i(u_1, u_2) := u_i h(u_1, u_2)$$

Die Auszahlungen in G_h können als eine Art erwartete Auszahlungen interpretiert werden, wobei die Funktion $h(\cdot)$ als (subjektives) Wahrscheinlichkeitsmaß für das Ereignis $(u_1, u_2) \in B$ aufgefasst wird. In dieser Interpretation kann die Funktion $h(\cdot)$ als präzise Formulierung des Unwissens (incomplete knowledge) der Spieler über die „wahre Größe" der Verhandlungsmenge aufgefasst werden. Die Spieler wissen zwar, dass B mit Sicherheit zur wahren Verhandlungsmenge gehört, aber sie sind nicht sicher, ob diese nicht größer ist, wobei Nutzenvektoren u mit umso geringerer Wahrscheinlichkeit zur wahren Verhandlungsmenge gehören, je weiter sie von B entfernt liegen. Die Nutzen u_i werden also noch einmal gewichtet mit der Wahrscheinlichkeit, mit der man sie erhält.

Wir können nun die Nash-Gleichgewichte des nicht-kooperativen Spiels G_h näher charakterisieren.

Lemma 4.15. *Angenommen,*

$\bar{u}$ ist Lösung des Problems

---

[35] Wenn man die Verhandlungsmenge B in Abb. 4.17 als Beispiel betrachtet, dann wird durch $h(\cdot)$ ein Gebirge definiert, das auf B konstant die Höhe eins hat und außerhalb von B in nordöstlicher Richtung monoton abfällt.

4.2 Nicht-kooperative Verhandlungstheorie

$$\max_{u \in \mathbb{R}_+^2} u_1 u_2 h(u_1, u_2),$$

dann ist $\bar{u}$ ein Nash-Gleichgewicht von G_h.

Beweisskizze: Angenommen, $\bar{u}$ ist kein Nash-Gleichgewicht, dann gibt es o. B. d. A. ein u_1' mit der Eigenschaft:

$$u_1' h(u_1', \bar{u}_2) > \bar{u}_1 h(\bar{u}_1, \bar{u}_2)$$

Daraus folgt:

$$u_1' \bar{u}_2 h(u_1', \bar{u}_2) > \bar{u}_1 \bar{u}_2 h(\bar{u}_1, \bar{u}_2)$$

Dann aber kann $\bar{u}$ keine Lösung des Maximierungsproblems sein.

q. e. d.

Wir betrachten nun die Lösungen von zwei Optimierungsproblemen getrennt:

$$\max_{u \in \mathbb{R}_+^2} u_1 u_2 h(u_1, u_2) \qquad (4.22)$$

$$\max_{u \in B} u_1 u_2 \qquad (4.23)$$

Es bezeichne $\bar{u}$ wiederum die Lösung von Problem (4.22) und u^* die Lösung von (4.23).

Lemma 4.16. *Für die beiden Maximierer $\bar{u}$ und u^* gilt:*

$$\bar{u}_1 \bar{u}_2 \geqq u_1^* u_2^*$$

Beweis: Angenommen, die umgekehrte Ungleichung

$$\bar{u}_1 \bar{u}_2 < u_1^* u_2^*$$

gilt. Dann könnte man die folgende Kette von Ungleichungen ableiten:

$$\bar{u}_1 \bar{u}_2 h(\bar{u}) \leqq \bar{u}_1 \bar{u}_2 < u_1^* u_2^* h(u^*)$$

Dies steht allerdings im Widerspruch zur Definition von $\bar{u}$.

q. e. d.

Das Resultat von Lemma 4.16 ist intuitiv einleuchtend. Da die Lösung von (4.23) in B liegen muss und $u_1 u_2 h(u_1, u_2)|_B = u_1 u_2|_B$ gilt, wird in (4.22) die Maximierung auf einen größeren Definitionsbereich der Zielfunktion ausgedehnt. Das Maximum einer Funktion kann nicht abnehmen, wenn man ihren Definitionsbereich ausdehnt.

Offenbar ist u^* identisch mit der kooperativen Nash-Lösung und $\bar{u}$ ist ein Nash-Gleichgewicht des nicht-kooperativen Spiels G_h. Abb. 4.18 zeigt exemplarisch die Lage der beiden Gleichgewichte.

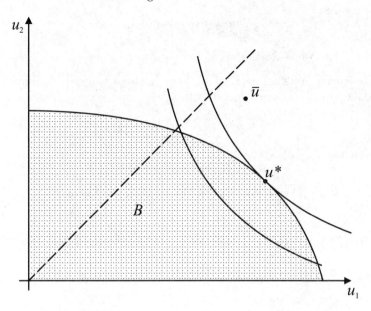

Abb. 4.18. Nash-Lösung u^* und Nash-Gleichgewicht $\bar{u}$ von G_h

Ohne in die technischen Details der Ableitungen zu gehen, sehen wir aus Abb. 4.18, dass $\bar{u}$ „näher an" u^* liegt, wenn $h(\cdot)$ außerhalb von B „sehr schnell" gegen Null geht. Die Idee von Nash war es, den Grenzwert einer Folge von monotonen Funktionen $\{h_n(\cdot)\}_n$ zu betrachten mit den Eigenschaften:

$$\forall u \notin B: \quad h_n(\cdot) > h_{n+1}(\cdot), \quad \lim_{n\uparrow\infty} h_n(\cdot) = 0$$
$$\forall u \in B: \quad h_n(u) = h_{n+1}(u)$$

Die Gleichgewichte $\bar{u}_n$ müssen dann gegen u^* konvergieren. Damit kann die kooperative Nash-Lösung als Grenzwert einer Folge von nicht-kooperativen Gleichgewichten in G_{h_n} aufgefasst werden. Dieser Grenzprozess beschreibt zunehmend schärferes Wissen der Spieler über die „wahre Ausdehnung" der Verhandlungsmenge.

Mit seiner Perturbationsidee, mittels der er die Nash-Lösung eindeutig als Gleichgewichtsvektor in einem geeigneten nicht-kooperativen Spiel auswählt, war Nash auch wegweisend für die Theorie der Gleichgewichtsauswahl (vgl. Harsanyi und Selten (1988), Güth und Kalkofen (1989)). Abgesehen von einfachen Unterklassen von nicht-kooperativen Spielen (wie etwa die 2×2-Bimatrixspiele) gewährleisten die allgemeinen Theorien der Gleichgewichtsauswahl zwar bestimmte Eigenschaften, die auf den Nash-Axiomen aufbauen, konnten aber bislang nicht axiomatisch charakterisiert werden. Stattdessen hat man sich – wie Nash (1953) – konstruktiver Ideen wie Perturbationen (und Robustheitsvergleichen) bedient, die es erlauben, zumindest jedes Spiel in der das betrachtete Spiel approximierenden Sequenz von perturbierten Spielen eindeutig zu lösen.

Speziell an der Perturbation $h(\cdot)$, die die perturbierten Spiele G_h von G definiert, ist natürlich, dass sie die allgemein bekannte Unsicherheit beider Spieler ausdrückt (in einfachen Spielen mit einem linearen Pareto-Rand $P(G)$ lässt sich dies in vernünftiger Weise rechtfertigen, vgl. Güth und Ritzberger (2000)). Es handelt sich also nicht um private Information in dem Sinne, dass ein Spieler i für gegebenes u_i die maximal mögliche Auszahlung der anderen Partei nicht sicher abschätzen kann. Wir können nicht ausschließen, dass andere Perturbationsgedanken andere Lösungen, z. B. die KS-Lösung rechtfertigen.

Die Zeuthen-Lösung

Einer der ersten nicht-koperativen Verhandlungsansätze stammt von Zeuthen (1930). Er wurde von Harsanyi für die Spieltheorie wiederentdeckt und neu formuliert (Harsanyi 1977). Die Bedeutung dieses Ansatzes liegt in erster Linie in seiner Originalität und in der Tatsache, dass er in gewissem Sinne auch als nicht-kooperative Implementierung der kooperativen Nash-Lösung betrachtet werden kann. Der Ablauf des Verhandlungsprozesses wirkt jedoch eher ad hoc. Historisch gesehen, mussten noch einige Jahrzehnte vergehen, bis mit der Rubinstein-Verhandlungslösung ein befriedigenderer nicht-kooperativer Ansatz vorgestellt wurde.

Ausgangspunkt der Zeuthen-Lösung (in der Version von Harsanyi) ist ein Verhandlungsproblem (B, d), wobei B die Menge der für die zwei Spieler erreichbaren Nutzenvektoren (u_1, u_2) repräsentiert. Der Einfachheit halber wollen wir diese Verhandlungssituation durch Abb. 4.17 beschreiben. Der Zeuthen-Verhandlungsprozess zwischen den beiden Spielern läuft nun nach folgenden Regeln ab:

a) Beide Spieler schlagen in einem ersten Schritt eine Pareto-effiziente Auszahlung $(u_1, u_2) \in P(B)$ vor. Um die Darstellung zu vereinfachen, wählen wir hier speziell die Notation
    Spieler 1: $(x_1, x_2) \in P(B)$;   Spieler 2: $(y_1, y_2) \in P(B)$.
    Jeder Spieler schlägt also eine Auszahlung für sich selbst *und* für seinen Mitspieler vor.

b) Gilt $(x_1, y_2) \in B$, dann ist das Spiel beendet. In diesem Fall haben beide Spieler für sich eine Auszahlung vorgeschlagen, die zusammen realisierbar sind.
    Gilt $(x_1, y_2) \notin B$, dann erhalten beide Spieler ihre Drohpunkt-Auszahlungen d_i, wenn sie nicht in den Verhandlungsprozess eintreten wollen.

c) Sind die Spieler bereit, im Konfliktfall in einen Verhandlungsprozess einzutreten, so muss zunächst ein Spieler eine *Konzession* bzgl. seiner geforderten Auszahlung machen.

Um die Höhe und die Reihenfolge der Konzession zu bestimmen, benötigen wir einige Vorüberlegungen. Wir betrachten zunächst die Entscheidung von Spieler 1. Spieler 1 schätze die Konfliktbereitschaft von Spieler 2 quantitativ durch die subjektive Wahrscheinlichkeit p_1 ein. Wenn er einen Konflikt mit Spieler 2 riskiert, ist seine erwartete Auszahlung durch $p_1 d_1 + (1 - p_1)x_1$ gegeben. Es wird angenommen, dass Spieler 1 bei der Fortführung des Verhandlungsprozesses nur zwischen zwei Alternativen wählen kann:

i) „Akzeptiere Vorschlag von Spieler 2" $\implies y_1$,

ii) „Akzeptiere den Vorschlag nicht" $\implies p_1 d_1 + (1 - p_1)x_1$.

Die rationale Entscheidungsregel für Spieler 1 lautet dann wie folgt: Riskiere den Konflikt, wenn:

$$p_1 d_1 + (1 - p_1)x_1 > y_1 \iff p_1 < \frac{x_1 - y_1}{x_1 - d_1} =: \bar{p}_1$$

Hierbei wird $\bar{p}_1$ als Konfliktgrenze von Spieler 1 bezeichnet. Die Entscheidungsregel nimmt eine einfache Form an. Liegt die subjektive Einschätzung der Konfliktbereitschaft von Spieler 2 durch Spieler 1 unterhalb des kritischen Wertes $\bar{p}_1$, wird er den Konflikt riskieren. Analog leitet man die Konfliktgrenze von Spieler 2 ab:

$$\bar{p}_2 := \frac{y_2 - x_2}{y_2 - d_2}$$

Konzessionen werden nun nach der so genannten *Zeuthen-Regel* bestimmt.

Definition 4.17. *Gegeben sei das oben beschriebene Verhandlungsspiel mit den Konfliktgrenzen $\bar{p}_1$ und $\bar{p}_2$, dann gilt*

1. *Spieler i macht eine Konzession, wenn $\bar{p}_i \leqq \bar{p}_j$.*
2. *Die Konzession (z_1, z_2) sei so beschaffen, dass der Gegenspieler beim nächsten Zug eine Konzession macht.*

Gemäß der Zeuthen-Regel soll also derjenige Spieler zunächst eine Konzession machen, der eine geringere Konfliktgrenze hat. Wir können dieses Kriterium äquivalent umformen. Angenommen Spieler 1 habe die geringere Konfliktgrenze, dann gilt:

$$\frac{x_1 - y_1}{x_1 - d_1} < \frac{y_2 - x_2}{y_2 - d_2}$$

$$\iff$$

$$\frac{(x_1 - d_1) + (d_1 - y_1)}{(x_1 - d_1)} < \frac{(y_2 - d_2) + (d_2 - x_2)}{(y_2 - d_2)}$$

$$\iff$$

$$(x_1 - d_1)(x_2 - d_2) < (y_1 - d_1)(y_2 - d_2)$$

Wir sehen, dass das Konzessionskriterium eine interessante Interpretation bzgl. des Nash-Produktes zulässt: Wenn Spieler 1 eine Konzession machen soll, dann ist das Nash-Produkt des Vorschlags von Spieler 1 geringer als das Nash-Produkt des Vorschlags von Spieler 2. Nach Teil 2 der Zeuthen-Regel wird verlangt, dass die Konzession so groß ist, dass sie die Relation zwischen den Konfliktgrenzen umkehrt. Das heißt der Konzessionsvorschlag (z_1, z_2) (von Spieler 1) soll zu dem Resultat

$$\frac{(z_1 - y_1)}{(z_1 - d_1)} > \frac{(y_2 - z_2)}{(y_2 - d_2)}$$

führen. In Nash-Produkten ausgedrückt soll gelten:

$$(z_1 - d_1)(z_2 - d_2) > (y_1 - d_1)(y_2 - d_2)$$

Durch die Interpretation der Zeuthen-Regel in Nash-Produkten ergibt sich die folgende Beziehung des Zeuthen-Verhandlungsprozesses zur kooperativen Nash-Lösung: Verhalten sich die Spieler nach der Zeuthen-Regel, dann schlagen sie Nutzenvektoren vor, die sich auf das Maximum des Nash-Produktes in B, d. h. auf die kooperative Nash-Lösung hin bewegen. In diesem Sinne kann die Zeuthen-Lösung auch als eine nicht-kooperative Stützung der kooperativen Nash-Lösung betrachtet werden. Lange Zeit blieb das Verhandlungsmodell von Zeuthen der vorherrschende Ansatz der nicht-kooperativen Verhandlungstheorie. In den siebziger Jahren hat Ingolf Ståhl (1972) mit seinem Beitrag die Diskussion über nicht-kooperative Verhandlungslösungen wieder eröffnet (vgl. auch Krelle (1975)). Das lag nicht zuletzt an den unbefriedigenden ad hoc Annahmen des Zeuthen-Modells, das im strengen Sinne kein vollständig formuliertes nicht-kooperatives Spiel darstellt. Wir werden im folgenden Abschnitt auf einen Ansatz der nicht-kooperativen Verhandlungstheorie eingehen, der in den achtziger Jahren von Ariel Rubinstein entwickelt wurde und in der wissenschaftlichen Diskussion über das Verhandlungsproblem weithin beachtet wurde.

Ultimativ Fordern

Zeitaufwendige Verhandlungen werden oft dadurch vermieden, dass eine Partei ein Angebot unterbreitet, das die Gegenpartei entweder akzeptiert oder ablehnt, was zum endgültigen Konflikt führt. Wollen wir zum Beispiel ein bestimmtes Gut in einem Kaufhaus erwerben, so ist der Preis in der Regel vorgegeben. Man hat dann als Kunde nur noch die Wahl zwischen Kauf, d. h. Annahme des Angebots, oder Nichtkauf, d. h. Konflikt.

Das so genannte *Ultimatumspiel* stellt solche Verhandlungssituationen stilisiert dar. Es geht von einem beliebig aufteilbaren Surplus p (> 0) auf zwei Spieler durch Tausch aus. Wenn Spieler X ausgewählt wurde, einen Aufteilungsvorschlag zu machen, so kann er diesen Surplus oder Kuchen p

- zunächst beliebig in einen Bestandteil x für sich und einen Rest $y = p - x$ für den Spieler Y aufteilen,
- in Kenntnis von p, x und y kann dann Spieler Y annehmen (X bekommt x und Y verdient y) oder ablehnen (beide erhalten Null).

Geht man davon aus, dass Spieler Y bei Indifferenz mit Sicherheit annimmt, so ist die Lösung (entweder im Sinne einmalig wiederholter Elimination dominierter Strategien oder im Sinne des eindeutigen teilspielperfekten Gleichgewichts) durch $x^* = p$ und Annahme aller Aufteilungssvorschläge gegeben. Bei der experimentellen Überprüfung hat sich allerdings diese theoretische Lösung nur selten gezeigt (Näheres in Abschnitt 4.2.2).

4.2.2 Das Rubinstein-Modell

Grundlegende Konzepte

Wir stellen uns ein einfaches Verhandlungsspiel vor, bei dem die Spieler beispielsweise über die Aufteilung eines festen Geldbetrags (100 GE) verhandeln. Wir nehmen der Einfachheit halber an, dass die Geldeinheiten mit den Nutzeneinheiten identisch sind, so dass die Elemente der Verhandlungsmenge B Geldaufteilungsvorschläge sind.[36] Die resultierende Verhandlungsmenge B ist in Abb. 4.19 beschrieben.

Offenbar sind keine Aufteilungsvorschläge sinnvoll, bei denen ein Teil des Geldes übrig bleibt. Wir können uns also auf den Pareto-Rand $P(B)$ konzentrieren. Da jeder Vektor $(x_1, x_2) \in P(B)$ die Eigenschaft $x_1 + x_2 = 100$ hat, können wir einen Aufteilungsvorschlag von Spieler 1 durch eine einzige Zahl $x \in [0, 100]$ bezeichnen. Wir folgen im Folgenden der Konvention, einen Aufteilungsvorschlag von Spieler 2 durch eine Zahl $y \in [0, 100]$ zu kennzeichnen.

Wenn wir den aufzuteilenden Geldbetrag auf Eins normieren, erhalten wir schließlich das von Rubinstein (1982) diskutierte Modell der nicht-kooperativen Verhandlungen. In der einfachsten Version wird angenommen, dass die Spieler alternierend Aufteilungsvorschläge machen können, wobei Spieler 1 mit einem Vorschlag $x \in [0, 1]$ beginnt. Das heißt Spieler 1 fordert x für sich und $(1 - x)$ für Spieler 2. Spieler 2 kann diesen Vorschlag ablehnen oder akzeptieren. Akzeptiert er den Vorschlag, dann endet das Verhandlungsspiel mit der von 1 vorgeschlagenen Aufteilung $(x, 1 - x)$; lehnt er den Vorschlag ab, muss er in der folgenden Periode einen Gegenvorschlag $y \in [0, 1]$ machen. Das heißt er schlägt vor, dass Spieler 1 den Anteil y erhält, während er für sich selbst $(1 - y)$ fordert. Stimmt Spieler 1 dem Aufteilungsvorschlag zu, so ist das Spiel beendet; lehnt er ihn ab, so muss er in der dritten Periode einen Gegenvorschlag $x \in [0, 1]$ machen. Wenn kein Spieler einen Vorschlag akzeptiert, dauert

---

[36] Wie in Anhang E dargestellt, nimmt man in diesem Fall an, dass die Geldnutzenfunktion $u(\cdot)$ des Entscheiders linear in Geld ist, d. h. die Form $u(x) = ax + b$ ($a > 0, b \in \mathbb{R}$) hat. Da $u(\cdot)$ nur bis auf affin lineare Transformationen eindeutig ist, kann man durch geeignete Transformationen erreichen, dass die Geldnutzenfunktion die Form $v(x) = x$ hat.

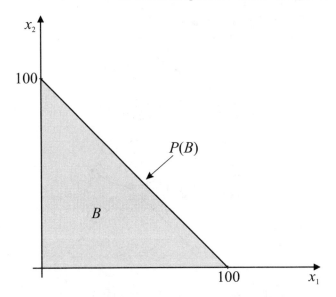

Abb. 4.19. Verhandlungsmenge für das Geldaufteilungsproblem

der Verhandlungsprozess unendlich viele Perioden. Spieler 1 macht einen Vorschlag in ungeraden Perioden, während Spieler 2 einen Vorschlag in geraden Perioden macht.

Es ist eine zentrale Annahme des Rubinstein-Modells, dass die Spieler nicht nur die Höhe ihres eigenen Anteils x (bzw. $(1-y)$) bewerten, den sie dann erhalten, wenn der Verhandlungsprozess beendet ist, sondern sie bewerten auch den Zeitpunkt, zu dem sie diesen Anteil erhalten. Diese Annahme wird häufig *Ungeduld* (impatience) genannt. Sie besagt, dass ein Spieler eine Auszahlung zu einem Zeitpunkt t gegenüber der Auszahlung in gleicher Höhe zum Zeitpunkt $(t+1)$ präferiert. Die geforderte Ungeduld-Annahme legt die Vermutung nahe, dass der Verhandlungsprozess in einem teilspielperfekten Gleichgewicht nicht unendlich viele Perioden dauern wird, was zu Auszahlungen von Null führen würde.

Die Extensivform dieses Verhandlungsspiels ist durch den Spielbaum in Abb. 4.20 skizziert. Um die Darstellung nicht zu unübersichtlich zu machen, sind dort nur die ersten beiden Verhandlungsrunden modelliert. Da jeder Spieler bei seinem Aufteilungsvorschlag ein Kontinuum von Vorschlägen machen kann, sind seine Aktionsmöglichkeiten im Spielbaum durch Kreisbögen symbolisiert. Jede Periode besteht aus 2 Stufen, wobei auf der jeweils ersten Stufe ein Aufteilungsvorschlag gemacht wird, während der Gegenspieler auf der darauf folgenden Stufe ablehnen („N") oder zustimmen („J") kann. Ein Endpunkt des Spielbaums ist durch ein Tupel (x,t) (bzw. (y,t)) bezeichnet, das nicht nur die resultierende Gesamtaufteilung $(x, 1-x)$ (bzw. $(y, 1-y)$) charakterisiert, sondern auch den Endpunkt t des Verhandlungsprozesses enthält.

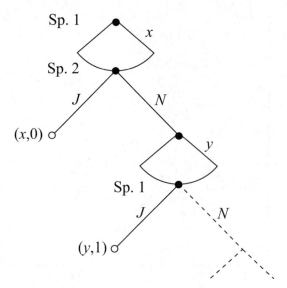

Abb. 4.20. Spielbaum des Rubinstein-Spiels

Abbildung 4.20 zeigt, dass die Extensivform dieses Verhandlungsspiels sehr kompliziert ist und wegen der potentiell unendlichen Dauer des Spiels mit Hilfe eines Spielbaums auch nicht vollständig darstellbar ist. Diese Darstellung wird aber im Folgenden helfen, die Intuition des Lesers bei einigen formalen Argumenten zu schulen.

Wir wollen nun den eben beschriebenen Verhandlungsprozess formal präzisieren. Wie wir gesehen haben, werden die Resultate eines erfolgreichen Verhandlungsprozesses allgemein durch Tupel

$$(s,t), \quad s \in [0,1], \quad t \in \mathbb{N}_0$$

beschrieben. Hierbei ist s der Anteil für Spieler 1 am Gesamtbetrag, unabhängig davon, welcher Spieler diesen Vorschlag gemacht hat. Wir wollen nun annehmen, dass die Verhandlungspartner die Resultate des Verhandlungsprozesses bzgl. ihrer Präferenzrelation $\succsim_i$ ($i = 1, 2$) über $[0, 1] \times \mathbb{N}_0$ ordnen können.[37] Folgende Annahmen werden bzgl. $\succsim_i$ für $i = 1, 2$ gemacht:

A1.) $\succsim_i$ *ist eine vollständige und transitive binäre Relation*[38] *auf*

$$([0, 1] \times \mathbb{N}_0) \cup \{D\},$$

---

[37] Die Endpunkte des Spielbaums in Abb. 4.20 symbolisieren *Ausgänge* des Verhandlungsspiels, aber keine Auszahlungsvektoren. Um das Spiel vollständig zu formulieren, müssen entweder Auszahlungsfunktionen auf den Ausgängen definiert werden oder zumindest individuelle Präferenzrelationen über die Spielausgänge angenommen werden. So soll im Folgenden vorgegangen werden.

[38] $(s,t) \succsim_i (s',t')$ soll ausdrücken, dass Spieler i das Ergebnis (s',t') nicht dem Ergebnis (s,t) vorzieht. Daraus können wir eine *Indifferenzrelation* $\sim_i$ durch

wobei $D := (0, \infty)$ das Tupel bezeichnet, das den unendlich lang andauernden Verhandlungsprozess beschreibt.

A.2) *Für alle $n_0 \in \mathbb{N}_0$ gilt:*
- *Für Spieler 1:* $(s, n_0) \succsim_1 (s', n_0) \iff s \geq s'$
- *Für Spieler 2:* $(s, n_0) \succsim_2 (s', n_0) \iff s \leq s'$

A.2) wird auch *Monotonieannahme* genannt. Spieler 1 zieht eine Aufteilung s einer Aufteilung s' vor, wenn sie ihm einen größeren Anteil sichert. Das Umgekehrte gilt für Spieler 2.

A.3) $\quad \forall s \in (0,1): \quad n_1 > n_2 \implies (s, n_2) \succ_i (s, n_1)$

Diese Annahme ist eine Präzisierung der Ungeduld der Spieler, die in viele intertemporale ökonomische Entscheidungsprobleme eingeht. Sowohl Spieler 1 als auch Spieler 2 präferieren eine Aufteilung gleicher Höhe s, wenn sie diese wenigstens eine Periode früher erhalten.

A.4) *$\succsim_i$ ist stetig, d. h. gegeben seien konvergente Folgen (s_n, t_n) mit $(s_n, t_n) \succ_i (s^0, t^0)$ für alle $n \in \mathbb{N}_0$ und (s'_n, t'_n) mit $(s'_n, t'_n) \prec_i (s^0, t^0)$, dann gilt:*

$$\lim_{n \to \infty} (s_n, t_n) \succsim_i (s^0, t^0), \quad \lim_{n \to \infty} (s'_n, t'_n) \precsim_i (s^0, t^0)$$

Die *Stetigkeitsannahme*[39] ist wie die Annahme der Ungeduld eine Standardannahme in der ökonomischen Entscheidungstheorie. Sie sichert, dass „kleine Änderungen" der Verhandlungsergebnisse nur „kleine Änderungen" in der Präferenz für die Ergebnisse induzieren.

A.5) *Für alle $s, s' \in [0,1]$ gilt:* $\forall n \in \mathbb{N}_0$
- $(s, n) \succsim_i (s', n+1) \iff (s, 0) \succsim_i (s', 1)$
- $(s, n) \prec_i (s', n+1) \iff (s, 0) \prec_i (s', 1)$

$$(s,t) \sim_i (s',t') \iff [(s,t) \precsim_i (s',t') \wedge (s,t) \succsim_i (s',t')]$$

ableiten. Ähnlich leiten wir aus $\succsim_i$ die so genannte strenge Präferenz $\succ_i$ ab, die definiert ist durch

$$(s,t) \succ_i (s',t') \iff [(s,t) \succsim_i (s',t') \wedge \neg((s',t') \succsim_i (s,t))]$$

wobei $\neg$ den Negationsoperator bezeichnet.

[39] Diese Annahme ist äquivalent mit der Abgeschlossenheit der so genannten Schlechter-Menge (die Menge aller Verhandlungsergebnisse, die nicht besser als ein gegebenes Ergebnis sind) und der so genannten Besser-Menge (die Menge aller Verhandlungsergebnisse, die nicht schlechter als ein vorgegebenes Verhandlungsergebnis sind).

A.5) wird auch *Stationaritätsannahme* genannt. Sie besagt, dass die Rangordnung zwischen zwei verschiedenen Aufteilungsvorschlägen in verschiedenen Perioden erhalten bleibt, wenn man gleich viele Perioden (bei beiden Vorschlägen) hinzu zählt bzw. abzieht.[40]

A.6) *Für alle $s \in [0,1]$ gilt:*

$$\exists v_i(s) \in [0,1]: \quad (v_i(s), 0) \sim_i (s, 1)$$

Diese Annahme garantiert die Existenz eines *Gegenwartswertes* für jede Aufteilung s, die eine Periode später verfügbar ist. Ist s morgen verfügbar, so bezeichnet $v_i(s)$ den (Gegenwarts-) Wert für Spieler i, der der Aufteilung „s morgen" entspricht. Unter der Annahme der Ungeduld gilt $s \geq v_i(s)$, d. h. Spieler i ist bereit, einen Abschlag in Kauf zu nehmen, um die Zahlung eine Periode früher zu erhalten. Es bleibt offen, wie sich die Differenzen $(s - v_i(s))$ mit variierendem s entwickeln. Diese Abhängigkeit wird durch die folgende Annahme konkretisiert.

A.7) $d_i(s) := s - v_i(s)$ *ist streng monoton wachsend in s.*

Die Annahme besagt, dass der Gegenwartswert einer Aufteilung $s \in [0,1]$ relativ zu s sinkt, wenn die Aufteilung größer wird. Mit anderen Worten, muss man auf die Aufteilung $v_i(s)$ eine Periode warten, so wird man in der folgenden Periode mit steigendem s eine steigende Kompensation verlangen. Würde man s als Geldbetrag auffassen, den man zu einem festen Zinssatz anlegen kann, so wäre Annahme A.7) in trivialer Weise gültig. Denn höhere Kapitalbeträge führen zu höheren Kapitalzuwächsen in der folgenden Periode.

Wir werden im Folgenden das *Strategiekonzept* für ein Verhandlungsspiel präzisieren. Als Konvention setzen wir fest, dass Spieler 1 immer derjenige Spieler ist, der das Verhandlungsspiel beginnt. Spieler 2 reagiert dann auf den Aufteilungsvorschlag durch Annahme oder durch einen Gegenvorschlag in der nächsten Periode. F (bzw. G) bezeichne die Strategie von Spieler 1 (bzw. Spieler 2). Eine Strategie für Spieler 1 festzulegen, bedeutet, für die ungeradzahligen Perioden einen Aufteilungsvorschlag anzugeben und in den geradzahligen Perioden einem Vorschlag von Spieler 2 zuzustimmen („J") oder

---

[40] Die Hypothese des *hyperbolic discounting* (vgl. Laibson und Harris (2003), und für einen experimentellen Test Anderhub, Gneezy, Güth und Sonsino (2001)) widerspricht dieser Annahme. Es scheint einleuchtend, dass es uns heute mehr ausmacht, auf morgen warten zu müssen, als es unserer Ungeduld für 100 Tage verglichen mit 101 Tagen Wartezeit entspricht.

ihn abzulehnen („N"). Formal können wir eine Strategie von Spieler 1 wie folgt definieren.

Definition 4.18. *Eine Strategie für Spieler 1 im nicht-kooperativen Verhandlungsspiel lässt sich als eine Folge $F := \{f_t\}_{t=2}^{\infty} \cup f_1$ von Abbildungen zusammen mit einer reellen Zahl f_1 auffassen, wobei gilt:*

$$f_1 \in [0,1]$$
$$f_t : [0,1]^{t-1} \longrightarrow [0,1] \quad \text{für } t \text{ ungerade und } t > 1$$
$$f_t : [0,1]^t \longrightarrow \{J, N\} \quad \text{für } t \text{ gerade}$$

Spieler 1 beginnt mit einem Vorschlag f_1. Geht das Spiel weiter, so ist er in den folgenden ungeraden Runden mit einem neuen Vorschlag am Zuge. Sein Aufteilungsvorschlag $f_t(\cdot)$ kann von der gesamten Konfiguration der bisher gemachten Aufteilungsvorschläge (in $[0,1]^{t-1}$) abhängig sein. In den geraden Runden muss er über Ablehnung oder Annahme des Vorschlags von Spieler 2 entscheiden. Dabei wird wiederum angenommen, dass er seine Entscheidung von der gesamten „Geschichte" der vorher gemachten Vorschläge abhängig machen kann. Analog geht man für Spieler 2 vor.

Definition 4.19. *Eine Strategie für Spieler 2 im nicht-kooperativen Verhandlungsspiel lässt sich als eine Folge von Abbildungen $G := \{g_t\}_{t=1}^{\infty}$ mit der Eigenschaft*

$$g_t : [0,1]^{t-1} \longrightarrow [0,1] \quad \text{für } t \text{ gerade}$$
$$g_t : [0,1]^t \longrightarrow \{J, N\} \quad \text{für } t \text{ ungerade}$$

auffassen.

Spieler 2 reagiert in ungeraden Perioden mit Annahme oder Ablehnung des Angebots von Spieler 1, während er in geraden Perioden selbst einen Vorschlag macht. Beide Entscheidungen basieren auf der jeweils aufgelaufenen Geschichte der Aufteilungsvorschläge beider Spieler.

Im Folgenden bezeichne $\mathcal{F}$ (bzw. $\mathcal{G}$) die Menge aller Strategien von Spieler 1 (bzw. 2). Jedes Strategienpaar $(F,G) \in \mathcal{F} \times \mathcal{G}$ erzeugt ein Verhandlungsergebnis, das wir mit dem Symbol $\mathcal{O}(F,G) \in ([0,1] \times \mathbb{N}_0 \cup D)$ bezeichnen wollen. Jedes Strategietupel führt also zu einem Aufteilungsvorschlag in $[0,1]$ und einer Zahl von Perioden $n_i \in \mathbb{N}_0$ innerhalb deren Übereinstimmung zwischen den Verhandlungspartnern erzielt wird. Oder wenn überhaupt keine Einigung beim Strategietupel (F,G) erzielt wird, gilt $\mathcal{O}(F,G) = D := (0, \infty)$. Da wir angenommen haben, dass die Spieler alle Spielausgänge bzgl. ihrer Präferenzrelation $\succsim_i$ ordnen, können wir Präferenzen über Strategietupel (F,G) ableiten. Es wird dabei angenommen, dass der Ausgang D des Verhandlungsprozesses schlechter als alle anderen Ausgänge ist, d. h. dass $(s,t) \succsim_i D$ für alle $s \in [0,1]$ und $t \in \mathbb{N}$ gilt. Können die Spieler Strategietupel bewerten, dann kann man wieder auf bekannte Gleichgewichtskonzepte für Strategiekonfigurationen (F,G) zurückgreifen, wie wir im folgenden Abschnitt zeigen werden.

4 Theorie der Verhandlungen

Gleichgewichte

Zunächst wenden wir das Konzept des Nash-Gleichgewichts auf nicht-kooperative Verhandlungsspiele an. Leider wird sich aber bald zeigen, dass das Nash-Konzept noch keine befriedigende Lösung des nicht-kooperativen Verhandlungsspiels impliziert.

Definition 4.20. (F^*, G^*) *ist ein Nash-Gleichgewicht des Verhandlungsspiels, wenn keine Strategie* $F' \in \mathcal{F}$ *(bzw.* $G' \in \mathcal{G}$*) existiert mit den Eigenschaften:*

$$\mathcal{O}(F', G^*) \succ_1 \mathcal{O}(F^*, G^*) \quad oder$$
$$\mathcal{O}(F^*, G') \succ_2 \mathcal{O}(F^*, G^*)$$

Wir sehen, dass diese Definition die natürliche Adaption des in Kap. 2 definierten Nash-Konzeptes für nicht-kooperative Verhandlungsspiele ist. Das Ergebnis des folgenden Satzes zeigt, dass das Nash-Konzept für Gleichgewichte keinen speziellen Aufteilungsvorschlag s selektiert, sondern jeden möglichen Aufteilungsvorschlag zulässt.

Satz 4.21. *Jeder Aufteilungsvorschlag* $s \in [0,1]$ *kann als Ergebnis* $(s, 0)$ *einer geeignet gewählten Gleichgewichtsstrategie erhalten werden.*

Beweisidee: Man definiere zu beliebig gegebenem s die folgende Strategiekonfiguration $(F^*, G^*) \in \mathcal{F} \times \mathcal{G}$:

t ungerade: $\quad f_t^* \equiv s, \quad g_t^*(s_1, \ldots, s_t) = \begin{cases} J & \ldots s_t \leq s \\ N & \ldots s_t > s \end{cases}$

t gerade: $\quad g_t^* \equiv s, \quad f_t^*(s_1, \ldots, s_t) = \begin{cases} J & \ldots s_t \geq s \\ N & \ldots s_t < s \end{cases}$

Das heißt Spieler 1 schlägt in allen ungeraden Perioden die Aufteilung s – unabhängig von der Vorgeschichte des Spiels – vor, während Spieler 2 in den ungeraden Perioden jeden Vorschlag akzeptiert, der ihm nicht weniger als $1 - s$ übrig lässt und jeden Vorschlag ablehnt, der ihm weniger als $1 - s$ übrig lässt. Spieler 2 schlägt ebenfalls s für Spieler 1 vor, unabhängig von der Vorgeschichte des Spiels, während Spieler 1 alle Vorschläge ablehnt, die ihm weniger als s übrig lassen und die Vorschläge annimmt, die ihm nicht weniger als s belassen.

Man prüft leicht nach, dass (F^*, G^*) ein Nash-Gleichgewicht mit

$$P(F^*, G^*) = (s, 0)$$

ist: Jedes individuelle Abweichen des Spielers 1 von dieser Strategie in wenigstens einer Periode t verzögert die Einigung um eine Periode (wenn $s_t > s$) oder führt zu einem unbefriedigenden Resultat (bei $s_t < s$), denn Spieler 2 hätte bei Festhalten an G^* auch höhere Aufteilungsvorschläge akzeptiert. Analog argumentiert man für Spieler 2.

q. e. d.

Im Beweis von Satz 4.21 wurde gezeigt, dass jede Gleichgewichtsstrategiekonfiguration (F^*, G^*) die folgende Eigenschaft hat: Spieler 1 macht einen Aufteilungsvorschlag $s \in [0,1]$, Spieler 2 akzeptiert alle Aufteilungsvorschläge, die nicht schlechter als s sind. Eines der wichtigen Resultate der Rubinstein'schen Verhandlungstheorie besteht darin zu zeigen, dass sich das unbefriedigende Resultat von Satz 4.21 sofort ändert, wenn man *teilspielperfekte Gleichgewichte* betrachtet. Da wir das nicht-kooperative Verhandlungsspiel als Extensivformspiel interpretieren können, wissen wir, was Teilspielperfektheit in diesem Spiel heißt. Ein Strategietupel (F, G) heißt dann (analog zu Definition 3.14) teilspielperfekt, wenn kein Spieler an irgendeinem Knoten des Spielbaums (siehe Abb. 4.20) Veranlassung hat, seine Strategie für das in dem Knoten beginnende Teilspiel zu ändern.

Wir können nun zeigen, dass die in Satz 4.21 genannten Nash-Gleichgewichte des nicht-kooperativen Verhandlungsspiels nicht teilspielperfekt sind. Denn angenommen, Spieler 1 fordert in der ersten Periode statt s einen etwas höheren Betrag $(s + \varepsilon)$ $(\varepsilon > 0)$ derart, dass

$$((s + \varepsilon), 0) \succ_2 (s, 1)$$

gilt, dann sollte Spieler 2 dennoch diesen Vorschlag akzeptieren. Er verzichtet auf einen kleinen Teil seiner Auszahlung, um schon eine Periode früher eine Auszahlung zu bekommen. Wegen der angenommenen Stetigkeit von $\succ_i$ in Verbindung mit Axiom A.3) kann man immer ein solches ε finden. Die in Satz 4.21 beschriebenen Strategien F^* und G^* sind demnach nicht teilspielperfekt. Der folgende Satz, für den wir nur eine grobe Beweisidee angeben werden, zeigt die Konsequenz dieser intuitiven Überlegung.

Satz 4.22. *Sei (x^*, y^*) Lösung des Systems:*

$$(y^*, 0) \sim_1 (x^*, 1) \tag{4.24}$$
$$(x^*, 0) \sim_2 (y^*, 1) \tag{4.25}$$

Hierbei bezeichnen x und y jeweils einen Aufteilungsvorschlag von Spieler 1 bzw. Spieler 2. Dann ist das einzige teilspielperfekte Gleichgewicht (F^*, G^*) des Verhandlungsspiels wie folgt definiert:

t ungerade: $\quad f_t^* \equiv x^*, \quad g_t^*(s_1, \ldots, s_t) = \begin{cases} J \ldots s_t \leq y^* \\ N \ldots s_t > y^* \end{cases}$

t gerade: $\quad g_t^* \equiv y^*, \quad f_t^*(s_1, \ldots, s_t) = \begin{cases} J \ldots s_t \geq x^* \\ N \ldots s_t < x^* \end{cases}$

Beweisidee: Wie im Beweis von Satz 4.21 kann man zeigen, dass (F^*, G^*) ein Nash-Gleichgewicht ist.

Es ist teilspielperfekt, da insbesondere die oben erwähnte Abweichung von Spieler 1 von x^* zu $(x^* + \varepsilon)$ wegen (4.25) nicht profitabel ist. Denn es gilt wegen des Monotonieaxioms:

$$(x^* + \varepsilon, 0) \prec_2 (x^*, 0) \sim_2 (y^*, 1)$$

Das heißt, Spieler 2 würde $(x^* + \varepsilon)$ nicht akzeptieren. Analoges gilt für Spieler 1. Die Begründung dafür, dass (F^*, G^*) das einzige teilspielperfekte Gleichgewicht des Spiels ist, wird weiter unten skizziert.

q. e. d.

Das in Satz 4.22 beschriebene System von Indifferenzbeziehungen können wir auch graphisch illustrieren.

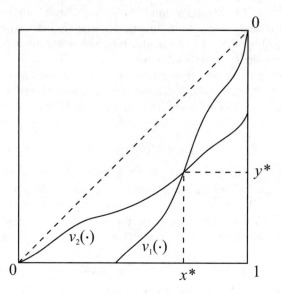

Abb. 4.21. Teilspielperfekte Aufteilung (x^*, y^*)

In Abb. 4.21 sind die Gegenwartswertfunktionen $v_i(\cdot)$ entsprechend der Annahme A.7) für beide Spieler eingezeichnet. Die Bedingungen (4.24) und (4.25) können analytisch äquivalent in Gegenwartswerten wie folgt ausgedrückt werden

$$v_1(x^*) = y^*,$$
$$v_2(y^*) = x^*.$$

Geometrisch wird das Paar (x^*, y^*) durch den eindeutigen Schnittpunkt der $v_i(\cdot)$-Kurven in Abb. 4.21 bestimmt.[41]

Das in Satz 4.22 definierte teilspielperfekte Gleichgewicht (F^*, G^*) impliziert offenbar, dass das Ergebnis des Verhandlungsprozesses $(x^*, 0)$ ist, d. h.

---

[41] Die Monotonie der $v_i(\cdot)$-Kurven alleine sichert noch nicht die Eindeutigkeit des Schnittpunktes (x^*, y^*). Wir werden später für einen Spezialfall einen Beweis für die Eindeutigkeit geben.

4.2 Nicht-kooperative Verhandlungstheorie

Spieler 1 schlägt die Aufteilung x^* vor, die Spieler 2 sofort akzeptiert. Ebenso wie das Ergebnis von Satz 4.21 impliziert, findet auch im teilspielperfekten Gleichgewicht kein Verhandlungsprozess über mehrere Perioden hinweg statt. Da die Spieler vollkommene Information über die Charakteristika ihrer Mitspieler, insbesondere über ihre Zeitpräferenz, haben, ist es sinnlos, das Spiel über mehrere Perioden zu spielen, um beispielsweise erst einmal Informationen über die Präferenzrelation des Gegenspielers zu sammeln.[42] Schon in der ersten Runde steht die gleichgewichtige Aufteilung fest, jede Weiterführung des Verhandlungsprozesses zwecks späterer Einigung würde wegen der Annahme der Ungeduld der Spieler nur zu einem schlechteren Resultat für beide Spieler führen.

Wir wollen das Ergebnis von Satz 4.22 weiter illustrieren und nehmen daher an, dass die Präferenzrelationen der Spieler durch eine einfache Funktion wie folgt repräsentiert werden können:

$$(s,t) \succsim_1 (s',t') \iff s\delta_1^t \geq s'\delta_1^{t'} \tag{4.26}$$

$$(s,t) \succsim_2 (s',t') \iff (1-s)\delta_2^t \geq (1-s')\delta_2^{t'} \tag{4.27}$$

Hierbei gilt $\delta_i \in [0,1)$ für $i = 1, 2$. Diese Interpretation der Präferenzrelation ist plausibel.[43] Gemäß dieser Darstellung einer Präferenzrelation werden Verhandlungsergebnisse (s,t) nach ihrem diskontierten Wert $s\delta_i^t$ bzgl. einer Diskontrate δ_i bewertet. Mit dieser speziellen Interpretation von $\succsim_i$ kann man aus den Bestimmungsgleichungen für das teilspielperfekte Gleichgewicht (4.24) und (4.25) die Aufteilung (x^*, y^*) im Gleichgewicht explizit ausrechnen. Denn aus den beiden Bestimmungsgleichungen folgt:

$$x^*\delta_1 = y^* \iff (x^*,1) \sim_1 (y^*,0)$$
$$1 - x^* = (1-y^*)\delta_2 \iff (x^*,0) \sim_2 (y^*,1)$$

Daraus leitet man

$$1 - x^* = \delta_2 - x^*\delta_1\delta_2$$

ab, woraus folgt:[44]

$$x^* = \frac{1-\delta_2}{1-\delta_1\delta_2} \tag{4.28}$$

$$y^* = \frac{\delta_1(1-\delta_2)}{1-\delta_1\delta_2} \tag{4.29}$$

---

[42] Ein Ansatz mit unvollständiger Information ist schon früher von Harsanyi und Selten (1972), die gleichzeitige Vorschläge zulassen, und später ebenfalls von Rubinstein (1985) entwickelt worden. Wir wollen hier nicht weiter auf diese Problematik eingehen.

[43] Man kann zeigen, dass die so definierte Funktion alle in diesem Abschnitt angeführten Axiome an $\succsim_i$ erfüllt.

[44] Wegen der Annahme $\delta_i < 1$ sind die Ausdrücke für x^* und y^* wohl definiert.

Durch Differentiation erhalten wir:

$$\frac{\partial x^*}{\partial \delta_2} < 0, \quad \frac{\partial x^*}{\partial \delta_1} > 0$$

Ein Anwachsen von δ_1 bedeutet, dass Spieler 1 geduldiger wird, d. h. eine Verschiebung von Auszahlungen auf einen späteren Zeitpunkt ihm weniger ausmacht. Wenn Spieler 1 geduldiger wird, wird seine Verhandlungsposition gegenüber Spieler 2 *ceteris paribus* gestärkt. Dies äußert sich formal darin, dass Spieler 1 im Gleichgewicht einen höheren Anteil x^* für sich fordert und Spieler 2 dies akzeptiert. Umgekehrt nimmt *ceteris paribus* die Verhandlungsmacht von Spieler 1 ab, wenn Spieler 2 geduldiger wird. Weiter können wir aus (4.28) und (4.29) die Ungleichung

$$x^* > y^*$$

ableiten. Sie besagt, dass Spieler 1 im teilspielperfekten Gleichgewicht eine höhere Auszahlung erhält, als Spieler 2 ihm zubilligen würde. In diesem Sinne kann man von einem *first mover advantage* von Spieler 1 sprechen.

Wir wollen diesen Abschnitt mit einer alternativen Beweisidee von Satz 4.22 schließen, die von Shaked und Sutton (1984) für den oben diskutierten Spezialfall der Darstellung der Präferenzen gegeben wurde. Der Beweis zeigt insbesondere die Eindeutigkeit des teilspielperfekten Gleichgewichts.

Alternative Beweisidee von Satz 4.22: Im Folgenden bezeichne M das Supremum der Auszahlungen an Spieler 1 über alle teilspielperfekten Gleichgewichte.

Angenommen der Verhandlungsprozess habe die ersten zwei Perioden überlebt, dann ist die strategische Situation für beide Spieler die gleiche wie am Beginn des Spiels. Das Supremum der Auszahlungen beträgt wie vorher M. Wir beschreiben die Situation durch folgende Tabelle:

Periode	Spieler	Spieler 1 bekommt höchstens	Spieler 2 bekommt wenigstens
1	1	$1 - \delta_2(1 - \delta_1 M)$	—
2	2	—	$1 - \delta_1 M$
3	1	M	—

Betrachten wir Periode 2, in der Spieler 2 sein Angebot macht: Spieler 1 wird jedes Angebot $y \geqq \delta_1 M$ annehmen. Dann erhält Spieler 2 wenigstens $1 - \delta_1 M$.

Betrachten wir Periode 1, in der Spieler 1 sein Angebot macht: Macht Spieler 1 ein Angebot mit $1 - x < \delta_2(1 - \delta_1 M)$, dann wird Spieler 2 nicht annehmen. Also gilt im teilspielperfekten Gleichgewicht $1 - x \geqq \delta_2(1 - \delta_1 M)$, woraus folgt $x \leqq 1 - \delta_2(1 - \delta_1 M)$, d. h. Spieler 1 erhält in der ersten Periode höchstens $1 - \delta_2(1 - \delta_1 M)$. Da aber das Supremum aller Auszahlungen an Spieler 1 in Runde 1 als M definiert wurde, muss die Beziehung

$$M = 1 - \delta_2(1 - \delta_1 M)$$

gelten, aus der man M wie folgt bestimmt:

$$M = \frac{1 - \delta_2}{1 - \delta_1 \delta_2}$$

Analog geht man bei der Bestimmung des Infimums m der Auszahlungen aus teilspielperfekten Gleichgewichten vor. Aus der Tabelle

Periode	Spieler	Spieler 1 bekommt wenigstens	Spieler 2 bekommt höchstens
1	1	$1 - \delta_2(1 - \delta_1 m)$	—
2	2	—	$1 - \delta_1 m$
3	1	m	—

leitet man wie oben

$$m = \frac{1 - \delta_2}{1 - \delta_1 \delta_2}$$

ab.

q. e. d.

Nicht-kooperative vs. kooperative Verhandlungen

Wir greifen hier wieder die Frage auf, die wir am Beginn dieses Abschnitts angeschnitten haben: Lässt sich die kooperative Nash-Lösung im Rahmen eines nicht-kooperativen Verhandlungsprozesses implementieren? Wir haben zwei nicht-kooperative Ansätze zur Lösung dieses Problems von Nash selbst kennen gelernt, die nicht die letzte Antwort auf dieses Problem sein konnten. Die Frage nach der Beziehung zur kooperativen Nash-Lösung ist daher auch beim Rubinstein-Verhandlungsspiel aufgeworfen worden. Binmore et al. (1986) und Sutton (1985) haben sich in mehreren Arbeiten mit dieser Problematik beschäftigt. Wir wollen diese Überlegungen hier im Rahmen eines präzisen Modells zusammenfassen.

Wir gehen aus vom Rubinstein-Grundmodell, in dem die beiden Spieler durch Präferenzrelationen $\succsim_i$ über die Ausgänge des Verhandlungsspiels (s,t) charakterisiert sind, die die Annahmen A.1) bis A.7) erfüllen. Fishburn und Rubinstein (1982) haben gezeigt, dass diese Präferenzrelationen durch eine stetige Nutzenfunktion $u_i : [0,1] \longrightarrow \mathbb{R}$ repräsentiert werden kann mit

$$(s,t) \succsim_i (s',t') \iff \delta^t u_i(s) \geqq \delta^{t'} u_i(s'),$$

wobei $u_i(\cdot)$ konkav (wenn der für beide Spieler gleiche Diskontfaktor $\delta < 1$ „groß genug" ist) und bis auf Multiplikation mit einer positiven Konstanten eindeutig ist.

Mit Hilfe dieser Nutzenfunktionen konstruiert man nun ein kooperatives Verhandlungsspiel wie folgt: Die Verhandlungsmenge B ist gegeben durch:

$$B := \{(u_1, u_2) \mid u_1 \leqq u_1(s), u_2 \leqq u_2(s), s \in [0,1]\}$$

Offenbar besteht der Pareto-Rand $P(B)$ der Menge B aus allen Punkten $(u_1(s), u_2(s))$, wobei s alle möglichen Aufteilungen durchläuft. Der Drohpunkt ist der Nutzen beider Spieler, wenn keine Einigung erzielt wird. Wir erinnern uns, dass die Nichteinigung im Rubinstein-Spiel zu dem Ergebnis $(0, \infty)$ führt. Wegen $u_i(0)\delta^\infty = 0$ kann man den Drohpunkt (bei Nichteinigung) bei $d = (d_1, d_2) = (0,0)$ festsetzen. Aus der Konkavität der $u_i(\cdot)$ folgt die Konvexität der Verhandlungsmenge B.

Wir werden nun zeigen, dass der nicht-kooperative Verhandlungsprozess von Rubinstein in einem zu präzisierenden Sinn gegen die kooperative Nash-Lösung des assoziierten kooperativen Verhandlungsspiels (B, d) konvergiert. Dazu betrachten wir eine Folge von Rubinstein-Spielen, die sich nur durch die Periodenlänge τ unterscheiden, innerhalb derer ein Spieler ein Gebot annehmen oder ablehnen kann bzw. innerhalb derer ein Spieler ein neues Angebot (nach Ablehnung des vorherigen Angebots) machen kann. Bislang sind wir von $\tau = 1$ ausgegangen. Schrumpft die Länge der Verhandlungsperiode, so impliziert dies ein Anwachsen des Diskontfaktors jedes Spielers, d. h. die Spieler werden geduldiger.[45] Es bezeichne $x(\tau)$ bzw. $y(\tau)$ das Aufteilungsangebot von Spieler 1 bzw. Spieler 2 in einem Rubinstein-Spiel mit Periodenlänge τ, dann lautet das Hauptergebnis dieses Abschnitts:

Satz 4.23. *Sei $(x^*(\tau), y^*(\tau))$ das teilspielperfekte Gleichgewicht im Rubinstein-Spiel mit Periodenlänge τ, und bezeichne s_N den Maximierer des Nash-Produktes $u_1(s) \cdot u_2(s)$ ($s \in [0,1]$), dann gilt:*

$$\lim_{\tau \to 0} x^*(\tau) = \lim_{\tau \to 0} y^*(\tau) = s_N$$

Beweisidee: Wir nehmen o. B. d. A. an, dass sich der Pareto-Rand $P(B)$ durch eine differenzierbare, konkave Funktion $\psi : u_1 \mapsto u_2$ beschreiben lässt. $(u_1^N, u_2^N) := (u_1(s_N), u_2(s_N))$ bezeichnet denjenigen Nutzenvektor, den die Spieler bei der kooperativen Nash-Lösung erhalten. Wegen der Eindeutigkeit

---

[45] Wird in stetiger Zeit diskontiert, mit der Gegenwartswertformel $xe^{-r_i t}$, wobei r_i den von Spieler i angewendeten Zinssatz bezeichnet, so erhält man bei der Dauer der Verhandlungsperiode τ den Diskontfaktor $\delta_i(\tau) = e^{-r_i \tau}$. Wird τ kleiner, so wächst der subjektive Diskontfaktor δ_i. Genau genommen unterstellt dies konstante Ungeduld (die durch r_i ausgedrückt wird) bezüglich der physischen Zeit. Da mit $\tau \to 0$ die Verhandlungsrunden immer schneller (in physischer Zeit) getaktet sind, nimmt daher die Auswirkung der Ungeduld ab, d. h. es macht einem weniger aus, eine Runde (um τ länger) zu warten.

4.2 Nicht-kooperative Verhandlungstheorie

der Nash-Lösung und der Stetigkeit von $u_i(\cdot)$ reicht es zu zeigen, dass die Beziehung
$$\lim_{\tau \to 0}(u_1(x^*(\tau)), u_2(x^*(\tau))) \longrightarrow (u_1^N, u_2^N)$$
gilt (analog für $y^*(\tau)$).

Für eine feste Periodenlänge τ ist das teilspielperfekte Gleichgewicht gemäß Satz 4.22 bestimmt durch das Gleichungssystem (4.24) und (4.25), das hier die folgende Form annimmt:
$$u_1(y^*(\tau)) = \delta^\tau u_1(x^*(\tau)),$$
$$u_2(x^*(\tau)) = \delta^\tau u_2(y^*(\tau))$$

Nach Definition von $\psi(\cdot)$ gilt:
$$\psi(u_1(x^*(\tau)) = u_2(x^*(\tau)) = \delta^\tau u_2(y^*(\tau))$$
$$= \delta^\tau \psi(u_1(y^*(\tau)) = \delta^\tau \psi(\delta^\tau u_1(x^*(\tau))$$

Setzt man $u_1^\tau := u_1(x^*(\tau))$, dann gilt also:
$$\psi(u_1^\tau) = \delta^\tau \psi(\delta^\tau u_1^\tau)$$

Angenommen für $\tau \to 0$ gilt $u_1^\tau \to \bar{u}_1$. Dann erhält man:
$$\psi'(\bar{u}_1) = \lim_{u_1^\tau \to \bar{u}_1} \frac{\psi(u_1^\tau) - \psi(\delta^\tau u_1^\tau)}{u_1^\tau - \delta^\tau u_1^\tau}$$
$$= \lim_{u_1^\tau \to \bar{u}_1} \frac{\delta^\tau \psi(\delta^\tau u_1^\tau) - \psi(\delta^\tau u_1^\tau)}{u_1^\tau - \delta^\tau u_1^\tau}$$
$$= \lim_{u_1^\tau \to \bar{u}_1} -\frac{(\delta^\tau - 1)\psi(\delta^\tau u_1^\tau)}{(\delta^\tau - 1)u_1^\tau} = -\frac{\psi(\bar{u}_1)}{\bar{u}_1}$$

Das heißt, es gilt:
$$-\frac{\psi(\bar{u}_1)}{\bar{u}_1} = \psi'(\bar{u}_1)$$

Eine kurze Überlegung zeigt, dass durch diese Bedingung die kooperative Nash-Lösung charakterisiert ist. Denn in $(\bar{u}_1, \bar{u}_2)$ ist die Grenzrate der Substitution der durch das Nash-Produkt $u_1 u_2$ erzeugten Niveaulinien ($-\frac{\psi(\bar{u}_1)}{\bar{u}_1}$) gleich der Grenzrate der Transformation $\psi'(\bar{u}_1)$, wenn man den Pareto-Rand $P(B)$ als Transformationskurve auffasst.[46]

q. e. d.

---

[46] Man kann diese Beziehung auch durch Maximierung des Nash-Produktes
$$u_1 \psi(u_1)$$
bzgl. u_1 ableiten. Die Bedingung 1. Ordnung ergibt $\psi(u_1^*) + u_1^* \psi'(u_1^*) = 0$.

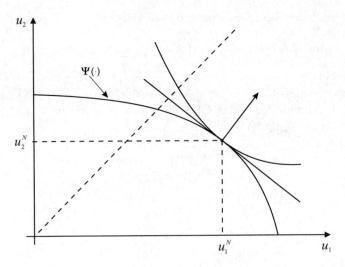

Abb. 4.22. Charakterisierung der Nash-Lösung im Nutzenraum

Wir können das Resultat des Satzes auch so interpretieren, dass „sehr geduldige" Spieler mit der kooperativen Nash-Lösung ein ähnliches Resultat bei der Aufteilung eines festen Betrags erzielen wie bei der nicht-kooperativen Verhandlungslösung von Rubinstein. Wir folgern aus dem Resultat von Satz 4.23 weiter, dass beim Schrumpfen der Länge der Verhandlungsperioden τ der first mover advantage von Spieler 1 immer geringer wird. Denn bei gegebener Periodenlänge τ gilt für die Rubinsteinlösung $x^*(\tau) > y^*(\tau)$, wie man sofort den Beziehungen (4.28) und (4.29) entnimmt. Wegen $\lim_{\tau \to 0} x^*(\tau) = \lim_{\tau \to 0} y^*(\tau) = s_N$ sieht man, dass in der Tat der first mover advantage schrumpft, wenn τ kleiner wird.

Das Resultat von Satz 4.23 ist bemerkenswert, denn es zeigt eine wichtige Verbindung von kooperativer und nicht-kooperativer Verhandlungstheorie auf. Gleichzeitig stützt es die Relevanz der kooperativen Nash-Lösung für Verhandlungsspiele. Damit ist dieses Resultat *eines* in einer Reihe weiterer Resultate, die die kooperative Verhandlungslösung von Nash als sinnvolles Lösungskonzept für kooperative Spiele ausweisen. In jüngster Zeit (siehe Young 1993b) wurde die kooperative Nash-Lösung auch als Ergebnis eines evolutionären Prozesses abgeleitet. In einem anderen Ansatz wurde die Nash-Lösung als Walrasianisches Gleichgewicht einer geeignet zu konstruierenden Ökonomie interpretiert (siehe Trockel 1996). Dies lässt die Robustheit der axiomatischen Nash-Lösung in neuem Licht erscheinen.

Erweiterungen – Ergänzungen

Da Verhandlungsprobleme im Mittelpunkt vieler ökonomischer Modelle standen, wurde das Verhandlungsmodell von Rubinstein zum Zeitpunkt seiner Publikation als wichtiger Meilenstein in der Ökonomischen Theorie sowie in der Spieltheorie betrachtet.[47] Ohne diese großartige Leistung schmälern zu wollen, muss man darauf hinweisen, dass in den achtziger Jahren einige Arbeiten erschienen sind, die die Anwendbarkeit des nicht-kooperativen Verhandlungsansatzes auf relevante, ökonomische Problemstellungen einschränken. Wir wollen hier speziell zwei Kritikpunkte ansprechen.

Zahl der Verhandlungspartner

Das Grundmodell der nicht-kooperativen Verhandlungstheorie ist nur für 2 Spieler konzipiert. Man kann sich allerdings leicht Situationen vorstellen, in denen mehr als 2 Spieler über die Aufteilung eines „Kuchens" verhandeln. In der kooperativen Verhandlungstheorie ist diese Erweiterung auf N Personen problemlos möglich. Die Begrenzung des Verhandlungsproblems auf zwei Spieler beim nicht-kooperativen Verhandlungsmodell scheint zunächst nur aus didaktischen Gründen gemacht worden zu sein. Eine nähere Betrachtung zeigt allerdings, dass sich mit der Erweiterung des nicht-kooperativen Verhandlungsproblem auf $N \geq 3$ Personen größere konzeptionelle Probleme ergeben. Wir wollen in diesem Abschnitt kurz auf die Probleme eingehen, die sich bei einer Erweiterung der Zahl der Verhandlungspartner ergeben. Unsere Ausführungen in diesem Abschnitt basieren im Wesentlichen auf den Arbeiten von Haller (1986) und Yang (1992).

Um die Notation nicht unnötig zu komplizieren, betrachten wir ein nicht-kooperatives Verhandlungsspiel mit *drei* Spielern. Wir nehmen an, dass in jeder Periode t jeweils ein Spieler einen Aufteilungsvorschlag $x^t = (x_1^t, x_2^t, x_3^t)$ macht (wobei $\sum_i x_i^t = 1$ gilt). Wir können also einen Aufteilungsvorschlag als Element des 2-dimensionalen Einheitssimplex

$$\Delta^2 = \{(x_1, x_2, x_3) \in \mathbb{R}_+^3 \mid x_1 + x_2 + x_3 = 1\}$$

auffassen. Ohne Beschränkung der Allgemeinheit legen wir die folgende Reihenfolge der Aufteilungsvorschläge fest: Spieler 1 beginnt in der ersten Periode, in der zweiten Periode wählt Spieler 2, in der dritten Periode Spieler 3. In der vierten Periode beginnt wiederum Spieler 1 usw. Wenn ein Spieler i in Periode $t(i)$ einen Aufteilungsvorschlag gemacht hat, wird er abgelehnt, sofern nur *ein* Spieler den Vorschlag nicht akzeptiert. Das heißt ein Vorschlag wird nur akzeptiert, wenn alle diesem Vorschlag zustimmen. Die Zeitpräferenz der Spieler wird durch den gemeinsamen Diskontfaktor $\delta \in [0,1)$ modelliert. Ein Aufteilungsvorschlag x, der in Periode t angenommen wird, erzeugt die diskontierte Auszahlung $\delta^t x_i$ für Spieler i.

Betrachtet man allgemein ein Verhandlungsspiel mit $n \geq 3$ Personen, so sind viele verschiedene Abstimmungsregeln über die Aufteilungsvorschläge denkbar. Haller (1986) hat die oben verwendete Veto-Regel verwendet. Die

---

[47] Hier muss angemerkt werden, dass Rubinstein (1982) mit Ingolf Ståhl (1972) und Wilhelm Krelle (1975) weniger formal elegante Vorläufer hatte.

Wahl dieser Regel ist sehr wichtig, denn die erzielten Ergebnisse hängen in kritischer Weise davon ab. Wir konzentrieren uns hier auf den Haller'schen Ansatz, der gezeigt hat, dass – im Gegensatz zur Rubinstein-Lösung – jeder Aufteilungsvorschlag ein teilspielperfektes Gleichgewicht ist. Wir formulieren dieses Resultat allgemein.

Satz 4.24. *Gegeben sei ein Verhandlungsspiel mit $n \geq 3$ Teilnehmern. Dann gibt es zu jedem Aufteilungsvorschlag $x = (x_1, \ldots, x_n)$ ein teilspielperfektes Gleichgewicht derart, dass Spieler 1 den Vorschlag x macht, der sofort von allen übrigen Spielern angenommen wird.*

Wir wollen die Gültigkeit des Satzes an dem Spezialfall $n = 3$ nachvollziehen. Es bezeichne $F_i = \{f_{i,t}\}_t$ die Strategie von Spieler i und $t(i)$ bezeichne die Periode, in der Spieler i einen Aufteilungsvorschlag macht. Für Spieler i bezeichnet dann $t(j)$ eine Periode, in der Spieler j einen Aufteilungsvorschlag machen muss, d. h. in der Spieler i einen Vorschlag von j ablehnen oder annehmen kann. Wir können dann die Strategien der Spieler wie folgt präzisieren. Für die Spieler $i = 2, 3$ lauten die Strategieanweisungen

in $t(i)$: $\quad f_{i,t(i)} : (\Delta^2)^{t(i)-1} \longrightarrow \Delta^2$,

in $t(j)$: $\quad f_{i,t(j)} : (\Delta^2)^{t(j)-1} \longrightarrow \{J, N\}$.

Da Spieler 1 den Verhandlungsprozess beginnt, lautet die Strategieanweisung von Spieler 1

in $t(1) = 1$: $\quad f_{1,1} \in \Delta^2$,

in $t(i) \neq 1$ verfährt man wie bei den Spielern $j = 2, 3$.

Gegeben sei eine beliebige Aufteilung $x \in \Delta^2$. Wir konstruieren nun ein teilspielperfektes Gleichgewicht (F_1^*, F_2^*, F_3^*) wie folgt:

1. $f_{1,1}^* = x$, d. h. Spieler 1 beginnt mit einem Aufteilungsvorschlag x.
2. Für jeden Spieler i, der in $t(i) > 1$ einen Vorschlag macht, gilt:
   - Bei $x_{t(i)-3} = x$ wähle x, d. h. schlägt der Vorgänger von i die in Periode 1 vorgeschlagene Aufteilung x vor, so schlägt i die gleiche Aufteilung vor.
   - bei $x_{t(i)-3} \neq x$ wähle e^i, wobei e^i den i-ten Einheitsvektor bezeichnet. Das heißt sobald ein Vorgänger von i von der Regel, x vorzuschlagen, abweicht, reklamiert der folgende Spieler den gesamten Kuchen für sich.
3. Für die Spieler, die in einer Periode einen Aufteilungsvorschlag annehmen oder ablehnen müssen, gilt: Ist der vorschlagende Spieler bei x geblieben, stimme man mit Y, andernfalls mit N.

Das Strategietupel F^* führt bereits in der ersten Runde zur Annahme eines Aufteilungsvorschlags x. Es bleibt zu zeigen, dass F^* teilspielperfekt ist.

- Dazu betrachte man ein Teilspiel, das in einer Periode beginnt, in der Spieler i einen Aufteilungsvorschlag machen muss. Schlägt er ein $x' \neq x$ vor, wird der Vorschlag abgelehnt und in der folgenden Periode ein e_j ($j \neq i$) gewählt. Das führt schließlich zu einer Auszahlung von 0 für Spieler i. Also lohnt sich ein Abweichen von F_i^* nicht.
- Angenommen i muss über einen Abstimmungsvorschlag in Periode t abstimmen. Man muss dann zwei Fälle unterscheiden:
  - Angenommen ein vorher vorschlagender Spieler ist von x abgewichen, dann wird der Vorschlag auf keinen Fall angenommen unabhängig davon, ob Spieler i den Vorschlag akzeptiert oder nicht. Seine Auszahlungen sind unabhängig von seiner Aktion. Also lohnt sich ein Abweichen von der vorgeschlagenen Strategie F_i^* nicht.
  - Angenommen, der vorschlagende Spieler hat in Periode t die Aufteilung x vorgeschlagen. Weicht i von seiner Strategie nicht ab, erhält er die diskontierte Auszahlung $\delta^t x_i$. Weicht i von seiner Strategie ab, kann er höchstens $\delta^{t+1} x_i$ erreichen.

Der von Haller vorgeschlagene Verhandlungsmechanismus ist sinnvoll und u. E. auch nahe liegend. Bei mehr als zwei Verhandlungspartnern sind aber natürlich auch andere Regeln des Verhandlungsprozesses denkbar. So hat man in der Literatur beispielsweise Regeln vorgeschlagen, bei denen die Spieler sequentiell nach ihrer Zustimmung zu einem Aufteilungsvorschlag gefragt werden. Sobald ein Spieler den Vorschlag annimmt, nimmt er am weiteren Verhandlungsprozess nicht mehr teil, der Kuchen schrumpft um den Teil des ausscheidenden Spielers. Mit solchen Modifikationen kann gezeigt werden (siehe Chae und Yang (1988), Yang (1992)), dass die teilspielperfekten Verhandlungslösungen eindeutig sind, und somit das Rubinstein'sche Resultat wieder hergestellt ist. Dieses Ergebnis ist dann allerdings durch restriktive Verhandlungsregeln erkauft worden. Einer der Autoren, die diesen Weg beschritten haben (Yang (1992), S. 277) urteilt über sein eigenes Modell: „One may criticize that this bargaining game is not natural ...".

Beschränkte Teilbarkeit

Van Damme, Selten und Winter (1990) haben gezeigt, dass das Eindeutigkeitsresultat von Rubinstein wesentlich von der Annahme der *beliebigen Teilbarkeit* des Kuchens abhängt, der aufgeteilt wird. Dies sieht man leicht durch die folgende Argumentation: Nehmen wir eine beliebige Aufteilung $x \in [0,1]$ an, die von Spieler 1 vorgeschlagen wird. Im Nash-Gleichgewicht des Beweises von Satz 4.21 nimmt Spieler 2 den Vorschlag an (genauer: er akzeptiert alle Vorschläge $x' \leqq x$). Dies ist nicht teilspielperfekt, da Spieler 1 einen Vorschlag $x+\varepsilon$ machen könnte, den Spieler 2 wegen seiner Ungeduld akzeptieren müsste, wenn ε klein genug gewählt wird, so dass gilt $(x+\varepsilon, 0) \succ_2 (x, 1)$. Spieler 2 ist demnach bereit, einen kleinen Abschlag (in Höhe von ε) seines Anteils in Kauf zu nehmen, wenn er den verminderten Betrag bereits heute erhält.

Es ist intuitiv einsichtig, dass dieses Argument zusammenbricht, wenn Spieler 1 keinen beliebig kleinen Abschlag ε anbieten kann. Dieser Fall tritt z. B. ein, wenn es eine kleinste Geldeinheit m gibt derart, dass alle Aufteilungsvorschläge ganzzahlige Vielfache von m sein müssen. Je nach angenommener Größe der kleinsten Geldeinheit kann dann auch $(x+m, 0) \prec_2 (x, 1)$ gelten. Die Größe der Geldeinheit setzt eine untere Schranke für den Zinsverlust, den Spieler 2 ertragen kann. Angenommen, die Präferenzordnung der Spieler lässt sich darstellen durch die Bedingung:

$$(x, t) \succsim_i (x', t') \iff \delta^t x \geq \delta^{t'} x'$$

Dann kann man obige Bedingung für das Annehmen der schlechteren Aufteilung durch Spieler 2 durch die Ungleichung

$$\varepsilon < (1 - \delta)(1 - x) \qquad (4.30)$$

beschreiben.[48] Jetzt sieht man deutlich, dass durch die Festlegung einer kleinsten Währungseinheit m die Ungleichung nicht mehr gelten muss, wenn m „groß genug" ist, so dass Ungleichung (4.30) nicht mehr gilt. Diese Ungleichung gibt weitere Informationen über die Teilspielperfektheit der Gleichgewichtsaufteilungen. Denn lässt man bei gegebenem ε die Verhandlungsperiode schrumpfen, was einem Anwachsen der Diskontrate δ entspricht, dann sieht man, dass die Bedingung (4.30) ebenfalls nicht erfüllt ist, wenn die Länge einer Verhandlungsperiode τ „klein genug" gewählt wird. Wir sehen, dass beide Einflüsse, d. h. sowohl die Existenz einer kleinsten Währungseinheit als auch die Verkleinerung der Länge einer Verhandlungsperiode dazu beitragen können, das Eindeutigkeitsresultat für teilspielperfekte Gleichgewichte von Rubinstein zu zerstören.

Zum Abschluss dieses Abschnitts wollen wir das Resultat in allgemeiner Form zitieren (siehe Van Damme et al. 1990). Dazu wird angenommen, dass sich die Präferenzen über Verhandlungsergebnisse (x, t) durch eine Nutzenfunktion von der Form

$$V_i(x, t) := e^{-r_i \tau t} u_i(x), \qquad V_i(D) = 0$$

darstellen lassen, wobei $t = 0, 1, 2, \ldots$ die Verhandlungsperiode bezeichnet, $u_i(\cdot)$ monoton wachsende, konkave Funktionen mit der Normierung $u_i(0) = 0$ und $u_i(x) \in [0, 1]$ sind und $e^{-r_i \tau}$ (mit $r_i > 0$) der Diskontfaktor ist.

---

[48] Mit der angenommenen Darstellung der Präferenzen kann man die Beziehung $(x + \varepsilon, 0) \succ_2 (x, 1)$ schreiben als

$$(1 - x - \varepsilon) > \delta(1 - x),$$

woraus die Ungleichung 4.30 folgt.

Satz 4.25. *Ist τ klein genug, so dass*

$$\frac{u_i(1-m)}{u_i(1)} \leq e^{-r_i \tau}$$

gilt, dann existiert für jeden effizienten Aufteilungsvorschlag[49] x ein teilspielperfektes Gleichgewicht mit dem Verhandlungsergebnis[50] $(x, 0)$.

Experimentelle Überprüfung

Auch hier wollen wir keine umfassende Übersicht über die experimentelle Literatur zu diesem Gebiet geben, sondern dem Leser eher eine Idee vermitteln, welche Arten von Experimenten verwendet wurden, um den in den vorhergehenden Abschnitten entwickelten theoretischen Rahmen experimentell zu begleiten. Ein großer Teil der Experimente zu den nicht-kooperativen Verhandlungsspielen fällt in den Bereich der so genannten *Ultimatumspiele*. Dies ist in gewissem Sinne ein degeneriertes Rubinstein-Spiel, das nur *eine Periode* dauert.[51] Zwei Spieler verhandeln über die Aufteilung eines Geldbetrags. Spieler 1 macht am Beginn der Periode einen Aufteilungsvorschlag. Wenn Spieler 2 den Vorschlag akzeptiert, endet das Spiel mit der vorgeschlagenen Aufteilung. Akzeptiert Spieler 2 den Aufteilungsvorschlag nicht, erhalten beide eine Auszahlung von 0. Im Sinne des Konzeptes der Teilspielperfektheit würde man prognostizieren, dass Spieler 1 dem Spieler 2 den kleinsten Geldbetrag anbietet, den ein rationaler Spieler gerade noch akzeptieren würde. Bei der Aufteilung eines DM-Betrags wäre es eine Einheit der kleinsten Währungseinheit, d. h. ein Pfennig. Dies müsste ein rationaler Spieler 2 akzeptieren.

Die ersten Experimente zum Ultimatumspiel gehen auf Güth, Schmittberger und Schwarze (1982) zurück. Sie teilten eine Gruppe von 42 Versuchsgruppen in 2-er Gruppen ein. Die Rolle des Spielers 1 und 2 wurde zufällig verteilt. Alle Versuchspersonen befanden sich zwar in einem Raum, keiner wusste allerdings, wer sein Mitspieler ist. Die Ergebnisse dieses Experiments wichen stark von der theoretischen Lösung ab. Der Modalwert der Aufteilungen lag bei 50%. Der Durchschnitt lag bei 37% des aufzuteilenden Betrags (für Spieler 2). Das Experiment wurde eine Woche später wiederholt. Dabei zeigten sich die Spieler etwas weniger großzügig.[52] Die durchschnittlichen Aufteilungsvor-

---

[49] Bei Existenz einer kleinsten Währungseinheit g wird die Menge der effizienten Aufteilungsvorschläge X^e definiert durch:

$$X^e := \{(k_1 m, k_2 m) \mid k_i \in \mathbb{N}, (k_1 + k_2)m = 1\}$$

[50] Auch in diesem Verhandlungsmodell wird das Angebot von Spieler 1 bereits in der ersten Runde akzeptiert.

[51] Im Rahmen des Rubinstein-Modells lässt sich diese Situation durch den Grenzübergang $\delta = \delta_1 = \delta_2 \to 0$ approximieren.

[52] Sie haben aber im Durchschnitt weniger verdient, da dies die Konfliktquote erhöht hat.

schläge lagen bei 32%, nur in einer Gruppe wurde eine Aufteilung zu gleichen Teilen vorgeschlagen.

Offenbar weichen die experimentellen Resultate stark von der theoretischen Lösung ab. Es liegt nahe, *Fairness* als Erklärung für dieses Verhalten heran zu ziehen. Spieler 1 nutzt seinen Vorteil als first mover nicht aus, da er solche Aufteilungen als unfair empfinden könnte. Auf der anderen Seite könnte Spieler 1 denken, dass eine zu hohe Aufteilung zu seinen Gunsten Spieler 2 veranlassen könnte, diesen Vorschlag aus Verärgerung abzulehnen. Mit anderen Worten, Spieler 1 verhält sich evtl. nur deswegen „fair", weil er eine Verurteilung seines Vorschlags durch Spieler 2 fürchtet. Beide Erklärungsansätze wurden in den nachfolgenden Jahren experimentell weiterverfolgt. In der Zwischenzeit gibt es genügend empirische Evidenz dafür, dass allein Fairness als intrinsische Motivation für das Verhalten Spieler 1 zu einfach ist und vermutlich nicht zutrifft.

Forsythe, Horowitz, Savin und Sefton (1988) untersuchen die Fairness-Erklärungen anhand einer wichtigen Modifikation des Ultimatumspiels, das unter dem Namen *Diktatorspiel* bekannt wurde. In diesem Spiel beginnt wieder Spieler 1 mit seinem Aufteilungsvorschlag, den Spieler 2 nun aber akzeptieren *muss*. Für Spieler 1 entfällt das Risiko, dass sein Vorschlag abgelehnt wird.[53] Gemäß der theoretischen Lösung sollte Spieler 1 den gesamten Geldbetrag für sich fordern. Die experimentellen Resultate zeigen, dass sich in der Tat die durchschnittliche Aufteilung zugunsten von Spieler 1 verschiebt. In 21% der Gruppen schlägt Spieler 1 eine Aufteilung vor, die ihm den gesamten Geldbetrag sichert.[54] Aber immerhin wird auch im Diktatorspiel von Spieler 1 in 21% der Gruppen eine 50% Aufteilung vorgeschlagen. Also kann die Erklärung des Verhaltens von Spieler 1 als Antizipation des ablehnenden Verhaltens von Spieler 2 nicht alleine für die Resultate des Ultimatumspiels verantwortlich sein.

Hoffman, McCabe, Shachat und Smith (1994) haben gezeigt[55], dass die Ergebnisse von Forsythe et al. nicht zwingend den Schluss nahe legen, dass Fairness das treibende Motiv in den Diktatorspielen ist. In ihren Experimenten wurde das Diktatorspiel unter *double blind* Bedingungen durchgeführt. Das heißt die Versuchspersonen konnten (bei Heterogenität der Einzelentscheidungen) sicher sein, dass der Experimentator nicht nachvollziehen konnte, wer welche Entscheidung getroffen hatte. Diese Bedingungen haben eine drastische Änderung der bisher erzielten Resultate gebracht. Zwei Drittel der Spieler 1 in den Verhandlungsgruppen proklamierte den gesamten Geldbetrag für sich selbst. Es gab nur eine Verhandlungsgruppe, in der eine Aufteilung zu gleichen Teilen vorgeschlagen wurde. Vergleicht man die Resultate zwischen

---

[53] Man spricht dann von einem so genannten impunity (Nichtbestrafungs-) Spiel, von dem das Diktatorspiel nur eine mögliche Form darstellt, vgl. Bolton und Zwick (1995) sowie Güth und Huck (1997).

[54] In den Referenzexperimenten von Forsythe et al. gemäß der Ultimatumprozedur konnte keine solche extreme Forderung von Spieler 1 beobachtet werden.

[55] Allerdings sind diese Ergebnisse nicht unumstritten (vgl. Bolton und Zwick 1995).

dem Diktatorspiel und dem double blind-Diktatorspiel, so ist es nahe liegend, nicht Fairness als intrinsisches Motiv für die Aufteilung im Ultimatumspiel anzusehen sondern eher den Wunsch der Versuchspersonen, als fair angesehen zu werden bzw. als fair zu gelten.

In jüngster Zeit haben Güth und van Damme (1998) in einem modifizierten Ultimatumspiel ebenfalls gezeigt, dass intrinsische Fairness nur eine untergeordnete Rolle bei dem Verhalten der Versuchspersonen spielt. In ihrer Versuchsanordnung bestand jede Verhandlungsgruppe aus drei Personen. Spieler 1 macht einen Aufteilungsvorschlag, Spieler 2 kann ihn akzeptieren oder verwerfen, Spieler 3 ist ein Dummy-Spieler, der keine Entscheidung zu treffen hat. Güth und Van Damme haben dieses Ultimatumspiel unter diversen Informationsannahmen durchgeführt, auf die wir hier nicht weiter eingehen können. Charakteristisch war bei (fast) allen Versuchsreihen, dass Spieler 1 und 2 keine Rücksicht auf Spieler 3 nahmen, obwohl faires Verhalten eine Gleichverteilung des Geldbetrags auf alle drei Spieler impliziert. Spieler 3 blieb auch in den Auszahlungen nur ein Dummy-Spieler.

Ultimatumspiele sind ein Spezialfall von nicht-kooperativen Verhandlungsspielen. Binmore, Shaked und Sutton (1985) haben eine Erweiterung des einfachen Ultimatumspiels auf zwei Perioden untersucht. Speziell haben sie das folgende experimentelle Design betrachtet: Zwei Spieler verhandeln über maximal 2 Perioden hinweg über die Aufteilung einer Geldsumme (hier: 100 Pence). In Periode 1 macht Spieler 1 einen Aufteilungsvorschlag. Akzeptiert Spieler 2, dann endet das Spiel mit diesem Vorschlag. Akzeptiert Spieler 2 den Aufteilungsvorschlag nicht, dann geht das Spiel in die zweite Runde, in der allerdings der aufzuteilende Geldbetrag um 75% verkleinert ist (*shrinking pie*-Annahme). Spieler 2 macht nun einen Aufteilungsvorschlag. Akzeptiert Spieler 1, so endet das Spiel mit diesem Aufteilungsvorschlag, andernfalls erhalten beide Spieler keine Auszahlung.

Die theoretische Lösung, die von rationalen Spielern gespielt wird, erhält man leicht durch Rückwärtsinduktion. Spieler 2 bietet Spieler 1 in der zweiten Periode 1 Pence an, damit dieser akzeptiert. Das heißt wenn das Spiel in die zweite Runde geht, rechnet Spieler 2 mit 24 Pence. Dies antizipiert Spieler 1 in der ersten Runde, er bietet ihm also 25 Pence an und reklamiert 75 Pence für sich. Die experimentellen Ergebnisse unterschieden sich allerdings signifikant von der theoretischen Lösung. Die durchschnittliche Erstrundenforderung von Spieler 1 lag nur bei 57% des aufzuteilenden Gesamtbetrags. Nachdem die Spieler die Rollen des „first mover" getauscht hatten, wuchs die Erstrundenforderung signifikant auf 67% des Gesamtbetrags, wobei der Modalwert auf der theoretischen Forderung von 75 Pence lag. Binmore, Shaked und Sutton schließen daraus, dass Spieler eher zur Aufteilung zu gleichen Teilen tendieren, wenn sie zum ersten Mal mit einer strategischen Verhandlungssituation konfrontiert sind. Sie gründen diesen Schluss auf ihre experimentellen Ergebnisse, die zeigen, dass die Spieler erst nach dem Rollentausch eher zur theoretischen Lösung tendieren. Güth, Schmittberger und Schwarze haben ebenfalls ihr Ultimatumspiel mit den gleichen Spielern nach einer

Woche wiederholt, ohne dass sich die experimentellen Ergebnisse signifikant geändert hätten. Dies zeigt deutlich, dass man bei der Übertragung der Ergebnisse von Ultimatumspielen auf mehrperiodige Spiele vorsichtig sein muss.

Um zu zeigen, dass auch erfahrenere Experimentteilnehmer sich nicht an der oben bestimmten Rückwärtsinduktionslösung orientieren haben Güth und Tietz (1988) das Experiment von Binmore at al.

- einmal mit radikaler Ungeduld ($\delta_1 = \delta_2 = \frac{1}{10}$) und
- einmal mit großer Geduld ($\delta_1 = \delta_2 = \frac{9}{10}$)

variiert (für Binmore et al. gilt $\delta_1 = \delta_2 = \frac{1}{4}$). Insbesondere im zweiten Fall gilt $x^* = \frac{1}{10}$, d. h. Spieler 1 sollte nur den $\frac{1}{10}$ vom Erstrundenkuchen beanspruchen, was in keinem Fall auch nur annähernd zutraf.[56] Mit moderateren Diskontierungsfaktoren und mit ebenfalls zwei, aber auch mit drei möglichen Verhandlungsrunden wurde ein analoges Experiment von Ochs und Roth (1989) durchgeführt. Neelin, Sonnenschein und Spiegel (1988) haben noch längere Verhandlungen (bis zu fünf Runden) zugelassen, während Weg, Rappoport und Felsenthal (1990) sogar keinerlei explizite Oberschranken für die Länge des Verhandlungsprozesses angegeben haben. Experimentell ergibt sich eine allgemein bekannte obere Schranke natürlich aus dem Zeiterfordernis einer Runde und der maximalen Dauer des Experiments.

Als *Mouse-Lab*-Methode bezeichnet man im Computerexperiment das Verfahren, den verteilbaren Kuchen in späteren Runden nicht automatisch auf dem Bildschirm auszugeben, sondern diese Information nur auf Abruf zur Verfügung zu stellen. Camerer, Johnson, Sen und Rymon (2002) haben mittels dieser Technik illustriert, dass die Teilnehmer ihr Verhalten oft nicht durch Rückwärtsinduktion ableiten, da sie sich nicht über die spätere Kuchengröße informieren, bevor sie die Erstrundenforderungen stellen. Ein häufig beobachtetes Phänomen scheint generell zu sein, dass Spieler 1 die Differenz zwischen Erst- und Zweitrundenkuchen für sich beansprucht, sofern ihm dies mindestens die Hälfte vom Erstrundenkuchen sichert. Auch besagt der Fairnessgedanke nicht, dass stets im Verhältnis 50:50 aufzuteilen ist. Behauptet wird nur, dass die Teilnehmer in nicht-kooperativen Verhandlungsexperimenten auch an fairen Resultaten interessiert sind. Werden andere Motivationen durch den Verhandlungsprozess suggeriert, z. B. im Sinne unterschiedlicher Verhandlungsstärke durch first mover-Vorteile, so konkurrieren Fairnessüberlegungen mit anderen Motiven. Nur falls sie sich hierbei als dominante Motivation durchsetzen, ist mit 50:50 Aufteilungen zu rechnen.

---

[56] Sowohl für $\delta_1 = \delta_2 = \frac{1}{10}$ als auch für $\delta_1 = \delta_2 = \frac{9}{10}$ lagen die Erstrundenforderungen bei mindestens 50%, obwohl dies nur im ersten ($x^* = 0.9$), aber nicht im zweiten ($x^* = 0.1$) von teilspielperfekten Gleichgewichten vorhergesagt wird.

5
Auktionstheorie

5.1 Einleitung

Die Veräußerung von Gütern über Auktionen ist vermutlich ebenso alt wie der wirtschaftliche Handel selbst. Schon 500 v. Chr. berichtet Herodotus davon, dass in Babylon Auktionen zum Verkauf von unterschiedlichsten Gütern eingesetzt wurden. Das Wort „Auktion" stammt vermutlich von dem lateinischen Wort *augere* ab, was *vermehren* oder *zunehmen* bedeutet.

Auktionen werden heute in vielen unterschiedlichen Gebieten zum Kauf und Verkauf von Gütern eingesetzt. Bekannt sind vor allem die Versteigerung von Antiquitäten und Kunstgegenständen. Auktionen finden auch Anwendung bei den Refinanzierungsgeschäften der Zentralbanken, der Ausschreibung von Aufträgen und der Versteigerung von Edelmetall- oder Ölförderrechten sowie von Konkursmassen. Neuere Einsatzbereiche sind Auktionen für Telekommunikationslizenzen und Emissionsrechte sowie Auktionen im Internet. Die Analyse von Auktionen mittels spieltheoretischer Methoden wurde vor allem durch die Pionierarbeit von Vickrey (1961) iniziiert.

Die Akteure in einer Auktion sind einerseits der Versteigerer (Auktionator) und andererseits die Bieter. Der Versteigerer ist der Ausrichter der Auktion, die Bieter nehmen an der Auktion teil. Die Regeln für die Durchführung einer Auktion werden vor Beginn der Auktion vom Versteigerer festgelegt. Sie sind den Bietern bekannt zu machen und können vom Versteigerer nicht mehr nachträglich geändert werden. Für eine erste allgemeine Beschreibung von Auktionen folgen wir der Definition von McAfee und McMillan (1987a):

Definition 5.1. *Eine Auktion ist eine Marktinstitution, mit der innerhalb fest vorgegebener Regeln auf der Basis von Geboten der Teilnehmer Güter verteilt und Preise bestimmt werden.*

Damit sind Auktionen so genannte *Mechanismen*. Die Gestaltung von Auktionsverfahren ist somit Teil des *Mechanism Design* (Mechanismusgestaltung, vgl. Abschnitt 2.8).

Es gibt eine Vielzahl verschiedener Auktionsverfahren, von denen wir die wichtigsten in diesem Kapitel kennen lernen werden, und unterschiedliche Kriterien, nach denen Aktionen kategorisiert werden können.

Ein erstes Unterscheidungsmerkmal ist, ob die Auktion dem Kauf oder Verkauf von Gütern dienen soll. Bietet ein Verkäufer (Versteigerer) ein oder mehrere Güter an, für die interessierte Käufer (Bieter) Gebote abgeben können, so spricht man von einer *Verkaufsauktion*. Prinzipiell sieht jedes Verfahren einer Verkaufsauktion vor, dass der Bieter, der in der Auktion das höchste Gebot abgegeben hat, den *Zuschlag* erhält und damit das Eigentumsrecht an dem Gut (oder den Gütern) erwirbt. Möchte ein Käufer (Versteigerer) ein oder mehrere Güter erwerben, für die mehrere Anbieter (Bieter) Angebote unterbreiten dürfen, so spricht man von einer *Einkaufsauktion*.[1]

Nehmen sowohl mehrere Käufer als auch Anbieter an einer Auktion teil, so bezeichnet man diese als eine *zweiseitige Auktion*, anderenfalls als *einseitige Auktion*. Wertpapierbörsen sind ein Beispiel für eine zweiseitige Auktion. Wir werden uns in diesem Kapitel allerdings auf einseitige Auktionen beschränken.

Ein weiteres Unterscheidungsmerkmal ist die Anzahl der Güter, die veräußert werden sollen. Soll nur eine Einheit eines Gutes verkauft bzw. gekauft werden, so spricht man von einer *Eingutauktion*. Beim Verkauf von mehreren Gütern spricht man von einer *Mehrgüterauktion*, wobei diese Güter nicht zwangsweise gleichartig sein müssen.

Wozu werden überhaupt Auktionen durchgeführt? Zunächst kann man grundsätzlich davon ausgehen, dass in einer Verkaufsauktion der Versteigerer, der hier Verkäufer ist, seine Güter möglichst teuer verkaufen will; in einer Einkaufsauktion hingegen will der Versteigerer, der hier in der Rolle des Einkäufers ist, möglichst günstig einkaufen. Des Weiteren kann der Versteigerer an Informationen über die Bieter interessiert sein, z. B. über ihre Zahlungsbereitschaft, also den höchsten Geldbetrag, den ein Bieter bereit ist für die angebotenen Güter zu bezahlen. Ein weiteres Ziel kann die *Effizienz* des Auktionsergebnisses sein. In unserer kleinen Auktionswelt aus Versteigerer

---

[1] Prinzipiell können Einkaufsauktionen im Rahmen der Auktionstheorie wie Verkaufsauktionen mit „umgekehrtem Vorzeichen" behandelt werden. Dies setzt allerdings die Homogenität der Güter voraus, die von den konkurrierenden Verkäufern dem Versteigerer in einer Einkaufsauktion angeboten werden, was jedoch oftmals nicht der Fall ist. Die angebotenen Güter können sich beispielsweise aufgrund unterschiedlicher Produktionsbedingungen unterscheiden. Misst der Versteigerer Gütermerkmalen, die zwischen den Anbietern variieren, Bedeutung bei, sollte nicht nur der niedrigste gebotene Verkaufspreis ausschlaggebend für den Zuschlag in einer Einkaufsauktion sein. Eine Möglichkeit, der „Multiattributivität" eines Gutes zu begegnen, besteht darin, dass der Versteigerer die für ihn relevanten Qualitätsmerkmale des Gutes in einer geeigneten Form misst und die Messwerte mit Hilfe einer Bewertungsfunktion zusammen mit dem Angebotspreis zu einem Wert aggregiert. Es erhält dann der Bieter den Zuschlag, darf also das Gut an den Versteigerer liefern, der in der Auktion den höchsten Wert geboten hat (siehe z. B. Ott 2002, Strecker 2004).

und Bietern bedeutet dies, dass derjenige (einer der Bieter oder der Versteigerer), der dem zu versteigernden Gut den höchsten Wert beimisst, gemessen über die individuelle Zahlungsbereitschaft, das Gut nach der Auktion besitzen sollte. Je nach Zielsetzung wählt bzw. gestaltet der Versteigerer das geeignete Auktionsverfahren.[2] Die Gestaltung von Mechanismen (Regeln über erlaubte Aktionen der Teilnehmer und Regeln zur Bestimmung eines Ergebnisses anhand dieser Aktionen) und damit auch von Auktionsverfahren zur Erreichung bestimmter Ziele fällt unter den Begriff des Mechanism Design.

Aber wann genau ist eine Auktion zur Veräußerung von Gütern sinnvoll? Dies ist der Fall, wenn der Verkäufer die Zahlungsbereitschaft der interessierten Käufer nicht genau oder gar nicht kennt. Würde der Verkäufer die Zahlungsbereitschaft eines jeden einzelnen Bieters kennen, so würde er zur Maximierung seines Verkaufserlöses seine Güter dem Käufer mit der höchsten Zahlungsbereitschaft anbieten. Als Preis würde der Verkäufer den Betrag (oder etwas weniger) nennen, den der Käufer bereit ist zu bezahlen. Eine analoge Überlegung kann man für Einkaufsauktionen anstellen.

Ist jedem Bieter selbst bekannt, welchen Wert er dem angebotenen Gut beimisst, dieses den anderen Teilnehmern einer Auktion aber unbekannt ist, so liegt ein Fall von *privater Information* vor und man spricht deshalb von *private values* (private Wertschätzungen). Diese Annahme ist dann sinnvoll, wenn der Wert eines Gutes hauptsächlich dadurch bestimmt wird, welchen persönlichen Nutzen ein Auktionsteilnehmer diesem Gut beimisst (z. B. bei der Versteigerung von Antiquitäten). Im Gegensatz dazu spricht man vom *common value* (objektiver Wert), wenn der Wert eines Gutes zwar für alle Bieter gleich, während der Auktion aber noch unbekannt ist. Beispielsweise ist der Wert einer Diamantmine für alle Auktionsteilnehmer gleich, der tatsächliche Wert offenbart sich allerdings erst später nach dem Abbau der Edelsteine. Häufig besitzen die Güter in einer Auktion beide Komponenten, d. h. für die Bieter sind die Güter von unterschiedlichem Wert, wobei ein Bieter zum Zeitpunkt der Auktion seine exakte Wertschätzung nicht kennt und die unterschiedlichen Wertschätzungen der Bieter voneinander abhängen. Für den Versteigerer ist in der Regel davon auszugehen, dass ihm weder die *private values* der Bieter noch der *common value* eines Gutes bekannt sind.

5.2 Eingutauktionen

In diesem Abschnitt werden die grundlegenden theoretischen Erkenntnisse zu Auktionen, die der Veräußerung eines Gutes dienen, vorgestellt.[3]

---

[2] Hierzu siehe beispielsweise Ehrhart und Ott (2005).
[3] Einen sehr guten Einblick in die Thematik der Eingutauktionen geben z. B. die Arbeiten von McAfee und McMillan (1987a), Kräkel (1992), Wolfstetter (1996) sowie Krishna (2002).

5.2.1 Auktionsformen

Zum Verkauf genau eines Gutes über eine Auktion haben sich die folgenden vier Auktionsformen etabliert:

Englische Auktion (engl. *English Auction*, EA): Die Englische Auktion ist die bekannteste und älteste der gängigen Auktionsformen. Der Versteigerer startet die Auktion normalerweise mit einem Limitpreis (Mindestpreis), den ein Bieter mindestens zahlen muss, um das angebotene Gut zu erwerben. Solange noch mindestens zwei Bieter an der laufenden Auktion teilnehmen, erhöht der Versteigerer – in der Regel gemäß einem vorgegebenen *Inkrement* – den Preis. Die Auktion ist beendet, wenn nur noch ein Bieter aktiv ist, d. h. genau dann, wenn das letztgenannte Gebot nicht mehr überboten wird. Da dies das höchste Gebot in der Auktion ist, nennt man es auch *Höchstgebot* und den Bieter, der es abgegeben hat, den *Höchstbieter*. Der Höchstbieter erhält den Zuschlag, was bedeutet, dass er das Gut bekommt. Als Preis hat der Höchstbieter das Höchstgebot an den Versteigerer zu zahlen. Die Englische Auktion ist vor allem durch Kunstauktionen bekannt geworden, in denen die Bieter physisch anwesend sind und ihr Interesse an dem angebotenen Gut durch das Heben einer Hand signalisieren.

Holländische Auktion (engl. *Dutch Auction*, DA): Die Holländische Auktion ist das Gegenstück zur Englischen Auktion. Der Versteigerer startet die Auktion mit einem sehr hohen Preis, den voraussichtlich kein Bieter bereit ist zu bezahlen. Der Preis wird nun kontinuierlich gesenkt. Dies geschieht solange, bis ein Bieter signalisiert, dass er das Gut zu dem aktuell genannten Preis erwerben möchte. Dieser Bieter erhält als Höchstbieter den Zuschlag und muss den Preis bezahlen, bei dem er seine Zustimmung signalisiert hat. Die Holländische Auktion wird vor allem für den Verkauf von frischen Schnittblumen in Holland eingesetzt, woher sie auch ihren Namen hat.

Simultane Erstpreisauktion (engl. *First Price Sealed Bid Auction*, FA): Bei der simultanen Erstpreisauktion reicht jeder Bieter genau ein Gebot in Unkenntnis der Gebote der anderen Bieter beim Versteigerer ein. Auch hier erhält der Höchstbieter den Zuschlag und muss dafür als Preis sein abgegebenes Gebot, also das Höchstgebot, bezahlen. Deshalb nennt man diese Auktion auch *Höchstpreisauktion*.

Simultane Zweitpreisauktion (engl. *Second Price Sealed Bid Auction*, SA):[4] Die simultane Zweitpreisauktion läuft analog zur simultanen Erstpreisauktion ab. Wie bei dieser erhält der Höchstbieter den Zuschlag. Allerdings hat er als Preis nicht sein eigenes Gebot zu bezahlen, sondern nur das zweithöchste Gebot, also das nach seinem Gebot nächsthöchste Gebot.

---

[4] Diese Auktionsform ist auch unter dem Namen *Vickrey Auktion* bekannt.

Von den hier vorgestellten Auktionsformen gehören die EA und die DA zu den Auktionen mit *offener Gebotsabgabe*, während die FA und SA den Auktionen mit *verdeckter Gebotsabgabe* zuzuordnen sind. Obwohl die Bieter in einer Auktion mit verdeckter Gebotsabgabe das Verhalten der anderen Bieter nicht beobachten können, sind die Bieter in der DA und der FA in der gleichen strategischen Situation.

Satz 5.2. *DA und FA sind (aus Sicht der Bieter) strategisch äquivalent.*

Beweis: Sowohl in der DA als auch in der FA wird der Ausgang der Auktion allein über die Gebote der Bieter entschieden. Außerdem erhalten in beiden Auktionen die Bieter keine relevanten Informationen über die anderen Bieter: Bei der FA gibt jeder Bieter sein Gebot verdeckt ab und erfährt nach Auktionsende nur, ob er den Zuschlag erhalten hat oder nicht. Die DA ist zwar eine offene Auktion und die Bieter können beobachten, wer den Zuschlag erhält und zu welchem Preis. Jedoch ist diese Information für das Bietverhalten irrelevant, da die Auktion in dem Moment vorbei ist, in dem diese Information generiert wird. Folglich ist auch in der DA die einzige relevante Information für jeden Bieter, ob er den Zuschlag erhalten hat oder nicht. In beiden Auktionsformen erhält der Höchstbieter den Zuschlag und hat als Preis sein Gebot (das Höchstgebot) zu bezahlen. Folglich sind DA und FA für die Bieter als strategisch äquivalent zu erachten.

q. e. d.

Zu den vier vorgestellten Auktionstypen hat sich eine Reihe von Modifikationen etabliert, die auch in Kombination angewendet werden können. So setzt der Versteigerer meist einen Limitpreis, den die Bieter mindestens bieten müssen. Eventuell müssen die Bieter vor Auktionsbeginn eine Teilnahmegebühr entrichten oder sie werden nach bestimmten Kriterien ausgewählt und zugelassen. Unter bestimmten Voraussetzungen, auf die wir noch eingehen werden, kann es von Vorteil sein, die endgültige Zahlung nicht nur von den Geboten, sondern beispielsweise auch von dem (erst nachträglich ermittelbaren) „wahren" Wert des Gutes abhängig zu machen. Dies kann sich dann anbieten, wenn der Wert des Gutes den Bietern zum Zeitpunkt der Auktion nicht bekannt ist, worauf in Abschnitt 5.2.5 näher eingegangen wird.

5.2.2 Der Independent-Private-Values-Ansatz

Wir betrachten nun eine Eingutauktion, es wird also genau ein Objekt von einem Versteigerer zum Verkauf angeboten. An dieser Verkaufsauktion nehmen $n \geq 2$ Bieter teil, wobei wir die Menge der Bieter mit $I = \{1,\ldots,n\}$ bezeichnen. Das charakteristische Merkmal des *Independent-Private-Values-Modells* (kurz: IPV-Modell) steckt in der Annahme, dass jeder Bieter $i \in I$ dem Gut einen individuellen *monetären Wert* $v_i \in [0, \bar{v}] \subset \mathbb{R}$ mit $\bar{v} > 0$ beimisst, der ihm zum Zeitpunkt der Auktion genau bekannt ist, den anderen Bietern jedoch nicht.[5] Somit ist der Wert v_i, der die maximale Zahlungsbereitschaft von Bieter i für das Gut ausdrückt, *private Information* von Bieter i. Hierbei wird von asymmetrischen Wertschätzungen ausgegangen, was bedeutet, dass sich die individuellen Wertschätzungen der Bieter unterscheiden, d. h. $v_i \neq v_j$ für $i \neq j$. Die individuelle Wertschätzung des Versteigerers für das Gut sei mit $v_0 \geqq 0$ bezeichnet.

Aufgrund der Unkenntnis eines Bieter in Bezug auf die individuellen Wertschätzungen der konkurrierenden Bieter werden Auktionen im Rahmen der Spieltheorie als Spiel mit unvollständiger Information (Bayes-Spiel) modelliert (siehe Abschnitte 2.7 und 3.3.2). Die Informationsstruktur des IPV-Modells ist dadurch gekennzeichnet, dass die individuellen Wertschätzungen $v_1, \ldots, v_n$ als Realisationen der stochastisch unabhängigen Zufallsvariablen $V_1, \ldots, V_n$ modelliert werden, deren Verteilungsfunktionen $F_1, \ldots, F_n$ und Dichtefunktionen $f_1, \ldots, f_n$ Allgemeinwissen sind (*common prior*). Das bedeutet, dass jeder Spieler i neben seiner individuellen Wertschätzung v_i die „wahren" Verteilungen $F_1, \ldots, F_{i-1}, F_{i+1}, \ldots, F_n$ der ihm unbekannten Wertschätzungen der anderen Bieter $V_1, \ldots, V_{i-1}, V_{i+1}, \ldots, V_n$ kennt, was wiederum allen Bietern und dem Versteigerer bekannt ist. Des Weiteren ist auch die Anzahl n der Bieter allen Beteiligten bekannt.[6] Stammen die individuellen Wertschätzungen alle aus derselben Verteilung F, dann sprechen wir von einer *symmetrischen Informationsstruktur*, was jedoch nicht die Annahme der Asymmetrie der tatsächlichen Wertschätzungen $v_1, \ldots, v_n$ tangiert.

Bei der Analyse von Auktionen interessiert die Rangordnung der individuellen Wertschätzungen. Hierzu hat sich die Notation etabliert, dass mit $v_{(k)}$ die k-höchste Wertschätzung bezeichnet wird, unabhängig von dem Bieter, der sich dahinter verbirgt. Somit lautet die Rangordnung der Wertschätzungen $v_{(1)} > v_{(2)} > \ldots > v_{(n-1)} > v_{(n)}$. Im Fall einer symmetrischen Informations-

---

[5] Wir wollen hier vereinfachend annehmen, dass die Bieter dem Gut keinen negativen Wert beimessen. Durch Erweiterung der unteren Wertgrenzen über die Annahme $v_i \in [\underline{v}, \bar{v}]$ mit $-\infty < \underline{v} < \bar{v} < \infty$ kann auch dieser Fall in den hier vorgestellten Modellrahmen integriert werden, wodurch die zentralen Aussagen nicht berührt werden.

[6] Bei dieser Form der Modellierung handelt es sich um ein Normalformspiel mit privater Information, in dem jeder Spieler $i \in I$ nur seinen Typ $t_i \in T_i$, d. h. seine individuelle Wertschätzung kennt und subjektive Erwartungen bezüglich der Typenkonstellationen (Wertschätzungen) seiner Mitspieler hat. Die subjektiven Erwartungen von Spieler i werden durch die Verteilungs- und Dichtefunktion über der Menge der Typausprägungen der Mitspieler definiert. In dem einfachen IPV-Ansatz wird Unabhängigkeit der individuellen Wertschätzungen angenommen, d. h. die gemeinsame Dichtefunktion $f(v_1, \ldots, v_n)$ über die Typausprägungen der Bieter ist das Produkt der Dichtefunktionen der individuellen Typausprägungen:

$$f(v_1, \ldots, v_n) = f_1(v_1) \cdot \ldots \cdot f_n(v_n)$$

struktur, bei der alle n Wertschätzungen derselben Verteilung F entstammen, ist die Wahrscheinlichkeit für jeden der n unabhängigen Züge V_i, sich in der k-höchsten Stichprobenwert (Wertschätzung) zu realisieren, gleich groß und zwar gleich $1/n$. Da wir ein Spiel mit unvollständiger Information betrachten, interessieren uns vor allem die Zufallsvariablen und deren Verteilungen, die hinter den geordneten Wertschätzungen stecken. Sei mit $V_{(k)}$ die Zufallsvariable bezeichnet, die sich im Spiel mit symmetrischer Informationsstruktur in der k-höchsten Wertschätzung $v_{(k)}$ realisieren wird. Diese der Größe nach geordneten Zufallsvariablen $V_{(1)} > V_{(2)} > \ldots > V_{(n-1)} > V_{(n)}$ nennt man *Rangstatistiken* oder *geordnete Statistiken*. Die Verteilungs- und Dichtefunktion von $V_{(k)}$, die mit $F_{(k)}$ und $f_{(k)}$ bezeichnet werden, lassen sich über die Verteilung F und den Stichprobenumfang n bestimmen (siehe Anhang H).

Wenden wir uns nun den Auszahlungen der Bieter zu, welche diese durch die Teilnahme an einer Eingutauktion erzielen können. Wird das Gut in der Auktion zum Preis p zugeschlagen und vernachlässigen wir die möglichen Kosten, die einem Bieter durch die Teilnahme an der Auktion entstehen, dann lautet der monetäre Gewinn (Ertrag, Rente) π_i von Bieter $i \in I$:

$$\pi_i = \begin{cases} v_i - p & \text{falls Bieter } i \text{ den Zuschlag erhält} \\ 0 & \text{sonst} \end{cases} \tag{5.1}$$

Entsprechend lautet der Gewinn des Versteigerers:

$$\pi_0 = p - v_0 \tag{5.2}$$

Die Präferenzen von Bieter i in Bezug auf seinen Gewinn π_i aus der Auktion seien durch eine Neumann/Morgenstern-Nutzenfunktion $u_i : \mathbb{R} \longrightarrow \mathbb{R}$ mit $u_i(0) = 0$ beschrieben (siehe Anhang E). Aus (5.1) folgt:

$$u_i(\pi_i) = \begin{cases} u_i(v_i - p) & \text{falls Bieter } i \text{ den Zuschlag erhält} \\ u_i(0) & \text{sonst} \end{cases} \tag{5.3}$$

Die Einführung dieses Nutzenkonzepts erlaubt uns, unterschiedliche Risikoeinstellungen der Bieter in Bezug auf ein ex ante unsicheres Auktionsergebnis zu analysieren, worauf wir in Abschnitt 5.2.4 näher eingehen werden. Falls nicht explizit erwähnt, werden wir uns in den weiteren Ausführungen zu Auktionen auf risikoneutrale Bieter beschränken, die den Ausgang einer Auktion anhand ihres Gewinns π_i bewerten, d. h. $u_i(\pi_i) = \pi_i$ für alle $i \in I$.

In Abhängigkeit von der Auktionsform stehen den Bietern unterschiedliche Bietstrategien zur Verfügung. In den Auktionen FA und SA besteht diese aus der einmaligen Abgabe eines Gebots, in der DA in der Annahme eines vorgegebenen Preises und in der EA in der Beteiligung am Bietprozess. Trotz diesen Unterschieden können wir für alle vier Auktionsformen die Bietstrategie eines Bieters i auf ein repräsentatives Gebot $b_i \geq 0$ reduzieren. In der FA und SA ist das repräsentative Gebot gleich dem Gebot des Bieters, in der DA ist es gleich dem höchsten Preis, den der Bieter annimmt, und in der EA ist es gleich dem höchsten Preis, dem der Bieter zustimmt. Da jeder Bieter versuchen wird, einen möglichst hohen Nutzen (Gewinn) aus der Auktion zu ziehen, wird im IPV-Modell seine Bietstrategie b_i im Wesentlichen durch die ihm bekannte individuelle Wertschätzung v_i determiniert werden. Diesen Zusammenhang wollen wir durch die Einführung einer Bietfunktion erfassen, die Bieter i in Abhängigkeit von der Auktionsform und seiner Wertschätzung v_i eindeutig ein Gebot b_i zuordnet. Im Folgenden werden wir unsere Betrachtung weitgehend auf den Fall einer *symmetrischen Bieterstruktur* beschränken. Dies schließt neben der Annahme einer symmetrischen Informationsstruktur zusätzlich die Annahme einer *symmetrischen Verhaltensstruktur* ein, was bedeutet, dass innerhalb einer Auktion alle Bieter dieselbe Bietfunktion

$$\beta : [0, \bar{v}] \longrightarrow \mathbb{R}_+ \qquad (5.4)$$

für die Bestimmung ihrer Gebote verwenden, d. h. $b_i = \beta(v_i)$. Für die Bietfunktion nehmen wir an, dass sie (streng) monoton wachsend, d. h. $\beta(v_i) > \beta(v_k)$ für $v_i > v_k$, und invertierbar sei, d. h. $v_i = \beta^{-1}(b_i)$. Im Fall einer symmetrischen Bieterstruktur unterscheiden sich die Bieter lediglich in ihren individuellen Wertschätzungen $v_1, \ldots, v_n$.

Gemäß Satz 5.2 sind die DA und die FA aus Sicht der Bieter als grundsätzlich strategisch äquivalent zu erachten. Im Rahmen des IPV-Modells gilt ein vergleichbarer Zusammenhang auch für die EA und die SA.

Satz 5.3. *Im IPV-Modell besitzen die Bieter in der EA und der SA jeweils die dominante Strategie, ihre Gebotsgrenze bzw. ihr Gebot gleich ihrer individuellen Wertschätzung zu setzen, d. h. $b_i = v_i$ für alle $i \in I$.*

Beweis: Wir betrachten zunächst die EA und im Anschluss daran die SA.

i) Bieter i mit einer Wertschätzung v_i nehme an einer EA teil. Da in der EA der Höchstbieter sein finales Gebot zu zahlen hat, kann Bieter i bis zum Auktionspreis $p = v_i$ aktiv mitbieten, ohne im Zuschlagsfall einen negativen Gewinn zu erhalten. Steigt er vorher aus der Auktion aus, vergibt er die Chance auf einen positiven Gewinn; bietet er über v_i hinaus, läuft er Gefahr, einen Verlust zu erleiden. Folglich ist die Bietgrenze $b_i = v_i$ dominante Strategie eines Bieters in der EA.

ii) An einer SA nehme wiederum ein Bieter i mit einer Wertschätzung v_i teil. Bezeichne $m = \max_{j \neq i} b_j$ das Maximum der Gebote der anderen Bieter, wobei wir annehmen, dass m größer als der vom Auktionator gesetzte Limitpreis ist.[7]

Zuerst betrachten wir den Fall, dass Bieter i genau seine Wertschätzung bietet, d. h. $b_i = v_i$. Für $v_i > m$ erhält er somit den Zuschlag zum Preis

---

[7] Es ist leicht zu sehen, dass die Argumentation des Beweises auch dann erhalten bleibt, wenn wir diese Annahme aufgeben.

$p = m$ und sein Gewinn beträgt gemäß (5.1) $\pi_i = v_i - m > 0$. Für $v_i < m$ erhält er den Zuschlag nicht und sein Gewinn beträgt somit $\pi_i = 0$, was auch seinem Gewinn im Fall $v_i = m$ entspricht, unabhängig davon, ob er hierbei den Zuschlag erhält oder nicht.

Betrachten wir nun den Fall, dass Bieter i ein niedrigeres Gebot als seine Wertschätzung einreicht, d. h. $b_i < v_i$. Er gewinnt die Auktion für $b_i > m$ und erzielt hierbei, wie zuvor, einen Gewinn in Höhe von $\pi_i = v_i - m > 0$. Für $b_i < m$ erhält er nicht den Zuschlag und erzielt somit $\pi_i = 0$. Dies schließt auch den Fall $b_i < m < v_i$ ein, in dem sich Bieter i allerdings durch die Erhöhung seines Gebots auf einen Wert zwischen m und v_i den Zuschlag und somit wiederum den Gewinn $\pi_i = v_i - m > 0$ sichern könnte. Da hierbei der Gewinn des Bieters im Zuschlagsfall unabhängig von seinem Gebot ist, wird ein rationaler Bieter niemals weniger als seine Wertschätzung bieten.

Gibt Bieter i ein höheres Gebot als seine Wertschätzung ab, d. h. $b_i > v_i$, so wird er wiederum einen Gewinn in Höhe von $\pi_i = v_i - m$ erzielen, falls er den Zuschlag erhält. Dies schließt jedoch auch den Fall $b_i > m > v_i$ ein, in dem Bieter i einen Verlust erleidet. Diesen kann er nur dadurch sicher ausschließen, in dem er nicht mehr als v_i bietet.

Bietet er genau v_i, hat Bieter i sich alle möglichen Ausgänge der Auktion mit einem positiven Gewinn gesichert und alle Fälle eines negativen Gewinns ausgeschlossen. Folglich ist $b_i = v_i$ dominante Strategie des Bieters in der SA.

q. e. d.

Die Dominanz der Strategie $b_i = v_i$ in der SA rührt daher, dass in der SA der Bieter mit seinem Gebot lediglich darauf Einfluss hat, ob er den Zuschlag bekommt oder nicht; sein Gewinn im Zuschlagsfall wird durch das Gebot eines anderen Bieters bestimmt.

Die Existenz dominanter Bietstrategien in der EA und der SA führen in beiden Auktionsformen zu einem eindeutigen Nash-Gleichgewicht, das – wegen der Dominanz der Gleichgewichtsstrategien – unabhängig von der Informationsstruktur der Bieter und deren Risikoeinstellungen ist. Dabei verwenden alle Bieter dieselbe einfache Bietfunktion, nämlich ihr Gebot gleich ihrer Wertschätzung zu setzen, d. h. $\beta_{EA}(v_i) = \beta_{SA}(v_i) = v_i$ für alle $i \in I$.

Das Gleichgewicht der SA bedingt ein charakteristisches Auktionsergebnis, in dem der Bieter mit der höchsten Wertschätzung $v_{(1)}$ den Zuschlag erhält und als Preis die zweithöchste Wertschätzung $v_{(2)}$ zu zahlen hat. Bei Vernachlässigung der Bietinkremente stellt sich das gleiche Ergebnis auch in der EA ein. Werden Inkremente berücksichtigt, jedoch angenommen, dass diese hinreichend klein sind,[8] gewinnt wiederum der Bieter mit der Wertschätzung $v_{(1)}$ die Auktion und hat im Durchschnitt $v_{(2)}$ zu zahlen. Ist $v_{(1)} > v_0$, dann

---

[8] Ein hinreichend kleines Inkrement ist kleiner als der Abstand zwischen zwei benachbarten Wertschätzungen $v_{(k)}$ und $v_{(k+1)}$.

stellt sich im Gleichgewicht beider Auktionen jeweils ein effizientes Ergebnis ein, in dem am Ende derjenige das Gut in den Händen hält, der ihm den höchsten Wert beimisst.

Unter der Voraussetzung, dass in der SA (EA) alle Bieter ihre dominante Bietstrategie wählen, können wir die Frage nach der erwarteten Zahlung, die ein Bieter zu leisten hat, bzw. nach seinem erwarteten Gewinn beantworten. Da jeder Bieter seine individuelle Wertschätzung v_i bietet, ist die Wahrscheinlichkeit, dass Bieter i den Zuschlag erhält, gleich $\text{Prob}\{V_{(1)} = v_i\}$, also der Wahrscheinlichkeit dafür, dass i die höchste Wertschätzung besitzt. Im Fall des Zuschlags darf er mit einem Zuschlagspreis bzw. einer Zahlung in Höhe der erwarteten zweithöchsten Wertschätzung rechnen. Somit lautet der Erwartungswert der Zahlung von Bieter i, die wir wegen $b_i = v_i$ mit $Z_{SA}(v_i)$ bezeichnen:

$$\text{E}[Z_{SA}(v_i)] = \text{E}[V_{(2)} \mid V_{(1)} = v_i] \cdot \text{Prob}\{V_{(1)} = v_i\} \tag{5.5}$$

Sei mit $\Pi_{SA}(v_i)$ die Zufallsvariable der individuellen Gewinne bezeichnet. Aus (5.1) folgt für den erwarteten Gewinn von Bieter i:

$$\text{E}[\Pi_{SA}(v_i)] = \bigl(v_i - \text{E}[V_{(2)} \mid V_{(1)} = v_i]\bigr) \cdot \text{Prob}\{V_{(1)} = v_i\} \tag{5.6}$$

Die Analyse der strategisch äquivalenten DA und FA gestaltet sich nicht so einfach, da die Bieter, anders als in der EA und der SA, keine dominante Strategie besitzen. Dies ist leicht zu sehen: Bietet ein Bieter in der FA seine individuelle Wertschätzung, d. h. $b_i = v_i$, so ist sein Gewinn in jeden Fall gleich null, d. h. $\pi_i = 0$. Folglich besitzt der Bieter einen Anreiz, weniger als v_i zu bieten, d. h. $b_i < v_i$, wobei mit größer werdendem Abstand seines Gebots zu seiner Wertschätzung sein Gewinn im Zuschlagsfall steigt. Dadurch wird es jedoch möglich, dass ein Gebot b_k eines anderen Bieters $k \neq i$ zwischen b_i und v_i liegt, was bedeutet, dass i den Zuschlag nicht erhält und somit auch keinen Gewinn erzielt. In diesem Fall könnte sich i dadurch verbessern, indem er sein Gebot auf einen Wert zwischen b_k und v_i erhöhen würde, so dass er den Zuschlag erhalten und somit einen positiven Gewinn erzielen würde. Aus dieser Überlegung folgt, dass für jedes beliebige Gebot b_i von Bieter i eine Gebotskombination der anderen Bieter gefunden werden kann, auf die es für i eine „bessere Antwort" als b_i gibt. Dies ist gleichbedeutend damit, dass für die Bieter in der FA und der DA keine dominanten Bietstrategien existieren.

Der Frage nach einer spieltheoretischen Lösung für die DA und die FA in Form eines Gleichgewichts und deren Eigenschaften wollen wir uns zunächst im Rahmen des einfachen IPV-Modells im folgenden Abschnitt zuwenden.

5.2.3 Das IPV-Grundmodell

Das Grundmodell des IPV-Modells basiert auf den folgenden vier Annahmen:

A1 *Die Bieter sind risikoneutral.*
A2 *Die Wertschätzungen der Bieter sind individuell, voneinander unabhängig und private Information (IPV-Ansatz).*
A3 *Die Bieter sind (a priori) symmetrisch, d. h. alle Wertschätzungen V_i werden aus derselben Verteilung F gezogen, d. h. $F_i = F_j = F$ für alle $i, j \in I$ (symmetrische Informationsstruktur).*
A4 *Der Preis des Gutes wird nur durch die Gebote determiniert.*

Annahme **A1** der risikoneutralen Bieter erlaubt uns, den Nutzen eines Bieters gleich seinem monetären Gewinn π_i, gegeben durch (5.1), zu setzen. Die Annahmen **A2** und **A3** bedingen das IPV-Modell mit symmetrischer Informationsstruktur. Annahme **A4** schließt beispielsweise das Setzen eines Mindestpreises $r > 0$ durch den Auktionator aus, da dieser beispielsweise in der SA den Zuschlagspreis determinieren würde, wenn der Mindestpreis zwischen der höchsten und zweithöchsten Wertschätzung liegt, d. h. $v_{(1)} > r > v_{(2)}$.

Der Versteigerer spielt im Grundmodell eine passive Rolle und es wird angenommen, dass er das Gut zu jedem Preis $p \geq 0$ verkauft. Passend hierzu ist die Annahme, dass er dem Gut keinen Wert beimisst, also $v_0 = 0$ und somit sein Gewinn (5.2) aus der Auktion gleich seinem Erlös ist, d. h. $\pi_0 = p$.

Wegen der strategischen Äquivalenz von DA und FA (Satz 5.2) werden wir uns in den folgenden Analysen auf die FA beschränken und behalten im Hinterkopf, dass alle getroffenen Aussagen zur FA in entsprechender Weise für die DA gelten.

Da in der FA die Bieter keine dominanten Bietstrategien besitzen, wollen wir nun untersuchen, ob für die FA im IPV-Grundmodell mit symmetrischer Informationsstruktur ein symmetrisches Bayes-Gleichgewicht existiert, also ein Gleichgewicht mit symmetrischer Verhaltensstruktur, in dem alle Bieter dieselbe Bietfunktion β_{FA} verwenden. Ein solches Gleichgewicht ist dadurch charakterisiert, dass es für jeden Bieter – unter der Annahme, dass alle anderen Bieter β_{FA} verwenden – beste Antwort ist, ebenfalls sein Gebot über diese Bietfunktion festzulegen, d. h. $b_i = \beta_{FA}(v_i)$. Das bedeutet, dass wir eine Bietstrategie β_{FA} suchen, welche den erwarteten Gewinn eines Bieters i für jede mögliche Wertschätzung $v_i \in [0, \bar{v}]$ unter der Annahme maximiert, dass die Wertschätzung eines jeden der anderen $n-1$ Bieter der Verteilung F entspringt und jeder dieser Bieter β_{FA} verwendet.

Für Bieter i, der die Wertschätzung v_i besitzt und ein Gebot in Höhe von b_i einreicht, sei mit $\Pi_{FA}(v_i, b_i)$ der aus Sicht von Bieter i unsichere Gewinn zum Zeitpunkt der Gebotsabgabe bezeichnet. Aus (5.1) folgt für den erwarteten Gewinn von Bieter i:

$$\mathrm{E}[\Pi_{FA}(v_i, b_i)] = (v_i - b_i) \cdot \mathrm{Prob}\{\text{Bieter } i \text{ erhält mit Gebot } b_i \text{ den Zuschlag}\} \tag{5.7}$$

Bestimmt jeder der anderen $n-1$ Bieter sein Gebot über die (monotone und invertierbare) Bietfunktion β_{FA} und haben sich deren Wertschätzungen (stochastisch unabhängig voneinander) aus der Verteilung F realisiert, so ist die Wahrscheinlichkeit, dass Bieter i mit seinem Gebot b_i den Zuschlag erhält, gleich $F^{n-1}(\beta_{FA}^{-1}(b_i))$. Der erwartete Gewinn (5.7) lässt sich dann schreiben als:

$$\mathrm{E}[\Pi_{FA}(v_i, b_i)] = (v_i - b_i)\, F^{n-1}(\beta_{FA}^{-1}(b_i)) \tag{5.8}$$

Ziel eines risikoneutralen Bieters ist es, seinen erwarteten Gewinn (5.8) über die Wahl seines Gebots b_i zu maximieren. Aus der Bedingung erster Ordnung

$$\frac{\partial}{\partial b_i}\mathrm{E}[\Pi_{FA}(v_i, b_i)] \stackrel{!}{=} 0 \tag{5.9}$$

leitet sich für einen gegebenen Wert v_i das optimale Gebot b_i^* ab. Verwenden wir zur Bestimmung der partiellen Ableitung in v_i-Richtung das so genannte *Envelope-Theorem*[9], erhalten wir an der Stelle (v_i, b_i^*):

$$\frac{d}{dv_i}\mathrm{E}[\Pi_{FA}(v_i, b_i)] = \frac{\partial}{\partial v_i}\mathrm{E}[\Pi_{FA}(v_i, b_i)] = F^{n-1}(\beta_{FA}^{-1}(b_i)) \tag{5.10}$$

Unter der Annahme der Konsistenz (alle Bieter kennen die „wahre" Verteilung F) und der Symmetrie (dieselbe Wertschätzung führt zum selben Gebot: $v_i = v_k \Rightarrow b_i = b_k$) bestimmen wir nun im Bayes-Spiel der FA als symmetrische Gleichgewichtsstrategie die Bietfunktion β_{FA} als „beste Antwort auf sich selbst". Dies bedeutet, dass β_{FA} den erwarteten Gewinn (5.8) von Bieter i für jede Wertschätzung $v_i \in [0, \bar{v}]$ unter der Bedingung maximiert, dass β_{FA} auch von allen anderen Bietern gewählt wird. Durch den Schritt $b_i = \beta_{FA}(v_i)$ bzw. $v_i = \beta_{FA}^{-1}(b_i)$ können wir das Entscheidungsproblem auf die Variable v_i reduzieren. Somit ist der Gewinn von Bieter i nur noch von der Wertschätzung v_i abhängig, d. h. $\Pi_{FA}(v_i, b_i) = \Pi_{FA}(v_i, \beta_{FA}(v_i))$, weshalb wir den Gewinn nun mit $\Pi_{FA}(v_i)$ bezeichnen. Der erwartete Gewinn (5.8) lautet dann:

$$\mathrm{E}[\Pi_{FA}(v_i)] = (v_i - \beta_{FA}(v_i))\, F^{n-1}(v_i) \tag{5.11}$$

Über (5.10) erhalten wir als Gleichgewichtsbedingung folgende lineare inhomogene Differentialgleichung erster Ordnung:

$$\frac{d}{dv_i}\mathrm{E}[\Pi_{FA}(v_i)] = F^{n-1}(v_i) \tag{5.12}$$

---

[9] Wird eine Funktion $g : \mathbb{R}^2 \to \mathbb{R}$ bei gegebenem Wert der ersten Variablen x bezüglich der zweiten Variablen y maximiert, so gilt an der Stelle (x, y^*) des (inneren) Maximums stets $\partial g(x,y)/\partial y = 0$. Betrachtet man nun die totale Ableitung von g nach x im Punkt (x, y^*), so erhält man:

$$\frac{dg(x,y)}{dx} = \frac{\partial g(x,y)}{\partial x} + \frac{\partial g(x,y)}{\partial y}\frac{dy}{dx} = \frac{\partial g(x,y)}{\partial x}$$

Für die Lösung dieser Differentialgleichung setzen wir $\beta_{FA}(0) = 0$ (ein Bieter, der dem Gut keinen Wert beimisst, d. h. $v_i = 0$, wird für das Gut auch nichts bieten, da negative Gebote nicht zulässig sind), was über (5.11) zur Randbedingung $E[\Pi_{FA}(0)] = 0$ führt. Durch Integration von (5.12) erhält man dann:

$$E[\Pi_{FA}(v_i)] = \int_0^{v_i} F^{n-1}(x)\, dx$$

Eingesetzt in (5.11) ergibt sich:

$$\int_0^{v_i} F^{n-1}(x)\, dx = (v_i - \beta_{FA}(v_i))\, F^{n-1}(v_i)$$

Daraus lässt sich die gleichgewichtige Bietstrategie für die FA ableiten:

$$\beta_{FA}(v_i) = v_i - \frac{\int_0^{v_i} F^{n-1}(x)\, dx}{F^{n-1}(v_i)} \qquad (5.13)$$

Zunächst fällt auf, dass die Bieter im Gleichgewicht weniger als ihre Wertschätzung v_i bieten, was wir für die FA auch erwartet haben. Dies wird auch als *bid shading* bezeichnet. In diesem Zusammenhang sei nochmals darauf hingewiesen, dass die FA-Gleichgewichtsstrategie (5.13) im Gegensatz zur SA-Gleichgewichtsstrategie $\beta_{SA}(v_i) = v_i$ (siehe Satz 5.3) keine dominante Strategie ist. Für den Beweis der Existenz und Eindeutigkeit der FA-Gleichgewichtsstrategie sei hier auf die Arbeit von Maskin und Riley (2003) verwiesen. Im Rahmen des folgenden Beispiels wollen wir uns die Eigenschaften dieser Bietstrategie weiter verdeutlichen.

Beispiel 5.1 Für das Grundmodell sei angenommen, dass die individuellen Wertschätzungen aus der Gleichverteilung über $[0, 1]$ gezogen werden (d. h. $\bar{v} = 1$). Die Verteilungsfunktion F und Dichtefunktion f der individuellen Wertschätzungen lauten in diesem Fall:

$$F(v) = \begin{cases} 0 & \text{für } v < 0 \\ v & \text{für } 0 \leq v \leq 1 \\ 1 & \text{für } v > 1 \end{cases}$$

$$f(v) = \begin{cases} 0 & \text{für } v < 0 \\ 1 & \text{für } 0 \leq v \leq 1 \\ 0 & \text{für } v > 1 \end{cases}$$

Als FA-Gleichgewichtsstrategie (5.13) erhalten wir somit:

$$\beta_{FA}(v_i) = \left(1 - \frac{1}{n}\right) v_i \qquad (5.14)$$

Es ist leicht zu sehen, dass diese Bietfunktion ein Gebot kleiner als die Wertschätzung generiert, d. h. $\beta_{FA}(v_i) < v_i$, monoton ist, d. h. $v_i > v_k \Rightarrow \beta_{FA}(v_i) > \beta_{FA}(v_k)$, und die Höhe der Gebote mit wachsender Bieterzahl zunimmt, d. h. $\beta_{FA,n+1}(v_i) > \beta_{FA,n}(v_i)$ für $n \geq 2$, wobei sich das Gebot immer mehr v_i annähert (Die Kennzeichnung „FA, n" weist hierbei auf eine FA mit n Bietern hin.). Für $n \to \infty$ wird schließlich jeder Bieter seine individuelle Wertschätzung bieten, d. h. $\lim_{n \to \infty} \beta_{FA,n}(v_i) = v_i$.

Betrachten wir nochmals die allgemeine Form der FA-Gleichgewichtsstrategie (5.13). Wir zeigen jetzt, dass in der FA die Abweichung des Gebots eines Bieters von seiner Wertschätzung einer bestimmten Systematik folgt: Jeder Bieter setzt sein Gebot b_i in Höhe der erwarteten zweithöchsten Wertschätzung unter der Annahme, dass er die höchste Wertschätzung besitzt:

$$b_i = \mathrm{E}[V_{(2)} \mid V_{(1)} = v_i] \qquad (5.15)$$

Mit Hilfe der bedingten Verteilung $F_{(2)}(v \mid V_{(1)} = v_i)$ der zweiten Rangstatistik $V_{(2)}$ lässt sich der bedingte Erwartungswert aus (5.15) berechnen, der hier in folgender Weise ausgedrückt werden kann:

$$\mathrm{E}[V_{(2)} \mid V_{(1)} = v_i] = \int_0^{v_i} \left(1 - F_{(2)}(x \mid V_{(1)} = v_i)\right) dx \qquad (5.16)$$

Wegen der Voraussetzung $V_{(1)} = v_i$ repräsentiert die bedingte zweite Rangstatistik die höchste Wertschätzung der anderen $n - 1$ Bieter. Somit ist ihre Verteilung $F_{(2)}(v \mid V_{(1)} = v_i)$ gleich der Verteilung der ersten Rangstatistik einer Stichprobe von $n - 1$ zufälligen Zügen aus der Verteilung F unter der Bedingung, dass die erste Rangstatistik der Stichprobe vom Umfang $n - 1$ und somit alle $n - 1$ Stichprobenwerte kleiner als v_i sind:

$$F_{(2)}(v \mid V_{(1)} = v_i) = \frac{F^{n-1}(v)}{F^{n-1}(v_i)} \qquad (5.17)$$

Zusammen mit (5.15) und (5.16) erhalten wir als Gebot:

$$b_i = \int_0^{v_i} \left(1 - \frac{F^{n-1}(x)}{F^{n-1}(v_i)}\right) dx = v_i - \frac{\int_0^{v_i} F^{n-1}(x)\, dx}{F^{n-1}(v_i)} \qquad (5.18)$$

Wir sehen, dass die Berechnung des Gebots b_i mit der Vorschrift der FA-Gleichgewichtsstrategie (5.13) übereinstimmt, was unsere Aussage belegt, dass ein Bieter ein Gebot in Höhe der bedingten erwarteten zweithöchsten Wertschätzung abgibt, ausgehend davon, dass er die höchste Wertschätzung besitzt.

Dazu stellt sich die Frage nach der erwarteten Zahlung, die ein Bieter in der FA zu leisten hat, wenn alle Bieter ihre Gebote über die Gleichgewichtsstrategie (5.13) bestimmen. Wegen der Monotonie der Gleichgewichtsstrategie ist die Wahrscheinlichkeit, dass Bieter i den Zuschlag erhält, gleich der Wahrscheinlichkeit dafür, dass er die höchste Wertschätzung besitzt, wobei im Grundmodell gilt:

$$\text{Prob}\{V_{(1)} = v_i\} = F^{n-1}(v_i) \tag{5.19}$$

Im Fall des Zuschlags hat Bieter i sein Gebot b_i zu zahlen und hat dann wegen (5.15) folgende erwartete Zahlung zu leisten:

$$\text{E}[Z_{FA}(v_i)] = \text{E}[V_{(2)} \mid V_{(1)} = v_i] \cdot \text{Prob}\{V_{(1)} = v_i\} \tag{5.20}$$

Entsprechend folgt aus (5.1) für den erwarteten Gewinn von Bieter i:

$$\text{E}[\Pi_{FA}(v_i)] = \bigl(v_i - \text{E}[V_{(2)} \mid V_{(1)} = v_i]\bigr) \cdot \text{Prob}\{V_{(1)} = v_i\} \tag{5.21}$$

Ein Vergleich mit den entsprechenden Werten der SA (5.5) und (5.6) zeigt, dass die erwartete Zahlung und der erwartete Gewinn eines Bieters i mit Wertschätzung $v_i \in [0, \bar{v}]$ im symmetrischen Gleichgewicht der FA (DA) und der SA (EA) jeweils gleich sind.

Diese Erkenntnis führt uns direkt zur nächsten Fragestellung. Nachdem wir nun für alle vier Auktionsformen ein eindeutiges symmetrisches Gleichgewicht bestimmt haben, stellt sich die Frage, mit der Wahl welcher Auktionsform der Versteigerer im Grundmodell den höchsten Auktionserlös erwarten darf. Die Antwort auf diese Frage wird durch die folgende, zunächst verblüffende, nach den Überlegungen zuvor jedoch nicht erstaunlichen Aussage gegeben, die unter dem Namen *Revenue Equivalence Theorem* Berühmtheit erlangt hat.

Satz 5.4 (Revenue Equivalence Theorem, RET). *Im Grundmodell führen die symmetrischen Gleichgewichte aller vier Auktionstypen EA, DA, FA und SA zum gleichen erwarteten Erlös des Versteigerers.*

Beweis: Zuvor haben wir gezeigt, dass ein Bieter i mit einer beliebigen Wertschätzung $v_i \in [0, \bar{v}]$ in den symmetrischen Gleichgewichten der SA und der FA jeweils mit derselben erwarteten Zahlung zu rechnen hat. Zusammen mit der Tatsache, dass sowohl in der FA (wegen der Monotonieeigenschaft der Gleichgewichtsstrategie (5.13)) als auch in der SA (wegen $b_i = v_i$) jeweils der Bieter mit der höchsten Wertschätzung den Zuschlag erhält, ist auch der erwartete Erlös des Versteigerers in beiden Auktionen gleich. Ungeachtet dieser Überlegung, wollen wir im Folgenden einen „ausführlicheren" Beweis des RET präsentieren.

Sei mit R_{FA} die Zufallsvariable des Versteigerungserlöses in einer FA bezeichnet. Wegen der Monotonieeigenschaft der Bietfunktion (5.13) wird der Bieter mit der höchsten Wertschätzung den Zuschlag erhalten. Der erwartete

Erlös der Versteigerers in der FA berechnet sich somit über die Verteilung der ersten Rangstatistik $V_{(1)}$ (siehe Anhang H):

$$E[R_{FA}] = E[\beta_{FA}(V_{(1)})] = \int_0^{\bar{v}} \beta_{FA}(v) f_{(1)}(v)\, dv \quad (5.22)$$

Setzt man die Bietfunktion (5.13) und die Dichtefunktion der ersten Rangstatistik

$$f_{(1)}(v) = n F^{n-1}(v) f(v)$$

in (5.22) ein, so lässt sich der erwartete Erlös in folgender Form darstellen:

$$\begin{aligned} E[R_{FA}] &= \int_0^{\bar{v}} v n F^{n-1}(v) f(v)\, dv - \int_0^{\bar{v}} n f(v) \int_0^{v} F^{n-1}(x) f(v)\, dx\, dv \\ &= \int_0^{\bar{v}} v \frac{d}{dv} F^n(v)\, dv - \int_0^{\bar{v}} n f(v) \int_0^{v} F^{n-1}(x) f(v)\, dx\, dv \end{aligned}$$

Durch partielle Integration erhält man:

$$E[R_{FA}] = \bar{v} - \int_0^{\bar{v}} n F^{n-1}(v)\, dv + \int_0^{\bar{v}} (n-1) F^n(v)\, dv \quad (5.23)$$

Da in der SA die Bieter entsprechend ihrer dominanten Strategie genau ihre Wertschätzung bieten, d. h. $\beta_{SA}(v_i) = v_i$, wird auch hier der Bieter mit der höchsten Wertschätzung den Zuschlag erhalten und als Preis die zweithöchste Wertschätzung zu zahlen haben. Folglich ist in der SA der erwartete Erlös des Versteigerers $E[R_{SA}]$ gleich der erwarteten zweithöchsten Wertschätzung:

$$E[R_{SA}] = E[V_{(2)}] = \int_0^{\bar{v}} v f_{(2)}\, dv$$

Durch Einsetzen der Dichtefunktion der zweiten Rangstatistik

$$f_{(2)}(v) = n(n-1) F^{n-2}(v)(1 - F(v)) f(v)$$

erhält man:

$$\begin{aligned} E[R_{SA}] &= \int_0^{\bar{v}} v n(n-1) F^{n-2}(v)(1 - F(v)) f(v)\, dv \\ &= \int_0^{\bar{v}} v \frac{d}{dv} F^{n-1}(v)\, dv - \int_0^{\bar{v}} v(n-1) f(v) \frac{d}{dv} F^n(v)\, dv \end{aligned}$$

Durch partielle Integration erhalten wir mit

$$E[R_{SA}] = \bar{v} - \int_0^{\bar{v}} n F^{n-1}(v)\, dv + \int_0^{\bar{v}} (n-1) F^n(v)\, dv \quad (5.24)$$

für die SA denselben Ausdruck für den erwarteten Erlös wie für die FA (5.23).

Somit haben wir gezeigt, dass der erwartete Erlös des Versteigerers in der FA und der SA gleich ist. Wegen der strategischen Äquivalenz zwischen DA und FA (Satz 5.2) und der durch Satz 5.3 bedingten Ergebnisäquivalenz der EA und SA gilt $E[R_{EA}] = E[R_{DA}] = E[R_{FA}] = E[R_{SA}]$, womit das RET für das Grundmodell bewiesen ist.

q. e. d.

Somit ist die Frage nach der optimalen Auktionsform, gemessen am erwarteten Erlös des Versteigerers, dahin zu beantworten, dass die vier Standardauktionsformen als gleichwertig zu erachten sind.[10] Aus dem RET und seiner Beweisführung folgt unmittelbar eine weitere Aussage in Bezug auf die zu erwartenden Ergebnisse in den vier unterschiedlichen Auktionstypen.

Korollar 5.5. *Im Grundmodell erhält in den symmetrischen Gleichgewichten aller vier Auktionstypen EA, DA, FA und SA jeweils der Bieter mit der höchsten Wertschätzung $V_{(1)}$ des Zuschlag (effizientes Ergebnis) zu einem erwarteten Preis in Höhe des Erwartungswerts der zweithöchsten Wertschätzung $E[V_{(2)}]$. Der erwartete Gewinn des Bieters, der den Zuschlag erhält, beträgt somit $E[\Pi_{(1)}] = E[V_{(1)}] - E[V_{(2)}]$.*

Dies deckt sich auch mit unserer Erkenntnis (5.15), dass in der FA jeder Bieter bei der Gebotsabgabe davon ausgeht, dass er die höchste Wertschätzung besitzt und, unter dieser Bedingung, die erwartete zweithöchste Wertschätzung als Gebot einreicht.

Beispiel 5.2 Diese Erkenntnisse seien exemplarisch im Rahmen des Beispiels 5.1 illustriert, in dem angenommen wird, dass die individuellen Wertschätzungen aus der Gleichverteilung über $[0,1]$ gezogen werden. Wir bestimmen zunächst die Erwartungswerte der Rangstatistiken $V_{(1)}, \ldots, V_{(n)}$, die sich gemäß

$$E[V_{(k)}] = \int_0^{\bar{v}} v f_{(k)}(v) \, dv \quad (k = 1, \ldots, n) \tag{5.25}$$

berechnen lassen. Die Dichtefunktion der k-ten Rangstatistik (siehe Anhang H)

---

[10] Die Beantwortung der generellen Frage nach der optimalen Auktionsform, wenn wir uns nicht nur auf die vier Standardauktionsformen beschränken, sondern alle „zulässigen" Auktionsmechanismen berücksichtigen wollen, erscheint zunächst eine schier unlösbare Aufgabe. Hierbei kann uns jedoch das so genannte *Revelationsprinzip* (Satz 2.54 in Abschnitt 2.8) helfen, dem zu Folge alle zulässigen Auktionsmechanismen, in denen die Bieter ihre wahren Wertschätzungen in ihren Geboten offenbaren, hinsichtlich der erwarteten Gewinne des Versteigerers und eines jeden Bieters gleich sind.

$$f_{(k)}(v) = (n-k+1)\binom{n}{n-k+1} F^{n-k}(v)(1-F(v))^{k-1} f(v)$$

vereinfacht sich hier zu:

$$f_{(k)}(v) = (n-k+1)\binom{n}{n-k+1} v^{n-k}(1-v)^{k-1}$$

Eingesetzt in (5.25) erhält man:

$$\mathrm{E}[V_{(k)}] = \frac{n-k+1}{n+1} \quad (k=1,\ldots,n) \tag{5.26}$$

Wie erwartet, ordnen sich bei der Gleichverteilung die Erwartungswerte der Rangstatistiken äquidistant im Intervall $[0,1]$ an.

Gemäß den Aussagen des RET und des Korollars 5.5 wird in allen vier Auktionstypen der Bieter mit der höchsten Wertschätzung den Zuschlag erhalten und wird dafür als erwarteten Preis den Erwartungswert der zweithöchsten Wertschätzung bezahlen, der gemäß (5.26)

$$\mathrm{E}[V_{(2)}] = \frac{n-1}{n+1} \tag{5.27}$$

beträgt, was gleich dem erwarteten Erlös des Versteigerers in allen vier Auktionstypen ist, d. h.:

$$\mathrm{E}[R_{EA}] = \mathrm{E}[R_{DA}] = \mathrm{E}[R_{FA}] = \mathrm{E}[R_{SA}] = \frac{n-1}{n+1}$$

Der erwartete Gewinn des Bieters, der den Zuschlag erhalten wird, beträgt in allen vier Auktionen:

$$\mathrm{E}[\Pi_{(1)}] = \mathrm{E}[V_{(1)}] - \mathrm{E}[V_{(2)}] = \frac{n}{n+1} - \frac{n-1}{n+1} = \frac{1}{n+1}$$

Wir sehen, dass der erwartete Gewinn mit zunehmender Anzahl Bieter abnimmt und für $n \to \infty$ gegen null konvergiert.

In den folgenden Abschnitten werden wir Erweiterungen des Grundmodells betrachten, in denen wir jeweils eine der vier Annahmen **A1**–**A4** lockern werden.

5.2.4 Erweiterungen des IPV-Grundmodells

Ausgehend von dem vorgestellten Grundmodell kann man interessante Auswirkungen auf das (erwartete) Auktionsergebnis beobachten, wenn man einzelne Annahmen des Grundmodells aufgibt.

Limitpreis

In unseren bisherigen Ausführungen spielte der Versteigerer eine passive Rolle. Im Gegensatz zu den Bietern waren ihm strategische Überlegungen fern, was sich auch in seiner Bereitschaft ausgedrückt hat, das Gut zu jedem Preis zu verkaufen. Mit der Einführung des *Limitpreises* r, auch *Mindestpreis* oder *Reservationspreis* (engl. *reserve price*) genannt, bekommt der Versteigerer eine Strategievariable an die Hand, mit der er die Möglichkeit erhält, Einfluss auf das Auktionsergebnis und seinen Auktionserlös zu nehmen. Setzt der Versteigerer einen Limitpreis $r > 0$, werden nur noch Gebote entgegen genommen, die größer oder gleich r sind. Da der Limitpreis in einer Auktion preisbestimmend sein kann, ersetzen wir die Annahme **A4** des Grundmodells aus Abschnitt 5.2.3 durch folgende erweiterte Annahme:

A4' *Der Preis des Gutes wird durch die Gebote und/oder den Limitpreis determiniert.*

Bevor wir uns der strategischen Bedeutung des Limitpreises für den Versteigerer zuwenden, wollen wir uns zunächst überlegen, welchen Einfluss der Limitpreis auf die Bietstrategien und die erwartete Zahlung der Bieter in den jeweiligen Gleichgewichten der vier Aukionsformen hat. Durch einen Limitpreis wird die strategische Äquivalenz der DA und der FA (Satz 5.2) selbstverständlich nicht berührt. Gleiches gilt auch für die dominante Strategie in der EA und der SA (Satz 5.3). So ist für einen Bieter in der EA die Bietgrenze in Höhe der individuellen Wertschätzung zu setzen, bzw. in der SA das Bieten der eigenen Wertschätzung nach wie vor dominante Strategie. Wir beschränken deshalb unsere Analyse wieder auf die FA und die SA.

Im Gleichgewicht der SA, in dem alle Bieter ihre dominante Strategie wählen, beträgt die Zuschlagswahrscheinlichkeit von Bieter i wiederum $\text{Prob}\{V_{(1)} = v_i\} = F^{n-1}(v_i)$. Für die Zahlung von i sind hierbei allerdings zwei Fälle zu unterscheiden: Erhält Bieter i den Zuschlag, so wird seine Zahlung entweder durch den Limitpreis r determiniert oder, wie bisher, durch das zweithöchste Gebot (= zweithöchste Wertschätzung), je nachdem welcher Wert höher ist. Der erste Fall tritt mit der Wahrscheinlichkeit $F^{n-1}(r)$ und der zweite mit $F^{n-1}(v_i) - F^{n-1}(r)$ auf. Bezeichne $Z_{SA}(v_i, r)$ die Zufallsvariable der Zahlung von Bieter i in einer SA in Abhängigkeit seiner Wertschätzung v_i und dem Limitpreis r. Die erwartete Zahlung können wir wie folgt ausdrücken:

$$\text{E}[Z_{SA}(v_i, r)] = \max\{r, \text{E}[V_{(2)} \mid V_{(1)} = v_i]\} \cdot \text{Prob}\{V_{(1)} = v_i\} \quad (5.28)$$

Betrachten wir nun die gleichgewichtige Bietfunktion β_{FA} für die FA. Da ein Bieter mit $v_i = r$ mit seinem Gebot nicht nach unten von seiner Wertschätzung abweichen kann, wird er diese bieten, d. h. $\beta_{FA}(r) = r$. Für $v_i > r$ wird der Bieter entweder, wie bisher, die erwartete bedingte zweithöchste Wertschätzung (unter der Bedingung, dass er die höchste Wertschätzung hat) bieten oder den Limitpreis r, je nachdem welcher Wert größer ist. Folglich lautet die Bietfunktion im symmetrischen Gleichgewicht der FA für einen Bieter mit $v_i \geqq r$:

$$\beta_{FA}(v_i) = \max\{r, \, \mathrm{E}[V_{(2)} \mid V_{(1)} = v_i]\} \qquad (5.29)$$

Wegen der Monotonie der Bietfunktion ist die Wahrscheinlichkeit, dass Bieter i den Zuschlag erhält, wiederum $\mathrm{Prob}\{V_{(1)} = v_i\}$, also die Wahrscheinlichkeit dafür, dass i die höchste Wertschätzung hat, die im Grundmodell gleich $F^{n-1}(v_i)$ ist. Mit (5.29) lässt sich dann die erwartete Zahlung schreiben als

$$\begin{aligned}\mathrm{E}[Z_{FA}(v_i, r)] &= \beta_{FA}(v_i) \cdot \mathrm{Prob}\{V_{(1)} = v_i\} \\ &= \max\{r, \, \mathrm{E}[V_{(2)} \mid V_{(1)} = v_i]\} \cdot \mathrm{Prob}\{V_{(1)} = v_i\},\end{aligned}$$

was gleich der erwarteten Zahlung in der SA (5.28) ist.

Somit sind auch für den Fall eines Limitpreises $r > 0$ die erwarteten Zahlungen der Bieter in den symmetrischen Gleichgewichten aller vier Auktionen gleich. Folglich ist auch der erwartete Erlös des Versteigerers gleich, was bedeutet, dass das RET (Satz 5.4) auch bei Limitpreisen gilt. Dazu sei ergänzt, dass hierbei auch der Fall erfasst ist, in dem das Gut nicht verkauft wird, weil der Limitpreis über der höchsten Wertschätzung liegt, d. h. $v_{(1)} < r$. Dieser Fall tritt mit der Wahrscheinlichkeit $\mathrm{Prob}\{V_{(1)} < r\} = F^n(r)$ ein.

Nach welchen Kriterien soll nun der Versteigerer die Höhe des Limitpreises festsetzen? Für unseren nun strategisch denkenden und handelnden Versteigerer nehmen wir unter der Voraussetzung seiner Risikoneutralität an, dass er mit Hilfe des Limitpreises seinen erwarteten Auktionsgewinn maximieren möchte.

Dazu wollen wir zwei Vorüberlegungen anstellen. Misst der Versteigerer dem Gut einen Wert $v_0 > 0$ bei, dann sollte er den Limitpreis r nicht unter v_0 setzen, da er sonst Gefahr läuft, das Gut zu einem niedrigeren Preis als seine eigene Wertschätzung zu verkaufen. Dies führt im Fall von $v_0 > v_{(1)} > r$ zu einem ineffizienten Auktionsergebnis, in dem am Ende nicht derjenige das Gut besitzt, der ihm den höchsten Wert beimisst, nämlich der Versteigerer, sondern ein Bieter mit einer niedrigeren Wertschätzung. Auf der anderen Seite kann auch aus dem Setzen von $r > v_0$ ein ineffizienzes Auktionsergebnis resultieren, wenn im Fall $r > v_{(1)} > v_0$ aufgrund des hohen Limitpreises das Gut nicht an denjenigen verkauft wird, der ihm den höchsten Wert beimisst, nämlich den Bieter mit der Wertschätzung $v_{(1)}$.

Die Bestimmung des optimalen Limitpreises mit Hilfe des Optimierungsansatzes, in dem der erwartete Gewinn des Versteigerers maximiert wird, ist gemäß den Ausführungen zuvor für alle vier Auktionsformen gleich. Hierbei sind drei Fälle zu unterscheiden:

1. Der Limitpreis liegt über der höchsten Wertschätzung, d. h. $r > v_{(1)}$. In diesem Fall, der mit der Wahrscheinlichkeit

$$\mathrm{Prob}\{V_{(1)} < r\} = F^n(r)$$

auftritt, wird das Gut nicht verkauft und somit erzielt der Versteigerer auch keinen Gewinn.
2. Der Limitpreis liegt zwischen der höchsten und zweithöchsten Wertschätzung, d. h. $v_{(1)} \geq r \geq v_{(2)}$. In diesem Fall, der mit der Wahrscheinlichkeit

$$\text{Prob}\{V_{(1)} \geq r, V_{(2)} \leq r\} = n\,(1 - F(r))F^{n-1}(r)$$

auftritt, wird das Gut zum Preis von r verkauft und somit erzielt der Versteigerer einen Verkaufsgewinn in Höhe von $r - v_0$.
3. Der Limitpreis liegt unter der zweithöchsten Wertschätzung, d. h. $v_{(2)} > r$. Dieser Fall, der mit der zu den beiden ersten Fällen komplementären Wahrscheinlichkeit

$$\begin{aligned}\text{Prob}\{V_{(2)} > r\} &= 1 - F_{(2)}(r) \\ &= 1 - F^n(r) - n\,F^{n-1}(r)(1 - F(r))\end{aligned}$$

auftritt, entspricht dem ohne Limitpreis in Abschnitt 5.2.3. In diesem Fall ist der erwartete Verkaufserlös gleich dem bedingten Erwartungswert der zweithöchsten Wertschätzung $\mathrm{E}[V_{(2)} \mid V_{(2)} > r]$. Folglich lautet der erwartete Gewinn des Versteigerers in diesem Fall:

$$\begin{aligned}\mathrm{E}[V_{(2)} \mid V_{(2)} > r] - v_0 &= \int_r^{\bar{v}} v f_{(2)}(v \mid V_{(2)} > r)\,dv - v_0 \\ &= \int_r^{\bar{v}} v\,\frac{f_{(2)}(v)}{1 - F_{(2)}(r)}\,dv - v_0\end{aligned}$$

Aus dem zweiten und dritten Fall mit jeweils positivem (erwarteten) Gewinn lässt sich dann der erwartete Gewinn des Versteigerers in Abhängigkeit vom Limitpreis r formulieren:

$$\begin{aligned}\mathrm{E}[\Pi_0(r)] &= (r - v_0)\cdot\text{Prob}\{V_{(1)} \geq r, V_{(2)} \leq r\} + \\ &\quad \left(\mathrm{E}[V_{(2)} \mid V_{(2)} > r] - v_0\right)\cdot\text{Prob}\{V_{(2)} > r\} \\ &= rn\,(1 - F(r))F^{n-1}(r) + \int_r^{\bar{v}} v f_{(2)}(v)\,dv - v_0(1 - F^n(r)) \\ &= rn\,(1 - F(r))F^{n-1}(r) + \\ &\quad \int_r^{\bar{v}} vn(n-1)F^{n-2}(v)(1 - F(v))f(v)\,dv - v_0(1 - F^n(r))\end{aligned}$$

Aus der Bedingung erster Ordnung $\partial \mathrm{E}[\Pi_0(r)]/\partial r \stackrel{!}{=} 0$, auf deren Ableitung hier verzichtet wird, folgt für den optimalen Limitpreis r^*, dass er in allen vier Auktionstypen EA, DA, FA und SA die Bedingung

$$r^* - \frac{1}{\lambda(r^*)} = v_0 \quad \text{mit} \quad \lambda(r^*) = \frac{f(r^*)}{1 - F(r^*)} \tag{5.30}$$

erfüllen muss. Ist $\lambda(r^*)$ steigend in r^*, dann ist diese Bedingung auch hinreichend. Aus (5.30) folgt $r^* > v_0$, was bedeutet, dass der Versteigerer den optimalen Limitpreis höher als seine eigene Wertschätzung für das Gut zu setzen hat. Es sei nochmals erwähnt, dass r^* in allen vier Auktionsformen gleich ist. Interessant ist außerdem, dass r^* unabhängig von der Anzahl der Bieter n ist. Des Weiteren kann durch $r^* > v_0$, wie bereits zuvor erörtert, die Auktion mit einem ineffizienten Ergebnis enden und zwar für $r > v_{(1)} > v_0$. Somit wird durch das Setzen des optimalen Limitpreises kein effizientes Ergebnis sicher gestellt, wie dies in den Gleichgewichten der vier Auktionstypen im Grundmodell ohne Limitpreis (siehe Korollar 5.5) oder mit einem Limitpreis $r = v_0$ der Fall ist.

Beispiel 5.3 Die Berechnung des optimalen Limitpreises r^* wollen wir exemplarisch für den Fall von zwei Bietern ($n = 2$), mit gleichverteilten individuellen Wertschätzungen aus dem Intervall $[0, 1]$ und einem Versteigerer, der dem Gut keinen Wert beimisst ($v_0 = 0$), darstellen. In diesem Fall ist der Gewinn des Versteigerers gleich seinem Verkaufserlös. In den Beispielen 5.1 und 5.2 haben wir für diese Gleichverteilung die Bietstrategie im symmetrischen Gleichgewicht der FA sowie den erwarteten Erlös des Versteigerers für das Grundmodell (ohne Limitpreis) bestimmt.

In der folgenden Tabelle finden sich für jeden der drei relevanten Fälle deren Eintrittswahrscheinlichkeit sowie der (erwartete) Verkaufsgewinn des Versteigerers.

Fall	Wahrscheinlichkeit	(Erwarteter) Verkaufsgewinn
$v_{(1)} < r$	$F^2(r) = r^2$	0
$v_{(1)} \geq r \geq v_{(2)}$	$2\,F(r)(1 - F(r)) = 2\,r(1 - r)$	r
$v_{(2)} > r$	$(1 - F(r))^2 = (1 - r)^2$	$E[V_{(2)} \mid V_{(2)} > r] = \frac{2}{3}r + \frac{1}{3}$

Daraus ergibt sich als erwarteter Gewinn des Versteigerers in Abhängigkeit vom Limitpreis r:

$$E[\Pi_0(r)] = 2\,r^2(1 - r) + \left(\frac{2}{3}r + \frac{1}{3}\right)(1 - r)^2$$
$$= \frac{1}{3}(1 + 3\,r^2 - 4\,r^3) \qquad (5.31)$$

Aus der Bedingung erster Ordnung

$$\frac{\partial E[\Pi_0(r)]}{\partial r} = 2\,r - 4\,r^2 = 2\,r(1 - 2\,r) \stackrel{!}{=} 0$$

erhält man als Gewinn maximierenden Limitpreis:

$$r^* = \frac{1}{2}$$

Führt man das Optimierungskalkül statt für zwei Bieter allgemein für n Bieter durch, wird man sehen, dass sich der optimale Limitpreis von $r^* = 1/2$ nicht ändert. Dieses Ergebnis erhält man selbstverständlich auch über die allgemeine Bedingung (5.30) für den optimalen Limitpreis:

$$r^* = v_0 + \frac{1 - F(r^*)}{f(r^*)} = 1 - r^* \quad \Rightarrow \quad r^* = \frac{1}{2}$$

Wie hoch ist nun der erwartete Gewinn des Versteigerers im Vergleich zum Fall ohne Limitpreis? Setzen wir $r^* = 1/2$ in (5.31) ein, erhalten wir:

$$\mathrm{E}[\Pi_0(r^*)] = \frac{5}{12}$$

Für $r = 0$ und $v_0 = 0$ ist der erwartete Gewinn des Versteigerers gleich der erwarteten zweithöchsten Wertschätzung (5.27). Somit darf der Versteigerer im Fall ohne Limitpreis mit einem Gewinn in Höhe von

$$\mathrm{E}[\Pi_0(0)] = \mathrm{E}[V_{(2)}] = \frac{n-1}{n+1} = \frac{1}{3} < \frac{5}{12} = \mathrm{E}[\Pi_0(r^*)]$$

rechnen, also mit einem niedrigeren Wert als beim optimalen Limitpreis r^*.

Das Setzen eines Limitpreises r wird auch in Verbindung mit dem Begriff *Ausschlussprinzip* (engl. *exclusion principle*) genannt, weil der Versteigerer durch einen Limitpreis r Bieter mit einer Wertschätzung $v_i < r$ von der Auktion ausschließt. Bieter könnten auch über eine entsprechende *Teilnahmegebühr* (engl. *entry fee*) von der Auktion ausgeschlossen werden.

Risikoaverse Bieter

Nun wollen wir davon ausgehen, dass die Bieter *risikoavers* und nicht, wie bisher angenommen, risikoneutral sind. Entsprechend ändert sich die Annahme **A1** des Grundmodells aus Abschnitt 5.2.3. Dafür haben wir bereits in Abschnitt 5.2.2 die Neumann/Morgenstern-Nutzenfunktion (5.3) eingeführt. Da wir die drei anderen Annahmen des Grundmodells nicht ändern werden, folgt aus der Symmetrieannahme **A3**, dass alle n Bieter dieselbe (averse) Risikoeinstellung haben. In unserem Modellrahmen nehmen wir deshalb an, dass alle Bieter das Auktionsergebnis mit derselben Risikonutzenfunktion $u : \mathbb{R} \longrightarrow \mathbb{R}$ mit $u(0) = 0$ bewerten; d. h. für einen individuellen Auktionsgewinn in Höhe von π gilt für $i, k \in I$: $u_i(\pi) = u_k(\pi) = u(\pi)$. Das bedeutet, dass bei einem bestimmten Auktionsgewinn π der Grad der Risikoaversion für alle Bieter gleich ist, welcher durch das *Arrow-Pratt-Maß* $-\frac{\partial^2 u(\pi)}{\partial \pi^2} / \frac{\partial u(\pi)}{\partial \pi}$ als Maßzahl für die absolute Risikoaversion formal ausgedrückt werden kann.[11] Wir ersetzen Annahme **A1** des Grundmodells durch die folgende erweiterte Annahme:

A1' *Die Bieter sind risikoavers und bewerten ihren Auktionsgewinn alle mit derselben Nutzenfunktion.*

Es ist leicht zu sehen, dass die Erweiterung des Modells auf Risikoeinstellungen, die von der Risikoneutralität abweichen können, die Äquivalenz von DA und FA sowie von EA und SA im IPV-Modellrahmen nicht tangiert (Satz 5.2 und Satz 5.3). Aus diesem Grund werden wir uns in den folgenden Ausführungen wieder auf die FA und die SA beschränken.

In der SA ist die Abgabe eines Gebots in Höhe der eigenen Wertschätzung v_i nach wie vor dominante Strategie eines jeden Bieters $i \in I$, unabhängig von dessen Risikoeinstellung und derjenigen der anderen Bieter. Folglich gelten auch hier die Ergebnisse aus Abschnitt 5.2.3: Es wird sich im Gleichgewicht ein effizientes Ergebnis einstellen, in dem der Bieter mit der höchsten Wertschätzung $v_{(1)}$ den Zuschlag erhält und die zweithöchste Wertschätzung $v_{(2)}$ als Zahlung zu leisten hat, wodurch der Versteigerer mit einem Erlös in Höhe der erwarteten zweithöchsten Wertschätzung $E[V_{(2)}]$ rechnen darf.

In einer FA hingegen versucht ein risikoaverser Bieter, die Wahrscheinlichkeit, dass er den Zuschlag nicht erhält, im Vergleich zum risikoneutralen Bieter zu verringern. Dies kann er nur durch ein höheres Gebot als im Fall der Risikoneutralität erreichen. Das Gebot bleibt hierbei selbstverständlich kleiner als seine Wertschätzung, d. h. $b_i < v_i$, nähert sich dieser jedoch mit zunehmendem Grad an Risikoaversion von unten an. Diese Erhöhung des Gebots kann als *Risikoprämie* gesehen werden, die der Bieter leistet, um das Risiko des „Nichtzuschlags" zu verringern. Es lässt sich zeigen, dass für das erweiterte Grundmodell, in dem alle Bieter gemäß Annahme **A1'** dieselbe Nutzenfunktion besitzen, in der FA wiederum ein eindeutiges symmetrisches Bayes-Gleichgewicht existiert. Es sei hier nochmals erwähnt, dass die Annahme der Symmetrie neben der einheitlichen Bewertung mit derselben Nutzenfunktion auch eine symmetrische Verhaltensstruktur verlangt, was sich in der Annahme einer einheitlichen Bietfunktion, die von allen Bietern im symmetrischen Gleichgewicht gewählt wird, ausdrückt. Aus der geforderten Monotonieeigenschaft dieser Bietfunktion folgt auch hier die Effizienz des Auktionsergebnisses im symmetrischen Gleichgewicht der FA. Zusammen mit den vorgelagerten Überlegungen zum individuellen Bietverhalten folgt, dass ein risikoaverser Bieter im symmetrischen Gleichgewicht der FA ein höheres Gebot abgeben wird als die bedingte erwartete zweithöchste Wertschätzung (5.15), welche von den risikoneutralen Bietern im Gleichgewicht des Grundmodells

---

[11] Für eine monotone Nutzenfunktion $u(x)$ mit $\partial u(x)/\partial x > 0$ für alle x wird durch eine abnehmende Steigung $\partial^2 u(x)/\partial x^2 < 0$ für alle x im Rahmen des Neumann/Morgenstern-Nutzenkonzepts der Fall der Risikoaversion modelliert. Entsprechend beschreibt eine zunehmende Steigung $\partial^2 u(x)/\partial x^2 > 0$ eine risikofreudige Einstellung des Entscheiders.

geboten wird. Folglich darf der Versteigerer mit einem Erlös rechnen, der über der erwarteten zweithöchsten Wertschätzung $E[V_{(2)}]$ liegt. Auf der Basis dieser Überlegungen lässt sich folgende Aussage formulieren.

Satz 5.6. *Im IPV-Grundmodell mit der Annahme $A1'$ statt $A1$ gilt für den erwarteten Erlös des Versteigerers in den symmetrischen Gleichgewichten der vier Auktionstypen:*

$$E[R_{DA,FA}] > E[R_{EA,SA}]$$

Es leuchtet ein, dass sich im Fall von *risikofreudigen* Bietern, die ebenfalls alle dieselbe Nutzenfunktion besitzen, die Rangordnung der erwarteten Auktionserlöse in Satz 5.6 umkehrt. Unter diesen Umständen darf der Versteigerer in der EA und der SA mit einem höheren Auktionserlös als in der DA und der FA rechnen. Die Effizienz der Auktionsergebnisse in den symmetrischen Gleichgewichten aller vier Auktionstypen ist dabei nach wie vor gegeben.

Geben wir zusätzlich die Symmetrieannahme $A3$ des Grundmodells auf und erlauben asymmetrische Bewertungen durch die Bieter, was unterschiedliche Risikoeinstellungen beinhalten kann, so lässt sich keine allgemein gültige Aussage bezüglich der Rangordnung der erwarteten Auktionserlöse mehr formulieren. Wegen der Existenz dominanter Bietstrategien in der FA und der SA bleiben die bisherigen Aussagen zu diesen beiden Auktionstypen erhalten. Änderungen wird es nur bei der DA und der FA geben, wobei auch die Effizienz der Auktionsergebnisse nicht mehr garantiert ist. Dies kann selbst dann der Fall sein, wenn alle Bieter die gleiche Risikoneigung haben, jedoch mit unterschiedlichem Grad. Dazu seien exemplarisch zwei risikoaverse Bieter i und k mit $v_{(1)} = v_i$ und $v_{(2)} = v_k$ betrachtet, wobei wir annehmen, dass v_i und v_k sehr nahe zusammen liegen. Ist Bieter k risikoaverser als Bieter i, gemessen über den absoluten Grad der Risikoaversion, kann dies dazu führen, dass er ein höheres Gebot als i abgibt, d. h. $b_k > b_i$, und dadurch den Zuschlag erhält, obwohl Bieter i dem Gut einen höheren Wert beimisst. Dieser kleine Exkurs führt uns zur nächsten Erweiterung des Grundmodells.

Asymmetrische Bieterstruktur

Sieht man von dem kleinen Exkurs zuvor ab, sind wir bisher von einer symmetrischen Bieterstruktur ausgegangen, was bedeutet, dass die Bieter a priori nicht unterscheidbar sind, weder von ihren Mitstreitern noch vom Auktionator. Im IPV-Modell wird dies in einem Spiel mit unvollständiger Information mit symmetrischer Informations- und Verhaltensstruktur in der Weise umgesetzt, dass die individuellen Wertschätzungen der Bieter alle derselben Verteilung entstammen, alle Bieter dieselbe Risikoeinstellung besitzen und sich schließlich alle derselben Bietfunktion bedienen. Nun gibt es sicherlich Situationen, in denen diese Symmetrieannahmen aufgegeben werden sollten. Sei beispielsweise ein nationaler Telekommunikationsmarkt betrachtet, auf dem zusätzliche Lizenzen für mobile Datendienste über eine Auktion angeboten werden, an der, neben den auf diesem Markt etablierten Unternehmen, auch Neueinsteiger teilnehmen. In diesem Fall kann nicht davon ausgegangen werden, dass die Unternehmen den Lizenzen den gleichen Wert zuordnen; vielmehr ist zu erwarten, dass die Zahlungsbereitschaft der etablierten Unternehmen größer ist. Dem ist im Modell in der Weise Rechnung zu tragen, dass die Wertschätzungen der Unternehmen nun nicht mehr derselben Verteilung sondern unterschiedlichen Verteilungen entstammen. Dementsprechend ersetzen wir die Annahme der Symmetrie **A3** des IPV-Grundmodells.

A3′ *Es gibt unterschiedliche (Klassen von) Verteilungen, aus denen die Wertschätzungen der Bieter stammen.*

Dieser Annahme der Asymmetrie liegt zugrunde, dass die Bieter, entsprechend ihrer Zahlungsbereitschaft für das Gut, in unterschiedliche Klassen eingeteilt werden können. Im einfachsten Fall entstammen die Wertschätzungen für einen Teil der Bieter aus der Verteilung F_I und für den anderen Teil aus der Verteilung F_{II}, wobei $F_I \neq F_{II}$. Unterscheiden sich alle Bieter signifikant voneinander, ist auch vorstellbar, dass jeder Bieter eine eigene Klasse bildet.

Wie wirkt sich eine solche Asymmetrie auf das Bietverhalten und die zu erwartenden Ergebnisse der vier Auktionstypen im IPV-Modell aus? Selbstverständlich bleibt die Äquivalenz von DA und FA sowie von EA und SA erhalten (Satz 5.2 und Satz 5.3), weshalb wir unsere Ausführungen wieder auf die FA und die SA beschränken werden.

Da auch in diesem Fall das Bieten der eigenen Wertschätzung dominante Strategie eines jeden Bieters in der SA ist, wird sich, wie gehabt, das effiziente Gleichgewicht einstellen, in dem der Bieter mit der höchsten Wertschätzung den Zuschlag erhält und die zweithöchste Wertschätzung zu zahlen hat. Somit kann auch hier der Versteigerer mit einem Erlös in Höhe der erwarteten zweithöchsten Wertschätzung rechnen.

In einer FA hingegen hängt das Gebot eines Bieters auch von den Verteilungen der Wertschätzungen der anderen Bieter ab. Je nachdem welchen Verteilungen ein Bieter gegenüber steht, wird sein optimales Gebot, welches sich aus der Maximierung seines erwarteten Gewinns ableitet, mehr oder weniger stark von seiner Wertschätzung nach unten abweichen. Es leuchtet ein, dass in der FA aus der asymmetrischen Informationsstruktur eine asymmetrische Verhaltensstruktur folgt, in der die Bieter unterschiedliche (Klassen von) Bietstrategien verwenden. Unter dieser Voraussetzung kann in der FA nur ein asymmetrisches Bayes-Gleichgewicht existieren. Da die Bieter innerhalb einer Auktion unterschiedlichen Verteilungen ihrer Mitstreiter gegenüber stehen können, ist es im asymmetrischen Gleichgewicht möglich, dass der Bieter mit der höchsten Wertschätzung mit seinem Gebot stärker von seiner Wertschätzung abweicht als andere Bieter, was in einem ineffizienten Ergebnis resultieren kann, in dem nicht der Bieter mit der höchsten Wertschätzung den Zuschlag erhält.

Diesen Überlegungen zur Folge kann der Versteigerer zwar sowohl in der EA und der SA als auch in der DA und der FA jeweils mit dem gleichen erwarteten Erlös rechnen, jedoch ist ein einheitliches Erlösniveau in allen vier Auktionstypen, was dem RET (Satz 5.4) entsprechen würde, nicht zu erwarten. In der EA und der SA liegt der erwartete Erlös, wegen der Dominanz der Bietstrategien, in Höhe der erwarteten zweithöchsten Wertschätzung. In der DA und der FA hingegen kann das erwartete Erlösniveau höher oder niedriger liegen, was von der Art und dem Zusammenwirken der unterschiedlichen Verteilungen abhängig ist, aus denen die individuellen Wertschätzungen stammen. Für einen ausführlicheren Einblick in diese Thematik verweisen wir auf die Arbeiten von McAfee und McMillan (1987a) sowie Krishna (2002).

Unbekannte Anzahl Bieter

In der Analyse der Auktionen im Rahmen des IPV-Modells sind wir bisher davon ausgegangen, dass die Anzahl der teilnehmenden Bieter n allgemein bekannt ist, was sicherlich in vielen Fällen realer Auktionen nicht gegeben ist. Man denke beispielsweise an eine Internetauktion, an der praktisch jeder, der sich irgendwann in der Vergangenheit bei dem entsprechenden Auktionsportal angemeldet hat, teilnehmen kann.

Auf das Bietverhalten in der EA und der SA hat das Wissen um die Anzahl der Bieter keinen Einfluss. Auch in diesem Fall bildet (gemäß Satz 5.3) die individuelle Wertschätzung eines Bieters seine dominante Bietstrategie, wodurch das effiziente Ergebnis mit dem Zuschlag an den Bieter mit der höchsten Wertschätzung sicher gestellt ist. Dessen Zahlung und somit der Erlös des Versteigerers wird wiederum durch die zweithöchste Wertschätzung determiniert. Allerdings spielt hierbei die Anzahl der Bieter eine bedeutende Rolle, da der Erwartungswert der zweithöchsten Wertschätzung desto größer ist, je mehr Bieter an der Auktion teilnehmen (siehe beispielsweise (5.27)).

In der DA und der FA hat die Anzahl Bieter das Bietverhalten bisher in der Weise beeinflusst, dass die Bietstrategie im Gleichgewicht dem Bieter ein umso höheres Gebot vorgeschrieben hat, je mehr Konkurrenten an der Auktion teilgenommen haben (siehe beispielsweise (5.13) und (5.14)). Um für diese beiden (gemäß Satz 5.2 strategisch äquivalenten) Auktionsformen den Fall unbekannter Bieterzahl im Rahmen eines Spiels mit unvollständiger Information zu analysieren, wird von einer stochastischen Bieteranzahl N ausgegangen, deren Verteilung Allgemeinwissen ist.

Die Frage nach der optimalen Auktionsform, welche dem Versteigerer den höchsten zu erwartenden Verkaufserlös beschert, kann insbesondere dann von besonderem Interesse sein, wenn nur dem Versteigerer die Anzahl Bieter bekannt ist. In diesem Fall, der in der Realität sicherlich nicht selten ist, steht dann der Versteigerer vor der Frage, ob er diese Information vor dem Hintergrund seiner anvisierten Erlösmaximierung den Bietern mitteilen soll oder nicht. Hierzu sei auf die Arbeiten von Matthews (1987) und McAfee und McMillan (1987b) sowie den gelungenen Überblick von Kräkel (1992) verwiesen. Einige der Ergebnisse, die dem Modell mit stochastischer Bieteranzahl entstammen, sind intuitiv einleuchtend: So ist es bei risikoneutralen Bietern für die Beantwortung der Frage nach der optimalen Auktionsform unerheblich, ob die Bieteranzahl bekannt ist oder nicht. Alle Aussagen in den Abschnitten zuvor (IPV-Grundmodell und Erweiterungen) können auch für den Fall unvollständiger Information bezüglich der Anzahl Bieter übertragen werden. Sind die Bieter risikoavers, so sind die Präferenzen der Bieter und des Versteigerers bezüglich der Bekanntgabe der Bieteranzahl abhängig von der Auktionsform und der Veränderung der Risikoaversion (d. h. abnehmender, konstanter oder zunehmender Grad an Risikoaversion mit zunehmendem Gewinn des Bieters).

5.2.5 Unbekannte, voneinander abhängige Wertschätzungen

In vielen Fällen ist davon auszugehen, dass die Bieter zum Zeitpunkt der Auktion den genauen Wert des zu versteigernden Gutes für sie nicht oder zumindest nicht exakt kennen. Ein Kunsthändler zum Beispiel, der an einer Auktion teilnimmt, um Objekte für den Wiederverkauf zu ersteigern, wird sich in der Regel nicht ganz sicher sein, welchen Verkaufserlös bzw. Verkaufsgewinn er beim Weiterverkauf damit letztendlich erzielen kann. Selbst wenn die Bieter die Kunstgegenstände nur für den Eigenbedarf erwerben wollen, mag die persönliche Wertschätzung auch von deren potentiellem Wiederverkaufswert abhängig sein. Ein Unternehmen, das in einer Auktion eine Telekommunikationslizenz erwirbt, hat zuvor sicherlich auf Basis seines Wissens und seiner Möglichkeiten versucht, den Wert der Lizenz für das Unternehmen zu kalkulieren; dieser wird allerdings erst später über den Erfolg des Unternehmens auf dem Markt für Telekommunikationsdienste genau determiniert werden.

Um diesen Bedingungen Rechnung zu tragen, werden wir jetzt die Annahme der unabhängigen privaten Wertschätzungen (Annahme **A2** des Grundmodells aus Abschnitt 5.2.3) aufgeben. In den folgenden Ausführungen, die auf den Arbeiten von Wilson (1977) sowie Milgrom und Weber (1982), dem Überblick von Wolfstetter (1996) und dem Lehrbuch von Krishna (2002) basieren, gehen wir davon aus, dass Bieter $i \in I$ den exakten Wert, den das Gut für ihn hat, zum Zeitpunkt der Auktion nicht (genau) kennt. Dieser wird durch die Zufallsvariable V_i beschrieben, deren Realisation mit v_i bezeichnet wird, wobei die individuellen Wertschätzungen unterschiedlich sind, d. h. $v_i \neq v_j$ für $i \neq j$. Im Gegensatz zu privaten Wertschätzungen (IPV-Modell) wird hierbei davon ausgegangen, dass die unbekannten individuellen Wertschätzungen voneinander abhängig sind, was durch die folgenden Beispiele motiviert werden kann.

Ein von einem Kunsthändler in einer Auktion erworbenes Gemälde eines bekannten Malers hat in der Regel ein allgemeines Wertniveau, das den Verkaufspreis bestimmt. Der Verkaufspreis wird jedoch auch von anderen Faktoren, wie beispielsweise der örtlichen Lage und dem Renommee des Kunsthändlers, abhängig sein. Auch für Telekommunikationslizenzen wird sich für die Unternehmen, die im Besitz der Lizenzen sind, während der Laufzeit ein bestimmtes Wertniveau der Lizenzen abzeichnen, abhängig von der Akzeptanz und dem Erfolg der angebotenen Dienste sowie von der Expansion des Marktes. Die Lizenzen können jedoch für die Unternehmen von unterschiedlichem Wert sein, was z. B. durch Unterschiede in den Marktanteilen bedingt sein kann.

Allerdings gibt es auch Beispiele für den Spezialfall, in dem davon ausgegangen werden kann, dass der (zum Zeitpunkt der Auktion) unbekannte Wert des Gutes für alle Bieter (annähernd) gleich ist. Bei der Versteigerung von Förderrechten für Öl und andere Rohstoffe kann in realistischer Weise angenommen werden, dass der genaue Wert des Rechts zum Zeitpunkt der Auktion unbekannt ist; dieser wird sich erst herausstellen, wenn die Rohstoffe gefördert bzw. abgebaut wurden. Da der Wert für Rohstoffe in der Regel durch Weltmarktpreise determiniert wird, dürfte der Wert eines Förderrechts für alle Unternehmen (ungefähr) der gleiche sein. In diesem Fall spricht man von *objektivem Wert* (*common value*) des Gutes. Der unbekannte Wert des Gutes wird dann durch die Zufallsvariable V und deren Realisation durch v beschrieben, was für alle Bieter gilt.

In unserem Auktionsmodell nehmen wir des Weiteren an, dass jeder Bieter partielle Information über den Wert des Gutes besitzt, die durch die Realisation x_i der Zufallsvariable X_i repräsentiert wird. Die Teilinformation x_i, die auch als *Signal* des Bieters bezeichnet wird, ist private Information von Bieter i und ein Indikator für den erwarteten Wert des Gutes für den Bieter. Dabei können die anderen Bieter Informationen über das Gut besitzen, die auch für Bieter i von Bedeutung sind. Das bedeutet, dass ein Bieter bei Kenntnis der Signale anderer Bieter den Wert des Gutes eventuell anders einschätzen würde als nur auf Basis seines eigenen Signals. Es ist realistisch anzunehmen, dass ein Bieter den Wert des Gutes umso genauer abschätzen könnte, je mehr Signale der anderen Bieter ihm bekannt wären. Ein Spezialfall hierzu ist, dass die partiellen Informationen aller Bieter zusammen den genauen Wert des Gutes v_i für jeden Bieter i determinieren, d. h. bei Kenntnis aller privaten Signale gibt es keine Unsicherheit mehr über den Wert des Gutes für jeden Bieter.

Zu Gunsten einer einfachen und anschaulichen Darstellung basieren unsere folgenden Überlegungen auf der Versteigerung eines Gutes mit common value Eigenschaft. Dieses werde mit Hilfe einer FA veräußert. Zum Zeitpunkt der Auktion kennt Bieter i nur sein Signal x_i. Basierend auf dieser Information schätzt er den Wert des Gutes durch den bedingten Erwartungswert $\mathrm{E}[V \mid X_i = x_i]$ und bestimmt sein Gebot. Des Weiteren gehen wir von einer symmetrischen Bieterstruktur aus, was eine symmetrische Informationsstruktur, d. h. die Signale der Bieter stammen alle aus der gleichen Verteilung, und eine symmetrische Verhaltensstruktur beinhaltet, d. h. alle Bieter verwenden dieselbe Bietfunktion β_{FA}. Für die Bietfunktion fordern wir die Eigenschaft der Monotonie, d. h. $x_i > x_k \Rightarrow \beta_{FA}(x_i) > \beta_{FA}(x_k)$. Somit weiß Bieter i, wenn er den Zuschlag erhält, dass er den höchsten Signalwert besessen hat. Dieses Wissen korrigiert seine ursprüngliche Schätzung auf $\mathrm{E}[V \mid X_{(1)} = x_i]$, wobei $X_{(1)}$ die erste Rangstatistik der Signale der n Bieter bezeichnet. Dieser neue Schätzwert ist allerdings kleiner als der ursprüngliche:

$$E[V \mid X_{(1)} = x_i] < E[V \mid X_i = x_i].$$

Die Nachricht über den Zuschlag reduziert also die Schätzung von Bieter i in Bezug auf den Wert des Gutes. Das kann allerdings für Bieter i bedeuten, dass die Information über den Gewinn der Auktion keine gute Nachricht für ihn ist. Hat er nämlich bei Festlegung seines Gebots den Effekt der Schätzwertreduktion im Zuschlagsfall nicht berücksichtigt, ist die Wahrscheinlichkeit groß, dass ihn der so genannte *Fluch des Gewinners* (*winner's curse*) trifft. Dies beschreibt den Fall, in dem der Gewinner der Auktion einen höheren Preis als den wahren Wert des Gutes zahlt.

Beispiel 5.4 Mit dem Experiment von Bazerman und Samuelson (1983), das von den Autoren des vorliegenden Buches bereits mehrmals in Vorlesungen und Vorträgen repliziert wurde, lässt sich der Fluch des Gewinners eindrucksvoll veranschaulichen. Dabei wird ein Glas, das mit Münzen im Gesamtwert v gefüllt ist, mit Hilfe einer simultanen Erstpreisauktion (FA) versteigert. Der Gewinner der Auktion hat sein Gebot zu zahlen und erhält dann einen Umschlag, in dem sich der Geldbetrag v befindet. Da den Bietern der genaue Wert v zum Zeitpunkt der Auktion nicht bekannt und dieser für alle derselbe ist, handelt es sich hierbei um ein common value Gut. Jeder Bieter i hat vor der Auktion die Möglichkeit, das Glas von außen zu inspizieren, um den Wert des Inhalts genauer abschätzen zu können. Diese Schätzung determiniert sein Signal x_i. In allen durchgeführten Auktionen war der Durchschnitt der abgegebenen Gebote kleiner als v, das höchste Gebot jedoch fast immer größer als v, so dass die Versteigerer in der Summe vom Fluch des Gewinners profitiert haben. Zusätzlich haben die Autoren die Erfahrung gewonnen, dass der Durchschnitt der Schätzungen $(\sum_i x_i)/n$ meist sehr nahe an v liegt, was für diesen Fall die Annahme $E[X_i \mid V = v] = v$, die im folgenden symmetrischen Modell unter (5.32) getroffen wird, rechtfertigt.

Ein Bieter kann jedoch durch entsprechende Korrektur seiner Schätzung dem Fluch des Gewinners vorbeugen, indem er bei der Berechnung seiner Bietstrategie davon ausgeht, dass er mit seinem Gebot aufgrund eines hohen, vermutlich überhöhten, Schätzwertes den Zuschlag erhalten wird. Nimmt er an, dass er den höchsten Schätzwert aller Bieter besitzt, also $X_{(1)} = x_i$, wird er seine ursprüngliche Schätzung des Güterwertes $E[V \mid X_i = x_i]$ nach unten auf $E[V \mid X_{(1)} = x_i]$ korrigieren und auf Basis dieser korrigierten Schätzung sein Gebot bestimmen. Dabei nimmt der Betrag der Korrektur nach unten in der Regel mit der Anzahl der Bieter n zu. Diese Form der Korrektur schließt das Eintreten des Fluch des Gewinners nicht prinzipiell aus. Er kann trotzdem auftreten, allerdings nur ex post in Einzelfällen. Ex ante und somit im langfristigen Durchschnitt erzielt der Gewinner der Auktion einen positiven Gewinn.

Dazu wollen wir ein einfaches Modell mit symmetrischer Bieterstruktur und folgenden Annahmen betrachten:

- Der den Bietern unbekannte Wert des Gutes V realisiert sich aus der Gleichverteilung über $[\underline{v}, \bar{v}] \subset \mathbb{R}_+$.
- Die Signale der Bieter X_i in Bezug auf den Wert des Gutes werden unabhängig zufällig aus der Gleichverteilung über $[V - \varepsilon, V + \varepsilon]$ gezogen.

Des Weiteren gelten die Annahmen **A1** sowie **A4** des Grundmodells aus Abschnitt 5.2.3, d. h. die Bieter sind risikoneutral und der Preis hängt nur von den Geboten ab. Die Variable ε spiegelt in diesem Modell die Signalschärfe wider, wobei ein kleinerer Wert von ε ein genaueres Signal bedeutet. Die Bieter verfügen über die Information, dass der wahre Wert des Gutes aus der Gleichverteilung über $[\underline{v}, \bar{v}]$ stammt und dass ihre Signale gleichverteilt (mit einem maximalen Abstand von ε) um den ihnen unbekannten Wert des Gutes streuen. Somit weiß ein Bieter, dass der wahre Wert höchstens ε (nach unten oder oben) von seinem Signal x_i entfernt ist.[12] Ausgedrückt über den wahren Wert v heißt dies $x_i \in [v - \varepsilon, v + \varepsilon]$.

In diesem einfachen Modell gilt:

$$\mathrm{E}[X_i \mid V = v] = v \qquad (5.32)$$

Das heißt, dass der Erwartungswert der Signale mit dem wahren Wert des Gutes v übereinstimmt. Schätzt ein Bieter den ihm unbekannten Wert V über sein Signal x_i, so ist der bedingte Erwartungswert für V gleich seinem Signal:

$$\mathrm{E}[V \mid X_i = x_i] = x_i$$

Diese Schätzung dient einem Bieter als Basis für sein Gebot, wobei wir uns hier auf die FA beschränken wollen, die auch hier gemäß Satz 5.2 der DA strategisch äquivalent ist.[13] Wie im Fall unabhängiger privater Wertschätzungen (siehe Abschnitt 5.2.2) besteht für die Bieter der Anreiz zum bid shading,

---

[12] Für dieses Modell nehmen wir mit $x_i \in [\underline{v} + \varepsilon, \bar{v} - \varepsilon]$ einschränkend an, dass die Signale der Bieter nicht „zu nahe" an den Intervallgrenzen liegen. Dies ist deswegen sinnvoll, da beispielsweise ein Bieter mit einem Signal $x_i \in [\underline{v}, \underline{v} + \varepsilon)$ wegen seiner Kenntnis von $\underline{v}$ sonst wissen würde, dass der wahre Wert v auf jeden Fall weniger als ε von seinem Signal x_i nach unten entfernt ist.

[13] In diesem Modellrahmen ist die „Äquivalenz" von EA und SA, entsprechend dem IPV-Modell (Satz 5.3), nicht gegeben. Da ein Bieter den wahren Wert des Gutes nicht kennt, besitzt er weder in der EA noch in der SA eine dominante Bietstrategie. In der EA hat er jedoch die Möglichkeit, durch Beobachtung der Bietaktivitäten anderer Bieter zusätzliche relevante Informationen über den Wert des Gutes zu gewinnen, was ihm in der SA nicht möglich ist. Somit ist im Fall unbekannter, voneinander abhängiger Wertschätzungen die strategische Situation der Bieter in diesen beiden Auktionen unterschiedlich.

also ein niedrigeres Gebot als den (erwarteten) Wert abzugeben. Allerdings ist hierbei die Aufgabe für die Bieter anspruchsvoller, denn sie müssen eine zusätzliche Korrektur ihrer Schätzung für den Wert des Gutes vornehmen, um nicht dem Fluch des Gewinners zu erliegen.

Im Fall symmetrischer Bieter, die alle ihr Gebot mittels der monotonen Bietfunktion β_{FA} bestimmen, erhält der Bieter mit dem höchsten Signal den Zuschlag. Somit hat ein Bieter bei der Schätzung des Wertes des Gutes davon auszugehen, dass er dieser Bieter ist, d. h. er nimmt an, dass sein Signal x_i die Realisation der ersten Rangstatistik $X_{(1)}$ ist. Aus deren Erwartungswert

$$\mathrm{E}[X_{(1)} \mid V = v] = v - \varepsilon + 2\,\frac{n}{n+1}\,\varepsilon = v + \frac{n-1}{n+1}\,\varepsilon \qquad (5.33)$$

lässt sich dann die korrigierte Schätzung für den Wert des Gutes in Form des bedingten Erwartungswertes

$$\mathrm{E}[V \mid X_{(1)} = x_i] = x_i - \frac{n-1}{n+1}\,\varepsilon \;<\; x_i = \mathrm{E}[V \mid X_i = x_i]$$

bestimmen, dessen Wert kleiner als die ursprüngliche Schätzung des Bieters in Höhe seines Signals x_i ist.

Wir sehen, dass die Korrektur des Signals mit steigender Anzahl Bieter n betragsmäßig zunimmt. Für $n \to \infty$ konvergiert der Erwartungswert der ersten Rangstatistik (5.33) gegen $v + \varepsilon$ und folglich wird der Bieter für seine korrigierte Schätzung den Wert ε, also die Hälfte der Intervalllänge der möglichen Signale, von seinem Signal x_i abziehen.

Im symmetrischen Bayes-Gleichgewicht der FA eines common value Gutes mit risikoneutralen Bietern bestimmen dann die Bieter ihre Gebote gemäß folgender Bietfunktion:[14]

$$\beta_{FA}(x_i) = x_i - \varepsilon + \Phi(x_i) \qquad (5.34)$$

mit

$$\Phi(x_i) = \frac{2\varepsilon}{n+1}\,\exp\left(-\frac{n(x_i - (\underline{v} + \varepsilon))}{2\varepsilon}\right)$$

Für Signalwerte $x_i > \underline{v} + \varepsilon$ wird $\Phi(x_i)$ zunehmend kleiner und die Bietfunktion (5.34) kann durch

$$\beta(x_i) = x_i - \varepsilon \qquad (5.35)$$

approximiert werden. Damit ergibt sich für $V = v$ als erwartetes Höchstgebot und somit als erwarteten Erlös des Versteigerers im symmetrischen Gleichgewicht der FA:

---

[14] Die Herleitung des symmetrischen Bayes-Gleichgewichts in Auktionen, in denen ein common value Gut versteigert wird, geht auf Wilson (1977) zurück und wurde von Milgrom und Weber (1982) verallgemeinert. Der hier dargestellte Spezialfall, in dem der wahre Wert des Gutes sowie die Signale der Bieter jeweils einer Gleichverteilung entstammen, findet sich bei Wolfstetter (1996).

$$\mathrm{E}[\beta_{FA}(X_{(1)}) \,|\, V = v] = \mathrm{E}[X_{(1)} \,|\, V = v] - \varepsilon = v - \frac{2\varepsilon}{n+1}$$

Der erwartete Gewinn des Höchstbieters im symmetrischen Gleichgewicht der FA lautet:

$$\mathrm{E}[\Pi_{(1)} \,|\, V = v] = v - \mathrm{E}[\beta(X_{(1)}) \,|\, V = v] = \frac{2\varepsilon}{n+1}$$

Nun wollen wir noch für die FA die Gebote der Bieter bei einem common value Gut denen unabhängiger privater Wertschätzungen für das Gut (IPV-Modell) gegenüber stellen. Dafür vergleichen wir die Abweichung der Gleichgewichtsgebote vom privaten Signal x_i bzw. von der individuellen Wertschätzung v_i. Für diesen Vergleich nehmen wir zu Gunsten einer anschaulichen Darstellung an, dass sowohl die Signale X_i im common value Fall als auch die privaten Wertschätzungen V_i aus der Gleichverteilung über $[0,1]$ stammen. Diese Verteilung der Signale für den common value Fall ergibt sich in unserem zuvor betrachteten Modell durch $v = 1/2$ und $\varepsilon = 1/2$. Als Gebot in Abhängigkeit des Signals erhalten wir dann über die approximierte gleichgewichtige Bietfunktion (5.35) im common value Fall (CV):

$$\beta_{FA}^{CV}(x_i) = x_i - \frac{1}{2}$$

Gemäß (5.14) lautet die Bietfunktion im Gleichgewicht des IPV-Grundmodells mit gleichverteilten privaten Wertschätzungen:

$$\beta_{FA}^{IPV}(v_i) = \left(1 - \frac{1}{n}\right) v_i$$

Wir sehen, dass im common value Fall der Bieter mit seinem Gebot um $1/2$ nach unten von seinem Signal x_i abweicht, im Fall privater Wertschätzungen bietet er v_i/n weniger als seine Wertschätzung v_i. Wegen $v_i \leq 1$ und $n \geq 2$, wird bei gleichem Signal- und Güterwert, d. h. $x_i = v_i$, die Korrektur im common value Fall stets stärker ausfallen (Ausnahme: $v_i = 1$ und $n = 2$).

Zum Schluss wollen wir noch kurz auf den Vergleich der Auktionserlöse der vier Grundtypen von Auktionen eingehen. Es lässt sich zeigen, dass im Rahmen des zuvor vorgestellten Modells in den symmetrischen Bayes-Gleichgewichten der vier Auktionstypen folgende Rangordnung der erwarteten Erlöse des Versteigerers gilt:

$$\mathrm{E}[R_{EA}] \geq \mathrm{E}[R_{SA}] \geq \mathrm{E}[R_{DA,FA}]$$

Dabei ist in jeder dieser Auktionen die erwartete Differenz zwischen der Wertschätzung des Bieters, der den Zuschlag erhält, und dem Zuschlagspreis (Erlös des Versteigerers) positiv; d. h. es ist nicht zu erwarten, dass der Fluch des Gewinners auftritt. Abschließend sei noch ergänzt, dass die Rangordnung der Erlöse unter bestimmten Voraussetzungen auch für den Fall ex ante symmetrischer Wertschätzungen V_i (d. h. die Wertschätzungen stammen alle aus derselben Verteilung F) Gültigkeit besitzt. Hierbei kann das Ergebnis einer jeden dieser Auktionen ineffizient sein.

5.3 Mehrgüterauktionen

Neben den Eingutauktionen hat ein Versteigerer auch die Möglichkeit, über Auktionen interessierten Bietern mehrere Güter zum Kauf anzubieten. In diesem Fall spricht man von *Mehrgüterauktionen*. Im Gegensatz zur Theorie der Eingutauktionen (Abschnitt 5.2), gibt es für die Mehrgüterauktionen keine einheitliche und umfassende Theorie, die auf einem repräsentativen spieltheoretischen Modell mit unvollständiger Information basiert. Dies ist zum einen darin begründet, dass die Analyse der Auktionen im Rahmen von Spielen mit unvollständiger Information die stochastische Modellierung der Zahlungsbereitschaft für mehrere Güter erfordert, was in der Regel nur mit relativ restriktiven Annahmen möglich ist. Zum anderen können die Verfahren zur Versteigerung mehrerer Güter, wie wir noch sehen werden, sehr komplex sein, was unter anderem dazu führen kann, dass die spieltheoretische Lösung, falls sie überhaupt bestimmt werden kann, nicht eindeutig, sondern häufig durch mehrere Gleichgewichte gekennzeichnet ist. Deshalb werden wir die Eigenschaften von Mehrgüterauktionen vor allem anhand von charakteristischen Beispielen illustrieren.

5.3.1 Art und Bewertung der Güter

Zunächst ist zu überprüfen, ob gleichartige oder unterschiedliche Güter versteigert werden sollen. In diesem Zusammenhang wird auch von *homogenen Gütern* und *heterogenen Gütern* gesprochen.

Wie wir noch sehen werden, ist bei der Analyse von Mehrgüterauktionen auch die Bewertung von möglichen Güterkombinationen durch die Bieter von Bedeutung. Kann der Nutzen, den ein Gut einem Bieter stiftet, durch ein anderes Gut ersetzt werden, sprechen wir von *substitutiven Gütern*. Hierunter fassen wir zwei Fälle: (i) Der Wert, den ein Bieter einem beliebigen Gut beimisst, ist unabhängig von der Art und der Anzahl der anderen Güter, die der Bieter in der Auktion erwirbt. Dies kann sowohl für homogene als auch für heterogene Güter zutreffen, wobei man im Fall homogener Güter hierfür auch den Begriff des konstanten Grenznutzens verwendet. (ii) Der zusätzliche Wert eines jeden weiteren in der Auktion erworbenen Gutes ist zwar positiv, nimmt jedoch mit zunehmender Anzahl Güter ab. Dies ist in der Regel eine Eigenschaft homogener Güter, die jedoch unter bestimmten Bedingungen auf heterogene Güter erweiterbar ist. Im Fall homogener Güter spricht man dann auch von abnehmendem Grenznutzen.

Davon abzugrenzen sind *komplementäre Güter*, die sich im Wert ergänzen, also für einen Bieter zusammen einen höheren Wert besitzen als die Summe ihrer Einzelwerte. Das kann sowohl auf homogene als auch auf heterogene Güter zutreffen, wobei wir bei homogenen Gütern auch von der Eigenschaft des zunehmenden Grenznutzens sprechen.

Hierzu sei eine Zweigüterauktion betrachtet, in der die beiden Güter X und Y versteigert werden und der risikoneutrale Bieter i teilnimmt. Entsprechend dem IPV-Ansatz in Abschnitt 5.2.2 bezeichnet $v_i(X)$ den monetären Wert, den Bieter i dem Gut X beimisst, wenn er nur dieses Gut in der Auktion erwirbt. Gleiches gilt für Gut Y, dessen exklusiver Wert mit $v_i(Y)$ bezeichnet wird. Beiden Gütern zusammen misst Bieter i den Wert $v_i(X+Y)$ bei. Haben die beiden Güter für Bieter i substitutive Eigenschaften, so gilt:

$$v_i(X+Y) \leqq v_i(X) + v_i(Y)$$

Betrachtet Bieter i die beiden Güter als Komplemente, lautet seine Bewertung:

$$v_i(X+Y) > v_i(X) + v_i(Y)$$

5.3.2 Auktionsformen

Für die Versteigerung mehrerer Güter stehen viele unterschiedliche Verfahren von Mehrgüterauktionen zur Verfügung. Wir stellen im Folgenden einige gängige sowie theoretisch interessante Auktionsformen vor, wobei wie im Fall der Eingutauktionen $I = \{1,\ldots,n\}$ die Menge der teilnehmenden Bieter beschreibt.

Sequentielle Auktion

Die sequentielle Auktion ist wohl das am häufigsten zum Einsatz kommende Verfahren zur Versteigerung mehrerer Güter. Die zum Verkauf stehenden Güter werden hierbei nacheinander versteigert, wobei die Versteigerung der Güter (in der Regel) in voneinander unabhängigen Eingutauktionen durchgeführt wird. Für die Versteigerung der Güter stehen hierfür die in Abschnitt 5.2.1 beschriebenen Verfahren zur Verfügung. In einer sequentiellen Auktion können sowohl homogene als auch heterogene Güter versteigert werden. Ein bekanntes Beispiel für den Einsatz sequentieller Auktionen sind Kunstauktionen, in denen eine Vielzahl an Objekten im Rahmen einer großen Auktion hintereinander versteigert wird.

Das folgende Beispiel illustriert, dass die strategische Situation eines Bieters in einer sequentiellen Auktion komplexer als in einer Eingutauktion ist, auch wenn der Bieter in der Auktion nur eine Einheit eines homogenen Gutes erwerben möchte.

Beispiel 5.5 In einer sequentiellen Auktion werden unabhängig voneinander in zwei aufeinander folgenden Englischen Auktionen (EA) zwei Einheiten eines homogenen Gutes, z. B. zwei gleichartige Flaschen eines Weins, versteigert. Bieter i ist jedoch nur an einer Flasche interessiert und ist hierfür bereit v_i zu zahlen. Für die Lösung dieses

Extensivformspiels ist zunächst das Teilspiel der zweiten Auktion zu betrachten (siehe Kapitel 3). Unter der Voraussetzung, dass Bieter i in der ersten EA leer ausgegangen ist, ist seine strategische Situation in der zweiten EA gleich der in einer Eingutauktion. Folglich besitzt Bieter i gemäß Satz 5.3 in der zweiten EA die dominante Strategie, bis zu seiner Wertschätzung v_i zu bieten. War i hingegen bereits in der ersten EA erfolgreich, so wird er an der zweiten EA nicht mehr teilnehmen. Unter der Voraussicht von diesem Bietverhalten in der zweiten EA ist dann die strategische Aufgabe von Bieter i für die erste Auktion zu lösen. Dadurch dass Bieter i weiß, dass er in der zweiten EA eine weitere Chance zum Erwerb des Gutes bekommen wird, sollte er in der ersten EA nicht zum Zug kommen, gestaltet sich seine strategische Situation komplexer als in einer einfachen EA. Im Fall einer symmetrischen Bieterstruktur, in der die anderen Bieter das gleiche Ziel wie Bieter i verfolgen, ist zu erwarten, dass i in der ersten EA seine Zahlungsbereitschaft v_i nicht ausreizen, sondern bereits früher aus der Auktion aussteigen wird. Die Abweichung des Ausstiegspreises von der Wertschätzung hängt dabei unter anderem von seiner Risikoeinstellung und der Anzahl teilnehmender Bieter ab.

Simultane Mehrgüterauktionen

Diese Form von Auktionen wurde für die gleichzeitige Versteigerung mehrerer homogener Güter konzipiert. Hierbei reicht jeder Bieter (in Unkenntnis der anderen Bieter) einen Gebotsvektor ein, der für jede Gütereinheit, auf die der Bieter bieten möchte, ein Gebot beinhaltet.[15] Folglich wird Bieter $i \in I$, wenn er auf k Einheiten des angebotenen Gutes bieten möchte, einen k-dimensionalen *Gebotsvektor*

$$b^i = (b^i_1, b^i_2, \ldots, b^i_k)$$

einreichen, wobei die erste Komponente b^i_1 sein Gebot für eine Einheit des Gutes ist, die zweite Komponente sein Gebot für eine weitere Einheit usw. Somit gibt beispielsweise die Summe $b^i_1 + b^i_2$ an, wie viel Bieter i für genau zwei Einheiten zusammen bieten möchte. Wegen der im Folgenden beschriebenen *Zuteilungsregel* gehen wir von folgender Ordnung der Gebote aus:

---

[15] Damit die Anzahl Einzelgebote nicht zu groß wird, ist in realen Auktionen in der Regel die Anzahl Gebote, die ein Bieter einreichen darf, nach oben beschränkt. Dafür setzen sich dann die einzelnen Gebote jeweils aus einem Preis und einer Menge zusammen. Mit jedem eingereichten Gebot signalisiert der Bieter, welchen Preis er für jede Einheit seiner in diesem Gebot nachgefragten Gütermenge bereit zu bieten ist. Diese Art der Gebotsabgabe lässt sich durch einen Vektor von Einzelgeboten in der Form darstellen, dass die Bieter für eine bestimmte Anzahl von Gütereinheiten jeweils denselben Preis bieten.

$$b_1^i \geq b_2^i \geq \ldots \geq b_k^i$$

In der Regel gibt der Versteigerer einen Limitpreis r vor, der in den Geboten nicht unterschritten werden darf.

Sei mit S (von engl. *supply*) das Güterangebot bezeichnet, also die Anzahl Gütereinheiten, die der Versteigerer in der Auktion zum Verkauf anbietet. Die Gesamtnachfrage, also die Anzahl Gütereinheiten, die von den Bietern mit ihren Geboten nachgefragt werden, sei mit D (von engl. *demand*) bezeichnet. Da die Bieter für jede nachgefragte Einheit ein Gebot einzureichen haben, ist D gleich der Summe aller abgegebenen Gebote.

Die Zuteilungsregel schreibt vor, dass nach Abgabe aller Gebote diese „von oben nach unten" bedient werden. Das bedeutet, dass zunächst der Bieter berücksichtigt wird, dessen Gebotsvektor den höchsten Preis beinhaltet. Dieses Gebot wird als erstes bedient und somit erhält dieser Bieter die erste Einheit des Gutes. Danach wird das nächsthöchste Gebot, das von einem anderen Bieter stammen kann, bedient usw. Dieses wird solange fortgesetzt, bis entweder alle Gebote bedient worden sind (d. h. die Gesamtnachfrage ist nicht größer als die Angebotsmenge: $D \leq S$) oder die gesamte Angebotsmenge des Versteigerers aufgebraucht ist (d. h. die Gesamtnachfrage ist größer als die Angebotsmenge: $D > S$).

Neben der Zuteilunsgregel ist nun noch die *Preisregel* zu benennen, in der festgelegt ist, welchen Preis bzw. welche Preise die Bieter für die ihnen zugeschlagenen Gütereinheiten zu zahlen haben. Die drei bekanntesten Verfahren sind die folgenden:

Einheitspreisauktion (engl. *Uniform Price Auction*): Wie der Name schon ausdrückt, wird gemäß dieser Preisregel ein einheitlicher Preis p^* festgelegt, den alle Bieter für jede ihrer ersteigerten Gütereinheiten zu zahlen haben. Dieser „Markträumungspreis" lässt sich auf zweierlei Arten bestimmen, wobei die erstgenannte diejenige ist, die bevorzugt in der Praxis angewandt wird, die zweitgenannte hingegen „theoretisch sauberer" ist.

1. Bei der gängigeren Form der Einheitspreisregel determiniert das *letzte bediente Gebot*, also das niedrigste Gebot, für das einer der Bieter eine Gütereinheit erhalten hat, den einheitlichen Zuschlagspreis p^*. Davon abweichend, findet im Fall des Angebotsüberschusses $S > D$ auch die Regel Anwendung, dass der Limitpreis r preisbestimmend ist.

2. Die zweite Form der Einheitspreisregel sieht vor, dass das *höchste nicht bediente Gebot* preisbestimmend ist. Dies setzt allerdings $S < D$ voraus. Im Fall $S \geq D$, in dem alle Gebote bedient werden, determiniert der Limitpreis r den Zuschlagspreis p^*.

Preisdiskriminierende Auktion (engl. *Discriminatory Price Auction*): Gemäß dieser Preisregel hat jeder Bieter für jedes bediente Gebot den Preis zu bezahlen, den er geboten hat.

Vickrey Mehrgüterauktion:[16] Bei dieser Preisregel werden die Preise, die ein Bieter für zugeschlagene Gütereinheiten zu zahlen hat, durch die Gebote der anderen Bieter bestimmt. Angenommen, Bieter i erhält den Zuschlag für k Gütereinheiten. Um die Preise zu ermitteln, die er für diese k Einheiten zu bezahlen hat, werden die Gebote aller anderen Bieter (seine eigenen ausgenommen) der Größe nach geordnet. Bieter i hat dann die Gebote der letzten k Einheiten zu zahlen, die gerade noch bedient worden wären, wenn er nicht an der Auktion teilgenommen hätte (Opportunitätskosten der „Gesellschaft"). Für den Fall, dass die Gesamtnachfrage der anderen Bieter zu gering ist, um alle Gütereinheiten von Bieter i durch Gebote der anderen Bieter zu bepreisen, liegt es nahe, Bieter i für diese Einheiten den Limitpreis r zahlen zu lassen.

Die Verfahren der Einheitspreisauktion und der preisdiskriminierenden Auktion sind heute die bevorzugten Verfahren der Zentralbanken für die Durchführung der *Refinanzierungsgeschäfte*. In diesen so genannten *Tendern*, die zentrale Säulen der Geldpolitik sind, bieten Geschäftsbanken Zinsen für Geld, das von der Zentralbank als Darlehen angeboten wird (siehe z. B. Ehrhart 2001). Die Einheitspreisauktion findet inzwischen auch ein sehr viel breiteres Publikum. Das Online-Auktionshaus eBay bietet eine Art dieser Auktion unter dem Namen *Powerauktion* für die Versteigerung von mehreren gleichartigen Gütern an.

Während in einer Einheitspreisauktion alle Bieter für jede Gütereinheit den gleichen Preis zu zahlen haben, können in den beiden anderen Auktionen die Preise für die zugeschlagenen Gütereinheiten nicht nur zwischen den Bietern divergieren, sondern auch bei den einzelnen Bietern selbst. Da in der preisdiskriminierenden Auktion die Bieter ihre gebotenen Preise für die zugeschlagenen Einheiten zu zahlen haben, ist diese Form einer Mehrgüterauktion das Pendant zur simultanen Erstpreisauktion für die Versteigerung von einem Gut (siehe Abschnitt 5.2.1). In der Vickrey Mehrgüterauktion hingegen bestimmen die Gebote eines Bieters nur, wie viele Gütereinheiten er zugeschlagen bekommt. Die Preise, die er für diese Einheiten zu zahlen hat, werden durch die Gebote der anderen Bieter determiniert, wobei diese preisbestimmenden Gebote selbst nicht bedient werden. Folglich ist diese Auktionsform das Pendant zur simultanen Zweitpreisauktion im Ein-Gut-Fall. Das folgende Beispiel dient der Illustration der simultanen Mehrgüterauktion und den drei unterschiedlichen Preisregeln.

Beispiel 5.6 Drei Bieter nehmen an einer simultanen Mehrgüterauktion teil, in der drei gleichartige Flaschen eines Weins versteigert werden, d. h. $S = 3$. Die Gebotsvektoren in Geldeinheiten (GE) der drei

---

[16] Diese Auktionsform gehört aufgrund ihrer Eigenschaften zu den Vickrey-Clarke-Groves-Mechanismen (siehe z. B. Milgrom 2004).

Bieter lauten:

$$b^1 = (30, 22, 20)$$
$$b^2 = (35, 27, 25)$$
$$b^3 = (26, 21, 17)$$

Die Bieter reichen zusammen also neun Gebote ein, d. h. $D = 9$ und somit $S < D$. Gemäß der Zuschlagsregel der simultanen Mehrgüterauktion werden die Gebote von oben nach unten bedient: Bieter 2 erhält mit dem höchsten Gebot in Höhe von 35 GE die erste Flasche Wein, Bieter 1 mit seinem Gebot von 30 GE in zweite Flasche und wiederum Bieter 2 aufgrund des dritthöchsten Gebots von 27 GE die dritte Flasche. Folglich erhält Bieter 1 eine Flasche, Bieter 2 zwei Flaschen und Bieter 3 geht leer aus.

Diese Gebote würden in den drei unterschiedliche Formen einer simultanen Mehrgüterauktion zu folgenden Preisen und Zahlungen führen:

Einheitspreisauktion:
1. Gemäß der ersten Einheitspreisregel wird der einheitliche Zuschlagspreis durch das letzte bediente Gebot $p^* = 27$ GE bestimmt. Somit zahlt Bieter 1 für seine Flasche 27 GE und Bieter 2 für seine zwei Flaschen $2 \cdot 27 = 54$ GE.
2. Alternativ wird der Preis nach der zweiten Einheitspreisregel durch das höchste nicht bediente Gebot determiniert, das in unserem Beispiel das erste Gebot von Bieter 3 ist. Folglich ergibt sich als einheitlicher Zuschlagspreis $p^* = 26$. In diesem Fall zahlt Bieter 1 für seine Flasche 26 GE und Bieter 2 zahlt $2 \cdot 26 = 52$ GE.

Preisdiskriminierende Auktion: Die Bieter haben ihre bedienten Gebote zu bezahlen: Bieter 1 zahlt somit 30 GE und Bieter 2 zahlt $35 + 27 = 62$ GE.

Vickrey Mehrgüterauktion: Hierbei werden die Preise, die ein Bieter zu zahlen hat, über die Gebote der anderen Bieter bestimmt. Hätte Bieter 1 nicht an der Auktion teilgenommen, gäbe es nur die sechs Gebote von Bieter 2 und 3, deren absteigende Reihenfolge $(35, 27, 26, 25, 21, 17)$ lautet. Bieter 1 hat den Zuschlag für eine Flasche erhalten, wofür er den Preis des Gebotes zahlen muss, das ohne seine Teilnahme an der Auktion als letztes bedient worden wäre. Da drei Flaschen angeboten werden, wird der Zuschlagspreis für die eine Flasche von Bieter 1 durch das dritthöchste der Gebote von Bieter 2 und 3 determiniert, also 26 GE. Die Gebotspreise in absteigender Reihenfolge ohne Bieter 2 sind $(30, 26, 22, 21, 20, 17)$. Seine Zuschlagspreise werden durch die letzten beiden bedienten Gebote bestimmt, falls er nicht an der Auktion teilgenommen hätte. Bieter 2 hat somit 22 + 26 = 48 GE zu bezahlen.

Wir wollen jetzt der Frage nachgehen, ob die Bieter in den drei unterschiedlichen Formen der simultanen Mehrgüterauktion einen Anreiz haben, ihre wahre Zahlungsbereitschaft für die Güter in ihren Geboten zu offenbaren. Dahinter steckt natürlich auch die Frage nach der Existenz einer dominanten Bietstrategie. Hierfür gehen wir vom IPV-Ansatz (Abschnitt 5.2.2) und substitutiven Gütern aus. Das bedeutet, dass erstens jeder Bieter zum Zeitpunkt der Auktion den Wert einer jeden Gütermenge für sich genau beziffern kann, der Bieter sich also seiner Zahlungsbereitschaft bewusst ist, und dass zweitens die Zahlungsbereitschaft je Gütereinheit mit steigender Anzahl Einheiten nicht zunimmt (konstanter oder abnehmender Grenznutzen). Gemäß 5.1 ergibt sich dann der Gewinn eines jeden Bieters aus der Differenz zwischen seiner Zahlungsbereitschaft für die in der Auktion zugeschlagenen Gütereinheiten (Wert der Gütermenge für den Bieter) und seiner tatsächlichen Zahlung, die er für diese Gütermenge zu leisten hat. Dass in der preisdiskriminierenden Auktion das Bieten der wahren Zahlungsbereitschaft keine dominante Strategie sein kann, ist offensichtlich, da der Bieter mit dieser Strategie stets einen Gewinn in Höhe von null erreichen würde, unabhängig von der Anzahl zugeschlagener Gütereinheiten. Somit besteht für die Bieter in der preisdiskriminierenden Auktion, wie in der simultanen Erstpreisauktion (FA), ein Anreiz zum bid shading, also weniger als die wahre Zahlungsbereitschaft zu bieten. So ist auch die Argumentation bezüglich der FA aus Abschnitt 5.2.2 unmittelbar auf die preisdiskriminierende Auktion zu übertragen, der zur Folge in dieser Auktionsform keine dominante Bietstrategie existiert. Dies ist in der Vickrey Mehrgüterauktion anders. Wie in ihrem Eingut-Pendant, der simultanen Zweitpreisauktion (SA), bestimmen die Gebote eines Bieters nur, wie viele Gütereinheiten er zugeschlagen bekommt; seine dafür zu leistende Zahlung wird durch die Gebote anderer Bieter bestimmt. Entsprechend der Argumentation bei der SA ist somit das Bieten der wahren Zahlungsbereitschaft dominante Strategie eines jeden Bieters. Zu der Einheitspreisauktion findet sich kein entsprechendes Gegenstück unter den Eingutauktionstypen, das uns jetzt helfen könnte. Diese Auktionsform schreibt vor, dass für alle zugeschlagenen Gütereinheiten der gleiche Preis zu zahlen ist, der durch das niedrigste bediente oder das höchste nicht bediente Gebot determiniert wird, je nach angewandter Preisregel. Somit werden für alle bis auf einen Bieter die Preise der zugeschlagenen Gütereinheiten nicht durch ein eigenes Gebot bestimmt. Dennoch besteht für jeden Bieter in einer durch unvollständige Information geprägten Auktionswelt stets die Chance, genau der Bieter mit dem preisbestimmenden Gebot zu sein. Folglich haben die Bieter auch in der Einheitspreisauktion einen Anreiz zum bid shading, mit Ausnahme des Gebots auf die erste Gütereinheit, wenn der Zuschlagspreis gemäß der zweiten Preisregel durch das höchste nicht bediente Gebot bestimmt wird. Die strategische Situation des Bieters entspricht hierbei der SA und somit ist es dominante Strategie, ein Gebot in Höhe der Wertschätzung für die erste Gütereinheit abzugeben. Abschließend sei noch ergänzt, dass die zuvor getroffenen Aussagen über die Bietstrategien und das Bietverhalten in den drei Formen der simultanen Mehrgüterauktion unabhängig von den Risikoeinstellungen der Bieter sind.

Ein Vergleich der drei Verfahren der simultanen Mehrgüterauktion hinsichtlich dem zu erwartenden Erlös des Versteigerers liefert selbst im Rahmen eines symmetrischen IPV-Ansatzes mit riskoneutralen Bietern keine eindeutigen Ergebnisse. Die diesbezügliche Rangordnung hängt unter anderem von der Zahlungsbereitschaft je Gütereinheit ab. Zudem ist unter bestimmten Voraussetzungen weder in der Einheitspreisauktion noch in der preisdiskriminierenden Auktion weder ein eindeutiges Gleichgewicht noch ein effizientes Ergebnis sicher gestellt. Hierzu sei auf die Arbeiten von Ausubel und Cramton (2002) und Krishna (2002) sowie auf die Beispiele in Abschnitt 5.3.3 verwiesen.

Simultane Mehrrundenauktion

Eine weitere Möglichkeit zur Versteigerung mehrerer homogener oder heterogener Güter ist die *simultane Mehrrundenauktion* (engl. *simultaneous multiround auction*). Dieser Auktionstyp kombiniert die zuvor beschriebene simultane Mehrgüterauktion mit der Englischen Auktion (EA). In einer simultanen Mehrrundenauktion werden gleichzeitig mehrere Güter über aufeinander folgende Bietrunden versteigert, in denen die Bieter simultan, also in Unkenntnis voneinander, ihre Gebote für die Güter abgeben. In der ersten Bietrunde reichen die Bieter ihre Gebote mit Nennung der Güter, für die diese Gebote bestimmt sind, ein. Bei Vorgabe eines Limitpreises für ein Gut muss dieser selbstverständlich in Geboten für dieses Gut erreicht sein. Aus den eingereichten Geboten wird dann für jedes Gut das Höchstgebot (und der dazu gehörige Höchstbieter) ermittelt und bekannt gegeben. Im Fall multipler höchster Gebote auf einem Gut kann beispielsweise der Status des Höchstbieters an den Bieter vergeben werden, der sein Gebot als erster eingereicht hat. In der zweiten Bietrunde haben die Bieter die Möglichkeit, neue Gebote einzureichen und die Höchstgebote der ersten Runde zu überbieten (i. d. R. nach einem vom Versteigerer vorgegebenen Inkrement). Aus diesen neuen Geboten werden wiederum die Höchstgebote und Höchstbieter der zweiten Runde ermittelt. Höchstgebote der Vorrunde, die nicht überboten wurden, bleiben stehen. Ist in einer Bietrunde mindestens ein Bieter aktiv, d. h. er gibt ein neues Gebot auf eines der Güter ab, dann geht die Auktion in eine weitere Bietrunde; andernfalls ist die Auktion beendet und die Güter werden den Höchstbietern der letzten Bietrunde zugeschlagen, wofür diese ihre Höchstgebote zu zahlen haben. Dieses Verfahren wurde in vielen Ländern für die Vergabe von Telekommunikationslizenzen eingesetzt (siehe z. B. Seifert und Ehrhart 2005).[17]

---

[17] Für den Einsatz der simultanen Mehrrundenauktionen in der Praxis hat es sich bewährt, die Bieter zu Beginn der Auktion mit so genannten *Bietrechten* auszu-

Für die simultane Versteigerung mehrerer homogener Güter gibt es auch eine einfachere Variante der simultanen Mehrrundenauktion. Hierbei gibt der Versteigerer in der ersten Bietrunde einen Preis (Limitpreis) vor, der gleichermaßen für jede angebotene Gütereinheit gilt. Die Bieter geben daraufhin (in Unkenntnis voneinander) ein Mengengebot ab, in dem sie die Anzahl der Gütereinheiten nennen, die sie zu diesem Preis bereit sind zu kaufen. Ist die nachgefragte Menge größer als die angebotene, d. h. $D > S$, geht die Auktion in die nächste Runde. Hierfür erhöht der Versteigerer den einheitlichen Preis je Einheit. Dies wiederholt sich solange, bis in einer Runde zu dem dort vorgegebenen Preis nicht mehr Gütereinheiten nachgefragt als angeboten werden, d. h. $D \leq S$. Die Güter werden dann auf die Bieter, entsprechend ihren Mengengeboten in der letzten Runde, verteilt, wobei für jede Gütereinheit der Preis der letzten Runde zu zahlen ist. Bei diesem Verfahren werden alle Gütereinheiten zum gleichen Preis verkauft, was bei der Versteigerung von homogenen Gütern mit dem zuvor beschriebenen Verfahren der simultanen Mehrrundenauktion nicht gewährleistet ist.

5.3.3 Eigenschaften von Mehrgüterauktionen

Wie bereits zu Beginn unserer Ausführungen über Mehrgüterauktionen erwähnt, gestaltet sich deren theoretische Modellierung relativ komplex und restriktiv; zudem existiert auch keine einheitliche und umfassende Theorie. Aus diesem Grund wollen wir in diesem Abschnitt anhand von Beispielen einige interessante Eigenschaften von Verfahren zur Versteigerung mehrerer Güter beleuchten und dabei auch versteckte „Fallen" für die Bieter und den Versteigerer aufdecken.

Beispiel 5.7 Ein Versteigerer bietet zwei unterschiedliche Maschinen X und Y zum Verkauf an. An der Auktion nehmen vier risikoneutrale Bieter A, B, C und D teil. Die individuellen Wertschätzungen der Bieter sind unabhängig voneinander und die Wertschätzungen jedes Bieters sind weder dem Versteigerer noch den anderen Bietern bekannt (IPV-Ansatz). Die Wertschätzungen (in GE) der einzelnen Bieter lauten:

---

statten. Diese legitimieren ihren Besitzer, auf maximal so viele Güter zu bieten, wie er Bietrechte in der laufenden Bietrunde besitzt. Dabei ist die Anzahl der Bietrechte eines Bieters in allen weiteren Runden gleich der Anzahl seiner gültigen Gebote in der jeweiligen Vorrunde (abgegebene Gebote und Höchstgebote). So kann ein Bieter die Anzahl seiner Bietrechte und somit seiner Gebote im Laufe der Auktion nur beibehalten oder verringern. Durch die Vergabe der Bietrechte wird sichergestellt, dass die Bieter aktiv an der Auktion teilnehmen.

5.3 Mehrgüterauktionen

<table>
<tr><td></td><td></td><td colspan="3">Maschine</td></tr>
<tr><td></td><td></td><td>X</td><td>Y</td><td>X+Y</td></tr>
<tr><td rowspan="4">Bieter</td><td>A</td><td>50</td><td>50</td><td>100</td></tr>
<tr><td>B</td><td>60</td><td>45</td><td>105</td></tr>
<tr><td>C</td><td>45</td><td>65</td><td>110</td></tr>
<tr><td>D</td><td>44</td><td>60</td><td>104</td></tr>
</table>

Der Versteigerer misst den beiden Maschinen keinen Wert bei, d. h. $v_0(X+Y) = v_0(X) = v_0(Y) = 0$.

Wir wollen nun die Ergebnisse einer Auktion, in der X und Y sequentiell versteigert werden, mit denen einer Auktion vergleichen, in der X und Y zusammen als ein Los in einer Eingutauktion versteigert werden. Hierbei interessieren uns Zuschlag, Auktionserlös, Gewinne der Bieter und Effizienz. Beide Auktionen werden als Englische Auktion (EA) durchgeführt, wobei wir vereinfachend annehmen, dass die Gebotsschritte (Inkremente) vernachlässigbar klein sind. Ein Weiterverkauf der Maschinen nach Erwerb ist für keinen Bieter möglich.

Aus der Tabelle der individuellen Bewertungen wird ersichtlich, dass für die Wertschätzungen eines jeden Bieters $i = A, B, C, D$ gilt: $v_i(X+Y) = v_i(X) + v_i(Y)$. Das bedeutet, dass der Wert, den ein Bieter einer Maschine beimisst, unabhängig davon ist, ob er die andere zugeschlagen bekommt oder nicht; gemäß unserer Unterscheidung haben die Maschinen also substitutive Eigenschaften für die Bieter. Reizt jeder Bieter in beiden Auktionen der sequentiellen Auktion jeweils seine Wertschätzung für die Maschine aus, so bildet dies in diesem Beispiel ein Gleichgewicht in der sequentiellen Auktion. Da in der Eingutauktion das Ausreizen der Wertschätzung für beide Maschinen zusammen eine dominante Strategie ist, bildet auch dieses Bietverhalten ein Gleichgewicht. Dies führt zu folgenden Ergebnissen:

- **Zuschlag:** In der sequentiellen Versteigerung erhält Bieter B den Zuschlag für Maschine X und Bieter C den Zuschlag für Maschine Y, da sie jeweils die höchsten Wertschätzungen besitzen und somit die höchsten Gebote einreichen. Werden beide Maschinen zusammen versteigert, so erhält Bieter C den Zuschlag, da er insgesamt die höchste Wertschätzung besitzt.
- **Auktionserlös:** In der sequentiellen Auktion bezahlt Bieter B für Maschine X die zweithöchste Wertschätzung für Maschine X, also 50 GE. Bieter C zahlt für Maschine Y die zweithöchste Wertschätzung für Maschine Y, also 60 GE. Der Gesamterlös beträgt folglich 110 GE. In der gemeinsamen Versteigerung der beiden Güter bezahlt Bieter C die zweithöchste Wertschätzung für beide Maschinen zusammen, also 105 GE, was in diesem Fall ein

geringerer Auktionserlös als in der sequentiellen Auktion ist. Da der Versteigerer den Gütern keinen Wert beimisst, ist sein Gewinn gleich seinem Erlös.
- **Gewinne der Bieter:** Die Gewinne der Bieter berechnen sich aus Wertschätzung abzüglich gezahltem Preis. In der sequentiellen Auktion erzielt Bieter B einen Gewinn von $60 - 50 = 10$ GE und Bieter C einen Ertrag von $65 - 60 = 5$ GE. Beim gemeinsamen Verkauf der beiden Maschinen ergibt sich für Bieter C ein Erlös in Höhe von $110 - 105 = 5$ GE. Der Gewinn der Bieter ohne Zuschlag ist gleich null.
- **Effizienz:** Das Ergebnis der sequentiellen Auktion ist effizient, da jeweils der Bieter mit der höchsten Wertschätzung den Zuschlag erhält. Der „Wohlfahrtsgewinn" (Gewinne des Versteigerers und der Bieter zusammen) ist somit maximal und beträgt $110 + 10 + 5 = 125$ GE. Das Ergebnis der Eingutauktion hingegen ist nicht effizient, da Bieter C zwar insgesamt die höchste Wertschätzung für beide Maschinen zusammen besitzt, die Wohlfahrt aber gesteigert werden könnte, wenn Bieter B Maschine X erhalten würde. Dies sieht man auch am Wohlfahrtsgewinn, der in der Eingutauktion mit $105 + 5 = 110$ GE kleiner als in der sequentiellen Auktion ist.

Gemessen am Auktionserlös ist in diesem Fall die sequentielle Auktion die für den Versteigerer attraktivere Auktionsform. Dies gilt jedoch nicht prinzipiell. Nimmt beispielsweise Bieter D, der in beiden Auktionen leer ausgeht, nicht an den Auktionen teil, so ist die Eingutauktion hinsichtlich des Auktionserlöses lukrativer für den Versteigerer: 100 GE in der sequentiellen Auktion und 105 GE in der Eingutauktion.

Beispiel 5.8 Der Versteigerer bietet nun zwei gleichartige Maschinen an, denen er jeweils einen Wert von 50 GE und beiden zusammen einen Wert von 100 GE beimisst, d. h. $v_0(1) = 50$ GE und $v_0(2) = 100$ GE. Als Limitpreis setzt er für jede der beiden Maschinen $r = 100$ GE fest. An der Auktion nehmen zwei risikoneutrale Bieter A und B teil, deren individuelle Bewertungen der Maschinen unabhängig voneinander sind (IPV-Ansatz). Ein Weiterverkauf der Maschinen nach Erwerb ist für beide Bieter nicht möglich.

Bieter A ist nur an einer der beiden Maschinen interessiert, wobei er für eine Maschine 750 GE bereit ist zu zahlen. Eine weitere Maschine kann er nicht einsetzen und hat somit auch keinen Wert für ihn, d. h. $v_A(2) = v_A(1) = 750$ GE. Für Bieter A sind die Maschinen also substitutive Güter.

Im Rahmen dieses Beispiels wollen wir nun die im Abschnitt 5.3.2 vorgestellten Verfahren zur Versteigerung mehrerer Güter analysieren und vergleichen. Da Bieter A nur an einer Maschine interessiert ist, besitzt er in der Einheitspreisauktion (2. Preisregel), der Vickrey Mehrgüterauktion und der simultanen Mehrrundenauktion jeweils die dominante Strategie, seine Wertschätzung für eine Maschine zu bieten bzw. bis zu dieser mitzubieten. Für die Bewertung der Maschinen durch Bieter B wollen wir drei Fälle unterscheiden:

1.) Zunächst nehmen wir an, dass die Maschinen komplementäre Eigenschaften für Bieter B haben und zwar in der Form, dass er die beiden Maschinen nur im Kombination einsetzen kann. Dabei besitzen sie für ihn zusammen einen Wert von 1000 GE, eine Maschine allein ist allerdings wertlos für ihn, d. h. $v_B(1) = 0$ GE und $v_B(2) = 1000$ GE.

In diesem Fall zeichnet sich das effiziente Ergebnis dadurch aus, dass Bieter B beide Maschinen erhält, was den maximalen Wohlfahrtsgewinn in Höhe von $v_B(2) - v_0(2) = 1000 - 100 = 900$ GE generiert.

Lässt sich dieses Ergebnis über ein Gleichgewicht in einer unserer Mehrgüterauktionen erreichen? Alle vorgestellten Verfahren sehen vor, dass die Bieter für die Güter voneinander getrennte Gebote abgeben, entweder hintereinander oder gleichzeitig. Das stellt Bieter B vor ein Problem: Bietet er mit, besteht in jeder der Auktionen die Gefahr für ihn, nur ein Gut zugeschlagen zu bekommen und somit für etwas zahlen zu müssen, was ihm nichts wert ist. In der sequentiellen Auktion und der simultanen Mehrrundenauktion kann er dies zwar vermeiden, läuft dabei aber Gefahr, über seine Wertschätzung hinaus bieten zu müssen, also wiederum einen Verlust zu erleiden. Dementsprechend sind diese Auktionstypen in der bisher beschriebenen Form für die Versteigerung komplementärer Güter als nicht geeignet zu erachten.

Dieser Schwierigkeit könnte dadurch begegnet werden, dass die Güter als ein Los in einer Eingutauktion versteigert werden. Im Regelfall ist allerdings nicht davon auszugehen, dass der Versteigerer die Eigenschaften der Güter für die Bieter genau kennt. Unter diesen Umständen besteht bei der Versteigerung des Loses, wie in Beispiel 5.7 illustriert, die Gefahr von Erlös- und Effizienzverlusten. Besser geeignet ist deshalb eine Erweiterung der Mehrgüterauktionsverfahren durch eine Option für die Bieter, auch so genannte *Paketgebote* (engl. *package bids*) abgeben zu dürfen. Damit ist den Bietern erlaubt, auch exklusiv auf Güterkombinationen zu bieten.[18]

2.) Wir nehmen jetzt an, dass Bieter B an beiden Maschinen interessiert ist, allerdings auch eine Maschine allein einsetzen kann. Für

---

[18] Für einen tieferen Einblick in diese Thematik und andere Fragestellung beim Einsatz von Mehrgüterauktionen in der Praxis verweisen wir auf das Buch von Milgrom (2004).

Bieter B sind die beiden Maschinen nun substituierbar, wobei eine Maschine alleine ihm 900 GE und eine zusätzliche zweite Maschine 800 GE wert ist, d. h. $v_B(1) = 900$ GE und $v_B(2) = 1700$ GE.

Auch in diesem Fall lautet das effiziente Ergebnis, dass Bieter B beide Maschinen erhält, wodurch sich der maximal mögliche Wohlfahrtsgewinn in Höhe von $v_B(2) - v_0(2) = 1700 - 100 = 1600$ GE einstellt. Da die beiden Güter für Bieter B substitutive Eigenschaften besitzen, besteht für ihn nicht die Gefahr des überteuerten Kaufs, wenn er seine Wertschätzungen für die Güter in seinen Geboten ausreizt. Für die simultane Mehrrundenauktion schreibt die entsprechende Strategie Bieter B vor, auf beide Maschinen bis zu einem Preis von 800 GE je Maschine mitzubieten, danach nur noch auf eine Maschine zu bieten und zwar bis zum Preis von 900 GE, um dann aus der Auktion auszusteigen. Diese Strategie führt zusammen mit der dominanten Strategie von Bieter A, auf eine Maschine bis zum Preis von 750 GE zu bieten, zum effizienten Ergebnis: Bieter B bekommt den Zuschlag für beide Maschinen jeweils zum Preis von $p = 750$ GE (Inkremente vernachlässigt). Der Wohlfahrtsgewinn in Höhe von 1600 GE verteilt sich hierbei wie folgt: $\pi_0 = 2p - v_0(2) = 1500 - 100 = 1400$ GE für den Versteigerer, $\pi_A = 0$ GE für Bieter A und $\pi_B = v_B(2) - 2p = 1700 - 1500 = 200$ GE für Bieter B.

Allerdings ist die Bietstrategie von Bieter B weder dominant noch eine Gleichgewichtsstrategie, denn B könnte seinen Gewinn erhöhen, wenn er von Anfang an nur auf eine Maschine bieten würde. In diesem Fall gibt es keinen Bietwettstreit und die Auktion endet bereits zum Limitpreis $r = 100$ GE je Maschine, wobei jeder der beiden Bieter eine Maschine erhält. Dies führt zur folgenden Gewinnverteilung: $\pi_0 = 2r - v_0(2) = 200 - 100 = 100$ GE für den Versteigerer, $\pi_A = v_A(1) - r = 750 - 100 = 650$ GE für Bieter A und $\pi_B = v_B(1) - r = 900 - 100 = 800$ GE für Bieter B. Dadurch wird auch Bieter A deutlich besser gestellt als zuvor. Der Leidtragende ist der Versteigerer, der die beiden Maschinen zum Mindestpreis verkaufen muss. Analog lassen sich diese Überlegungen auf die sequentielle Auktion und die Einheitspreisauktion übertragen. Für Bieter B besteht in diesem Fall also ein Anreiz, auf weniger Güter zu bieten als er tatsächlich erwerben möchte. Die entsprechende strategische Umsetzung in der Auktion wird als *strategische Nachfragereduktion* (engl. *strategic demand reduction*) bezeichnet.[19] Für den Versteigerer birgt dies die Gefahr eines geringen Auktionserlöses, der weit unterhalb der Zahlungsbereitschaft der Bieter liegt. Es sei noch ergänzt, dass bei strategischer Nachfragereduktion durch Bieter B das Ergebnis der

---

[19] Strategische Nachfragereduktion kann auch als eine extreme Form von bid shading erachtet werden, bei der die Bieter ihre Gebote für einen Teil der Güter auf einen Preis von null reduzieren.

Auktion nicht effizient ist, da Bieter B nicht den Zuschlag für beide Maschinen erhält, was sich auch in dem suboptimalen Wohlfahrtsgewinn in Höhe von $\pi_0 + \pi_A + \pi_B = 1550$ GE zeigt.
Hierzu ist allerdings anzumerken, dass die Realisierung hoher Bietergewinne mittels strategischer Nachfragereduktion i. d. R. kein einfaches Unterfangen ist, da dies die stillschweigende Koordination der Bieter bzw. ihrer reduzierten Gebote voraussetzt. Das ist insbesondere im Fall von mehreren Bietern, die jeweils an einer größeren Anzahl Gütereinheiten interessiert sind und denen es untersagt ist in der Auktion zu kommunizieren, eine komplexe und anspruchsvolle Herausforderung für die Bieter.[20]

3.) Jetzt ändern wir nur eine Komponente in unseren Annahmen, indem wir den zusätzlichen Wert einer zweiten Maschine für Bieter B auf 700 GE reduzieren, d. h. $v_B(1) = 900$ GE und $v_B(2) = 1600$ GE.
In diesem Fall stellt sich ein effizientes Ergebnis ein, wenn beide Bieter jeweils eine Maschine erhalten, was zum maximal möglichen Wohlfahrtsgewinn in Höhe von $v_A(1) + v_B(1) - v_0(2) = 750 + 900 - 100 = 1550$ GE führt. Dieses Ergebnis kann in einer simultanen Mehrrundenauktion wiederum dadurch erreicht werden, indem Bieter B seine Wertschätzungen für die Maschinen ausreizt, was einen Zuschlagspreis

---

[20] Ein Musterbeispiel für strategische Nachfragereduktion konnte in der GSM-1800-MHz-Auktion beobachtet werden, in der in Deutschland im Jahr 1999 zusätzliches Frequenzspektrum für Telekommunikationsdienste versteigert wurde. In einer simultanen Mehrrundenauktion wurden zehn (annähernd) gleichwertige Frequenzblöcke angeboten, an denen insbesondere die beiden Marktführer D1 (Deutsche Telekom) und D2 (Mannesmann Mobilfunk) stark interessiert waren. Jedes der beiden Unternehmen dürfte, wegen zunehmender Engpässe in den Ballungsgebieten, eine sehr hohe Zahlungsbereitschaft gehabt haben, die als ungefähr gleich zu erachten war. Aufgrund dieser Tatsache hat den Unternehmen in der Auktion ein zermürbender Bietwettstreit mit letztlich sehr hohen Preisen gedroht. Dieses wollte D2 offensichtlich mit einer „listigen" Bietstrategie gleich zu Beginn der Auktion verhindern: Nach der ersten Runde war D2 als Höchstbieter auf allen zehn Blöcken zu sehen, wobei auf den ersten fünf Blöcken jeweils ein Höchstgebot von 36,4 Mio. DM und auf den zweiten fünf Blöcken von jeweils 40,0 Mio. DM notiert war. Die Auktionsregeln sahen vor, dass stehende Höchstgebote um mindestens zehn Prozent zu überbieten und auf 100.000 DM zu runden waren. Folglich war in der zweiten Runde für jeden der ersten fünf Blöcke mindestens 40,0 Mio. DM zu bieten, also genau der Betrag, der als Höchstgebot auf jedem der zweiten fünf Blöcke stand. Die Gebote von D2 waren somit als „Friedensangebot" an D1 zu interpretieren, sich das Spektrum zu einem einheitlichen und im Vergleich zur Zahlungsbereitschaft vermutlich sehr viel niedrigeren Preis von jeweils 40 Mio. DM (ca. 20 Mio. EUR) je Block zu teilen. Die entsprechende Antwort von D1 folgte prompt und die Auktion endete in der dritten Runde mit genau diesem Ergebnis.

von $p = 700$ GE je Maschine führt und folgende Gewinnverteilung generiert: $\pi_0 = 2p - v_0(2) = 1400 - 100 = 1300$ GE, $\pi_A = v_A(1) - p = 750 - 700 = 50$ GE und $\pi_B = v_B(1) - p = 900 - 700 = 200$ GE. Auch in diesem Fall könnte Bieter B sein Ergebnis durch strategische Nachfragereduktion deutlich verbessern. Bietet er nur auf eine Maschine, so stellt sich das gleiche Ergebnis ein wie im Fall zuvor bei strategischer Nachfragereduktion: Jeder der beiden Bieter erhält jeweils eine Maschine zum Mindestpreis $r = 100$ GE und die Gewinnverteilung lautet $\pi_0 = 100$ GE, $\pi_A = 650$ GE und $\pi_B = 800$ GE. Allerdings ist diesmal das Ergebnis effizient. Weicht Bieter B von der Bietstrategie, seine Wertschätzungen auszureizen, auf die Strategie ab, nur auf eine Maschine zu bieten, führt dies nur zu einer anderen Verteilung der Gewinne. Die beiden Bieter stellen sich auf Kosten des Versteigerers besser, die Güterallokation ist die gleiche. Reizt Bieter B in der Auktion seine Wertschätzungen aus, so treibt er damit den Preis für die eine Maschine in die Höhe, die er letztlich zugeschlagen bekommt. Rückblickend wird er dann feststellen, dass er diese viel günstiger hätte erwerben können, wenn er zurückhaltender geboten hätte. Dies wird auch treffend als *Problem des nachträglichen Bedauerns* (engl. *regret problem*) bezeichnet.[21]

---

[21] Die UMTS-Auktion, die im Jahr 2000 in Deutschland durchgeführt wurde und in der mit knapp 100 Mrd. DM (ca. 50 Mrd. EUR) der höchste Auktionserlös aller Zeiten erzielt wurde, dient dafür als eindrucksvolles Beispiel. In einer simultanen Mehrrundenauktion wurden zwölf gleichartige Frequenzblöcke angeboten, wobei ein Bieter entweder zwei oder drei Lizenzblöcke ersteigern musste, um entweder eine kleine bzw. große UMTS-Lizenz zu erhalten. Sieben Unternehmen waren in dieser Auktion angetreten, so dass mindestens ein Bieter aussteigen musste, damit die Auktion (mit sechs kleinen Lizenzen) enden konnte. Dieses geschah in der 127sten Runde bei einem Preis je Block von ca. 5,2 Mrd. DM. Da einige Unternehmen offensichtlich auf eine große Lizenz abzielten, ging der Bietwettstreit weiter bis zur 173sten Runde und einem Preis je Block von ca. 8,2 Mrd. DM. Allerdings stieg bis dahin kein weiterer Bieter mehr aus der Auktion aus, so dass jedes der verbliebenen sechs Unternehmen eine kleine Lizenzen für ca. 16,4 Mrd. DM erwarb, was diese Unternehmen nachträglich sicherlich „bedauert" haben, da diese Aufteilung bereits zu einem Lizenzpreis von (knapp über) 10,4 Mrd. DM möglich gewesen wäre.

6

Evolutionäre Spieltheorie

6.1 Einleitung

Evolutionäre Spiele wurden erstmals in der biologischen Forschung untersucht.[1] Dort bietet dieses Paradigma vor allem einen neuen Ansatz zur Erklärung der Herausbildung spezieller (zumeist genotypisch, aber auch phänotypisch geprägter) Verhaltensweisen in Tierpopulationen durch natürliche Selektion. Motiviert ist dieser Ansatz durch die in vielen Tierpopulationen gemachte Beobachtung, dass selbst „schwer bewaffnete" Tiere in Revier- und Paarungskämpfen ihre Waffen nur in den seltensten Fällen einsetzen, um einen Rivalen tödlich zu verletzen (siehe z. B. Maynard Smith und Price 1973). So treten beispielsweise Giftschlangen, die mit einer tödlichen Waffe ausgerüstet sind, in Revierkämpfen höchstens als „Ringer" auf, um einen Rivalen zu vertreiben, ohne ihre tödlichen Giftzähne einzusetzen.[2] Die Brunftkämpfe der meisten Wildarten mögen auf den ersten Blick furios aussehen, seltener wird aber ein an diesen Kämpfen beteiligter Hirsch seinem Rivalen einen tödlichen Stoß mit seinem Geweih versetzen, wenn dieser sich im Kampf abwendet.[3] In der älteren biologischen Forschung (z. B. Huxley, Lorenz) wurden diese Phänomene noch durch das Prinzip der *Erhaltung der eigenen Art* erklärt, das friedliches Verhalten gegenüber Rivalen der eigenen Art postulierte. Von dieser eher metaphysisch anmutenden Erklärung, die einer biologischen Spezies eine das Individuum transzendierende Rationalität zumaß, ist man in den

---

[1] Einen guten Überblick über die biologisch motivierten spieltheoretischen Arbeiten auf diesem Gebiet bietet der Übersichtsartikel von Hines (1987).
[2] Generell hat sich diese Tötungshemmung nur in Arten mit gefährlichen Waffen entwickelt, während sie bei relativ unbewaffneten Arten (wie der fälschlicherweise oft als friedfertig eingestuften Taube) fehlt.
[3] Ausnahmen sind z. B. arktische Eisbären, bei denen Verletzungen in Revier- und Paarungskämpfen oft zu finalen Verletzungen führen.

letzten Jahren abgerückt. Die Evolution von Spezies ist plausibler auf der individuellen Ebene zu erklären.[4]

Maynard Smith und Price haben in mehreren Arbeiten gezeigt, dass spieltheoretische Überlegungen helfen können, die oben angesprochenen Phänomene zu erklären.[5] Die Übertragung spieltheoretischer Konzepte auf die Erklärung biologischer Phänomene ist nicht unumstritten, da spieltheoretische Konzepte zunächst für die Interaktion von bewusst handelnden Akteuren entwickelt wurden. Aus diesem Grunde verweisen manche Spieltheoretiker die Theorie der evolutionären Spiele aus dem Bereich der Spieltheorie im engeren Sinne. In letzter Zeit spielen Argumente der Evolutionären Spieltheorie aber eine immer größere Rolle bei der Modellierung des *Lernens in Spielen*. Hier ist es insbesondere der Aspekt der *beschränkten Rationalität* von Spielern, der die Übernahme von Elementen evolutionärer spieltheoretischer Modelle reizvoll macht. Die Evolutionäre Spieltheorie ist also auf keinen Fall auf die Beschreibung biologischer Phänomene beschränkt, sie durchdringt in zunehmender Weise auch Gebiete der Spieltheorie, die zwar bewusst handelnde, aber nicht immer vollständig rationale Spieler zum Gegenstand haben.

6.2 Das Konzept der evolutionär stabilen Strategie (ESS)

6.2.1 Das Hawk-Dove-Spiel

Das so genannte Hawk-Dove-Spiel[6] stand am Beginn der revolutionären Überlegungen von Maynard Smith und Price. Es illustriert anhand einer stilisierten Situation in eindrucksvoller Weise die Grundprobleme evolutionärer Selektion und führt in natürlicher Weise auf den zentralen Gleichgewichtsbegriff der Evolutionären Spieltheorie, die *evolutionär stabile Strategie*. Hines (1987) stellt die außerordentliche Bedeutung dieses Konzeptes mit folgenden Worten an den Beginn seines Übersichtsartikels über die Evolutionäre Spieltheorie:

> *Game theory's greatest success to date may well prove to be the insights it has provided, not to human behaviour with all of its richness of motivation and possibility, rationality, and impulsiveness, but to the behaviour observed in simpler biological systems, in part through*

---

[4] In der traditionellen Evolutionsbiologie ist das die Ebene der Gene, die das phänotypische Verhalten determinieren, während bei kultureller Evolution unmittelbar die phänotypischen Verhaltensweisen betrachtet werden.

[5] Als grundlegende Einführung in den gesamten Problemkreis kann hier auf das Buch von Maynard Smith (1982) verwiesen werden. Dort findet man auch einen guten Überblick über die ältere Literatur in diesem Gebiet.

[6] Der Begriff „Falke" (Hawk) und „Taube" (Dove) bezieht sich hier nicht auf die Spezies „Tauben" und „Falken", sondern auf *Verhaltensweisen* von Tieren einer Spezies.

6.2 Das Konzept der evolutionär stabilen Strategie (ESS)

the concept of the Evolutionary Stable Strategy, or ESS. [...] The marriage of game theory and biology has proven fruitful.

In der einfachsten Version des Hawk-Dove-Spiels betrachtet man eine (unendlich große) Population von Tieren, in der jedes Mitglied der Population mit einem anderen Mitglied zufällig zusammentrifft, um ein nichtkooperatives 2-Personen-Spiel zu spielen. Dieses Spiel kann beispielsweise ein Revierkampf oder ein Paarungskampf sein. Jedem Tier stehen zwei Strategien zur Verfügung. Es kann sich wie ein Falke (H) oder wie eine Taube (D) verhalten. Als Falke setzt ein Tier seine unter Umständen tödlichen Waffen ein, um einen Gegner ernsthaft zu verletzen, als Taube setzt es höchstens zu einem ritualisierten Kampfverhalten an, das sofort in Flucht umschlägt, falls der Gegner sich wie ein Falke geriert. Angenommen, der Wert der Ressource, die durch Kampf verteidigt werden soll, werde mit V bezeichnet und eine ernsthafte Verletzung vermindere diesen Wert um den Betrag $C(>0)$, dann können die Auszahlungsfunktionen durch folgende Auszahlungsmatrix beschrieben werden.

Spieler 2

		H	D
Spieler 1	H	$(V-C)/2$, $(V-C)/2$	0 , V
	D	V , 0	$V/2$, $V/2$

Offenbar kann ein H-Spieler in diesem Spiel nur dann den vollen Wert der Ressource erhalten, wenn er auf einen D-Spieler trifft, während sich zwei D-Spieler die Ressource friedlich teilen ($\frac{V}{2}$). Nimmt man an, dass die Verletzung so groß ist, dass $C > V$ gilt, dann erhalten zwei H-Spieler, die aufeinander treffen, die geringste Auszahlung.

Welche Bedeutung haben die Auszahlungen in diesem Spiel? Es macht nicht viel Sinn, analog zur traditionellen Spieltheorie Auszahlungen als Geldzahlungen oder Nutzen zu interpretieren. In diesem evolutionären Rahmen werden Auszahlungen i. d. R. als *Fitness* eines Spielers (gemessen an der erwarteten Zahl seiner Nachkommen) interpretiert. Man nimmt an, dass die Mitglieder der Population eine durchschnittliche Nachkommenschaft von K haben, dann wird nach einem Aufeinandertreffen von beispielsweise zwei D-Spielern diese Nachkommenschaft um $\frac{V}{2}$ erhöht. Bei dem oben angenommenen starken Verletzungspotential von C wird also die Nachkommenschaft von zwei H-Spielern, die aufeinander treffen, sogar vermindert (um $\frac{V-C}{2}$).

Die zentrale Frage, die sich im Rahmen der evolutionären Spiele stellt, ist die natürliche Selektion der Verhaltensweisen in Populationen. Wird sich im Hawk-Dove-Spiel die Falken- oder die Tauben-Strategie durchsetzen? Offenbar kann eine Population, die nur aus D- oder H-Spielern besteht, nicht stabil sein.

Ein Blick auf die Auszahlungsmatrix zeigt, dass ein D-Spieler gegen einen H-Spieler eine höhere Fitness erzielt als ein H-Spieler. Das gleiche gilt für einen H-Spieler, der nur auf D-Spieler trifft. Mit anderen Worten, eine monomorphe Population, die nur aus einem Typ von Spielern besteht, könnte erfolgreich von Mutanten invadiert werden, die die andere Strategie spielen.[7]

In der Evolutionären Spieltheorie wird der Begriff „evolutionär stabil" häufig nicht nur für einzelne Strategien verwendet, sondern allgemeiner auch für eine gesamte Strategiekonfiguration, die in einer Population realisiert ist. Man spricht dann von evolutionär stabilem Zustand. Evolutionär stabil in diesem Sinne, d. h. gegen das Eindringen von Mutanten gefeit, könnte ein Zustand sein, bei dem nur ein Teil der Population Strategie H, ein anderer Teil Strategie D spielt. Eine andere Interpretation dieses Zustands ist, dass alle Spieler in der Population die reinen Strategien H und D gemischt spielen. Da uns diese Interpretation eher an die traditionelle Spieltheorie erinnert, wollen wir diese hier zugrunde legen.

Von Maynard Smith wurde gezeigt, dass die gemischte Strategie $x^* = (p, 1-p)$ mit $p = \frac{V}{C}$ evolutionär stabil in folgendem Sinne ist:[8]

a) Wenn alle Mitglieder der Population x^* spielen, kann es keinen Mutanten geben, der gegen x^* eine höhere Fitness als x^* selbst erzielt,

b) x^* kann in jede Population eindringen, die eine andere (gegen x^* beste Antwort) Strategie als x^* spielt.

Wir wollen diese Charakterisierung weiter präzisieren:

Ad a): Bezeichne $x' = (q, 1-q)$ eine beliebige Strategie $\neq x^*$ und A die für den Zeilenspieler relevante Auszahlungsmatrix:

$$A = \begin{pmatrix} \frac{V-C}{2} & V \\ 0 & \frac{V}{2} \end{pmatrix}$$

Dann gilt (in Matrixschreibweise ohne explizite Hervorhebung von transponierten Vektoren) offenbar:

$$x'Ax^* = q(\frac{V}{C}\frac{(V-C)}{2} + (1-\frac{V}{C})V)) + (1-q)((1-\frac{V}{C})\frac{V}{2})$$
$$= \frac{V}{2}(1 - \frac{V}{C}),$$
$$x^*Ax^* = \frac{V}{C}(\frac{V}{C}\frac{(V-C)}{2} + (1-\frac{V}{C})V)) + (1-\frac{V}{C})((1-\frac{V}{C})\frac{V}{2})$$
$$= \frac{V}{2}(1 - \frac{V}{C})$$

---

[7] Dabei wird implizit angenommen, dass alle Nachkommen eines Individuums dessen Strategie beibehalten. Sie wird vererbt.

[8] Wir bezeichnen mit p die Wahrscheinlichkeit, mit der die H-Strategie gespielt wird.

Das heißt, es gilt
$$x'Ax^* = x^*Ax^*$$
für jede beliebige Mutanten-Strategie. Eine Fitness Verbesserung ist nicht möglich.[9]

Ad b): Betrachtet man eine Population, in der eine Strategie $x' = (q, 1-q) \neq x^*$ gespielt wird, dann gilt für einen Mutanten mit der Strategie x^*

$$x'Ax' - x^*Ax' = (x' - x^*)Ax' = (x' - x^*)A(x' - x^*)$$

und wegen $(x' - x^*)Ax^* = 0$ ergibt sich

$$x'Ax' - x^*Ax' = \left(q - \frac{V}{C}\right)^2 \left(\frac{V-C}{2} + \frac{V}{2} - V\right)$$
$$= \left(q - \frac{V}{C}\right)^2 \left(-\frac{C}{2}\right).$$

Da der Ausdruck auf der rechten Seite der Gleichung (wegen $q \neq \frac{V}{C}$) strikt negativ ist, gilt offenbar $x'Ax' < x^*Ax'$, d. h. x^* kann erfolgreich in jede Population eindringen, die nicht x^* spielt.

Aus a) ergibt sich, dass die Strategiekonfiguration (x^*, x^*) offenbar das einzige symmetrische und gemischte Nash-Gleichgewicht des symmetrischen Hawk-Dove-Spiels ist. Wie das Beispiel zeigt, ist die Nash Eigenschaft allein noch nicht ausreichend, um die eindeutige Selektion einer Strategie in einer Population zu garantieren. In einer Population, in der ein Nash-Gleichgewicht gespielt wird, können Mutanten x' mit der gleichen Fitness überleben. In einem solchen Fall ist Bedingung b) entscheidend, die besagt, dass eine evolutionär erfolgreiche Strategie x^* sich erfolgreich in jeder Population durchsetzen muss, in der ausschließlich Strategien $x' \neq x^*$ gespielt werden.[10]

Das Hawk-Dove-Spiel illustriert in anschaulicher Weise die in vielen Spezies gemachte Beobachtung, dass in Rivalenkämpfen tödliche Waffen nur selten eingesetzt werden. Denn ist die Verletzungsgefahr einer Spezies sehr groß, dann ist auch C (im Verhältnis zu V) sehr groß, d. h. die Wahrscheinlichkeit $p = \frac{V}{C}$, mit der die Falken-Strategie gespielt wird, und noch mehr die Wahrscheinlichkeit $p^2 = (\frac{V}{C})^2$ eines Kampfes ist sehr klein. Im folgenden Abschnitt soll das exemplarisch eingeführte Konzept einer evolutionär stabilen Strategie präzise definiert werden.

---

[9] Gemäß a) ist x^* symmetrisches Gleichgewicht des Evolutionsspiels. Was hier zum Ausdruck kommt, ist daher nur, dass alle gemischten Strategien beste Antworten gegen x^* sind, falls x^* vollständig gemischt ist.

[10] Da beide Strategien, x^* und x', gleich gut gegen x^* abschneiden, impliziert dies, dass in jeder echt polymorphen Population, die nur aus x^*- und x'-Typen besteht, x^* erfolgreicher als x' ist.

6.2.2 Definition einer evolutionär stabilen Strategie

Wir wollen in diesem Abschnitt die am Beispiel des Hawk-Dove-Spiels vorgeführten, eher intuitiven Überlegungen präzisieren. Zunächst müssen wir den Rahmen des Spiels, das wir betrachten, formal einführen. Wir betrachten dafür eine unendliche Population von Spielern, in der jeweils 2 Mitglieder zufällig zusammentreffen, um ein 2-Personen Spiel zu spielen. Dieses 2-Personen Spiel ist ein symmetrisches, nicht-kooperatives Spiel in Normalform:

$$G = \{\Sigma; H; \{1,2\}\}$$

Wir erinnern daran, dass die Strategiemengen und Auszahlungsfunktionen der beiden Spieler wegen der Symmetrie durch die entsprechenden Konzepte eines einzigen Spielers ausgedrückt werden können.[11] Da die Menge der reinen Strategien als endlich angenommen wird, d. h. $|\Sigma| = K < \infty$ gilt, kann die Auszahlungsfunktion vollständig durch eine $K \times K$-Auszahlungsmatrix $A = (a_{ij})$ charakterisiert werden, die die Auszahlung des Zeilenspielers repräsentiert. Angenommen, ein Spieler wählt eine gemischte Strategie[12] $x \in S$, während ein Gegenspieler, auf den er zufällig trifft, die Strategie y wählt, dann ist seine erwartete Auszahlung gegeben durch xAy.

Die Idee einer evolutionär stabilen Strategie (ESS), die im vorhergehenden Abschnitt bereits anhand eines Beispiels illustriert wurde, kann nun wie folgt präzisiert werden.

Definition 6.1. x^* *heißt evolutionär stabile Strategie (ESS), wenn gilt*

a) *für alle* x: $x^*Ax^* \geq xAx^*$,
b) *für alle* $y \neq x^*$ *mit* $x^*Ax^* = yAx^*$: $x^*Ay > yAy$.

Wir sehen, dass evolutionär stabile Strategien als Gleichgewichtsstrategien von speziellen symmetrischen Nash-Gleichgewichten des oben beschriebenen 2-Personen Normalformspiels sind. Forderung a) der Definition 6.1 entspricht der Nash-Eigenschaft symmetrischer Gleichgewichte (x^*, x^*). Diese Eigenschaft schließt nicht aus, dass es Strategien y gibt, die die gleiche Auszahlung, d. h. also die gleiche Fitness wie x^* induzieren. Um die Durchsetzung von x^* dennoch zu gewährleisten, ist Forderung b) notwendig. Durch sie wird postuliert, dass ein Spieler, der x^* wählt, sich in einer Population, in der er auch auf y-Typen trifft, mit höherer Fitness durchsetzen kann. Aus der Definition

---
[11] Denn es gilt $\Sigma_1 = \Sigma_2 =: \Sigma$, und $H_2(\sigma', \sigma) = H_1(\sigma, \sigma') =: H(\sigma, \sigma')$ für $\sigma, \sigma' \in \Sigma$.
[12] Zur Erinnerung: Die Menge der gemischten Strategien Δ wird durch die Menge der Wahrscheinlichkeitsverteilungen über Σ beschrieben, d. h.

$$\Delta^{K-1} := \{x \in \mathbb{R}_+^K \mid \sum_k x_k = 1\},$$

wobei x_k die Wahrscheinlichkeit beschreibt, mit der die reine Strategie σ_k gewählt wird.

6.2 Das Konzept der evolutionär stabilen Strategie (ESS)

ergibt sich sofort: Ist x^* ein so genanntes *striktes* Nash-Gleichgewicht, d. h. gilt $x^*Ax^* > yAx^*$ für alle $y \neq x^*$, dann ist x^* eine ESS.

Zu Beginn unserer Überlegungen über evolutionär stabile Strategien im vorhergehenden Abschnitt haben wir intuitiv eine ESS als diejenige Strategie bezeichnet, die sich unangefochten in einer Population durchsetzen kann. Dieses Stabilitätskonzept wurde in der Literatur (z. B. Maynard Smith 1982) informell auch durch die folgende Forderung charakterisiert: Eine evolutionär stabile Strategie ist diejenige Strategie, *die gegen das Eindringen von kleinen Mutanten-Gruppen stabil ist*, d. h. die bei ihren Trägern eine Fitness generiert, die von keiner kleinen Mutanten-Gruppe mit einer Mutanten-Strategie erzielt werden kann. Wir werden im Folgenden zeigen, dass Definition 6.1 diesem intuitiven Stabilitätskonzept entspricht.

Dazu werden wir zunächst das intuitive Stabilitätskonzept formalisieren: Damit eine Strategie x^* evolutionär stabil im Sinne dieses Konzeptes ist, wird gefordert, dass die Träger dieser Strategie, wenn sie auf einen repräsentativen Querschnitt der Population mit einem Prozentsatz von ε Mutanten mit der Mutanten-Strategie y treffen, eine höhere Fitness als die Träger der Mutanten-Strategie haben. Die Ungleichung

$$x^*A((1-\varepsilon)x^* + \varepsilon y) > yA((1-\varepsilon)x^* + \varepsilon y) \qquad (6.1)$$

muss für alle $y \neq x^*$ bei „genügend kleinem" $\varepsilon > 0$ erfüllt sein. Das heißt präziser ausgedrückt: Für jedes y existiert ein $\varepsilon(y) > 0$ derart, dass die Ungleichung (6.1) erfüllt ist für alle[13] $\varepsilon < \varepsilon(y)$. Der folgende Satz zeigt, dass das intuitive Konzept einer evolutionär stabilen Strategie exakt mit der präzisen Definition 6.1 übereinstimmt.

Satz 6.2. *x^* erfüllt die Definition 6.1 genau dann, wenn Ungleichung (6.1) erfüllt ist.*

Beweis: a) Angenommen es gilt Ungleichung (6.1) für eine Strategie x^*, dann hat man

$$x^*Ax^* + \varepsilon(x^*Ay - x^*Ax^*) > yAx^* + \varepsilon(yAy - yAx^*). \qquad (6.2)$$

Da diese Ungleichung für genügend kleine ε gilt, folgt daraus:

$$x^*Ax^* \geqq yAx^*$$

d. h. Teil a) von Definition 6.1.

Wenn $x^*Ax^* = yAx^*$ gelten sollte für ein y, dann folgt aus Ungleichung (6.2) (wegen $\varepsilon > 0$)

$$x^*Ay > yAy,$$

---

[13] Davon unterscheiden muss man eine stärkere Version der ESS, in der gefordert wird, dass ein ε_0 unabhängig von y existiert derart, dass Ungleichung 6.1 für alle $\varepsilon < \varepsilon_0$ erfüllt ist. Vickers und Cannings (1987) haben gezeigt, dass beide Konzepte für einen großen Bereich von Spielen äquivalent sind.

also Teil b) von Definition 6.1.

b) Angenommen x^* erfüllt Definition 6.1, und es gilt $x^*Ax^* > yAx^*$ für ein $y \neq x^*$. Dann gilt für ε klein genug

$$x^*Ax^* + \varepsilon(x^*Ay - x^*Ax^*) > yAx^* + \varepsilon(yAy - yAx^*),$$

woraus die Gültigkeit von Ungleichung (6.1) folgt.

Angenommen es gilt $x^*Ax^* = yAx^*$ für ein $y \neq x^*$, dann folgt aus Teil b) von Definition 6.1 $x^*Ay > yAy$, das impliziert (wegen $\varepsilon > 0$)

$$x^*Ax^* + \varepsilon(x^*Ay - x^*Ax^*) > yAx^* + \varepsilon(yAy - yAx^*),$$

also wiederum die Gültigkeit der Ungleichung (6.1).

q. e. d.

Damit eine evolutionär stabile Strategie plausibel mit unseren Vorstellungen von biologischen, evolutorischen Prozessen vereinbar ist, sollen einige implizite Annahmen unserer bisherigen Argumentation explizit gemacht werden. Diese Annahmen betreffen in erster Linie den Reproduktionsprozess der Individuen in der Population. Bisher haben wir eher abstrakt davon gesprochen, dass sich eine erfolgreiche Mutantenstrategie in der Population durchsetzen wird, ohne zu erklären, *wie* dies möglich ist. Dazu nehmen wir konkret an:

α) die Population ist unendlich groß, die Spieler der Population treffen zufällig paarweise aufeinander, um ein 2-Personenspiel zu spielen,

β) die Reproduktion der Individuen ist *asexuell*, d. h. ein Individuum alleine ist in der Lage, Nachkommen zu zeugen,

γ) die Individuen können gemischte Strategien wählen; alle Nachkommen wählen die gleiche Strategie wie ihr Erzeuger.

Es ist interessant zu bemerken, dass in der evolutorischen Spieltheorie das Konzept der Strategie und nicht das Konzept des Spielers (als Individuum) im Vordergrund der Betrachtung steht. Zum Abschluss dieses Abschnitts wollen wir das ESS-Konzept anhand einiger einfacher Beispiele illustrieren.

Beispiel 6.1 A) Man betrachte ein so genanntes reines 2-Personen Koordinationsspiel, das in einer unendlichen Population gespielt werden soll. Die Spieler treffen zufällig paarweise aufeinander, um das symmetrische 2×2-Spiel mit der Auszahlungsmatrix

$$A = \begin{pmatrix} 2 & 0 \\ 0 & 4 \end{pmatrix}$$

zu spielen.

6.2 Das Konzept der evolutionär stabilen Strategie (ESS)

Die Bestimmung der ESS ist hier sehr einfach. Aus Gründen einer effizienten Notation bezeichnen wir in diesem Beispiel die verschiedenen ESS mit dem Symbol $x^*(k)$, wobei $k = 1, 2, \ldots$ ein Zählindex für die ESS ist. Aus Kap. 2 wissen wir, dass das Spiel drei symmetrische Nash-Gleichgewichte hat, nämlich zwei Gleichgewichte in reinen Strategien $x^*(1) = (1,0), x^*(2) = (0,1)$ und ein gemischtes Gleichgewicht mit der Gleichgewichtsstrategie $x^*(3) = (\frac{2}{3}, \frac{1}{3})$. Offenbar sind $(x^*(1), x^*(1))$ und $(x^*(2), x^*(2))$ *strikte* Nash Gleichgewichte, für die gilt $x^*Ax^* > yAx^*$ für $y \neq x^*$. Damit sind $x^*(1)$ und $x^*(2)$ gemäß Definition 6.1 auch *evolutionär stabil*. Wenn in der Population entweder ausschließlich Strategie 1 oder Strategie 2 eines Koordinationsspiels gespielt wird, dann kann sich eine alternative Mutanten-Strategie nicht durchsetzen. Es bleibt zu prüfen, ob $x^*(3)$ ebenfalls eine ESS ist. Da $x^*(3)$ ein voll gemischtes Nash Gleichgewicht ist, muss gelten

$$yAx^*(3) = x^*(3)Ax^*(3)$$

für alle $y \neq x^*(3)$. Wir müssen daher prüfen, ob Teil b) von Definition 6.1 erfüllt ist. Man rechnet leicht nach, dass gilt

$$x^*(3)Ay = \frac{4}{3}, \quad yAy = 2p^2 + 4(1-p)^2$$

mit $y = (p, (1-p))$. Offenbar ist die Funktion $f(p) := 2p^2 + 4(1-p)^2$ nichtnegativ und streng konvex auf dem Intervall $[0,1]$ mit einem eindeutigen Minimum in $p^* = \frac{2}{3}$ mit dem Funktionswert $f(\frac{2}{3}) = \frac{4}{3}$. Folglich hat man:

$$\forall y \neq x^*(3): \quad x^*(3)Ay < yAy$$

Demnach kann $x^*(3)$ keine ESS sein.

Wir sehen also, dass in einfachen, symmetrischen 2×2-Koordinationsspielen, in denen die symmetrischen Nash-Gleichgewichte in reinen Strategien nach ihrer Auszahlung geordnet werden können, die Gleichgewichte in reinen Strategien auch evolutionär stabile Strategien enthalten, während das einzige gemischte Nash-Gleichgewicht kein Gleichgewicht in evolutionär stabilen Strategien ist.

B) Wir betrachten nun die Auszahlungsmatrix eines symmetrischen 3 × 3-Spiels:

$$A = \begin{pmatrix} 0 & 6 & -4 \\ -3 & 0 & 5 \\ -1 & 3 & 0 \end{pmatrix}$$

Man kann leicht nachprüfen, dass A nur ein Nash-Gleichgewicht in reinen Strategien besitzt, nämlich ein Gleichgewicht mit der Strategie $x^*(1) = (1,0,0)$. Ferner gibt es ein vollständig gemischtes Nash-Gleichgewicht mit der Gleichgewichtsstrategie $x^*(2) = (\frac{1}{3}, \frac{1}{3}, \frac{1}{3})$ und ein weiteres gemischtes Nash-Gleichgewicht mit der Gleichgewichtsstrategie $x^*(3) = (\frac{4}{5}, 0, \frac{1}{5})$. Zunächst kann man leicht sehen, dass

$$yAx^*(1) = -3y_2 - y_3 < x^*(1)Ax^*(1) = 0$$

für eine beliebige gemischte Strategie $y = (y_1, y_2, y_3) \neq x^*(1)$ gilt, also ist $x^*(1)$ auch eine ESS.

Um die ESS-Eigenschaft der übrigen Gleichgewichtsstrategien zu prüfen, geht man systematisch wie folgt vor: Man bestimme die y, für die $x^*Ax^* = yAx^*$ gilt und zeigt, dass es unter diesen eine Strategie y' gibt, für die

$$x^*Ay' < y'Ay'$$

gilt. Dies stellt dann einen Widerspruch zur Implikation in Teil b) von Definition 6.1 dar.

1. Für $x^*(2)$ gilt definitionsgemäß $x^*(2)Ax^*(2) = yAx^*(2)$ für alle $y \neq x^*(2)$. Wir definieren nun eine Funktion

$$H_2(y) := x^*(2)Ay - yAy$$

auf der Menge $\Delta^2 := \{x \in \mathbb{R}^3_+ \mid \sum_i x_i = 1\}$. Es genügt nun, wenigstens eine Strategie $y' \in \Delta^2$ zu finden, für die $H_2(y') < 0$ gilt.
Durch explizite Berechnung findet man beispielsweise $y' = (0.1, 0.2, 0.7)$ mit $H_2(y') = -0.13 < 0$. Wegen der Stetigkeit von $H_2(\cdot)$ kann man leicht weitere Strategien y in der Umgebung von y' finden, für die ebenfalls $H_2(y) < 0$ gilt. Also ist $x^*(2)$ keine ESS.

2. Für $x^*(3)$ gilt: Alle y mit $y_2 = 0$ (bzw. $y_1 = 0$) haben die gleiche Auszahlung wie $x^*(3)$. Wir bilden nun die Auszahlungsdifferenz $H_3(y) := x^*(3)Ay - yAy$ auf der Menge $\Delta^2 \cap \{y \in \mathbb{R}^3_+ \mid y_2 = 0\}$. Durch Ausrechnung findet man $y' = (0.2, 0, 0.8)$ mit $H_3(y') = -1.8 < 0$. Demnach ist auch $x^*(3)$ keine ESS.

6.3 Struktureigenschaften von ESS

Im vorhergehenden Abschnitt haben wir gezeigt, dass das ESS-Konzept einschränkender als das Konzept der Nash-Gleichgewichtsstrategie ist. Wir wollen in diesem Abschnitt weitere Eigenschaften der ESS kennen lernen, durch die wir dieses Konzept näher charakterisieren können. Wenn ein neues Konzept eingeführt wird, muss es zunächst auf seine logische Konsistenz geprüft werden. Wir werden also auch hier zunächst fragen, ob eine ESS überhaupt für jedes Spiel *existiert*. Ein sehr einfaches Beispiel zeigt, dass die Existenz nicht für jedes Spiel gesichert werden kann. Man betrachte ein symmetrisches 2×2-Spiel mit Auszahlungsmatrix:

$$A = \begin{pmatrix} 1 & 1 \\ 1 & 1 \end{pmatrix}$$

Hier hat jede Strategie offenbar die gleiche Auszahlung $xAx = yAx = 1$ für alle $x \neq y$. Daher gilt auch $xAy = yAy$. Die Forderung b) von Definition 6.1 kann für kein $x \in \Delta^1$ erfüllt werden. Also gibt es keine ESS in diesem Spiel. Dieses Ergebnis ist auch intuitiv plausibel: Da jede Strategie die gleiche Auszahlung erzielt, kann sich auch keine Strategie endgültig in der Population durchsetzen. Um die Existenz einer ESS für diesen Typ von Spielen zu sichern, müssten die Strategien zumindest unterschiedliche Auszahlungen induzieren.[14] Wir wollen diese Überlegung für symmetrische 2 × 2-Spiele mit Auszahlungsmatrizen A mit unterschiedlichen Koeffizienten a_{ij} systematisieren. Die symmetrischen 2×2-Spiele können in drei Gruppen eingeteilt werden:

1. *Spiele mit dominanter Strategie* (z. B. $a_{11} > a_{21}$ und $a_{12} > a_{22}$). Ist Strategie 1 dominant, so gilt gemäß der Definition der Dominanz $e_1 A e_1 > y A e_1$ für alle $y \neq e_1$, wobei e_1 den Vektor $(1,0)$ bezeichnet. Daher ist die dominante Strategie eine ESS.
2. *Koordinationsspiele* (z. B. $a_{11} > a_{21}$ und $a_{22} > a_{12}$). Ein Spiel dieses Typs wurde im vorhergehenden Abschnitt (Beispiel A)) diskutiert. Dort wurde gezeigt, dass die beiden reinen Nash-Gleichgewichte auch Nash-Gleichgewichte in evolutionär stabilen Strategien sind. Dies gilt allgemein für Spiele dieses Typs, da $e_1 A e_1 > y A e_1$ und $e_2 A e_2 > y A e_2$ für alle $y \neq e_1$ bzw. $\neq e_2$ gilt.
3. *Spiele vom Hawk-Dove-Typ* ($a_{21} > a_{11}$ und $a_{12} > a_{22}$). Im einführenden Hawk-Dove-Spiel wurde gezeigt, dass das einzige symmetrische Nash-Gleichgewicht in gemischten Strategien auch ein Nash-Gleichgewicht in evolutionär stabilen Strategien ist. Man kann leicht zeigen, dass dieses Ergebnis unabhängig von dem speziellen numerischen Beispiel immer gilt. Dazu berechnet man die einzige gemischte Nash-Gleichgewichtsstrategie[15] $x^* = (p^*, (1-p^*))$ mit

$$p^* = \frac{a_{22} - a_{12}}{a_{11} + a_{22} - a_{12} - a_{21}}.$$

Wir definieren nun die Abbildung

$$D(y) := yAy - x^*Ay$$

für $y = (q, (1-q))$ mit $q \in [0,1]$.
Da (x^*, x^*) ein gemischtes Gleichgewicht ist, gilt $x^*Ax^* = yAx^*$ für alle $y \neq x^*$. Die Funktion $D(y)$ kann wegen $(y - x^*)Ax^* = 0$ wie folgt umgeformt werden:

---

[14] Umgekehrt kann man argumentieren, dass hier eine bestimmte Verhaltensweise in einer evolutorisch unkontrollierten Weise variieren kann, was zu beliebiger Vielfalt führen kann. Ein Beispiel hierfür aus der Biologie ist der so genannte Höhlenfisch, der sich von einer normalen Fischart, die in freien Gewässern lebte, abgespalten hat. Da die Augen wegen des fehlenden Lichts in den Höhlen funktionslos geworden sind, hat sich eine skurrile Vielfalt mehr oder minder funktionsloser Augen ergeben, während das Gehör aller Höhlenfische kaum Unterschiede aufweist.

[15] Man bestimmt x^* aus der Gleichung

$$p^* a_{11} + (1-p^*)a_{12} = p^* a_{21} + (1-p^*)a_{22}$$

gemäß der die erwartete Auszahlung für beide Strategien identisch ist.

$$D(y) = (y - x^*)Ay = (y - x^*)Ay - (y - x^*)Ax^*$$
$$= (y - x^*)A(y - x^*)$$
$$= ((q - p^*), (p^* - q))A \begin{pmatrix} q - p^* \\ p^* - q \end{pmatrix}$$
$$= (q - p^*)^2 (a_{11} + a_{22} - a_{12} - a_{21})$$

Wegen der Annahmen an die a_{ij} ist der zweite Klammerausdruck strikt negativ, also hat man $D(y) < 0$ für alle $y \neq x^*$. Das einzige gemischte Nash-Gleichgewicht (x^*, x^*) ist demnach eine Kombination von ESS.

Die obigen Überlegungen, die in den Punkten 1.-3. zusammengefasst sind, haben gezeigt, dass die Existenz einer ESS wenigstens für 2×2-Spiele immer gesichert ist, wenn die Spalten der Auszahlungsmatrix A aus verschiedenen Koeffizienten a_{ij} bestehen. Das folgende Gegenbeispiel zeigt, dass diese Bedingung schon für symmetrische 3×3-Spiele nicht mehr ausreicht, um die Existenz einer ESS zu sichern (siehe Van Damme (1996), S. 219). Wir betrachten ein symmetrisches 3×3-Spiel mit der Auszahlungsmatrix

Spieler 2

		σ_{21}	σ_{22}	σ_{23}
Spieler 1	σ_{11}	0.5, **0.5**	**−1**, 1	**1**, −1
	σ_{12}	**1**, −1	0.5, **0.5**	**−1**, 1
	σ_{13}	**−1**, 1	**1**, −1	0.5, **0.5**

In der Auszahlungstabelle sind die Auszahlungen fett gedruckt, die jeweils durch die Beste-Antwort-Strategie des Gegenspielers entstehen. Wie man sieht, gibt es kein Auszahlungspaar, bei dem beide Komponenten fett gedruckt sind. Also besitzt dieses Spiel kein Nash-Gleichgewicht in reinen Strategien. Die gemischte Nash-Gleichgewichtsstrategie ist $x^* = (\frac{1}{3}, \frac{1}{3}, \frac{1}{3})$. Da alle Strategien y die gleiche Auszahlung wie x^* haben, muss man zeigen, dass $x^* Ay > yAy$ gilt für $y \neq x^*$. Man betrachte z. B. die Strategie $y' = (1, 0, 0)$, dann gilt offenbar:

$$y' Ay' = 0.5 > \frac{1}{6} = x^* Ay'$$

Dieses Spiel besitzt keine ESS.

Wir wollen das Problem der Existenz von ESS hier nicht weiter verfolgen, sondern wir wollen andere charakteristische Eigenschaften von ESS ableiten.[16]

---

[16] Während man in der Refinement-Literatur stärkere Anforderungen als nur die Gleichgewichtigkeit fordert (eine Ausnahme hiervon sind die korrelierten Gleich-

Zunächst zeigen wir, dass die *Menge der ESS endlich*[17] ist. Dies ist eine bemerkenswerte Eigenschaft, die – wie wir wissen – für Nash-Gleichgewichte nur generisch gilt.[18] Die Endlichkeit der Menge der ESS spricht für die Stärke des Konzeptes, das offenbar nur besonders ausgezeichnete Strategien zulässt. Dabei ist es allerdings so stark, dass es für einige Spiele überhaupt keine Strategien aussondert, d. h. keine ESS zulässt.

Die Endlichkeit der Menge der ESS basiert auf der folgenden Argumentation: Jede Strategiekombination in ESS ist ein symmetrisches Nash-Gleichgewicht, das im Gegensatz zu Nash-Gleichgewichten die folgende zusätzliche Eigenschaft aufweist.

Lemma 6.3. *Jedes Strategiekombination in ESS ist ein isolierter Punkt*[19] *in der Menge der symmetrischen Nash-Gleichgewichte.*

Beweisskizze: Man muss zeigen, dass folgende Eigenschaft gilt:

Ist x^* eine ESS und $y_n (n \to \infty)$ eine Folge von symmetrischen Nash-Gleichgewichtsstrategien mit $y_n \longrightarrow x^*$, dann gilt $y_n = x^*$ für n „groß genug".

Bezeichne $C(x)$ den Träger einer gemischten Strategie x, und $B(x)$ die Menge der reinen Beste-Antwort-Strategien auf x (siehe Definitionen 2.30 und 2.29) dann gilt offenbar:

$$\exists n' : [\forall n \geq n' : \quad C(x^*) \subseteq C(y_n) \subseteq B(y_n) \subseteq B(x^*)]$$

Die erste Inklusionsbeziehung folgt aus der Konvergenz der y_n gegen x^*. Die zweite Inklusion folgt aus der Definition eines symmetrischen Nash-Gleichgewichts. Die dritte Inklusion folgt aus der Stetigkeit der Auszahlungsfunktion: Angenommen $\sigma_k \in B(y_n)$ für alle $n \geq n'$, dann gilt $e_k A y_n \geq y_n A y_n$. Wegen $y_n \longrightarrow x^*$ gilt die Ungleichung auch für x^*, also folgt $\sigma_k \in B(x^*)$.

Für $n \geq n'$ gilt also $C(y_n) \subseteq B(x^*)$. Also ist y_n beste Antwort auf x^*, d. h. es gilt $y_n A x^* \geq x^* A x^*$. Da (x^*, x^*) ein Nash-Gleichgewicht ist, folgt daraus $y_n A x^* = x^* A x^*$. Da (y_n, y_n) als Nash-Gleichgewicht auch beste Antwort auf

---

gewichte, vgl. Aumann (1987), die von der Existenz mehr oder minder gemeinsam beobachtbarer Zufallszüge ausgehen), muss man hier die Anforderungen abschwächen, vgl. z. B. Maynard Smith (1982), der einfach nur die strikte Ungleichung in Erfordernis b) in Definition 6.1 durch eine schwache Ungleichung ersetzt (*neutral evolutionär stabile Strategie/NESS*) oder Selten (1983), der die ESS durch beliebige lokale, aber kleine Perturbationen garantieren lässt (*limit ESS/LESS*).

[17] Wie wir soeben gesehen haben, kann diese Menge für einige Spiele sogar leer sein.
[18] Die generische Endlichkeit der Gleichgewichte folgt aus ihrer Eigenschaft als Fixpunkt, deren Anzahl generisch ungerade ist (vgl. z. B. Harsanyi 1973b).
[19] Allgemein definiert man: Ein Punkt $x \in \mathbb{R}^n$ heißt *isoliert* in einer Menge M, wenn $x \in M$ und wenn eine Umgebung U_x existiert mit $(U_x - \{x\}) \cap M = \emptyset$, d. h. wenn man eine geeignet gewählte Umgebung von x finden kann, in der kein Punkt von M liegt.

sich selbst ist, gilt $y_n A y_n \geqq x^* A y_n$, im Widerspruch zur Annahme, dass x^* eine ESS ist.

q. e. d.

Wir können unsere Argumentation bzgl. der Endlichkeit der Menge der ESS wie folgt fortsetzen: Aus Lemma 6.3 folgt, dass die Menge der durch ESS erzeugten Strategiekombinationen eine Menge von isolierten Punkten in der Menge aller symmetrischen Nash-Gleichgewichte des zugrunde liegenden 2-Personenspiels G ist. Die Menge der symmetrischen Nash-Gleichgewichte ist eine abgeschlossene Teilmenge aller gemischten Strategien, die wiederum eine kompakte Menge in einem endlich-dimensionalen Euklidischen Raum ist (vgl. hierzu die Ausführungen über gemischte Strategien in Kap. 2). Daher ist auch die Menge der symmetrischen Nash-Gleichgewichte kompakt, d. h. sie ist beschränkt und abgeschlossen (siehe Anhang B, Def. B.14). Eine Menge von isolierten Punkten in einer kompakten Menge kann aber nur endlich sein. Die Idee für den Beweis dieser Behauptung ist einfach (siehe Abb. 6.1). Zur Illustration betrachten wir ein kompaktes Intervall I in $\mathbb{R}$. Die Elemente einer Teilmenge von isolierten Punkten M_I können dadurch charakterisiert werden, dass für jedes Element eine Umgebung existiert, in der kein anderes Element von M_I liegt. Man kann die Umgebungen so konstruieren, dass sie disjunkt sind und den gleichen Durchmesser haben.

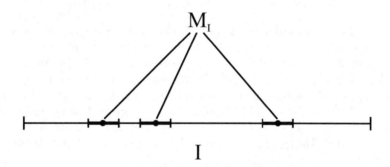

Abb. 6.1. Endlichkeit von M_I

Da I beschränkt ist, sieht man leicht, dass nicht unendlich viele Punkte mit dieser Eigenschaft in I "hineingepackt" werden können. Daraus folgt das Ergebnis von Satz 6.4.

Satz 6.4. *Die Menge der ESS ist höchstens endlich.*

Wir wollen zwei weitere Eigenschaften von ESS kennen lernen. Zunächst fragen wir, unter welchen Bedingungen wir sicher sein können, dass eine einmal gefundene ESS *eindeutig* ist, bzw. ob wir noch nach weiteren ESS suchen müssen. Ein einfaches Kriterium liefert der folgende Satz.

Satz 6.5. *Ist eine ESS x^* vollständig gemischt, d. h. gilt $C(x^*) = \Sigma$, dann gibt es keine andere ESS.*

Beweis: Angenommen, es gibt eine andere ESS $x' \neq x^*$, dann gilt, da x^* vollständig gemischt ist:
$$x^* A x^* = x' A x^*$$
Da x^* eine ESS ist, muss gelten:
$$x^* A x' > x' A x'$$
Dies ist ein Widerspruch zur Annahme, dass x' eine ESS ist. Also kann x' keine ESS sein.

q. e. d.

Das Ergebnis dieses Satzes können wir sofort auf das Hawk-Dove-Spiel in Abschnitt 6.1 anwenden. Es garantiert uns, dass wir tatsächlich keine andere ESS finden können als die dort berechnete $x^* = (\frac{V}{C}, 1 - \frac{V}{C})$. Satz 6.5 ist auch intuitiv plausibel. Wenn x^* alle Strategien mit positiver Wahrscheinlichkeit wählt, haben *alle* Strategien die gleiche Auszahlung gegen x^*. Damit sich x^* als ESS durchsetzen kann, muss daher $x^* A y > y A y$ für alle $y \neq x^*$ gelten. Dann kann kein solches y Teil einer Nash-Gleichgewichtssttrategiekombination sein.

Die bisher von uns diskutierten Struktureigenschaften des ESS-Konzeptes dienten in erster Linie dazu, dieses Konzept von dem Konzept einer Nash-Gleichgewichtsstrategie abzugrenzen. Es hat sich gezeigt, dass es die Existenz-Eigenschaft nicht mit dem Nash-Gleichgewicht teilt, aber dafür dem Problem der Existenz von „zu vielen" stabilen Zuständen oft entgeht. Wir wissen aus Kap. 2, dass es weitere Gleichgewichtskonzepte für Normalformspiele gibt. Daher gehen wir kurz auf die Beziehung einer Strategiekombination von ESS zum Konzept des *perfekten Gleichgewichts* ein.

Satz 6.6. *Jede Strategiekombination (x, x), wobei x evolutionär stabil ist, ist ein perfektes Gleichgewicht.*

Beweis: Bezeichne x^* eine ESS, dann ist (x^*, x^*) ein Nash-Gleichgewicht in einem 2-Personen Spiel. Aus Satz 2.34 folgt, dass (x^*, x^*) genau dann perfekt ist, wenn es undominiert ist.

Angenommen, x^* wäre dominiert durch eine Strategie x'. Dann hätte man
$$\forall y: \quad x' A y \geqq x^* A y \qquad (6.3)$$
Aus der Nash-Eigenschaft von x^* folgt[20] $x' A x^* = x^* A x^*$, also gemäß Definition 6.1 $x^* A x' > x' A x'$, im Widerspruch zu (6.3).

q. e. d.

---

[20] Man setze in die Ungleichung (6.3) nur $y = x^*$ ein.

Die Umkehrung von Satz 6.6 gilt offenbar nicht, wie man beispielsweise an dem 2×2-Spiel mit folgender Auszahlungsmatrix sieht.

$$A = \begin{pmatrix} 1 & 1 \\ 1 & 1 \end{pmatrix}$$

Wir haben am Beginn dieses Abschnitts festgestellt, dass dieses Spiel keine ESS hat. Man kann aber sofort ein Kontinuum von perfekten Gleichgewichten für dieses Spiel angeben (alle Strategien $x = (p, (1-p))$ mit $p \in [0,1]$).

Zum Abschluss dieses Abschnitts stellen wir eine weitere wichtige Eigenschaft des ESS-Konzeptes dar, die insbesondere bei der dynamischen Betrachtung von ESS, die wir im nächsten Abschnitt anstellen werden, eine große Rolle spielen. Aus der Definition der ESS selbst folgt, dass sich eine ESS x^* strikt in einer Population mit der Strategie $y \neq x^*$ durchsetzen wird, d. h. dass $x^*Ay > yAy$ gelten wird, wenn y wegen $x^*Ax^* = yAx^*$ als Mutantenstrategie eine Chance hätte, in eine Population, in der x^* gespielt wird, einzudringen. Fraglich ist, ob diese Eigenschaft von x^* gegenüber allen Strategien $y \neq x^*$ gilt. Der folgende Satz zeigt, dass dies sogar eine charakteristische Eigenschaft von x^* zumindest für alle Strategien y in einer geeignet gewählten Umgebung von x^* ist.

Satz 6.7. *x^* ist genau dann eine ESS, wenn es eine geeignet gewählte Umgebung $U(x^*)$ von $x^* \in \Delta^{|\Sigma|-1}$ gibt derart, dass gilt:*

$$\forall y \in U(x^*) - \{x^*\}: \quad x^*Ay > yAy \qquad (6.4)$$

Beweisskizze: a) Für ein beliebiges $y \neq x^*$ definiere man $x_\lambda^*(y) := \lambda y + (1-\lambda)x^*$ für $\lambda \in [0,1]$. $x_\lambda^*(y)$ bezeichnet (für variierende λ) die konvexe Kombination der Strategien x^* und y, d. h. wird die reine Strategie σ_k mit Wahrscheinlichkeit x_k^* (bzw. y_k) bei Strategie x^* (bzw. y) gewählt, dann wird σ_k mit Wahrscheinlichkeit $\lambda y_k + (1-\lambda)x_k^*$ von Strategie $x_\lambda^*(y)$ gewählt. Wie man leicht sieht, fällt $x_\lambda^*(y)$ für $\lambda = 1$ (bzw. $\lambda = 0$) mit y (bzw. x^*) zusammen.

Für kleine λ liegt $x_\lambda^*(y)$ nahe an x^*, d. h. es liegt in einer geeignet gewählten Umgebung von x^*. In der folgenden Skizze ist die Situation für den Fall $|\Sigma| = 3$ dargestellt. Die Menge der gemischten Strategien kann in diesem Fall mit dem Einheitssimplex im $\mathbb{R}^3$, d. h. mit der Menge $\Delta^2 = \{x \in \mathbb{R}_+^3 \mid \sum_k x_k = 1\}$ identifiziert werden. Geometrisch können wir diese Menge durch ein Dreieck in der Ebene darstellen.

Eine Umgebung $U(x^*)$ von $x^* \in \Delta^2$ kann durch einen Kreis um x^* dargestellt werden (siehe Anhang B). Alle $x_\lambda^*(y)$ liegen auf der Verbindungsgeraden zwischen x^* und y. Für λ „klein genug" liegen alle $x_\lambda^*(y)$ in der Umgebung. Offenbar kann darüberhinaus jeder Punkt in $U(x^*)$ als $x_\lambda^*(y)$ für ein geeignetes $y \in \Delta^2$ dargestellt werden.

Angenommen, die Beziehung 6.4 gilt, dann gilt für λ klein genug:

$$x^*Ax_\lambda^*(y) > x_\lambda^*(y)Ax_\lambda^*(y)$$

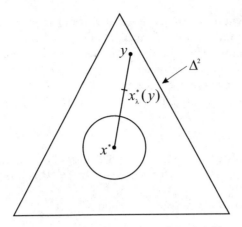

Abb. 6.2. Illustration von Satz 6.4 (I)

Diese Ungleichung ist äquivalent zu Ungleichung (6.1), also ist x^* eine ESS (nach Satz 6.2).

b) Wir nehmen nun an, dass x^* eine ESS ist. Für die weitere Betrachtung unterscheiden wir zwei Fälle:

- Ist x^* vollständig gemischt, dann gilt für alle $y \neq x^*$ die Beziehung $yAx^* = x^*Ax^*$. Da x^* eine ESS ist, folgt daraus sofort $x^*Ay > yAy$ für alle $y \neq x^*$. Also gilt die Ungleichung 6.4 für alle $y \in U(x^*) := \Delta^{|\Sigma|-1}$ mit $y \neq x^*$.
- Ist x^* nicht vollständig gemischt, dann liegt es auf dem Rand des Simplex. In Abb. 6.3 ist diese Situation wieder für den Fall $|\Sigma| = 3$ dargestellt.

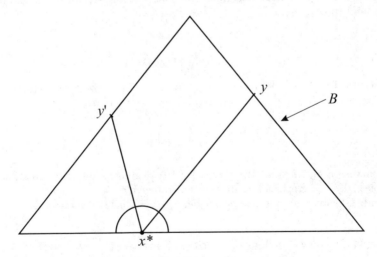

Abb. 6.3. Illustration von Satz 6.4 (II)

Man definiere nun die Menge B als den Rand von Δ^2 abzüglich des Inneren der Seite von Δ^2, die x^* enthält. Offenbar kann jeder Punkt in einer geeignet gewählten Umgebung von x^* als konvexe Kombination $x_\lambda^*(y)$ von x^* und einem $y \in B$ dargestellt werden. In der Zeichnung ist dies für y und y' gezeigt exemplarisch gezeigt.

Man definiere dann eine Funktion $f(\cdot)$ auf B wie folgt:

$$f(y) := \sup\{\lambda > 0 \mid x^* A x_\lambda^*(y) > y A x_\lambda^*(y)\}$$

Da x^* eine ESS ist, gilt nach Satz 6.2, dass die betrachtete Menge nicht leer ist und dass $f(y) > 0$ für jedes $y \in B$. Da B kompakt und $f(\cdot)$ stetig ist, folgt $\bar{\lambda} := \inf\{f(y) \mid y \in B\} > 0$.

Daher wählt man als geeignete Umgebung:

$$U(x^*) := \{x_\lambda^*(y) \mid \lambda < \bar{\lambda},\ y \in B\}$$

q. e. d.

Wie aus Teil b) des Beweises folgt, ist die Behauptung des Satzes sehr einfach für vollständig gemischte ESS x^* nachzuweisen. Denn wegen der Beziehung $x_k^* > 0$ für $k = 1, \ldots, K$ hat man:

$$e_1 A x^* = e_2 A x^* = \ldots = e_K A x^*$$

Folglich gilt für alle y: $x^* A x^* = y A x^*$. Da x^* eine ESS ist, ist Ungleichung 6.4 für alle $y \neq x^*$ erfüllt. Dieser einfache Schluss ist nicht mehr möglich, wenn $x_{k'}^* = 0$ für wenigstens ein k' gilt. Denn nun existieren Strategien y mit $x^* A x^* > y A x^*$. Ein abschließendes Beispiel soll das Resultat des Satzes für diesen Fall illustrieren.

Beispiel 6.2 Man betrachte ein einfaches 2×2-Koordinationsspiel, das durch die folgende Auszahlungsmatrix charakterisiert ist.

$$A = \begin{pmatrix} 2 & 0 \\ 0 & 4 \end{pmatrix}$$

Wir wissen bereits aus vorhergehenden Überlegungen über Koordinationsspiele, dass die einzigen ESS die reinen Strategien $e_1 = (1, 0)$ und $e_2 = (0, 1)$ sind. Offenbar gilt für alle Strategien $y(q) = (q, (1-q)) \neq e_1, e_2$, mit $q \in (0, 1)$:

$$y(q) A e_1 = 2q < e_1 A e_1 = 2, \quad \text{bzw.} \quad y(q) A e_2 = 4(1-q) < e_2 A e_2 = 4$$

Man definiere nun Funktionen $D1(\cdot)$ und $D2(\cdot)$ durch:

$$D1(q) := e_1 A y(q) - y(q) A y(q), \quad \text{bzw.} \quad D2(q) := e_2 A y(q) - y(q) A y(q)$$

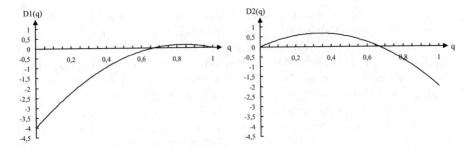

Abb. 6.4. Illustration von Beispiel 6.2

In Abb. 6.4 ist der Verlauf dieser Funktionen skizziert. Sie bestätigen das Resultat von Satz 6.7.
Für $q \in (\frac{2}{3}, 1)$ gilt $e_1 Ay(q) > y(q)Ay(q)$, und für $q \in (0, \frac{2}{3})$ gilt $e_2 Ay(q) > y(q)Ay(q)$. Als geeignete Umgebungen U für die ESS kann man daher wählen:

$$U(e_1) = \left\{ (q, (1-q)) \in [0,1]^2 \mid q > \frac{2}{3} \right\}$$

$$U(e_2) = \left\{ (q, (1-q)) \in [0,1]^2 \mid q < \frac{2}{3} \right\}$$

6.4 Populationsdynamik

Die bisher entwickelte Theorie der ESS ist rein statischer Natur. Formal handelt es sich eigentlich nur um eine (Existenz gefährdende) Verschärfung des Nash-Gleichgewichts für symmetrische 2-Personen Spiele.[21] Im vorliegenden Abschnitt werden wir den statischen Charakter der bisher entwickelten Theorie aufgeben, ohne eine wirklich dynamische Theorie vorzulegen. Bei der motivierenden Einführung des ESS-Konzeptes wurde ständig auf dynamische Konzepte Bezug genommen. So war der Ausgangspunkt unserer Überlegungen „... das Eindringen einer Gruppe von Mutanten in eine Population von Spielern". Es wurde dann gefragt, ob sich der Mutant erfolgreich durchsetzen kann, so dass seine Strategie in der Population verbleibt. Diese Ausdrucksweise setzt eigentlich einen dynamischen Anpassungsprozess in der Population voraus, der aber in der bisher entwickelten Theorie in den vorhergehenden Abschnitten noch nicht explizit modelliert wurde.

---

[21] Die Beschränkung des Konzeptes auf 2-Personen Spiele geht auf die Annahme des *paarweisen* Zusammentreffens der Spieler in der Population zurück. Das ESS-Konzept kann auf n-Personenspiele ausgedehnt werden.

6 Evolutionäre Spieltheorie

Aufgabe dieses Abschnitts ist es, einen in der Literatur häufig verwendeten Versuch der Modellierung eines dynamischen Anpassungsprozesses der Strategiewahlen in einer Population darzustellen, der auf der so genannten *Replikatordynamik* basiert. Wir werden sehen, dass die Replikatordynamik einen eher makroskopischen Standpunkt einnimmt, weil sie die Änderung von Strategiehäufigkeiten in der Population nicht durch die individuellen Anpassungen einzelner Spieler erklärt. Bevor wir das Konzept der Replikatordynamik vorstellen, wollen wir den Modellrahmen, in dem wir die evolutionären Spiele bisher betrachtet haben, etwas modifizieren. Wir geben in diesem Abschnitt die Annahme auf, dass die Spieler einer Population gemischte Strategien spielen, sondern nehmen an, dass sie nur reine Strategien spielen können. Gleichzeitig wird zugelassen, dass verschiedene Spieler in der Population zum gleichen Zeitpunkt verschiedene reine Strategien wählen können. Unter dieser Annahme wird ein K-dimensionaler Vektor $x = (x_1, \ldots, x_K) \in \Delta^{K-1}$ nicht mehr als gemischte Strategie eines einzelnen Spielers interpretiert, sondern x_k ($k = 1, \ldots, K$) bezeichnet nun jeweils den *Anteil der Spieler*, die die reine Strategie σ_k wählen. Diese Interpretation wird häufig als *polymorphe Population* bezeichnet.[22] Im Prinzip ist es möglich, die Annahme der polymorphen Population mit der Wahl von gemischten Strategien zu verbinden. Wegen der damit verbundenen formalen Komplikationen wollen wir aber hier darauf verzichten.[23] Der Vektor $x = (x_1, \ldots, x_K)$ wird auch Strategieverteilung genannt. Im Rahmen der evolutionären Spieltheorie bezeichnet man eine solche Verteilung auch als *evolutionär stabilen Zustand*, wenn sie (als gemischte Strategie interpretiert) die Forderungen für eine ESS erfüllt.

In einer dynamischen Betrachtung der Strategieanteile x benötigen wir den expliziten Bezug auf einen *Zeitpunkt* t, in dem x gemessen wird. Dabei wollen wir hier die folgende Konvention verwenden: x_t entspricht dem Vektor der Strategieanteile in *diskreter Zeit*, während $x(t)$ den Vektor der Strategieanteile in *stetiger Zeit* bezeichnet. Die Replikatordynamik wird durch eine Differential- bzw. Differenzengleichung generiert, die eine Hypothese bzgl. der Anpassung der Strategieanteile beinhaltet.

Beginnen wir mit der Anpassungshypothese der Replikatordynamik in *diskreter Zeit*. Sie beschreibt in Form einer Differenzengleichung die Entwicklung der relativen Strategiewahlen zwischen Periode t und $t+1$:

$$x_{k,t+1} = x_{k,t} \frac{(Ax_t)_k}{x_t A x_t} \qquad (6.5)$$

Hierbei bezeichnet $(Ax_t)_k$ die k-te Komponente von Ax_t, d. h. $(Ax_t)_k = \sum_h a_{kh} x_{h,t}$. Wir interpretieren diesen Ausdruck als die durchschnittliche Auszahlung eines Spielers, der die reine Strategie σ_k wählt. Damit ist $x_t A x_t$ die

---

[22] Im Gegensatz zur Annahme der *monomorphen Population*, die in den vorhergehenden Abschnitten gültig war.
[23] Einen sehr guten Einblick in diese Problematik bietet das Buch von Bomze und Pötscher (1989).

6.4 Populationsdynamik

durchschnittliche Auszahlung, die in der Population in Periode t erreichbar ist. Erweist sich die durchschnittliche Auszahlung von Strategie σ_k, wenn die Verteilung der Strategien in Periode t durch x_t gegeben ist, größer als die Durchschnittsauszahlung, dann wächst gemäß (6.5) der Prozentsatz der Spieler, die σ_k in der Folgeperiode wählen (wegen $\frac{(Ax_t)_k}{x_t A x_t} > 1$). Umgekehrt sinkt der Prozentsatz der Spieler, die σ_k wählen, wenn deren durchschnittliche Auszahlung geringer als die durchschnittliche Gesamtauszahlung ist. Manchmal wird dieses in Gleichung (6.5) dargestellte Prinzip der Strategieanpassung auch als „to beat the average" interpretiert.

Durch die folgenden einfachen Umformungen kann man sehen, dass die in (6.5) definierte Anpassung der Strategieverteilungen auch formal sinnvoll ist in dem Sinne, dass Strategieverteilungen zum Zeitpunkt t, d. h. $x_t \in \Delta^{K-1}$, wiederum in Elemente $x_{t+1} \in \Delta^{K-1}$, d. h. Strategieverteilungen zum Zeitpunkt $t+1$, transformiert werden:

$$\sum_k x_{k,t+1} = \frac{\sum_k x_{k,t}(Ax_t)_k}{x_t A x_t} = \frac{x_t A x_t}{x_t A x_t} = 1$$

Wir wollen im Rest dieses Abschnitts die *stetige Version* der Replikatordynamik diskutieren, die plausibel aus (6.5) abgeleitet werden kann. Dazu ziehen wir auf beiden Seiten der Differenzengleichung in (6.5) den Term $x_{k,t}$ ab und erhalten:

$$x_{k,t+1} - x_{k,t} = x_{k,t} \frac{(Ax_t)_k - x_t A x_t}{x_t A x_t}$$

Lässt man die Länge der Anpassungsperioden gegen Null gehen, so erhält man die Differentialgleichung:

$$\dot{x}_k(t) = x_k(t) \frac{(Ax(t))_k - x(t)Ax(t)}{x(t)Ax(t)} \quad (6.6)$$

Um die endgültige Form der *Replikatordynamik* in stetiger Zeit zu erhalten, lassen wir den Nenner $x(t)Ax(t)$ fort und erhalten schließlich, indem wir zur Vereinfachung der Schreibweise den Bezug auf t fortlassen,

$$\dot{x}_k = x_k((Ax)_k - xAx), \quad k = 1, \ldots, K. \quad (6.7)$$

Die Division durch die reelle Zahl xAx verändert nicht die Richtung des Vektorfeldes sondern nur die Länge der Vektoren, daher bleibt das Phasenportrait der Differentialgleichung (6.7) unverändert (siehe auch Anhang J).

Die Lösung der Differentialgleichung (6.7), bezeichnet mit $x(t)$, beschreibt den Zeitpfad der Strategieverteilung in der Population. Konvergiert $x(t)$ (für $t \longrightarrow \infty$) z. B. gegen einen Einheitsvektor e_k, dann wählen fast alle Spieler der Population die reine Strategie σ_k, wenn t groß genug ist.

Zu dem durch die Replikatordynamik gesteuerten Anpassungsprozess machen wir einige ergänzende Bemerkungen:

1. Der durch (6.7) beschriebene Zeitpfad beschreibt zu jedem Zeitpunkt tatsächlich eine Strategieverteilung, denn es gilt:

$$\left(\sum_k x_k\right)^{\cdot} = \sum_k \dot{x}_k = \sum_k x_k((Ax)_k - xAx) = xAx - xAx = 0$$

Ist der Startwert $x(0)$ eine Strategieverteilung, d. h. $\sum_k x_k(0) = 1$, dann sind die $x(t)$ für $t > 0$ ebenfalls Strategieverteilungen. Der Anpassungsprozess kann demnach den Raum der Strategieverteilungen nicht verlassen, wenn er dort gestartet ist.

2. Jede Nash-Gleichgewichtsstrategie x ist ein stationärer Zustand des durch (6.7) definierten dynamischen Systems, d. h. es gilt $\dot{x} = 0$ für ein Nash-Gleichgewicht. Denn für ein Nash-Gleichgewicht (x, x) gilt:

$$x_i > 0 \quad \Longrightarrow \quad (Ax^*)_i = x^*Ax^*$$

Das bedeutet $\dot{x}_k = 0$ für alle Strategien σ_k, die im Gleichgewicht mit positiver Wahrscheinlichkeit gewählt werden. Für die übrigen reinen Strategien gilt $x_k = 0$, woraus $\dot{x}_k = 0$ folgt. Stationäre Zustände sind dadurch charakterisiert, dass sie nicht mehr verlassen werden, wenn sie einmal erreicht wurden. Daher werden sie häufig auch *dynamisches Gleichgewicht* genannt.

3. Wählt die gesamte Population eine reine Strategie, d. h. wird die Strategieverteilung durch einen Einheitsvektor e_k repräsentiert, dann ist dies ebenfalls ein stationärer Punkt des dynamischen Systems. Denn für $i \neq k$ gilt $\dot{x}_i = 0$ wegen $x_i = 0$, und für $i = k$ gilt $(Ae_k)_k = a_{kk} = e_k A e_k$, d. h. $\dot{x}_k = 0$. Die Umkehrung des Zusammenhangs von Nash-Gleichgewichten und stationären Zuständen gilt also nicht. Es gibt stationäre Zustände der Replikatordynamik, die keine Nash-Gleichgewichtsstrategie sind.

4. Die Beschreibung der Strategieanpassung durch die Differentialgleichung der Replikatordynamik haben wir makroskopische Sichtweise genannt, da nicht die Strategie-Adaption eines einzelnen Spielers betrachtet wird, sondern das aggregierte Resultat. Welche Prinzipien leiten die einzelnen Spieler, damit ein aggregiertes Ergebnis der in Differentialgleichung (6.7) gezeigten Gestalt zustande kommt? Wir wollen diesen Punkt hier nicht weiter vertiefen,[24] sondern nur noch einmal betonen, dass die *Replikatordynamik* keine individuelle Verhaltenshypothese ist, sondern mit unterschiedlichen Verhaltensweisen auf der individuellen Ebene verträglich sein kann.

---

[24] Natürlich lässt sich hier die Argumentationsweise der Evolutionsbiologie anwenden, die den Spielerfolg positiv mit der Anzahl an Nachkommen verknüpft, eine Interpretation, die sich auch auf Prozesse kultureller Evolution übertragen lässt.

Die zentrale Frage, die wir in diesem Abschnitt beantworten wollen, betrifft die Beziehung von ESS und Replikatordynamik. Können wir sicher sein, dass der Strategienanpassungsprozess der Replikatordynamik immer in einer Strategieverteilung endet, die (als gemischte Strategie des zugrunde liegenden 2-Personen Normalformspiels G interpretiert) immer eine ESS ist? Wäre das der Fall, dann hätten wir einen guten Grund, das statische ESS-Konzept auch durch einen plausiblen dynamischen Anpassungsprozess zu motivieren und es als einen ausgezeichneten Zustand einer Population zu interpretieren, durch den evolutionäre Stabilität beschrieben wird. Leider ist der Sachverhalt nicht so einfach, wie wir im Rest dieses Abschnitts zeigen werden.

Zunächst zeigen wir, dass jede ESS x^* Grenzwert eines Zeitpfades der Replikatordynamik ist, wenn die Anfangsverteilung der Strategien $x(0)$ „genügend nahe" an x^* liegt. Man nennt einen solchen Zustand x^* *asymptotisch stabiles Gleichgewicht* des Dynamischen Systems.[25]

Satz 6.8. *Ist x^* eine ESS, dann ist x^* ein asymptotisch stabiles Gleichgewicht der Replikatordynamik.*

Beweisskizze: x^* sei eine ESS. Man definiere eine reelle Funktion $F(\cdot)$ auf der Menge der gemischten Strategien Δ^{K-1} wie folgt:

$$F(x) := \prod_k (x_k)^{x_k^*}$$

Die Idee des Beweises besteht darin zu zeigen, dass $F(\cdot)$ eine *Ljapunov-Funktion* in einer Umgebung $U(x^*)$ von x^* ist. Dann können die bekannten Sätze über asymptotisch stabile Gleichgewichte angewendet werden (siehe Anhang J). Dazu genügt es zu zeigen:

1. $\forall x: \quad F(x^*) \geq F(x)$

Durch Umformungen erhält man

$$\sum_k x_k^* \log\left(\frac{x_k}{x_k^*}\right) = \sum_{\{k|x_k^*>0\}} x_k^* \log\left(\frac{x_k}{x_k^*}\right)$$
$$\leq \log\left(\sum_{\{k|x_k^*>0\}} x_k\right) = \log(1) = 0,$$

wobei die Ungleichung auf die *Jensen'sche Ungleichung* für die konkave Funktion $\log(\cdot)$ zurückgeht.[26] Daraus folgt

---

[25] Detailliertere Ausführungen zu den hier verwendeten formalen Konzepten aus der Theorie Dynamischer Systeme ist in Anhang J zu finden.

[26] Es sei X eine reelle Zufallsvariable mit den realisierten Werten x_k/x_k^*. Da $\{x_k^*\}_k$ eine Wahrscheinlichkeitsverteilung ist, nimmt die *Jensen'sche Ungleichung* (siehe Satz G.3) hier die folgende Form an:
$E(\log(X)) = \sum_k x_k^* \log\left(\frac{x_k}{x_k^*}\right) \leq \log(E(X)) = \log\left(\sum_k x_k^* \frac{x_k}{x_k^*}\right) = \log(\sum_k x_k)$.

$$\sum_k x_k^*(\log(x_k) - \log(x_k^*)) \leqq 0,$$

$$\sum_k x_k^* \log(x_k) \leqq \sum_k x_k^* \log(x_k^*),$$

$$\log(F(x)) \leqq \log(F(x^*)),$$

$$F(x) \leqq F(x^*),$$

wobei die letzte Ungleichung aus der strengen Monotonie der Logarithmus Funktion folgt.

2. $\forall x \in U(x^*), x \neq x^* : \quad \dot{F}(x) > 0$

Für $F(x) > 0$ hat man:

$$\frac{\dot{F}(x)}{F(x)} = (\log(\dot{F}(x))) = \left(\sum_k x_k^* log(x_k)\right)^{\cdot} = \sum_{\{k|x_k^*>0\}} x_k^* \frac{\dot{x}_k}{x_k}$$

$$= \sum_k x_k^*((Ax)_k - xAx) = x^*Ax - xAx > 0$$

Die letzte Ungleichung folgt aus Satz 6.7.

q. e. d.

Leider gilt die Umkehrung von Satz 6.8 nicht wie das folgende Gegenbeispiel zeigt. In diesem Beispiel wird ein Spiel angegeben, in dem ein asymptotisch stabiles Gleichgewicht der Replikatordynamik keine ESS ist.

Beispiel 6.3 Ein symmetrisches 3×3-Spiel sei durch die folgende Auszahlungsmatrix charakterisiert.

$$A = \begin{pmatrix} 0 & 1 & 1 \\ -2 & 0 & 4 \\ 1 & 1 & 0 \end{pmatrix}$$

Dieses Spiel hat ein eindeutiges, symmetrisches Nash-Gleichgewicht mit der Gleichgewichtsstrategie $x^* = (\frac{1}{3}, \frac{1}{3}, \frac{1}{3})$, wie man sofort aus der folgenden Beziehung erkennt:

$$(Ax^*)_1 = (Ax^*)_2 = (Ax^*)_3 = \frac{2}{3}$$

Die Jakobi'sche Matrix $DG(x^*)$ (mit $G_k(x) := x_k((Ax)_k - xAx)$) ist gegeben durch:

$$DG(x^*) = \begin{pmatrix} -\frac{1}{9} & -\frac{1}{9} & -\frac{4}{9} \\ -\frac{7}{9} & -\frac{4}{9} & \frac{5}{9} \\ \frac{2}{9} & -\frac{1}{9} & -\frac{7}{9} \end{pmatrix}$$

Diese Matrix hat nur reelle, negative Eigenwerte $(-\frac{2}{3}, -\frac{1}{3}, -\frac{1}{3})$. Demnach ist das Gleichgewicht (x^*, x^*) auch asymptotisch stabil (siehe Satz J.4). Aber x^* ist kein ESS: Man betrachte z. B. die Strategie $y = (0, \frac{1}{2}, \frac{1}{2})$, dann gilt $x^*Ax^* = \frac{2}{3} = yAx^*$, aber $x^*Ay = \frac{7}{6} < \frac{5}{4} = yAy$.

Dieses Gegenbeispiel zeigt, dass evolutionäre Stabilität nicht immer geeignet ist, um alle Strategieanpassungsprozesse der Replikatordynamik zu erklären. Die Population kann gegen eine Strategieverteilung konvergieren, die keine ESS ist. Der Idealfall, in dem ESS und die asymptotisch stabilen Gleichgewichte der Replikatordynamik zusammenfallen, kann jedoch für 2 × 2-Spiele garantiert werden, wie das Resultat des folgenden Satzes zeigt.

Satz 6.9. *Für 2 × 2-Spiele gilt: Jede ESS ist ein asymptotisch stabiles dynamisches Gleichgewicht der Replikatordynamik und umgekehrt.*

Wir wollen dieses Resultat anschaulich für alle Klassen von 2 × 2-Spielen illustrieren. Für 2 × 2-Spiele können wir das Differentialgleichungssystem der *Replikatordynamik* auf eine eindimensionale Differentialgleichung reduzieren. Es ist intuitiv plausibel, dass in einem dynamischen System mit eindimensionalem Zustandsraum weniger Bewegungsmöglichkeiten möglich sind als im mehrdimensionalen Fall. Auf dieser Beobachtung basiert im Prinzip das Resultat von Satz 6.9.

Für symmetrische 2 × 2-Spiele mit Auszahlungsmatrix

$$A = \begin{pmatrix} a & b \\ c & d \end{pmatrix}$$

und $x = (p, 1-p)$ kann die Differentialgleichung (6.7) wie folgt geschrieben werden:

$$\begin{aligned}\dot{p} &= p((Ax)_1 - xAx) \\ &= p\left(ap + b(1-p) - (ap^2 + bp(1-p) + cp(1-p) + d(1-p)^2)\right) \\ &= p(1-p)\left[b - d + p(a - c + d - b)\right]\end{aligned} \quad (6.8)$$

Wir fassen den Ausdruck in eckigen Klammern in (6.8) als Funktion von p auf, d. h. wir definieren eine Funktion $g(p) := b - d + p(a - c + d - b)$. Aus Formulierung (6.8) folgt, dass das durch die Replikatordynamik generierte dynamische System auf jeden Fall zwei stationäre Zustände, d. h. Zustände mit $\dot{p} = 0$ hat. Sie sind durch $p = 1$ und $p = 0$ gegeben. Das heißt spielen alle Mitglieder einer Population zu einem Zeitpunkt T die gleiche Strategie, dann wird dieser Zustand für alle späteren Zeitpunkte $t > T$ nicht mehr verlassen.

Um weitere stationäre Zustände zu bestimmen, bestimmen wir die Nullstellen von $g(\cdot)$ (für $p \in (0,1)$). Wir unterscheiden hier drei Fälle:

1) Dominante Strategien: Nehmen wir an, dass Strategie σ_1 dominant ist, dann gilt $a > c, b > d$. Daraus folgt:

$$\forall p \in (0,1): \quad g(p) = p(a-c) + (1-p)(b-d) > 0$$

Das heißt, es gilt $\dot{p} > 0$ im offenen Intervall $(0,1)$. Der Anteil der Spieler in der Population, die σ_1 spielen, p, wächst also kontinuierlich im gesamten offenen Intervall. Also kann es nur *ein* asymptotisch stabiles dynamisches Gleichgewicht in $p^* = 1$ geben, in dem die gesamte Population Strategie σ_1 spielt. Da (σ_1, σ_1) auch das einzige strikte Nash Gleichgewicht ist, ist σ_1 auch die einzige ESS. Die Abhängigkeit von $\dot{p}$ über dem Intervall $[0,1]$ ist für ein konkretes, numerisches Beispiel in Abb. 6.5 dargestellt. Durch die Pfeilrichtung wird die Entwicklung von p in der Zeit angedeutet, wie sie durch $\dot{p}$ bestimmt ist ($p \uparrow$ für $\dot{p} > 0$, $p \downarrow$ für $\dot{p} < 0$).

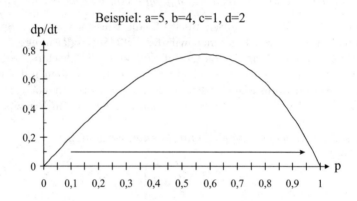

Abb. 6.5. Verlauf von $\dot{p}$: Dominante Strategie

2) Koordinationsspiele: Sie sind charakterisiert durch $a > c, d > b$. Da $(b-d) < 0$ und $(a-c+d-b) > 0$ gilt, gibt es ein p^* derart dass $g(p) = (b-d) + p(a-c+d-b)$ negativ für $p < p^*$ und positiv für $p > p^*$ ist, wobei $g(p^*) = 0$ gilt. Die Nullstelle von $g(\cdot)$ ist gegeben durch:

$$p^* = \frac{d-b}{a-c+d-b}$$

Offenbar liegt p^* im Intervall $(0,1)$ und es gilt:

$$\dot{p} \begin{cases} < 0 \ldots p \in (0, p^*), \\ = 0 \ldots p = p^*, \\ > 0 \ldots p \in (p^*, 1) \end{cases}$$

Dies zeigt, dass p^* ein instabiles dynamisches Gleichgewicht ist. Sobald der Prozess in einem Punkt $p \neq p^*$ startet, tendiert er zu einem der beiden Ränder des Intervalls $[0,1]$, die in diesem Fall die einzigen beiden asymptotisch stabilen dynamischen Gleichgewichte darstellt. Wir wissen aus vorhergehenden Überlegungen über Koordinationsspiele, dass diese auch die einzigen strikten Nash-Gleichgewichte und damit Strategiekombinationen aus ESS sind. Die Situation ist in Abb. 6.6 für ein numerisches Beispiel skizziert.

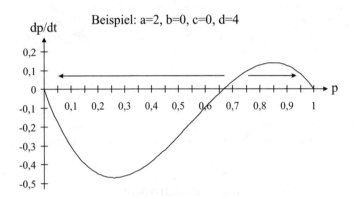

Abb. 6.6. Verlauf von $\dot{p}$: Koordinationsspiel

3) Hawk-Dove-Spiele: Sie sind charakterisiert durch $a < c, b > d$. Da $(b-d) > 0$ und $(a-c+d-b) < 0$, gibt es ein p^* derart, dass $g(p) = (b-d)+p(a-c+d-b)$ positiv für $p < p^*$ und negativ für $p > p^*$ ist, während $g(p^*) = 0$ gilt. Die Nullstelle von $g(\cdot)$ ist die gleiche wie unter 2). Im Gegensatz zu 2) gilt aber:

$$\dot{p} \begin{cases} > 0 \ldots p \in (0, p^*) \\ = 0 \ldots p = p^* \\ < 0 \ldots p \in (p^*1) \end{cases}$$

Das Ergebnis ist in Abb. 6.7 skizziert.

Wir sehen in Abb. 6.7, dass p^* das einzige asymptotisch stabile dynamische Gleichgewicht ist. Sobald die Population ein $p \in (0,1)$ wählt, konvergiert der Zeitpfad $p(t)$ gegen p^*. Damit sind unsere Ausführungen über ESS in speziellen Hawk-Dove-Spielen am Beginn dieses Kapitels in einem formal allgemeineren Rahmen bestätigt.

Da mit den Klassen 1), 2) und 3) alle Typen von generischen symmetrischen 2×2-Spielen ausgeschöpft sind[27], haben wir gezeigt, dass die Menge der ESS mit der Menge der asymptotisch stabilen dynamischen Gleichgewichte

---

[27] Es gibt insgesamt vier Möglichkeiten, von denen zwei durch den Fall dominanter Strategien erfasst wird.

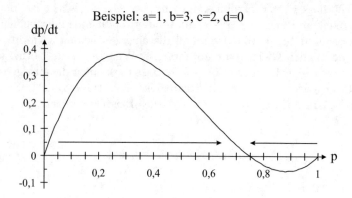

Abb. 6.7. Verlauf von $\dot{p}$: Hawk-Dove-Spiel

zusammenfällt. Für diese Spiele können wir also sagen, dass eine Strategieverteilung in der Population nur gegen eine ESS konvergieren kann.

6.5 Erweiterungen des Grundmodells

6.5.1 Endliche Populationen

Die bisher dargestellte Theorie der evolutionären Spiele setzte eine *unendliche Population* von Spielern voraus. Diese Annahme, die auch in anderen Bereichen der Ökonomie gemacht wird, vereinfacht i. d. R. die formale Argumentation erheblich. Betrachten wir z. B. unsere Ausführungen über die Populationsdynamik, so sieht man leicht, dass die Einschränkung der Betrachtung auf eine endliche Population problematisch wäre. In diesem Fall wäre die Menge aller Strategieverteilungen eine endliche Teilmenge von Δ^{K-1}, die für 2×2-Spiele beispielsweise durch die Menge $M_P := \{(\frac{n}{N}, \frac{N-n}{N}) \mid n = 0, 1, \ldots, N\}$ gegeben ist. Eine Lösung der Differentialgleichung (6.5) kann dagegen Werte in Δ annehmen, die nicht in M_P liegen. Ohne die Annahme einer unendlichen Population könnten wir die Replikatordynamik in dieser Form gar nicht anwenden.

Wird die Annahme der unendlichen Population durch die Vereinfachung der formalen Argumentation motiviert, so muss man allerdings prüfen, ob die bisher erzielten Resultate und die eingeführten Konzepte wenigstens approximativ für sehr große, aber endliche Populationen gelten. In diesem Fall würde man die unendliche Population als Grenzfall ansehen, von dem die Resultate für sehr große, aber endliche Populationen direkt ableitbar wären. Riley (1979) und Shaffer (1988) haben für das Gebiet der evolutorischen Spiele gezeigt, dass die formale Definition einer ESS für endliche Populationen geeignet modifiziert werden muss, um die grundlegende Idee zu erhalten. Die direkte

6.5 Erweiterungen des Grundmodells

Übertragung des ESS-Konzeptes von unendlichen auf endliche Populationen ist nicht sinnvoll, wie wir sofort zeigen werden.

Wir erinnern noch einmal an die grundlegende Definition einer ESS bei unendlicher Population. Gemäß Satz 6.2 können wir eine ESS definieren als eine Strategie x^* mit der Eigenschaft, dass die durchschnittliche Auszahlung eines Spielers, der x^* wählt gegen eine Population mit einem genügend kleinen Prozentsatz von Mutanten, die y wählen, größer ist als die Auszahlung eines Mutanten, d. h. es gilt:

$$x^* A((1-\varepsilon)x^* + \varepsilon y) > y A((1-\varepsilon)x^* + \varepsilon y)$$

Diese Beziehung kann äquivalent umgeformt werden zu:

$$(1-\varepsilon)x^* A x^* + \varepsilon x^* A y > (1-\varepsilon) y A x^* + \varepsilon y A y$$

Interpretiert man die linke Seite der Ungleichung

$$\pi_\varepsilon^{ESS}(y) := (1-\varepsilon)x^* A x^* + \varepsilon x^* A y$$

als erwartete Auszahlung eines ESS-Spielers gegen einen Prozentsatz ε von Mutanten mit der Mutanten-Strategie y und die rechte Seite der Ungleichung

$$\pi_\varepsilon^M(y) := (1-\varepsilon) y A x^* + \varepsilon y A y$$

analog als erwartete Auszahlung eines Mutanten, dann kann man die Bedingung für eine ESS auch wie folgt schreiben:

$$\pi_\varepsilon^{ESS}(y) > \pi_\varepsilon^M(y) \tag{6.9}$$

Das entspricht der schon bekannten Bedingung, dass die erwartete Fitness eines ESS-Trägers höher sein muss als die erwartete Fitness eines Mutanten, solange der Prozentsatz der Mutanten „klein genug" ist. Die Wahrscheinlichkeit, auf einen Mutanten zu treffen, wurde dabei mit ε angesetzt.

Nimmt man nun an, dass die Population *endlich* ist, dann sieht man sofort, dass die Definition einer ESS, wie sie in (6.9) dargelegt ist, nicht mehr sinnvoll ist. Denn es existiert kein gemeinsames ε in beiden Ausdrücken $\pi_\varepsilon^{ESS}(\cdot)$ und $\pi_\varepsilon^M(\cdot)$. Hat die Population beispielsweise die Größe N und tritt ein Mutant auf, dann ist die Wahrscheinlichkeit für einen Mutanten, einen anderen Mutanten zu treffen, offenbar geringer als die Wahrscheinlichkeit für einen ESS-Träger, einen Mutanten zu treffen. Konkret hat man in diesem Fall

$$\text{Prob}\{\text{„Mutant trifft Mutant"}\} = 0$$
$$\text{Prob}\{\text{„ESS-Träger trifft Mutant"}\} = \frac{1}{N-1}.$$

Generell wird bei endlichen Populationen die Ungleichung

$$\text{Prob}\{\text{„Mutant trifft Mutant"}\} < \text{Prob}\{\text{„ESS-Träger trifft Mutant"}\}$$

gelten.

Da die ursprüngliche Definition einer ESS bei endlicher Population nicht mehr sinnvoll ist, kann man erwarten, dass ursprünglich als ESS bekannte Strategien durch Mutanten erfolgreich invadiert werden können.[28] Um die Idee einer ESS auf endliche Populationen zu übertragen, sind verschiedene Ansätze in der Literatur diskutiert worden. Wir wollen hier den Ansatz von Shaffer (1988) vorstellen.

Im Folgenden nehmen wir an, dass in einer endlichen Population vom Umfang N *genau ein* Mutant auftritt. Die erwarteten Auszahlungen eines Mutanten, der eine Strategie y wählt, und eines ESS-Trägers, bezeichnet durch $\pi^M(\cdot)$ und $\pi^{ESS}(\cdot)$, können dann wie folgt definiert werden:

$$\pi^{ESS}(y) := \left(1 - \frac{1}{N-1}\right) x^* A x^* + \frac{1}{N-1} x^* A y \qquad (6.10)$$

$$\pi^M(y) := y A x^* \qquad (6.11)$$

Mit diesen Konzepten definiert man eine evolutionäre Gleichgewichtsstrategie wie folgt.

Definition 6.10. *x^* erfüllt die Gleichgewichtsbedingung bei endlicher Population, wenn für alle y gilt:*

$$\pi^M(y) \leqq \pi^{ESS}(y)$$

Ein Mutant soll also keine höhere Fitness erhalten als ein x^*-Spieler, wenn alle anderen Spieler in der Population x^* wählen. Man kann die Bedingung in Definition 6.10 wie folgt umformen:

Da für ein Gleichgewicht $\pi^M(x^*) - \pi^{ESS}(x^*) = 0$ gilt und $\pi^M(y) - \pi^{ESS}(y) \leqq 0$ für ein $y \neq x^*$, kann man ein Gleichgewicht x^* offenbar als eine Lösung der folgenden äquivalenten Maximierungsprobleme betrachten

$$\max_y \left\{\pi^M(y) - \pi^{ESS}(y)\right\} \iff \qquad (6.12)$$

$$\max_y \left\{y A x^* - \frac{1}{N-1} x^* A y\right\}, \qquad (6.13)$$

da $-(1 - \frac{1}{N-1}) x^* A x^*$ eine additive Konstante (in y) ist.

Der Zielwert in (6.13) wird größer, wenn der erste Term $y A x^*$, d. h. die Auszahlung eines y-Spielers groß wird und/oder der zweite Term $\frac{1}{N-1} x^* A y$, d. h. die erwartete Auszahlung eines x^*-Spielers klein wird. Man wählt also die Strategie, die auch dem Gegenspieler schadet und nicht nur einem selbst nutzt. Dieses Verhalten wird in der Literatur auch als *spiteful behaviour* bezeichnet.

---

[28] Ein bekanntes Beispiel wurde von Riley (1979) gegeben.

Der Unterschied von einer ESS und einer Strategie, die durch spiteful behaviour erzeugt wurde, soll an dem bekannten Hawk-Dove-Spiel illustriert werden, das in der Einführung zu diesem Kapitel diskutiert wurde. Wir erinnern uns daran, dass die Auszahlungsmatrix im Hawk-Dove-Spiel gegeben ist durch:

$$A = \begin{pmatrix} \frac{V-C}{2} & V \\ 0 & \frac{V}{2} \end{pmatrix}$$

mit $C > V > 0$. Wie aus den Ausführungen in Abschnitt 6.2.1 hervorgeht, ist die ESS im Hawk-Dove-Spiel identisch mit dem einzigen symmetrischen Nash-Gleichgewicht $x^* = (p^*, 1 - p^*)$, das gegeben ist durch:

$$p^* = \frac{V}{C}$$

Um das *Gleichgewicht bei endlicher Population* zu bestimmen berechnen wir die Auszahlungsfunktionen $\pi^M(y)$ und $\pi^{ESS}(y)$ mit $y = (q, (1-q))$. Die gemischte Strategie $x_N^* = (p_N^*, (1 - p_N^*))$ bezeichnet das Gleichgewicht bei endlicher Population. Wir wollen nun untersuchen, welche Beziehung zwischen p^* und p_N^* besteht, wobei wir uns bei dieser Berechnung auf $\tilde{\pi}^{ESS}(y) = \pi^{ESS}(y) - (1 - 1/(N-1))x_N^* A x_N^*$ beschränken können. Es gilt offenbar:

$$\pi^M(y) = q\left(p_N^* \frac{V-C}{2} + (1-p_N^*)V\right) + (1-q)(1-p_N^*)\frac{V}{2}$$

$$\tilde{\pi}^{ESS}(y) = p_N^*\left(q\frac{V-C}{2} + (1-q)V\right) + (1-p_N^*)(1-q)\frac{V}{2}$$

Die Maximierung der Zielfunktion $\pi^M(y) - \frac{1}{N-1}\tilde{\pi}^{ESS}(y)$ bzgl. q ergibt die Bedingung erster Ordnung:

$$(N-2)p_N^* \frac{V-C}{2} + ((N-1) - (N-2)p_N^*)V - (N-2)(1-p_N^*)\frac{V}{2} = 0$$

Aufgelöst nach p_N^* erhält man:

$$p_N^* = \frac{V}{C}\frac{N}{N-2}$$

Damit x_N^* eine echt gemischte Strategie ist, muss man zusätzlich

$$V < \frac{N-2}{N}C$$

verlangen.

Offenbar gilt $p_N^* > p^*$ für endliche N, d. h. die Falkenstrategie wird in endlichen Populationen häufiger gewählt als in unendlichen Populationen. Diese Wahrscheinlichkeit wird umso größer je kleiner die Population ist. Außerdem gilt $p_N^* \longrightarrow p^*$ für $N \longrightarrow \infty$. Wir sehen, dass das Gleichgewicht bei endlicher Population gegen die ESS bei unendlicher Population konvergiert, wenn die Populationsgröße gegen unendlich geht.

6.5.2 Asymmetrische Spiele

Bisher wurde die Theorie der evolutorischen Spiele ausschließlich für *symmetrische Spiele* (in Normalform) entwickelt. Wir werden diese Annahme in diesem Abschnitt aufgeben. Denkt man an Anwendungen der Evolutionären Spieltheorie auf ökonomische Spiele oder auf biologische Populationen, so sind Konfliktsituationen mit asymmetrischen Gegnern sicher häufiger anzutreffen als Situationen mit symmetrischen Gegnern. Revierkämpfe z. B. finden nur selten unter gleich starken Gegnern statt. Und selbst, wenn sie in etwa die gleiche physische Stärke aufweisen, wird der Reviereindringling wegen schlechterer Kenntnis des Reviers gegenüber dem Revierbesitzer im Nachteil sein, so dass die Annahme asymmetrischer Spieler gerechtfertigt ist. Diese Überlegungen zeigen, dass eine Erweiterung des ESS-Konzeptes auf asymmetrische Spiele eine wichtige Erweiterung des Grundmodells evolutorischer Spiele darstellt. Reinhard Selten (1980) hat in einem grundlegenden Artikel Pionierarbeit auf diesem Gebiet geleistet.

Zur Illustration der Problematik[29] betrachten wir eine asymmetrische Version des Hawk-Dove-Spiels, das durch die folgende Auszahlungstabelle charakterisiert ist

Spieler 2

		H	D
Spieler 1	H	$(v-C)/2$; $(V-C)/2$	0 ; V
	D	v ; 0	$v/2$; $V/2$

mit $0 < v < V < C$. Interpretiert man das Hawk-Dove-Spiel als Revierkampf, so können wir V (bzw. v) als den Wert der Ressource für den Revierbesitzer (bzw. den Eindringling) auffassen.[30] Ferner sei der Revierbesitzer der Zeilenspieler und der Eindringling der Spaltenspieler. Im Prinzip kann jedes Mitglied der Population Eindringling oder Revierbesitzer sein. So wird ein erfolgreich vertriebener Revierbesitzer evtl. versuchen, in ein anderes Revier einzudringen. Bei den Bezeichnungen Eindringling oder Revierbesitzer handelt es sich also eher um *Rollen*, die die Mitglieder einer Population annehmen können

---

[29] Asymmetrische Interaktionen können natürlich auch aus einem Zusammentreffen von Individuen verschiedener Arten resultieren, die z. B. die Rollen von Jäger und Gejagtem annehmen können. Hier wäre dann eine getrennte Population für jede Spielerrolle vorauszusehen, z. B. im Sinne eines Artenwettbewerbs.

[30] Ist das Revier z. B. ein Harem, so sind deren Kinder typischerweise Nachkommen des Revierbesitzers. Für diesen ist der Harem daher wertvoller als für den Eindringling, der (wie bei vielen Arten, z. B. Gorillas und Löwen üblich) die fremden Nachkommen töten müsste, um eigene zu zeugen, statt fremde Nachkommen aufzuziehen.

6.5 Erweiterungen des Grundmodells

oder müssen, als um eine endgültige Charakterisierung von Mitgliedern einer Population. Auf dieser Beobachtung basiert der theoretische Ansatz für die Behandlung von asymmetrischen Spielen, der im Folgenden dargestellt wird.

Ein grundlegendes Konzept ist die Menge U von so genannten *Informationssituationen*. Ein Element $u \in U$ beschreibt vollständig die Spieler-Rolle, in der sich ein Mitglied der Population befinden kann sowie evtl. Informationen über den Informationszustand der Gegenspieler. Befindet sich ein Spieler im Zustand u, so ist die Menge seiner Handlungsalternativen gegeben durch die Menge C_u. Da wir weiterhin zufälliges, paarweises Zusammentreffen der Spieler in der Population voraussetzen, ist eine Rollenverteilung der Spieler gegeben durch ein Tupel (u,v) (mit $u,v \in U$).

Gegeben sei eine Rollenverteilung (u,v), bei welcher der u-Spieler $c_u \in C_u$ und der v-Spieler $c_v \in C_v$ wählt, dann wird die Auszahlung des u-Spielers (v-Spielers) bezeichnet mit $A_{u,v}(c_u, c_v)$ (bzw. $A'_{u,v}(c_u, c_v)$). Im asymmetrischen Hawk-Dove-Spiel kann man die Informationssituationen und Aktionsmöglichkeiten der Spieler einfach charakterisieren durch die Mengen:

$$U = \{Revierbesitzer, Eindringling\} = \{u,v\}, \quad C_u = C_v = \{H, D\}$$

Die Auszahlungen im asymmetrischen Hawk-Dove-Spiel sind gegeben durch:

$$\begin{pmatrix} (A_{u,v}(H,H), A'_{u,v}(H,H)) & (A_{u,v}(H,D), A'_{u,v}(H,D)) \\ (A_{u,v}(D,H), A'_{u,v}(D,H)) & (A_{u,v}(D,D), A'_{u,v}(D,D)) \end{pmatrix} =$$

$$\begin{pmatrix} (\frac{V-C}{2}, \frac{v-C}{2}) & (V, 0) \\ (0, v) & (\frac{V}{2}, \frac{v}{2}) \end{pmatrix}$$

Wir haben oben gesagt, dass jeder Spieler in der Population verschiedene Rollen annehmen kann. Dies kann wie folgt präzisiert werden: Wir nehmen an, dass eine Verteilung $p(\cdot)$ über die Informationszustände (u,v) existiert. $p(u,v)$ bezeichnet die Wahrscheinlichkeit, mit der ein Tupel (u,v) auftritt. Daraus berechnet man die Randverteilung[31] $p(u)$ für das Auftreten einer Informationssituation u. Es wird angenommen, dass gilt:

$$\forall u : \quad p(u) = \sum_v p(u,v) > 0$$
$$\forall (u,v), u \neq v : \quad p(u,v) = p(v,u)$$

Aus diesen Verteilungen berechnet man die bedingte Wahrscheinlichkeit, dass ein u-Spieler einen v-Spieler trifft, wie folgt:

$$p(v|u) = \frac{p(u,v)}{p(u)}$$

---

[31] Die hier verwendeten wahrscheinlichkeitstheoretischen Konzepte sind in Anhang G erklärt.

6 Evolutionäre Spieltheorie

Der Hauptunterschied zum symmetrischen Modell der evolutorischen Spieltheorie besteht darin, dass *Strategien* im asymmetrischen Modell als *Verhaltensstrategien* aufgefasst werden: Eine Verhaltensstrategie ist eine Abbildung

$$b : u \longrightarrow P_u$$

wobei P_u eine Wahrscheinlichkeitsverteilung über C_u bezeichnet. Eine Verhaltensstrategie legt also für jede Rolle $u \in U$, die ein Spieler annehmen kann, eine gemischte Strategie über die reinen Strategien in C_u fest, die ein Spieler in dieser Rolle wählen kann. Bezeichne B die Menge aller Verhaltensstrategien.

Ein Spieler in der Rolle u muss damit rechnen, mit der Wahrscheinlichkeit $p(v|u)$ auf einen Spieler in Rolle v zu treffen. Seine erwartete *lokale* Auszahlung, wenn er b_u wählt und die jeweiligen v-Spieler b'_v wählen, ist dann gegeben durch

$$A_u(b_u, b') = \sum_v p(v|u) A_u(b_u, b'_v)$$

mit $b' = \{b'_v\}_v$. Um seine erwarteten *globalen* Auszahlungen zu berechnen, muss ein Spieler alle Rollen u berücksichtigen, die er mit den vorgegebenen Wahrscheinlichkeiten $p(u)$ annehmen kann.[32] Für den jeweiligen Spieler 1 gilt:

$$A(b, b') = \sum_u p(u) A_u(b_u, b')$$

Für den jeweiligen Spieler 2 gilt (wegen $A_{uv}(b', b) = A'_{vu}(b, b')$):

$$A'(b, b') = \sum_u p(u) A_u(b'_u, b)$$

Daraus folgt sofort:

$$A(b, b') = A'(b', b)$$

Wir haben damit die Symmetrie des asymmetrischen Hawk-Dove-Spiels (in den Verhaltensstrategien) wiederhergestellt. Die bisher eingeführten Konzepte definieren einen neuen Typ von Spielen, die von Selten *Populationsspiele* genannt wurden. Ein solches Spiel wird also durch ein Tupel $G_P = \{U, C, p, A, A'\}$ beschrieben, wobei die Strategien die oben definierten Verhaltensstrategien sind. Wir suchen nun nach evolutionär stabilen Verhaltensstrategien und definieren analog zum ESS-Konzept in symmetrischen Spielen.

---

[32] Mit der Verwendung von Auszahlungserwartungen als Maß für reproduktiven Erfolg unterstellen wir wieder implizit eine unendliche Population mit zufällig gebildeten Spielerpaaren, so dass die Varianz der Auszahlungen Null ist. Sonst müsste ein stochastischer Prozess analysiert werden.

Definition 6.11. *Eine Verhaltensstrategie b^* ist eine ESS des asymmetrischen Spiels, wenn gilt:*

a) $\forall b \in B: \quad A(b^*, b^*) \geqq A(b, b^*)$
b) $A(b, b^*) = A(b^*, b^*) \Longrightarrow A(b^*, b) > A(b, b)$

Der Hauptbeitrag der zitierten Arbeit von Selten besteht in der Charakterisierung der ESS für asymmetrische Spiele. Dieses wichtige Resultat ist in dem folgenden Satz festgehalten.

Satz 6.12. *Gegeben sei ein Populationsspiel mit der zusätzlichen Annahme:*[33]

$$\forall u \in U: \quad p(u, u) = 0$$

Dann ist die Gleichgewichtsstrategie b^* eines symmetrischen Gleichgewichtes (b^*, b^*) genau dann eine ESS, wenn für alle $u \in U$ gilt: b_u^* ist eine degenerierte Wahrscheinlichkeitsverteilung.

Beweis: Siehe Selten (1980), S. 101.

Wir sehen also, dass alle ESS in asymmetrischen Spielen *reine Strategien* auswählen. Dieses Resultat kontrastiert vollständig mit dem symmetrischen Hawk-Dove-Spiel, in dem die einzige evolutionär stabile Strategie eine vollständig gemischte Strategie ist, während die einzigen reinen Nash-Gleichgewichtsstrategien nicht evolutionär stabil sind. Wir wollen nun anhand des Resultats von Satz 6.12 untersuchen, wie die ESS des asymmetrischen Hawk-Dove-Spiels charakterisiert werden können.

In diesem Spiel haben wir vier mögliche Rollenkombinationen (u, u), (u, v), (v, u), (v, v), wobei u die Rolle Besitzer und v die Rolle Eindringling bezeichnet. Die Wahrscheinlichkeiten für die Rollenverteilungen seien gegeben durch $p(u, v) = p(v, u) = \frac{1}{2}$, $p(u, u) = p(v, v) = 0$. Wegen $p(u) = p(v) = \frac{1}{2}$ hat man $p(u|v) = p(v|u) = 1$. Ein Spieler in einer Rolle erkennt daher mit Sicherheit die Rolle seines Gegenspielers. Wir können daher leicht die evolutionär stabilen Verhaltensstrategien ableiten. Angenommen, ein Spieler ist im Informationszustand u, dann ist sein Gegenspieler im Zustand v und umgekehrt. Es gibt nur zwei strikte Nash-Gleichgewichte in reinen Strategien, nämlich (H, D) und (D, H). Damit hat man zwei Gleichgewichte in Verhaltensstrategien $b^* = (b_u^*, b_v^*) = (D, H), b^{**} = (b_u^{**}, b_v^{**}) = (H, D)$. b^{**} wird auch *bourgeoise Strategie* genannt, da sie dem Revierbesitzer vorschreibt, um das Revier zu kämpfen, während der Eindringling sich bald zurückziehen soll. Die Eigentumsverteilung wird gemäß diesem Gleichgewicht nicht angetastet. Die Strategie b^* wird *paradoxe Strategie* genannt. Sie beschreibt eine extrem instabile Entwicklung der Eigentumsverteilungen. Denn ein Revierbesitzer leistet dem Eindringling nur sehr schwachen Widerstand. Bei jedem Zusammentreffen von zwei Mitgliedern der Population findet ein Revierbesitzerwechsel

---
[33] Diese Annahme wird in der Literatur *truly asymmetric contest* genannt, da sie ausschließt, dass sich zwei Spieler in der gleichen Rolle begegnen.

statt. Der geschlagene Revierbesitzer wird aber als Eindringling in ein anderes Revier sofort erfolgreich sein. In beiden Fällen findet kein ernsthafter Revierkampf statt, bei dem beide Kontrahenten die Falkenstrategie wählen. Dies ist ein wesentlicher Unterschied zu symmetrischen Hawk-Dove-Spiel, bei dem eine positive – wenn auch bei hohen Verletzungskosten kleine – Wahrscheinlichkeit für eine ernsthafte Verletzung der Spieler existiert.

6.5.3 Ökonomische Anwendungen

Gedanken und Argumente, die im Rahmen der Evolutionären Spieltheorie entstanden sind, haben in letzter Zeit zunehmend auch Eingang in die Modellierung von ökonomischen Modellen gefunden. Dabei ging es weniger um eine direkte Übernahme von Konzepten der Evolutionären Spieltheorie – obwohl auch dies in der Literatur zu finden ist –, sondern eher um die Anwendung der Idee der evolutorischen Entwicklung auf ökonomische Prozesse. Dabei hat die *Replikatordynamik* eine besondere Rolle gespielt, da sie eine einfache Möglichkeit bietet, die Entwicklungen von Strategiewahlen zu beschreiben, die dem ökonomisch relevanten Prinzip des *beat the average* folgen. Da die evolutorische Spieltheorie zunächst für biologische Populationen entwickelt wurde, für die das Konzept der rationalen Entscheidung keine Rolle spielt, beziehen sich die ökonomischen Anwendungen i. d. R. auf Entscheidungsmodelle, in denen *beschränkte Rationalität* der Entscheider angenommen wird, auch wenn dies in den Arbeiten häufig nicht explizit gemacht wird. Wie wir im Folgenden sehen werden, bieten evolutorische Argumente oft Erklärungen für beobachtete ökonomische Phänomene an, die durch „traditionelle" spieltheoretische Modellierung gar nicht oder nur unzureichend erklärt werden können. Diese Beobachtungen findet man zu einem großen Teil in *ökonomischen Experimenten*. Wenn Experimentresultate durch traditionelle spieltheoretische Argumente nur unzureichend erklärt werden können, erweisen sich häufig Konzepte und Resultate der Evolutionären Spieltheorie als das überlegene Erklärungsmuster. In den folgenden Abschnitten werden wir einige Beispiele für diese Vorgehensweise anführen.

Kollektivgut-Experimente

Kollektivgut-Spiele sind im Prinzip Prisoners' Dilemma Spiele, d. h. sie besitzen eine dominante Strategie, die aber für keinen Spieler, wenn alle Spieler der Population die dominante Strategie spielen, zu einer befriedigenden Auszahlung führen. Es besteht daher für alle Spieler gemeinsam ein Anreiz, eine nicht-dominante, aber daher instabile Strategie zu wählen, um eine höhere Auszahlung zu erhalten. Aus der Theorie der wiederholten Spiele (siehe Kap. 7) weiß man sehr genau, welche Lösung, d. h. welches Gleichgewicht sich einstellen wird, wenn dieses Spiel endlich oft wiederholt gespielt wird.

Ein Meilenstein in der Entwicklung der experimentellen Spieltheorie war die Durchführung von Dilemma-Spielen in Laborexperimenten. Diese Spiele, die wir nun beschreiben wollen, wurden in einer speziellen Form, nämlich als Kollektivgut-Experimente durchgeführt.[34] Wir gehen dabei von der folgenden Situation aus: Jeder Spieler hat in jeder Runde des Spiels die Möglichkeit, sein fixes (exogen gegebenes) Periodeneinkommen für den Kauf eines privaten Gutes und/oder für die Unterstützung der Produktion eines Kollektivgutes auszugeben. Der Beitrag eines Spielers i für das Kollektivgut werde mit z_i bezeichnet, $\bar{z}$ bezeichne den durchschnittlichen Beitrag aller Spieler und I bezeichne das exogen gegebene Periodeneinkommen eines Spielers. Der individuelle Beitrag z_i kann alle Werte zwischen 0 und I annehmen, die durch die Währungseinheit festgelegt werden. Nehmen wir beispielsweise an, dass die Beiträge z_i in *Pfennig* entrichtet werden müssen und das Periodeneinkommen 5 DM beträgt, dann kann z_i alle Werte zwischen 0 und 500 annehmen. Die Auszahlung eines Spielers ist von den Beiträgen aller Spieler abhängig und ist gegeben durch

$$H_i(z_i, z_{-i}) = I - z_i + a \sum_{i=1}^{n} z_i, \qquad (6.14)$$

wobei a offenbar den Vorteil misst, den die Spieler aus dem Gesamtbeitrag für das öffentliche Gut ziehen können. $(I - z_i)$ ist der Teil des Einkommens, der auf den Konsum des privaten Gutes verwendet wird.

Durch einfache Umformungen erhält man aus (6.14) die Formulierung:

$$H_i(z_i, z_{-i}) = I + a \sum_{j \neq i} z_j + z_i(a - 1) \qquad (6.15)$$

Die Frage ist nun, welche Beiträge die Spieler zu dem öffentlichen Gut leisten werden. Das eben beschriebene Spiel wurde in den Experimenten endlich oft durchgeführt, wobei die Spieler die Anzahl der Runden im voraus kannten. Die spieltheoretische Analyse des einperiodigen Basisspiels ist im folgenden Lemma ausgeführt.

Lemma 6.13. *Angenommen, es gilt $a \in (0,1)$ und $n \cdot a > 1$, dann*

a) *existiert für das einperiodige Kollektivgut-Spiel ein eindeutiges Nash-Gleichgewicht (in dominanten Strategien) mit $z_1^* = z_2^* = \ldots = z_n^* = 0$,*

b) *ist $z_1^{**} = z_2^{**} = \ldots = z_n^{**} = I$ die einzige symmetrische, Pareto-optimale Einkommensallokation.*

Beweisidee: a) Aus der Formulierung (6.15) kann man schließen: Wegen $(a-1) < 0$ wird offenbar die höchste Auszahlung unabhängig von dem Beitrag der übrigen Spieler immer in $z_i = 0$ erzielt.

b) Für symmetrische (z_i, z_{-i}) mit $z_i = \bar{z}$ gilt:

$$H_i(z_i, z_{-i}) = I + \bar{z}(na - 1)$$

---

[34] Wir beziehen uns in diesem Abschnitt auf eine Arbeit von Miller und Andreoni (1991), siehe dazu auch den Überblicksartikel von Ledyard (1995) über Kollektivgut-Spiele.

Wegen $(na - 1) > 0$ wird dieser Ausdruck für $\bar{z} = I$ maximal.

q. e. d.

Lemma 6.13 offenbart die Prisoners' Dilemma Struktur der Kollektivgutspiele, die durch den strikten Gegensatz zwischen kollektiver und individueller Rationalität gekennzeichnet ist. Bei individuell rationaler Entscheidung erhalten alle Spieler die Auszahlung I. Vertrauen sie allerdings darauf, dass ihre Mitspieler nicht individuell rational entscheiden, sondern mehr als den Betrag I erhalten wollen, dann sollten sie ihren Beitrag für das öffentliche Gut erhöhen. Teil b) des Beweises von Lemma 6.13 zeigt, dass die Auszahlung bei symmetrischem, positivem Beitrag $\bar{z}$ gleich

$$I + \bar{z}(na - 1) > I,$$

also auf jeden Fall größer als die Auszahlung bei individuell rationalem Verhalten aller ist. Die *spieltheoretische* Lösung für das endlich oft wiederholte Kollektivgut-Spiel ist nach den Ausführungen über wiederholte Spiele (siehe Kap. 7, Satz 7.30) klar: *Es existiert ein eindeutiges, teilspielperfektes Gleichgewicht, das allen Spielern in jeder Periode den minimalen Beitrag $z_i^* = 0$ vorschreibt*. Die experimentellen Resultate sind von der theoretischen Lösung allerdings weit entfernt. Obwohl dieses Spiel bisher vielfach unter variierenden Bedingungen experimentell untersucht wurde[35], weisen die experimentellen Resultate doch erstaunliche Gemeinsamkeiten auf.[36] Wir beschränken uns hier auf eine zusammenfassende Darstellung der experimentellen Resultate von Miller und Andreoni (1991):

1. In der ersten Runde beginnen die Spieler mit Beiträgen, die im Durchschnitt ca. 50% des Periodeneinkommens I ausmachen,
2. der Durchschnittsbeitrag sinkt von Runde zu Runde,
3. der Rückgang des Durchschnittsbeitrags hängt in typischer Weise von der Gruppengröße n ab: Je größer n ist desto weniger drastisch ist der Rückgang des Durchschnittsbeitrags.[37]

Betrachtet man das spieltheoretische teilspielperfekte Gleichgewicht $z_i = 0$ als den einen und die Pareto-optimale Lösung $z_i = I$ als den anderen *theoretischen Referenzpunkt* dieses Spiels, dann wird aus den Experimenten deutlich, dass beide Referenzpunkte keine Bedeutung für die Erklärung dieser Resultate haben. Die Probanden in den Experimenten halten sich in den meisten

---

[35] In den meisten Fällen wurde angenommen, dass die Probanden in jeder Runde den Durchschnittsbeitrag in der Population kennen. Die Anzahl der Runden variierte in den einzelnen Experimenten, es wurde aber i. d. R. wenigstens 15 Runden gespielt.

[36] Einen Überblick über die experimentellen Resultate für Kollektivgutspiele bis einschließlich 1997 vermittelt Ehrhart (1997).

[37] Man könnte natürlich n und a derart anpassen, dass na konstant ist. Ohne eine derartige gemeinsame Anpassung von n und a wird der Effizienzaspekt durch alleinige Erhöhung von a stärker in den Vordergrund gestellt.

Runden noch nicht einmal „in der Nähe" der theoretischen Referenzpunkte auf.

Die Evolutionäre Spieltheorie, speziell die Replikatordynamik liefern hier einen interessanten, theoretischen Erklärungsansatz für die experimentellen Resultate, den wir im Folgenden kurz skizzieren wollen. Es bezeichne x_k^t den Prozentsatz der Spieler, die in Periode t das Ausgabeniveau k wählen. Der Einfachheit halber nehmen wir an, dass k ein Element der endlichen Menge $\{0, 1, 2, \ldots, K\}$ ist. Wir nehmen eine Anpassung der Ausgabenverteilung $x = (x_1, \ldots, x_K)$ in diskreter Zeit gemäß der Anpassungsgleichung

$$x_k^{t+1} = x_k^t \left(\frac{I - k + an\tilde{z}^t}{I - \tilde{z}^t + an\tilde{z}^t} \right), \quad k = 1, \ldots, K \quad (6.16)$$

an, wobei $\tilde{z}^t := \sum_k k x_k^t$ den Durchschnittsbeitrag in t bezeichnet. Diese Differenzengleichung entspricht offenbar der in Abschnitt 6.4 beschriebenen Replikatordynamik. Sie drückt die Idee des *beat the average* im Kollektivgut-Spiel aus. Denn der Klammerausdruck auf der rechten Seite von (6.16) bezeichnet die Periodenauszahlung eines repräsentativen Spielers, der den Beitrag k wählt, gemessen an der Auszahlung des Durchschnittsbeitrags $\tilde{z}^t$. Ist dieser Ausdruck größer als 1, wächst der Anteil der Spieler, die k in der nächsten Periode spielen. Ist die Auszahlung beim Beitrag k dagegen geringer als beim Durchschnittsbeitrag $\tilde{z}^t$, dann fällt der Anteil der Spieler, die k wählen ($\frac{x_k^{t+1}}{x_k^t} < 1$).

Aus der Differenzengleichung (6.16) können wir folgende Implikationen ableiten.

Korollar 6.14. *a) Der Anteil jedes Beitrags, der größer als der Durchschnittsbeitrag ist, schrumpft, d. h.*

$$k > \tilde{z}^t \quad \Longrightarrow \quad \frac{x_k^{t+1}}{x_k^t} < 1,$$

während der Anteil jedes Beitrags, der kleiner als der Durchschnittsbeitrag ist, steigt, d. h.

$$k < \tilde{z}^t \quad \Longrightarrow \quad \frac{x_k^{t+1}}{x_k^t} > 1.$$

b) $\tilde{z}^t$ fällt monoton in t.
c) Wenn na wächst, sinkt $\tilde{z}^t$ „weniger stark".

Beweisidee: a) Wir formen die Differenzengleichung (6.16) wie folgt um:

$$\frac{x_k^{t+1}}{x_k^t} = \frac{I + \tilde{z}^t(na - \frac{k}{\tilde{z}^t})}{I + \tilde{z}^t(na - 1)} \quad (6.17)$$

Ist $\frac{k}{\tilde{z}^t} > (<)1$, dann gilt offenbar: $\frac{x_k^{t+1}}{x_k^t} < (>)1$

b) Wegen a) gilt: Der Anteil der Spieler mit $k > \tilde{z}^t$ schrumpft, der Anteil der Spieler mit $k < \tilde{z}^t$ wächst. Bezeichne k' die Beiträge k mit $k > \tilde{z}^t$ und h' bezeichne die Beiträge k mit $k < \tilde{z}^t$. Dann gilt

$$\tilde{z}^{t+1} - \tilde{z}^t = \sum_{k'}(x_{k'}^{t+1} - x_{k'}^t)k' + \sum_{h'}(x_{h'}^{t+1} - x_{h'}^t)h'$$
$$< \sum_{k'}(x_{k'}^{t+1} - x_{k'}^t)\tilde{z}^t + \sum_{h'}(x_{h'}^{t+1} - x_{h'}^t)\tilde{z}^t = 0,$$

wobei wir die Beziehung $\sum_{k'}(x_{k'}^{t+1} - x_{k'}^t) = -\sum_{h'}(x_{h'}^{t+1} - x_{h'}^t)$ verwendet haben.

c) Das Ergebnis folgt leicht aus der Formulierung (6.17). Denn es gilt:

$$na \longrightarrow \infty \quad \Longrightarrow \quad \forall k : \frac{x_k^{t+1}}{x_k^t} \longrightarrow 1$$

q. e. d.

Wir sehen, dass der evolutorische Ansatz eher in der Lage ist, den typischen Verlauf des Beitragsverhaltens in einem Kollektivgut-Spiel zu erklären, als beispielsweise die Theorie der *endlich oft wiederholten Spiele*, die hier in nahe liegender Weise herangezogen werden muss. Hierbei bleibt natürlich (wegen des makroskopischen Aspekts der Evolutionsdynamik) unerklärt, warum sich welche Teilnehmer wann zu einer Beitragsreduktion entschließen. Ist ein Teilnehmer sowohl an seinem eigenen Gewinn als auch an der Gesamtauszahlung interessiert, so kann man leicht verstehen, warum er bei größerem na-Wert nur zögernd zu geringeren Beiträgen bereit ist.

Koordinationsexperimente

Koordinationsspiele haben wir schon mehrfach angesprochen. Diese Spiele sind dadurch charakterisiert, dass sie multiple Nash-Gleichgewicht aufweisen, deren Auszahlungen sich in symmetrischen Koordinationsspielen sogar linear ordnen lassen. In diesen Spielen besteht ein *Gleichgewichtsauswahlproblem*. Wir wollen hier ein spezielles Koordinationsspiel diskutieren, das unter dem Namen *weakest link game* in der Literatur bekannt wurde. Mit diesem Koordinationsspiel wurden Experimente von verschiedenen Autoren durchgeführt.[38] Die experimentelle Methode ist ein geeignetes Mittel, um zu untersuchen, welche Prinzipen bei der Gleichgewichtsauswahl in Koordinationsspielen tatsächlich relevant sind. Auch hier wird sich zeigen, dass die experimentellen Resultate durch einen evolutorischen Ansatz erklärt werden können.

---

[38] Wir beschränken uns hier auf die Darstellung der Ergebnisse von Van Huyck, Battalio und Beil (1990).

Den Experimenten, über die wir berichten wollen, liegt das folgende, symmetrische Koordinationsspiel zugrunde: Es gibt n Spieler, die charakterisiert sind durch ihre endlichen Strategiemengen

$$\Sigma_1 = \Sigma_2 = \ldots = \Sigma_n = \{1, \ldots, K\}$$

und ihre Auszahlungsfunktionen

$$H_i(\sigma_i, \sigma_{-i}) := a\,(\min\{\sigma_1, \sigma_2, \ldots, \sigma_n\}) - b\sigma_i \quad (a > b > 0). \tag{6.18}$$

Durch den Minimumoperator erhalten die Auszahlungsfunktionen in diesem Spiel einen Charakter komplementärer Strategiewahl. Denn eine wirksame Erhöhung der Auszahlung ist nur möglich, wenn alle Spieler simultan ihre Strategie erhöhen. Viele ökonomische Probleme sind durch solche Komplementaritäten charakterisiert. Eine mögliche ökonomische Interpretation des hier eingeführten Spiels ist ein *Input-Spiel* für die gemeinsame Produktion eines öffentlichen Gutes.

In dieser Interpretation sind die Spieler Lieferanten von komplementären Produktionsfaktoren, die in einen Produktionsprozess für ein öffentliches Gut eingebracht werden. Es bezeichne σ_i den Input von Spieler i. Die Produktionsfunktion werde mit $f : \mathbb{R}^n \longrightarrow \mathbb{R}$ bezeichnet. Sie beschreibt die Produktion eines öffentlichen Gutes mit Hilfe von n Inputfaktoren. Die Nutzenfunktion jedes Input Lieferanten i sei durch $U(c, \sigma_i)$ gegeben, wobei c die Menge des öffentlichen Guts bezeichnet, von dem alle Lieferanten in gleicher Weise profitieren. Ist der Input beispielsweise Arbeit, dann ist es in der Mikroökonomik üblich, die folgenden Annahmen an die Nutzenfunktion zu machen:

$$\frac{\partial U}{\partial c} > 0, \quad \frac{\partial U}{\partial \sigma_i} < 0$$

Die Auszahlungsfunktion einer Firma ist dann bei dieser Interpretation gegeben durch:

$$H_i(\sigma_1, \ldots, \sigma_n) := U(f(\sigma_1, \ldots, \sigma_n), \sigma_i)$$

Nimmt man an, dass $U(\cdot)$ linear ist, und dass die Produktionsfunktion linear-limitational bzw. vom *Leontief-Typ* ist[39] dann erhält man die Auszahlungsfunktion $H_i(\cdot)$ des weakest link-Spiels.

Die strategische Situation eines Spielers i in diesem Spiel ist klar: Wenn wenigstens einer seiner Gegenspieler j ein Input Niveau $\sigma_j < \sigma_i$ gewählt hat, wird Spieler i seine Wahl bereuen. Denn durch eine Reduktion seines Input auf $\sigma_i = \sigma_j$ ändert sich zwar das Produktionsergebnis nicht, aber sein Input Einsatz $b\sigma_i$ nimmt ab, was zu einer Erhöhung seiner Auszahlung führt. Umgekehrt, betrachten wir einen Minimum-Spieler i mit $\sigma_i < \min \sigma_{-i}$. Er hat die Auszahlung $(a - b)\sigma_i$, die er offenbar erhöhen kann, bis er das Input Niveau $\min \sigma_{-i}$ erreicht. Haben alle Spieler das gleiche Input Niveau gewählt,

---

[39] Das heißt $f(\sigma_1, \ldots, \sigma_n) = a \min\{\sigma_1, \ldots, \sigma_n\}$ für $a > 0$.

dann lohnt sich ein Abweichen nicht, denn wie eben gezeigt, kann sich ein Spieler nur dann verbessern, wenn die Input Niveaus von zwei Spielern unterschiedlich sind. Daraus folgt, dass es K symmetrische strikte Gleichgewichte $\sigma^* = (\sigma_1^*, \ldots, \sigma_n^*)$ mit $\sigma_1^* = \ldots = \sigma_n^*$ gibt. Die Auszahlung in einem Gleichgewicht mit $\sigma_i^* = k$ ist für jeden Spieler gleich $(a-b)k$. Also können die Nash-Gleichgewichte linear nach ihrer Auszahlung geordnet werden. Die höchste (niedrigste) Auszahlung wird im Gleichgewicht $\sigma_i^* = K$ ($\sigma_i^* = 1$) erzielt.

Hält man das Kriterium der Auszahlungsdominanz für ein wichtiges Gleichgewichtsauswahlkriterium, dann wird man erwarten, dass das Gleichgewicht $\sigma^* = (K, \ldots, K)$ gespielt wird. Das gilt sowohl für das einmal durchgeführte Spiele (one shot game) als auch für die endliche Wiederholung des Spiels. In ihren Experimenten mit $K = 7$ ließen Van Huyck et al. dieses Koordinationsspiel endlich oft wiederholen (sieben bzw. zehn Runden). Die Gesamtzahl der Wiederholungen war allen Probanden vorher bekannt. Außerdem wurde allen Probanden in allen Perioden das jeweilige Gruppen-Minimum mitgeteilt, nachdem alle Spieler ihre Strategien in einer Periode gewählt hatten. Die wichtigsten experimentellen Resultate in Van Huyck et al. fassen wir wie folgt zusammen:

a) Ist die Zahl der Spieler „groß genug" ($n = 14$ bis 16), dann tendiert die Input-Wahl der Spieler gegen $\sigma_i = 1$. Bereits ab der vierten Runde wird als Gruppen-Minimum $k = 1$ gewählt.

b) Für $n = 2$ erreichen die beiden Spieler fast in allen Experimentgruppen dagegen das beste Gleichgewicht, in dem beide Spieler $k = 7$ wählen, bereits nach wenigen Runden.

Dieses Ergebnis, nach dem die *Gruppengröße* eine entscheidende Rolle bei der Strategieselektion spielt, ist erstaunlich robust. Auch nach Sequenzen von modifizierten Spielen, in denen die Gleichgewichte genau umgekehrt geordnet waren, ging das Gruppenminimum wieder auf das vorhergehende Niveau $\sigma_i = 1$ zurück, wenn die Ordnung der Gleichgewichte wieder umgedreht wurde. Dieses Resultat hat schwerwiegende Konsequenzen für die Anwendung von Koordinationsspielen. Viele ökonomische Konfliktsituationen können durch Koordinationsspiele beschrieben werden (z. B. die Entstehung von Geld als Tauschmittel, die Evolution von Konventionen). Die experimentellen Resultate legen nahe, dass man in großen Populationen das schlechteste Gleichgewicht erwarten muss. Legt man die oben zitierte Produktions-Interpretation des weakest link-Spiels zugrunde, so wird sich nach einiger Zeit der geringste input-Einsatz bei allen Firmen einstellen.

Diese Beobachtung hat in den achtziger Jahren zu einer neuen Interpretation des *Keynesianischen* Konzeptes des Unterbeschäftigungsgleichgewichts geführt (siehe z. B. Cooper und John (1988) und Bryant (1983)) und damit eine neue makroökonomische Debatte angestoßen.[40] Interpretiert man

---

[40] Strenggenommen basierte diese Debatte auf theoretischen Überlegungen zum Gleichgewichtsauswahlproblem, die die Entwicklung der ökonomischen Akti-

beispielsweise die Firmen in unserem Produktionsbeispiel als Sektoren einer Volkswirtschaft, die an einem komplementären Produktionsprozess beteiligt sind, dann kann das Ergebnis des minimalen Input-Einsatzes im Gleichgewicht dahingehend interpretiert werden, dass nicht alle zur Verfügung stehenden Arbeitskräfte eingesetzt werden. Da es sich um ein Nash-Gleichgewicht handelt, ist diese Situation auch stabil.

Wir wollen diese Debatte hier nicht weiter verfolgen, sondern einen evolutorischen Erklärungsansatz für die Resultate der Koordinationsexperimente darstellen. Vincent Crawford (1991) hat verschiedene Erklärungsmuster für die experimentellen Resultate von Van Huyck et al. angeboten.

Wir stellen hier die einfachste Argumentation von Crawford vor. Setzt man in der Auszahlungsfunktion (6.18) von Spieler i die Werte mit $a = 2, b = 1$ und $\Sigma_i = \{1, 2\}$ fest, so kann die Auszahlungsfunktion eines Spielers in Abhängigkeit vom Gruppen-Minimum durch folgende Auszahlungstabelle beschrieben werden:

		Gruppen-Minimum	
		1	2
Zeilenspieler	wählt 1	1	1
	wählt 2	0	2

Wählt Spieler i das Input-Niveau $\sigma_i = 1$, dann erhält er auf jeden Fall eine Auszahlung in Höhe von 1, wählt er dagegen $\sigma_i = 2$, so hat er die Chance, eine höhere Auszahlung als mit $\sigma_i = 1$ zu erzielen. Diese höhere Auszahlung bedingt aber ein bestimmtes Verhalten seiner Mitspieler. Ist das Gruppenminimum gleich 1, so lohnt sich die höhere Anstrengung nicht. In diesem Sinne kann man $\sigma_i = 1$ als sicherere Strategie als $\sigma_i = 2$ auffassen.

Wir betrachten nun zwei Szenarien, die den beiden experimentellen Versuchsreihen von Van Huyck et al. entsprechen:

1. Wir nehmen an, dass Spieler i ein 2-Personen-Spiel gegen zufällig ausgesuchte Spieler aus der Population spielt. Dies entspricht der Versuchsreihe des Koordinationsspiels mit 2 Spielern.
2. Wir nehmen an, dass Spieler i simultan gegen die gesamte Population spielt.[41] Dies entspricht der Versuchsreihe „Zahl der Spieler n groß".

Wir beziehen uns im Folgenden auf die polymorphe Interpretation von Strategieverteilungen $x \in \Delta$. Es bezeichne p den Prozentsatz der Population, der Strategie 1 spielt, d. h. der seinen Input zum Produktionsprozess in

---

vitäten zum schlechtesten Gleichgewicht als theoretische Möglichkeit zulassen. Die Koordinationsexperimente wurden historisch erst nach dem Beginn der Debatte durchgeführt. Als experimentelle Lösung des Gleichgewichtsauswahlproblem haben sie der Debatte eine neue Facette hinzugefügt.

[41] Diese spezielle Annahme wird in der evolutorischen Spieltheorie auch als *playing the field* bezeichnet.

Höhe von 1 leistet. Die erwartete Auszahlung eines Spielers i, der in Szenario 1 spielt, ist graphisch in Abhängigkeit von p in Abb. 6.8 dargestellt. So erhält ein Spieler, der Strategie 1 spielt die erwartete Auszahlung (hier fällt das Gruppenminimum mit der Strategiewahl des Gegenspielers zusammen) $H_1(1,(p,1-p)) = 1 \cdot p + 1 \cdot (1-p) = 1$. Ein Spieler, der das Input-Niveau 2 wählt, hat die erwartete Auszahlung $H_1(2,(p,1-p)) = 0 \cdot p + 2 \cdot (1-p) = 2 - 2p$.

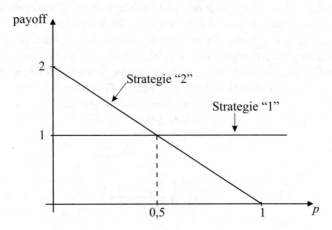

Abb. 6.8. Erwartete Auszahlung von i in Abhängigkeit von p (1. Szenario)

Für $p < \frac{1}{2}$ ist es für i offenbar profitabler, Strategie 2 zu spielen, für $p > \frac{1}{2}$ gilt das Umgekehrte. Wenn wir den Strategieanpassungsprozess dynamisch (im Sinne der Replikatordynamik) interpretieren, so können wir daraus schließen: Beginnt der Prozess mit einer Strategieverteilung $p < \frac{1}{2}$, dann werden immer mehr Spieler auf Strategie 2 übergehen bis $p = 0$ erreicht ist. Der Prozess geht bei Anfangsverteilung $p > \frac{1}{2}$ in die umgekehrte Richtung. Mit anderen Worten $p = 0$ und $p = 1$ sind asymptotisch stabile Strategieverteilungen. Wir wissen aus den Experimenten von Van Huyck et al., dass in diesem experimentellen Design sehr häufig in der ersten Runde hohe Input Niveaus von den beiden Spielern gewählt wurde. Dies bedeutet für unser evolutorisches Szenario, dass die Population mit kleinen p-Werten startet. Wir können demnach prognostizieren, dass sich Strategie 2 nach einiger Zeit in der Population durchsetzen wird. Dies entspricht dem Verhalten der Probanden im Experiment.

Wir wenden uns Szenario 2 zu. Abbildung 6.9 beschreibt wiederum die erwartete Auszahlung Spieler i in diesem Szenario.

Es ist charakteristisch für dieses Szenario, dass die erwartete Auszahlung von Strategie 2 *unstetig* in $p = 0$ ist. Da bei simultanem Spiel gegen die Population schon *ein* Spieler in der Population ausreicht, der durch seine Strategiewahl ($\sigma_i = 1$) eine Auszahlung von Null bei allen Mitgliedern der Population induziert, wird bei jeder Strategieverteilung mit $p \neq 0$ die Auszahlung von

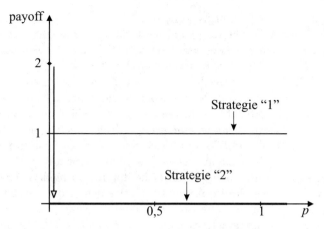

Abb. 6.9. Erwartete Auszahlung von i in Abhängigkeit von p (2. Szenario)

Strategie 2 gleich Null sein. Wir schließen daraus: Die Strategieverteilung $p = 0$, bei der die gesamte Population 2 wählt, ist sehr instabil. Sobald nur ein Spieler eine andere Strategie wählt als 2, ist es für keinen Spieler in der Population mehr profitabel, Strategie 2 zu wählen. Geht man z. B. davon aus, dass jedes Mitglied einer Population der Größe N eine positive Mindestwahrscheinlichkeit ε für die Wahl von $\sigma_i = 1$ hat (im Folgenden bezeichnet mit $p_{\varepsilon,N}$), so gilt $p_{\varepsilon,N} \uparrow 1$ für $N \uparrow \infty$ und $0 < \varepsilon < 1$. Man würde dann bei der Wahl von $\sigma_i = 2$ sehr schnell mit dem schlechtest möglichen Resultat konfrontiert und dementsprechend zu $\sigma_i = 1$ überwechseln, d. h. in der Population wird sich schnell das geringste Input-Niveau von 1 durchsetzen. Genau dies zeigte sich tendenziell auch in den oben erwähnten Experimenten.

In diesem wie im vorherigen Abschnitt haben wir gesehen, wie evolutorische Argumente auf reale ökonomische Probleme angewendet werden können. Es handelt sich in der Regel nicht um eine *Eins-zu-eins* Übertragung eines ökonomisches Modells auf ein evolutorisches Spiel. Das ist in vielen Fällen wegen der strikten Grundannahmen der evolutorischen Spieltheorie auch gar nicht möglich. Sondern es werden eher Analogie-Überlegungen auf der Ebene der evolutorischen Prozesse angestellt, deren Resultate dann in das ursprüngliche ökonomische Modell wieder zurück übersetzt werden.

Gewinnmaximierung als Selektionsprinzip

Die Entwicklung der ökonomischen, insbesondere der mikroökonomischen Theorie ist durch eine lange Kontroverse über die Zielfunktion von Unternehmen gekennzeichnet. Sind Unternehmen reine Gewinnmaximierer? Oder ist der Umsatz bzw. Marktanteil die relevante Zielgröße von Unternehmen? In der mikroökonomischen Lehrbuchversion (siehe z. B. Varian 1984) geht man davon aus, dass Unternehmen den *ökonomischen Gewinn* als Zielgröße ansehen und – als Verhaltenshypothese – versuchen, ihren Gewinn zu maximieren. Kritische Anmerkungen an dieser Grundannahme der Mikroökonomischen Theorie kamen aus zwei verschiedenen Richtungen: Ökonomen, die *beschränkte Rationalität* der ökonomischen Agenten in den Vordergrund stellten, lehnten die Maximierungshypothese ab, da sie eine zu starke Forderung an die Berechnungskapazität der Entscheider darstellt. Als Substitut wurden mehr oder weniger plausible *Daumenregeln* vorgeschlagen, unter denen das so genannte *satisfying behavior* eine größere Rolle spielte (siehe Nelson und Winter (1982), Radner (1975)). In diesen Modellen wird angenommen, dass Unternehmen versuchen, ein angemessenes Mindestgewinniveau (oder Mindestumsatzniveau) anzustreben, dessen Höhe durch verschiedene Überlegungen bestimmt wird. Dieses Mindestniveau ist i. d. R. nicht exogen vorgegeben, sondern wird endogen – in Abhängigkeit von der Erfahrung – von Periode zu Periode angepasst. Institutionell orientierte Ökonomen (z. B. Williamson 1975) lehnten den Gewinn als einzige Zielgröße einer Unternehmung ab. In der so genannten *Theorie der Firma* wurden viele alternative Zielgrößen (wie Umsatz, Marktanteil etc.) vorgeschlagen, die eine bessere Beschreibung von realem Firmenverhalten und damit eine bessere Basis für empirische Untersuchungen liefern sollten.

Es ist nicht unsere Absicht, in die Kontroverse über die richtige Zielfunktion von Unternehmen einzugreifen, sondern wir wollen eine interessante Weiterentwicklung des evolutorischen Modells, den so genannten *indirekten evolutorischen Ansatz* (vgl. Güth und Yaari 1992) im Rahmen eines Beispiels zur Gewinnmaximierung vorstellen. Der indirekte evolutorische Ansatz scheint eher für solche ökonomische Anwendungen geeignet zu sein, bei denen man von rationaleren Entscheidern ausgehen muss wie bei Unternehmensentscheidungen. Insbesondere kann dieser Ansatz die Diskussion um die richtige Zielfunktion von Unternehmen bereichern.

In ökonomischen Modellen werden die Regeln, hier insbesondere die Zielfunktion des jeweiligen Spiels vom Modellbauer exogen vorgegeben, die Entwicklung dieser Regeln wird dagegen nicht expliziert modelliert. In der traditionellen evolutorischen Spieltheorie steht dagegen die Entwicklung der Aktionen der Mitglieder einer Population im Vordergrund. In diesem Modellrahmen sind die Spieler genetisch auf die Wahl einer speziellen Aktion festgelegt. Die Nachkommen eines Spielers wählen die gleiche Aktion wie ihr Vorfahr. Änderungen in der Wahl der Aktionen sind bei monomorpher Interpretation des Spiels durch Eindringen einer Gruppe von Mutanten erklärbar, bei polymorpher Interpretation durch Unterschiede in der Zahl der Nachkommen der Spieler. Im indirekten evolutorischen Ansatz werden beide Gesichtspunkte kombiniert.

Wir werden im Folgenden den indirekt evolutorischen Ansatz auf das Problem der evolutorischen Entwicklung der Zielfunktion einer Unternehmung

anwenden.[42] Wir nehmen ein symmetrisches, homogenes Duopol an (für Einzelheiten zum Oligopolmodell siehe unsere Ausführungen in Abschnitt 2.4.1). Die Unternehmen seien durch ihre Kostenfunktion $C_i(x_i) := \frac{1}{2}cx_i^2$ ($c > 0$) charakterisiert, die inverse Nachfragefunktion werde als linear angenommen, sie ist explizit durch
$$p(x) := 1 - x$$
gegeben, wobei $x = x_1 + x_2$ die gesamte Marktabsatzmenge bezeichnet, x_i ($i = 1, 2$) bezeichne die Absatzmenge von Unternehmung i. Wir nehmen an, dass die Firmen weder reine Marktanteils- noch Gewinnmaximierer sind, sondern dass beide Kriterien in die Zielfunktion eingehen. Konkret setzen wir als Zielfunktion
$$Z_i(x_1, x_2) := \pi_i(x_1, x_2) + \beta_i x_i \qquad (\beta_i \geqq 0)$$
mit $\pi_i(x_1, x_2) := (1 - x_1 - x_2)x_i - \frac{1}{2}cx_i^2$. Der Parameter β_i repräsentiert die Stärke, mit der der eigene Absatz in die Zielgröße eingeht. Die Absatzmenge einer Unternehmung lässt Rückschlüsse auf die Marktmacht einer Unternehmung zu, die wiederum in die Beurteilung der Unternehmung bei Banken, Aktionären usw. eingeht. Daher scheint eine zusätzliche Beachtung der Absatzmenge – nicht nur des Gewinns – sinnvoll zu sein.

Wir gehen davon aus, dass eine Unternehmung diejenige Absatzmenge x_i^* wählt, die die Zielfunktion $Z_i(x_1, x_2)$ maximiert, wobei sie zunächst β_i als gegeben ansieht. Die Parameter β_i ändern sich nur langfristig. Konkret nehmen wir an, dass die β_i sich in einem evolutorischen Prozess verändern. Wir beschreiben das Ergebnis dieses evolutorischen Prozesses durch das bekannte ESS-Konzept.

Durch Maximierung von $Z_i(\cdot)$ nach x_i erhält man die optimalen Absatzmengen in Abhängigkeit von (β_1, β_2):

$$x_1^*(\beta_1, \beta_2) = \frac{1 + c + \beta_1(2 + c) - \beta_2}{(1 + c)(3 + c)}$$

$$x_2^*(\beta_1, \beta_2) = \frac{1 + c + \beta_2(2 + c) - \beta_1}{(1 + c)(3 + c)}$$

(x_1^*, x_2^*) ist ein eindeutiges Nash-Gleichgewicht, das wir in Abschnitt 2.4.1 als *Cournot-Lösung* bezeichnet haben. Um zu garantieren, dass diese Lösung sinnvoll ist, muss man verlangen, dass $\beta_1, \beta_2 \leqq \frac{1}{4}$ ist, denn dies impliziert $x_i^* \leqq \frac{1}{2}$ (und damit $p = 1 - x_1 - x_2 \geqq 0$.) Setzt man die $x_i^*(\cdot)$ in die Funktionen $\pi_i(\cdot)$ ein, so erhält man die Gewinnfunktionen $\pi_i(\beta_1^*, \beta_2^*)$ in Abhängigkeit von den Gewichten, mit denen die Absatzmengen in die Zielfunktion eingehen.

Die Parameter β_i, d. h. die Stärke der Berücksichtigung des Marktanteils in der Zielfunktion ändern sich langfristig. Es werden aber nur diejenigen β_i

---

[42] Die folgenden Ausführungen basieren auf einer Arbeit von Dufwenberg und Güth (1999).

langfristig überleben, die evolutorisch stabil sind, also eine ESS bilden. Kriterium für die evolutorische Stabilität ist der Firmen-Gewinn $\pi_i(\cdot)$. Wir betrachten nur symmetrische Gewichte (β, β). Die Bedingungen für ein evolutorisch stabiles Paar (β^*, β^*) lauten dann:

a) $\pi_i(\beta^*, \beta^*) \geqq \pi_i(\beta, \beta^*)$ für alle zulässigen β und
b) $\pi_i(\beta^*, \beta^*) = \pi_i(\beta, \beta^*) \Longrightarrow \pi_i(\beta^*, \beta) > \pi_i(\beta, \beta)$

Im vorliegenden Fall müssen wir nur Fall a) betrachten, da β^* eindeutig beste Antwort auf (β^*, β^*) ist. Aus

$$\frac{\partial \pi_i(\beta_i, \beta_j)}{\partial \beta_i} = 0$$

erhalten wir (mit $\beta_i = \beta_j$):

$$\beta^* = \frac{1}{5 + 5c + c^2} \tag{6.19}$$

Da sich langfristig ein $\beta^* \neq 0$ einstellen wird, hat man eine auf evolutorischen Argumenten basierende Rechtfertigung für die Berücksichtigung des Marktanteils als Zielgröße einer Firma. Die Stärke, mit der die Absatzmenge in die Zielfunktion eingeht, hängt von dem Parameter c der Kostenfunktion ab. Je größer c wird, desto stärker wird der Gewinn in der Zielfunktion berücksichtigt. Dies ist intuitiv plausibel, da ein höheres c die variablen Kosten der Absatzmenge erhöht und damit als Ausgleich für den reduzierten Gewinn eine stärkere Berücksichtigung des Gewinnmotivs erforderlich macht. Das Beispiel verdeutlicht, wie die Zielgröße $Z_i(x_1, x_2)$ eines Spielers i vom Maß seines reproduktiven Erfolgs $(\pi_i(x_1, x_2))$ abweichen kann. Es mag überraschen, dass in der evolutionär stabilen Lösung β^* durch $x_i^*(\beta^*, \beta^*)$ nicht der Gewinn $\pi_i(\cdot)$ maximiert wird (no survival of the fittest). Der Grund hierfür ist, dass Spieler i mit β_i nicht nur sein eigenes Verhalten, sondern via $x_j^*(\beta_i, \beta^*)$ für $j \neq i$ auch das Verhalten seines Gegenspielers j beeinflussen wird. Im nächsten Abschnitt soll dieser Aspekt ganz allgemein untersucht werden.

Wir haben auch an diesem Beispiel gesehen, dass evolutorische Überlegungen (hier: das ESS-Konzept) sinnvoll eingesetzt werden können, um langfristige Anpassungen von Gleichgewichtslösungen in ökonomischen Modellen zu beschreiben. Dies belegt ein weiteres Mal, dass die evolutorische Spieltheorie neue Methoden der Modellierung und der formalen Argumentation hervorgebracht hat, die einen wesentlich weiteren Anwendungsbereich haben als die Beschreibung der Entwicklung der Strategiewahl in biologischen Populationen.

Wer wird überleben?

Allgemein wird die Darwinistische Theorie dahingehend interpretiert, dass nur der Genotyp in einer Population überleben wird, der an seine Umgebung optimal angepasst ist (survival of the fittest). Für ein Unternehmen sollte das bedeuten, dass es bei gegebenen Marktbedingungen im Sinne seines reproduktiven Erfolgsmaßes optimal auf das Verhalten seiner Konkurrenten reagiert. Wir haben jedoch im vorhergehenden Abschnitt gesehen, dass im evolutionär stabilen β^*-Zustand beide Firmen mit ihrer Mengenentscheidung $x_i^*(\beta^*,\beta^*)$ nicht gewinnmaximal an die Mengenentscheidung $x_j^*(\beta^*,\beta^*)$ ihres Konkurrenten $j(\neq i)$ angepasst sind.[43]

Nun wird das Argument des survival of the fittest in den Sozialwissenschaften häufig zur Rechtfertigung der Rationalitätsannahme verwendet, obwohl unser Beispiel verdeutlicht, dass Evolution nicht notwendig gewinnmaximierende Anpassung impliziert. Es ist daher wichtig zu eruieren, unter welchen Bedingungen mit survival of the fittest zu rechnen ist und wann nicht. Wir können dies durch eine recht informative Aussage klären, deren wesentliche Einschränkung nur darin besteht, dass wir sowohl bei der Ableitung der subjektiven Optimierung (im Beispiel bei der Ableitung von $x_i^*(\beta_1,\beta_2)$ für $i=1,2$) als auch bei der Bestimmung des evolutionär stabilen Monomorphismus (der Bestimmung von β^* im Beispiel) Differenzierbarkeit und lokale Maxima voraussetzen.[44]

Wir betrachten 2-Personen-Spiele G, mit Strategiemengen $\Sigma \subset \mathbb{R}$, die abgeschlossene, nicht-leere Intervalle sind. Die Menge B_T beschreibt den Raum der möglichen Typen β_i. Auch B_T sei als abgeschlossenes, nicht-leeres Intervall in $\mathbb{R}$ angenommen. B_T enthalte außerdem $\beta_i = 0$ als inneren Punkt. Wie in unserem Beispiel im vorhergehenden Abschnitt gehen wir hier davon aus, dass im Fall $\beta_i = 0$ die individuelle Zielgröße $(Z_i(\cdot))$ und das reproduktive Erfolgsmaß $(\pi_i(\cdot))$ übereinstimmen, d. h. survival of the fittest erfordert die $\beta_i = 0$-optimale Anpassung. Für jedes Paar $(\beta_1,\beta_2) \in B^2$ wird durch

$$G_{(\beta_1,\beta_2)} = \{\Sigma; H_1(\cdot), H_2(\cdot), \{1,2\}\}$$

mit

$$H_2(\sigma_1,\sigma_2,\beta_1,\beta_2) = H_1(\sigma_2,\sigma_1,\beta_2,\beta_1)$$

ein symmetrisches 2-Personen-Spiel definiert.[45] $H_1(\cdot)$ wird als 3-mal stetig differenzierbar und konkav in σ_1 angenommen. Für die Determinante der Hesse-Matrix gelte

---

[43] In der β^*-monomorphen Population verkauft Anbieter i die Menge $x_i^*(\beta^*,\beta^*) = (1+\beta^*)/(3+c)$. Da die gewinnmaximale Anpassung durch $x_i(x_j) = (1-x_j)/(2+c)$ bestimmt ist, erfordert ein am reproduktiven Erfolgsmaß „Gewinn" bestens angepasstes (fittest) Verhalten aber die Menge:

$$x_i(x_j^*(\beta^*,\beta^*)) = \frac{2+c-\beta^*}{(2+c)(3+c)}$$

Die Gleichheit der Mengen kann nur für $\beta^* = 0$ gelten. Wegen $\beta^* > 0$ wird daher im evolutionär stabilen β^*-Monomorphismus mehr verkauft, als es der besten Anpassung gemäß dem reproduktiven Erfolg entspricht.

[44] Die Analyse orientiert sich an einer Arbeit von Güth und Peleg (1997).
[45] Die Auszahlungsfunktionen $H_i(\cdot)$ sind Funktionen mit $H_i : \Sigma^2 \times \mathbb{R}^2 \to \mathbb{R}$.

$$\begin{vmatrix} \frac{\partial^2 H_1}{\partial \sigma_1^2} & \frac{\partial^2 H_1}{\partial \sigma_1 \partial \sigma_2} \\ \frac{\partial^2 H_1}{\partial \sigma_1 \partial \sigma_2} & \frac{\partial^2 H_1}{\partial \sigma_2^2} \end{vmatrix} \neq 0$$

für alle $\sigma_1, \sigma_2 \in Int(\Sigma)$ und $\beta_1, \beta_2 \in Int(B_T)$. Um Gleichgewichtsauswahl und Randlösungen zu vermeiden, sei ferner angenommen, dass kein Spiel $G_{(\beta_1,\beta_2)}$ mit $\beta_1, \beta_2 \in B$ über multiple Gleichgewichte verfügt und dass die Gleichgewichte $(\sigma_1^*(\beta_1,\beta_2), \sigma_2^*(\beta_1,\beta_2))$ der Spiele $G_{(\beta_1,\beta_2)}$ im Inneren von Σ (für alle $\beta_1, \beta_2 \in B_T$) liegen.

Satz 6.15. *Unter obigen Annahmen hat das Spiel $G_{(\beta_1,\beta_2)}$ für alle $\beta_1, \beta_2 \in B_T$ ein eindeutiges symmetrisches Gleichgewicht $(\sigma_1^*(\beta_1,\beta_2), \sigma_2^*(\beta_1,\beta_2))$ mit der Eigenschaft*

$$\sigma_1^*(\beta_1,\beta_2) = \sigma_2^*(\beta_2,\beta_1),$$

dessen Strategien zweimal stetig differenzierbar in β_1 und β_2 (in $Int(B_T)$) sind.

Beweis: Siehe Güth und Peleg (1997).

Mit Hilfe dieses Ergebnisses können wir nun eindeutig ein so genanntes symmetrisches *Evolutionsspiel* definieren.

Definition 6.16. *Ein Evolutionsspiel G_e ist ein symmetrisches 2-Personen-Normalformspiel*

$$G_e = \{B_T, R_1(\cdot), R_2(\cdot), \{1,2\}\}$$

mit

$$R_1(\beta_1,\beta_2) = R_2(\beta_2,\beta_1) = H_1(\sigma_1^*(\beta_1,\beta_2), \sigma_2^*(\beta_1,\beta_2), 0, 0),$$

wobei $H_1(\cdot)$ die Auszahlungsfunktion von Spiel $G_{(\beta_1,\beta_2)}$ ist.[46]

Eine evolutionär stabile Strategie wird durch ein symmetrisches Gleichgewicht (β_1^*, β_2^*) von G_e bestimmt. Das heißt, wir bestimmen β^* aus der notwendigen Maximierungsbedingung

$$\frac{\partial R_1(\beta^*, \beta^*)}{\partial \beta_1} = 0 \tag{6.20}$$

von R_1. Gleichung (6.20) ist äquivalent zu:

$$\frac{\partial H_1(\sigma_1^*(\beta^*,\beta^*), \sigma_2^*(\beta^*,\beta^*), \beta^*, \beta^*)}{\partial \sigma_1} \frac{\partial \sigma_1^*(\beta^*,\beta^*)}{\partial \beta_1}$$
$$+ \frac{\partial H_1(\sigma_1^*(\beta^*,\beta^*), \sigma_2^*(\beta^*,\beta^*), \beta^*, \beta^*)}{\partial \sigma_2} \frac{\partial \sigma_2^*(\beta^*,\beta^*)}{\partial \beta_2}$$
$$+ \frac{\partial H_1(\sigma_1^*(\beta^*,\beta^*), \sigma_2^*(\beta^*,\beta^*), \beta^*, \beta^*)}{\partial \beta_1} = 0 \tag{6.21}$$

Da wir an den Bedingungen für survival of the fittest interessiert sind, stellt sich die Frage, unter welchen Voraussetzungen die Bedingung (6.21) für $\beta^* = 0$ erfüllt ist. Nun gilt für $\beta^* = 0$ offenbar

---

[46] Wie im obigen Beispiel unterscheiden wir wieder zwischen reproduktivem Erfolg $R_i(\cdot)$, der nicht direkt von β_i abhängig ist, sondern nur via $s_i^*(\beta_1,\beta_2)$, und subjektivem Ziel $H_i(\cdot)$, in das β_i direkt eingeht.

$$\frac{\partial H_1\left(\sigma_1^*(0,0),\sigma_2^*(0,0),0,0\right)}{\partial \sigma_1} = 0,$$

da $(\sigma_1^*(0,0),\sigma_2^*(0,0))$ ein durch lokale Optimierung bestimmtes Gleichgewicht von $G_{0,0}$ ist. Natürlich gilt wegen der (direkten) Unabhängigkeit von $R_i(\cdot)$ von β_i auch:

$$\frac{\partial H_1\left(\sigma_1^*(0,0),\sigma_2^*(0,0),0,0\right)}{\partial \beta_1} = 0$$

Damit vereinfacht sich die Bedingung (6.21) zu:

$$\frac{\partial H_1\left(\sigma_1^*(0,0),\sigma_2^*(0,0),0,0\right)}{\partial \sigma_2} \cdot \frac{\partial \sigma_2^*(0,0)}{\partial \beta_1} = 0$$

Also ist die folgende Behauptung bewiesen.

Satz 6.17. *Unter den obigen Annahmen, die generell lokale Optimalitätseigenschaften garantieren, folgt survival of the fittest, sofern*

a) $\dfrac{\partial H_1(\sigma_1^*(0,0),\sigma_2^*(0,0),0,0)}{\partial \sigma_2} = 0$ *oder*

b) $\dfrac{\partial \sigma_2^*(0,0)}{\partial \beta_1} = 0$

ist.

Gemäß Bedingung a) in Satz 6.17 würde der Gewinn von Spieler 1 nicht auf Strategieänderungen von Spieler 2 reagieren. Für Märkte wäre dies die Situation atomistischer Konkurrenz, auf denen der Erfolg eines Marktteilnehmers nicht vom Verhalten eines einzelnen anderen Marktteilnehmers abhängt. Für solche Märkte beweist Bedingung a) die Vermutung, dass nur Gewinnmaximierer bzw. nur der Gewinn maximierende Unternehmenstyp $\beta_i = 0$ langfristig überleben kann.

Gemäß Bedingung b) von Satz 6.17 werden auch dann nur gewinnmaximierende Unternehmer überleben, wenn der andere nicht auf eigene Typ- bzw. β_1-Änderungen reagiert. Wenn also Spieler 1 mit seinem Typ β_1 von $\beta_1^* = 0$ abweicht, so soll Spieler 2 gemäß Bedingung b) sein Verhalten nicht ändern. In den meisten Anwendungen indirekter Evolution wurde daraus gefolgert, dass mit survival of the fittest zu rechnen sei, wenn für $i = 1,2$ der Wert β_i private Information des Spielers i ist (da $j \neq i$ den Wert β_i nicht kennt, kann er auch nicht auf Veränderungen von β_i reagieren). Güth und Peleg (1997) bestätigen dies explizit, indem sie auch eine analoge Analyse für die Situation privater Information (im Sinne Bayesianischer Spieler) durchführen.

Wir fassen noch einmal die wichtigsten Schlussfolgerungen dieses Abschnitts zusammen:

- Mit survival of the fittest, d. h. auf Märkten mit Gewinnmaximierung, ist dann zu rechnen, wenn der Markt entweder atomistisch strukturiert ist (und damit Bedingung a) erfüllt) oder wenn die Marktteilnehmer nicht auf subjektive Zieländerungen anderer reagieren (und damit Bedingung b) erfüllen), was insbesondere zutrifft, wenn die subjektiven Ziele private Information sind.

- Sind die Bedingungen a) und b) nicht erfüllt, so führen im Allgemeinen eigene Zieländerungen zu Reaktionen der Mitspieler und damit zu Veränderungen des eigenen reproduktiven Erfolgs. Es kommt dann typischerweise (vgl. auch das Beispiel im vorhergehenden Abschnitt) nicht zum survival of the fittest, d. h. für Märkte nicht zu gewinnmaximierenden Unternehmenstypen.

Man kann daher nicht unqualifiziert Rationalverhalten darwinistisch mit dem Argument rechtfertigen, dass langfristig nicht optimal angepasste Spieler- oder Unternehmenstypen verdrängt werden. Unsere Analyse hat gezeigt, dass es hierfür Bedingungskonstellationen gibt, die aber recht speziell sind wie die Annahme atomistisch strukturierter Märkte und die völlige Unkenntnis anderer über die eigenen Ziele.[47]

6.6 Mutation und Selektion

Wir haben in Abschnitt 6.4 gesehen, dass eine Lösung des Gleichgewichtsauswahlproblems zumindest in einfachen symmetrischen 2×2-Spielen durch die Formulierung von geeigneten evolutorisch motivierten Strategieanpassungsprozessen in einer gegebenen Population möglich ist. Dort wurde u. a. gezeigt, dass man in einfachen, symmetrischen Koordinationsspielen prognostizieren kann, welches Gleichgewicht – von einer gegebenen Strategie-Anfangsverteilung startend – erreicht werden wird, wenn die Strategieanpassung in einer Population nach der Replikatordynamik erfolgt. Die Diskussion des Gleichgewichtsauswahlproblems durch evolutorisch motivierte Strategieanpassungsprozesse wurde in den neunziger Jahren durch die Arbeiten von Kandori, Mailath und Rob (1993), Samuelson (1991), Young (1993a) und anderen aufgegriffen und systematisch weiter entwickelt. Gegenwärtig haben sich ihre Ansätze weitgehend durchgesetzt. Trotz der Verschiedenheit dieser Ansätze im Detail, kann man doch eine weitgehend einheitliche Grundstruktur feststellen, die im Folgenden präziser dargestellt werden soll.

Wie kann man diese Struktur charakterisieren? Wir betrachten eine endliche Population von Spielern, die ihre Strategien von einer Periode zur nächsten ändern können. Diese Strategieanpassung erfolgt nach folgenden drei Prinzipien, die man als mögliche Aspekte *beschränkt rationalen Verhaltens* auffassen kann:

- *Inertia* (Trägheit) bezeichnet das Festhalten an einer einmal in der Vergangenheit gewählten Strategie, auch wenn dies gegenwärtig für einen Spieler nicht vorteilhaft ist.

---

[47] Zu indirekter Evolution, wenn die eigenen Ziele private Information, aber signalisierbar sind, vgl. Güth und Kliemt (1994), Güth und Kliemt (2000).

6.6 Mutation und Selektion

- *Myopia* (Kurzsichtigkeit) verlangt, dass die Spieler bei der Festlegung ihrer Strategie nur die jeweils folgende Periode betrachten, d. h. ihr Planungshorizont erstreckt sich nur auf die jeweils folgende Periode.

- *Mutation* hat verschiedene Aspekte: Wenn in einer Population einige Spieler im Rahmen eines biologischen Alterungsprozesses durch neue Spieler ersetzt werden, so kann sich eine Strategieverteilung in der Population spontan verändern. Es ist auch möglich, dass einzelne Spieler spontan ohne Rücksichtnahme auf ihre Auszahlungssituation ihre Strategie ändern. Dieses Verhalten könnte man auch als Experimentieren mit neuen Strategien interpretieren.

Das Mutationsprinzip spielt eine wesentliche Rolle bei den so genannten evolutorischen Algorithmen, die man sehr knapp als *naturanaloge Optimierungsverfahren* interpretieren kann, die bei der Lösung von komplexen Optimierungsproblemen Prinzipien der Evolution verwenden. Das Mutationsprinzip[48] ist sehr wichtig, da es verhindert, dass die Algorithmen in suboptimalen Lösungen stecken bleiben. Wir werden im Folgenden sehen, dass das Mutationsprinzip auch eine wichtige Rolle bei der Selektion von Gleichgewichten in Strategieanpassungsprozessen spielt.

Die oben beschriebenen Prinzipien beschränkt rationalen Verhaltens werden in den verschiedenen Modellansätzen unterschiedlich betont und kombiniert. Sie werden häufig als formale Präzisierung der Annahme beschränkt rationalen Verhaltens aufgefasst. Dieses Verhalten wiederum kann dadurch motiviert werden, dass Spieler in einer komplexen Umwelt nicht genügend Informationen (z. B. über die Charakteristika der Mitspieler) haben oder wegen beschränkter Berechnungskapazität zu viele Informationen nicht verarbeiten können. In diesem Fall ist es plausibel anzunehmen, dass sich die Spieler selbst nur zutrauen, die Reaktionen ihrer Mitspieler höchstens für die nächste Periode und nicht für die gesamte Lebenszeit zu antizipieren, oder dass die Spieler zunächst einmal eine in der Vergangenheit erfolgreiche Strategie beibehalten, bevor sie sich informiert genug fühlen, um die Strategie gegebenenfalls zu wechseln.

6.6.1 Das Grundmodell der evolutorischen Strategieanpassung

Wir betrachten eine *endliche Population* von Spielern

$$I = \{1, \ldots, n\}.$$

---

[48] Zum Teil wird hierbei natürlich gefordert (vgl. Kandori et al. 1993), dass jedes Mitglied der Population unabhängig mutieren kann, d. h. es wird nicht ausgeschlossen, dass (wenn auch mit sehr geringer Wahrscheinlichkeit) die gesamte Population mutiert. Zumindest für biologische Evolutionsprozesse erscheint dies unplausibel, für kulturelle Evolution ließen sich eher (experimentelle) Anhaltspunkte finden.

6 Evolutionäre Spieltheorie

Die Strategieanpassung der Spieler erfolgt in *diskreter Zeit*. In jeder Periode treffen jeweils zwei Spieler zufällig aufeinander, um ein symmetrisches $(m \times m)$-Spiel in Normalform zu spielen. Dieses Normalformspiel ist gegeben durch

$$G = \{\Sigma, H, I\}$$

mit

$$\Sigma = \{\sigma_1, \ldots, \sigma_m\}, \quad H : \Sigma \times \Sigma \longrightarrow \mathbb{R}.$$

Die Spieler wählen am Beginn einer Periode eine der Strategien in Σ, sie behalten diese Strategie während der gesamten Periode bei. Ein *Zustand* der Population in einer Periode beschreibt, wie viele Spieler in einer Periode eine gegebene Strategie $\sigma_i \in \Sigma$ wählen. Die Menge aller möglichen Zustände Z in der Population wird durch die Menge von Vektoren

$$Z := \{(z_1, \ldots, z_m) \mid z_i \in \{0, 1, \ldots, n\}, \sum_i z_i = n\}$$

beschrieben. Während einer Periode treffen die Spieler wiederholt jeweils zufällig paarweise zusammen, um das Normalformspiel G zu spielen. Damit nicht immer ein Spieler aus diesem Prozess ausgeschlossen ist, nehmen wir an, dass die Zahl aller Spieler n eine *gerade Zahl* ist.

Aus einem Zustand $z \in Z$ kann ein Spieler die empirische Strategieverteilung ableiten, der er sich gegenüber sieht, wenn er während der Periode an der Strategie σ_i festhält. Diese Verteilung ist definiert durch

$$\alpha(z, i) := (\alpha_1(z, i), \ldots, \alpha_m(z, i))$$

mit

$$\alpha_j(z, i) := \begin{cases} \frac{z_j}{n-1} & j \neq i \\ \frac{z_i - 1}{n-1} & j = i \end{cases}$$

Die Größe $\alpha_j(z, i)$ beschreibt also die Wahrscheinlichkeit, mit der ein Spieler, der Strategie σ_i wählt, auf einen Spieler, der Strategie σ_j wählt, trifft.

Wenn $\alpha(z, i)$ bekannt ist, kann ein Spieler, der während einer Periode σ_i wählt, die durchschnittliche Auszahlung jeder beliebigen Strategie $\sigma_k \in \Sigma$ während der Periode wie folgt berechnen:

$$\begin{aligned} u_i(k, z) &:= E_{\alpha(z,i)}(H(\sigma_k, \sigma_{-k})) \\ &= \frac{1}{n-1} \left(\sum_{j \neq i} z_j H(\sigma_k, \sigma_j) + (z_i - 1) H(\sigma_k, \sigma_i) \right) \end{aligned} \quad (6.22)$$

Die Größe $u_i(k, z)$ ist für einen Spieler, der σ_i wählt, relevant, um die Vorteilhaftigkeit einer individuellen Strategieänderung von σ_i auf σ_k zu beurteilen und damit die beste Antwort auf einen gegebenen Zustand z zu bestimmen.

Die Strategie mit der höchsten Auszahlung, also die Beste-Antwort-Strategie wird mit

$$\beta_i(z) := \{\sigma_k \in \Sigma \mid \forall j \in \{1, \ldots, m\} : u_i(k, z) \geqq u_i(j, z)\} \qquad (6.23)$$

bezeichnet. Die beste Antwort spielt zwar eine wichtige Rolle bei der Strategieanpassung eines Spielers, aber sie ist nicht das ausschließliche Kriterium. Präziser machen wir die folgende Annahme:

P.1 *Gegeben $z \in Z$, ein Spieler, der Strategie σ_i in Periode t gewählt hat, wählt in Periode $(t+1)$*
a) σ_i, wenn $\sigma_i \in \beta_i(z)$,
b) σ_k mit Wahrscheinlichkeit $\eta \in (0,1)$ und σ_i mit Wahrscheinlichkeit $(1-\eta)$, wenn $\sigma_k \in \beta_i(z)$ für $k \neq i$ und $\sigma_i \notin \beta_i(z)$.
c) Die Spieler wählen die Strategieanpassung unabhängig voneinander.

Annahme P.1 kann als Ausdruck von *Kurzsichtigkeit* und *Trägheit* der Spieler interpretiert werden. Da ein Spieler seine Strategiewahl nur für eine weitere Periode festlegt, handelt er myopisch. Er weist Trägheit in seiner Strategieanpassung auf, weil er eine in der Auszahlung bessere Strategie nicht sofort wählt, sondern mit Wahrscheinlichkeit $(1-\eta)$ seine in der Vorperiode gewählte Strategie beibehält.

Beispiel 6.4 Wir betrachten ein einfaches symmetrisches 2 × 2-Koordinationsspiel mit der Auszahlungstabelle

		Spieler 2	
		X	Y
Spieler 1	X	4, 4	0, 0
	Y	0, 0	2, 2

Die Populationsgröße ist $n = 4$. Elemente von Z sind 2-dimensionale Vektoren $z = (m_1, m_2)$ mit $m_i \in \{0, 1, 2, 3, 4\}$ und $m_1 + m_2 = 4$. Wir starten von einem Ausgangszustand $z^0 = (3, 1)$, in dem 3 Spieler Strategie X und 1 Spieler Strategie Y wählt. Dieser Zustand wird durch verschiedene Strategiekonfigurationen repräsentiert wie beispielsweise durch eine Konfiguration (X, X, Y, X), bei der Spieler 1, 2 und 4 die Strategie X wählen, während Spieler 3 die alternative Strategie Y wählt.

6 Evolutionäre Spieltheorie

Bei gegebenem Anfangszustand z^0 berechnet man die empirische Strategieverteilung wie folgt:[49]

$$\alpha(z^0, 1) = (\tfrac{2}{3}, \tfrac{1}{3})$$
$$\alpha(z^0, 2) = (1, 0)$$

Das heißt beispielsweise, dass ein Spieler von Strategie X mit Wahrscheinlichkeit $\tfrac{2}{3}$ auf einen Spieler von X trifft, während für einen Spieler von Y diese Wahrscheinlichkeit 1 beträgt.
Die durchschnittlichen Auszahlungen berechnet man durch:

$$u_1(1, \alpha(z^0, 1)) = \tfrac{8}{3}$$
$$u_1(2, \alpha(z^0, 1)) = \tfrac{2}{3}$$
$$u_2(1, \alpha(z^0, 2)) = 4$$
$$u_2(2, \alpha(z^0, 2)) = 0$$

Als beste Antworten hat man daher $\beta_1(z^0) = X$ und $\beta_2(z^0) = X$, denn für einen Spieler, der Y spielt, ist es besser, nach X zu wechseln, während die Spieler, die X wählen, ihre erwarteten Auszahlungen durch einen Strategiewechsel nicht erhöhen können. Es ist also nur ein Zustandsübergang von z^0 nach $z^1 = (4,0)$ möglich. Da jeder Spieler (unabhängig vom anderen) nur mit Wahrscheinlichkeit η seine Beste-Antwort-Strategie wählt (gemäß P.1), findet ein Zustandsübergang nach z^1 nur mit Wahrscheinlichkeit η statt. Präziser kann man formulieren:

Der Zustand z^0 geht mit Wahrscheinlichkeit η in $z^1 = (4,0)$, mit der Gegenwahrscheinlichkeit in $z^1 = (3,1)$ über.

Bisher haben wir Trägheit und Kurzsichtigkeit als konstitutive Elemente eines evolutorischen Strategieanpassungsprozesses modelliert. Wir nennen dies den *Selektionsaspekt* der Strategieanpassung. Es bleibt der Aspekt der *Mutation*, der Gegenstand der folgenden Annahme ist.

P.2 *Nachdem der Selektionsprozess in einer Periode beendet ist, kann jeder Spieler (unabhängig voneinander) mit Wahrscheinlichkeit*

$$m_j \varepsilon > 0, \quad (m_j \varepsilon \in (0,1), \ \sum_j m_j = 1)$$

zur Strategie σ_j mutieren.

Diese Mutationen können beispielsweise durch das Verändern von Verhaltensweisen von Spielern in der Population erklärt werden, die zunächst ihre Umwelt nicht kennen und daher mit einer beliebigen Strategie beginnen. Oder

---
[49] Um im Einklang mit den allgemeinen Bezeichnungen dieses Abschnitts zu bleiben, wird X (bzw. Y) auch als „Strategie 1" (bzw. „Strategie 2") bezeichnet.

man kann sich vorstellen, dass beschränkt rationale Spieler z. B. wegen Informationsmangel sich ihrer Entscheidung (beste Antwort) nicht sicher sind, und daher mit anderen Strategien experimentieren. Typischerweise wird angenommen, dass die so genannte Mutationsrate ε numerisch sehr klein ist.

6.6.2 Dynamik der Strategiewahl

Die Überlegungen im vorhergehenden Abschnitt zeigen, dass die Zustände der Population $\{z^t\}_t$ einen stochastischen Prozess bilden. Da wegen P.1 und P.2 die Wahrscheinlichkeit des Übergangs eines Zustands in einen neuen Zustand nur vom gegenwärtigen Zustand abhängt, liegt hier eine *Markov-Kette* vor (zu diesem Konzept siehe Anhang I), durch den der Prozess der Evolution der Zustände in der Population beschrieben werden kann. Eine Markov-Kette ist fast vollständig durch die Übergangswahrscheinlichkeiten charakterisiert, die beschreiben, mit welcher Wahrscheinlichkeit ein Zustand z nach einer Periode in einen neuen Zustand z' übergeht. Die Übergangsmatrix der Markov-Kette der Strategieverteilungen ist gegeben durch

$$\Gamma(\varepsilon) = \{\gamma^\varepsilon_{zz'}\}_{z,z' \in Z}$$

mit

$$\gamma^\varepsilon_{zz'} := \sum_{z'' \in Z} p_{zz''} q^\varepsilon_{z''z'}.$$

Dabei bezeichnet $p_{zz''}$ die Übergangswahrscheinlichkeit, die aus dem Selektionsprozess resultiert und $q^\varepsilon_{z''z'}$ bezeichnet die Übergangswahrscheinlichkeit, die aus dem Mutationsprozess resultiert. Um den Übergang von einem Zustand z in einen Zustand z' zu beschreiben, betrachtet man zunächst die Wirkung des Selektionsmechanismus von z in alle Zustände $z'' \in Z$. Dabei werden i. d. R. nicht alle Zustände z'' durch den Selektionsprozess mit positiver Wahrscheinlichkeit erreicht werden. Von z'' ausgehend wirkt der Mutationsprozess, so dass z' mit Wahrscheinlichkeit $q^\varepsilon_{z''z'}$ erreicht wird. Der Selektionsprozess alleine hat als absorbierende Zustände die Nash-Gleichgewichte des zugrunde liegenden $m \times m$-Spiels. Ein absorbierender Zustand z der Selektionsdynamik ist dadurch charakterisiert, dass für alle Zustände $z' \neq z$ $p_{zz'} = 0$ gilt. Nur durch Mutation in der Strategiewahl kann die Population selbst solche absorbierenden Zuständen wieder verlassen. Die Mutationsrate ε wird zwar als sehr klein aber positiv angenommen. Damit gilt für die Übergangswahrscheinlichkeiten, die aus dem Mutationsprozess resultieren:

$$\forall z, z' \in Z: \quad q^\varepsilon_{zz'} > 0$$

Man kann die Übergangswahrscheinlichkeiten explizit wie folgt angeben:

$$q^\varepsilon_{zz'} = \text{Prob}\{z'|z\}$$
$$= \text{Prob}\left\{z'_1 = z_1 + \sum_{j \neq 1}(x_{j1} - x_{1j}), \ldots, z'_m = z_m + \sum_{j \neq m}(x_{jm} - x_{mj})\right\}$$

6 Evolutionäre Spieltheorie

Die x_{ij} sind binomialverteilte Zufallsvariablen $B(z_i, m_j\varepsilon)$, welche die Anzahl der Spieler bezeichnen, die von σ_i nach σ_j mutieren. So berechnet man beispielsweise die Anzahl der Spieler, die im Zustand z' Strategie σ_i wählen, indem man von z_i ausgehend die Anzahl der Mutanten, die vorher irgendeine andere Strategie σ_j spielten, hinzu addiert und die Anzahl der Spieler, die von σ_i zu einer anderen Strategie σ_j mutieren, subtrahiert. Da die Mutationen unabhängig voneinander erfolgen, kann die Wahrscheinlichkeit des Mutierens von einer Strategie σ_j zu σ_i durch eine Binomialverteilung beschrieben werden mit den Parametern $(z_j, m_i\varepsilon)$. Denn z_j ist die Zahl aller Spieler, die σ_j wählen, und mit Wahrscheinlichkeit $m_i\varepsilon$ wechseln die Spieler nach σ_i. Wegen der Unabhängigkeit der Mutationen können wir weiter spezifizieren:

$$q^\varepsilon_{zz'} = \mathrm{Prob}\left\{\sum_{j\neq 1}(x_{j1} - x_{1j}) = z'_1 - z_1\right\}\cdot\ldots$$

$$\ldots\cdot\mathrm{Prob}\left\{\sum_{j\neq m}(x_{jm} - x_{mj}) = z'_m - z_m\right\} \quad (6.24)$$

Man kann zeigen, dass man die Übergangswahrscheinlichkeiten $q^\varepsilon_{zz'}$ und $\gamma^\varepsilon_{zz'}$ als Polynome in ε auffassen kann. Anstelle einer formal allgemeinen Ableitung wollen wir die Überlegungen anhand der Daten von Beispiel 6.4 illustrieren.

Beispiel 6.5 (Fortsetzung von Beispiel 6.4) Wir betrachten nun den Zustand $z = (3,1)$ und wollen die Übergangswahrscheinlichkeit $q^\varepsilon_{zz'}$ in den Zustand $z' = (2,2)$ bestimmen.
Gemäß Gleichung (6.24) kann die Übergangwahrscheinlichkeit $q^\varepsilon_{zz'}$ wie folgt geschrieben werden:

$$q^\varepsilon_{zz'} = \mathrm{Prob}\{x_{21} - x_{12} = -1\}\cdot\mathrm{Prob}\{x_{12} - x_{21} = 1\}$$

Offenbar gilt

$\mathrm{Prob}\{x_{21} - x_{12} = -1\} =$
  $\mathrm{Prob}\{x_{21} = 1\}\cdot\mathrm{Prob}\{x_{12} = 2\} + \mathrm{Prob}\{x_{21} = 0\}\cdot\mathrm{Prob}\{x_{12} = 1\} =$
  $\varepsilon m_1 \binom{3}{2}(\varepsilon m_2)^2(1 - m_2\varepsilon) + (1 - \varepsilon m_1)\binom{3}{1}\varepsilon m_2(1 - m_2\varepsilon)^2$

und

$\mathrm{Prob}\{x_{12} - x_{21} = 1\} =$
  $\mathrm{Prob}\{x_{12} = 1\}\cdot\mathrm{Prob}\{x_{21} = 0\} + \mathrm{Prob}\{x_{12} = 2\}\cdot\mathrm{Prob}\{x_{21} = 1\} =$
  $\binom{3}{1}m_2\varepsilon(1 - m_2\varepsilon)^2(1 - m_1\varepsilon) + \binom{3}{2}(m_2\varepsilon)^2(1 - m_2\varepsilon)\varepsilon m_1.$

6.6 Mutation und Selektion

Durch Multiplikation der beiden Terme erhält man den endgültigen Ausdruck (ein Polynom achter Ordnung in ε) für die Übergangswahrscheinlichkeit:

$$q^\varepsilon_{zz'} = 9m_2^2\varepsilon^2 - \left[18m_1m_2^2 + 36m_2^3\right]\varepsilon^3 + \left[9m_1^2m_2^2 + 90m_1m_2^3 + 54m_2^4\right]\varepsilon^4$$
$$- \left[54m_1^2m_2^3 + 162m_1m_2^4 + 36m_2^5\right]\varepsilon^5 + \left[117m_1^2m_2^4 + 126m_1m_2^5\right.$$
$$\left. +9m_2^6\right]\varepsilon^6 - \left[108m_1^2m_2^5 + 36m_1m_2^6\right]\varepsilon^7 + 36m_1^2m_2^6\varepsilon^8$$

Mit diesen Vorüberlegungen können wir nun die gesamte Übergangswahrscheinlichkeit $\gamma^\varepsilon_{zz'}$ für $z = (3,1)$, $z' = (2,2)$ bestimmen. Da von z aus nur die Zustände $z'' = (4,0)$ und $z = (3,1)$ mit positiver Wahrscheinlichkeit durch den Selektionsprozess erreicht werden (siehe Beispiel 6.4), kann die gesamte Übergangswahrscheinlichkeit $\gamma^\varepsilon_{zz'}$ wie folgt bestimmt werden:

$$\gamma^\varepsilon_{zz'} = p_{zz}q^\varepsilon_{zz'} + p_{zz''}q^\varepsilon_{z''z'}$$

Bis auf die Übergangswahrscheinlichkeit $q^\varepsilon_{z''z'}$ sind alle anderen Übergangswahrscheinlichkeiten bereits berechnet worden. Nach einigen zusätzlichen Berechnungen erhält man:

$$q^\varepsilon_{z''z'} = 36m_2^2\varepsilon^4 - 144m_2^5\varepsilon^5 + 216m_2^6\varepsilon^6 - 144m_2^7\varepsilon^7 + 36m_2^8\varepsilon^8$$

Setzt man die entsprechenden Werte für die Übergangswahrscheinlichkeiten ein, erhält man den endgültigen Ausdruck

$$\gamma^\varepsilon_{zz'} = \varepsilon^2 9m_2(1-\eta) - \varepsilon^3 \left[18m_1m_2^2(1-\eta) + 36(1-\eta)m_2^3\right]$$
$$+\varepsilon^4 \left[36\eta m_2^2 + 9m_1^2m_2^2(1-\eta) + 90m_1m_2^3(1-\eta) + 54m_2^4(1-\eta)\right]$$
$$-\varepsilon^5 \left[54m_1^2m_2^3(1-\eta) + 162m_1m_2^4(1-\eta) + 36m_2^5 - 108\eta m_2^5\right]$$
$$+\varepsilon^6 \left[216\eta m_2^2 + 117m_1^2m_2^4(1-\eta) + 126m_1m_2^5(1-\eta) + 9m_2^6(1-\eta)\right]$$
$$-\varepsilon^7 \left[108m_1^2m_2^5(1-\eta) + 36m_1m_2^6(1-\eta) + 144\eta m_2^7\right]$$
$$+\varepsilon^8 \left[36m_1^2m_2^6(1-\eta)36\eta m_2^8\right] .$$

Es ist leicht zu sehen, dass sich eine Analyse des Verhaltens der Übergangswahrscheinlichkeiten nicht auf eine explizite Darstellung dieser Ausdrücke stützen kann, denn selbst in unserem einfachen Beispiel (kleine Populationen, kleine Strategiemengen) werden die Ausdrücke für die Übergangswahrscheinlichkeiten schon sehr bald unübersichtlich. Daher wird sich die folgende Analyse auf allgemeine Strukturaussagen der Übergangswahrscheinlichkeiten stützen.

Mit der Annahme einer positiven Mutationsrate ($\varepsilon > 0$) hat die Markov-Kette $\{z^t\}_t$, die die stochastische Evolution der Zustände in der Population beschreibt, eine strikt positive[50] Übergangsmatrix $\Gamma(\varepsilon)$. Angenommen, die Population startet mit einer Anfangsverteilung z^0, welche Zustände werden nach t Perioden angenommen? Bezeichne μ^0 die in z^0 degenerierte Wahrscheinlichkeit, d. h. die Verteilung auf Z, die mit Wahrscheinlichkeit 1 den Zustand z^0 auswählt, dann kann man aus der Theorie der Markov-Ketten die Wahrscheinlichkeiten, mit denen die Zustände $z \in Z$ in Periode t angenommen werden, durch die Beziehung

$$\mu^t(\varepsilon) = \mu^0(\Gamma(\varepsilon))^t$$

berechnen. Die Positivität der Übergangsmatrix sichert, dass die temporären Verteilungen $\mu^t(\varepsilon)$ gegen einen Grenzwert, die ergodische Verteilung der Markov-Kette (siehe Anhang I, Satz I.4), konvergieren.

Satz 6.18. *Gegeben sei $\Gamma(\varepsilon)$ mit $\varepsilon > 0$, dann existiert eine eindeutige, ergodische Verteilung $\mu^*(\varepsilon)$ mit der Eigenschaft*

$$\mu^*(\varepsilon) = \mu^*(\varepsilon)\Gamma(\varepsilon)$$

und

$$\forall \mu^0 \neq \mu^*(\varepsilon): \quad \mu^t(\varepsilon) := \mu^0(\Gamma(\varepsilon))^t \longrightarrow \mu^*(\varepsilon) \quad (t \longrightarrow \infty).$$

Die ergodische Verteilung $\mu^*(\varepsilon)$ beschreibt, wie häufig einzelne Zustände $z \in Z$, d. h. Strategieverteilungen in der Population zu beobachten sind, wenn der Strategieanpassungsprozess „genügend lange" gelaufen ist.

Alle diese Aussagen gelten für eine gegebene Mutationsrate ε. Es war die grundlegende Idee von Foster und Young (1990), diejenige Grenzverteilung zu betrachten, die man erhält, wenn ε gegen Null geht. Diese Idee wurde von vielen Autoren (z. B. Kandori et al. (1993), Samuelson (1991)) aufgegriffen und im Rahmen eines neuen, stochastischen Gleichgewichtskonzepts formalisiert.

Definition 6.19. *Die langfristige Grenzverteilung des Strategieanpassungsprozesses (gegeben durch die Übergangsmatrix $\Gamma(\varepsilon)$) ist gegeben durch:*

$$\mu^* = \lim_{\varepsilon \downarrow 0} \mu^*(\varepsilon)$$

Ist die Grenzverteilung in einem Zustand $z \in Z$ konzentriert, so würde sich der Strategieanpassungsprozess in einem einzigen Zustand stabilisieren, der dieser speziellen Strategiekonfigurationen entspricht. In vielen Fällen wird μ^* nicht auf einem einzigen Zustand sondern auf einer Teilmenge von Z konzentriert sein.

---

[50] Von jeder Strategie aus kann jeder Spieler zu jeder anderen Strategie mutieren (keine Adaption zu „nahen" Strategien) und damit die Population von jedem $z^t \in Z$ zu jedem anderen Zustand $z^{t+1} \in Z$. So ist z. B. für $m = 2$ ein Wechsel von $z^t = (n, 0)$ zu $z^{t+1} = (0, n)$ nicht ausgeschlossen. Diese Annahmen sind allenfalls für kulturell evolutorische Prozesse vertretbar.

Definition 6.20. *Gegeben sei die langfristige Grenzverteilung μ^* des Strategieanpassungsprozesses, dann ist die Menge der langfristigen Gleichgewichte gegeben durch:*

$$C^* := \{z \in Z \mid \mu_z^* > 0\}$$

Der Träger der langfristigen Gleichgewichtsverteilung gibt Auskunft über die Strategiekonfigurationen, die langfristig in einer Population gewählt werden, wenn die Mutationswahrscheinlichkeit vernachlässigbar klein ist. Die Elemente von C^* sind die zentralen Untersuchungsgegenstände, die Auskunft über das langfristige Verhalten der Strategiewahl in der Population geben. Was kann man über die Menge C^* aussagen? Gibt es allgemeine Strukturaussagen über C^*? Dies soll im folgenden Abschnitt untersucht werden.

6.6.3 Charakterisierung langfristiger Gleichgewichte

Ziel dieses Abschnitts ist es zu prüfen, ob die Elemente in C^* allgemein charakterisiert werden können, so dass man zumindest für spezielle Spiele die Strategieverteilungen angeben kann, die langfristig erreicht werden. Dazu führen wir zusätzliche Terminologie ein.

Definition 6.21. *Die Distanz zwischen zwei Zuständen $z, z' \in Z$ ist gegeben durch:*

$$d(z, z') := \frac{1}{2} \sum_i |z_i - z_i'|$$

Wir können die Distanz zwischen zwei Zuständen demnach als die minimale Zahl der Strategieänderungen auffassen, die notwendig sind, um von z nach z' zu gelangen. Zur Illustration betrachten wir – gegeben die Daten aus Beispiel 6.5 – zwei mögliche Zustände

$$z = (3, 1) \quad \text{und} \quad z' = (2, 2)$$

der Population. Der Abstand zwischen diesen beiden Zuständen ist $d(z, z') = 1$. Dies entspricht der Tatsache, dass wenigstens ein Spieler seine Strategiewahl ändern muss, um von z nach z' zu gelangen. Das wäre z. B. für die Strategietupel

$$\sigma = (\sigma_1, \sigma_1, \sigma_2, \sigma_1) \text{ und } \sigma' = (\sigma_1, \sigma_2, \sigma_2, \sigma_1)$$

gegeben, bei denen Spieler 2 alleine seine Strategie ändert. Man sieht leicht, dass weitere Änderungen von Strategiekonfigurationen wie z. B.

$$\sigma = (\sigma_1, \sigma_1, \sigma_2, \sigma_1) \text{ und } \sigma' = (\sigma_2, \sigma_2, \sigma_1, \sigma_1)$$

dieselbe Zustandsänderung von z nach z' generieren. Allerdings müssten hier 3 Spieler ihre Strategie wechseln.

Definition 6.22. *Die Kosten des Übergangs von z nach z' sind definiert durch*

$$c(z,z') := \min_{z'' \in b(z)} d(z'', z'),$$

wobei

$$b(z) := \{z'' \in Z \mid p_{zz''} > 0\}.$$

Die Elemente in $b(z)$ sind alle Zustände, die von z in einer Periode alleine durch den Selektionsprozess mit den Übergangswahrscheinlichkeiten $p_{zz''}$ erreicht werden (vgl. Beispiel 6.4). Damit bezeichnet $c(z, z')$ die minimale Zahl von Mutationen, durch die z' von z aus in einer Periode erreicht wird.

Betrachten wir zur Illustration wieder – mit den Daten von Beispiel 6.5 – den Zustand $z = (3,1)$. Offenbar gilt $b(z) = \{(4,0),(3,1)\}$, da es in z nur für einen Spieler, der σ_2 wählt, beste Antwort ist, von Strategie σ_2 auf σ_1 zu wechseln. Es gilt dann für $z' = (2,2)$:

$$c(z,z') = \min_{z'' \in b(z)} d(z'', z')$$
$$= \min\left\{\frac{1}{2}(|2-4|+|2-0|), \frac{1}{2}(|2-3|+|2-1|)\right\} = 1$$

Um in einer Periode von Zustand z in den Zustand z' zu gelangen, ist wenigstens eine Mutation nötig, da die Population zunächst mit positiver Wahrscheinlichkeit $(1-\eta)$ (mit der Restwahrscheinlichkeit η wird der Zustand $(4,0)$ realisiert) in den Zustand $z'' = (3,1)$ übergeht. Um von $z'' = (3,1)$ nach $z' = (2,2)$ zu gelangen, muss wenigstens ein Spieler seine Strategie von σ_1 zu σ_2 wechseln. Ginge z mit positiver Wahrscheinlichkeit in den Zustand $z'' = (4,0)$ über, so wären wenigstens zwei Mutationen nötig, um in den Zustand $z' = (2,2)$ zu gelangen. Die minimale Zahl der Mutationen von $(3,1)$ nach $(2,2)$ ist demnach gleich eins.

Im Folgenden wollen wir o. B. d. A. annehmen, dass sich die Übergangswahrscheinlichkeiten $\gamma^\varepsilon_{zz'}$ durch ein Polynom in ε allgemein durch

$$\gamma^\varepsilon_{zz'} = \sum_{k=0}^{n} r(k)_{zz'} \varepsilon^k$$

ausdrücken lassen, wobei $r(k)_{zz'}$ den k-ten Koeffizienten des (additiven Terms des) Polynoms mit dem Exponenten k bezeichnet. Der folgende Hilfssatz gibt Informationen über die Form der Koeffizienten des Polynoms. Hierbei bezeichnet $\mathcal{O}(x)$ eine Funktion, für die der Quotient $(\mathcal{O}(x)/x)$ für $x \downarrow 0$ nach oben beschränkt ist.

Lemma 6.23. *Es gilt:*

a) $r(k)_{zz'} = 0$ *für* $k < c(z,z')$ *und* $c(z,z') = \min\{k \mid r(k)_{zz'} > 0\}$

b) $\gamma^\varepsilon_{zz'} = \mathcal{O}\left(\varepsilon^{c(z,z')}\right)$

Beweisidee: Aussage a) folgt sofort aus der Definition von $c(\cdot)$ als minimale Zahl der Mutationen, um von z nach z' zu gelangen und der Unabhängigkeit der Mutationen zwischen den Spielern.

Aussage b) erhalten wir wie folgt:

$$\gamma^\varepsilon_{zz'} = r_{zz'}(c(z,z'))\varepsilon^{c(z,z')} + r_{zz'}(c(z,z')+1)\varepsilon^{c(z,z')+1} + \ldots \implies$$

$$\frac{\gamma^\varepsilon_{zz'}}{\varepsilon^{c(z,z')}} = r_{zz'}(c(z,z')) + r_{zz'}(c(z,z')+1)\varepsilon + \ldots \implies$$

$$\exists K > 0 : \frac{\gamma^\varepsilon_{zz'}}{\varepsilon^{c(z,z')}} \leq K \quad (\varepsilon \downarrow 0).$$

q. e. d.

Teil b) des Lemmas besagt mit anderen Worten, dass $c(z,z')$ auch als die Geschwindigkeitsrate interpretiert werden kann, mit der $\gamma^\varepsilon_{(\cdot)}$ gegen die Übergangswahrscheinlichkeit $p_{(\cdot)}$ aus dem Selektionsprozess konvergiert, wenn $\varepsilon \downarrow 0$.

Für die Charakterisierung der Grenzverteilung μ^* benötigen wir an zentraler Stelle ein Lemma von Freidlin und Wentzell (1984) über die explizite Darstellung von ergodischen Verteilungen von Markov-Ketten. Die Bedeutung dieses Lemmas geht weit über unsere spezielle Anwendung in der Evolutionären Spieltheorie hinaus. Zur Formulierung des Lemmas benötigt man einige Terminologie aus der Graphentheorie. Wir wollen uns hier auf die aller notwendigsten Konzepte beschränken.[51]

Definition 6.24. *Gegeben sei ein Zustand $\zeta \in Z$. Ein ζ-Baum ist ein gerichteter Graph auf Z derart, dass von jedem $\zeta' \neq \zeta$ aus ein einziger Pfad nach ζ existiert.*

Ein ζ-Baum enthält per Definition keine Zyklen, d. h. Pfade, die den gleichen Anfangs- und Endpunkt haben (siehe Definition I.10 in Abschnitt I.3 im Anhang).

Es bezeichne im Folgenden H_ζ die Menge aller ζ-Bäume. Ein einfaches Beispiel mit drei Zuständen $Z = \{z_1, z_2, z_3\}$ zeigt (Abb. 6.10), dass H_{z_1} beispielsweise aus drei gerichteten Graphen besteht.

Unpräzise gesprochen, besteht H_{z_i} aus allen möglichen Wegen, durch die man (unter Verwendung aller Zustände) in den Zustand z_i gelangt. Die Berücksichtigung aller solcher Wege zu einem gegeben Zustand ist im Rahmen der betrachteten Strategieanpassungsprozesse sinnvoll, da bei positiver Mutationswahrscheinlichkeit jeder Zustand auf jedem möglichen Weg mit positiver Wahrscheinlichkeit erreicht wird.

Mit Hilfe des Konzeptes eines ζ-Baums definieren wir nun die Größen

$$\forall \zeta \in Z : \quad \nu^\varepsilon_\zeta := \sum_{h \in H_\zeta} \prod_{(z,z') \in h} \gamma^\varepsilon_{zz'} \qquad (6.25)$$

---

[51] Eine präzisere Darstellung der Begriffe findet man in Anhang I.3.

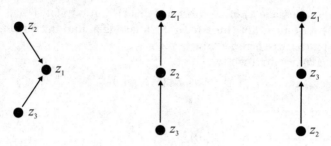

Abb. 6.10. Darstellung der gerichteten Graphen in H_{z_1}.

Dabei bezeichnet ein Element $h \in H_\zeta$ einen ζ-Baum, über dessen unmittelbar aufeinander folgenden Knoten $(z, z') \in h$ das Produkt der Übergangswahrscheinlichkeiten in (6.25) gebildet wird. Jedes Glied der Summe in ν_ζ^ε bezeichnet die Wahrscheinlichkeit eines speziellen Weges, auf dem man in den Zustand ζ gelangt. Der folgende Satz zeigt die Bedeutung der ν_ζ^ε bei der Bestimmung der stationären Verteilung einer Markov-Kette.

Lemma 6.25. *(Freidlin und Wentzell 1984) Gegeben sei eine Markov-Kette mit Übergangsmatrix* $\Gamma(\varepsilon) = \{\gamma_{zz'}^\varepsilon\}$, *die eine eindeutige ergodische Verteilung* $\mu^*(\varepsilon)$ *hat, dann gilt:*

$$\forall z \in Z: \quad \mu_z^*(\varepsilon) = \frac{\nu_z^\varepsilon}{\sum_{z' \in Z} \nu_{z'}^\varepsilon} \tag{6.26}$$

Angesichts dieses Lemmas ist die Strategie des weiteren Vorgehens vorgezeichnet: Offenbar sind auch die Terme ν_ζ^ε Polynome in ε. Um μ^* zu bestimmen, muss man nun gemäß der Relation (6.26) nur Zähler und Nenner des Quotienten von Polynomen in ε bestimmen, wenn ε gegen Null geht. Damit kann für jeden Zustand $z \in Z$ bestimmt werden, ob $\mu_z^* > 0$ oder $\mu_z^* = 0$ gilt, d. h. ob z ein langfristiges Gleichgewicht ist. Kandori und Rob (1995) reduzieren die Bestimmung der langfristigen Gleichgewichte $z \in C^*$, d. h. $\mu_z^* > 0$, auf die Lösung eines geeigneten Optimierungsproblems auf Graphen. Wir wollen dieses Ergebnis hier nur zitieren und durch ein einfaches Beispiel illustrieren.

Satz 6.26. $z \in C^* \iff z$ *ist Lösung des folgenden Optimierungsproblems:*

$$\min_{\zeta \in Z} \left(\min_{h \in H_\zeta} \sum_{(z,z') \in h} c(z, z') \right)$$

Es gibt viele Arbeiten in der *Unternehmensforschung*, in denen Algorithmen für die Lösung dieses Problems entwickelt werden. Sind die Mutationskosten für die Übergänge von jeweils zwei Zuständen bekannt, so kann das Problem der Bestimmung von langfristigen Gleichgewichten auf ein Optimierungsproblem auf Graphen reduziert werden. Es werden genau diejenigen Zustände

z^* als langfristige Gleichgewichte selektiert, die durch die geringste Zahl von Mutationen erreicht werden.

Beispiel 6.6 Wir gehen von den Daten von Beispiel 6.4 aus mit einer Ausnahme: Die Population bestehe der Einfachheit halber nur aus zwei Mitgliedern. Damit besteht Z nur aus den drei Zuständen $z_1 = (2,0), z_2 = (1,1), z_3 = (0,2)$. In den folgenden Abbildungen sind die Mengen der z-Bäume für alle Elemente in Z dargestellt.

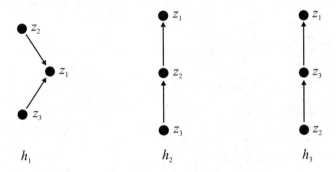

Abb. 6.11. Elemente $h \in H_{z_1}$

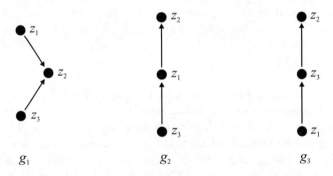

Abb. 6.12. Elemente $g \in H_{z_2}$

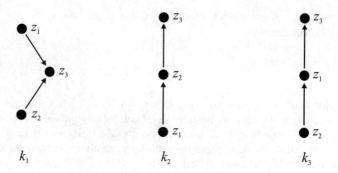

Abb. 6.13. Elemente $k \in H_{z_3}$

Als Kosten der z-Bäume berechnet man:

$$\left.\begin{array}{l} c(h_1) = c_{21} + c_{31} = 0 + 2 = 2 \\ c(h_2) = c_{32} + c_{21} = 1 + 0 = 1 \\ c(h_3) = c_{23} + c_{31} = 0 + 2 = 2 \end{array}\right\} \iff \min\{c(h_i)\}_{i=1}^3 = 1$$

$$\left.\begin{array}{l} c(g_1) = c_{32} + c_{12} = 1 + 1 = 2 \\ c(g_2) = c_{31} + c_{12} = 2 + 1 = 3 \\ c(g_3) = c_{13} + c_{32} = 2 + 1 = 3 \end{array}\right\} \iff \min\{c(g_i)\}_{i=1}^3 = 2$$

$$\left.\begin{array}{l} c(k_1) = c_{13} + c_{23} = 2 + 0 = 2 \\ c(k_2) = c_{12} + c_{23} = 1 + 0 = 1 \\ c(k_3) = c_{21} + c_{13} = 0 + 2 = 2 \end{array}\right\} \iff \min\{c(k_i)\}_{i=1}^3 = 1$$

Nach Satz 6.26 sind die langfristigen Gleichgewichte gegeben durch $C^* = \{z_1, z_3\}$, m.a.W. die langfristige Grenzverteilung μ^* nimmt nur auf den Strategiekonfigurationen (σ_1, σ_1) und (σ_2, σ_2) positive Werte an. Das heißt im langfristigen Gleichgewicht spielen die Spieler der Population eines der beiden Nash-Gleichgewichte in reinen Strategien des zugrunde liegenden Koordinationsspiels.

Unter dem Gesichtspunkt der Gleichgewichtsauswahl (in Koordinationsspielen) ist das Ergebnis des Beispiels nicht sehr ermutigend, denn im langfristigen Gleichgewicht wird nicht zwischen den beiden Nash-Gleichgewichten (σ_1, σ_1) und (σ_2, σ_2) diskriminiert. Kandori und Rob haben gezeigt, dass dieses Ergebnis allerdings auf der geringen Zahl der Populationsmitglieder, wie sie im Beispiel angenommen wurde, basiert. Allgemein gilt für 2×2-Koordinationsspiele des von uns betrachteten Typs.

Satz 6.27. *(Kandori und Rob 1995) Gegeben sei ein symmetrisches 2×2-Koordinationsspiel mit den Eigenschaften $H(\sigma_1, \sigma_2) = H(\sigma_2, \sigma_1) = 0$, $H(\sigma_1, \sigma_1) < H(\sigma_2, \sigma_2)$ und*

$$\frac{H(\sigma_2, \sigma_2)}{H(\sigma_1, \sigma_1) + H(\sigma_2, \sigma_2)} \geq \frac{1}{n-1} \tag{6.27}$$

dann ist $z^* = (0, n)$ *das einzige langfristige Gleichgewicht.*

Der Satz enthält eine hinreichende Bedingung dafür, dass das Pareto-dominante Nash-Gleichgewicht gewählt wird. Denn im Zustand $z^* = (0, n)$ wählen alle Spieler Strategie σ_2, die wegen der Annahmen an die Auszahlungsfunktion $H(\cdot)$ als Pareto-dominant definiert wurde. Mit dem Ergebnis des Satzes hat das Gleichgewichtsauswahlproblems in einem einfachen Koordinationsspiel eine befriedigende Lösung erreicht. Unabhängig vom Anfangszustand z^0 landet die Population langfristig in der Pareto-dominanten Strategiekonfiguration.[52]

Eine hinreichende Bedingung für dieses Resultat ist Ungleichung 6.27, in der die Gesamtzahl der Mitglieder einer Population eine kritische Rolle spielt. In unserem Beispiel wurde $n = 2$ angenommen. Damit kann Bedingung (6.27) nicht erfüllt werden, denn die linke Seite von (6.27) ist kleiner als 1. Zum Abschluss sei erwähnt, dass der Satz von Kandori und Rob nicht nur für 2×2-Spiele sondern für allgemeinere Spiele gilt. Eine vollständige Lösung des Gleichgewichtsauswahlproblems für alle Spiele durch Betrachtung eines stochastischen Adaptionsprozesses, basierend auf den Prinzipien der Selektion und Mutation, über den hier dargestellten Ansatz hinaus ist gegenwärtig noch nicht bekannt.

---

[52] In symmetrischen Koordinationsspielen der in Satz 6.27 unterstellten Form stimmt natürlich Risikodominanz mit Pareto-Dominanz überein. Welches Prinzip wirklich für die Auswahl des Gewinners im evolutorischen Wettbewerb verantwortlich ist, ließe sich nur durch Aussagen über Klassen von Spielen entscheiden, in denen beide Prinzipien auch verschiedene Vorhersagen implizieren können.

7
Wiederholte Spiele

In Kap. 2 haben wir Spiele in Normalform betrachtet. In einem Spiel in Normalform entscheiden sich alle Spieler simultan für eine bestimmte (reine oder gemischte) Strategie, die im einfachsten Fall aus der Wahl einer einzigen Aktion besteht. Das Aufeinandertreffen der von den Spielern gewählten Strategien führt zu einem bestimmten Spielergebnis, das von den Spielern anhand ihrer Auszahlungen bewertet wird. Mit dieser Art der Modellierung wird implizit unterstellt, dass mit der Durchführung des Spiels die Interaktion der beteiligten Spieler beendet ist oder dass der Ausgang dieses Spiels keinen Einfluss auf das Verhalten der Spieler hat, falls sie wieder in einem Spiel aufeinander treffen. Es ist sicherlich realistisch anzunehmen, dass es häufig Fälle gibt, in denen Entscheidungsträger nicht nur ein einziges Mal interagieren, sondern immer wieder in der gleichen oder einer ähnlichen Entscheidungssituation aufeinander treffen. Beispielsweise werden die Anbieter auf einem Oligopolmarkt die Produktionsmenge oder den Angebotspreis in der Regel nicht nur einmal für alle Zeiten festlegen, sondern sie werden Entscheidungen über Menge oder Preis immer wieder aufs Neue treffen. Kann dabei ein Anbieter die Aktionen der anderen Anbieter beobachten, wird ihm damit die Möglichkeit gegeben, mit entsprechenden Entscheidungen zu reagieren. Strebt ein Anbieter für sich ein möglichst gutes Ergebnis an, sollte er bei seinen Entscheidungen auch berücksichtigen, dass die anderen Anbieter ihrerseits auch auf seine Aktionen reagieren können. Dieses Beispiel lässt erahnen, dass sich durch wiederholtes Interagieren recht komplexe strategische Situationen ergeben können.

Interaktionen der zuvor beschriebenen Art, bei denen sich Akteure wiederholt in der gleichen Entscheidungssituation gegenüberstehen, werden spieltheoretisch als *wiederholte Spiele* modelliert. Von einem wiederholten Spiel spricht man, wenn dieselben Spieler mehrmals hintereinander das gleiche Spiel spielen, das als *Basisspiel* oder als *Ursprungsspiel* bezeichnet wird.[1] In einem wiederholten Spiel hat jeder Spieler mehrmals hintereinander eine Entschei-

---

[1] Im Englischen werden die Begriffe *base game*, *stage game* oder *constituent game* verwendet.

dung zu treffen. Somit gehören die wiederholten Spiele zu den Spielen in Extensivform, die in Kap. 3 vorgestellt wurden.

Wiederholte Spiele werden prinzipiell nach zwei Merkmalen unterschieden. Das erste Merkmal ist die Anzahl der Wiederholungen des Basisspiels. Es wird unterschieden, ob das Basisspiel endlich oder unendlich oft wiederholt wird. Unendlich oft wiederholte Spiele werden auch als *Superspiele* bezeichnet, wobei jedoch diese Bezeichnung nicht einheitlich in der Literatur verwendet wird. Manche Autoren nennen alle wiederholten Spiele, ob endlich oder unendlich oft wiederholt, Superspiele. Das zweite Merkmal ist die Art, wie die Spieler ihre Auszahlungen, die sie im Laufe der wiederholten Durchführungen des Basisspiels erhalten, bewerten. Es wird unterschieden, ob die Spieler die Auszahlungen aus allen Durchführungen des Basisspiels gleich bewerten oder ob sie den Auszahlungen aus früheren Spielen ein höheres Gewicht beimessen als den Auszahlungen aus später stattfindenden; d. h. es wird unterschieden, ob die Spieler die Auszahlungen, die ihnen aus den einzelnen Durchführungen des Basisspiels zufließen, diskontieren oder nicht.

Bei den wiederholten Spielen finden das Lösungskonzept des Nash-Gleichgewichts und das von den Spielen in Extensivform bekannte teilspielperfekte Gleichgewicht[2] Anwendung. Wie wir im Laufe des Kapitels noch sehen werden, kann die Lösungsmenge eines wiederholten Spiels in Form von spieltheoretischen Gleichgewichten davon abhängig sein, ob das Spiel endlich oder unendlich oft wiederholt wird und ob die Spieler ihre Auszahlungen diskontieren oder nicht. Des weiteren werden wir sehen, dass die Menge der Gleichgewichte eines wiederholten Spiels sehr viel größer sein kann als die des zugrunde liegenden Basisspiels. Eines der bekanntesten Ergebnisse aus der Theorie der wiederholten Spiele ist, dass in wiederholten Dilemmaspielen Pareto-optimale (teilspielperfekte) Gleichgewichte existieren können, in denen dauerhaft Konfigurationen gespielt werden, die kein Nash-Gleichgewicht des zugrunde liegenden Dilemmaspiels bilden.

Die Darstellung der wiederholten Spiele in den folgenden Gliederungspunkten orientiert sich weitgehend an den Ausführungen von Van Damme (1996) in Kap. 8.

7.1 Grundlegende Konzepte

7.1.1 Basisspiel

In diesem Abschnitt befassen wir uns mit dem Basisspiel, für das wir ein n-Personenspiel in Normalform annehmen, wie wir es in Kap. 2 kennen gelernt haben. Dabei werden wir nochmals kurz die Konzepte wiederholen, auf die wir bei der Modellierung und Analyse der wiederholten Spiele zurückgreifen.

---

[2] In wiederholten Spielen mit unvollständiger Information muss man natürlich wieder sequentielle Rationalität durch weiterreichende Forderungen wie Perfektheit bzw. sequentielle Gleichgewichtigkeit gewährleisten.

7.1 Grundlegende Konzepte

Definition 7.1. *Ein Basisspiel G ist ein n-Personenspiel in Normalform:*

$$G := \{\Sigma_1, \ldots, \Sigma_n; H_1, \ldots, H_n; I\}$$

$I := \{1, \ldots, n\}$ *ist die Menge der Spieler. Σ_i ist die Menge der reinen Strategien σ_i von Spieler $i \in I$, und mit Σ wird die Menge der reinen Strategiekonfigurationen $\sigma := (\sigma_1, \ldots, \sigma_n)$ bezeichnet, $\Sigma := \Sigma_1 \times \ldots \times \Sigma_n$. Die Abbildung*

$$H_i : \Sigma \longrightarrow \mathbb{R}$$

ist die Auszahlungsfunktion von Spieler $i \in I$.

In einem Basisspiel steht also jedem Spieler i eine Menge Σ_i von reinen Strategien zur Verfügung. Wir wollen uns auf Strategiemengen mit endlich vielen reinen Strategien beschränken und bezeichnen die Anzahl an reinen Strategien, die Spieler i zur Verfügung stehen, mit m_i, $m_i := |\Sigma_i| \in \mathbb{N}$, $i \in I$. $H_i(\sigma)$ ist die Auszahlung von Spieler i, die sich in Abhängigkeit von einer reinen Strategiekonfiguration $\sigma \in \Sigma$ ergibt. Wir wollen auch gemischte Strategien zulassen.

Definition 7.2. *Eine gemischte Strategie s_i von Spieler $i \in I$ ist ein generisches Element der Menge*

$$S_i := \left\{ (p_{i,1}, \ldots, p_{i,m_i}) \mid p_{i,j} \geq 0 \text{ für alle } j = 1, \ldots, m_i; \sum_{j=1}^{m_i} p_{i,j} = 1 \right\}.$$

Eine gemischte Strategie s_i von Spieler i ist eine Wahrscheinlichkeitsverteilung über der Menge seiner reinen Strategien Σ_i mit den Wahrscheinlichkeitsgewichten p_{ij}. Die Menge S_i ist die Menge der gemischten Strategien von Spieler i und

$$S := S_1 \times \ldots \times S_n$$

ist die Menge der gemischten Strategiekonfigurationen $s := (s_1, \ldots, s_n)$. Mit der Menge

$$S_{-i} := S_1 \times \ldots \times S_{i-1} \times S_{i+1} \times \ldots \times S_n$$

wird die Menge aller gemischten Strategiekonfigurationen s_{-i} bezeichnet, die die gemischten Strategien aller Spieler außer Spieler i enthalten. Da wir für eine gemischte Strategie auch den Spezialfall $p_{ij} = 1$ zulassen, sind S_i, S_{-i} und S kompakte Mengen. Im Fall $p_{ij} = 1$ wählt Spieler i nur seine j-te reine Strategie, so dass man Σ_i in S_i und analog Σ in S (kanonisch) einbettet.

Wählen die Spieler gemischte Strategien s, erfolgt die individuelle Beurteilung eines Spielers über seine erwartete Auszahlung. Diese werden wir, um den Text nicht mit Notation zu überfrachten, analog den Auszahlungen bei reinen Strategien mit $H_i(s)$ bezeichnen. In Abhängigkeit einer gemischten Strategiekonfiguration s berechnet sich die erwartete Auszahlung $H_i(s)$ von Spieler $i \in I$ über

$$H_i(s) := \sum_{j_1=1}^{m_1} \cdots \sum_{j_n=1}^{m_n} p_{1j_1} \cdot \ldots \cdot p_{nj_n} H_i(\sigma_{1j_1},\ldots,\sigma_{nj_n})$$

mit $s = (s_1,\ldots,s_n) \in S$ und $s_i = (p_{i1},\ldots,p_{im_i}) \in S_i$, $i \in I$. In der Theorie der wiederholten Spiele wird häufig auf zwei Schranken für die individuellen Auszahlungen der Spieler zurückgegriffen.

Definition 7.3. *a) In einem Basisspiel G ist $\hat{H}_i$ die maximale Auszahlung, die Spieler $i \in I$ bei der Wahl reiner Strategien erhalten kann:*

$$\hat{H}_i := \max_{\sigma \in \Sigma} H_i(\sigma) \qquad (7.1)$$

b) Die Auszahlung v_i ist die Minimax-Auszahlung von Spieler $i \in I$:

$$v_i := \min_{s_{-i} \in S_{-i}} \max_{s_i \in S_i} H_i(s_{-i}, s_i) \qquad (7.2)$$

c) Eine Strategiekonfiguration $s^i \in S$ mit

$$s_i^i := \arg\max_{s_i \in S_i} H_i(s_{-i}^i, s_i) \quad \text{und} \quad H_i(s^i) = v_i$$

heißt optimale Bestrafung für Spieler i.

$\hat{H}_i$ bildet die obere Schranke[3] der Auszahlungen von Spieler i, d. h. $\hat{H}_i \geqq H_i(s)$ für alle $s \in S$. Die Minimax-Auszahlung der Spieler ist bei der Analyse wiederholter Spiele von zentraler Bedeutung. Die Minimax-Auszahlung v_i ist die kleinste Auszahlung von Spieler i, die durch seine Gegenspieler sichergestellt werden kann, d. h. unter eine Auszahlung in Höhe von v_i können diese Spieler i nicht drücken. Die Auszahlung v_i wird bestimmt, indem die Gegenspieler von i die Strategiekonfiguration spielen, welche die Auszahlung von i unter der Voraussetzung minimiert, dass er stets die beste Antwort hierauf spielt.[4] Ergänzend sei bemerkt, dass die Minimax-Auszahlung eines jeden Spielers bei reinen Strategien größer oder gleich der Minimax-Auszahlung bei gemischten Strategien ist.

Beispiel 7.1 Zur Illustration dieser Aussage betrachten wir das Matching Pennies-Spiel (siehe Beispiel 2.6) mit den reinen Strategiemengen $\Sigma_1 = \{X_1, Y_1\}$ und $\Sigma_2 = \{X_2, Y_2\}$ und einer modifizierten Auszahlungstabelle

---

[3] Wegen der (Multi)-Linearität von $H_i(s)$ gilt:

$$\max_{\sigma \in \Sigma} H_i(\sigma) = \max_{s \in S} H_i(s)$$

[4] Im Vergleich dazu würde der Maximin-Wert $\max_{s_i \in S_i} \min_{s_{-i} \in S_{-i}} H_i(s_{-i}, s_i)$ verlangen, dass die Mitspieler des i auf s_i reagieren.

Spieler 2

	X_2	Y_2
X_1	-1 / 1	1 / -1
Y_1	1 / -1	-1 / 1

Spieler 1

Für dieses Spiel gilt offenbar:

$$\min_{\sigma_2 \in \Sigma_2} \max_{\sigma_1 \in \Sigma_1} H_1(\sigma_1, \sigma_2) = 1 > \min_{s_2 \in S_2} \max_{s_1 \in S_1} H_1(s_1, s_2) = 0$$

Des weiteren definieren wir verschiedene Auszahlungsmengen.

Definition 7.4. *a) Mit $H(\Sigma)$ wird die Menge aller Auszahlungsvektoren $H(\sigma) := (H_1(\sigma), \ldots, H_n(\sigma))$ bezeichnet, die durch reine Strategiekonfigurationen $\sigma \in \Sigma$ realisiert werden können:*

$$H(\Sigma) := \{H(\sigma) \mid \sigma \in \Sigma\} \subset \mathbb{R}^n$$

b) Mit $H(S)$ wird die Menge aller Auszahlungsvektoren $H(s) := (H_1(s), \ldots, H_n(s))$ bezeichnet, die durch gemischte Strategiekonfigurationen $s \in S$ realisiert werden können:

$$H(S) := \{H(s) \mid s \in S\} \subset \mathbb{R}^n$$

c) Mit $H^c(\Sigma)$ wird die Menge der erreichbaren und individuell rationalen Auszahlungsvektoren bezeichnet:

$$H^c(\Sigma) := \{x \in \mathrm{conv} H(\Sigma) \mid x_i \geqq v_i \text{ für alle } i \in I\} \subset \mathbb{R}^n$$

d) Mit $\mathrm{int} H^c(\Sigma)$ wird das Innere der Menge $H^c(\Sigma)$ bezeichnet.

Mit $H(\Sigma)$ und $H(S)$ werden die Mengen der möglichen Auszahlungskonfigurationen bezeichnet, wenn im Spiel nur reine oder auch gemischte Strategien gewählt werden können. Korrelieren die Spieler ihre gemischten Strategien[5], dann ist die Menge der erreichbaren Auszahlungen gleich der konvexen Hülle von $H(\Sigma)$. Die Menge $H^c(\Sigma)$ wird als Menge der erreichbaren und individuell

---

[5] Auf solcher mehr oder minder korrelierter Strategiewahl basiert das Konzept *korrelierter Gleichgewichte* (vgl. Aumann 1974). Dies unterstellt einen für alle Spieler gemeinsam mehr oder minder gut beobachtbaren Zufallszug, der die Gleichgewichtsmenge eines Spiels dadurch vergrößert, dass die Existenz geeigneter Zufallszüge postuliert wird, die auf entsprechender gemeinsamer Beobachtbarkeit basieren. Spieltheoretisch handelt es sich daher um eine Gleichgewichtsvergrößerung statt um eine Gleichgewichtsverfeinerung, wie sie in den Kapiteln 2.6 bzw. 3.2.2 ff. diskutiert wurden.

rationalen Auszahlungen bezeichnet, weil alle ihre Auszahlungsvektoren Element der konvexen Hülle von $H(\Sigma)$ sind und jedem Spieler mindestens die Auszahlung v_i zuordnen. $H_i(\Sigma)$, $H_i(S)$ und $H^c(\Sigma)$ sind kompakte Mengen, wobei $H_i(\Sigma) \subset H_i(S)$. Für jedes $x \in \text{int} H^c(\Sigma)$ gilt: $x_i > v_i$ für alle $i \in I$.

Mit Hilfe der erwarteten Auszahlungen lässt sich das Nash-Gleichgewicht für ein Basisspiel G definieren.

Definition 7.5. *Eine Strategiekonfiguration $s^* \in S$ heißt Nash-Gleichgewicht des Basisspiels G, wenn für jeden Spieler $i \in I$ gilt:*

$$H_i(s^*) \geqq H_i(s^*_{-i}, s_i) \quad \text{für alle } s_i \in S_i$$

Mit S^* wird die Menge aller Nash-Gleichgewichte von G bezeichnet, offenbar gilt $S^* \subseteq S$. Werden im Basisspiel G gemischte Strategien zugelassen, ist gemäß Korollar 2.15 sichergestellt, dass in dem Basisspiel G mindestens ein Nash-Gleichgewicht existiert. Wir wollen diese Aussage hier nochmals aufgreifen.

Korollar 7.6. *In jedem Basisspiel G gilt: $S^* \neq \emptyset$.*

Welcher Zusammenhang besteht zwischen der Minimax-Auszahlung und der Auszahlung in einem Nash-Gleichgewicht von G? Aus (7.2) folgt unmittelbar:

$$\max_{s_i \in S_i} H_i(s_{-i}, s_i) \geqq v_i \quad \text{für alle } s_{-i} \in S_{-i}$$

In einem Nash-Gleichgewicht von G wählt jeder Spieler die beste Antwort auf die Strategiekonfiguration seiner Gegenspieler, d. h. jeder Spieler maximiert seine Auszahlung bei gegebenen Strategien seiner Gegenspieler. Folglich kann die Auszahlung eines Spielers in einem Nash-Gleichgewicht niemals kleiner als seine Minimax-Auszahlung sein.

Lemma 7.7. *Für jedes Basisspiel G gilt: $H_i(s) \geqq v_i$ für alle $s \in S^*$ und alle $i \in I$.*

In Beispiel 7.2 wird ein Spiel betrachtet, in dem die Auszahlungen im Nash-Gleichgewicht größer als die Minimax-Auszahlungen sind.

Der Vollständigkeit halber sei noch einmal die *Maximin-Auszahlung* w_i erwähnt, die jedoch in traditionellen Analysen wiederholter Spiele ohne Bedeutung ist. w_i ist die Auszahlung, die sich Spieler i aus eigener Kraft sichern kann. w_i wird bestimmt, indem der Spieler seine Auszahlung unter der Voraussetzung maximiert, dass seine Gegenspieler stets die für ihn schlechteste Strategiekonfiguration wählen:

$$w_i := \max_{s_i \in S_i} \min_{s_{-i} \in S_{-i}} H_i(s_{-i}, s_i)$$

Es leuchtet unmittelbar ein, dass sich ein Spieler aus eigener Kraft keine höhere Auszahlung sichern kann, als die Auszahlung, auf die ihn seine Gegenspieler halten können, d. h. $v_i \geq w_i$. Für Zwei-Personenspiele gilt: $v_i = w_i$ für alle $i \in I$, wenn gemischte Strategien zugelassen sind. Sind nur reine Strategien wählbar, ist auch in einem Zwei-Personenspiel der Fall $v_i > w_i$ möglich, wie das folgende Beispiel zeigt.

Beispiel 7.2 Gegeben sei ein Zwei-Personenspiel G mit den reinen Strategiemengen $\Sigma_1 = \{X_1, Y_1\}$ und $\Sigma_2 = \{X_2, Y_2\}$ und den Auszahlungen entsprechend der folgenden Auszahlungstabelle.

Spieler 2

		X_2	Y_2
Spieler 1	X_1	1 / 1	0 / 2
	Y_1	3 / 3	0 / 0

Das Spiel G besitzt genau ein Nash-Gleichgewicht in reinen Strategien und zwar $\sigma^* = (Y_1, X_2)$ mit der Auszahlungskonfiguration $H(\sigma^*) = (3, 3)$.
Betrachten wir zunächst den Fall, dass die Spieler nur reine Strategien wählen. Unter dieser Bedingung kann Spieler 2 mit der Wahl der Strategie Y_2 dafür sorgen, dass Spieler 1 maximal eine Auszahlung in Höhe von 2 erhält, d. h. $v_1 = 2$. Hingegen kann sich Spieler 1 mit der Wahl von X_1 selbst nur eine Auszahlung in Höhe von 1 sichern, d. h. $w_1 = 1$. Wählt Spieler 1 die Strategie X_1, dann erhält Spieler 2 eine Auszahlung von maximal 1, d. h. $v_2 = 1$. Diese Auszahlung kann sich Spieler 2 auch selbst durch die Wahl der Strategie X_2 sichern, d. h. $w_2 = 1$. Für Spieler 1 fallen Minimax- und Maximin-Auszahlung auseinander, für Spieler 2 sind sie gleich. Die Strategiekonfiguration der optimalen Bestrafung des ersten Spielers lautet (X_1, Y_2) und die des zweiten Spielers (X_1, X_2).
Werden gemischte Strategien zugelassen, sind, wie in jedem Zwei-Personenspiel, die Auszahlungen v_i und w_i eines jeden der beiden Spieler gleich. Spieler 2 hält Spieler 1 auf dessen Minimax-Auszahlung $v_1 = \frac{3}{2}$ durch die Wahl der gemischten Strategie $s_2^1 = (\frac{1}{2}, \frac{1}{2})$. Seine Maximin-Auszahlung $w_1 = \frac{3}{2}$ in derselben Höhe kann sich Spieler 1 mit der gemischten Strategie $(\frac{3}{4}, \frac{1}{4})$ sichern.[6] Spieler 2 sichert sich seine Maximin-Auszahlung mit der Wahl seiner streng dominanten Strategie X_2. Spieler 1 kann durch die Wahl von X_1 Spieler 2 auf $v_2 = 1$ halten, was sich Spieler 2 auch aus eigener Kraft mit X_2 sichern kann, d. h. $w_2 = 1$.
In Abb. 7.1 sind für das Spiel G die Auszahlungen im Nash-Gleichgewicht $H(\sigma^*)$ sowie die Mengen $H(\Sigma)$ und $H^c(\Sigma)$ dargestellt. Die Menge der Auszahlungen, die über reine Strategien erreichbar sind, lautet

---

[6] Partielle Differentiation von $H_1(s_1, s_2) = p(q \cdot 1 + (1-q) \cdot 2) + (1-p)(q \cdot 3 + (1-q) \cdot 0)$ nach q und Nullsetzen der Ableitung bestimmt $p = \frac{3}{4}$.

$H(\Sigma) := \{(0,0), (1,1), (2,0), (3,3)\}$, und für $v_1 = \frac{3}{2}$ und $v_2 = 1$ die Menge der erreichbaren und individuell rationalen Auszahlungen:

$$H^c(\Sigma) := \text{conv}\left\{(\frac{3}{2}, 1), (\frac{3}{2}, \frac{3}{2}), (\frac{7}{3}, 1), (3, 3)\right\}$$

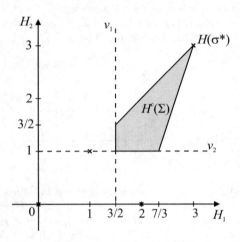

Abb. 7.1. Die Auszahlungen im Nash-Gleichgewicht $H(\sigma^*)$ sowie die Mengen $H(\Sigma)$ und $H^c(\Sigma)$ des Spiels in Beispiel 7.2

7.1.2 Definition des wiederholten Spiels

Mit Hilfe des Basisspiels können wir nun ein wiederholtes Spiel definieren.

Definition 7.8. *Wird ein Basisspiel G von denselben Spielern mindestens zweimal hintereinander gespielt, heißt die Gesamtheit der Durchführungen von G ein wiederholtes Spiel Γ. Eine Durchführung von G wird als Periode bezeichnet und mit $t = 1, 2, \ldots$ gekennzeichnet.*

Ist in einem wiederholten Spiel die Anzahl der Perioden endlich, spricht man von einem *endlich wiederholten Spiel*, und die letzte Periode, die gleich der Anzahl der Durchführungen ist, wird mit T bezeichnet. Ist die Anzahl der Durchführungen von G unendlich, spricht man von einem *unendlich wiederholten Spiel*.

In jeder Periode wählt jeder Spieler i ein Element in seiner Menge Σ_i bzw. S_i. Im Folgenden werden wir die Wahl eines Spielers in einer Periode des wiederholten Spiels, also in einer Durchführung des Basisspiels, nicht mehr als Strategie, sondern als *Aktion* bezeichnen. Diese Änderung erfolgt deswegen, weil in diesem Zusammenhang eine Strategie der Verhaltensplan eines Spielers für das wiederholte Spiel ist, das sich aus allen hintereinander gespielten Durchführungen des Basisspiels zusammensetzt. Eine Strategie eines Spielers in einem wiederholten Spiel, auf die wir noch näher eingehen werden, schreibt dem Spieler vor, unter welchen Bedingungen er welche Entscheidung in einer der Durchführungen des Basisspiels zu treffen hat. Deshalb wird eine individuelle Entscheidung eines Spieler in einer der Durchführungen des Basisspiels wie bei den Spielen in Extensivform Aktion genannt (siehe Kap. 3.1).

Kann sich jeder Spieler zu jedem Zeitpunkt t an alle Aktionen erinnern, die er in den Perioden zuvor gewählt hat, so spricht man von *perfect recall*. Sind ihm alle Züge der anderen Spieler bekannt, so bezeichnet man dies als *vollkommene (perfekte) Information*. Da wir als Basisspiel ein Spiel in Normalform angenommen haben, sind den Spielern die Aktionen, die ihre Mitspieler in der laufenden Periode t wählen, nicht bekannt. Wenn die Spieler alle Entscheidungen der anderen Spieler aus den $t-1$ vorausgegangenen Perioden kennen, nur die aus der laufenden nicht, dann spricht man auch von *fast vollkommener Information*.

Beispiel 7.3 In Abb. 7.2 ist der Spielbaum eines wiederholten Spiels mit perfect recall und fast vollkommener Information dargestellt, in dem ein Zwei-Personenspiel mit den Aktionenmengen $\Sigma_1 = \{L_1, R_1\}$ und $\Sigma_2 = \{L_2, R_2\}$ zweimal hintereinander durchgeführt wird, d. h. $T = 2$. Die Informationsmengen der Spieler lauten

$$U_1 = \{\{x_1\}, \{x_4\}, \{x_5\}, \{x_6\}, \{x_7\}\}$$

und

$$U_2 = \{\{x_2, x_3\}, \{x_8, x_9\}, \{x_{10}, x_{11}\}, \{x_{12}, x_{13}\}, \{x_{14}, x_{15}\}\}.$$

In jeder seiner Informationsmengen steht Spieler i die Menge der reinen Aktionen $\{L_i, R_i\}$ zur Verfügung, $i = 1, 2$.

Zu Gunsten einer einfachen Analyse nehmen wir an, dass sich die Spieler nicht nur an ihre eigenen Aktionen und die ihrer Mitspieler erinnern können, sondern dass sie auch gemischte Aktionen beobachten können; d. h. die Spieler können die Wahrscheinlichkeiten beobachten, die den vorausgegangenen Entscheidungen ihrer Mitspieler zugrunde lagen.

Annahme 7.1 *In einem wiederholten Spiel Γ sind jedem Spieler $i \in I$ in jeder Periode $t \geq 2$ die gemischten Aktionskonfigurationen aller Vorperioden bekannt.*

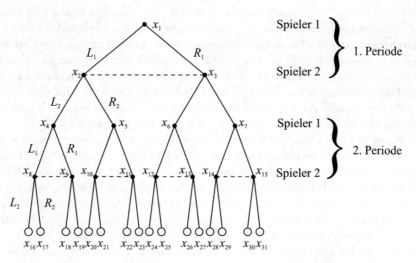

Abb. 7.2. Wiederholtes Zwei-Personenspiel mit perfect recall und fast vollkommener Information

Diese Annahme hat u. a. den Vorteil, dass eindeutig festgestellt werden kann, ob ein Spieler von einem bestimmten Pfad, der aus einer Folge gemischter Aktionen besteht, abgewichen ist. Dazu ist zu bemerken, dass sich die zentralen Ergebnisse der wiederholten Spiele prinzipiell auch unter der schwächeren Annahme, dass nur reine Aktionen beobachtbar sind, ableiten lassen, was jedoch in der Regel komplexere Analysen erfordert.

Definition 7.9. *Die Information, die den Spielern in einem wiederholten Spiel Γ in jeder Periode t über den Verlauf des wiederholten Spiels in den Vorperioden zur Verfügung steht, heißt Geschichte und wird mit h(t) bezeichnet,*
$$h(t) := (h_1, \ldots, h_{t-1}) \quad \text{mit } h_\tau \in S \text{ für } \tau = 1, \ldots, t-1$$
und $h(1) = \emptyset$.

Die Geschichte zum Zeitpunkt t ist ein Vektor von Aktionskonfigurationen und wird nach dem englischen Wort *history* mit $h(t)$ bezeichnet. Der Vektor $h_\tau \in S$ ist die Aktionskonfiguration, die in der Periode $\tau < t$ gespielt wurde. Die Länge der Geschichte zum Zeitpunkt t ist gleich der Anzahl der Perioden, die vor t liegen, also $t-1$. Die Menge aller möglichen Geschichten zum Zeitpunkt t, die mit $\mathcal{H}(t)$ bezeichnet wird, ist gleich dem $t-1$-fachen kartesischen Produkt von S, das in Kurzform mit S^{t-1} beschrieben wird, d. h.

$$\mathcal{H}(t) := S^{t-1} = \prod_{\tau=1}^{t-1} S,$$

wobei $\mathcal{H}(1) = \emptyset$. Mit

$$\mathcal{H} := \bigcup_{t \geq 1} \mathcal{H}(t)$$

wird die Menge aller Geschichten bezeichnet.

Auf der Basis der Geschichte lässt sich nun das Strategiekonzept für wiederholte Spiele definieren. Eine reine Strategie von Spieler i für ein wiederholtes Spiel wird wie in Abschnitt 3.1.2 als eine Vorschrift definiert, die jeder Informationsmenge des Spielers eine ihm zur Verfügung stehende reine Aktion zuordnet, die im Fall der wiederholten Spiele ein Element der Menge Σ_i ist. In einem wiederholten Spiel ist eine gemischte Strategie von Spieler i eine Wahrscheinlichkeitsverteilung über der Menge seiner reinen Strategien. Wir werden uns jedoch bei den wiederholten Spielen analog zu den Spielen in Extensivform auf das Konzept der Verhaltensstrategie beschränken, was uns unter der Voraussetzung von perfect recall der Satz von Kuhn erlaubt (siehe Satz 3.11). Eine Verhaltensstrategie ordnet jedem Spieler an jeder seiner Informationsmengen eine Wahrscheinlichkeitsverteilung über den ihm zur Verfügung stehenden reinen Aktionen zu (siehe Definition 3.4). Für ein wiederholtes Spiel bedeutet das, dass eine Verhaltensstrategie von Spieler i jeder Periode t eine gemischte Aktion aus der Menge S_i zuordnet. Basierend auf der Geschichte eines Spiels lässt sich nun die Verhaltensstrategie für wiederholte Spiele in der Weise definieren, dass eine Verhaltensstrategie einem Spieler in jeder Periode t in Abhängigkeit von allen möglichen Geschichten $h(t) \in \mathcal{H}(t)$ eine bestimmte gemischte Aktion vorschreibt. Da wir uns bei den wiederholten Spielen auf das Konzept der Verhaltensstrategien beschränken, wird eine Verhaltensstrategie im Folgenden kurz Strategie genannt.

Definition 7.10. *Eine Strategie b_i von Spieler $i \in I$ in einem wiederholten Spiel Γ ist eine Abbildung:*

$$b_i : \mathcal{H} \longrightarrow S_i$$

Mit B_i wird die Menge aller Verhaltensstrategien von Spieler i bezeichnet und mit

$$B := B_1 \times \ldots \times B_n$$

die Menge aller Strategiekonfigurationen $b := (b_1, \ldots, b_n)$. Die Menge

$$B_{-i} := B_1 \times \ldots \times B_{i-1} \times B_{i+1} \times \ldots \times B_n$$

enthält alle Strategiekonfigurationen b_{-i}, welche die Strategie b_i von Spieler i nicht enthalten. Mit $s_{i,t}$ wird die Aktion bezeichnet, die Spieler i in der Periode t wählt. Diese wird durch seine Strategie b_i in Abhängigkeit von der Geschichte $h(t)$ festgelegt:

$$s_{i,t} := b_i(h(t))$$

Das Aufeinandertreffen der Strategien der Spieler in einem wiederholten Spiel bedingt einen bestimmten Spielverlauf, der durch eine Folge von Aktionen in den einzelnen Durchführungen des Basisspiels gegeben ist.

Definition 7.11. *Die Folge von Aktionskonfigurationen, die sich in einem wiederholten Spiel Γ in Abhängigkeit von einer Strategiekonfiguration $b \in B$ ergibt, heißt Pfad oder Spielverlauf und wird mit $\pi(b)$ bezeichnet:*

$$\pi(b) := \{\pi_t(b)\}_{t \geq 1} \quad mit \quad \pi_t(b) \in S \quad für \quad t \geq 1$$

Die Menge alle Pfade, die in einem Spiel möglich sind, wird mit $\Pi(B)$ oder kurz mit Π bezeichnet:

$$\Pi := \Pi(B) := \prod_{t \geq 1} S$$

Es ist zu beachten, dass ein Pfad, so wie wir ihn definiert haben, eine Folge von gemischten Aktionen und nicht deren Realisationen in Form von reinen Aktionen ist. Ein einzelnes Element eines Pfads $\pi_t(b)$ ist die von den Spielern in Periode t gewählte Aktionskonfiguration, die durch die Strategien der Spieler in Abhängigkeit von der Geschichte des Spiels $h(t)$ bestimmt wird. Die Geschichte $h(t)$ ist, wie wir angenommen haben, gleich dem Spielverlauf bis einschließlich Periode $t-1$. Folglich bestimmt sich das t-te Element des Pfads auf Basis des Spielverlaufs bis einschließlich Periode $t-1$:

$$\pi_t(b) := b\left(\{\pi_\tau(b)\}_{\tau=1}^{t-1}\right) \in S$$

Einen Pfad, auf dem in allen Perioden dieselbe Aktionskonfiguration gespielt wird, nennt man einen *stationären Pfad*. Im Laufe der Analyse der wiederholten Spiele wird sich unser Interesse häufig auf den Verlauf eines Spieles konzentrieren und weniger auf die Strategiekonfiguration, die diesen bedingt. In diesem Fall werden wir dann zu Gunsten einer übersichtlichen Darstellung den Pfad nur mit $\pi = \{\pi_t\}_t$ beschreiben, ohne dabei zu vergessen, dass dieser durch die Strategien der Spieler erzeugt wird.

Der Unterschied zwischen dem Pfad und der Geschichte ist der, dass der Pfad den Verlauf eines wiederholten Spieles in Form einer Folge von gemischten Aktionen darstellt, wohingegen die Geschichte die Informationen der Spieler über den Verlauf des Spieles beschreibt. Wenn wir allerdings wie hier annehmen, dass die Spieler alle gemischten Aktionen der Vergangenheit und nicht nur die tatsächlichen Realisationen kennen, sind in jeder Periode die Geschichte und der Pfad, der vor dieser Periode liegt, gleich. Die Geschichte eines Spiels ist vor allem im Zusammenhang mit den Konzepten der Strategie und der Gleichgewichte von Bedeutung. Die Verhaltensstrategie ist ein vollständiger Verhaltensplan, der einem Spieler für jede Periode t und jede Geschichte $h(t) \in \mathcal{H}(t)$ eine gemischte Aktion vorschreibt, d. h. es werden bei der Formulierung einer Strategie alle möglichen Spielverläufe berücksichtigt, auch wenn sie durch die Strategie selbst ausgeschlossen werden (kontrafaktische Überlegungen). Schreibt z. B. in dem Spiel in Abb. 7.2 die Strategie von Spieler 1 in der ersten Periode, für seine Informationsmenge $\{x_1\}$ die reine Aktion L_1 vor, wird damit ausgeschlossen, dass das Spiel jemals den Knoten x_7 erreicht. Trotzdem ordnet die Verhaltensstrategie von Spieler 1 der

Informationsmenge $\{x_7\}$ eine (gemischte) Aktion zu, was bedeutet, dass mit $\{(R_1, R_2)\}$ eine Geschichte berücksichtigt wird, die als tatsächlicher Verlauf gar nicht möglich ist. Die vollständige Berücksichtigung aller Geschichten zu jedem Zeitpunkt spielt, wie wir noch sehen werden, vor allem beim Konzept des teilspielperfekten Gleichgewichts eine zentrale Rolle.

Bei jeder Durchführung des Basisspiels G realisiert sich für jeden Spieler in Abhängigkeit von der Aktionskonfiguration $s_t \in S$ eine Auszahlung $H_i(s_t)$. Der Vektor der Aktionen s_t ist ein Element des Pfads $\{\pi(b)\}_t$, der durch die von den Spielern gewählten Strategien b bestimmt wird. Deshalb wird mit $H_i(\pi_t(b))$ die Auszahlung von Spieler i in Periode t bezeichnet, die durch die Strategiekonfiguration b bedingt wird. Der Zufluss der Auszahlungen an Spieler i aus allen Perioden des wiederholten Spiels lässt sich somit durch den Pfad seiner Auszahlungen $\{H_i(\pi_t(b))\}_t$ beschreiben. Die Spieler bewerten den Verlauf eines wiederholten Spiels anhand der Auszahlungen, die sie insgesamt in allen Perioden erhalten. Wie wir noch sehen werden, spielt dabei die Aggregation der Periodenauszahlungen in Form des Durchschnitts der undiskontierten oder der diskontierten Periodenauszahlungen eine zentrale Rolle.

7.1.3 Gleichgewichtskonzepte

Trotz der unterschiedlichen Art der Bewertung lassen sich mit Hilfe der individuellen Präferenzordnung $\succsim_i$ über die Auszahlungspfade eines wiederholten Spiels allgemein gültige Definitionen für die Konzepte des Nash-Gleichgewichts und des teilspielperfekten Gleichgewichts formulieren.

Zunächst betrachten wir das Nash-Gleichgewicht in wiederholten Spielen. Ein Nash-Gleichgewicht ist eine Strategiekonfiguration, die sich dadurch auszeichnet, dass keiner der Spieler durch einseitiges Abweichen aus dem Nash-Gleichgewicht ein Spielergebnis herbeiführen kann, das er dem Ergebnis vorzieht, das durch das Nash-Gleichgewicht erzeugt wird. Übertragen auf die wiederholten Spiele ist eine Strategiekonfiguration ein Nash-Gleichgewicht, wenn kein Spieler durch einseitiges Abweichen aus dem Nash-Gleichgewicht einen Auszahlungspfad herbeiführen kann, den er dem vorzieht, der durch das Nash-Gleichgewicht erzeugt wird.

Definition 7.12. *Eine Strategiekonfiguration* $b^* \in B$ *heißt Nash-Gleichgewicht eines wiederholten Spiels* Γ, *wenn für jeden Spieler* $i \in I$ *gilt:*

$$\{H_i(\pi_t(b^*))\}_{t \geq 1} \succsim_i \{H_i(\pi_t(b^*_{-i}, b_i))\}_{t \geq 1} \quad \text{für alle } b_i \in B_i$$

Die Menge alle Nash-Gleichgewichte von Γ wird mit B^* bezeichnet.

Definition 7.13. *Ein Spielverlauf* $\pi(b) \in \Pi$ *mit* $b \in B^*$ *heißt Nash-Gleichgewichtspfad eines wiederholten Spiels* Γ.

Ein Nash-Gleichgewichtspfad ist der Spielverlauf, der durch ein Nash-Gleichgewicht auf ein wiederholtes Spiel induziert wird. Die Menge aller Nash-Gleichgewichtspfade wird mit $\Pi(B^*)$ oder kurz mit Π^* bezeichnet.

Für das teilspielperfekte Gleichgewicht eines wiederholten Spiels ist zunächst ein Teilspiel eines wiederholten Spiels entsprechend den Spielen in Extensivform zu definieren (siehe Abschnitt Definition 3.13). Aufgrund der Annahme, dass die Spieler in jeder Periode den Verlauf des Spiels bis zur Vorperiode kennen, legt in jeder Periode $t \geq 1$ jede mögliche Geschichte $h(t) \in \mathcal{H}(t)$ ein Teilspiel fest, das in Periode t beginnt und bis zum „Ende" des wiederholten Spiels (in Periode T oder ∞) läuft. Das bedeutet, dass ein Teilspiel selbst ein wiederholtes Spiel ist, das durch seine Anfangsperiode t und die Geschichte $h(t)$ festgelegt wird.

Definition 7.14. *Die Gesamtheit der Durchführungen von G, die in einem wiederholten Spiel Γ ab einer Periode $t \geq 1$ noch zu spielen sind und vor denen die Geschichte $h(t) \in \mathcal{H}(t)$ liegt, heißt ein Teilspiel von Γ und wird mit $\Gamma_{h(t)}$ bezeichnet.*

Ist Γ ein endlich wiederholtes Spiel, besteht $\Gamma_{h(t)}$ aus $T - t + 1$ Perioden. Im unendlichen Fall ist $\Gamma_{h(t)}$ selbst ein unendlich wiederholtes Spiel. Aus der Definition des Teilspiels folgt unmittelbar $\Gamma = \Gamma_{h(1)}$. Wegen der Abhängigkeit eines Teilspiels von der Geschichte sind zwei Teilspiele, die in derselben Periode beginnen, vor denen jedoch unterschiedliche Geschichten liegen, nicht identisch. Dennoch ist es manchmal von Vorteil, Teilspiele nur nach ihrem Startzeitpunkt und nicht nach ihrer Geschichte zu unterscheiden. Wir nennen dann die wiederholte Durchführung von G ab einem Zeitpunkt t das *Endspiel* des gesamten wiederholten Spiels Γ ab Periode t. Jedes Endspiel bildet selbst ein wiederholtes Spiel.

Eine Strategiekonfiguration ist ein teilspielperfektes Gleichgewicht eines wiederholten Spiels, wenn sie in jedem Teilspiel des wiederholten Spiels ein Nash-Gleichgewicht induziert. Das bedeutet: Wenn das Spiel in einer beliebigen Periode startet, dann induziert ein teilspielperfektes Gleichgewicht unabhängig von der Geschichte im verbleibenden Spiel ein Nash-Gleichgewicht.

Definition 7.15. *Eine Strategiekonfiguration $b^{**} \in B$ heißt teilspielperfektes Gleichgewicht eines wiederholten Spiels Γ, wenn für alle $t \geq 1$ und alle $h(t) \in \mathcal{H}(t)$ gilt: Für jeden Spieler $i \in I$ gilt:*

$$\{H_i(\pi_\tau(b^{**}))\}_{\tau \geq t} \succsim_i \{H_i(\pi_\tau(b^{**}_{-i}, b_i))\}_{\tau \geq t} \quad \text{für alle } b_i \in B_i$$

Die Menge aller teilspielperfekten Gleichgewichte wird mit B^{**} bezeichnet.

Definition 7.16. *Ein Spielverlauf $\pi(b) \in \Pi$ mit $b \in B^{**}$ heißt teilspielperfekter Gleichgewichtspfad eines wiederholten Spiels Γ.*

Ein teilspielperfekter Gleichgewichtspfad ist der Spielverlauf, der durch ein teilspielperfektes Gleichgewicht in ein wiederholtes Spiel induziert wird. Die Menge aller teilspielperfekten Gleichgewichtspfade wird mit $\Pi(B^{**})$ oder kurz mit Π^{**} bezeichnet. Aus den Definitionen 7.12 und 7.15 geht unmittelbar hervor, dass ein teilspielperfektes Gleichgewicht ein Nash-Gleichgewicht eines wiederholten Spiels ist, und dass ein Nash-Gleichgewicht nicht notwendigerweise teilspielperfekt sein muss. Somit können wir folgende Aussage festhalten:

Satz 7.17. *Für jedes wiederholte Spiel Γ gilt: $B^{**} \subseteq B^* \subseteq B$ und $\Pi^{**} \subseteq \Pi^* \subseteq \Pi$.*

Einige zentrale Sätze der Theorie der wiederholten Spiele basieren darauf, dass die Menge der Auszahlungsvektoren, die von den Spielern über Gleichgewichte in einem wiederholten Spiel erreicht werden können, gegen die Menge $H^c(\Sigma)$ konvergiert. Zu der Konvergenz von Mengen sei bemerkt, dass eine Menge $M(t)$ für $t \to \infty$ gegen eine Menge $\bar{M}$ im Sinne der Hausdorff-Distanz $D(M(t), \bar{M})$ konvergiert, wenn $\lim_{t \to \infty} D(M(t), \bar{M}) = 0$.[7] Dazu lässt sich folgender Satz festhalten:

Lemma 7.18. *Sind die Mengen $M(t)$ für alle t und $\bar{M}$ kompakte Teilmengen des $\mathbb{R}^n$ mit $M(t) \subseteq \bar{M}$ für alle t, dann konvergiert $M(t)$ (im Sinne der Hausdorff-Distanz) gegen $\bar{M}$ für $t \to \infty$, wenn gilt: Es existiert für alle $\varepsilon > 0$ und alle $x \in \bar{M}$ ein t_0, so dass es für alle $t \geq t_0$ ein $y \in M(t)$ gibt mit $\|x - y\| < \varepsilon$.*

Sind die Bedingungen des Lemmas erfüllt, folgt daraus, dass $M(t)$ gegen $\bar{M}$ konvergiert, wenn sich jeder Vektor $x \in \bar{M}$ approximativ durch einen Vektor $y \in M(t)$ für hinreichend großes t erreichen lässt.

7.2 Endlich wiederholte Spiele ohne Diskontierung

In einem endlich wiederholten Spiel gibt es $T \in \mathbb{N}_+$ aufeinander folgende Durchführungen des Basisspiels, wobei die Periodenzahl T unter der Annahme der vollständigen Information Allgemeinwissen ist. Die Menge der Verhaltensstrategien der Spieler wird mit $B(T)$ bezeichnet und die Menge der möglichen Spielverläufe wird mit $\Pi(B(T))$ oder kurz mit $\Pi(T)$ beschrieben:

$$\Pi(T) := \Pi(B(T)) := S^T = \prod_{t=1}^{T} S$$

$\Pi(T)$ ist eine kompakte Menge, weil S kompakt ist (siehe die Anmerkung zu Satz B.18 in Anhang B).

Der Ausdruck „ohne Diskontierung" bedeutet, dass ein Spieler die Auszahlungen aus allen T Perioden gleich bewertet. Als Bewertungskriterium wird die durchschnittliche Periodenauszahlung verwendet. Die durchschnittliche Periodenauszahlung, die Spieler i durch einen Spielverlauf $\pi \in \Pi(T)$ erhält, der durch eine Strategie $b \in B(T)$ erzeugt wird, wird mit $H_i(\pi(b))$ bezeichnet:

$$H_i(\pi(b)) := \frac{1}{T} \sum_{t=1}^{T} H_i(\pi_t(b)), \quad i \in I \qquad (7.3)$$

---

[7] Zum Konzept der Hausdorff-Distanz siehe Anhang, Definition B.21.

Mit $H(\pi(b)) = (H_1(\pi(b)),\ldots,H_n(\pi(b)))$ wird der Vektor der durchschnittlichen Auszahlungen und mit $H(B(T))$ die Menge aller möglichen Auszahlungen der Spieler bezeichnet:

$$H(B(T)) := \{H(\pi(b)) \mid b \in B(T)\}$$

Jeder Pfad aus $\Pi(T)$ führt zu einer bestimmten Auszahlung für jeden Spieler. Da $\Pi(T)$ eine kompakte Menge ist, ist somit auch die Menge $H(B(T))$ kompakt (siehe Satz B.28 in Anhang B).

Basierend auf der Definition 7.8 und der durchschnittlichen Periodenauszahlung können wir nun ein endlich wiederholtes Spiel ohne Diskontierung definieren.

Definition 7.19. *Ein wiederholtes Spiel heißt endlich wiederholtes Spiel ohne Diskontierung $\Gamma(T)$, wenn es $T \in \mathbb{N}_+$ Perioden besitzt und die Spieler die durchschnittliche Periodenauszahlung (7.3) als Bewertungskriterium verwenden.*

7.2.1 Nash-Gleichgewicht

Nachdem wir das Bewertungskriterium der Spieler durch die durchschnittliche Periodenauszahlung spezifiziert haben, können wir die Definition des Nash-Gleichgewichts 7.12 präziser formulieren.

Definition 7.20. *Eine Strategiekonfiguration $b^* \in B(T)$ heißt Nash-Gleichgewicht eines endlich wiederholten Spiels ohne Diskontierung $\Gamma(T)$, wenn für jeden Spieler $i \in I$ gilt:*

$$H_i(\pi(b^*)) \geqq H_i(\pi(b^*_{-i}, b_i)) \quad \text{für alle } b_i \in B_i(T)$$

Eine Strategiekonfiguration ist also dann ein Nash-Gleichgewicht, wenn kein Spieler durch die Wahl einer anderen Strategie seine durchschnittliche Periodenauszahlung erhöhen kann. Die Menge der Nash-Gleichgewichte wird mit $B^*(T)$ bezeichnet und die Menge der Nash-Gleichgewichtspfade, also der Spielverläufe, die durch ein Nash-Gleichgewicht erzeugt werden können, mit $\Pi(B^*(T))$ oder kurz mit $\Pi^*(T)$.

Schreiben die Strategien den Spielern vor, in jeder Periode ein bestimmtes Nash-Gleichgewicht s^* des Basisspiels G zu spielen, kann sich kein Spieler durch Abweichen von der Strategie verbessern. Folglich bildet diese Strategiekonfiguration ein Nash-Gleichgewicht und die ständige Wiederholung von s^* von G einen Nash-Gleichgewichtspfad von $\Gamma(T)$. Das bedeutet, aus $S^* \neq \emptyset$ folgt $B^*(T) \neq \emptyset$. Wegen Korollar 7.6 können wir somit festhalten:

Satz 7.21. *Jedes wiederholte Spiel $\Gamma(T)$ besitzt wenigstens ein Nash-Gleichgewicht.*

Da jede Strategie $b \in B^*(T)$ einen bestimmten Nash-Gleichgewichtspfad erzeugt und die Menge aller Pfade $\Pi(T)$ kompakt ist, ist die Menge aller Nash-Gleichgewichtspfade $\Pi^*(T) \subseteq \Pi(T)$ eine nicht-leere, kompakte Menge. ($\Pi^*(T)$ beinhaltet zumindest den stationären Pfad, auf dem in allen Perioden s^* gespielt wird.) Mit $H(B^*(T))$ sei die Menge der durchschnittlichen Auszahlungen bezeichnet, die durch ein Nash-Gleichgewicht im endlich wiederholten Spiel erreicht werden können:

$$H(B^*(T)) := \{H(\pi(b)) \mid b \in B^*(T)\}$$

Da die Menge der Nash-Gleichgewichtspfade $\Pi^*(T)$ nicht-leer und kompakt ist, können wir folgende Aussage festhalten:

Satz 7.22. *Die Menge $H(B^*(T))$ ist eine nicht-leere und kompakte Teilmenge von $H(B(T))$.*

Der folgende Satz gibt eine notwendige und hinreichende Bedingung dafür an, dass ein Spielverlauf ein Nash-Gleichgewichtspfad von $\Gamma(T)$ ist. Dies ist dann der Fall, wenn kein Spieler seine durchschnittliche Auszahlung dadurch erhöhen kann, dass er in irgendeiner Periode t von dem Pfad abweicht und ihn danach die anderen Spieler in jeder der verbleibenden $T - t$ Perioden mit v_i bestrafen.

Satz 7.23. *Ein Pfad $\pi = \{\tilde{s}_t\}_{t=1}^T$ mit $\tilde{s}_t \in S$ für alle t ist genau dann ein Nash-Gleichgewichtspfad von $\Gamma(T)$, wenn für alle $i \in I$ gilt:*[8]

$$\sum_{\tau=t}^T H_i(\tilde{s}_\tau) \geq \max_{s_{i,t} \in S_i} H_i(\tilde{s}_{-i,t}, s_{i,t}) + (T-t)v_i \quad \textit{für alle } t = 1, \ldots, T. \quad (7.4)$$

Der Beweis dieser Aussage basiert auf dem Konzept der so genannten *Vergeltungsstrategie* (*Trigger-Strategie*). Diese Strategie schreibt den Spielern vor, solange auf dem Pfad $\{\tilde{s}_t\}_t$ zu bleiben, bis ein Spieler i in einer Periode davon abweicht. Dieser wird dann von den anderen Spielern in allen folgenden Perioden mit s^i optimal bestraft, so dass er in jeder dieser Perioden die Auszahlung v_i erhält.

Beweis: a) Angenommen, es gibt eine Periode t, in der in der Ungleichung (7.4) $<$ statt $\geq$ gilt. Das bedeutet, dass Spieler i durch Abweichen von π in Periode t seine durchschnittliche Auszahlung aus dem wiederholten Spiel erhöhen kann, selbst wenn ihn die anderen Spieler in den verbleibenden Perioden auf das niedrigste Auszahlungsniveau v_i drücken, das ihnen möglich ist. Ist dies der Fall, kann π kein Nash-Gleichgewichtspfad sein. Folglich muss jeder Nash-Gleichgewichtspfad die Ungleichung (7.4) erfüllen.

---

[8] In der Ungleichung 7.4 wird zu Gunsten einer übersichtlichen Darstellung statt der durchschnittlichen Auszahlung die Summe der Auszahlungen betrachtet. Diese beiden Darstellungsformen sind äquivalent, da man durch die Division der Ungleichung durch T die durchschnittliche Auszahlung erhält.

b) Betrachten wir die Strategiekonfiguration b mit folgender Vorschrift[9]:

$$b(h(t)) := \begin{cases} s^i \ldots h_{t-1} = s^i \text{ oder} \\ \qquad h_{t-1} = (\tilde{s}_{-i,t-1}, s_{i,t-1}),\ s_{i,t-1} \neq \tilde{s}_{i,t-1}, t \geqq 2, i \in I \\ \tilde{s}_t \ldots \text{sonst} \end{cases} \quad (7.5)$$

Ist die Ungleichung (7.4) erfüllt, so bildet die Trigger-Strategie b ein Nash-Gleichgewicht von $\Gamma(T)$, weil kein Spieler zu irgendeinem Zeitpunkt profitabel von der Vorschrift von b abweichen kann. Somit ist der durch b erzeugte Pfad $\pi(b)$, der konstant $\tilde{s}_t$ vorsieht, ein Nash-Gleichgewichtspfad.

q. e. d.

Neben der Aussage über die Existenz von Nash-Gleichgewichten und Nash-Gleichgewichtspfaden lassen sich auch Aussagen über deren Eindeutigkeit treffen. Wir werden unser Interesse auf die Nash-Gleichgewichtspfade richten, weil, wie bereits erwähnt, jede Strategiekonfiguration genau einen Spielverlauf erzeugt, jedoch verschiedene Strategiekonfigurationen denselben Spielverlauf bedingen können. Die ständige Wiederholung eines Nash-Gleichgewichts von G ist dafür ein gutes Beispiel. Angenommen, G besitzt ein Nash-Gleichgewicht s^* mit $H_i(s^*) > v_i$ für alle i, wie z. B. das Spiel im folgenden Beispiel 7.4. Dann lässt sich der Pfad π mit $\pi_t = s^*$ für alle t sowohl durch die Trigger-Strategie (7.5) als auch durch die einfache Strategie $b(h(t)) = s^*$ für alle t und alle $h(t) \in \mathcal{H}(t)$ erzeugen. Ein Abweichen eines Spielers von dieser Strategie, bei der die Spieler unabhängig von der Geschichte in jeder Periode s^* wählen, lohnt sich deshalb nicht, weil s^* ein Nash-Gleichgewicht von G ist. Besitzt G ein eindeutiges Nash-Gleichgewicht s^* mit $H_i(s^*) = v_i$ für alle $i \in I$, dann existiert ein eindeutiger Nash-Gleichgewichtspfad.

Satz 7.24. *Besitzt das Spiel G ein eindeutiges Nash-Gleichgewicht $s^* \in S$ mit $H_i(s^*) = v_i$ für alle $i \in I$, dann ist der Pfad $\pi = \{\pi_t\}_{t=1}^T$ mit $\pi_t = s^*$ für alle t der einzige Nash-Gleichgewichtspfad von $\Gamma(T)$.*

Beweis: Der Beweis erfolgt mittels rückwärts gerichteter Induktion (backwards induction). Betrachten wir zunächst die letzte Periode T. Da s^* das einzige Nash-Gleichgewicht von G ist und den Spielern T bekannt ist, muss sich in T auf dem Nash-Gleichgewichtspfad die Aktionenkonfiguration s^* realisieren, d. h. $\pi_T = s^*$. Dies ist den Spielern in Periode $T-1$ bekannt. Da Spieler i in T mindestens die Auszahlung v_i erhält, kann er in dieser Periode annahmegemäß für eine Abweichung von einem vorgegebenen Pfad in $T-1$ nicht mehr bestraft werden. Das Fehlen jeglicher Bestrafungsmöglichkeiten in T führt dazu, dass sich auch in der vorletzten Periode s^* realisieren wird, d. h. $\pi_{T-1} = s^*$. Diese Argumentation lässt sich dann zurück bis zur ersten Periode fortsetzen.

---

[9] Es sei daran erinnert, dass s^i die optimale Bestrafungsstrategiekonfiguration für einen Spieler i bezeichnet, siehe Definition 7.3.

q. e. d.

Für die Nash-Gleichgewichtspfade endlich wiederholter Spiele gilt allgemein, dass auf dem Nash-Gleichgewichtspfad in der letzten Periode ein Nash-Gleichgewicht von G gespielt wird, weil das Spiel in der letzten Periode der einmaligen Durchführung von G entspricht. Dies gilt jedoch nicht notwendigerweise für die Perioden vor der letzten Periode. Dazu wollen wir ein Beispiel betrachten, mit dem gezeigt wird, dass ein eindeutiges Nash-Gleichgewicht von G allein keine hinreichende Bedingung für die Eindeutigkeit des Nash-Gleichgewichtspfads in $\Gamma(T)$ ist.

Beispiel 7.4 Das Spiel G, dessen Auszahlungen durch die folgende Auszahlungstabelle gegeben sind, ist ein symmetrisches Spiel in Form eines Gefangenendilemmas, das um eine dritte Aktion Z erweitert ist.

		Spieler 2		
		X_2	Y_2	Z_2
	X_1	6 / 6	7 / 2	1 / 1
Spieler 1	Y_1	2 / 7	4 / 4	1 / 2
	Z_1	1 / 1	2 / 1	0 / 0

Die Erweiterung um die Aktion Z ändert nichts an der typischen Struktur eines Gefangenendilemmas. Das Spiel G besitzt ein eindeutiges Gleichgewicht $\sigma^* = (Y_1, Y_2)$, in dem beide Spieler die streng dominante Aktion Y wählen und die Auszahlung $H(\sigma^*) = (4, 4)$ erhalten. Im eindeutigen symmetrischen Pareto-Optimum (X_1, X_2) erhalten die Spieler $H(X_1, X_2) = (6, 6)$. Die dritte Aktion Z wird sowohl von der ersten Aktion X als auch von der zweiten Aktion Y streng dominiert. Die Aktion Z wird gewählt, wenn ein Spieler seinen Gegenspieler optimal bestrafen will, also dafür sorgt, dass dieser nur die Minimax-Auszahlung erhält, für die $v_1 = v_2 = 2$ gilt. In dem wiederholten Spiel $\Gamma(T)$ gibt es neben der ständigen Wiederholung von σ^* weitere Nash-Gleichgewichtspfade. So lässt sich z. B. bereits für $T = 2$ der Pfad $\{(X_1, X_2), (Y_1, Y_2)\}$ als Nash-Gleichgewichtspfad durch die Trigger-Strategie (7.5) generieren, bei der ein Spieler in der ersten Periode X spielt und in der zweiten Y, falls sein Gegenspieler in der ersten Periode auch X gewählt hat, ansonsten wählt der Spieler in der zweiten Periode Z. Wählen beide Spieler diese Strategie, erhalten sie jeweils eine durchschnittliche Auszahlung in Höhe von 5. Es ist leicht zu sehen, dass es sich für keinen der beiden Spieler lohnt, von dieser Strategie abzuweichen. Ein Spieler kann sich zwar durch die Wahl von Y statt von X in der ersten Periode von 6 auf 7 verbessern, erhält aber durch die Bestrafung durch seinen Gegenspieler mit Z in der zweiten Periode eine durchschnittliche Auszahlung in Höhe von $\frac{9}{2}$. Erst wenn das Spiel G um die dominierte dritte Aktion Z reduziert wird, diese also nicht mehr von den Spielern gewählt werden kann, sind die Voraussetzungen von Satz 7.24 erfüllt, d. h. $H_i(s^*) = v_i = 4$, $i = 1, 2$. Dann ist der Pfad $\{(Y_1, Y_2), (Y_1, Y_2)\}$ der einzige Nash-Gleichgewichtspfad des wiederholten Spiels.

Betrachten wir nochmals die Trigger-Strategie, die eine Nash-Gleichgewichtsstrategie für die zweimalige Durchführung des erweiterten Gefangenendilemmas ist. Diese schreibt einem Spieler vor, den Gegenspieler in der zweiten Periode mit Z zu bestrafen, wenn dieser in der ersten Periode nicht X gewählt hat. Z ist jedoch eine streng dominierte Aktion. Da das Spiel nach der zweiten Periode zu Ende ist, würde sich folglich der bestrafende Spieler mit der Wahl von Z auf jeden Fall selbst strafen. Es stellt sich deshalb die Frage, ob die durch die Trigger-Strategie angedrohte Bestrafung mit Z glaubwürdig ist, wenn ein Spieler sich besser stellen könnte, indem er die Bestrafung nicht vollzieht. Dieser Punkt wird in Abschnitt 7.2.3 weiter ausgeführt.

Die vorausgegangenen Ausführungen zeigen, dass es selbst für ein Basisspiel mit einem eindeutigen Nash-Gleichgewicht in dem wiederholten Spiel mehrere Nash-Gleichgewichte und unterschiedliche Nash-Gleichgewichtspfade, die nicht nur aus der ständigen Wiederholung des Nash-Gleichgewichts des Basisspiels bestehen, geben kann. Das Bewertungskriterium eines Spielers für den Verlauf eines wiederholten Spiels ist seine durchschnittliche Auszahlung. Wir wollen deshalb der Frage nachgehen, welche durchschnittlichen Auszahlungen sich mit einem Nash-Gleichgewicht in einem endlich wiederholten Spiel erreichen lassen, wenn die Anzahl der Perioden sehr groß wird. Unter der Bedingung, dass es in dem Basisspiel für jeden Spieler ein Nash-Gleichgewicht gibt, in dem er eine höhere Auszahlung als seine Minimax-Auszahlung erhält, ist die Menge $H(B^*(T))$ näherungsweise gleich der Menge der erreichbaren und individuell rationalen Auszahlungen $H^c(\Sigma)$, wenn T sehr groß ist. Es sei erinnert, dass T auch dann nach wie vor endlich und den Spielern bekannt ist. Genau gesagt, konvergiert die Menge $H(B^*(T))$ gegen die Menge $H^c(\Sigma)$ im Sinne der Hausdorff-Distanz, wenn T gegen unendlich geht. Diese Aussage wird auch als *Folk-Theorem für endlich wiederholte Spiele* bezeichnet.

Satz 7.25. *Existiert im Spiel G für jeden Spieler $i \in I$ ein Nash-Gleichgewicht $s^*(i) \in S$ mit $H_i(s^*(i)) > v_i$, dann konvergiert $H(B^*(T))$ gegen $H^c(\Sigma)$ für $T \longrightarrow \infty$.*

Beweis: $H(B^*(T))$ und $H^c(\Sigma)$ sind kompakte Mengen, und aus den Sätzen 7.22 und 7.23 folgt $H(B^*(T)) \subseteq H^c(\Sigma)$ für alle T. Folglich reicht es gemäß Lemma 7.18 aus zu zeigen, dass sich jeder Auszahlungsvektor $x \in H^c(\Sigma)$ approximativ durch die Auszahlung in einem Nash-Gleichgewicht von $\Gamma(T)$ erreichen lässt, wenn T hinreichend groß ist. Sei die Bedingung des Satzes erfüllt und sei $z = (s^*(1), \ldots, s^*(n))$ ein Zyklus von n Perioden, in dem das

Gleichgewicht $s^*(i)$ eines jeden Spielers genau einmal gespielt wird.[10] Für die durchschnittliche Auszahlung $H_i(z) := \frac{1}{n}\sum_{j=1}^{n} H_i(s^*(j))$, die i in dem Zyklus erhält, gilt wegen der Aussage von Lemma 7.7 $H_i(z) > v_i$. Einfachheitshalber nehmen wir an, dass für jedes $x \in H^c(\Sigma)$ ein $s \in S$ mit $H(s) = x$ existiert. (Falls ein solches s nicht existiert, kann durch einen endlichen Zyklus geeigneter Aktionskonfigurationen ein Näherungswert für x gebildet werden.)

Sei (s, z^k) ein Pfad, auf dem zuerst s und danach k-mal hintereinander z gespielt wird. Spielt i in der ersten Periode s_i, wird er mit z^k belohnt. Weicht er hingegen in der ersten Periode von s_i ab, wird er ab der zweiten Periode optimal bestraft, was für ihn in jeder dieser Perioden eine Auszahlung in Höhe von v_i bedeutet. Für hinreichend großes k lässt sich dieser Pfad als Nash-Gleichgewichtspfad des Spieles $\Gamma(1+kn)$, in dem $(1+kn)$-mal hintereinander G gespielt wird, etablieren. Gemäß Satz 7.23 und wegen (7.1) ist der Pfad (s, z^k) dann ein Nash-Gleichgewichtspfad von $\Gamma(1+kn)$, wenn

$$H_i((s,z^k)) = x_i + knH_i(z) \geq \hat{H}_i + knv_i \quad \text{für alle } i \in I$$

und somit wenn

$$k \geq \frac{\hat{H}_i - x_i}{n(H_i(z) - v_i)} \quad \text{für alle } i \in I.$$

Wegen $x_i \geq v_i$ für alle $i \in I$ lässt sich auch der Pfad (s^t, z^k), auf dem zuerst t-mal s und danach k-mal z gespielt wird, als Nash-Gleichgewichtspfad von $\Gamma(t+kn)$ etablieren. Hält man k fest und lässt t gegen unendlich gehen, so konvergiert die durchschnittliche Auszahlung der Spieler auf diesem Nash-Gleichgewichtspfad gegen x.

q. e. d.

Ergänzend sei noch erwähnt, dass die hinreichende Bedingung dafür, dass $H(B^*(T))$ gegen $H^c(\Sigma)$ konvergiert, wenn T gegen unendlich geht, für ein Zwei-Personenspiel schwächer ist. Es lässt sich zeigen, dass dafür die Bedingung aus Satz 7.25 nur für einen Spieler erfüllt sein muss (Benoit und Krishna 1985, Van Damme 1996).

Beispiel 7.5 Gemäß Satz 7.25 kann in dem erweiterten Gefangenendilemma im Beispiel 7.4 approximativ jeder Punkt in der Menge $H^c(\Sigma)$ als durchschnittliche Auszahlung durch ein Nash-Gleichgewicht von $\Gamma(T)$ erreicht werden, wenn T sehr groß wird. In Abb. 7.3 ist die Menge $H^c(\Sigma) = \text{conv}\{(2,2),(2,7),(6,6),(7,2)\}$ dargestellt. Werden in diesem Spiel die streng dominierten Aktionen Z_1 und Z_2 eliminiert, reduziert sich gemäß Satz 7.24

---

[10] Besitzt G ein eindeutiges Gleichgewicht s^* mit $H_i(s^*(i)) > v_i$ für alle $i \in I$, dann sind die Gleichgewichte der Spieler alle gleich, $s^*(1) = \ldots = s^*(n) = s^*$, und der Zyklus z lässt sich auf eine Periode reduzieren, d. h. $z = s^*$.

die Menge der Nash-Gleichgewichtsauszahlungen $H(B^*(T))$ unabhängig von der Periodenzahl T auf die Auszahlungskombination $(4,4)$.

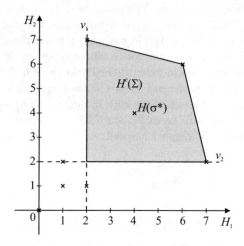

Abb. 7.3. Die Nash-Gleichgewichtsauszahlung $H(\sigma^*)$ und die Mengen $H(\Sigma)$ und $H^c(\Sigma)$ des Basisspiels G in Beispiel 7.4

7.2.2 Teilspielperfektes Gleichgewicht

Eine Strategiekonfiguration ist ein teilspielperfektes Gleichgewicht, wenn sie auf jedes Teilspiel von $\Gamma(T)$ ein Nash-Gleichgewicht induziert. Verwendet man die durchschnittliche Periodenauszahlung als Bewertungskriterium der Spieler, lässt sich die Definition des teilspielperfekten Gleichgewichts 7.15 wie folgt formulieren.

Definition 7.26. *Eine Strategiekonfiguration* $b^{**} \in B(T)$ *heißt teilspielperfektes Gleichgewicht eines endlich wiederholten Spiels ohne Diskontierung* $\Gamma(T)$*, wenn für alle* $t = 1, \ldots, T$ *und alle* $h(t) \in \mathcal{H}(t)$ *gilt:*

$$\sum_{\tau=t}^{T} H_i(\pi_\tau(b^{**})) \geqq \sum_{\tau=t}^{T} H_i(\pi_\tau(b^{**}_{-i}, b_i)) \quad \text{für alle } b_i \in B_i(T) \text{ und alle } i \in I$$

Die Menge der teilspielperfekten Gleichgewichte von $\Gamma(T)$ wird mit $B^{**}(T)$ bezeichnet und die Menge der teilspielperfekten Gleichgewichtspfade mit $\Pi(B^{**}(T))$ oder kurz mit $\Pi^{**}(T)$.

Besitzt das Basisspiel G ein Nash-Gleichgewicht s^*, dann hat folglich auch das Endspiel $\Gamma(1)$ in der letzten Periode T, das gleich dem Basisspiel

G ist, ein Nash-Gleichgewicht. Folglich besitzt auch das Endspiel $\Gamma(2)$, das in der Periode $T-1$ beginnt, ein Nash-Gleichgewicht, das zu dem Nash-Gleichgewichtspfad $\{s^*, s^*\}$ von $\Gamma(2)$ führt. Dieser Pfad ist auch ein teilspielperfekter Gleichgewichtspfad von $\Gamma(2)$, weil s^* ein Nash-Gleichgewicht von $\Gamma(1)$ ist. Diese Argumentation lässt sich auch für das Spiel $\Gamma(3)$ und alle weiteren Spiele $\Gamma(k)$, $k = 4, 5, \ldots, T$, fortsetzen. D.h. aus $S^* \neq \emptyset$ folgt $B^{**}(T) \neq \emptyset$, und somit gilt wegen Korollar 7.6 die folgende Aussage.

Satz 7.27. *Jedes wiederholte Spiel $\Gamma(T)$ besitzt wenigstens ein teilspielperfektes Gleichgewicht.*

Da jedes teilspielperfekte Gleichgewicht von $\Gamma(T)$ genau einen Pfad aus der kompakten Menge $\Pi(T)$ erzeugt, ist die Menge der teilspielperfekten Gleichgewichtspfade, die mit $\Pi(B^{**}(T))$ oder kurz mit $\Pi^{**}(T)$ bezeichnet wird, eine nicht-leere und kompakte Teilmenge von $\Pi(T)$. Folglich gilt für die Menge der durchschnittlichen Auszahlungen

$$H(B^{**}(T)) := \{H(\pi(b)) \mid b \in B^{**}(T)\},$$

die durch teilspielperfekte Gleichgewichte in $\Gamma(T)$ erreicht werden können, folgende Aussage.

Satz 7.28. $H(B^{**}(T))$ *ist eine nicht-leere und kompakte Teilmenge von $H(B(T))$.*

Aus der Definition des teilspielperfekten Gleichgewichts folgt unmittelbar, dass ein teilspielperfektes Gleichgewicht auf jedem Teilspiel von $\Gamma(T)$ nicht nur ein Nash-Gleichgewicht, sondern auch ein teilspielperfektes Gleichgewicht induziert. Folglich ist ein Endpfad $\{\pi_\tau^{**}\}_{\tau=t}^{T}$ eines jeden teilspielperfekten Gleichgewichtspfads π^{**} von $\Gamma(T)$ auch ein teilspielperfekter Gleichgewichtspfad des Spiels $\Gamma(T-t+1)$. Der Anfangspfad $\{\pi_\tau^{**}\}_{\tau=1}^{t}$ eines teilspielperfekten Gleichgewichtspfads π^{**} von $\Gamma(T)$ muss jedoch kein teilspielperfekter Gleichgewichtspfad des Spiels $\Gamma(t)$ mit $t < T$ sein, wie wir im nächsten Beispiel sehen werden.

Wegen Satz 7.28 existiert für jeden Spieler im Spiel $\Gamma(T)$ ein teilspielperfektes Gleichgewicht, welches für ihn das schlechteste aller teilspielperfekten Gleichgewichte von $\Gamma(T)$ ist. Somit ist die kleinste durchschnittliche Periodenauszahlung, die Spieler i in einem Spiel $\Gamma(T)$ auf einem der teilspielperfekten Gleichgewichtspfade erhalten kann, definiert. Sie wird mit $V_i(T)$ bezeichnet:

$$V_i(T) := \min_{b \in B^{**}(T)} H_i(\pi(b))$$

Da sich Spieler i in einem wiederholten Spiel aus eigener Kraft die durchschnittliche Auszahlung in Höhe seiner Minimax-Auszahlung v_i sichern kann, gilt:

$$V_i(T) \geqq v_i \tag{7.6}$$

für alle Spiele $\Gamma(T)$ mit $T \geq 1$.

Wir betrachten nun für das Spiel $\Gamma(T)$ einen bestimmten Pfad π und folgende dazugehörende Strategie: Weicht ein Spieler in irgendeiner Periode von π ab, wird ab der Folgeperiode bis zum Ende des Spiels der teilspielperfekte Gleichgewichtspfad gespielt, der für ihn am schlechtesten ist. Kann sich kein Spieler dadurch verbessern, dass er in irgendeiner Periode t von π abweicht und danach in dem verbleibenden Endspiel $\Gamma(T-t)$ mit dem für ihn schlechtesten teilspielperfekten Gleichgewichtspfad bestraft wird, dann lässt sich der Pfad π mit Hilfe der Strategie als teilspielperfekter Gleichgewichtspfad etablieren. Umgekehrt muss auch jeder teilspielperfekte Gleichgewichtspfad diese Bedingung erfüllen. Eine teilspielperfekte Gleichgewichtsstrategie kann einen Spieler nicht härter als mit dem für ihn schlechtesten teilspielperfekten Gleichgewichtspfad bestrafen, weil ein teilspielperfektes Gleichgewicht von $\Gamma(T)$ auf jedes Teilspiel von $\Gamma(T)$ ebenfalls ein teilspielperfektes Gleichgewicht induziert. Wir können folgende Aussage festhalten:

Satz 7.29. *Ein Pfad $\pi = \{\tilde{s}_t\}_{t=1}^T$ mit $\tilde{s}_t \in S$ für alle t ist genau dann ein teilspielperfekter Gleichgewichtspfad von $\Gamma(T)$, wenn für alle $i \in I$ gilt:*

$$\sum_{\tau=t}^T H_i(\tilde{s}_\tau) \geq \max_{s_{i,t} \in S_i} H_i(\tilde{s}_{-i,t}, s_{i,t}) + (T-t)V_i(T-t) \tag{7.7}$$

für alle $t = 1, \ldots, T$

Der Vollständigkeit halber ist dabei zu berücksichtigen, dass eine teilspielperfekte Gleichgewichtsstrategie auf jedem Teilspiel ein Nash-Gleichgewicht induziert. Das bedeutet, dass eine Strategie nicht nur die Reaktion auf das Abweichen eines Spielers von einem vorgegebenen Pfad π beinhalten muss, sondern auch die Reaktion auf das Abweichen von mehr als einem Spieler. Für diesen Fall kann eine teilspielperfekte Gleichgewichtsstrategie z. B. vorsehen, dass alle Spieler in der folgenden Periode auf den Pfad π zurückkehren.

Aus Satz 7.29 wird ersichtlich, dass die Bestrafung eines Spielers im Teilspiel nach seiner Abweichung nur auf einem teilspielperfekten Gleichgewichtspfad erfolgen kann. Besitzt das Basisspiel G ein eindeutiges Nash-Gleichgewicht s^*, hat dies zur Folge, dass auf einem teilspielperfekten Gleichgewichtspfad von $\Gamma(T)$ nicht nur in der letzten Periode s^* gespielt wird, sondern auch in der vorletzten und somit auch in der vorvorletzten usw. Wir können folgende Aussage festhalten:

Korollar 7.30. *Besitzt das Spiel G ein eindeutiges Nash-Gleichgewicht $s^* \in S$, dann ist der Pfad $\pi = \{\pi_t\}_{t=1}^T$ mit $\pi_t = s^*$ für alle t der einzige teilspielperfekte Gleichgewichtspfad von $\Gamma(T)$.*

Besitzt das Spiel G mehr als ein Nash-Gleichgewicht, dann folgt unmittelbar aus der Definition des teilspielperfekten Gleichgewichts, dass jede beliebige Folge der Gleichgewichte von G ein teilspielperfekter Gleichgewichtspfad des wiederholten Spiels $\Gamma(T)$ ist. Umgekehrt muss ein teilspielperfekter Gleichgewichtspfad jedoch keine Folge von Nash-Gleichgewichten von G sein, wie das folgende Beispiel zeigt.

Beispiel 7.6 Gegeben sei ein Zwei-Personenspiel mit folgender Auszahlungstabelle.

Spieler 2

		X_2	Y_2	Z_2
	X_1	5 \ 5	3 \ 3	0 \ 0
Spieler 1	Y_1	3 \ 3	3 \ 3	1 \ 1
	Z_1	0 \ 0	1 \ 1	0 \ 0

Dieses symmetrische Spiel besitzt zwei symmetrische Nash-Gleichgewichte, die beide Gleichgewichte in reinen Strategien sind, nämlich $\sigma^* = (X_1, X_2)$ und $\sigma'^* = (Y_1, Y_2)$. Die Auszahlungen der Spieler in den beiden Gleichgewichten betragen $H_i(\sigma^*) = 5$ und $H_i(\sigma'^*) = 3$, $i = 1, 2$. Wird das Spiel G zweimal hintereinander durchgeführt, so lässt sich im Spiel $\Gamma(2)$ der Pfad $\{(Z_1, Z_2), (X_1, X_2)\}$ als teilspielperfekter Gleichgewichtspfad etablieren. Die durchschnittliche Periodenauszahlung der Spieler auf diesem Pfad ist mit jeweils $\frac{5}{2}$ kleiner als im schlechteren Nash-Gleichgewicht σ'^* von G. Dieser Pfad lässt sich mit der Strategie erzeugen, die Spieler i für die erste Periode Z_i vorschreibt und für die zweite Periode X_i, wenn in der ersten Periode (Z_1, Z_2) gespielt wurde, ansonsten wird in der zweiten Periode Y_i gespielt. Wählen beide Spieler diese Strategie, bildet dies ein teilspielperfektes Gleichgewicht, weil die durchschnittliche Auszahlung eines Spielers, wenn er in der ersten Periode von dieser Strategie abweicht, höchstens 2 beträgt. Dieses Beispiel zeigt, dass auf einem teilspielperfekten Gleichgewichtspfad Aktionen gespielt werden können, wie die Aktion Z_i, die bei der einmaligen Durchführung des Basisspiels nicht zu erwarten sind; die Aktion Z_i wird von X_i dominiert und von Y_i streng dominiert, $i = 1, 2$. Wie wir noch sehen werden, sind die unteren Schranken für die Auszahlungen in einem teilspielperfekten Gleichgewicht die Minimax-Auszahlungen der Spieler, die in diesem Spiel $v_1 = v_2 = 1$ betragen.

Wir wollen nun wie schon für das Konzept des Nash-Gleichgewichts untersuchen, welche durchschnittlichen Periodenauszahlungen durch teilspielperfekte Gleichgewichte möglich sind, wenn die Periodenzahl sehr groß wird. Dafür betrachten wir zunächst $V_i(T)$, die schlechteste teilspielperfekte Auszahlung von Spieler i im Spiel $\Gamma(T)$, $T \geq 1$. Sei $\bar{v}_i := \inf_T V_i(T)$. Es lässt sich zeigen, dass gilt (Van Damme (1996), S.202):

$$\bar{v}_i = \lim_{T \to \infty} V_i(T) \tag{7.8}$$

Wählen die Gegenspieler von i eine teilspielperfekte Strategiekonfiguration, kann sich i in einem wiederholten Spiel $\Gamma(T)$ mindestens die durchschnittliche Periodenauszahlung $\bar{v}_i$ sichern. Folglich kann die Menge $\bar{H}^c(\Sigma)$ aller Auszahlungsvektoren, die erstens Element der konvexen Hülle von $H(\Sigma)$ sind und in denen zweitens jeder Spieler mindestens die Auszahlung $\bar{v}_i$ erhält, als Menge aller individuell rationalen und erreichbaren Auszahlungsvektoren bezeichnet werden:

$$\bar{H}^c(\Sigma) := \{x \in \operatorname{conv} H(\Sigma) \mid x_i \geqq \bar{v}_i \text{ für alle } i \in I\}$$

Besitzt das Basisspiel nur ein Gleichgewicht s^*, dann gibt es gemäß Korollar 7.30 auch für ein wiederholtes Spiel mit sehr vielen Perioden nur einen einzigen teilspielperfekten Gleichgewichtspfad, und die Menge der Auszahlungen, die durch teilspielperfekte Gleichgewichte erreicht werden können, enthält nur ein Element, $H(B^{**}(T)) = \{H(s^*)\}$. Besitzt G mindestens zwei Gleichgewichte, und gibt es für jeden Spieler ein besseres und ein schlechteres Gleichgewicht, dann ist es möglich, die Spieler zu belohnen und zu bestrafen, und somit lässt sich jede Auszahlungskonfiguration in $\bar{H}^c(\Sigma)$ approximativ als durchschnittliche Periodenauszahlung mit Hilfe eines teilspielperfekten Gleichgewichts realisieren, wenn T sehr groß wird.

Satz 7.31. *Gibt es für jeden Spieler $i \in I$ in dem Spiel G zwei Nash-Gleichgewichte $s^*(i)$ und $s'^*(i)$ mit $H_i(s^*(i)) > H_i(s'^*(i))$, dann konvergiert $H(B^{**}(T))$ gegen $\bar{H}^c(\Sigma)$ für $T \longrightarrow \infty$.*

Beweis: Sei G ein n-Personenspiel, das die Bedingungen des Satzes 7.31 erfüllt. $H(B^{**}(T))$ und $\bar{H}^c(\Sigma)$ sind kompakte Mengen, und aus Satz 7.29 zusammen mit (7.8) folgt $H(B^{**}(T)) \subseteq \bar{H}^c(\Sigma)$. Somit lässt sich gemäß Lemma 7.18 die Konvergenzaussage damit beweisen, dass sich jeder Auszahlungsvektor $x \in \bar{H}^c(\Sigma)$ mit $x_i > \bar{v}_i$ für alle $i \in I$ approximativ durch die Auszahlung in einem teilspielperfekten Gleichgewicht von $\Gamma(T)$ erreichen lässt, wenn T hinreichend groß ist. Für jedes $x \in \bar{H}^c(\Sigma)$ nehmen wir an, dass ein $s \in S$ mit $H(s) = x$ existiert. Sei $z = (s^*(1), \ldots, s^*(n))$ ein Zyklus von n Perioden, in dem das bessere Gleichgewicht $s^*(i)$ eines jeden Spielers genau einmal gespielt wird. z bildet einen teilspielperfekten Gleichgewichtspfad von $\Gamma(n)$, weil jede Folge von Nash-Gleichgewichten von G einen teilspielperfekten Gleichgewichtspfad eines wiederholten Spiels bildet. Für die durchschnittliche Auszahlung $H_i(z) := \frac{1}{n} \sum_{j=1}^n H_i(s^*(j))$ von i in dem Zyklus z gilt: $H_i(z) > \bar{v}_i$ für alle $i \in I$. Dies folgt aus dem Lemma 7.7 zusammen mit (7.6), (7.8) und der Ungleichung aus Satz 7.31. Somit können wir ein $\varepsilon > 0$ wählen mit

$$\varepsilon < x_i - \bar{v}_i \quad \text{für alle } i \in I \tag{7.9}$$

und

$$\varepsilon < H_i(z) - \bar{v}_i \quad \text{für alle } i \in I. \tag{7.10}$$

Die k-fache Durchführung von z, die mit z^k bezeichnet wird, ist in dem wiederholten Spiel $\Gamma(K)$ mit $K := kn$ ebenfalls ein teilspielperfekter Gleichgewichtspfad. k kann hinreichend groß gewählt werden, so dass erstens

$$(H_i(z) - \bar{v}_i - \varepsilon)K \geqq \hat{H}_i - x_i \quad \text{für alle } i \in I \tag{7.11}$$

und zweitens

$$V_i(t) \leqq \bar{v}_i + \varepsilon \quad \text{für alle } t \geqq K \text{ und alle } i \in I. \tag{7.12}$$

($\hat{H}_i$ ist die obere Schranke der Auszahlungen von i in G.) Sei nun der Pfad (s^t, z^k) in dem endlich wiederholten Spiel $\Gamma(t+K)$ betrachtet, auf dem zuerst t-mal s gespielt wird und danach k-mal der Zyklus z. Die Summe der Auszahlungen von Spieler i auf diesem Pfad beträgt $tx_i + KH_i(z)$. Gemäß Satz 7.29 und (7.1) ist der Pfad (s^t, z^k) dann ein teilspielperfekter Gleichgewichtspfad von $\Gamma(t+K)$, wenn für alle $i \in I$ gilt:

$$H_i\big((s^t, z^k)\big) = tx_i + KH_i(z) \geqq \hat{H}_i + (t - 1 + K)V_i(t - 1 + K) \tag{7.13}$$

$$\text{für alle } t \geqq 1.$$

Wegen (7.11) und (7.9) gilt:

$$tx_i + KH_i(z) \geqq \hat{H}_i + (t-1)x_i + (\bar{v}_i + \epsilon)K \geqq \hat{H}_i + (t - 1 + K)(\bar{v}_i + \epsilon)$$

Der letzte Ausdruck ist wegen (7.12) nicht kleiner als der Ausdruck auf der rechten Seite der Ungleichung (7.13). Folglich ist der Pfad (s^t, z^k) für $t \geqq 1$ ein teilspielperfekter Gleichgewichtspfad von $\Gamma(t+K)$. Hält man K fest und lässt t gegen unendlich gehen, dann konvergiert die durchschnittliche Auszahlung der Spieler auf diesem teilspielperfekten Gleichgewichtspfad gegen x.

q. e. d.

Damit die Bedingung von Satz 7.31 erfüllt ist, muss das Spiel G mindestens zwei Gleichgewichte besitzen, d. h. aus $H_i(s^*(i)) > H_i(s'^*(i))$ muss nicht $H_j(s^*(i)) > H_j(s'^*(i))$ für $j \neq i$ folgen. Dieses wollen wir anhand des folgenden Beispiels illustrieren.

Beispiel 7.7 Gegeben sei ein Zwei-Personenspiel mit folgender Auszahlungstabelle

		Spieler 2		
		X_2	Y_2	Z_2
Spieler 1	X_1	1 / 3	0 / 0	0 / 5
	Y_1	0 / 0	3 / 1	0 / 5
	Z_1	5 / 0	5 / 0	4 / 4

Dieses Spiel ist ein Battle of the sexes-Spiel, das um eine dominierte dritte Aktion Z erweitert ist. In diesem Spiel gibt es zwei reine Nash-Gleichgewichte $\sigma^* = (X_1, X_2)$ und $\sigma'^* = (Y_1, Y_2)$ sowie ein gemischtes Nash-Gleichgewicht

$$s^* = \left(\left(\frac{3}{4}, \frac{1}{4}, 0\right), \left(\frac{1}{4}, \frac{3}{4}, 0\right)\right).$$

Beschränken wir unsere Betrachtung zunächst auf die reinen Aktionen. Unter dieser Bedingung lauten die Minimax-Auszahlungen $v_1 = v_2 = 1$. σ^* ist für Spieler 1 das bessere der beiden reinen Nash-Gleichgewichte, für Spieler 2 ist es umgekehrt: $H_1(\sigma^*) = 3 > H_1(\sigma'^*) = 1 = v_1$ und $H_2(\sigma'^*) = 3 > H_2(\sigma^*) = 1 = v_2$. Betrachten wir in dem wiederholten Spiel $\Gamma(T)$ den Pfad π, auf dem zuerst $(T-2)$-mal die Aktionskonfiguration (Z_1, Z_2) gespielt wird und dann einmal σ^* und einmal σ'^*. Wird ein Abweichen eines Spielers von π in einer der ersten $T-2$ Perioden damit bestraft, dass dann bis zum Spielende das für den abweichenden Spieler schlechtere der beiden Nash-Gleichgewichte von G gespielt wird, bildet der Pfad π einen teilspielperfekten Gleichgewichtspfad von $\Gamma(T)$. In den letzten drei Perioden auf dem Pfad π erhält jeder der beiden Spieler eine Auszahlungssumme in Höhe von $4 + 3 + 1 = 8$. Weicht ein Spieler in $T-2$ von Z auf X oder Y ab, erhält er $5 + 1 + 1 = 7$, also weniger. Folglich lohnt sich ein Abweichen nicht. Ein Abweichen von π lohnt sich auch in früheren Perioden nicht, weil der Auszahlungsverlust eines abweichenden Spielers um so größer wird, je früher er abweicht. An der Argumentation ändert sich nichts, wenn auch das gemischte Gleichgewicht von G berücksichtigt wird, in dem jeder Spieler eine Auszahlung in Höhe von $\frac{3}{4}$ erhält.

Das folgende Beispiel zeigt, dass Aktionskonfigurationen von G, die keine Nash-Gleichgewichte sind, nur dann Elemente eines teilspielperfekten Gleichgewichtspfads von $\Gamma(T)$ sein können, wenn die Spieler durch Nash-Gleichgewichte von G, die sich in den Auszahlungen unterscheiden, belohnt und bestraft werden können. Dabei ist die Tatsache, dass die Nash-Gleichgewichtsauszahlungen in G größer als die individuellen Minimax-Auszahlungen sind, im Gegensatz zum Konzept des Nash-Gleichgewichts von $\Gamma(T)$ ohne Bedeutung.

Beispiel 7.8 Gegeben sei ein Zwei-Personenspiel mit folgender Auszahlungstabelle.

7.2 Endlich wiederholte Spiele ohne Diskontierung

Spieler 2

		W_2	X_2	Y_2	Z_2
Spieler 1	W_1	2 3	2 3	0 0	0 0
	X_1	2 3	2 3	0 1	0 0
	Y_1	0 0	1 0	0 0	0 5
	Z_1	0 0	0 0	5 0	4 4

Die gemischten Gleichgewichte in diesem Spiel werden durch jede beliebige Kombination aus Wahrscheinlichkeitsverteilungen über die reinen Aktionen W und X gebildet, d. h. $S^* = \{s \in S \mid s_1 = (p, 1-p, 0, 0), s_2 = (q, 1-q, 0, 0),\ p, q \in [0,1]\}$. Die Auszahlungen der Spieler in den Nash-Gleichgewichten sind größer als ihre Minimax-Auszahlungen, $H(s) = (3,2)$ für alle $s \in S^*$ und $(v_1, v_2) = (1,1)$. Das eindeutige symmetrische Pareto-Optimum von G ist (Z_1, Z_2) mit $H(Z_1, Z_2) = (4,4)$. Die Aktionskonfiguration (Z_1, Z_2) lässt sich jedoch nicht als Element eines teilspielperfekten Gleichgewichtspfad von $\Gamma(T)$ erreichen. In der letzten Periode T realisiert sich ein $s \in S^*$. Da für beide Spieler jeweils die Auszahlungen aller $s \in S^*$ gleich sind, kann keiner der beiden Spieler in der letzten Periode für seine Wahl in der vorletzten Periode belohnt oder bestraft werden. Folglich wird auch in $T-1$ ein $s \in S^*$ gespielt. Diese Argumentation lässt sich bis zur ersten Periode zurück führen. Somit kann ein teilspielperfekter Gleichgewichtspfad von $\Gamma(T)$ nur eine Folge von $s \in S^*$ sein, was die einelementige Auszahlungsmenge $H(B^{**}(T)) = \{(3,2)\}$ bedingt.

Hat in einem n-Personenspiel G die Menge $H^c(\Sigma)$ die Dimension n, $\dim H^c(\Sigma) = n$, dann lässt sich jede Auszahlungskonfiguration in $H^c(\Sigma)$ approximativ durch ein teilspielperfektes Gleichgewicht von $\Gamma(T)$ erreichen, wenn T sehr groß wird. Die folgende Aussage wird auch als *teilspielperfektes Folk-Theorem für endlich wiederholte Spiele* bezeichnet.

Satz 7.32. *Ist G ein n-Personenspiel mit $\dim H^c(\Sigma) = n$, und gilt für jeden Spieler $i \in I$, dass das Spiel G zwei Nash-Gleichgewichte $s^*(i)$ und $s'^*(i)$ mit $H_i(s^*(i)) > H_i(s'^*(i))$ besitzt, dann konvergiert $H(B^{**}(T))$ gegen $H^c(\Sigma)$ für $T \longrightarrow \infty$.*

Es lässt sich zeigen, dass $\bar{v}_i = v_i$ für $\dim H^c(\Sigma) = n$ (Van Damme (1996), S. 205). Somit folgt die Gültigkeit von Satz 7.32 unmittelbar aus Satz 7.31.

Ist G ein Zwei-Personenspiel, dann lässt sich zeigen, dass die schwächere Bedingung von Satz 7.31 ausreicht, damit die Menge $H(B^{**}(T))$ gegen $H^c(\Sigma)$ konvergiert, wenn T gegen unendlich geht (Benoit und Krishna 1985, Van

Damme 1996). Sei dazu das folgende Beispiel betrachtet.

Beispiel 7.9 Gegeben sei das Zwei-Personenspiel aus Beispiel 7.6. Die Auszahlung beider Spieler ist im Nash-Gleichgewicht $\sigma^* = (X_1, X_2)$ größer als im Nash-Gleichgewicht $\sigma'^* = (Y_1, Y_2)$, $H(\sigma^*) = (5,5)$ und $H(\sigma'^*) = (3,3)$. Die Minimax-Auszahlungen betragen $v_1 = v_2 = 1$ und $H^c(\Sigma) = \{x \mid x_2 = x_1, \ x_1 \in [1,5]\}$, d. h. $\dim H^c(\Sigma) = 1 < n = 2$. In diesem Spiel konvergiert die Menge der Auszahlungen, die durch teilspielperfekte Gleichgewichte erreichbar sind, gegen $H^c(\Sigma)$.

7.2.3 Vergleich von Nash-Gleichgewicht und teilspielperfektem Gleichgewicht

Aus dem Vergleich der Aussagen zum Nash-Gleichgewicht und teilspielperfekten Gleichgewicht eines endlich wiederholten Spiels ohne Diskontierung $\Gamma(T)$ wird die Aussage von Satz 7.17 deutlich, der in Abschnitt 7.1.2 allgemein für wiederholte Spiele formuliert werden konnte: Die Bedingungen für ein teilspielperfektes Gleichgewicht sind strenger als die für ein Nash-Gleichgewicht. Wir können zusätzlich folgende Aussage festhalten:

Satz 7.33. *Für jedes wiederholte Spiel $\Gamma(T)$ gilt:* $H(B^{**}(T)) \subseteq H(B^*(T)) \subseteq H^c(\Sigma)$.

Wir werfen nun einen näheren Blick auf die Strategien, die es ermöglichen, dass ein Nash-Gleichgewichtspfad oder ein teilspielperfekter Gleichgewichtspfad von $\Gamma(T)$ Aktionskonfigurationen enthalten kann, die keine Nash-Gleichgewichte des Basisspiels G sind. Es wurde gezeigt, dass dies erreicht werden kann, indem Vergeltungsstrategien gespielt werden, die Spieler, die von einem vorgegebenen Pfad abweichen, bestrafen.

Für die Existenz eines solchen Nash-Gleichgewichtspfads reicht es aus, dass es im Basisspiel G für jeden Spieler i mindestens ein Nash-Gleichgewicht gibt, in dem i eine höhere Auszahlung als v_i erhält. Abweichendes Verhalten eines Spielers wird dann damit vergolten, dass in allen folgenden Perioden bis zum Spielende s^i gespielt wird, so dass der abweichende Spieler in diesen Perioden jeweils nur die Auszahlung v_i erhält (Satz 7.23). Die Aktionskonfiguration s^i, mit der i nach einem Abweichen in jeder bis zur letzten Periode bestraft wird, muss allerdings kein Nash-Gleichgewicht von G sein. In einem solchen Fall ist auch der Verlauf des Endspiels von $\Gamma(T)$, in dem die Bestrafung vollzogen wird, kein Nash-Gleichgewichtspfad des Endspiels, weil auf einem Nash-Gleichgewichtspfad zumindest in der letzten Periode ein Nash-Gleichgewicht von G gespielt wird.

So z. B. lässt sich im Spiel in Beispiel 7.4 ein Nash-Gleichgewichtspfad etablieren, auf dem durchgehend bis zur vorletzten Periode das symmetrische Pareto-Optimum (X_1, X_2) gespielt wird, das kein Nash-Gleichgewicht von G ist. Dies ist dadurch möglich, dass eine Vergeltungsstrategie gewählt wird, die einen abweichenden Spieler durch die Wahl der Aktion Z bestraft, so dass dieser auf eine Periodenauszahlung in Höhe von $v_i = 2$ gedrückt wird. Da Z jedoch eine streng dominierte Aktion ist, stellt sich die Frage, ob diese Drohung glaubwürdig ist. Der bestrafende Spieler könnte sich besser stellen, wenn er die Bestrafung nicht ausführt. In diesem Beispiel stellt er sich durch die Vergeltung sogar noch schlechter als der Spieler, den er bestraft, denn er erhält nur eine Periodenauszahlung in Höhe von 1. Im Spiel in Beispiel 7.8 lässt sich durch die Drohung mit der Aktion Y ein Nash-Gleichgewichtspfad etablieren, auf dem durchgehend bis zur vorletzten Periode das symmetrische Pareto-Optimum (Z_1, Z_2) gespielt wird, das kein Nash-Gleichgewicht von G ist. Der Vollzug der Drohung mit der entsprechenden Reaktion des bestraften Spieler führt dazu, dass der bestrafende Spieler in den Perioden der Vergeltung eine kleinere Auszahlung als seinen v_i-Wert erhält. Unter dem Gesichtspunkt der *unglaubwürdigen Drohung* ist das Konzept des Nash-Gleichgewichts für endlich wiederholte Spiele unbefriedigend. In der spieltheoretischen Literatur wird zum Teil als Gegenargument angeführt, dass die angedrohten Vergeltungen derart abschreckend sind, so dass sie nie ausgeführt werden müssen und sich deshalb gar nicht die Frage stellt, ob die angedrohte Vergeltung glaubwürdig ist oder nicht.

Das Konzept des teilspielperfekten Gleichgewichts schließt per Definition Vergeltungsstrategien aus, die im Fall einer Bestrafung in den Endspielen Pfade erzeugen, die keine Nash-Gleichgewichtspfade sind. Das bedeutet, dass die Bestrafung eines Spielers nur auf einem Nash-Gleichgewichtspfad vollzogen werden kann (Satz 7.29). Dies hat als Konsequenz, dass ein teilspielperfekter Gleichgewichtspfad von $\Gamma(T)$ nur dann Aktionskonfigurationen enthalten kann, die keine Nash-Gleichgewichte des Basisspiels G sind, wenn die Spieler für ein Abweichen von diesem Pfad wirkungsvoll bestraft und für ein Nicht-Abweichen belohnt werden können. Die Bestrafung eines abweichenden Spielers erfolgt mit einem für ihn schlechten teilspielperfekten Gleichgewichtspfad und die Belohnung für ein Nicht-Abweichen erfolgt mit einem für ihn guten teilspielperfekten Gleichgewichtspfad. Daraus folgt, dass das Basisspiel mindestens zwei Nash-Gleichgewichte besitzen muss, die von den Spielern unterschiedlich bewertet werden. Aus diesem Grund können die symmetrischen Pareto-Optima der Spiele in den Beispielen 7.4 und 7.8 nicht Elemente von teilspielperfekten Gleichgewichtspfaden sein. Das Spiel im Beispiel 7.4 besitzt nur ein Nash-Gleichgewicht, und das Spiel in Beispiel 7.8 hat zwar mehrere Nash-Gleichgewichte, die sich jedoch für die Spieler in den Auszahlungen nicht unterscheiden. Folglich ist weder eine Bestrafung noch eine Belohnung durch einen Nash-Gleichgewichtspfad möglich. Das Konzept des teilspielperfekten Gleichgewichts stellt sicher, dass wenn eine Bestrafung vollzogen wird, kein Spieler einen Anreiz besitzt, sich nicht an der Bestrafung zu beteiligen.

Teilspielperfekte Vergeltungsmaßnahmen schließen jedoch nicht aus, dass sich auch die bestrafenden Spieler verschlechtern können. Betrachten wir nochmals das Spiel in Beispiel 7.7 und den teilspielperfekten Gleichgewichtspfad, auf dem in den ersten $T-2$ Perioden (Z_1, Z_2) gespielt wird und danach einmal das Nash-Gleichgewicht (X_1, X_2) und einmal das Nash-Gleichgewicht (Y_1, Y_2). Dieser Pfad lässt sich dadurch als teilspielperfekter Gleichgewichtspfad etablieren, dass die beiden Spieler sich zu der Strategie verpflichten, in den ersten $T-2$ Perioden solange (Z_1, Z_2) zu spielen, bis ein Spieler abweicht. Danach wird für den Rest des Spieles das für ihn schlechtere der beiden reinen Nash-Gleichgewichte von G gespielt. Durch diese teilspielperfekte Vergeltung verschlechtert sich aber auch der andere Spieler, denn statt einer Periodenauszahlung in Höhe von 4, die er durch (Z_1, Z_2) erhält, bekommt er jetzt nur noch eine Periodenauszahlung in Höhe von 3. In diesem Fall besteht ein Anreiz für die Spieler, Verhandlungen aufzunehmen und eine neue Vergeltungsstrategie festzulegen. Die Möglichkeit zu *Neuverhandlungen* untergräbt jedoch die Glaubwürdigkeit der ursprünglichen Vergeltungsstrategie. Des weiteren lassen auch die Diskussionen im Zusammenhang mit dem Spiel in Beispiel 7.6 Zweifel aufkommen, ob das Konzept des teilspielperfekten Gleichgewichts sich in jedem Fall mit der Annahme der Rationalität der Spieler vereinbaren lässt. Für die wiederholte Durchführung dieses Spiels wurde gezeigt, dass es eine teilspielperfekte Strategiekonfiguration gibt, welche einen Spieler dafür bestraft, wenn er von der für beide Spieler schlechtesten Aktionskonfiguration (Z_1, Z_2) abweicht bzw. dafür belohnt, wenn er diese spielt.

7.2.4 Isomorphie und Teilspielkonsistenz

Teilspielperfektheit verbietet unglaubwürdige Drohungen, deren Durchführung nicht mit Gleichgewichtsverhalten vereinbar ist. Es verbietet aber nicht willkürliche Drohungen. Hierzu betrachten wir ein endlich wiederholtes Spiel $\Gamma(T)$, d. h. ein T-fach gespieltes Basisspiel G, und alle Teilspiele nach einer Geschichte $h(t)$ für eine konkrete Periodenzahl $t \leq T$. Ist t sehr groß, so ist die Klasse der Teilspiele nach $h(t)$ ebenfalls sehr groß. Unterscheiden sich aber diese Teilspiele in strategisch wichtigen Details?

Offenbar wird in allen diesen Teilspielen, unabhängig von der Vergangenheit noch $(T - t + 1)$-mal das Spiel G hintereinander gespielt. Alles, was die Vergangenheit $h(t)$ für die Regeln des Teilspiels nach $h(t)$ impliziert, sind additive Konstante der Auszahlungsfunktionen für das Teilspiel nach $h(t)$, die durch die Aktionen in den Vorperioden $\tau < t$ bestimmt sind, aber gemäß dem kardinalen Nutzenkonzept spieltheoretisch unerheblich sind. Ganz allgemein (vgl. Harsanyi und Selten 1988) kann man Spiele dann als isomorph bezeichnen, wenn sich durch eine isomorphe Abbildung ihre (spieltheoretisch relevanten) Regeln aufeinander abbilden lassen. Aus unserer obigen Argumentation folgt.

Satz 7.34. *Alle Teilspiele eines wiederholten Spiels $\Gamma(T)$, die in derselben Periode t mit $1 < t \leq T$ beginnen, sind isomorph.*

Mit Hilfe des Begriffs isomorpher Teilspiele[11] können wir nun die Willkürlichkeit und Willkürfreiheit von Drohungen formal definieren. Hierzu bedienen wir uns folgender Definition.

Definition 7.35. *Ein teilspielperfektes Gleichgewicht heißt teilspielkonsistent, wenn es für alle isomorphen Teilspiele dieselbe Lösung vorschreibt.*

Wenn wir die vorher betrachteten Beispiele Revue passieren lassen, so zeigt sich, dass die (Approximation der) konvexe(n) Hülle nur durch teilspielperfekte Gleichgewichte gerechtfertigt werden konnte, die die Zusatzforderung der Teilspielkonsistenz verletzen. Allgemein gilt, dass die so genannten Folk-Theoreme für endlich oft wiederholte Basisspiele die Bedingung der Teilspielkonsistenz widerlegen. Dies folgt aus dem offenbaren Sachverhalt, der im nächsten Satz präzisiert wird.

Satz 7.36. *Jedes teilspielkonsistente Gleichgewicht eines endlich oft wiederholten Spiels $\Gamma(T)$ schreibt die konstante Wahl eines Gleichgewichts s^* des Basisspiels G vor.*

Beweis: Es sei s^* das Gleichgewicht, das gemäß Teilspielkonsistenz in allen in T beginnenden Teilspielen gespielt werden muss. Die in Periode $(T-1)$ beginnenden Teilspiele unterscheiden sich bei Antizipation von s^* für Periode T von den in T beginnenden nur durch eine additive Konstante in den Auszahlungsfunktionen, sind also zu diesen isomorph. Teilspielkonsistenz verlangt daher die Lösung s^*. Analoge Argumentation für $(T-2)$, $(T-3)$ etc. beweist die Aussage.

q. e. d.

7.3 Endlich wiederholte Spiele mit Diskontierung

Endlich wiederholten Spielen mit Diskontierung wird in der spieltheoretischen Literatur praktisch kein Interesse geschenkt. Dies liegt unter anderem daran, dass der Gewinn an zusätzlichen Erkenntnissen im Vergleich zu den wiederholten Spiele ohne Diskontierung sehr gering ist, die Beschreibung hingegen aufwendiger und weniger anschaulich. Zu Gunsten einer umfassenden Darstellung und auch als Grundlage für die unendlich wiederholten Spiele mit Diskontierung wollen wir jedoch kurz das theoretische Grundgerüst endlich wiederholter Spiele mit Diskontierung darstellen.

Der Unterschied zwischen einem endlich wiederholten Spiel mit Diskontierung und einem ohne Diskontierung besteht ausschließlich in der Art, wie

---

[11] Der Begriff isomorpher (oder strategisch äquivalenter Teil-) Spiele wurde schon in Abschnitt 2.6.4 diskutiert. Im konkreten Zusammenhang müssen nur durch affine Nutzentransformationen ineinander überführbare Spiele als isomorph betrachtet werden.

die Spieler ihre Periodenauszahlungen gewichten. Die Menge der möglichen Strategien sowie die Menge der Spielverläufe sind dieselben.

Messen die Spieler zukünftigen Auszahlungen ein geringeres Gewicht als heutigen bei, verwendet man statt der durchschnittlichen Auszahlung $H_i(\pi(b))$ gemäß (7.3) die durchschnittliche diskontierte Auszahlung $H(\pi(b), \delta)$ als subjektiven Bewertungsmaßstab der Spieler:

$$H_i(\pi(b), \delta_i) := \frac{1-\delta_i}{1-\delta_i^T} \sum_{t=1}^{T} \delta_i^{t-1} H_i(\pi_t(b)), \quad \delta_i \in (0,1), \quad i \in I \quad (7.14)$$

Der Diskontfaktor δ_i, den wir für alle Spieler gleich annehmen wollen ($\delta_i = \delta$ für $i \in I$), gibt an, in welchem Maß ein Spieler seine Auszahlung in der nächsten Periode im Vergleich zu seiner Auszahlung in der jetzigen Periode geringer schätzt. $\delta = 0$ bedeutet, dass die Spieler zukünftigen Auszahlungen überhaupt keine Bedeutung beimessen, was bedeutet, dass das wiederholte Spiel für die Spieler dem Basisspiel gleich ist. Mit $\delta = 1$ wird der nicht diskontierte Fall beschrieben, den wir bereits betrachtet haben. Somit werden wir unsere Betrachtung auf $\delta \in (0,1)$ beschränken. Der Faktor $\frac{1-\delta}{1-\delta^T}$ wird aus folgender Betrachtung abgeleitet: Erhält ein Spieler in allen Perioden dieselbe Auszahlung, dann soll auch seine durchschnittliche diskontierte Auszahlung gleich dieser Auszahlung sein. Aus der Bedingung

$$x = q \sum_{t=1}^{T} \delta^{t-1} x$$

folgt:

$$q = \frac{1-\delta}{1-\delta^T}$$

Der Faktor q dient dazu, die (kumulierten) diskontierten Auszahlungen in einem endlich wiederholten Spiel vergleichbar zu machen mit der Auszahlung in einem Ein-Perioden Spiel. Denn die Auszahlungen in $H^c(\Sigma)$ beziehen sich nur auf einmal durchgeführte Spiele. Im nicht-diskontierten Fall hat man daher immer die durchschnittliche Periodenauszahlung betrachtet, die in natürlicher Weise mit den einperiodigen Auszahlungen in $H^c(\Sigma)$ vergleichbar waren.

Basierend auf der Definition 7.8 und der individuellen Auszahlung (7.14) können wir somit ein endlich wiederholtes Spiel mit Diskontierung definieren.

Definition 7.37. *Ein wiederholtes Spiel heißt endlich wiederholtes Spiel mit Diskontierung $\Gamma(T, \delta)$, wenn es $T \in \mathbb{N}_+$ Perioden besitzt und die Spieler die Auszahlungsfunktion (7.14) als Bewertungskriterium verwenden.*

Für das Spiel $\Gamma(T, \delta)$ erhält man die Definitionen des Nash-Gleichgewichts und des teilspielperfekten Gleichgewichts, wenn man in den Definitionen 7.20 und 7.26 die Auszahlung (7.14) verwendet. Wie in $\Gamma(T)$ bildet in $\Gamma(T, \delta)$ die ständige Wiederholung eines Nash-Gleichgewichts von G ein teilspielperfektes Gleichgewicht und somit auch ein Nash-Gleichgewicht. Auch die Aussage von

Satz 7.23 lässt sich unmittelbar übertragen, was bedeutet, dass ein Pfad $\pi = \{\tilde{s}_t\}_{t=1}^T$ mit $\tilde{s}_t \in S$ für alle t genau dann ein Nash-Gleichgewichtspfad von $\Gamma(T,\delta)$ ist, wenn für alle $i \in I$ gilt:[12]

$$\sum_{\tau=t}^{T} \delta^{\tau-t} H_i(\tilde{s}_\tau) \geq \max_{s_{i,t} \in S_i} H_i(\tilde{s}_{-i,t}, s_{i,t}) + \delta \frac{1-\delta^{T-t}}{1-\delta} v_i \quad (7.15)$$

$$\text{für alle } t = 1,\ldots,T$$

Desweiteren können auch die Aussagen 7.24 und 7.30 unmittelbar auf $\Gamma(T,\delta)$ übertragen werden.

Mit dem folgenden Beispiel wird illustriert, in welcher Weise die Höhe des Diskontfaktors Einfluss darauf hat, ob ein Pfad ein Nash-Gleichgewichtspfad ist oder nicht.

Beispiel 7.10 Wir betrachten nochmals das um eine streng dominierte Aktion erweiterte Gefangenendilemma aus Beispiel 7.4, dessen Auszahlungstabelle wie folgt lautet.

Spieler 2

		X_2	Y_2	Z_2
	X_1	6 6	7 2	1 1
Spieler 1	Y_1	2 7	4 4	1 2
	Z_1	1 1	2 1	0 0

In Beispiel 7.4 wurde gezeigt, dass der Pfad $\pi = \{(X_1, X_2), (Y_1, Y_2)\}$ einen Nash-Gleichgewichtspfad von $\Gamma(2)$ bildet. Wir wollen nun untersuchen, inwieweit dies auch im Spiel $\Gamma(2,\delta)$ Gültigkeit besitzt. Da Z_j die effektivste Drohung des j ist, ist π gemäß (7.15) ein Nash-Gleichgewichtspfad von $\Gamma(2,\delta)$, wenn gilt:

$$H_i(X_i, X_j) + \delta H_i(Y_i, Y_j) \geq H_i(Y_i, X_j) + \delta H_i(Y_i, Z_j) \quad \text{für } i,j = 1,2;\ j \neq i$$

Mit $H_i(X_i, X_j) = 6$, $H_i(Y_i, Y_j) = 4$, $H_i(Y_i, X_j) = 7$ und $H_i(Y_i, Z_j) = 2$ ist die Ungleichung nur für $\delta \geq \frac{1}{2}$ erfüllt. Für $\delta < \frac{1}{2}$ besitzt das Spiel $\Gamma(T,\delta)$ nur einen einzigen Nash-Gleichgewichtspfad. Auf diesem wird zweimal das Nash-Gleichgewicht (Y_1, Y_2) von G gespielt.

---

[12]
$$\sum_{\tau=t+1}^{T} \delta^{\tau-t} = \delta \frac{1-\delta^{T-t}}{1-\delta}$$

Dieses Beispiel illustriert, was auch durch die Bedingung (7.15) ausgedrückt wird. Die Mengen der Gleichgewichte, der Nash-Gleichgewichtspfade und somit auch der durch Gleichgewichte erreichbaren Auszahlungen hängen vom Diskontfaktor δ ab. Da die Drohung, einen Spieler für ein Abweichen in den verbleibenden Perioden zu bestrafen, mit kleinerem δ schwächer wird, kann die Zahl der möglichen Gleichgewichte von $\Gamma(T,\delta)$ mit sinkendem δ kleiner werden.

7.4 Unendlich wiederholte Spiele ohne Diskontierung

In diesem Abschnitt betrachten wir den Fall der unendlich wiederholten Durchführung eines Basisspiels G, wobei die Spieler die Periodenauszahlungen aus den einzelnen Durchführungen von G nicht diskontieren.

Die Menge der Strategien wird mit $B(\infty)$ bezeichnet und die Menge der möglichen Spielverläufe mit $\Pi(B(\infty))$ oder kurz mit $\Pi(\infty)$. Die durchschnittliche Auszahlung von Spieler i, die er in Abhängigkeit von einer bestimmten Strategiekonfiguration $b \in B(\infty)$ erhält, beträgt

$$H_i(\pi(b)) := \lim_{T \to \infty} \inf \frac{1}{T} \sum_{t=1}^{T} H_i(\pi_t(b)), \quad i \in I. \quad (7.16)$$

In der spieltheoretischen Literatur finden sich zwei unterschiedliche Kriterien, nach denen die Spieler die Auszahlungen, die sie in den einzelnen Perioden erhalten, bewerten. Das erste ist das *Durchschnittskriterium* und das zweite ist das *Overtaking-Kriterium*.

Definition 7.38. *Die Bewertung eines Spielverlaufs durch Spieler i erfolgt nach dem Durchschnittskriterium, wenn die Präferenzordnung $\succsim_i^d$ von i in Bezug auf zwei Auszahlungspfade $x = \{x_t\}_t$ und $y = \{y_t\}_t$ mit $x_t, y_t \in H_i(S)$ gegeben ist durch:*

$$x \succsim_i^d y \iff \lim_{T \to \infty} \inf \frac{1}{T} \sum_{t=1}^{T} (x_t - y_t) \geqq 0$$

Nach dem Durchschnittskriterium zieht ein Spieler von zwei Pfaden den mit der höheren durchschnittlichen Auszahlung vor, wobei der Durchschnitt jeweils durch den minimalen Häufungspunkt der Folge bestimmt ist.

Definition 7.39. *Die Bewertung eines Spielverlaufs durch Spieler i erfolgt nach dem Overtaking-Kriterium, wenn die Präferenzordnung $\succsim_i^o$ von i in Bezug auf zwei Auszahlungspfade $x = \{x_t\}_t$ und $y = \{y_t\}_t$ mit $x_t, y_t \in H_i(S)$ gegeben ist durch:*

$$x \succsim_i^o y \iff \lim_{T \to \infty} \inf \sum_{t=1}^{T} (x_t - y_t) \geqq 0$$

7.4 Unendlich wiederholte Spiele ohne Diskontierung

Das Overtaking-Kriterium ist strenger als das Durchschnittskriterium, d. h.:

$$x \succsim_i^o y \implies x \succsim_i^d y \tag{7.17}$$

Unterscheiden sich zwei Auszahlungspfade x und y ausschließlich darin, dass x in endlich vielen Perioden größere Werte als y aufweist, gilt: $x \succ_i^o y$; d. h. Spieler i bevorzugt nach dem Overtaking-Kriterium den Pfad x. Hingegen gilt in diesem Fall: $x \sim_i^d y$; d. h. nach dem Durchschnittskriterium ist i indifferent zwischen x und y. Allgemein gilt, wenn zwei Auszahlungspfade x und y in „fast allen" Perioden gleich sind, dann folgt $x \sim_i^d y$. Formal präzise ausgedrückt heißt dies: Sei $D_{xy} \subset \mathbb{N}$ die Menge der Perioden, in denen sich zwei Auszahlungspfade x und y unterscheiden, dann gilt:

$$\lim_{T \to \infty} \frac{|D_{xy} \cap \{1, \ldots, T\}|}{T} = 0 \implies x \sim_i^d y \tag{7.18}$$

Dies schließt $|D_{xy}| = \infty$ nicht aus; d. h. D_{xy} kann auch eine (abzählbar) unendliche Menge sein. Unterscheiden sich z. B. zwei Auszahlungspfade x und y ausschließlich in den Perioden 10^k mit $k \in \mathbb{N}$, dann unterscheiden sich die beiden Pfade in unendlich vielen Perioden, $|D_{xy}| = \infty$; die durchschnittlichen Auszahlungen auf beiden Pfaden sind jedoch gleich, weil der Ausdruck in (7.18) gleich null ist.

Auf Basis der Definitionen 7.8, 7.38 und 7.39 lässt sich ein unendlich wiederholtes Spiel ohne Diskontierung definieren.

Definition 7.40. *Ein wiederholtes Spiel heißt unendlich wiederholtes Spiel ohne Diskontierung $\Gamma(\infty)$, wenn es unendlich viele Perioden besitzt und die Spieler zur Bewertung ihrer Auszahlungen entweder das Durchschnittskriterium oder das Overtaking-Kriterium verwenden.*

7.4.1 Nash-Gleichgewicht

Die Definition des Nash-Gleichgewichts 7.12 lautet für $\Gamma(\infty)$ wie folgt.

Definition 7.41. *Eine Strategiekonfiguration $b^* \in B(\infty)$ heißt Nash-Gleichgewicht eines unendlich wiederholten Spiels ohne Diskontierung $\Gamma(\infty)$, wenn für jeden Spieler $i \in I$ gilt:*

$$\lim_{T \to \infty} \inf q(T) \sum_{t=1}^{T} \left(H_i(\pi_t(b^*)) - H_i(\pi_t(b^*_{-i}, b_i)) \right) \geqq 0 \text{ für alle } b_i \in B_i(\infty)$$

mit

$$q(T) = \begin{cases} \frac{1}{T} & \text{für das Durchschnittskriterium} \\ 1 & \text{für das Overtaking-Kriterium} \end{cases}$$

Die Menge der Nash-Gleichgewichte wird mit $B^*(\infty)$ bezeichnet und die der Nash-Gleichgewichtspfade mit $\Pi(B^*(\infty))$ oder kurz mit $\Pi^*(\infty)$.

Wie auch bei endlich wiederholten Spielen bildet eine Strategiekonfiguration, bei der die Spieler ständig ein Nash-Gleichgewicht des Basisspiels G spielen, ein Nash-Gleichgewicht von $\Gamma(\infty)$, unabhängig davon, ob das Durchschnittskriterium oder das Overtaking-Kriterium angewendet wird. Aus $S^* \neq \emptyset$ folgt $B^*(\infty) \neq \emptyset$, und somit können wir wegen Korollar 7.6 folgende Aussage formulieren.

Satz 7.42. *Jedes wiederholte Spiel $\Gamma(\infty)$ besitzt wenigstens ein Nash-Gleichgewicht.*

Ein Spielverlauf ist genau dann ein Nash-Gleichgewichtspfad von $\Gamma(\infty)$, wenn sich kein Spieler dadurch verbessern kann, indem er in irgendeiner Periode t von dem Nash-Gleichgewichtspfad abweicht und ihn danach die anderen Spieler in allen folgenden Perioden mit seiner Minimax-Auszahlung v_i bestrafen.

Satz 7.43. *Ein Pfad $\pi = \{\tilde{s}_t\}_t$ mit $\tilde{s}_t \in S$ für alle t ist genau dann ein Nash-Gleichgewichtspfad von $\Gamma(\infty)$, wenn für alle $i \in I$ gilt:*

$$\lim_{T \to \infty} \inf q(T) \left(\sum_{\tau=t}^{T} H_i(\tilde{s}_\tau) - \max_{s_{i,t} \in S_i} H_i(\tilde{s}_{-i,t}, s_{i,t}) - (T-t)v_i \right) \geqq 0 \quad (7.19)$$

für alle $t \geqq 1$ mit

$$q(T) = \begin{cases} \frac{1}{T} & \text{für das Durchschnittskriterium} \\ 1 & \text{für das Overtaking-Kriterium} \end{cases}$$

Der Beweis dieser Aussage, der analog zu Satz 7.23 erfolgt, basiert auf der Trigger-Strategie, die den Spielern vorschreibt, auf dem Pfad $\{\tilde{s}_t\}_t$ zu bleiben, solange dies von allen Spielern eingehalten wird. Weicht ein Spieler i ab, wird er in allen folgenden Perioden mit s^i bestraft, was seine Auszahlung in jeder dieser Perioden auf die Minimax-Auszahlung v_i beschränkt.

Sei mit $H(B^*(\infty))$ die Menge der durchschnittlichen Auszahlungen bezeichnet, die durch Nash-Gleichgewichte von $\Gamma(\infty)$ erreicht werden können, und die durchschnittlichen Auszahlungen gemäß (7.16) berechnet werden. Aus Satz 7.43 folgt $H(B^*(\infty)) \subseteq H^c(\Sigma)$. Die folgende Aussage ist unter dem Namen *Folk-Theorem (für unendlich wiederholte Spiele ohne Diskontierung)* bekannt.

Satz 7.44. *Erfolgt im Spiel $\Gamma(\infty)$ die Bewertung der Auszahlungen nach dem Durchschnittskriterium, dann gilt: $H(B^*(\infty)) = H^c(\Sigma)$.*

Erfolgt im Spiel $\Gamma(\infty)$ die Bewertung der Auszahlungen nach dem Overtaking-Kriterium, dann gilt: $H(B^*(\infty)) = H^c(\Sigma)$, wenn ein $x \in H^c(\Sigma)$ mit $x_i > v_i$ für alle $i \in I$ existiert.

Beweis: Wegen $H(B^*(\infty)) \subseteq H^c(\Sigma)$ reicht es für den Beweis der Gleichheit von $H(B^*(\infty))$ und $H^c(\Sigma)$ zu zeigen, dass $H^c(\Sigma) \subseteq H(B^*(\infty))$.

Wird das Durchschnittskriterium angewendet, lässt sich nach Satz 7.43 jeder Pfad, auf dem jeder Spieler i im Durchschnitt mindestens v_i erhält, als Nash-Gleichgewichtspfad von $\Gamma(\infty)$ etablieren. Somit kann zu jedem $x \in H^c(\Sigma)$ ein Nash-Gleichgewichtspfad π mit $H(\pi) = x$ konstruiert werden.

Für das Overtaking-Kriterium haben wir die zusätzliche Bedingung, dass es im Basisspiel G ein $x \in H^c$ mit $x_i > v_i$ für alle i gibt. Gegeben sei ein $y \in H^c(\Sigma)$ und ein Pfad π mit $H(\pi) = y$. Nach Satz 7.43 lässt sich π als Nash-Gleichgewichtspfad etablieren, wenn jeder Spieler i den Pfad π allen möglichen Pfaden vorzieht, auf denen ab einer bestimmten Periode für alle Zeiten die optimale Bestrafung s^i von Spieler i gespielt wird und somit Spieler i nur in endlich vielen Perioden eine Auszahlung größer als v_i erhält. Folglich lässt sich π bei Verwendung des Overtaking-Kriteriums als Nash-Gleichgewichtspfad etablieren, wenn jeder Spieler i in unendlich vielen Perioden eine Auszahlung größer als v_i erhält. Dies ist, wie wir gezeigt haben, möglich und schließt auch den Fall von einem oder mehreren Spielern mit $H_i(\pi) = v_i$ nicht aus.

q. e. d.

Aus der Beweisführung wird ersichtlich, dass für das Overtaking-Kriterium die Existenz eines $x \in H^c(\Sigma)$ mit $x_i > v_i$ für alle $i \in I$ benötigt wird, um die Spieler für das Spielen eines Pfads zu belohnen, auf dem sie im Durchschnitt nur v_i erhalten. Sei π ein Pfad, auf dem Spieler i in allen Perioden v_i erhält und es i möglich ist, in mindestens einer Periode profitabel von π abzuweichen. Bei Verwendung des Overtaking-Kriteriums kann der Pfad π kein Nash-Gleichgewichtspfad sein, weil sich i durch das Abweichen verbessern kann, selbst wenn er danach für alle Zeiten mit s^i und somit mit der Periodenauszahlung v_i bestraft wird. Beim Durchschnittskriterium spielt dies keine Rolle, weil die Bewertung nach der durchschnittlichen Auszahlung erfolgt, und die ist auf dem Pfad π und einem Pfad, auf dem i in einer Periode abweicht und danach immer die optimale Bestrafung s^i gespielt wird, gleich v_i. Damit ein Pfad nach dem Overtaking-Kriterium ein Nash-Gleichgewichtspfad ist, muss jeder Spieler i in unendlich vielen Perioden mehr als v_i bekommen. Dabei ist selbstverständlich zu beachten, dass der Vorteil durch die unendlich vielen Perioden mit einer höheren Auszahlung als v_i nicht durch unendlich viele Perioden mit weniger als v_i zunichte gemacht wird.

Angenommen, in dem Spiel G existieren drei Auszahlungsvektoren $x, y, z \in H(S)$ mit $x_i = v_i, y_i = v_i + 1$ und $z_i = v_i - 2$ für alle $i \in I$. Sei π ein Pfad, auf dem sich in den Perioden 10^k, $k = 1, 2, 3, ...$, die Auszahlung y und in den Perioden $10^k + 1$ die Auszahlung z realisiert. In allen anderen Perioden, also „fast allen" Perioden, realisiert sich x. Somit ist $H(\pi) = x$, und es gibt auf π unendlich viele Perioden, in denen jeder Spieler i mehr als v_i erhält. Dieser Pfad ist jedoch nach dem Overtaking-Kriterium kein Nash-Gleichgewichtspfad, weil jeder Spieler seinen Strafpfad, auf dem er in allen Perioden v_i erhält, dem Pfad π vorzieht. Realisiert sich z. B. die Auszahlung z nur in den Perioden $100^k + 1$ oder überhaupt nicht mehr, dann liegt nach dem Overtaking-Kriterium ein Nash-Gleichgewichtspfad mit einer durchschnittlichen Auszahlung in Höhe von x vor.

Beispiel 7.11 Gegeben sei ein Zwei-Personenspiel G mit folgender Auszahlungstabelle.

Spieler 2

		X_2	Y_2
Spieler 1	X_1	1 / 2 1	0 / 0
	Y_1	2 / 1	0 / 0

G besitzt ein eindeutiges Nash-Gleichgewicht (X_1, X_2), die Minimax-Auszahlungen betragen $v_1 = 1$ und $v_2 = 1$, und die Menge der erreichbaren und individuell rationalen Auszahlungen lautet:

$$H^c(\Sigma) = \text{conv}\{(1,1), (1,2), (2,1)\}$$

Wir wollen nun nach Nash-Gleichgewichtsstrategien bzw. Nash-Gleichgewichtspfaden von $\Gamma(\infty)$ suchen, die zu durchschnittlichen Auszahlungen führen, die gleich den Eckpunkten von $H^c(\Sigma)$ sind. Betrachten wir zunächst das Auszahlungspaar $(2, 1)$, das gleich der Nash-Gleichgewichtsauszahlung von G ist. Folglich lässt sich dieses durch den Nash-Gleichgewichtspfad, auf dem ständig (X_1, X_2) wiederholt wird, erreichen. Das Auszahlungspaar $(1, 2)$ lässt sich bei Anwendung des Durchschnittskriteriums dadurch erreichen, dass Spieler 2 die bekannte Trigger-Strategie wählt, bei der er mit X_2 beginnt und unter der Voraussetzung, dass Spieler 1 in der Vorperiode Y_1 gewählt hat, auch in den folgenden Perioden spielt; ansonsten spielt er für alle Zeiten Y_2. Somit kann Spieler 1 seine durchschnittliche Auszahlung nicht dadurch erhöhen, indem er in irgendeiner Periode auf X_1 abweicht. Folglich bildet der stationäre Pfad, auf dem immer (Y_1, X_2) gespielt wird, einen Nash-Gleichgewichtspfad von $\Gamma(\infty)$.

Bei Anwendung des Overtaking-Kriteriums gilt dies nicht. Durch ein einmaliges Abweichen von Spieler 1 nach X_1 wird ein Pfad erzeugt, auf dem Spieler 1 dieselbe durchschnittliche Auszahlung wie auf dem stationären Pfad erhält. Spieler 1 zieht diesen jedoch dem stationären Pfad vor, weil er einmal, und zwar in der Periode des Abweichens, eine höhere Auszahlung erhält. Erlaubt Spieler 2, dass Spieler 1 „regelmäßig, aber nicht zu oft" von Y_1 nach X_1 abweichen darf, z. B. dass Spieler 1 in den Perioden 10^k für $k = 1, 2, 3, \ldots$ die Aktion X_1 spielen darf, dann lässt sich die Auszahlungskombination $(1, 2)$ als durchschnittliche Auszahlung eines Nash-Gleichgewichtspfads von $\Gamma(\infty)$ erreichen. Der Pfad, auf dem immer abwechselnd (Y_1, X_2) und (X_1, Y_2) gespielt wird, führt zu einer Durchschnittsauszahlung von $(1, 1)$. Dieser Pfad lässt sich bei Anwendung des Durchschnittskriteriums durch die bekannte Trigger-Strategie als Nash-Gleichgewichtspfad etablieren. Verwendet man das Overtaking-Kriterium, muss es zusätzlich erlaubt sein, dass „regelmäßig, aber nicht zu oft" Spieler 1 statt der Aktion Y_1 die Aktion X_1 spielen darf und Spieler 2 statt der Aktion Y_2 die Aktion X_2. An diesem Beispiel wird auch der Zusammenhang (7.17) deutlich, dass jedes Nash-Gleichgewicht nach dem Overtaking-Kriterium ein Nash-Gleichgewicht nach dem Durchschnittskriterium ist, jedoch nicht umgekehrt.

Ergänzend sei erwähnt, dass für ein Zwei-Personenspiel die Aussage für das Durchschnittskriterium aus Satz 7.44 auch für das Overtaking-Kriterium gilt; d. h. die Zusatzbedingung entfällt. Dies lässt sich leicht nachvollziehen, indem folgende zwei Fälle betrachtet werden. Ist erstens $H^c(\Sigma) = (v_1, v_2)$, dann ist gemäß dem Overtaking-Kriterium ein Pfad, auf dem sich in jeder Periode die Auszahlung (v_1, v_2) realisiert, ein Nash-Gleichgewichtspfad von $\Gamma(\infty)$. Ist zweitens $H^c(\Sigma)$ derart, dass ein $x \in H^c(\Sigma)$ existiert mit $x_1 > v_1$ und dass für alle $x \in H^c(\Sigma)$ $x_2 = v_2$ gilt, dann lässt sich (v_1, v_2) als Durchschnittsauszahlung eines Nash-Gleichgewichtspfads durch die im Beispiel zuvor angeführten Strategie erzielen: Spieler 2 erlaubt Spieler 1 „regelmäßig, aber nicht zu oft" von der Auszahlungskombination (v_1, v_2) abzuweichen.

7.4.2 Teilspielperfektes Gleichgewicht

Die Definition des teilspielperfekten Gleichgewichts 7.15 lautet für $\Gamma(\infty)$ wie folgt.

Definition 7.45. *Eine Strategiekonfiguration $b^{**} \in B(\infty)$ heißt teilspielperfektes Gleichgewicht eines unendlich wiederholten Spiels ohne Diskontierung $\Gamma(\infty)$, wenn für alle $t \geq 1$, alle $h(t) \in \mathcal{H}(t)$ und für jeden Spieler $i \in I$ gilt:*

$$\lim_{T \to \infty} \inf q(T) \sum_{\tau=t}^{T} \left(H_i(\pi_\tau(b^{**})) - H_i(\pi_\tau(b^{**}_{-i}, b_i)) \right) \geqq 0 \ \textit{für alle } b_i \in B_i(\infty)$$

mit
$$q(T) = \begin{cases} \frac{1}{T} & \ldots \textit{für das Durchschnittskriterium} \\ 1 & \ldots \textit{für das Overtaking-Kriterium} \end{cases}$$

Die Menge der teilspielperfekten Gleichgewichte wird mit $B^{**}(\infty)$ bezeichnet und die der teilspielperfekten Gleichgewichtspfade mit $\Pi(B^{**}(\infty))$ oder kurz mit $\Pi^{**}(\infty)$.

Unabhängig davon, ob das Durchschnittskriterium oder das Overtaking-Kriterium angewendet wird, ist eine Strategiekonfiguration, bei der die Spieler ständig ein Nash-Gleichgewicht des Basisspiels G spielen, ein teilspielperfektes Gleichgewicht von $\Gamma(\infty)$. Aus $S^{**} \neq \emptyset$ folgt somit $B^{**}(\infty) \neq \emptyset$, was wegen Korollar 7.6 zu der folgenden Aussage führt.

Satz 7.46. *Jedes wiederholte Spiel $\Gamma(\infty)$ besitzt wenigstens ein teilspielperfektes Gleichgewicht.*

Wir wollen uns nun überlegen, welche durchschnittlichen Auszahlungen durch teilspielperfekte Gleichgewichte erreicht werden können. Betrachten wir dazu nochmals das Spiel in Beispiel 7.11. Gemäß Satz 7.43 lässt sich der Nash-Gleichgewichtspfad im Spiel $\Gamma(\infty)$ mit der durchschnittlichen Auszahlung $(1,2)$ durch die bekannte Trigger-Strategie etablieren, mit der Spieler 2 ein Abweichen von Spieler 1 mit der Wahl von Y_2 in allen folgenden Perioden bestraft. Die durch die Trigger-Strategie angedrohte Vergeltung ist jedoch nicht glaubwürdig, weil sich Spieler 2 durch den Vollzug der Bestrafung selbst schadet. (Seine Auszahlung in Höhe von null ist sogar kleiner als seine Minimax-Auszahlung $v_2 = 1$.) Folglich kann die Trigger-Strategie keine teilspielperfekte Gleichgewichtsstrategie sein. Dennoch lässt sich die durchschnittliche Auszahlung $(1,2)$ durch ein teilspielperfektes Gleichgewicht erreichen.

Die Grundidee eines teilspielperfekten Gleichgewichts für ein unendlich wiederholtes Spiel ohne Diskontierung ist die folgende: Um einen teilspielperfekten Gleichgewichtspfad zu etablieren, muss glaubwürdig angedroht werden, dass ein Abweichen von diesem Pfad so bestraft wird, dass sich das Abweichen nicht lohnt. Eine angedrohte Vergeltung ist jedoch nur dann glaubwürdig, wenn auch ein Anreiz besteht, sie zu vollziehen, was die Trigger-Strategie, die zuvor für das Etablieren eines Nash-Gleichgewichtspfads verwendet wurde, nicht sicherstellt.

Im Fall des Durchschnittskriteriums lässt sich das relativ leicht umsetzen. Ein von einem Pfad abweichender Spieler wird so viele Perioden mit seiner Minimax-Auszahlung bestraft, dass der Gewinn, den er durch das Abweichen erzielen konnte, durch die anschließende Bestrafung zunichte gemacht wird. Da diese Art der Bestrafung in endlich vielen Perioden vollzogen werden kann, entsteht keinem Spieler ein Nachteil in Form einer geringeren durchschnittlichen Auszahlung, wenn er sich an der Bestrafung beteiligt. Folglich ist eine Strategiekonfiguration, die diese Art der Bestrafung für alle Spieler vorsieht, teilspielperfekt.

Im Fall des Overtaking-Kriteriums gestaltet sich eine teilspielperfekte Gleichgewichtsstrategie komplexer. Im Gegensatz zum Durchschnittskriterium sind die Auszahlungen der Spieler, die sie in den endlich vielen Perioden der Bestrafung eines anderen Spielers erhalten, sehr wohl von Bedeutung. Ein Spieler wird sich nur dann an einer Bestrafung eines anderen Spielers beteiligen, wenn er sich im Sinne des Overtaking-Kriteriums durch ein Abweichen von der Bestrafung nicht verbessern kann. Das lässt sich dadurch erreichen, dass ein Spieler, der sich nicht an der Bestrafung eines abweichenden Spielers beteiligt, selbst so bestraft wird, dass sich für ihn ein Abweichen nicht lohnt. Die Glaubwürdigkeit dieser Drohung lässt sich auf dieselbe Art und Weise sicherstellen: Ein Spieler, der sich nicht an der Bestrafung eines Spielers beteiligt, d. h. jenen Spieler nicht bestraft hat, der von dem ursprünglichen Pfad abgewichen war, wird wiederum bestraft, usw.[13] Beinhaltet eine Stra-

---

[13] Die Plausibilität von prinzipiell unendlichen Pfaden der Form „1 bestraft 2, weil 2 nicht den 3 bestraft hat, der wiederum den 4 nicht bestraft hat,...., weil n nicht

tegiekonfiguration all diese Elemente, dann gibt es für keinen Spieler einen Anreiz, von dem Pfad abzuweichen, den die Strategie in Abhängigkeit von irgendeiner beliebigen Geschichte vorschreibt. Folglich ist die Strategie teilspielperfekt. Teilspielperfekte Gleichgewichtsstrategien sehen also nicht nur vor, die Spieler zu bestrafen, die vom teilspielperfekten Gleichgewichtspfad abweichen, sondern auch jene, die sich nicht an der Bestrafung eines abweichenden Spielers, sei es vom teilspielperfekten Gleichgewichtspfad oder von einem Strafpfad, beteiligen. Sei dazu das folgende Beispiel betrachtet.

Beispiel 7.12 Gegeben sei ein Zwei-Personenspiel G mit folgender Auszahlungstabelle.

Spieler 2

		X_2	Y_2
Spieler 1	X_1	2, 3	3, 1
	Y_1	0, 0	0, 0

Das Spiel G besitzt das eindeutige Nash-Gleichgewicht (X_1, Y_2) mit der Auszahlung $(1,3)$, und die Minimax-Auszahlungen lauten $v_1 = 1$ und $v_2 = 0$. Im wiederholten Spiel $\Gamma(\infty)$ lässt sich auch der stationäre Pfad, auf dem in allen Perioden (X_1, X_2) gespielt und somit die durchschnittliche Auszahlung $(3,2)$ erzielt wird, durch ein Nash-Gleichgewicht von $\Gamma(\infty)$ etablieren. Dies kann z. B. mit Hilfe der bekannten Trigger-Strategie geschehen, die Spieler 1 drohen lässt, für alle Zeiten die Aktion Y_1 zu wählen, falls Spieler 2 von der Aktion X_2 abweicht. Diese Strategie ist jedoch nicht teilspielperfekt, weil es für Spieler 1 von Nachteil ist, die Bestrafung mit der Aktion Y_1 zu vollziehen. Spieltheoretisch ausgedrückt induziert die Trigger-Strategie auf ein Teilspiel, das eine Geschichte $h(t)$ mit $h_{t-1} = (X_1, Y_2)$ besitzt, kein Nash-Gleichgewicht. Betrachten wir für Spieler i die Strategie b_i mit folgender Vorschrift:

$$b_i(h(t)) := \begin{cases} X_i & \ldots\ t = 1 \text{ oder } h_{t-1} = (X_1, X_2) \\ & \text{oder } h_{t-1} = (Y_1, Y_2) \\ Y_i & \ldots\ \text{sonst} \end{cases} \qquad (7.20)$$

Wir wollen nun den Fall untersuchen, bei dem beide Spieler diese Strategie spielen. In der ersten Periode wird dann (X_1, X_2) gespielt. Spieler 2 kann seine Auszahlung in einer Periode erhöhen, wenn nur er von der Strategie

---

den 1 bestraft hat in grauer Vorzeit" ist natürlich äußerst fraglich. Man fragt sich, warum nicht die vorher dargelegten Refinement-Konzepte auch auf $\Gamma(\infty)$ angewendet werden.

abweicht und statt X_2 die Aktion Y_2 wählt. Daraufhin antwortet Spieler 1 mit Y_1 und Spieler 2 mit Y_2, wodurch Spieler 2 mit $v_2 = 0$ bestraft wird. Gemäß der Strategievorschrift (7.20) wählen danach die Spieler (X_1, X_2). Führt Spieler 1 die Bestrafung von Spieler 2 nicht aus, bleibt Spieler 2 bei der Aktion Y_2, wodurch Spieler 1 seine Minimax-Auszahlung $v_1 = 1$ erhält. Erst wenn Spieler 1 die Bestrafung vollzieht, reagiert Spieler 2, indem er wieder X_2 wählt. Die Strategie (7.20) enthält die zuvor angesprochenen Elemente: Sie bestraft Spieler 2, wenn er von X_2 abweicht, und sie bestraft Spieler 1, wenn er Spieler 2 für sein Abweichen nicht bestraft, bzw. sie belohnt Spieler 1, wenn er die Bestrafung von Spieler 2 vollzieht. Allerdings darf Spieler 2 nur für eine Periode für sein Abweichen bestraft werden. Hält Spieler 1 die Bestrafungsaktion Y_1 eine weitere Periode bei, wird dies wiederum von Spieler 2 mit Y_2 vergolten. Wir wollen nun überprüfen, ob die Strategiekonfiguration (b_1, b_2) teilspielperfekt ist. Dafür muss für jede mögliche Geschichte überprüft werden, ob diese Strategie auf das Teilspiel, das der Geschichte folgt, ein Nash-Gleichgewicht induziert. Aus der Strategievorschrift geht hervor, dass nur die letzte Periode einer Geschichte h_{t-1} relevant ist. Folglich sind vier Fälle zu unterscheiden.

1. $h_{t-1} = (X_1, X_2)$: Die Strategie (7.20) schreibt den Spielern vor, bei (X_1, X_2) zu bleiben, was eine Periodenauszahlung von $(3, 2)$ bedeutet. Für Spieler 1 gibt es keinen Anlass, in der ersten Periode des Teilspiels von der Strategie abzuweichen. Weicht Spieler 2 in der ersten Periode des Teilspiels von der Strategie ab, erhält er zunächst eine Auszahlung in Höhe von 3, im Anschluss von 0 und dann wieder von 2. Seine Auszahlungssumme in diesen drei Perioden ist mit 5 kleiner als auf dem stationären Pfad, auf dem er 6 erhält.

2. $h_{t-1} = (X_1, Y_2)$: Gemäß Strategie (7.20) folgt hierauf (Y_1, Y_2) und danach wechseln beide Spieler nach (X_1, X_2). Die Auszahlungssumme von Spieler 1 in diesen zwei Perioden beträgt 3 und die von Spieler 2 beträgt 2. Führt Spieler 1 die Bestrafung mit Y_1 nicht aus, erhält er eine Auszahlungssumme in Höhe von 2. Wechselt Spieler 2 in der ersten Periode nach X_2, bleibt Spieler 1 in der zweiten Periode bei Y_1, und Spieler 2 erhält als Auszahlungssumme 0.

3. $h_{t-1} = (Y_1, X_2)$: Die Strategie (7.20) schreibt vor, dass Spieler 1 zunächst bei Y_1 bleibt und Spieler 2 nach Y_2 wechselt. Danach wird (X_1, X_2) gespielt. Die Auszahlungssumme von Spieler 1 in den ersten zwei Perioden des Teilspiels beträgt 3 und die von Spieler 2 beträgt 2. Spielt Spieler 1 in der ersten Periode X_1, erhält er eine Auszahlungssumme in Höhe von 1, weil Spieler 2 in derselben Periode Y_2 wählt, und danach (Y_1, Y_2) gespielt wird. Spielt Spieler 2 in der ersten Periode nicht Y_2, erhält er eine Auszahlungssumme in Höhe von 0, weil Spieler 1 auch in der zweiten Periode bei Y_1 bleibt.

4. $h_{t-1} = (Y_1, Y_2)$: Gemäß Strategie (7.20) wird in allen Perioden des Teilspiels (X_1, X_2) gewählt. Wechselt Spieler 1 nicht nach X_1 erhält er 0 statt 3. Bleibt Spieler 2 bei Y_2, erhält er zunächst 3 und danach 0, was für ihn schlechter als zweimal 2 ist.

Aus der Kombination der vier Fälle geht hervor, dass es kein Teilspiel gibt, in dem sich einer der beiden Spieler durch einseitiges Abweichen von der

Strategievorschrift (7.20) verbessern kann. Das bedeutet, dass auf jedes mögliche Teilspiel ein Nash-Gleichgewicht induziert wird. Folglich bildet die Strategiekonfiguration (b_1, b_2), bei der beide Spieler die Strategie (7.20) spielen, bei der Anwendung des Overtaking-Kriteriums und somit auch des Durchschnittskriteriums ein teilspielperfektes Gleichgewicht.

Wir wollen uns nun überlegen, welche durchschnittlichen Auszahlungen durch teilspielperfekte Gleichgewichte von $\Gamma(\infty)$ erreicht werden können. Die Menge der durchschnittlichen Auszahlungen, die gemäß (7.16) berechnet werden und die durch teilspielperfekte Gleichgewichte von $\Gamma(\infty)$ erreicht werden können, wird mit $H(B^{**}(\infty))$ bezeichnet. Der Beweis der folgenden Aussage, die auch *teilspielperfektes Folk-Theorem (für unendlich wiederholte Spiele ohne Diskontierung)* genannt wird, basiert auf der zuvor dargestellten Idee: Weicht ein Spieler i von dem Pfad ab, den die Strategievorschrift in Abhängigkeit von der Geschichte vorschreibt, dann wird i durch Spielen von s^i solange mit v_i bestraft, dass sich ein Abweichen für ihn nicht lohnt.

Satz 7.47. *Erfolgt im Spiel $\Gamma(\infty)$ die Bewertung der Auszahlungen nach dem Durchschnittskriterium, dann gilt: $H(B^{**}(\infty)) = H^c(\Sigma)$. Erfolgt im Spiel $\Gamma(\infty)$ die Bewertung der Auszahlungen nach dem Overtaking-Kriterium, dann gilt: $H(B^{**}(\infty)) = H^c(\Sigma)$, wenn ein $\tilde{x} \in H^c(\Sigma)$ mit $\tilde{x}_i > v_i$ für alle $i \in I$ existiert.*

Beweis: Wir können ohne Einschränkung der Allgemeingültigkeit $v_i > 0$ für alle $i \in I$ annehmen. Desweiteren nehmen wir einfachheitshalber an, dass für alle $x \in H^c(\Sigma)$ ein $s \in S$ mit $H(s) = x$ existiert.

a) Betrachten wir zunächst den Fall des Durchschnittskriteriums. Gegeben sei ein $x \in H^c(\Sigma)$ und ein $s \in S$ mit $H(s) = x$. Sei $b \in B(\infty)$ eine Strategiekonfiguration, deren Vorschrift sich in Abhängigkeit von der Geschichte in drei Phasen einteilen lässt, wobei b für die erste Periode den Beginn der Phase A vorsieht:

A. In jeder Periode wird s gespielt.
B. Ab einer Periode wird für t_i Perioden s^i gespielt, wenn in der Vorperiode genau ein Spieler i von s in Phase A abgewichen ist.[14]
C. Ab einer Periode wird auf A übergegangen, wenn in der Vorperiode eine Phase B zu Ende gegangen ist.

t_i ist die Anzahl an Perioden, in denen Spieler i mit v_i bestraft wird, wenn er von der von b vorgesehenen Aktionskonfiguration s abweicht. Die Länge der Strafe t_i wird nun für jeden Spieler $i \in I$ so gewählt, dass sein Zugewinn,

---

[14] Weichen zwei oder mehr Spieler in einer Periode von A ab, kann beispielsweise festgelegt werden, dass A weiter gespielt wird. Entsprechend kann B weiter gespielt werden, wenn in der Vorperiode einer oder mehrere Spieler von B abgewichen sind.

den er mit dem Abweichen von s erzielen kann, durch die Strafsequenz wieder zunichte gemacht wird. Dies ist auf jeden Fall gewährleistet, wenn

$$(1+t_i)x_i \geq \hat{H}_i + t_i v_i$$

gilt, woraus

$$t_i \geq \frac{\hat{H}_i - x_i}{x_i - v_i} \tag{7.21}$$

folgt. Da ein endliches t_i existiert, mündet jeder Pfad, den b auf ein Teilspiel von $\Gamma(\infty)$ induziert, nach endlich vielen Perioden in den stationären Pfad mit s in allen Perioden. Folglich kann kein Spieler $i \in I$ mit $x_i \geq v_i$ seine durchschnittliche Auszahlung durch ein Abweichen von einem solchen Pfad erhöhen. Somit ist eine Strategiekonfiguration b mit t_i-Werten, die der Bedingung (7.21) genügen, ein teilspielperfektes Gleichgewicht von $\Gamma(\infty)$.

b) Für das Overtaking-Kriterium gibt es zusätzlich die Bedingung, dass im Basisspiel G ein $\tilde{x} \in H^c(\Sigma)$ mit $\tilde{x}_i > v_i$ für alle i existiert. Wir betrachten zunächst den Fall einer Auszahlungskonfiguration $x \in H^c(\Sigma)$ mit $x_i > v_i$ für alle $i \in I$. Wir nehmen an, dass ein $s \in S$ mit $H(s) = x$ existiert. Sei $b \in B(\infty)$ eine Strategiekonfiguration, deren Vorschrift sich in Abhängigkeit von der Geschichte in vier Phasen einteilen lässt, wobei b für die erste Periode den Beginn der Phase A vorsieht:

A. In jeder Periode wird s gespielt.
B. Ab einer Periode wird für t_i Perioden s^i gespielt, wenn in der Vorperiode genau ein Spieler i von s in Phase A abgewichen ist.[15]
C. Ab einer Periode wird für $T_i(t)$ Perioden s^i gespielt, wenn in der Vorperiode genau ein Spieler i von s^j ($i \neq j$) in Phase B oder Phase C abgewichen ist und s^j noch für t Perioden vorgesehen war.[16]
D. Ab einer Periode wird auf A übergegangen, wenn in der Vorperiode entweder eine Phase B oder eine Phase C zu Ende gegangen ist.

t_i ist wie zuvor beim Durchschnittskriterium die Anzahl an Perioden, in denen Spieler i mit v_i für ein Abweichen von s bestraft wird. $T_i(t)$ ist die Anzahl an Perioden, in denen Spieler i mit v_i bestraft wird, wenn er von der Strafsequenz für Spieler j ($i \neq j$), die noch t Perioden gedauert hätte, abgewichen ist. Werden für jeden Spieler $i \in I$ die Längen der Strafsequenzen t_i und $T_i(t)$ so gewählt, dass es sich für i nicht lohnt, von s oder einer Strafsequenz eines anderen Spielers abzuweichen, dann ist b ein teilspielperfektes Gleichgewicht. t_i bestimmt sich gemäß (7.21). Aus

$$tH_i(s^j) + (T_i(t) - t + 1)x_i \geq \hat{H}_i + T_i(t)v_i$$

---

[15] Weichen zwei oder mehr Spieler in einer Periode von A ab, kann wie beim Durchschnittskriterium festgelegt werden, dass A weiter gespielt wird.
[16] Weicht Spieler i oder weichen mindestens zwei Spieler von B ab, kann in der Folgeperiode B weiter gespielt werden.

leitet sich für $T_i(t)$ folgende Bedingung ab:

$$T_i(t) \geq \frac{\hat{H}_i - tH_i(s^j) + (t-1)x_i}{x_i - v_i}$$

Da wir nur nach einer hinreichenden Bedingung für $T_i(t)$ suchen, vereinfachen wird den Ausdruck auf der rechten Seite der Ungleichung. $\hat{H}_i$ ist eine obere Schranke für x_i und wegen der Annahme $v_i > 0$ ist 0 eine untere Schranke für $H_i(s^j)$. Setzen wir $x_i = \hat{H}_i$ und $H_i(s^j) = 0$, erhalten wir als hinreichende Bedingung:

$$T_i(t) \geq \frac{t\hat{H}_i}{x_i - v_i} \qquad (7.22)$$

Der Fall einer Auszahlungskonfiguration x mit mindestens einem $x_i = v_i$ lässt sich nach dem gleichen Prinzip behandeln. Sei π ein Pfad, auf dem jeder Spieler im Durchschnitt x_i erhält. Die Teilspielperfektheit von π lässt sich dadurch erreichen, dass jeder Spieler i mit $x_i = v_i$ in unendlich vielen Perioden von π mehr als x_i erhält. Durch geeignete Werte von t_i und $T_i(t)$ lässt sich dann sicherstellen, dass Spieler i von π oder einer Strafsequenz eines anderen Spielers nicht profitabel abweichen kann. Die Bestimmung der Bestrafungszeiten t_i und $T_i(t)$ gestaltet sich dadurch etwas komplizierter, weil in ihre Berechnung eingeht, in welchen Perioden von π Spieler i eine höhere Auszahlung als x_i erhält. Die Werte von t_i und $T_i(t)$ hängen somit auch davon ab, in welcher Periode die Abweichung erfolgt.

q. e. d.

Aus der Beweisführung wird die Bedeutung einer Auszahlungskonfiguration $\tilde{x}$ mit $\tilde{x}_i > v_i$ für alle $i \in I$ für das Etablieren eines teilspielperfekten Gleichgewichts bei Anwendung des Overtaking-Kriteriums ersichtlich. Diese Eigenschaft wird benötigt, um Spieler dafür zu belohnen, dass sie nicht von einem Pfad abweichen, auf dem sie im Durchschnitt nur v_i erhalten, und dafür, dass sich die Spieler an Bestrafungssequenzen anderer Spieler beteiligen.

7.4.3 Vergleich von Nash-Gleichgewicht und teilspielperfektem Gleichgewicht

Aus den Sätzen 7.44 und 7.47 geht hervor, dass sich durch Nash-Gleichgewichte und durch teilspielperfekte Gleichgewichte eines unendlich wiederholten Spiels ohne Diskontierung $\Gamma(\infty)$ dieselbe Menge der durchschnittlichen Auszahlungen erreichen lässt. Die unter dem Namen Folk-Theorem bekannt gewordenen Sätze sagen aus, dass bei Anwendung des Durchschnittskriteriums jede Auszahlungskonfiguration aus $H^c(\Sigma)$ als durchschnittliche Auszahlung eines Nash-Gleichgewichtspfads oder eines teilspielperfekten Gleichgewichtspfads erzielt werden kann. Existiert eine Auszahlungskonfiguration, in der jeder Spieler mehr als seine Minimax-Auszahlung erhält, gilt dies auch für das

Overtaking-Kriterium. Zusätzlich zu Satz 7.17 können wir folgende Aussage festhalten:

Satz 7.48. *Für jedes wiederholte Spiel $\Gamma(\infty)$ gilt:*

a.) $H(B^{**}(\infty)) = H(B^{*}(\infty)) = H^{c}(\Sigma)$ *bei Anwendung des Durchschnittskriteriums.*

b.) $H(B^{**}(\infty)) \subseteq H(B^{*}(\infty)) \subseteq H^{c}(\Sigma)$ *bei Anwendung des Overtaking-Kriteriums.*

Der Unterschied zwischen den beiden Gleichgewichtskonzepten besteht in den Anforderungen an eine Strategie, um als Gleichgewichtsstrategie zu dienen. Für ein Nash-Gleichgewicht reichen die Eigenschaften einer einfachen Trigger-Strategie aus. Diese kann jedoch Strafpfade vorsehen, die keine Nash-Gleichgewichtspfade sind, was die angedrohte Vergeltung unglaubwürdig erscheinen lässt. Diesem Manko wird mit dem Konzept des teilspielperfekten Gleichgewichts Rechnung getragen. Die Spieler werden für ein Abweichen vom vorgegebenen Pfad nur in endlich vielen Perioden bestraft, und bei Anwendung des Overtaking-Kriteriums muss die Strategie zusätzlich vorsehen, Spieler, die sich nicht an Bestrafungen anderer Spieler beteiligen, zu sanktionieren. In dem folgenden Beispiel werden die Anforderungen, die das Konzept des Nash-Gleichgewichts und das Konzept des teilspielperfekten Gleichgewichts an eine Strategie stellen, anhand des Gefangenendilemmas illustriert.

Beispiel 7.13 Durch die folgende Auszahlungstabelle wird das Gefangenendilemma G beschrieben.

Spieler 2

	X_2	Y_2
X_1	3, 3	0, 5
Y_1	5, 0	1, 1

Spieler 1

Da (Y_1, Y_2) das Nash-Gleichgewicht von G ist, bildet die einfache Trigger-Strategie „Beginne mit X_i und wähle auch in jeder weiteren Periode X_i, solange in der Vorperiode (X_1, X_2) gespielt wurde; ansonsten spiele für alle Zeiten Y_i" sowohl eine Nash- als auch eine teilspielperfekte Gleichgewichtsstrategie.

In experimentellen Untersuchungen des wiederholten Gefangenendilemmas ist jedoch eine andere Strategie durch erfolgreiches Abschneiden zu Ruhm gekommen und zwar eine Strategie mit dem Namen Tit-for-Tat (TFT). TFT arbeitet nach einem ganz einfachen Prinzip. Sie fängt freundlich an, d. h. sie wählt in der ersten Periode die Aktion X. In allen folgenden Perioden hält sich TFT an die Regel „Wie du mir, so ich dir", d. h. sie kopiert die

Aktion des Gegenspielers aus der Vorperiode. Als Strategie b_i von Spieler i notiert, lautet die TFT-Regel:[17]

$$b_i(h(t)) := \begin{cases} X_i & \ldots\ t = 1\ \text{oder}\ h_{j,t-1} = X_j,\ j \neq i \\ Y_i & \ldots\ \text{sonst} \end{cases} \quad (7.23)$$

Es ist leicht zu sehen, dass ein Nash-Gleichgewicht von $\Gamma(\infty)$ vorliegt, wenn beide Spieler TFT wählen. Dadurch wird der stationäre Pfad π etabliert, auf dem in allen Perioden (X_1, X_2) gespielt wird und beide Spieler eine durchschnittliche Auszahlung von jeweils 3 erhalten. Weicht ein Spieler i einmal nach Y_i ab, reduziert sich seine Auszahlungssumme aus dieser und der nächsten Periode im Vergleich zum Pfad π um 1. Für jede weitere Periode mit Y_i reduziert sich seine Auszahlungssumme nochmals um 2. Folglich ist b ein Nash-Gleichgewicht. TFT ist jedoch nicht teilspielperfekt. Betrachten wir z. B. ein Teilspiel mit der Geschichte $h(t)$ mit $h_{t-1} = (X_1, Y_2)$. Daraufhin sanktioniert Spieler 1 in Periode t Spieler 2 mit Y_1, wohingegen dieser X_2 wählt. Für den Rest des Teilspiels wechseln sich (X_1, Y_2) und (Y_1, X_2) ab, was zu einer durchschnittlichen Auszahlung von jeweils $\frac{5}{2}$ führt. Spieler 1 kann sich verbessern, indem er in t von der TFT-Regel abweicht und die freundliche Aktion X_1 beibehält. Auf diese Weise können die Spieler auf den stationären Pfad π zurückkehren.

Die ebenfalls im Experiment erfolgreiche Strategie GTFT (generous (großzügige) Tit-for-Tat-Strategie), die erst nach zweimaligem Abweichen in Folge einmal sanktioniert, ermöglicht die Rückkehr auf den Pfad π. GTFT bildet allerdings nicht einmal ein Nash-Gleichgewicht und ist somit auch nicht teilspielperfekt, weil die Toleranz dieser Strategie vom Gegenspieler j ausgenutzt werden kann, indem er in jeder zweiten Periode Y_j wählt. Dadurch erhöht dieser seine durchschnittliche Auszahlung auf 4.

Der Pfad π kann durch ein teilspielperfektes Gleichgewicht erreicht werden, wenn die TFT-Regel entsprechend der Vorschrift (7.20) erweitert wird:

$$b_i(h(t)) := \begin{cases} X_i & \ldots\ t = 1\ \text{oder}\ h_{t-1} = (X_1, X_2) \\ & \ \text{oder}\ h_{t-1} = (Y_1, Y_2) \\ Y_i & \ldots\ \text{sonst} \end{cases} \quad (7.24)$$

Diese Strategie lässt Spieler i mit X_i beginnen und ihn auf die Aktion Y_j seines Gegenspielers j mit Y_i antworten. Die Erweiterung der TFT-Strategie

---

[17] In der Literatur wird die TFT-Regel meist unter der Bedingung formuliert, dass ein Spieler nur die Realisation der vom Gegenspieler gewählten gemischten Aktion in Form einer reinen Aktion beobachten kann. Dies weicht von der Annahme 7.1 ab, die wir aus Gründen der Vereinfachung eingeführt haben. Ist die Beobachtung gemischter Aktionen möglich, antwortet die TFT-Regel (7.23) von Spieler i auf jede Aktion des Gegenspielers j, in der Y_j mit einer Wahrscheinlichkeit größer als null gewählt wurde, mit der reinen Aktion Y_i, selbst wenn sich X_j realisiert hat. Um den typischen Charakter der TFT-Regel beizubehalten, kann auch vereinbart werden, dass ein Spieler stets die gemischte Aktion seines Gegenspielers aus der Vorperiode kopiert. Die spieltheoretischen Aussagen aus Beispiel 7.13 werden dadurch nicht berührt.

liegt darin, dass Spieler i erst dann wieder nach X_i zurückkehrt, wenn einmal die Kombination (Y_1, Y_2) gespielt wurde. Wählen beide Spieler diese Strategie, dann werden sie nach einem Abweichen von Spieler j von X_j nach Y_j erst dann wieder nach (X_1, X_2) zurückkehren, wenn Spieler i einmal Y_i spielt. Solange Spieler i diese Bestrafung nicht ausführt, behält Spieler j die Aktion Y_j bei. Diese Strategiekonfiguration ist teilspielperfekt, weil sie nicht nur einen abweichenden Spieler wirksam bestraft, sondern auch einen Spieler, der eine Bestrafung nicht ausführt, bestraft bzw. belohnt, wenn er die Bestrafung vollzieht.

7.5 Unendlich wiederholte Spiele mit Diskontierung

Die zweite Form eines unendlich wiederholten Spiels ist die des unendlich wiederholten Spiels mit Diskontierung. Die Menge der Strategien sowie die Menge der möglichen Spielverläufe werden selbstverständlich nicht dadurch beeinflusst, ob die Spieler die Periodenauszahlungen diskontieren oder nicht. Diese werden deshalb wie zuvor mit $B(\infty)$ und mit $\Pi(B(\infty))$ oder kurz mit $\Pi(\infty)$ bezeichnet. Der Unterschied zum unendlich wiederholten Spiel ohne Diskontierung liegt in der Bewertung der Spielverläufe durch die Spieler. Im Fall einer Diskontierung erhält man die individuelle Auszahlung von Spieler i aus (7.14), wenn man T gegen unendlich gehen lässt. Die Auszahlung

$$H_i(\pi(b), \delta) := (1 - \delta) \sum_{t=1}^{\infty} \delta^{t-1} H_i(\pi_t(b)) \quad \delta_i \in (0,1), \quad i \in I \qquad (7.25)$$

ist dann die Auszahlung von Spieler i, mit der er einen bestimmten Spielverlauf $\pi \in \Pi(\infty)$ bewertet, der sich in Abhängigkeit von einer bestimmten Strategiekonfiguration $b \in B(\infty)$ ergibt. Für den Diskontfaktor δ wollen wir annehmen, dass er für alle Spieler gleich ist.[18] Dies stellt sicher, dass für die Menge aller möglichen Auszahlungen

$$H(B(\infty), \delta) := \{H(\pi(b), \delta) \mid b \in B(\infty)\}$$

gilt:

$$H(B(\infty), \delta) \subseteq \mathrm{conv} H(\Sigma) \qquad (7.26)$$

D.h. die Menge der möglichen Auszahlungen $H(B(\infty), \delta)$ ist eine Teilmenge der konvexen Hülle der Menge der über reine Strategien erreichbaren Auszahlungen $\mathrm{conv} H(\Sigma)$ im Basisspiel G.

---

[18] Der Faktor $(1 - \delta)$ ist der Grenzwert von $q = \frac{1-\delta}{1-\delta^T}$ für $T \to \infty$, d. h. des Normierungsfaktors für die Auszahlungssumme bei endlichem Planungshorizont T.

7.5 Unendlich wiederholte Spiele mit Diskontierung

Auf Basis der Definition 7.8 und der individuellen Auszahlungen (7.25) lässt sich ein unendlich wiederholtes Spiel mit Diskontierung definieren.

Definition 7.49. *Ein wiederholtes Spiel heißt unendlich wiederholtes Spiel mit Diskontierung $\Gamma(\infty, \delta)$, wenn es unendlich viele Perioden besitzt und die Spieler die Auszahlungsfunktion (7.25) als Bewertungskriterium verwenden.*

7.5.1 Nash-Gleichgewicht

Die Definition des Nash-Gleichgewichts 7.12 auf $\Gamma(\infty, \delta)$ angewendet, lautet wie folgt.

Definition 7.50. *Eine Strategiekonfiguration $b^* \in B(\infty)$ heißt Nash-Gleichgewicht eines unendlich wiederholten Spiels mit Diskontierung $\Gamma(\infty, \delta)$, wenn für jeden Spieler $i \in I$ gilt:*

$$H_i(\pi(b^*), \delta) \geqq H_i(\pi(b^*_{-i}, b_i), \delta) \quad \text{für alle } b_i \in B_i(\infty)$$

Die Menge der Nash-Gleichgewichte wird mit $B^*(\infty, \delta)$ und die Menge der Nash-Gleichgewichtspfade mit $\Pi(B^*(\infty, \delta))$ oder kurz mit $\Pi^*(\infty, \delta)$ bezeichnet. Auch hier bildet die ständige Wiederholung eines Nash-Gleichgewichts von G ein Nash-Gleichgewicht von $\Gamma(\infty, \delta)$. Wegen Korollar 7.6 können wir folgende Aussage festhalten:

Satz 7.51. *Jedes Spiel $\Gamma(\infty, \delta)$ besitzt wenigstens ein Nash-Gleichgewicht.*

Somit sind die Menge der Gleichgewichte $B^*(\infty, \delta)$ und die Menge der Nash-Gleichgewichtspfade $\Pi^*(\infty, \delta)$ nicht leer.

Auch im Spiel $\Gamma(\infty, \delta)$ ist ein Pfad genau dann ein Nash-Gleichgewichtspfad, wenn sich kein Spieler dadurch verbessern kann, wenn er in irgendeiner Periode abweicht und danach in allen folgenden Perioden mit seiner Minimax-Auszahlung v_i bestraft wird. Diese Aussage basiert, wie auch die Sätze 7.23 und 7.43, auf der bekannten Trigger-Strategie, mit der ein Abweichen eines Spielers i von einem vorgegebenen Pfad für alle Zeiten mit v_i bestraft wird.

Satz 7.52. *Ein Pfad $\pi = \{\tilde{s}_t\}_t$ mit $\tilde{s}_t \in S$ für alle t ist genau dann ein Nash-Gleichgewichtspfad von $\Gamma(\infty, \delta)$, wenn für alle $i \in I$ gilt:*[19]

$$(1-\delta) \sum_{\tau=t}^{\infty} \delta^{\tau-t} H_i(\tilde{s}_\tau) \geqq (1-\delta) \max_{s_{i,t} \in S_i} H_i(\tilde{s}_{-i,t}, s_{i,t}) + \delta v_i \quad \text{für alle } t$$

---

[19]
$$(1-\delta) \sum_{\tau=t+1}^{\infty} \delta^{\tau-t} v_i = \delta v_i$$

Wegen Satz 7.51 ist die Menge der Auszahlungen $H(B^*(\infty,\delta))$, die gemäß (7.25) berechnet werden und die durch Nash-Gleichgewichte von $\Gamma(\infty,\delta)$ erzielt werden können, eine nicht-leere Menge. Des weiteren lässt sich zeigen, dass $H(B^*(\infty,\delta))$ eine kompakte Menge ist (Van Damme (1996), S. 182, Fudenberg und Maskin (1986)). Wegen (7.26) und Satz 7.52 können wir somit folgende Aussage festhalten:

Satz 7.53. *Die Menge $H(B^*(\infty,\delta))$ ist eine nicht-leere und kompakte Teilmenge von $H^c(\Sigma)$.*

Geht δ gegen eins, lässt sich auch im Spiel $\Gamma(\infty,\delta)$ jede Auszahlungskonfiguration aus $H^c(\Sigma)$ durch ein Nash-Gleichgewicht von $\Gamma(\infty,\delta)$ erreichen. Genau gesagt konvergiert die Menge $H(B^*(\infty,\delta))$ gegen die Menge $H^c(\Sigma)$ für $\delta \to 1$. Diese Aussage wird auch *Folk-Theorem für unendlich wiederholte Spiele mit Diskontierung* genannt.

Satz 7.54. *Existiert im Spiel G ein $x \in H^c(\Sigma)$ mit $x_i > v_i$ für alle $i \in I$, dann konvergiert $H(B^*(\infty,\delta))$ gegen $H^c(\Sigma)$ für $\delta \to 1$.*

Beweis: Da $H(B^*(\infty,\delta))$ und $H^c(\Sigma)$ kompakt sind und weil laut Satz 7.53 $H(B^*(\infty,\delta)) \subseteq H^c(\Sigma)$ gilt, kann gemäß Lemma 7.18 die Konvergenz damit gezeigt werden, dass sich jedes $x \in H^c(\Sigma)$ approximativ durch einen Auszahlungsvektor in $H(B^*(\infty,\delta))$ erreichen lässt, wenn δ hinreichend nahe bei eins ist. Wir nehmen an, dass für jedes $x \in H^c(\Sigma)$ ein $\tilde{s} \in S$ mit $H(\tilde{s}) = x$ existiert. Falls ein solches $\tilde{s}$ nicht existiert, kann durch einen endlichen Zyklus geeigneter Aktionskonfigurationen eine geeignete Näherung für x gebildet werden. Für den stationären Pfad π, auf dem in allen Perioden $\tilde{s}$ gespielt wird, gilt dann: $H(\pi,\delta) = x$.

Zunächst beschränken wir uns auf den Fall einer Auszahlungskonfiguration $x \in H^c(\Sigma)$ mit $x_i > v_i$ für alle $i \in I$. Gemäß Satz 7.52 ist der stationäre Pfad π genau dann ein Nash-Gleichgewichtspfad von $\Gamma(\infty,\delta)$, wenn für alle $i \in I$ gilt:

$$H_i(\tilde{s}) \geqq (1-\delta) \max_{s_{i,t} \in S_i} H_i(\tilde{s}_{-i,t}, s_{i,t}) + \delta v_i \quad \text{für alle } t \qquad (7.27)$$

Geht δ gegen eins, konvergiert die rechte Seite von (7.27) gegen v_i, und die Ungleichung ist erfüllt. Folglich ist der Pfad π ein Nash-Gleichgewichtspfad von $\Gamma(\infty,\delta)$ und somit $H(\pi,\delta) \in H(B^*(\infty,\delta))$, wenn δ hinreichend nahe bei eins ist. Somit haben wir zunächst gezeigt, dass die Menge $\{x \mid x \in H^c(\Sigma)$ mit $x_i > v_i$ für alle $i \in I\}$ eine Teilmenge von $H(B^*(\infty,\delta))$ ist, wenn δ hinreichend nahe bei eins ist; d. h. für hinreichend großes δ lässt sich jede Auszahlungskonfiguration aus $H^c(\Sigma)$ mit $x_i > v_i$ für alle $i \in I$ durch eine Nash-Gleichgewichtsauszahlung erreichen.

Betrachten wir nun noch den Fall einer Auszahlungskonfiguration $x \in H^c(\Sigma)$ mit mindestens einer Komponente $x_i = v_i$. Zu jedem dieser x wählen wir ein $s \in S$ mit $H_i(s) > v_i$ für alle $i \in I$ und $\|H(s) - x\| < \varepsilon$ für $\varepsilon > 0$. Wie zuvor gezeigt, gilt für den stationären Pfad π, auf dem ständig s gespielt wird, dass $H(\pi,\delta) \in H(B^*(\infty,\delta))$, wenn δ hinreichend groß ist. Zusammen mit dem ersten Beweisschritt und der Aussage von Lemma 7.18 ist somit die Konvergenzaussage von Satz 7.54 bewiesen.

q. e. d.

Ergänzend sei erwähnt, dass sich zeigen lässt, dass für ein Zwei-Personenspiel G die Bedingungen für die Konvergenz weniger streng als in Satz 7.54 sind. Die Existenz eines $x \in H^c(\Sigma)$ mit $x_i > v_i$ für $i = 1, 2$ ist nicht erforderlich.

Beispiel 7.14 Am Beispiel des Gefangenendilemmas lässt sich der Einfluss des Diskontfaktors δ auf die Menge $H(B^*(\infty,\delta))$ illustrieren.

Spieler 2

	X_2	Y_2
X_1	3, 3	0, 5
Y_1	5, 0	1, 1

Spieler 1

In diesem Spiel G bildet (Y_1, Y_2) das einzige Nash-Gleichgewicht. Es sind $H(Y_1, Y_2) = (v_1, v_2) = (1, 1)$ und

$$H^c(\Sigma) = \text{conv}\{(1,1), (1, \frac{13}{3}), (\frac{13}{3}, 1), (3,3)\}.$$

Wir richten zunächst unser Interesse auf die nicht gleichgewichtige Aktionskonfiguration (X_1, X_2) mit der Auszahlung $H(X_1, X_2) = (3, 3)$, die Paretooptimal ist. Im Spiel G ist die Aktion Y_i die beste Antwort von Spieler i auf die Aktion X_j seines Gegenspielers, was i die Auszahlung $H_i(Y_i, X_j) = 5$ bringt. Im Spiel $\Gamma(\infty, \delta)$ erhalten die Spieler durch den stationären Pfad π, auf dem in allen Perioden (X_1, X_2) gespielt wird, für beliebiges δ die Auszahlung $H(\pi, \delta) = H(Y_1, Y_2) = (3, 3)$. Gemäß Satz 7.52 ist π genau dann ein Nash-Gleichgewichtspfad von $\Gamma(\infty, \delta)$, wenn

$$3 \geq (1-\delta)5 + \delta,$$

woraus sich $\delta \geq \frac{1}{2}$ ergibt. Das bedeutet, dass sich nur für $\delta \geq \frac{1}{2}$ die Aktionenkonfiguration (X_1, X_2) durch einen stationären Nash-Gleichgewichtspfad im Spiel $\Gamma(\infty, \delta)$ etablieren lässt. Es lässt sich zeigen, dass für dieses Spiel gilt:

$$H(B^*(\infty,\delta)) = \begin{cases} (v_1, v_2) & \ldots \delta < \frac{1}{2} \\ H^c(\Sigma) & \ldots \text{sonst} \end{cases}$$

Ist $\delta < \frac{1}{2}$, bildet die ständige Wiederholung des Nash-Gleichgewichts von G den einzigen Nash-Gleichgewichtspfad von $\Gamma(\infty, \delta)$; wohingegen für $\delta \geq \frac{1}{2}$ jede Auszahlungskonfiguration aus $H^c(\Sigma)$ durch ein Nash-Gleichgewicht von $\Gamma(\infty, \delta)$ erreicht werden kann.

7.5.2 Teilspielperfektes Gleichgewicht

Die Definition des teilspielperfekten Gleichgewichts 7.15, für $\Gamma(\infty, \delta)$ formuliert, lautet wie folgt.

Definition 7.55. *Eine Strategiekonfiguration $b^{**} \in B(\infty, \delta)$ heißt teilspielperfektes Gleichgewicht eines unendlich wiederholten Spiels mit Diskontierung $\Gamma(\infty, \delta)$, wenn für alle t und alle $h(t) \in \mathcal{H}(t)$ gilt: Für jeden Spieler $i \in I$ gilt:*

$$\sum_{\tau=t}^{\infty} \delta^{\tau-t} H_i(\pi_\tau(b^{**})) \geq \sum_{\tau=t}^{\infty} \delta^{\tau-t} H_i(\pi_\tau(b^{**}_{-i}, b_i)) \text{ für alle } b_i \in B_i(\infty, \delta) \quad (7.28)$$

Die ständige Wiederholung eines Nash-Gleichgewichts von G bildet ein teilspielperfektes Gleichgewicht von $\Gamma(\infty, \delta)$. Wegen Korollar 7.6 gilt auch hier folgende Aussage.

Satz 7.56. *Jedes Spiel $\Gamma(\infty, \delta)$ besitzt wenigstens ein teilspielperfektes Gleichgewicht.*

Die Menge der teilspielperfekten Gleichgewichte $B^{**}(\infty, \delta)$ und die Menge der teilspielperfekten Gleichgewichtspfade $\Pi(B^{**}(\infty, \delta))$, die kurz mit $\Pi^{**}(\infty, \delta)$ bezeichnet wird, sind somit nicht leer. Folglich ist auch die Menge der Auszahlungen $H(B^{**}(\infty, \delta))$, die durch teilspielperfekte Gleichgewichte von $\Gamma(\infty, \delta)$ erzielt werden können, eine nicht-leere Menge. Darüber hinaus lässt sich zeigen, dass $H(B^{**}(\infty, \delta))$ auch eine kompakte Menge ist (Van Damme (1996), S. 189, Fudenberg und Maskin (1986)). Aufgrund von Satz 7.53 können wir somit folgende Aussage festhalten:

Satz 7.57. *Die Menge $H(B^{**}(\infty, \delta))$ ist eine nicht-leere und kompakte Teilmenge von $H^c(\Sigma)$.*

Wegen der Aussage dieses Satzes existiert im Spiel $\Gamma(\infty, \delta)$ für jeden Spieler ein für ihn schlechtestes teilspielperfektes Gleichgewicht. Somit ist die gemäß (7.25) berechnete Auszahlung, die Spieler i auf seinem schlechtesten teilspielperfekten Gleichgewichtspfad erhält, definiert und wird mit $V_i(\infty, \delta)$ bezeichnet:

$$V_i(\infty, \delta) := \min_{b \in B^{**}(\infty, \delta)} H_i(\pi(b), \delta), \quad i \in I$$

Da eine teilspielperfekte Gleichgewichtsstrategie einen Spieler nicht härter als mit dem für ihn schlechtesten teilspielperfekten Gleichgewichtspfad bestrafen kann, können wir analog zu Satz 7.29 folgende Aussage formulieren.

Satz 7.58. *Ein Pfad $\pi = \{\tilde{s}_t\}_t$ mit $\tilde{s}_t \in S$ für alle t ist genau dann ein teilspielperfekter Gleichgewichtspfad von $\Gamma(\infty, \delta)$, wenn für alle $i \in I$ gilt:*

$$(1-\delta) \sum_{\tau=t}^{\infty} \delta^{\tau-t} H_i(\tilde{s}_\tau) \geq (1-\delta) \max_{s_{i,t} \in S_i} H_i(\tilde{s}_{-i,t}, s_{i,t}) + \delta V_i(\infty, \delta) \quad (7.29)$$

für alle t.

Wenn δ gegen eins geht, lässt sich unter der Voraussetzung $\dim H^c(\Sigma) = n$ in einem n-Personenspiel $\Gamma(\infty, \delta)$ jede Auszahlungskonfiguration aus $H^c(\Sigma)$ auch durch ein teilspielperfektes Gleichgewicht von $\Gamma(\infty, \delta)$ erreichen. Genau gesagt, konvergiert die Menge $H(B^{**}(\infty, \delta))$ gegen die Menge $H^c(\Sigma)$ für $\delta \to 1$. Diese Aussage nennt man auch *teilspielperfektes Folk-Theorem für unendlich wiederholte Spiele mit Diskontierung*.

Satz 7.59. *Ist G ein n-Personenspiel mit $\dim H^c(\Sigma) = n$, dann konvergiert $H(B^{**}(\infty, \delta))$ gegen $H^c(\Sigma)$ für $\delta \to 1$.*

Der Beweis dieses Satzes basiert auf einer ähnlichen Idee wie der Beweis des analogen Satzes 7.47 für unendlich wiederholte Spiele ohne Diskontierung: Weicht ein Spieler von einem vorgegebenen Pfad ab, wird er solange bestraft, bis sein Gewinn des Abweichens zunichte gemacht ist. Um den anderen Spielern einen Anreiz zu verschaffen, die Bestrafung zu vollziehen, erhält jeder dieser Spieler eine Belohnung in Form eines geringen Aufschlags auf seine Auszahlung in Höhe von α. Die Bedingung der vollen Dimensionalität von $H^c(\Sigma)$ ermöglicht diese Art der Belohnung.[20]

Beweis: Da $H(B^{**}(\infty, \delta))$ und $H^c(\Sigma)$ kompakt sind und wegen $H(B^{**}(\infty, \delta)) \subseteq H^c(\Sigma)$ (Satz 7.57) kann gemäß Lemma 7.18 die Konvergenz damit gezeigt werden, dass sich jedes $x \in H^c(\Sigma)$ approximativ durch einen Auszahlungsvektor in $H(B^{**}(\infty, \delta))$ erreichen lässt, wenn δ hinreichend nahe bei eins ist.

Wir können ohne Einschränkung der Allgemeingültigkeit $v_i = 0$ für alle $i \in I$ annehmen. Desweiteren nehmen wir an, dass für alle $x \in H^c(\Sigma)$ ein $s \in S$ mit $H(s) = x$ existiert. (Falls ein solches s nicht existiert, kann durch einen endlichen Zyklus geeigneter Aktionskonfigurationen eine geeignete Näherung für x gebildet werden.) Für den stationären Pfad π, auf dem in allen Perioden s gespielt wird, gilt dann: $H(\pi, \delta) = x$. Sei $s^i(k) = (s_1^i, \ldots, s_k^i)$ eine endliche Sequenz mit $s_t^i = s^i$ für $t = 1, \ldots, k$. Wegen $v_i = 0$ ist $H_i(s^i(k)) = 0$ für alle $i \in I$.

Wir betrachten zunächst den Fall von $x \in \text{int} H^c(\Sigma)$. Wir definieren zu jedem x einen Vektor $\tilde{x}^i$ mit

$$\tilde{x}^i := (x_1 + \alpha, \ldots, x_{i-1} + \alpha, x_i, x_{i+1} + \alpha, \ldots, x_n + \alpha)$$

Wegen $x \in \text{int} H^c(\Sigma)$ und $\dim \text{int} H^c(\Sigma) = n$ existiert ein $\alpha > 0$, so dass $\tilde{x}^i \in \text{int} H^c(\Sigma)$. Es bezeichne π den stationären Pfad, auf dem in allen Perioden s gespielt wird, und $\tilde{s}^i \in S$ eine Aktionskonfiguration mit $H(\tilde{s}^i) = \tilde{x}^i$. Sei $b \in B(\infty)$ eine Strategiekonfiguration, deren Vorschrift sich in Abhängigkeit von der Geschichte in drei Phasen einteilen lässt, wobei b für die erste Periode den Beginn der Phase A vorschreibt:

---

[20] Besitzt die Menge $H^c(\Sigma)$ die Eigenschaft $\dim H^c(\Sigma) = n$, d. h. $H^c(\Sigma)$ besitzt die volle Dimension, dann existiert ein $x \in H^c(\Sigma)$ mit $x_i > v_i$ für alle $i \in I$; die umgekehrte Implikation gilt jedoch nicht.

A. In jeder Periode wird s gespielt.
B. Ab einer Periode wird für T Perioden s^i gespielt, wenn in der Vorperiode genau ein Spieler i von s in Phase A oder von s^j ($i \neq j$) in Phase B oder von $\tilde{s}^j$ ($j \in I$) in Phase C abgewichen ist.[21]
C. Wenn in der Vorperiode eine Phase B mit s^i zu Ende gegangen ist, wird in jeder Periode $\tilde{s}^i$ gespielt.

Wird T so bestimmt, dass es für keinen Spieler lohnend ist, in irgendeinem Teilspiel von $\Gamma(\infty, \delta)$ als einziger von der Strategiekonfiguration b abzuweichen, dann bildet b ein teilspielperfektes Gleichgewicht von $\Gamma(\infty, \delta)$. Betrachten wir zunächst ein Abweichen von A oder C. T muss so bestimmt werden, dass es sich für keinen Spieler lohnt, in irgendeiner Periode von A oder C abzuweichen, wenn er dafür T Perioden mit v_i bestraft wird und anschließend wieder x_i erhält. Weicht Spieler i in einer Periode von A oder C ab, kann er sich wegen $v_i = 0$ für das Teilspiel, das in der Periode seines Abweichens beginnt, eine Auszahlung in Höhe von maximal

$$(1 - \delta) \left(\hat{H}_i + \sum_{t=1}^{T} \delta^t v_i + \sum_{t=T+1}^{\infty} \delta^t x_i \right) = (1 - \delta)\hat{H}_i + \delta^{T+1} x_i \quad (7.30)$$

sichern.[22] Weicht Spieler i nicht ab, erhält er eine Auszahlung in Höhe von mindestens x_i. Folglich lohnt es sich für i nicht, einseitig von A oder C abzuweichen, wenn x_i größer oder gleich dem rechten Ausdruck in (7.30) ist, woraus

$$\frac{1 - \delta^{T+1}}{1 - \delta} \geq \frac{\hat{H}_i}{x_i} \quad (7.31)$$

folgt. Für $\delta \to 1$ konvergiert (gemäß dem Satz von l'Hospital) die linke Seite von (7.31) gegen $T+1$. Folglich lohnt es sich für keinen Spieler in irgendeiner Periode von A oder C abzuweichen, wenn wir

$$T \geq \max_{i \in I} \frac{\hat{H}_i}{x_i} \quad (7.32)$$

wählen. Desweiteren muss T so bestimmt werden, dass es sich für keinen Spieler lohnt, in Phase B, d. h. von einer laufenden Bestrafung eines anderen Spielers, abzuweichen. Dies ist wegen $v_i = 0$ erfüllt, wenn:

$$(1 - \delta) \sum_{\tau=1}^{T} \delta^{\tau-1} H_i(s^j) + \delta^T (x_i + \alpha) \geq (1 - \delta)\hat{H}_i + \delta^{T+1} x_i \quad (7.33)$$

---

[21] Weichen zwei oder mehr Spieler in einer Periode von A (B, C) ab, kann A (B, C) weiter gespielt werden.

[22]
$$(1 - \delta) \sum_{t=T+1}^{\infty} \delta^t x_i = \delta^{T+1} x_i$$

Wegen $\sum_{\tau=1}^{T} \delta^{\tau-1} = \frac{1-\delta^T}{1-\delta}$ und $\delta \geqq \delta^T$ für $T \geqq 1$ ist (7.33) erfüllt für:

$$\delta^T \alpha \geqq (1 - \delta) \left(\hat{H}_i - H_i(s^j) \right) \tag{7.34}$$

Für alle $i \in I$ und jedes beliebige T gibt es ein $\delta < 1$, das diese Ungleichung erfüllt. Folglich lässt sich der Pfad π durch eine geeignete Wahl von T gemäß (7.32) als teilspielperfekter Gleichgewichtspfad von $\Gamma(\infty, \delta)$ etablieren, wenn δ hinreichend nahe bei eins ist, d. h. $H(\pi, \delta) \in H(B^{**}(\infty, \delta))$.

Betrachten wir nun noch den Rand von $H^c(\Sigma)$; das ist die Menge $H^c(\Sigma) \setminus \mathrm{int} H^c(\Sigma)$. Zu jedem Element x des Randes wählen wir ein $s \in S$ mit $H_i(s) > v_i$ für alle $i \in I$ und $\|H(s) - x\| < \varepsilon$ für $\varepsilon > 0$. Wie zuvor gezeigt, lässt sich für den stationären Pfad π, auf dem ständig s gespielt wird, $H(\pi, \delta) \in H(B^{**}(\infty, \delta))$ erreichen, wenn T entsprechend (7.32) gewählt wird und δ hinreichend groß ist. Zusammen mit dem ersten Beweisschritt und der Aussage von Lemma 7.18 ist damit die Aussage von Satz 7.59 bewiesen.

q. e. d.

7.5.3 Vergleich von Nash-Gleichgewicht und teilspielperfektem Gleichgewicht

Vergleicht man die Sätze 7.54 und 7.59, stellt man fest, dass sich die Bedingungen dafür, dass die über Gleichgewichtsauszahlungen erreichbare Menge gegen $H^c(\Sigma)$ konvergiert, etwas unterscheiden. Beim Nash-Gleichgewicht reicht die Existenz einer Auszahlungskonfiguration aus, die jedem Spieler mehr als seine Minimax-Auszahlung zuordnet. Beim teilspielperfekten Gleichgewicht haben wir die strengere Bedingung der vollen Dimension von $H^c(\Sigma)$. Die allgemeine Aussage von Satz 7.17 können wir durch folgende Aussage ergänzen.

Satz 7.60. *Für jedes unendlich wiederholte Spiel $\Gamma(\infty, \delta)$ gilt:*

$$H(B^{**}(\infty, \delta)) \subseteq H(B^*(\infty, \delta)) \subseteq H^c(\Sigma)$$

Zu den Anforderungen an eine Nash-Gleichgewichtsstrategie und eine teilspielperfekte Gleichgewichtsstrategie ist für die wiederholten Spiele mit Diskontierung das gleiche anzumerken wie zum undiskontierten Pendant in Abschnitt 7.4.3: Für ein Nash-Gleichgewicht reicht eine einfache Trigger-Strategie aus, deren angedrohte Vergeltungsmaßnahmen unglaubwürdig sein können, weil der Anreiz fehlt, sie zu vollziehen. Diese unbefriedigende Eigenschaft wird durch die Forderung nach Teilspielperfektheit verhindert. Spieler werden für den Vollzug von Vergeltungsmaßnahmen belohnt bzw. für den Nichtvollzug bestraft.

7.6 Isomorphie, Teilspielkonsistenz und asymptotische Konvergenz

In $\Gamma(\infty)$ wird das Basisspiel unendlich oft wiederholt. Für alle $h(t)$ sind damit die auf $h(t)$ folgenden Teilspiele isomorph zu $\Gamma(\infty)$ (vgl. Abschnitt 7.2.4). Da die Vergangenheit $h(t)$ keinerlei Effekte auf die Regeln des nach $h(t)$ folgenden Teilspiels wie etwa die Aktionsmöglichkeiten oder die späteren Periodenauszahlungen der Spieler haben, lassen sich die Regeln jedes Teilspiels in die von $\Gamma(\infty)$ isomorph abbilden (für eine formale Definition solcher Isomorphie siehe Harsanyi und Selten (1988)). Obwohl sich das Spielerverhalten über die Zeit erstreckt, befinden sie sich dennoch in einer stationären Situation ohne strukturelle Dynamik (im Sinne dynamischer Spiele).

Folk-Theoreme postulieren jedoch vergangenheitsbezogenes Verhalten, obwohl die Situation stationär ist. Sowohl die Trigger- als auch die Tit-for-Tatoder Grim-Strategien basieren auf der Annahme, dass heutiges Verhalten von mehr oder minder lang zurück liegendem früherem Verhalten abhängig ist. Wie schon bei endlichem Zeithorizont T wird dies durch die Teilspielkonsistenz teilspielperfekter Gleichgewichte ausgeschlossen.

Satz 7.61. *Jedes teilspielkonsistente und teilspielperfekte Gleichgewicht von $\Gamma(\infty)$ schreibt die konstante Wahl eines Nash-Gleichgewichts s^* von G vor.*

Beweis: Für alle $h(t)$ ist das Teilspiel nach $h(t)$ zu $\Gamma(\infty)$ isomorph. Teilspielkonsistenz verlangt daher für alle Teilspiele dieselbe Lösung wie für $\Gamma(\infty)$, die daher für alle Perioden t denselben Strategievektor s in G induzieren muss. Aus der Teilspielperfektheit des Gleichgewichts von $\Gamma(\infty)$ folgt, dass dieser Strategievektor s ein Gleichgewicht von G sein muss.

q. e. d.

Die zusätzliche Bedingung der Teilspielkonsistenz vermeidet daher wie bei endlichem Zeithorizont von den Spielern (im Sinne der Teilspielkonsistenz) willkürlich induziertes dynamisches Verhalten in einem strukturell stationären Entscheidungsumfeld. Folk-Theoreme bei unendlichem Zeithorizont lassen sich auch dadurch hinterfragen, dass man den unendlichen Zeithorizont nur als Approximation langer endlicher Planungshorizonte akzeptiert. Mit anderen Worten: Das Spiel $\Gamma(\infty)$ selbst ist nur als $\lim_{T\to\infty} \Gamma(T)$ interessant und zu interpretieren. Die Interpretation von $\Gamma(\infty)$ als $\lim_{T\to\infty} \Gamma(T)$ bedingt, dass wir uns nur für solche teilspielperfekten Gleichgewichte von $\Gamma(\infty)$ interessieren, die die folgende Bedingung erfüllen:

Definition 7.62. *Das teilspielperfekte Gleichgewicht b^{**} von $\Gamma(\infty)$ heißt asymptotisch konvergent, wenn es eine Folge endlicher Zeithorizonte $\{T^k\}_k$ mit $T^k \to \infty$ (für $k \to \infty$) und eine Folge von teilspielperfekten Gleichgewichten b^k von $\Gamma(T^k)$ gibt mit*

$$b^k \longrightarrow b^{**} \quad \text{für} \quad k \longrightarrow \infty,$$

d. h. falls sich b^{**} durch eine Folge von teilspielperfekten Gleichgewichten b^k für endliche, aber wachsende Wiederholungszahlen (des Basisspiels G) approximieren lässt.

Wir wollen die Implikationen dieser Eigenschaft am einfachen Fall demonstrieren, in dem das Basisspiel nur über ein einziges Nash-Gleichgewicht s^*

(wie z. B. das Gefangenendilemma) verfügt. Da für alle $T < \infty$ jedes teilspielperfekte Gleichgewicht b^k von $\Gamma(T^k)$ für alle Perioden $t = 1, \ldots, T^k$ die Wahl des Gleichgewichts s^* von G vorschreibt (vgl. Korollar 7.30), schreibt für alle $k = 1, 2, \ldots$ die Lösung b^k von $\Gamma(T^k)$ die konstante Wahl von s^* vor,[23] d. h. $b_i^k(h(t)) = s_i$ für alle $h(t)$ und für alle i. Daher kann auch nur das teilspielperfekte Gleichgewicht b^{**} von $\Gamma(\infty)$ mit

$$b_i^{**}(h(t)) = s_i \quad \text{für alle} \quad h(t) \in \mathcal{H} \quad \text{und} \quad i \in I$$

durch eine Folge teilspielperfekter Gleichgewichte b^k von $\Gamma(T^k)$ approximiert werden, was die folgende Behauptung beweist.

Satz 7.63. *Hat das Basisspiel G nur ein einziges Nash-Gleichgewicht s^*, so schreibt das einzige teilspielperfekte und asymptotisch konvergente Gleichgewicht b^{**} von $\Gamma(\infty)$ für alle Spieler i die konstante Wahl von s_i^* (unabhängig von $h(t)$) vor.*

Folk-Theoreme werden oft zitiert, um kooperative Ergebnisse zu rechtfertigen. Da im Allgemeinen nur bei unendlichem Zeithorizont alle Auszahlungsvektoren in $H^c(\Sigma)$ durch teilspielperfekte Gleichgewichte realisierbar sind, stellt sich die Frage, wie bei solchen Verweisen der unendliche Zeithorizont zu rechtfertigen ist. Weiterhin haben wir mit dem Erfordernis der Teilspielkonsistenz und der asymptotischen Konvergenz aufgezeigt, dass Folk-Theoreme konzeptionell angreifbar sind. Es muss verwundern, wenn Ökonomen

- einerseits mit dem sunk cost-Argument operieren (das wir durch die Teilspielkonsistenz präzise im strategischen Kontext als Lösungserfordernis eingeführt haben) und
- andererseits einfach auf Folk-Theoreme zur Rechtfertigung von Kooperation zurück greifen (was der Forderung nach Teilspielkonsistenz widerspricht).

Es ist natürlich auch festzuhalten, dass Folk-Theoreme für $\Gamma(\infty)$ nicht nur Kooperation, sondern fast jedes (auch sehr übelmeinende) Verhalten rechtfertigen, sofern seine Auszahlungseffekte mit $H^c(\Sigma)$ vereinbar sind. Das Herauspicken kooperativer Ergebnisse ist durch Folk-Theoreme allein nicht zu rechtfertigen. Indem sie fast alle Ergebnisse für möglich erklären, sind Folk-Theoreme eigentlich uninformativ. Als sozialwissenschaftliche Aussagen weisen sie daher einen eher „suizidalen Charakter" auf: Wenn fast alles für möglich erachtet wird, was nützt uns dann noch das Folk-Theorem?

---

[23] Gemäß dem Durchschnittskriterium würde natürlich ungleichgewichtiges Verhalten in endlich vielen Perioden die Auszahlung in keinem durch $h(t)$ definierten Teilspiel verändern, so dass die Aussage nur generisch (für fast alle $h(t)$) zu interpretieren ist. Das Overtaking-Kriterium vermeidet dieses Problem.

7.7 Wiederholte Spiele mit unvollständiger Information

Generell kann man wiederholte Spiele mit unvollständiger Information dadurch beschreiben, dass

- es statt nur eines Basisspiels G eine Kollektion

$$\mathcal{C} = \{G^1, \ldots G^L\} \quad \text{mit} \quad L \geqq 2$$

von Basisspielen G^l mit $l = 1, \ldots, L$ gibt, von denen
- nur eines wirklich vorliegt und damit T-fach gespielt wird ($T \in \mathbb{N} \cup \{\infty\}$), und
- das wirkliche Spiel $G \in \mathcal{C}$ fiktiv gemäß einer Wahrscheinlichkeitsverteilung W auf $\mathcal{C}$ mit $W(G) \geqq 0$ für alle $G \in \mathcal{C}$ und $\sum_{G \in \mathcal{C}} W(G) = 1$ ausgewählt wird, worüber
- die Spieler nur unvollständig im Sinne einer Teilmenge $\mathcal{C}_i \subseteq \mathcal{C}$ mit $G \in \mathcal{C}_i$ für alle $i \in I$ informiert werden.

Wir können daher ein wiederholtes Spiel mit unvollständiger Information, die die Struktur von Signalisierungsspielen aufweisen, wie folgt beschreiben.

Definition 7.64. *Ein wiederholtes Spiel mit unvollständiger Information ist durch den Vektor*

$$\Gamma = \{\mathcal{C}, W(\cdot), (c_i(\cdot))_{i \in I}, T\}$$

beschrieben, wobei gilt

- $\mathcal{C}$ *ist die Kollektion der für möglich erachteten Spiele,*
- $W(\cdot)$ *ist die Wahrscheinlichkeitsverteilung über $\mathcal{C}$ gemäß der $G \in \mathcal{C}$ ausgewählt wird,*
- $c_i : \mathcal{C} \to \mathcal{P}(\mathcal{C})$ *sucht für jedes $G \in \mathcal{C}$ eine Menge $\mathcal{C}_i \subseteq \mathcal{C}$ mit $G \in \mathcal{C}_i$ aus und*
- T *ist die Anzahl der Perioden, in denen G hintereinander gespielt wird.*

In der Spieltheorie hat man sich schon sehr früh (vgl. Aumann und Maschler (1972), sowie Stearns (1967)) mit der speziellen Klasse von Spielen Γ beschäftigt, in der für alle $l = 1, \ldots, L$ das Spiel G^l ein 2-Personen Nullsummen-Spiel ist, d. h. die alle für sich getrennt betrachtet über einen Sattelpunkt verfügen. Da in diesen Spielen der eine Spieler das gewinnt, was der andere verliert, geht es vornehmlich um den Konflikt

- einerseits aktuell den anderen auszubeuten, was aber die eigene Information über das wahre Spiel $G \in \mathcal{C}$ offenbaren kann, so dass man
- andererseits bestrebt sein kann, möglichst wenig hiervon sofort zu offenbaren.

Wir wollen dies anhand eines einfachen Beispiels verdeutlichen.

7.7 Wiederholte Spiele mit unvollständiger Information 401

Beispiel 7.15 Wir betrachten ein Spiel Γ mit $I = 2$, $L = 2$, $W(G^1) = \frac{1}{2} = W(G^2)$, $c_1(G^l) = \{G^l\}$, $c_2(\cdot) \equiv \mathcal{C}$, $T = 2$, wobei die Auszahlungstabelle von G^1 durch

Spieler 2

	X_2	Y_2
X_1	1 -1	-2 2
Y_1	2 -2	-1 1

Spieler 1

und von G^2 durch

Spieler 2

	X_2	Y_2
X_1	-1 1	2 -2
Y_1	-2 2	1 -1

Spieler 1

In G^1 ist die Sattelpunktlösung (X_1, X_2), während dies (Y_1, Y_2) in Spiel G^2 ist. Beide Spiele lassen sich isoliert betrachtet sehr einfach lösen, da die Sattelpunktlösungen durch dominante Strategien bestimmt sind. Gemäß beiden Lösungen verliert Spieler 1 den Betrag 1 an Spieler 2. Das Ergebnis wäre auch sein Periodengewinn, sobald Spieler 2 aus dem vorherigen Verhalten von Spieler 1 auf das wahre Spiel $G = G^1$ oder $G = G^2$ schließen kann. Würde Spieler 1 hingegen seine private Information über G verheimlichen, indem er non revealing (uninformativ oder nicht signalisierend) gemäß

$$s_1^t = \left(\frac{1}{2}, \frac{1}{2}\right) \quad \text{für } t = 1, \ldots, T-1$$

spielt, so wäre Spieler 2 indifferent zwischen X_2 und Y_2. Würde Spieler 2 daher $s_2^t = (\frac{1}{2}, \frac{1}{2})$ für $t = 1, \ldots, T$ spielen, so wäre der Periodengewinn von Spieler 1 durch

$$u_1(G) := \begin{cases} 0 & \text{in den Perioden } t = 1, \ldots, T-1 \\ \frac{1}{2} & \text{in Periode} \quad T \end{cases}$$

für $G = G^1$ und $G = G^2$, da Spieler 1 in der letzten Periode die für das wirkliche Spiel G dominante Strategie verwenden kann, da dann das Offenbaren des wahren Spiels keine Nachteile mehr hat.

Die technischen Schwierigkeiten bei der Lösung von Spielen Γ wie im obigen Beispiel resultieren daher, dass man meist schon vor der letzten Periode mit der allmählichen Offenbarung seiner (im Beispiel von Spieler 1) privaten Information beginnen wird (im Beispiel, indem man schon in Perioden $t < T$ die dominierende Strategie mit Wahrscheinlichkeit größer als $\frac{1}{2}$ verwendet). Die Theorie der wiederholten 2-Personen Nullsummen-Spiele mit privater Information verfügt daher bislang über wenige allgemeine Aussagen und diskutiert oft anschauliche spezielle Spiele (vgl. Mertens und Zamir 1985). Die Analyse ist in der Regel sehr technisch, weshalb wir hier auf eine Darstellung der Ergebnisse verzichten. Die allgemeinen Aussagen beziehen sich oft auf den Fall $T = \infty$ unendlich vieler Wiederholungen.

Die Theorie der wiederholten Nullsummen-Spiele mit privater Information wurde parallel mit den konzeptionellen und philosophischen Grundlagen der Spiele mit unvollständiger Information (siehe Harsanyi (1967, 1968a, 1968b)) entwickelt, d. h. zu einer Zeit, in der man sich erstmalig damit beschäftigte, wie private Information und ihre Offenbarung bzw. Verheimlichung überhaupt spieltheoretisch erfassbar ist (ein wichtiger Vorläufer war auch Vickrey (1961)). Eine ganz andere Motivation lag den theoretischen Studien zugrunde, die sich mit Fragen des systematischen Auf- bzw. Abbaus von Reputationen in wiederholten Spielen mit privater Information beschäftigt haben (v. a. Kreps, Milgrom, Roberts und Wilson 1982). Wegen der strategischen Rolle der Reputationsdynamik in diesen wiederholten Spielen mit privater Information werden ihre Lösungen auch als *Reputationsgleichgewichte* bezeichnet. Wir wollen diese näher diskutieren und veranschaulichen.

7.7.1 Reputationsgleichgewichte

Die Theorie der Reputationsgleichgewichte in Spielen Γ, in denen die Spiele $G^l \in \mathcal{C}$ nicht notwendigerweise 2-Personen Nullsummen-Spiele sind, wurde vor allem durch experimentelle Befunde inspiriert. Während die Lösung für endlich wiederholte Spiele eines Basisspiels G mit genau einem ineffizienten Gleichgewicht nur dessen stete Wiederholung vorhersagt (siehe Korollar 7.30), wurde experimentell sehr häufig

- bis kurz vor dem Ende (T) effiziente Kooperation beobachtet, die
- gegen Ende abbricht, wobei der Abbruch sich zyklisch mal früher, mal später einstellt, sich aber nicht (wie beim rekursiven Lösen) stetig nach vorne verlagert (vgl. z. B. Selten und Stoecker 1986).

Heute sind solche Befunde nicht mehr unumstritten. In diesen Experimenten war gemäß dem Basisspiel die effiziente Kooperation häufig sehr viel lukrativer als das Gleichgewicht, d. h. das Streben nach effizienter Kooperation war anfänglich ein dominantes Motiv. Bei moderaten Effizienzgewinnen muss das nicht mehr zutreffen (vgl. z. B. Anderhub, Güth, Kamecke und Normann 2003). Dennoch bleibt festzuhalten: Anders als von der Spieltheorie vorausgesagt kann es zu anfänglich stabiler und effizienter Kooperation in

7.7 Wiederholte Spiele mit unvollständiger Information

endlich oft wiederholten Spielen kommen, auch wenn das Basisspiel nur über ein einziges ineffizientes Gleichgewicht verfügt.

Gemäß dem damals noch vorherrschenden neoklassischen Reparaturbetrieb (vgl. Anhang A) sollten solche Befunde nicht die Annahme der (allgemein bekannten) Rationalität hinterfragen, sondern nur die adäquate Modellierung der experimentellen Situation: Konkret hat man mit Recht darauf hingewiesen, dass man sich in einem Experiment niemals der Beweggründe anderer Teilnehmer sicher sein kann. Allerdings hat man nicht alle Beweggründe zugelassen, sondern nur solche, die Kooperation rechtfertigen (man hat daher auch von einem crazy perturbation approach gesprochen).

Die Grundidee besteht darin, von einer vorgegebenen a priori Wahrscheinlichkeit für kooperatives Verhalten auszugehen. Ist sich ein völlig opportunistischer Spieler dieser Erwartung über sein Verhalten (dass er sich mit einer positiven Wahrscheinlichkeit kooperativ verhält) bewusst, so kann er sich durch anfänglich kooperatives Verhalten den Anschein (die Reputation) eines unbedingten Kooperateurs geben und erst ganz zum Schluss die Katze aus dem Sack lassen, indem er diese Reputation strategisch und opportunistisch ausbeutet.

In dem endlich oft wiederholten Gefangenendilemma $G = G^1$ mit Auszahlungstabelle

Spieler 2

		X_2	Y_2
Spieler 1	X_1	10 \quad 10	11 \quad 0
	Y_1	0 \quad 11	1 \quad 1

würde man konkret von einer positiven a priori Wahrscheinlichkeit von Spieler 1 für die kooperative Strategie X_2 des Spielers 2 bzw. umgekehrt von Spieler 2 für X_1 ausgehen. Im Sinne der Definition von Γ ließe sich das durch $\mathcal{C} = \{G^1, G^2, G^3\}$ rechtfertigen, wobei die Auszahlungstabelle von G^2 durch

Spieler 2

		X_2	Y_2
Spieler 1	X_1	10 \quad 10	9 \quad 0
	Y_1	1 \quad 11	0 \quad 1

und die Auszahlungstabelle von G^3 durch

Spieler 2

		X_2	Y_2
Spieler 1	X_1	10 10	11 1
	Y_1	0 9	1 0

gegeben ist. Es würde weiterhin $W(G^2), W(G^3) > 0$ unterstellt, obwohl eigentlich klar ist, dass $G = G^1$ wiederholt gespielt wird. Ist die Anzahl T der Wiederholungen hinreichend groß, so lässt sich zeigen, dass schon kleine positive Wahrscheinlichkeiten $W(G^2)$ und $W(G^3)$ ausreichen, auch die opportunistischen Typen der Spieler (deren Motivation durch G^1 erfasst ist) zu veranlassen, sich anfänglich kooperativ zu verhalten ($\sigma_{i,t} = X_i$ in den anfänglichen Perioden t).

Statt dies abstrakt zu diskutieren, wollen wir Reputationsgleichgewichte anhand eines konkreten Basisspiels, dem einfachen Vertrauensspiel, theoretisch lösen sowie über entsprechende experimentelle Befunde berichten.

7.7.2 Das Vertrauens(basis)spiel

Das Vertrauensspiel[24] verdeutlicht in einfachster Weise die Dilemmasituation, wie in Folge von fehlendem Vertrauen gemeinsame Kooperation scheitert. In Extensivform sei $\mathcal{C} = \{G^1, G^2\}$ durch die Spielbäume in Abb. 7.4 bestimmt,

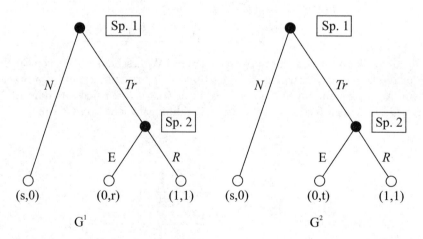

Abb. 7.4. Spielbäume des Vertrauensspiels

---

[24] Unsere Darstellung basiert auf Anderhub et al. (2002), sowie Engelmann (2000), Kap. 2.

wobei $0 < s < t < 1 < r$ gilt. Spieler 1 kann auf der ersten Stufe des Spiels dem Spieler 2 entweder „vertrauen" (Tr) oder „nicht vertrauen" (N). Spieler 2 kann auf der zweiten Stufe das Vertrauen entweder ausbeuten (E von „exploit") oder belohnen (R von „reward"). Die beiden Spiele unterscheiden sich dadurch, dass sich die Ausbeutung des Vertrauens durch Spieler 2 entweder lohnt (G^1) oder nicht lohnt (G^2). Für Spieler 1 lohnt es sich zu vertrauen, wenn er davon ausgehen kann, dass sein Vertrauen nicht ausgebeutet wird. Man sieht leicht, dass die Lösung von G^1 durch (N, E) und die Lösung von G^2 durch (Tr, R) gegeben ist, deren a priori Wahrscheinlichkeiten durch $W(G^1) = 1-p$ und $W(G^2) = p$ mit $p \in (0,1)$ gegeben sein sollen.[25] Wir wollen die Spiele nun (allerdings weniger anschaulich) in Normalform repräsentieren.

Auszahlungen von Spiel G^1:   Auszahlungen von Spiel G^2:

		Spieler 2	
		E	R
Spieler 1	N	0 / s	0 / s
	Tr	r / 0	1 / 1

		Spieler 2	
		E	R
Spieler 1	N	0 / s	0 / s
	Tr	t / 0	1 / 1

Die nahe liegende Interpretation der Strategien besagt (siehe oben):

N(on-cooperation) = keine Zusammenarbeit,
Tr(ust in reciprocity) = Setzen auf vertrauensvolle Zusammenarbeit beginnend mit einer Vorleistung von Spieler 1,
R(eward reciprocity) = Belohnung der Vorleistung von Spieler 1 durch Spieler 2,
E(xploit) = Ausbeutung von Spieler 1 durch Spieler 2.

Im Folgenden gehen wir von $\mathcal{C} = \{G^1, G^2\}$ mit $W(G^1) = 1-p, W(G^2) = p$, $c_1(\cdot) \equiv \mathcal{C}$, $c_2(G^1) = \{G^1\}$, $c_2(G^2) = \{G^2\}$ und $2 \leq T < \infty$ aus. Wann immer im Folgenden von einem endlich wiederholten Spiel Γ mit unvollständiger Information gesprochen wird, soll von einem Spiel dieses Typs die Rede sein. Wir werden zunächst das konstruktive Lösungsvorgehen für den einfachen Fall $T = 2$ und dann die allgemeine Lösung für alle $1 \leq T < \infty$ vorstellen. Abschließend werden einige experimentelle Befunde beschrieben.

a) Das Reputationsgleichgewicht für $T = 2$

In G^2 ist offensichtlich, dass Spieler 2 stets R verwenden würde. Analog wählt Spieler 2 den Zug E in G^1 in beiden Perioden. Es sei $s_2^1 \in [0, 1]$ die Wahrscheinlichkeit, mit der Spieler 2 in G^1 den Zug R in Periode $\tau = 1$ wählt. Die

---

[25] Da die folgende Argumentation auf der Normalform des Vertrauensspiels basieren verwenden wir – in Abänderung unserer gewohnten Konvention in diesem Buch – das Symbol G^i auch für die Extensivform des Vertrauensspiels.

bedingte Wahrscheinlichkeit $p_2 = Prob\{G = G^2 \mid h_2 = (Tr, R)\}$ von Spieler 1, mit der er nach dem Spielverlauf $h_2 = (Tr, R)$ das Spiel G^2 erwartet, lässt sich aus

$$1 - p_2 = \frac{(1-p)s_2^1}{p + (1-p)s_2^1} \tag{7.35}$$

bestimmen. Wegen $s_2^1 = 1$ für $G = G^2$ ist $p + (1-p)s_2^1$ die (unbedingte) Wahrscheinlichkeit dafür, dass in Periode $\tau = 1$ der Zug Tr von Spieler 1 mit R beantwortet wird. Die Größe $(1-p)s_2^1$ ist die Wahrscheinlichkeit dafür, dass dies auf Verhalten im Spiel G^1 zurückzuführen ist. Wegen $p \in (0,1)$ ist der Ausdruck stets wohldefiniert. Allgemein sei s_i^τ die Wahrscheinlichkeit, mit der Spieler 1(2) den Zug $Tr(R$ im Spiel $G^1)$ in Periode τ verwendet. Der Lösungspfad im Fall $T = 2$ hängt dann nur von den Parametern p, s und r ab (da $t < 1$ stets $s_2^\tau = 1$ impliziert, hat t darüberhinaus keinen Einfluss).

Satz 7.65. *i) Für $p < s^2$ folgt $s_1^\tau = 0$ ($\tau = 1, 2$), d. h. der Lösungspfad ist (N, N), so dass Spieler 2 nicht zum Zuge kommt.*

ii) Für $s > p > s^2$ folgt $s_1^1 = 1, s_1^2 = \frac{r-1}{r}, s_2^1 = \frac{p}{1-p} \cdot \frac{1-s}{s}$, d. h. der Lösungspfad ist (Tr, R, Tr, E) mit Wahrscheinlichkeit $(1-p)s_2^1 s_1^2$; (Tr, R, Tr, R) mit Wahrscheinlichkeit ps_1^2; (Tr, R, N) mit Wahrscheinlichkeit $(1-p)s_2^1(1-s_1^2) + p(1-s_1^2)$ und (Tr, E, N) mit Wahrscheinlichkeit $(1-p)(1-s_2^1)$.

iii) Für $p > s$ folgt $s_1^\tau = 1$ ($\tau = 1, 2$) und $s_2^1 = 1$, d. h. der Lösungspfad ist (Tr, R, Tr, E) mit Wahrscheinlichkeit $(1-p)$ und (Tr, R, Tr, R) mit Wahrscheinlichkeit p.

Beweis: Der Beweis (für alle generischen Parameterkonstellationen) basiert auf der Fallunterscheidung in der folgenden Tabelle.

Annahme über s_2^1	Implikationen aus s_2^1	
	posterior beliefs $1 - p_2$	Spielerentscheidungen
0	0	$s_1^2 = 1$ und $s_2^1 = 0$, Widerspruch
1	$1 - p$	$p < s : s_1^2 = 0$ und $s_2^1 = 0$, Widerspruch; $p > s : s_1^2 = 1$ und $s_2^1 = 1$
$\in (0, 1)$	$1 - s$	$s_1^2 = \frac{r-1}{r}$ und $s_2^1 = \frac{p}{1-p} \cdot \frac{1-s}{s}$

Die Implikationen von s_2^1 für $1 - p_2$ ergeben sich stets aus Gleichung (7.35), woraus dann teils wieder das Verhalten in der dritten Spalte abgeleitet werden kann. Wir erläutern im Folgenden die Zeilen der Tabelle.

1.Zeile: Gilt $p_2 = 1$, so folgt $s_1^2 = 1$ (da in Periode $\tau = T = 2$ für Spieler 1 dann Tr lohnender ist als N). Bei Erwartung von $s_1^2 = 1$ würde Spieler 2 in G^1 aber $s_2^1 = 1$ wählen (auf E folgt stets N), d. h. es resultiert ein Widerspruch zur Ausgangsannahme $s_2^1 = 0$.

2. Zeile: Für $p_2 = p$ erweist sich für Spieler 1 in Periode $\tau = T = 2$ der Zug Tr, sofern $p > s$, und der Zug N, sofern $p < s$, als optimal. Daher gilt: $p < s \Longrightarrow s_1^2 = 0$ und damit (bei Antizipation von $s_1^2 = 0$ durch Spieler 2 in G^1) auch $s_2^1 = 0$, d. h. ein Widerspruch zur Ausgangsannahme $s_2^1 = 1$. Damit kann $s_2^1 = 1$ nur im Fall $p > s$ vorliegen, der $s_1^2 = 1$ impliziert und damit (bei Antizipation von $s_1^2 = 1$ durch Spieler 2 in G^1) auch $s_2^1 = 1$ bestätigt. Hieraus folgt (iii), da $s_2^1 = 1$ auch $s_1^1 = 1$ induziert.

3. Zeile: $s_2^1 \in (0,1)$ ist nur mit $s_1^2 \in (0,1)$ vereinbar. Da dann Spieler 1 in Periode $\tau = T = 2$ und (im Spiel G^1 und Periode $\tau = 1$) Spieler 2 zwischen den beiden Zügen indifferent sein müssen, folgt:

$$s_2^1 = \frac{p}{1-p} \cdot \frac{1-s}{s} \quad \text{und} \quad s_1^2 = \frac{r-1}{r}$$

Wird diese Spielfortsetzung rational antizipiert, so folgt $s_1^1 = 1$ für $p > s^2$, da

$$2s < p \left[1 \cdot 1 + \frac{r-1}{r} \cdot 1 + \frac{1}{r}s \right] + (1-p) \left[\frac{p}{1-p} \frac{1-s}{s} \left(1 + \frac{r-1}{r} \cdot 0 + \frac{1}{r}s \right) \right.$$
$$\left. + \left(1 - \frac{p}{1-p} \frac{1-s}{s} \right) (0+s) \right] \tag{7.36}$$

äquivalent ist mit $p > s^2$ für $p < s$. Für $p < s^2$ erweist sich hingegen $s_1^1 = 0$ als besser, da sich dann Ungleichung 7.36 umkehrt. Ersteres rechtfertigt ii) für $s > p > s^2$, letzteres die Aussage i).

q. e. d.

b) Der allgemeine Fall $T < \infty$

Wie zu erwarten, muss im allgemeinen Fall das rekursive Lösen nach dem Induktionsanfang (den wir in Teil a) – man setze einfach $p_2 = p_T$ und $p = p_{T-1}$ – geliefert haben) über einen allgemeinen Induktionsschritt bewiesen werden. Die entscheidende Formel hierfür ist die allgemeine Formulierung von (7.35):

$$1 - p_{\tau+1} = \frac{(1-p_\tau)s_2^\tau}{p_\tau t + (1-p_\tau)s_2^\tau} \tag{7.37}$$

Die Variable p_τ bezeichnet wiederum die a priori Wahrscheinlichkeit, mit der Spieler 1 in Periode τ erwartet hat, das Spiel G^2 vorzufinden. Da Spieler 2 in G^2 den Zug mit Wahrscheinlichkeit 1 verwendet, ist die analoge a posteriori Wahrscheinlichkeit $p_{\tau+1}$ durch (7.37) bestimmt.

Rekursives Lösen mit Hilfe von (7.37) geht wie folgt vor: Beginnend mit $\tau + 1 = T$ und sukzessive weiter für $\tau + 1 = T-1, T-2, \ldots, 2$ bestimmt man die Lösung für Periode $\tau + 1$ in Abhängigkeit von $p_{\tau+1}$, d. h. der Wahrscheinlichkeit für $G = G^2$ in Periode $\tau + 1$. Das Verhalten in Periode τ kann dann einfach in Abhängigkeit von p_τ abgeleitet werden, da mittels (7.37) die Auswirkungen von s_2^τ auf das zukünftige Verhalten von beiden Spielern antizipiert werden kann.

Allgemein lässt sich für den Lösungspfad zeigen[26], dass

- der Zug N in Periode τ die Fortsetzung $s_1^{t'} = 0$ für $t' > t$ impliziert (da nach N in Periode τ stets $p_{\tau+1} = p_\tau$ folgt, weil Spieler 2 nicht zum Zuge kommt),
- die Antizipation von $s_1^{\tau+1} = 1$ Spieler 2 im Spiel G^1 $s_2^\tau = 1$ veranlasst (durch vorzeitiges Ausbeuten würde Spieler 2 sich schaden),
- $s_2^\tau > 0$ für alle $\tau < T$ im Spiel G^1 (da Spieler 2 zum Zuge kommt, hat p_τ Spieler 1 veranlasst, Tr mit positiver Wahrscheinlichkeit zu wählen; $s_2^\tau = 1$ würde dies auch für die Periode $\tau + 1$ ermöglichen, da $1 - p_{\tau+1} = 1 - p_\tau$ aus $s_2^\tau = 1$ folgt; diese Chance, die Kooperation zu verlängern, sollte sich Spieler 2 in G^1 nicht entgehen lassen),
- $s_2^\tau = 1 \Rightarrow s_1^\tau = 1$ (bei diesem Verhalten verschlechtern sich die Chancen für Spieler 1 nicht und seine Auszahlung in Periode τ ist höher als für $s_1^\tau < 1$),
- $s_1^\tau = 1 \Rightarrow s_1^{t'} = 1$ für $t' < t$ (durch $s_1^{t'} = 1$ für $t' < t$ ermöglicht Spieler 1 gemäß den früheren Befunden Kooperation bis zur Periode τ),
- der Zug N in Periode τ impliziert N für alle weiteren Perioden (falls sich spätere Kooperation lohnt, ist schon der Zug N in einer früheren Periode nicht optimal),
- $[0 < s_2^\tau < 1 \text{ in } G^1 \Rightarrow 0 < s_1^{t'}, s_2^{t'} < 1 (t' > t) \text{ in } G^1$ (abgesehen von $s_2^T = 0$)] und
  $[0 < s_1^\tau < 1 \Rightarrow 0 < s_1^{t'}, s_2^{t'} < 1 \ (t' > t) \text{ in } G^1$ (abgesehen von $s_2^T = 0$)],
  solange wie nur die Züge Tr und R realisiert werden (folgt aus
  $$p_\tau < p_{\tau+1} \Leftrightarrow p_\tau (1 - s_2^\tau) < 1 - s_2^\tau, \quad \text{falls} \quad p_\tau, s_2^\tau < 1),$$
- $0 < s_1^\tau < 1 \Rightarrow s_1^\tau = \frac{r-1}{r}$ (hiermit ist Spieler 2 in G^1 indifferent zwischen Ausbeutung in Periode τ oder $\tau + 1$, denn aus $r = 1 + s_1^\tau r$ folgt $s_1^\tau = \frac{r-1}{r}$).

Mit Hilfe dieser Aussagen lassen sich die Auszahlungseffekte aller Abweichungen vom Gleichgewichtspfad als nicht lohnend nachweisen. Konkret erlaubt dies (bis auf degenerierte Grenzfälle) die folgende Aussage zu beweisen, die sich analog zum Spezialfall $T = 2$ formulieren lässt:

Satz 7.66. *Im Vertrauensspiel mit* $T < \infty$ *Perioden schreibt der Lösungspfad vor, dass* (s_2^t *bezieht sich nur auf Spieler 2 in* G^1)

- $p < s^T \Rightarrow s_1^\tau = 0$ *für alle Perioden* τ,
- $s^{T-\tau} > p > s^{T-\tau+1} \Rightarrow$
  $[s_1^{t'} = 1 \ (t' \leqq t),\ s_1^{t'} = \frac{r-1}{r} \ (t' > t)$ *und* $s_2^{t'} = 1 \ (t' < t),\ s_2^\tau = \frac{p}{1-p} \cdot \frac{1-s^\tau}{s^\tau},$
  $s_2^{t'} = \frac{s((1-s^{t'})}{1-s^{t'+1}} \ (\tau < t' < T)]$,
- $p > s \Rightarrow s_1^\tau = 1$ *für alle Perioden und* $s_2^\tau = 1$ *für alle Perioden* $\tau < T$.

---

[26] Eine detailliertere Beweisführung findet man in Engelmann (2000), Kap. 2.

Der Lösungspfad ist daher (abgesehen von degenerierten Parameterkonstellationen) eindeutig durch die Parameter p, s, r und die Periodenzahl T bestimmt. Da wegen $0 < s < 1$ die Kooperationsschranke s^T für $T \to \infty$ gegen Null konvergiert, wird bei genügend großer Wiederholungszahl stets anfänglich kooperiert. Für $T = 1$ ist dies nur für $p > s$ möglich. Für $p > s$ wird bei $T > 1$ (bis auf die Ausbeutung von Spieler 1 in der letzten Periode (von G^1)) ohne Abstriche kontinuierlich kooperiert. Ansonsten (für $s^{\tau+1} < p < s^\tau$ und $0 < \tau < T$) wird die anfängliche unbedingte Kooperation durch eine Phase gemeinsamen Mischens abgelöst, die sich gemäß ii) bis zum Spielende (abgesehen von $s_2^T = 0$) erstreckt. Dieser Spielverlauf wird auch anhand eines noch zu schildernden Experiments verdeutlicht werden.

c) Reputation und Experimente

Wie schon eingangs erwähnt wurde die Theorie der Reputationsgleichgewichte durch experimentelle Befunde in endlich oft wiederholten Spielen inspiriert. Dies waren jedoch Experimente, in denen unvollständige Information im Sinne von $0 < p < 1$ gar nicht experimentell eingeführt wurde. Man hat einfach eine bestimmte alternative Spielmodellierung unterstellt (im obigen Beispiel das Spiel G^2), die von den Spielern für möglich erachtet wird (crazy perturbation). Wie im obigen Beispiel verdeutlicht, konnte man das dadurch rechtfertigen, dass bei ausreichend langem Zeithorizont anfänglich kooperiert wird. Das Argument zur Rechtfertigung experimenteller Befunde ist daher,

- dass bei dem experimentell implementierten Zeithorizont T die vermutete a priori Wahrscheinlichkeit p (für das crazy perturbation Spiel G^2) hinreichend groß war und
- dass die untere Schranke für p sehr klein ist, wenn die Wiederholungszahl nicht zu klein ist.

Es handelt sich damit um einen geradezu klassischen Beitrag in der Tradition des „neoklassischen Reparaturbetriebs" (vgl. Anhang A), für den die Anwendung auf das Tausendfüßlerspiel (centipede game) von McKelvey und Palfrey (1992) ein sehr anspruchsvolles Beispiel ist.[27]

Durch die Theorie der Reputationsgleichgewichte – dies sind einfach perfekte oder sequentielle Gleichgewichte für bestimmte Spieltypen, nämlich die endlich wiederholten Spiele mit unvollständiger Information – wurden aber auch neue Experimente initiiert, in denen die a priori Wahrscheinlichkeit eine alternative Spielmodellierung (wie durch G^2 im obigen Beispiel) explizit experimentell eingeführt wurde (z. B. Anderhub et al. (2002), Brandts und Figueras (2003), Camerer und Weigelt (1988),Neral und Ochs (1992)).

Es ist interessant, wie man experimentell versucht hat, die alternative Modellierung (im Beispiel das Spiel G^2) zu implementieren. Wir wollen dies für die Beispielsituation verdeutlichen:

---

[27] Im Tausendfüßlerspiel sind wie im wiederholten Vertrauensspiel enorme Kooperationsgewinne durch wechselseitiges Vertrauen möglich.

- Teils wurde einfach gesagt, dass mit Wahrscheinlichkeit p der Zug Tr automatisch mit R belohnt wurde. Konkret hat man diese Reaktion einfach durch die Experimentatoren wählen lassen oder durch den Computer, d. h. mit Wahrscheinlichkeit p hat es den Spieler 2 gar nicht gegeben (es gab also nur für einen $(1-p)$-ten Anteil der Spieler 1 einen wirklichen Mitspieler 2).
- Teils hat man wirklich einen Anteil $(1-p)$ von Spielern 2 gemäß G^1 und den Restanteil p gemäß G^2 bezahlt. Letztere Spieler 2 Typen sind natürlich mit einer sehr einfachen Situation konfrontiert. Allerdings bleibt hier stets die soziale Situation bestehen, wie sie durch die Instruktionen (die in der Regel die personale Identität von Spieler 2 gar nicht diskutieren, um nicht lügen zu müssen, vgl. dazu Anhang A) suggeriert wird.

Wir werden im Folgenden noch einige Befunde zum endlich oft wiederholten Vertrauensspiel vorstellen, dessen Lösung wir in den vorhergehenden Abschnitten abgeleitet und diskutiert haben.

In der experimentellen Studie von Anderhub et al. (2002) wurde stets $p = \frac{1}{3}$ unterstellt, während die Periodenzahl T systematisch in jedem Experiment sukzessive $T = 3, 6, 2, 10, 3$ und 6 war. Die Teilnehmer haben also hintereinander Spiele mit variierender Wiederholungszahl gespielt. Die Lösungspartien für die verschiedenen Periodenzahlen (und $p = \frac{1}{3}$ sowie die übrigen Parameterspezifikationen) gestalten sich zum Teil gemäß den gemischten Strategien stochastisch (Spieler 2 in G^2 wählt stets $s_2^\tau = 1$):

Für $T = 2$:
$$[s_1^1 = 0, \ s_1^2 = 0]$$

für $T = 3$:
$$\left[\left(s_1^1 = 1, \ s_1^2 = \frac{1}{2}, \ s_1^3 = \frac{1}{2}\right), \ \left(s_2^1 = \frac{5}{8}, \ s_2^2 = \frac{2}{5}, s_1^3 = 0\right)\right]$$

für $T = 6$:
$$\left[\left(s_1^\tau = 1 \ (\tau \leqq 4), \ s_1^5 = \frac{1}{2}, \ s_1^6 = \frac{1}{2}\right),\right.$$
$$\left.\left(s_2^\tau = 1 \ (\tau \leqq 3), \ s_2^4 = \frac{5}{8}, \ s_2^5 = \frac{2}{5}, \ s_2^6 = 0\right)\right]$$

für $T = 10$:
$$\left[\left(s_1^\tau = 1 \ (\tau \leqq 8), \ s_1^9 = \frac{1}{2}, \ s_1^{10} = \frac{1}{2}\right),\right.$$
$$\left.\left(s_2^\tau = 1 \ (\tau \leqq 7), \ s_2^8 = \frac{5}{8}, \ s_2^9 = \frac{2}{5}, \ s_2^{10} = 0\right)\right]$$

7.7 Wiederholte Spiele mit unvollständiger Information

Abgesehen von $T = 2$ wird also zunächst voll kooperiert (Tr, R), danach setzt dann eine zweiperiodige „Mischphase" ein (für Spieler 1 in den beiden letzten Perioden, für Spieler 2 in der dritt- und vorletzten Periode), deren Verhalten für alle $T \geq 3$ gleich ist. Da die Lösungen die Verwendung gemischter Strategien vorschreiben, wurde es den Spielern explizit ermöglicht, „gemischt zu spielen". Die wesentlichen Befunde sind, dass

- auch in der letzten Periode von G^1 noch R verwendet wird,
- Belohnen (die Wahl von R) jedoch zum Ende hin ($\tau \rightarrow T$) rapide abfällt,
- die Verwendung gemischter Strategien kaum dem Muster des Lösungspfads entspricht (der Anteil reiner Strategien ist hoch und relativ konstant),
- nur wenige Spieler 2 Teilnehmer auch in G^1 stets R verwenden (nur 2 von 30),
- beide Spieler annähernd so viel verdienen, wie von der Lösung vorhergesagt wird, und
- in der Wiederholung (die Spiele mit $T = 3$ und 6 werden zweimal von den Teilnehmern gespielt) die Struktur des rationalen Verhaltens (s_1^τ und s_2^τ sind nicht steigend in τ und fallen zum Ende hin rapide ab) besser repräsentiert ist.

A

Die experimentelle Methode

Obwohl die ersten Experimente in den Wirtschaftswissenschaften sich auf die Theorie des Marktgleichgewichts bezogen, folgten Experimente zu spieltheoretischen Fragestellungen unmittelbar darauf (vgl. den historischen Überblick von Roth (1995)). Wir wollen in diesem Abschnitt einige methodische Aspekte diskutieren, die die Chancen aber auch die Probleme spieltheoretischer Experimente beleuchten sollen.

A.1 Feldforschung versus Experiment

Experimente können und sollen nicht die Feldforschung (the games that people play, vgl. Roth und Sotomayor (1990), die eine beeindruckende Studie spieltheoretisch motivierter Feldforschung vorstellen) ersetzen. Die Gründe für zusätzliche Experimente sind vor allem

i) die bessere Kontrolle institutioneller Aspekte und
ii) die Untersuchung alternativer Institutionen.

So sind in der Praxis die entscheidenden Motivationen der Akteure nicht immer offensichtlich. Warum hat z. B. eine Firma wie Daimler die Fokker-Werke übernommen? Hat man sich hiervon eine sinnvolle Ergänzung seiner Industriebeteiligungen versprochen, wollte man den Wettbewerb im Bereich mittelgroßer Flugzeuge beschränken oder wollte man einfach noch größer (als andere) sein? Im Experiment kann man versuchen, durch spürbare, monetäre Anreize die Implikationen der möglichen Beweggründe auszuloten, was die bessere Kontrolle institutioneller Aspekte *i*), hier der Motivationslage, verdeutlicht. In ähnlicher Weise kann man versuchen, die durchweg unklaren subjektiven Erwartungen der beteiligten Akteure durch Zufallszüge zu erzeugen und zu kontrollieren.

Ein Beispiel für die Untersuchung neuer Institutionen *ii*) sind die Frequenzauktionen, die z. B. in der BRD erstmalig im Jahre 2000 durchgeführt wurden. Hier gab es keinerlei einschlägige praktische Erfahrungen, so dass durch Experimente zumindest qualitative Einsichten möglich sind. Eine ebenso große Bedeutung hat die experimentelle Methode bei der Erprobung neuer Verfahren in der Offenmarkt-Politik der Europäischen Zentralbank erhalten (vgl. z. B. Klemperer (2002), Ehrhart (2001)).

Die experimentelle Methodik ist selbst dann anwendbar, wenn die spieltheoretische Lösung schwierige mathematische Probleme aufwirft und (zumindest analytisch) nicht ohne weiteres abgeleitet werden kann. So erörtern Güth, Ivanova-Stenzel und Kröger (2000) experimentell das Problem der Beschaffung eines unteilbaren Gutes, das in verschiedener Qualität geliefert werden kann, wobei jedoch dem Käufer die Kostenunterschiede zwischen den Varianten unbekannt sind. In den einschlägigen Beschaffungsrichtlinien der öffentlichen Hand (für Baumaßnahmen ist das die seit Jahrhunderten fast unveränderte Verdingungsordnung für Bauleistungen/VOB) sind hierfür keine Regeln vorgesehen. Güth, Ivanova-Stenzel und Kröger (2000) schlagen als Institution die Vektorausschreibung vor, d. h. man schreibt alle Varianten aus und legt sich erst nach Eingang der Gebote auf eine Variante fest. Sie untersuchen diese experimentell, ohne sie spieltheoretisch gelöst zu haben, und vergleichen sie, ebenfalls experimentell, mit den Regeln, welche die gegenwärtige Praxis suggeriert.

A.2 Schwächen experimenteller Evidenz

Es sollen in diesem Abschnitt einige Warnungen angesprochen werden, die allzu naive Erwartungen an die universelle Verwendbarkeit experimenteller Forschung etwas dämpfen sollen.

i) EXPERIMENTE SIND GRUNDSÄTZLICH SPIELE MIT TEILS UNKONTROLLIERTER UNVOLLSTÄNDIGER INFORMATION.

Hiermit ist das Problem angesprochen, dass man zwar versuchen kann, die institutionellen Aspekte zu kontrollieren, aber die Kontrolle immer unvollkommen sein wird. Gründe dafür sind, dass
- die Teilnehmer ihre subjektiven Erfahrungen, Beweggründe[1] und ihre kognitiven Fähigkeiten einbringen, die wir niemals vollständig erfassen oder kontrollieren können,
- die mentale und emotionale Wahrnehmung einer experimentellen Entscheidungssituation durch die Teilnehmer für die Experimentatoren nur unzureichend beobachtbar ist.

In gründlich vorbereiteten Experimenten wird man versuchen, durch
- Kontrollfragen die kognitive Erfassung der Situation zu prüfen,
- systematische Variation der monetären Anreize den Einfluss anderer Motive mehr oder minder zu unterdrücken und damit abzuschätzen und

---

[1] Dies gilt insbesondere für Gründe, die üblicherweise unter „intrinsischer Motivation" subsumiert werden (vgl. hierzu Frey 1997).

- postexperimentelle Befragung, u. U. auch durch Veranlassen zum lauten Denken bzw. bei Teamspielern durch Dokumentation der Gruppendiskussion die mentalen und emotionalen Beweggründe zumindest anhaltsweise abschätzen zu können.

In der Regel lassen sich hierdurch Fehlinterpretationen weitgehend vermeiden. Man kann aber nicht grundsätzlich ausschließen, dass bestimmte Methoden (z. B. das Aufzeichnen der Gruppendiskussion) das Verhalten ändert (Artefaktproblematik).[2]

ii) EXPERIMENTE VEREINFACHEN (ZU) SEHR.

Reale Spiele sind fast immer asymmetrisch, aber sehr viele Experimente gehen von symmetrischen Spielen aus, auch wenn die Fragestellung dies gar nicht verlangt (warum muss das Gefangenen-Dilemma symmetrisch sein?). Das kann eine falsche kognitive Überlegung suggerieren wie etwa: „Das Spiel ist symmetrisch also werden und sollten wir alle das gleiche tun. Welche ist dann die für uns alle beste Alternative?" Im Gefangenendilemma kann dies kooperatives Verhalten und im symmetrischen Oligopol die Kartellbildung begünstigen. Asymmetrie würde solche kognitiven Fallen vermeiden. Andererseits müssen wir oft vereinfachen, um die Teilnehmer nicht kognitiv zu überfordern.

iii) ÜBERWIEGEND STUDENTISCHE VERSUCHSTEILNEHMER.

Es ist zwar keineswegs erforderlich, aber eine Erfahrungstatsache, dass die meisten Teilnehmer an spieltheoretischen Experimenten Studenten sind (obwohl man natürlich auch Experimente mit Zeitungslesern, Fernsehzuschauern etc. durchführen könnte), die hauptsächlich auch noch eine wirtschaftswissenschaftliche Fachrichtung gewählt haben. Es gibt deutliche Befunde (vgl. Kahneman, Knetsch und Thaler 1990), dass dies zu verzerrten Spielergebnissen führt. Andererseits erfordern Experimente, die auf komplexen Spielen wie zum Beispiel Auktionen basieren, eine gewisse analytische Begabung und Vorbildung, die durch studentische Versuchsteilnehmer eher gesichert ist. Oft erhebt man auch zu diesem Zweck auf experimentellem Weg Daten von den Versuchsteilnehmern (z. B. Mathematik-Noten), die darüber Aufschluss geben können.

iv) SONSTIGE SCHWACHPUNKTE.

Im Prinzip bietet das Internet Chancen, große Teilnehmerzahlen zu rekrutieren (das gleiche gilt für Experimente mittels Massenmedien). Aber wiederum zeigt die Erfahrung, dass im Experiment üblicherweise nur die Interaktion in kleinen Gruppen untersucht wird. Für Spiele ist dies oft weniger störend als für die Untersuchung von Märkten, wie zum Beispiel die Untersuchung internationaler Kapitalmärkte.

---

[2] Ein besonders krasser Nachweis der Artefaktproblematik hat junge Frauen mit extrem obszönen Begriffen konfrontiert und sie gefragt, ob ihnen diese bekannt seien. Bei Professor(innen) muss man analog mit falschen Angaben rechnen, wenn man sie nach ihrem täglichen Fernsehkonsum fragt.

Reale Spiele und ihre Beteiligten haben darüber hinaus oft eine Vergangenheit und eine Zukunft, die über das hinausgeht, was experimentell üblicherweise erzeugt wird (ein Experiment dauert in der Regel nur wenige Stunden).

All dies und vieles mehr gilt es zu beachten, wenn man experimentelle Erfahrungen auf die Realität überträgt. Grundsätzlich sollte man nur die qualitativen Resultate übertragen, da die numerischen Reagibilitäten in die Irre führen können.

A.3 Chancen experimenteller Forschung

Obwohl wir nicht perfekt kontrollieren können, was ein Teilnehmer bewusst wahrnimmt und versteht, können wir dennoch feststellen:

i) DIE STRUKTUR DES ENTSCHEIDUNGSPROBLEMS UND DIE KENNTNIS HIERÜBER IST EXPERIMENTELL KONTROLLIERBAR.

Wenn es also darum geht, ein theoretisches Modell zu überprüfen, so lässt sich dieses experimentell umsetzen, auch wenn die Situation äußerst künstlich ist (man denke an das centipede game, in dem die Auszahlungen sukzessiv verdoppelt werden, vgl. dazu das Experiment von McKelvey und Palfrey (1992)). Auch das theoretische Konstrukt homogener Märkte kann experimentell leicht erzeugt werden. Gleiches gilt für subjektive Erwartungen in Form exakter numerischer Wahrscheinlichkeiten, wie sie in vielen spieltheoretischen Modellen unterstellt werden.

ii) DIE RISIKOEINSTELLUNGEN KÖNNEN INDUZIERT WERDEN.

Eines der kaum und schwierig beobachtbaren Aspekte ist die Risikoeinstellung eines Teilnehmers im Experiment. Wir behaupten nicht, die wirklichen Einstellungen kontrollieren zu können. Akzeptiert man jedoch die kardinale Nutzenkonzeption, so stehen die Chancen nicht schlecht. Das Instrument dafür wird üblicherweise als *binäre Lotterie-Methode* bezeichnet. Sie wird in Anhang F ausführlich beschrieben.

iii) SUBJEKTIVE WERTVORSTELLUNGEN LASSEN SICH EXPERIMENTELL ERHEBEN.

Will man zum Beispiel wissen, wie viel es einem Teilnehmer wert ist, Spieler 1 in einem Ultimatumspiel zu sein, in dem 100 Geldeinheiten verteilt werden können, so können wir
- den Zufallspreismechanismus (man gibt den maximalen Preis an, den man zu zahlen bereit ist; der Preis wird dann zufällig bestimmt; man kauft nur bei Preisen, die nicht den Maximalpreis übersteigen, vgl. hierzu Abschnitt 2.1) oder
- die Zweitpreisauktion (verschiedene Teilnehmer bieten für die Rolle „Spieler 1 zu sein"; derjenige mit dem höchsten Gebot erhält die Rolle zum Preis des zweithöchsten Gebotes, die anderen gehen leer aus)

verwenden. Beide Mechanismen sind anreizkompatibel (Becker et al. (1964), bzw. Vickrey (1961)) und sollten daher bei individueller Rationalität[3] zur Offenbarung der wahren Auszahlungserwartungen führen. Ob das auch von den Teilnehmern verstanden wird, ist eine andere Frage. Insbesondere die Idee vorgegebener Bewertung von Chancen ist eine Illusion. In der Regel müssen die Experimentteilnehmer ihre Bewertungen erst generieren, wenn sie im Experiment danach gefragt werden.

iv) ES LASSEN SICH AUF EXPERIMENTELLEM WEGE STRATEGIEN BZW. STRATEGIEVEKTOREN ERHEBEN.

Spielverläufe können sehr wenig über die zugrunde liegenden Strategien bzw. Strategievektoren verraten. Im Fall des oben genannten Ultimatumspiels könnte Spieler 1 z. B. 50 (von 100) für sich fordern (seine Strategie ist $\sigma_1 = 50$), was Spieler 2 auch annimmt. Was haben wir damit über die Strategie von Spieler 2 erfahren? Sind alle ganzzahligen Strategien von Spieler 1 im Bereich von 0 bis 100 möglich, so muss die Strategie von 2 für alle 101 möglichen Werte der Strategie von Spieler 1 seine Reaktion festlegen. Der obige Spielverlauf informiert uns aber nur darüber, wie Spieler 2 auf eine einzige (von 101 möglichen) Strategien von 1 reagiert.

Experimentell kann man dies umgehen, indem man Spieler 2 einfach festlegen lässt, wie er auf alle möglichen Strategiewahlen von 1 reagieren würde. Allerdings kann dieses Vorgehen das Verhalten von Spieler 2 im Spiel selbst beeinflussen. Wird man als Spieler 2 wirklich mit einer Forderung von Spieler 1 in Höhe von 99 konfrontiert, so ist man in der Regel empört und verzichtet gerne auf den Rest (von 1), um Spieler 1 einen Denkzettel zu verpassen. Verwendet man dagegen die oben beschriebene *Strategiemethode*, so hat man diese mögliche Forderung von 1 (und die eigene emotionale Erregung) gedanklich bereits vorweggenommen, was die emotionale Reaktion im Experiment dämpfen mag.

Man könnte sogar die *Strategievektormethode* verwenden. Im Ultimatumspiel würde man dann die Spieler um ihre Strategievektoren bitten, bevor man die Rollen verteilt. Jeder Teilnehmer würde dann festlegen, welche Forderung er als Spieler 1 stellt und wie er als Spieler 2 auf alle möglichen Forderungen von Spieler 1 reagieren würde. Es ließe sich dann überprüfen (vgl. Güth et al. 1982),

- ob man seine eigene Forderung akzeptieren würde,
- ob man höhere als die eigene Forderung akzeptiert, oder
- ob man nur geringere als die eigene Forderung akzeptiert („ich habe schon immer mehr als andere verlangt").

v) WEITERE MÖGLICHKEITEN.

Um die kognitiven Vorstellungen und Emotionen der Teilnehmer zu erheben, kann man Standardverfahren der (Sozial)Psychologie wie

---

[3] Ehrliches Bieten ist die einzige undominierte Gebotsstrategie, d. h. man braucht keinerlei Annahmen über die Rationalität anderer Teilnehmer zu machen.

- Denke laut! (ein Teilnehmer wird gebeten, seine Überlegungen laut zu artikulieren) oder
- Teamspieler (ein Spieler wird durch mehrere Personen repräsentiert, deren Diskussion man verfolgt)

verwenden. Durch vor- bzw. nachexperimentelle Fragebögen bzw. durch physiologische Messungen (z. B. brain scanning) sind weitere Kontrollen möglich.

A.4 Ethik spieltheoretischer Experimente

Die experimentelle Methodik wurde anfangs in den Wirtschaftswissenschaften für nicht anwendbar angesehen und musste sich daher gegen erhebliche Widerstände durchsetzen. Um sich nicht leichtfertig etwaigen berechtigten Einwänden auszusetzen, lassen sich hierdurch einige rigorose Standards an „übliches Experimentieren" (in den Wirtschaftswissenschaften) erklären und verstehen.

i) DIE WIEDERHOLBARKEIT MUSS GESICHERT SEIN.

Um diesen Grundsatz zu rechtfertigen, sollte ein Experiment in möglichst standardisierter Form (z. B. mit schriftlichen Instruktionen ohne jede weitere öffentliche Verlautbarung, abgesehen von privater Aufklärung einzelner Teilnehmer) durchgeführt werden. Mittels eines experimentellen Protokolls kann dann dokumentiert werden, wann solche Materialien oder Informationen ausgeteilt wurden, so dass andere Wissenschaftler das Experiment in (weitgehend) analoger Weise wiederholen können. Solche Wiederholungen können sehr verdienstvoll sein, insbesondere wenn die vorherigen Befunde allzu überraschend sind oder auf einer zu geringen Anzahl statistisch unabhängiger Beobachtungen beruhen. Leider wird das nicht immer genügend anerkannt. In seinem Überblick vermittelt Roth (1995), wie wenige einfache Basisexperimente eine heute fast unüberschaubare Flut gleicher oder ähnlicher experimenteller Studien induziert haben. Wir werden uns auch daran gewöhnen müssen, dass – ähnlich wie in der Industrieökonomik mit ihrer unüberschaubaren Vielfalt an Stufenspielen, durch die ganz spezielle ökonomische Problemstellungen modelliert werden sollen, die zum großen Teil schnell wieder vergessen werden – auch die meisten Experimente schnell wieder in Vergessenheit geraten werden.

ii) ANREIZE DER TEILNEHMER SOLLEN KONTROLLIERT WERDEN.

In der Regel versucht man dies in der experimentellen Spieltheorie durch substantielle monetäre Anreize zu gewährleisten, deren Effekte man überprüft, indem man die Höhe der Anreize systematisch variiert (wir warten noch auf das 1 Million\$-Ultimatumexperiment, z. B. im Rahmen eines Zeitungsexperiments).

Nicht nur in der (Sozial)-Psychologie wird befürchtet, dass die intrinsische Motivation durch monetäre Anreize teils verdrängt, teils aber auch

A.4 Ethik spieltheoretischer Experimente

verstärkt werden kann. Es ist dann guter Stil, Kontrollexperimente mit, oder auch ohne monetäre Anreize durchzuführen, die es erlauben sollten, solche crowding in oder out-Aspekte einzuschätzen.

Es ist natürlich auch möglich, durch andere Maßnahmen die Motivation der Teilnehmer in eine gewünschte Richtung zu lenken, z. B. indem man eine Verhandlungssituation als kollektive Lohnverhandlung beschreibt oder die Teilnehmer nach den Beweggründen für ihr Verhalten fragt. Ersteres kann dazu führen, dass die Teilnehmer ihre Alltagsvorstellungen in das Experiment einbringen, auch wenn die Experimentsituation das nicht rechtfertigt. Letzteres führt zu Schwierigkeiten bei der Interpretation (werden die wahren Beweggründe offenbart oder wird nur ein rechtfertigendes Selbstbildnis beobachtet?). Generell sollte man jedoch keine dieser Methoden prinzipiell verwerfen. Insbesondere können sie sich manchmal ergänzen.

iii) DIE (STATISTISCHE) UNABHÄNGIGKEIT DER EINZELBEOBACHTUNGEN MUSS GARANTIERT WERDEN!

Eine Vielzahl von Beobachtungen garantiert nicht immer eine genügende Anzahl unabhängiger Beobachtungen. In einem Strategie-Turnier mit sehr vielen Teilnehmern, die wiederholt Strategien einreichen, die alle gegeneinander antreten und dann im Lichte ihrer Erfolgsbilanz revidiert und neu eingereicht werden können, sind die zuletzt verbleibenden Strategien der verschiedenen Teilnehmer nicht mehr (statistisch) unabhängig, da sie sich in ihrer Entwicklung gegenseitig bedingt haben. Statistische Schlüsse sind daher nur aus einer genügend großen Zahl solcher Turniere möglich, deren wechselseitige Unabhängigkeit zu garantieren wäre.

Die typische unabhängige Beobachtungseinheit ist die so genannte *matching group*. In einem Experiment, in dem ein Spiel häufig wiederholt wird, werden die Spielergruppen nur aus den Teilnehmern derselben matching group gebildet. Da keine Einflüsse zwischen den Mitgliedern verschiedener matching groups möglich sind, liefert jede matching group eine unabhängige Beobachtung.

iv) „DU SOLLST NICHT LÜGEN!"

Falls ein Teilnehmer nicht glaubt, dass die Instruktionen, die er erhält, die experimentelle Situation exakt erfassen, kann er in unkontrollierter Weise alle möglichen Vorstellungen entwickeln, worum es im Experiment eigentlich gehe. In der experimentellen Spieltheorie gerät man daher in Verruf, wenn man dieses allgemeine Vertrauen in die Wahrhaftigkeit der Instruktionen zerstört („es könnte sich schnell herumsprechen und letztlich alle Experimentatoren negativ beeinflussen").

In der (Sozial)Psychologie ist man weniger streng: Dort wird meist nur gefordert, die Teilnehmer abschließend aufzuklären. Man mag dies dadurch rechtfertigen, dass die subtilen Fragestellungen der (Sozial)Psychologie ohne Lügen sonst nur sehr unzureichend und in zu künstlicher Art und

Weise untersucht werden können. Andererseits ist ebenso offensichtlich, dass durch ein intelligentes experimentelles Design irreführende Instruktionen oft vermieden werden könnten.

Muss man aber die Teilnehmer über alle Aspekte des Experiments aufklären? Kann man z. B. einige Spieler vollständig über die Spielregeln aufklären, ihnen aber nicht mitteilen, dass anderen Teilnehmern die Regeln nicht genau bekannt sind (man denke etwa an ein Spiel, in dem einige die Spielmatrix genau kennen, während für andere zwei solcher Matrizen möglich sind)? Jede unterlassene Information über einige Aspekte des Experiments als Lüge zu deklarieren, ginge natürlich zu weit. Die spieltheoretische Annahme, dass die Spielregeln allgemein bekannt sind, ist zwar für die Theorie rationaler strategischer Interaktion unumgänglich, entfernt uns aber allzu weit von Spielen, die Menschen spielen. Darüber hinaus ist es oft anmaßend zu glauben, dass man die Teilnehmer tatsächlich über alle Details des Experiments informiert hat (in einem Computerexperiment mit Zufallszügen müsste man dann erklären, wie der Zufallsgenerator programmiert wurde und dergleichen).

v) INSTRUKTIONEN MÜSSEN VERSTÄNDLICH SEIN!

Es ist eine gute Tradition in der (Sozial)Psychologie, die Teilnehmer an einem Experiment vor ihren Entscheidungen einen Fragebogen ausfüllen zu lassen, der das Verständnis der Instruktionen überprüft. Man kann nur dann ein situationsadäquates Verhalten erwarten, wenn die Struktur der Situation erkannt wurde. Man kann die Teilnehmer individuell so lange auf Fehler hinweisen, bis sie alle Kontrollfragen richtig beantwortet haben. Eine andere Möglichkeit ist die Verkürzung der Datenbasis auf die Teilnehmer, welche die Kontrollfragen richtig beantwortet haben. In Experimenten mit sehr vielen Wiederholungen verzichtet man oft auf diese Kontrolle in der Hoffnung, dass zumindest das „reife" Verhalten (in den späteren Runden) auf einem ausreichenden Verständnis der Situation basiert.

vi) VERFÜGBARMACHUNG DER DATEN.

Fast alle Experimente wurden letztlich durch öffentliche Gelder ermöglicht. Bei Anerkennung der Urheberrechte (in der üblichen Form von Verweisen) ist es daher selbstverständlich, dass man die selbst erhobenen Experimentdaten auch der Allgemeinheit zur Verfügung stellt. Andere Wissenschaftler können in den Daten Regularitäten erkennen, die man selbst übersehen hat, mit den Daten weitere Aspekte untersuchen oder sie mit eigenen Daten vergleichen. Früher haben die wissenschaftlichen Journale Wert auf einen ausführlichen Datenanhang gelegt. Heute kann man sein Manuskript mit den Originaldaten in das Internet stellen und nur eine knappe Darstellung veröffentlichen.

A.5 Kontroversen

Trotz der weitgehenden Übereinstimmung im Stil spieltheoretischer Experimente derart, dass

- fühlbare monetäre Anreize die zentrale Motivation der Teilnehmer darstellen (sollten) und
- die Instruktionen vollständig und wahrhaftig den Experimentablauf beschreiben,

sind in mancherlei Hinsicht Schulen verschiedener Ausrichtung zu erkennen, die sich nicht immer tolerieren.

i) „REPAIR SHOP" VERSUS VERHALTENSTHEORIE.

Betrachtet sei eine Spielform, die nur die Spielregeln ohne die Auszahlungsfunktionen beschreibt, mit ihrem Raum S an kollektiven Beobachtungen $s \in S$ (im Fall eines n-Personen-Normalformspiels wäre dies der Strategieraum $S = \times_{i=1}^{n} S_i$). Wir unterstellen die Annahme:

Für alle $s \in S$ gibt es eine Auszahlungsfunktion, so dass s die eindeutige Lösung beschreibt.

Der „spieltheoretische Reparaturbetrieb" lässt sich bei Gültigkeit dieser Annahme dadurch charakterisieren, dass man

- zwar zunächst die spieltheoretische Lösung gemäß den individuellen monetären Anreizen der Spieler ableitet,
- bei Widerlegung durch die experimentellen Befunde jedoch auf eine andere Motivation der Teilnehmer schließt, nämlich genau die, für die das beobachtete Verhalten s die Lösung ist.

Dabei ist „Nutzen-Reparatur" nur eine der vielen Möglichkeiten. Oft werden den Teilnehmern ad hoc und willkürlich (daher die Bezeichnung „crazy perturbation approach") Informationsdefizite unterstellt (Kreps et al. 1982) oder von der tatsächlichen experimentellen Prozedur abweichende Vorstellungen vermutet. Basisannahme solcher spieltheoretischer Reparaturen ist, dass

- die Annahme von (allgemein bekannter) Rationalität nicht bezweifelt wird,
- sondern nur die Adäquatheit der spieltheoretischen Modellierung.

In der Verhaltenstheorie geht man hingegen davon aus, dass Rationalität nur selten, meist nur in sehr simplen Situationen erwartet werden kann, da die kognitiven Fähigkeiten eines homo sapiens niemals den Ansprüchen an den homo oeconomicus entsprechen können. Hier ist man offen für Erkenntnisse der kognitiven Psychologie und versucht, Konzepte eingeschränkter Rationalität im Sinne von situationsadäquaten Überlegungen zu entwickeln, die den Fähigkeiten der Menschen und der Bedeutung der Situation entsprechen.

Die Kontroverse gibt es natürlich auch im Bereich der reinen Entscheidungstheorie. Hier werden einige Axiome revidiert, aber das Grundkonzept vorgegebener und vollständiger Bewertungsrelationen (Präferenzrelationen) nicht hinterfragt (vgl. hierzu auch Gigerenzer 2000).

ii) PERFEKTE RATIONALITÄT VERSUS „UNSINNIGES" VERHALTEN.

Parallel zur Entwicklung der Evolutionären Spieltheorie, die teilweise eine Wiederholung der psychologischen Lerntheorie (vgl. z. B. Bush und Mosteller 1955) ist, versucht man experimentell beobachtetes Verhalten als Ergebnis adaptiver Anpassung zu erklären. Anders als im Repair Shop sind dabei die kognitiven Vorstellungen auf völlig unsinnige Entscheider ausgerichtet. So wird bei

- Verstärkerlernen (vgl. z. B. Roth und Erev 1998) nur von der kognitiven Vorstellung ausgegangen, dass das, was früher gut war, auch in Zukunft gut sein sollte,
- der einerseits auf perfekt rationaler Strategiewahl, andererseits auf völlig unsinnigen Erwartungen basierenden Beste-Antwort-Dynamik unterstellt, dass trotz aller konträrer Evidenz für die anderen immer das bisherige Verhalten erwartet wird, und
- bei evolutionären Dynamiken von einer kognitiven Erfassung der Situation gänzlich abstrahiert.

Zu begrüßen ist, dass dies zu neuartigen Experimenten geführt hat, die den Teilnehmern erlauben, genügend Spielerfahrung anzusammeln. Allerdings kann ein solches Experiment auch sehr langweilig sein, was zu einer Verhaltensvariation aus purer Langeweile führen kann.

iii) DURCHSCHNITTS- VERSUS INDIVIDUALVERHALTEN.

Früher hat man sich im Wesentlichen nur für die dominanten oder durchschnittlichen Beobachtungen interessiert und die teilweise enorme Heterogenität im individuellen Verhalten nur als störend (noise) interpretiert.[4] Aus psychologischer Sicht sind aber zwei Teilnehmer in der gleichen Rolle nicht ohne weiteres vergleichbar, da sie

- ihren eigenen Erfahrungshintergrund einbringen,
- in ihren kognitiven Fähigkeiten divergieren und
- in wichtigen Persönlichkeitseigenschaften differieren (können).

Um diese bei der Erklärung individueller Heterogenität im Verhalten zu berücksichtigen, sind natürlich zusätzliche Abfragen (Persönlichkeitstests, ergänzende Experimente) erforderlich.

A.6 Fazit

Zusammenfassend lässt sich empfehlen,

---

[4] In letzter Konsequenz ließe sich dann der Handel auf den Kapitalmärkten nur als „noise trading" rechtfertigen.

- experimentelle Befunde nur nach sorgfältiger Abgleichung und in der Regel nur qualitativ auf die Praxis zu übertragen,
- die ethischen Prinzipien spieltheoretischen Experimentierens nur bei nachweisbarem Bedarf zu verletzen,
- methodisch offen zu sein und nicht nur rationaltheoretische, sondern auch verhaltenstheoretische Rechtfertigungen für experimentelle Befunde zu akzeptieren.

B
Mengen und Funktionen

Dieser Teil des Anhangs dient in erster Linie als Referenz für die im Text benötigten Sätze und Definitionen, er kann daher kein mathematisches Lehrbuch ersetzen. Hier verweisen wir auf die einschlägigen Textbücher wie z. B.

Nikaido : *Introduction to functions and mappings*,
Chiang : *Fundamental Methods of Mathematical Economics*,
Takayama : *Mathematical Economics*.

Daher werden wir keine Beweise der im Anhang zitierten mathematischen Sätze anführen. Wir werden diese Sätze auch nicht in möglichst allgemeiner mathematischer Formulierung darstellen, sondern in der für unsere Zwecke benötigten Form.

B.1 Mengen

Typische spieltheoretische Beispiele von Mengen sind Strategiemengen. Wir verwenden hier das naive Mengenkonzept, nämlich wir fassen eine Menge als eine *Kollektion ihrer Elemente* auf. Mengen von gemischten Strategien eines Spielers i bestehen in endlichen Spielen aus m_i-dimensionalen Vektoren, wobei m_i die Anzahl der reinen Strategien von Spieler i bezeichnet.

Für einige Konzepte, die im Text eingeführt wurden, benötigt man einen Vergleich von Vektoren gemäß der Vektorordnung. Wir verwenden die folgende **Konvention:**

> Wir setzen die Kenntnis der Ungleichheitsrelation $\geq$ zwischen reellen Zahlen voraus.
> Gegeben seien zwei Vektoren $x = (x_1, \ldots, x_n)$, $y = (y_1, \ldots, y_n) \in \mathbb{R}^n$, dann gilt:
> - $x \geqq y \iff \forall i: \; x_i \geqq y_i$
> - $x \geq y \iff x \geqq y \; \text{und} \; x \neq y$
> - $x > y \iff \forall i: \; x_i > y_i$

Konvexe Mengen

Wir beschränken uns hier auf konvexe Mengen im $\mathbb{R}^n$.

Definition B.1. *Eine Menge $M \subset \mathbb{R}^n$ heißt konvex, wenn gilt:*

$$x, y \in M \implies \forall \lambda \in [0,1] : \lambda x + (1-\lambda)y \in M$$

Satz B.2. *Gegeben seien zwei konvexe Mengen $M_1, M_2 \subset \mathbb{R}^n$, dann ist die Menge*

$$M_3 := M_1 \cap M_2$$

ebenfalls konvex.

Häufig geht man bei der Definition von spieltheoretischen Konzepten von endlichen Mengen, die natürlich nicht konvex sind, auf konvexe Mengen über (z. B. in der Theorie der wiederholten Spiele).

Definition B.3. *Gegeben sei eine Menge $M = \{x_1, x_2, \ldots, x_n\}$ von n Punkten im $\mathbb{R}^n$. Die konvexe Hülle von M ist gegeben durch:*

$$\operatorname{conv} M := \left\{ y \in \mathbb{R}^n \;\middle|\; y = \sum_h \lambda_h x_h,\; x_h \in M,\; \lambda_h \geq 0,\; \sum_{h=1}^n \lambda_h = 1 \right\}$$

Alternativ kann man die konvexe Hülle von M auch als die kleinste konvexe Menge definieren, die M enthält.[1]

Topologische Konzepte

Wir setzen in diesem Paragraphen voraus, dass der Leser mit dem Konzept der Konvergenz von reellen Zahlen vertraut ist.

Definition B.4. *Gegeben sei eine Folge von Punkten $\{x_k\}_k$ im $\mathbb{R}^n$. Dann konvergiert x_k gegen einen Punkt x, ($x = \lim_{k \to \infty} x_k$), wenn für jede Koordinate i gilt:*

$$x_{ik} \quad \text{konvergiert gegen} \quad x_i$$

Definition B.5. *Gegeben sei eine Menge $M \subset \mathbb{R}^n$. Die Abschließung von M besteht aus allen Punkten x, für die eine Folge $\{x_n\}_n$ in M (d. h. $x_n \in M$ für alle $n \in \mathbb{N}$) mit*

$$x = \lim_{n \to \infty} x_n$$

existiert. Die Abschließung von M wird mit dem Symbol $\bar{M}$ bezeichnet.

Offenbar gilt für jede Menge M: $M \subseteq \bar{M}$, da $x \in M$ Grenzwert der konstanten Folge $\{x_k\}_k$ mit $x_k = x$ ist. Die Mengen mit der Eigenschaft $\bar{M} - M = \emptyset$ spielen eine ausgezeichnete Rolle.

---

[1] Präziser wird $\operatorname{conv} M$ als Durchschnitt aller konvexer Mengen definiert, die M enthalten.

Definition B.6. *Eine Menge M heißt abgeschlossen, wenn*

$$\bar{M} \subseteq M$$

gilt, d. h. also, wenn $\bar{M} = M$ *gilt.*

M ist also genau dann abgeschlossen, wenn sie mit ihrer Abschließung zusammenfällt.

Definition B.7. *Gegeben sei eine Menge* $M \subset \mathbb{R}^n$. *Dann besteht der Rand (boundary) von M, bezeichnet durch* bd(M), *aus allen Punkten* $x \in M$, *für die sowohl Folgen* $\{x_k\}_k$ *in M als auch im Komplement* M^c *von M existieren, die gegen x konvergieren.*

Offenbar gilt die Beziehung bd(M) $\subseteq \bar{M}$.

Ein Beispiel für eine abgeschlossene Menge im $\mathbb{R}^2$ ist ein symmetrisches Quadrat um den Nullpunkt:

$$Q := \{(x_1, x_2) \in \mathbb{R}^2 \mid |x_i| \leq 2, i = 1, 2\}$$

Entfernt man den Rand von Q, so erhält man die (offene) Menge:

$$Q^0 := \{(x_1, x_2) \in \mathbb{R}^2 \mid |x_i| < 2, i = 1, 2\}$$

Denn betrachtet man z. B. den Punkt $(0, 2)$ so kann er durch eine Folge $x_k := (0, 2 - \frac{1}{k})$ approximiert werden mit $x_k \in Q$. Also gilt $(0, 2) \in \bar{Q}$. Da $(0, 2) \notin Q^0$, ist Q^0 nicht abgeschlossen. Der Rand bd(Q) besteht aus allen Punkten $x \in Q$, für die entweder $|x_1| = 2$ oder $|x_2| = 2$ oder beides gilt.

Satz B.8. *a) Seien* $M_1, \ldots, M_k$ *abgeschlossene Mengen in* $\mathbb{R}^n$, *dann ist die Vereinigung* $\cup_i M_i$ *ebenfalls abgeschlossen.*
b) Sei $\{M_i\}_i$ *eine Kollektion von abgeschlossenen Mengen in* $\mathbb{R}^n$, *dann ist der Durchschnitt* $\cap_i M_i$ *ebenfalls abgeschlossen.*

Satz B.9. *Eine abgeschlossene Menge M enthält alle ihre Randpunkte, d. h.:*

$$bd(M) \subseteq M$$

Definition B.10. *Ein Punkt* $x \in M$ *heißt innerer Punkt von M, wenn* $x \notin (\bar{M^c})$. *Mit* int(M) *bezeichnet man die Menge aller inneren Punkte (das Innere) von M.*

Intuitiv ist ein Punkt innerer Punkt von M, wenn er durch keine Folge von Punkten aus M^c approximiert werden kann, d. h. wenn er nur von Punkten aus M „umgeben" ist.

Offenbar gilt für alle Mengen M: int(M) $\subset M$. Wir können daher offene Mengen wie folgt beschreiben:

Definition B.11. *Eine Menge* $M \subset \mathbb{R}^n$ *heißt offen, wenn gilt* $M \subseteq$ int(M).

Eine Menge ist demnach offen, wenn sie mit der Menge ihrer inneren Punkte zusammenfällt. Ist M offen, dann ist $\bar{M} - M = \text{bd}(M)$.

Satz B.12. *Ist $M \subset \mathbb{R}^n$ eine abgeschlossene Menge, dann ist die Komplementmenge M^c offen (und umgekehrt).*

Definition B.13. *Eine Menge $M \subset \mathbb{R}^n$ heißt beschränkt, wenn sie in einen abgeschlossenen Quader in $\mathbb{R}^n$ eingeschlossen werden kann.*

Definition B.14. *Eine Menge $M \subset \mathbb{R}^n$ heißt kompakt, wenn sie abgeschlossen und beschränkt ist.*

Satz B.15. *Gegeben sei eine abgeschlossene Menge $M \subset \mathbb{R}^n$, dann sind die bzgl. der Koordinaten $(i_1, \ldots, i_m)$ (für $m \leqq n$) projezierten Mengen $proj_{i_1,\ldots,i_m}(M)$ ebenfalls abgeschlossen.*

Als einfaches Illustrationsbeispiel betrachte man die Rechteckmenge, die in Abb. B.1 illustriert ist:

$$R := \{(x_1, x_2) \in \mathbb{R}^2 \mid x_1 \in [1,2],\ x_2 \in [2,3]\}$$

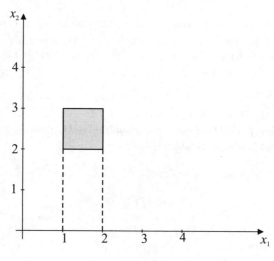

Abb. B.1. Rechteck

Die Projektion von R auf die x_1-Koordinate ist offenbar identisch mit dem abgeschlossenen Intervall $[1, 2]$.

Der folgende Satz ist sofort aus der Definition der Beschränktheit von Mengen ableitbar.

Satz B.16. *Gegeben seien zwei Mengen $M_1, M_2 \in \mathbb{R}^n$, wobei M_1 eine beschränkte Menge ist. Dann ist auch die Menge*

$$M_3 := M_1 \cap M_2$$

beschränkt.

Daraus folgt leicht (in Verbindung mit Satz B.8):

Satz B.17. *Sei M_1 eine kompakte und M_2 eine abgeschlossene Menge von $\mathbb{R}^n$, dann ist die Menge*

$$M := M_1 \cap M_2$$

kompakt.

Satz B.18. *Gegeben seien kompakte und konvexe Teilmengen $M_1, \ldots, M_k$ des $\mathbb{R}^n$, dann ist das kartesische Produkt*

$$\prod_{j=1}^{k} M_j$$

ebenfalls kompakt und konvex.

Anmerkung Das Resultat des Satzes gilt auch, wenn man eine Eigenschaft weg lässt. So ist z. B. das kartesische Produkt von endlich vielen kompakten Mengen ebenfalls kompakt.

Eine wichtige Charakterisierung von kompakten Mengen durch Folgen wird durch den nächsten Satz gegeben.

Satz B.19. *Eine Menge $M \subset \mathbb{R}^n$ ist genau dann kompakt, wenn jede Folge in M eine konvergente Teilfolge hat, die gegen einen Grenzwert in M konvergiert.*

In der Theorie wiederholter Spiele wird ein Konzept des *Abstands von kompakten Mengen* verwendet. Wir beschränken uns hier auf den Fall des Abstands von kompakten Mengen in endlich-dimensionalen Euklidischen Räumen. Das Konzept des Abstands von Punkten im $\mathbb{R}^n$, d. h. von n-dimensionalen Vektoren ist bekannt. Es gibt verschiedene Definitionen dieses Konzepts, die allerdings alle in einem zu präzisierenden Sinne äquivalent sind.[2] Wir wählen hier das folgende Konzept des Abstands von Vektoren.

Definition B.20. *Gegeben seien zwei beliebige Vektoren $x, y \in \mathbb{R}^n$. Die Distanz zwischen x und y ist gegeben durch*

$$||x - y|| := \max_i |x_i - y_i|,$$

wobei $|x_i - y_i|$ den Absolutbetrag zwischen den reellen Zahlen x_i und y_i bezeichnet.

---
[2] Alle bekannten Definitionen des Abstands von Vektoren führen zum gleichen Konzept der Konvergenz von Folgen im $\mathbb{R}^n$.

Aufbauend auf diesem Abstandsbegriff definieren wir nun:

Definition B.21. *Die Hausdorff-Distanz zweier kompakter Mengen $M_1 \subset \mathbb{R}^n$ und $M_2 \subset \mathbb{R}^n$ ist definiert als*

$$D(M_1, M_2) := \max\{d(M_1, M_2), d(M_2, M_1)\},$$

wobei

$$d(M_i, M_j) := \max_{x \in M_i} \min_{y \in M_j} \|x - y\|, \quad i,j = 1,2;\ j \neq i.$$

B.2 Funktionen

In der Spieltheorie spielen in erster Linie reelle Funktionen, die auf $\mathbb{R}^n$ definiert sind, eine große Rolle. Daher werden wir uns hier vornehmlich mit Funktionen $f : \mathbb{R}^n \longrightarrow \mathbb{R}$ beschäftigen. Im übrigen setzen wir hier voraus, dass dem Leser der Begriff der Differenzierbarkeit von $f(\cdot)$ und das Konzept der partiellen Ableitung bekannt ist.

Konvexe und konkave Funktionen

Wir beginnen mit der Charakterisierung von konvexen und konkaven Funktionen.

Definition B.22. *Eine Funktion $f : \mathbb{R}^n \longrightarrow \mathbb{R}$ heißt konvex, wenn für zwei Punkte $x, y \in \mathbb{R}^n$ gilt:*

$$\forall \lambda \in [0,1]: \quad f(\lambda x + (1-\lambda)y) \leqq \lambda f(x) + (1-\lambda)f(y)$$

Sie heißt konkav, wenn für zwei Punkte $x, y \in \mathbb{R}^n$ gilt:

$$\forall \lambda \in [0,1]: \quad f(\lambda x + (1-\lambda)y) \geqq \lambda f(x) + (1-\lambda)f(y)$$

Man spricht von *streng konvexen* bzw. *streng konkaven* Funktionen, wenn die strikte Ungleichung für alle $\lambda \in (0,1)$ gilt.

Definition B.23. *Eine Funktion $f : \mathbb{R}^n \longrightarrow \mathbb{R}$ heißt quasi-konkav, wenn für zwei beliebige Punkte $x, y \in \mathbb{R}^n$ gilt:*

$$\forall \lambda \in [0,1]: \quad f(\lambda x + (1-\lambda)y) \geq \min\{f(x), f(y)\}$$

Gilt in der Definition das strikte Ungleichheitszeichen, so spricht man von einer *streng quasi-konkaven* Funktion. Offenbar sind konkave Funktionen auch quasi-konkav.

Die Definition von *quasi-konvexen Funktionen* lässt sich leicht aus Definition B.23 ableiten. Dieser Typ von Funktionen spielt allerdings in der Spieltheorie praktisch keine Rolle.

Eine wichtige Charakterisierung der Quasi-Konkavität liefert der folgende Satz.

Satz B.24. *Gegeben sei eine Funktion* $f : \mathbb{R}^n \longrightarrow \mathbb{R}$, *dann ist* $f(\cdot)$ *genau dann quasi-konkav, wenn für jedes* $c \in \mathbb{R}$ *die Menge*

$$f_c := \{x \in \mathbb{R}^n \mid f(x) \geqq c\}$$

konvex ist.

Die Mengen f_c werden auch Niveaumengen der Funktion $f(\cdot)$ genannt. Sie beschreiben die Menge aller Punkte x, auf denen der Funktionswert $f(x)$ größer oder gleich einem vorgegebenen Niveau c ist.

Trennung von konvexen Mengen

Trennungssätze für konvexe Mengen spielen eine große Rolle in der Mathematischen Wirtschaftstheorie. In allen Fällen geht es darum, Bedingungen zu finden, unter denen zwei konvexe Mengen (im $\mathbb{R}^n$) durch eine Hyperebene getrennt werden können derart, dass beide Mengen auf „verschiedenen Seiten" der Hyperebene liegen. Wir benötigen hier nur einen Spezialfall der Trennungssätze, der die Trennung von zwei konvexen Mengen im $\mathbb{R}^n$ betrifft, die einen Punkt gemeinsam haben.

Wir betrachten folgende Ausgangssituation: Gegeben seien zwei Mengen M_1 und $M_2 \subset \mathbb{R}^n$ mit der Eigenschaft $M_1 \cap M_2 = \{\bar{x}\}$. Eine Hyperebene (im $\mathbb{R}^n$) ist gegeben durch die Menge[3]

$$H_p := \{y \in \mathbb{R}^n \mid p \cdot y = c\},$$

wobei p ein Vektor im $\mathbb{R}^n$ ist und $c \in \mathbb{R}$. Die Steigung einer Hyperebene wird durch den Vektor p bestimmt, der orthogonal[4] zu H_p ist. Der Abstand von H_p vom Nullpunkt wird durch die reelle Zahl c bestimmt. Im Spezialfall $n = 2$ ist H_p eine Gerade, die den $\mathbb{R}^2$ in zwei Teilmengen teilt, die durch $\{y \in \mathbb{R}^2 \mid p \cdot y \leqq c\}$ und $\{y \in \mathbb{R}^2 \mid p \cdot y \geqq c\}$ gegeben sind.

Satz B.25. *Die Mengen M_1 und $M_2 \subset \mathbb{R}^n$ seien konvexe, abgeschlossene und nicht-leere Mengen mit der Eigenschaft*

$$M_1 \cap M_2 = \{\bar{x}\}$$

für einen Vektor $\bar{x} \in \mathbb{R}^n$. *Dann existiert eine Hyperebene* H_p, $p \neq 0$, *durch den Punkt* $\bar{x}$ *derart, dass gilt*

$$\forall y \in M_1 : p \cdot y \leqq p \cdot \bar{x},$$
$$\forall z \in M_2 : p \cdot z \geqq p \cdot \bar{x}.$$

Dieser Satz ist ein Spezialfall des allgemeinen Trennungssatzes, der für zwei konvexe, disjunkte Mengen M_1, M_2 die Existenz einer Hyperebene H_p mit $p \cdot y_1 \leqq p \cdot y_2$ für $y_1 \in H_1, y_2 \in H_2$ postuliert.

---

[3] Das Symbol „·" bezeichnet hier das Skalarprodukt von Vektoren.
[4] Für $n = 2$ ist z. B. eine Vertikale $x = k_x$ zu jeder Horizontalen $y = k_y$ mit $k_x, k_y \in \mathbb{R}$ orthogonal, d. h. sie stehen senkrecht aufeinander. Es gilt dann $x \cdot y = k_x \cdot k_y = c$.

Stetige Funktionen

Definition B.26. *Gegeben sei eine reelle Funktion $f : \mathbb{R}^n \longrightarrow \mathbb{R}$, dann heißt f stetig in x, wenn gilt*

$$x_k \longrightarrow x \quad \Longrightarrow \quad f(x_k) \longrightarrow f(x)$$

für jede gegen x konvergente Folge $\{x_k\}_k$. f heißt stetig, wenn f in jedem $x \in \mathbb{R}^n$ stetig ist.

Die große Bedeutung von stetigen Funktionen für Maximierungsprobleme und damit auch für die Bestimmung von Gleichgewichten in kooperativen Spielen basiert auf dem Resultat des folgenden Satzes.

Satz B.27. *Gegeben sei eine stetige Funktion $f : \mathbb{R}^n \longrightarrow \mathbb{R}$ und eine kompakte Menge $X \subset \mathbb{R}^n$, dann existiert ein x^* und ein $x^{**} \in X$ mit*

$$\forall x \in X : \quad f(x^*) \geqq f(x)$$

und

$$\forall x \in X : \quad f(x^{**}) \leqq f(x),$$

d. h. die Funktion besitzt ein Maximum und ein Minimum auf X.

Der folgende Satz zeigt, dass die Kompaktheitseigenschaft von Mengen erhalten bleibt, wenn man stetige Funktionen auf sie anwendet.

Satz B.28. *Gegeben sei eine kompakte Menge $M \subset \mathbb{R}^n$ und eine stetige Funktion $f : \mathbb{R}^n \to \mathbb{R}$, dann ist $f(M)$ kompakt.*

Satz B.28 ist eine einfache Version eines allgemeineren Zusammenhangs. Die Behauptung des Satzes gilt in allgemeineren Räumen.

Das Implizite-Funktionen-Theorem

In vielen ökonomischen Anwendungen benötigen wir nur eine einfache Version des Impliziten-Funktionen-Theorems für reelle Funktionen $f : \mathbb{R}^n \longrightarrow \mathbb{R}$.

Um den Sachverhalt des Impliziten-Funktionen-Theorems präzise formulieren zu können, benötigen wir das Konzept der *Umgebung* eines Vektors.

Definition B.29. *Gegeben sei ein Punkt $x^0 \in \mathbb{R}^n$, dann ist eine ϵ-Umgebung von x^0 die Menge aller Vektoren*

$$U := \{x \in \mathbb{R}^n \mid \max_i \mid x_i - x_i^0 \mid \leqq \epsilon\}.$$

Intuitiv kann man die Vektoren in U als Punkte definieren, die nicht „weit entfernt" von x^0 liegen. Wir werden im Folgenden nur von einer Umgebung eines Punktes sprechen, ohne die spezielle ϵ-Schranke zu erwähnen

Satz B.30. *(Implizite-Funktionen-Theorem) Die Funktion $f : \mathbb{R}^n \longrightarrow \mathbb{R}$ sei differenzierbar und erfülle $f(x^*) = f(x_1^*, \ldots, x_n^*) = 0$ mit $\frac{\partial f(x^*)}{\partial x_n} \neq 0$. Dann gibt es eine Umgebung U von $(x_1^*, \ldots, x_{n-1}^*)$, eine Umgebung U_n von x_n^* und eine Funktion $g : U \longrightarrow U_n$, so dass*

$$f(x_1, \ldots, x_{n-1}, g(x_1, \ldots, x_{n-1})) \equiv 0$$

gilt für alle $(x_1, \ldots, x_{n-1}) \in U$.

Die so bestimmte Funktion $g(\cdot)$ ist differenzierbar mit der Ableitung

$$\frac{\partial g(x_1^*, \ldots, x_{n-1}^*)}{\partial x_i} = -\frac{f_{x_i}(x^*)}{f_{x_n}(x^*)},$$

wobei $f_{x_i}(\cdot)$ die partielle Ableitung $\frac{\partial f(\cdot)}{\partial x_i}$ bezeichnet.

Implizite Funktionen sind zunächst lokal definiert. In vielen ökonomischen Anwendungen ist dies allerdings keine wirkliche Einschränkung, d. h. die implizit gegebenen Funktionen sind häufig auf dem gesamten ökonomisch relevanten Bereich definiert.

C
Korrespondenzen

Wir betrachten Korrespondenzen als mengenwertige Funktionen. Seien M_1 und M_2 Teilmengen von $\mathbb{R}^n$, dann bezeichne $F(\cdot)$ eine Korrespondenz, wenn $F(\cdot)$ jedem $x \in M_1$ eine Teilmenge $F(x) \subseteq M_2$ zuordnet.[1] In der ökonomischen Theorie und Spieltheorie beschreiben Korrespondenzen häufig Lösungen von Optimierungsproblemen, wobei $x \in M_1$ entweder die Strategiewahlen der Opponenten oder die exogenen Parameter eines Optimierungsproblems bezeichnet.

Wie bei eindeutigen Funktionen, wollen wir ein Konzept der Stetigkeit von Korrespondenzen einführen (weitere Details kann man z. B. in Hildenbrand (1974) oder Debreu (1959) finden). Man kann zeigen, dass das Stetigkeitskonzept für Korrespondenzen in zwei Teile aufgespalten werden kann.

Definition C.1. *a) Eine Korrespondenz* $F : \mathbb{R}^n \longrightarrow \mathbb{R}^n$ *heißt oberhalb-halbstetig (engl. upper semicontinuous: u. s. c.) in x, wenn gilt:*

Gegeben sei eine Folge $\{x_k\}_k$ mit $x_k \longrightarrow x$, eine Folge $\{y_k\}_k$ mit $y_k \in F(x_k)$ und $y_k \longrightarrow y$, dann gilt:

$$y \in F(x)$$

b) $F(\cdot)$ heißt unterhalb-halbstetig (engl. lower semicontinuous: l. s. c.) in x, wenn gilt:

Gegeben sei eine Folge $\{x_k\}_k$ mit $x_k \longrightarrow x$ und ein $y \in F(x)$, dann existiert eine Folge $\{y_k\}_k$ mit $y_k \in F(x_k)$ und $y_k \longrightarrow y$.

---

[1] Eine alternative Betrachtungsweise: Man fasst $F(\cdot)$ als eindeutige Funktion von M_1 in die *Potenzmenge* von M_2, d. h. in die Menge aller Teilmengen von M_2, auf. Dann kann man $F(\cdot)$ wieder als eindeutige Funktion interpretieren. Um über Stetigkeit von $F(\cdot)$ sprechen zu können, muss man dann allerdings ein Konvergenzkonzept auf der Potenzmenge von M_2 einführen. Die von uns verwendete Methode vermeidet diese formalen Komplikationen.

c) $F(\cdot)$ heißt stetig in x, wenn sie unterhalb- und oberhalb-halbstetig ist. Die Abbildung $F(\cdot)$ heißt stetig, wenn sie in allen x stetig ist.

Um die beiden Halbstetigkeitskonzepte zu illustrieren, betrachten wir zwei Beispiele.

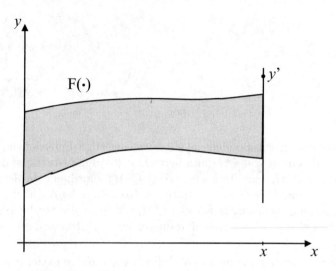

Abb. C.1. $F(\cdot)$ ist u. s. c., aber nicht l. s. c. in x_0

In Abb. C.1 ist $F(\cdot)$ eine Korrespondenz, die oberhalb-halbstetig aber nicht unterhalb-halbstetig ist. Denn für jede Folge $\{x_k\}$ kann man immer eine Folge von Bildern $y_k \in F(x_k)$ finden, die gegen einen Punkt $y \in F(x)$ konvergiert. Umgekehrt gibt es Punkte $y' \in F(x)$, die durch keine Folge von $y_k \in F(x_k)$ approximiert werden können. Wir sehen, dass die Eigenschaft von $F(\cdot)$, oberhalb-halbstetig zu sein, die „Explosion" von Abbildungen nicht verhindert.

In Abb. C.2 sehen wir das umgekehrte Bild. Die Korrespondenz $G(\cdot)$ ist in x_0 unterhalb-halbstetig, aber nicht oberhalb-halbstetig.

Wir sehen, dass unterhalb-halbstetige Korrespondenzen nicht „explodieren" aber „implodieren" können. Denn ein Punkt y'' kann zwar durch eine Folge $y_k \in F(x_k)$ approximiert werden, aber er ist nicht in $F(x)$ enthalten.

Wir können uns nun leicht vorstellen, was Stetigkeit von Korrespondenzen bedeutet. Eine stetige Korrespondenz hat in jedem Punkt weder „Explosionen" noch „Implosionen". Für oberhalb-halbstetige Korrespondenzen gilt folgende weitere Charakterisierung.

Satz C.2. *Eine Korrespondenz $F : \mathbb{R}^n \longrightarrow \mathbb{R}^n$ ist genau dann oberhalb-halbstetig, wenn sie einen abgeschlossenen Graphen hat.*

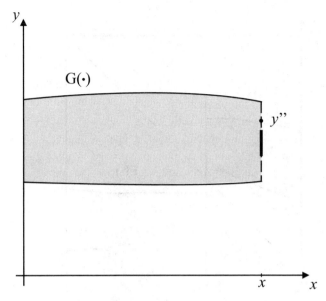

Abb. C.2. $G(\cdot)$ ist l. s. c., aber nicht u. s. c. in x

Die Stetigkeitseigenschaft einer Korrespondenz spielt neben ihrer *Konvexwertigkeit* eine wesentliche Rolle für die Existenz eines Fixpunktes.[2] Für den Existenzsatz für Nash-Gleichgewichte benötigen den so genannten *Kakutani'schen Fixpunktsatz*.

Satz C.3. *(Kakutani) Gegeben sei eine oberhalb-halbstetige und konvexwertige Korrespondenz $F(\cdot)$ einer konvexen und kompakten Teilmenge M eines endlich dimensionalen Vektorraums in sich selbst mit $F(x) \neq \emptyset$ für alle $x \in M$. Dann hat $F(\cdot)$ einen Fixpunkt, d. h. es existiert ein $x^* \in M$ mit der Eigenschaft:*[3]

$$x^* \in F(x^*)$$

Die folgende Abb. C.3 illustriert den Fixpunktsatz an einem einfachen Beispiel für den Fall $M := [0, 1]$.

Die Korrespondenz $F(\cdot)$ in Abb. C.3 „explodiert" in x. Dies ist mit der Eigenschaft der Oberhalb-Halbstetigkeit vereinbar. Die Konvexwertigkeit von $F(\cdot)$ sichert in unserer Abbildung die Existenz eines Fixpunktes. Denn $F(x)$ muss einen Schnittpunkt mit der Diagonalen haben, sonst wäre $F(x)$ nicht konvex.

---

[2] Dabei wird eine Korrespondenz $F(\cdot) : \mathbb{R}^n \longrightarrow \mathbb{R}^n$ als *konvexwertig* bezeichnet, wenn $F(x)$ für alle x eine konvexe Menge ist.

[3] Für eindeutige Funktionen $F(\cdot)$ besagt die Fixpunkteigenschaft die Gültigkeit der Beziehung $x^* = F(x^*)$.

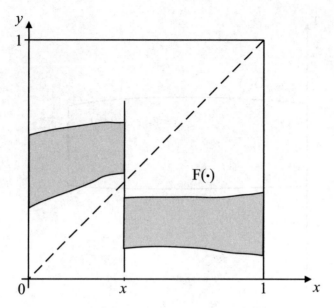

Abb. C.3. Existenz eines Fixpunktes

D
Beweisidee von Satz 2.13

Wir wollen in diesem Abschnitt die Beweisidee von Satz 2.13 nachliefern.

Beweisidee: Der Beweis besteht darin zu zeigen, dass die Annahmen von Satz 2.13 die Gültigkeit der Annahmen des Kakutani'schen Fixpunktsatzes für die Beste-Antwort-Korrespondenz $F : \Sigma \longrightarrow \Sigma$ eines Normalformspiels G implizieren.

a) Zunächst folgt aus Satz B.18, dass Σ als endliches kartesisches Produkt von kompakten und konvexen Mengen Σ_i selbst kompakt und konvex ist.

b) Wir zeigen, dass aus der Quasi-Konkavität von $H_i(\sigma_{-i}, \cdot)$ die Konvexwertigkeit von $F(\cdot)$ folgt. Dazu reicht es zu zeigen, dass die $g_i(\sigma_{-i})$ konvexe Mengen sind.

Man betrachte $\sigma_i', \sigma_i'' \in g_i(\sigma_{-i})$. Definitionsgemäß gilt

$$H_i(\sigma_{-i}, \sigma_i') \geqq H_i(\sigma_{-i}, \sigma_i), \quad H_i(\sigma_{-i}, \sigma_i'') \geqq H_i(\sigma_{-i}, \sigma_i)$$

für beliebige $\sigma_i \in \Sigma_i$. Aus der Quasi-Konkavität von $H_i(\sigma_{-i}, \cdot)$ folgt für $\sigma_i(\lambda) := \lambda \sigma_i' + (1-\lambda) \sigma_i''$ (mit $\lambda \in [0, 1]$)

$$H_i(\sigma_{-i}, \sigma_i(\lambda)) \geqq \min\{H_i(\sigma_{-i}, \sigma_i'), H_i(\sigma_{-i}, \sigma_i'')\} \geqq H_i(\sigma_{-i}, \sigma_i)$$

für beliebige $\sigma_i \in \Sigma_i$. Das heißt:

$$\sigma_i(\lambda) \in g_i(\sigma_{-i})$$

c) Es bleibt zu zeigen, dass $F(\cdot)$ oberhalb-halbstetig ist. Gegeben sei eine Folge von Strategiekombinationen $\{\sigma^k\}_k$ mit $\lim_{k \to \infty} \sigma^k = \sigma$ und eine Folge $\{\sigma'^k\}_k$ mit $\sigma'^k \in F(\sigma^k)$ und $\lim_{k \to \infty} \sigma'^k = \sigma'$. Dann muss man zeigen, dass $\sigma' \in F(\sigma)$ gilt.

Offenbar impliziert $\sigma'^k \in F(\sigma_k)$ die Gültigkeit der Ungleichung

$$\forall i : \quad H_i(\sigma_{-i}^k, \sigma_i'^k) \geqq H_i(\sigma_{-i}^k, \sigma_i) \quad (\sigma_i \in \Sigma_i) \tag{D.1}$$

für alle k. Angenommen, es gilt $\sigma' \notin F(\sigma)$. Dann existiert ein i und eine Strategie $\sigma_i'' \in \Sigma_i$ mit

$$H_i(\sigma_{-i}, \sigma_i'') > H_i(\sigma_{-i}, \sigma_i'). \tag{D.2}$$

Wegen der Stetigkeit der Auszahlungsfunktionen $H_i(\cdot)$ folgt daraus

$$H_i(\sigma_{-i}^k, \sigma_i'') > H_i(\sigma_{-i}^k, \sigma_i'^k) \tag{D.3}$$

für „genügend große" k, im Widerspruch zur Annahme $\sigma'^k \in F(\sigma^k)$.

Damit erfüllen Σ und $F(\cdot)$ alle Annahmen des Kakutani'schen Fixpunktsatzes, also existiert ein Nash-Gleichgewicht σ^* für das Spiel G.

q. e. d.

E

Nutzen- und Auszahlungsfunktionen

Es ist ein Hauptanliegen der Neumann/Morgenstern-Nutzentheorie (siehe Von Neumann und Morgenstern (1944), Anhang), eine spezielle Nutzendarstellung der Präferenzordnung zwischen Wahrscheinlichkeitsverteilungen axiomatisch zu begründen.

Betrachten wir zur Konkretisierung zwei diskrete Wahrscheinlichkeitsverteilungen p, q die die Werte $x_i \in \mathbb{R}, i = 1, \ldots, m$ mit den Wahrscheinlichkeiten $\lambda_i, i = 1, \ldots, m$ bzw. $\nu_i, i = 1, \ldots, m$ annehmen. Ein Entscheider habe eine Präferenzrelation $\succsim$ über diese Wahrscheinlichkeiten. John von Neumann und Oskar Morgenstern haben ein Axiomensystem für die Präferenzrelation $\succsim$ entwickelt, aus dem man ableiten kann, dass die Präferenzen zwischen Wahrscheinlichkeitsverteilungen durch eine Nutzenfunktion $u : \mathbb{R} \longrightarrow \mathbb{R}$ derart repräsentiert werden können, dass

$$p \succsim q \iff U(p) := \sum_i u(x_i)\lambda_i \geq \sum_i u(x_i)\nu_i =: U(q)$$

gilt.

Die $U(\cdot)$ kann man als Erwartungswerte von $u(\cdot)$ bzgl. den Wahrscheinlichkeitsverteilungen interpretieren. Von Neumann und Morgenstern haben gezeigt, dass die axiomatisch abgeleitete Nutzenfunktion $u(\cdot)$ bis auf *affin lineare Transformationen* eindeutig ist. D.h. eine affin lineare Transformation $v(\cdot) := au(\cdot) + b$ (für $a > 0, b \in \mathbb{R}$) von $u(\cdot)$ führt zur gleichen Präferenzordnung $\succsim$ über Wahrscheinlichkeitsverteilungen wie $u(\cdot)$.

Die wesentliche Eigenschaft des kardinalen Nutzenkonzepts ist die Eindeutigkeit der Relationen von Nutzendifferenzen, da

$$\frac{v(p) - v(p')}{v(q) - v(q')} = \frac{au(p) + b - (au(p') + b)}{au(q) + b - (au(q') + b)} = \frac{u(p) - u(p')}{u(q) - u(q')}$$

für alle Lotterien p, p', q und q' mit $q \not\sim q'$ gilt. Für das ordinale Nutzenkonzept hingegen ist nur das Vorzeichen solcher Relationen eindeutig festgelegt.

Wir wollen nun die Beziehung zwischen der oben kurz dargestellten Nutzentheorie und der Spieltheorie herstellen: Betrachten wir der Einfachheit halber ein 2-Personen Normalformspiel. Jedes Tupel von gemischten oder korrelierten Strategien von zwei Spielern erzeugt eine Wahrscheinlichkeitsverteilung über den reinen Strategiekombinationen $(\sigma_{1j}, \sigma_{2k})$. Ein Spieler hat sich also zwischen Wahrscheinlichkeitsverteilungen über reine Strategietupel zu entscheiden. Interpretiert man die Auszahlungen $H_i(\sigma_{1j}, \sigma_{2k})$ als Nutzen der Ergebnisse der Strategiekombinationen $(\sigma_{1j}, \sigma_{2k})$, dann entscheidet sich der Spieler im Rahmen der Neumann/Morgenstern-Nutzentheorie nach dem Erwartungsnutzenkriterium. Sind die Auszahlungen eines Spielers Geldauszahlungen und ist seine Geldnutzenfunktion linear in Geld, d. h. gilt $H_i(\sigma) = ax(\sigma) + b$ (mit $a > 0$) für eine Geldauszahlung $x(\sigma)$ an i, die durch die Strategiekonfiguration σ generiert wird, dann kann man durch eine zulässige Transformation der Nutzenfunktion erreichen, dass die Auszahlungen als reine Geldauszahlungen $\hat{H}_i(\sigma) = \frac{H_i(\sigma) - b}{a} = x(\sigma)$ interpretiert werden können. Dieses Resultat motiviert die Interpretation der Auszahlungsfunktionen $H_i(\cdot)$ als Geldauszahlungsfunktionen, wenn die Resultate des zugrunde liegenden Spiels in Geld ausbezahlt werden.

In der kooperativen Verhandlungstheorie nehmen wir an, dass die Auszahlungsvektoren (u_1, u_2) in einer Verhandlungsmenge B als erwartete Nutzen interpretiert werden können, die durch die Wahl korrelierter Strategien (über endlich viele reine Strategiekonfigurationen) erzeugt werden. Die Menge der Wahrscheinlichkeitsverteilungen über die endlich vielen reinen Strategietupel ist eine konvexe Menge[1] in einem $\mathbb{R}^n$. Aus der Darstellung der erwarteten Auszahlungen (siehe (4.1)) sieht man, dass die erwarteten Auszahlungen linear in den Wahrscheinlichkeitsverteilungen sind, also ist die Verhandlungsmenge B in der kooperativen Verhandlungstheorie als Menge von Erwartungsnutzen konvex. Dies ist eine Motivation für Definition 4.1.

---

[1] Bei m reinen Strategiekombinationen ist die Menge der Wahrscheinlichkeitsverteilungen über diese Kombinationen gegeben durch das $(m-1)$-dimensionale Einheitssimplex Δ^m im $\mathbb{R}^m$.

F
Binäre Lotterien

Diese Methode besteht darin, das ursprüngliche Entscheidungsproblem eines Spielers, eine Strategie zu wählen, in eine 2-Stufen-Lotterie zu transformieren derart, dass der Spieler sich als risikoneutraler Entscheider offenbart. Auf der zweiten Stufe wird eine binäre Lotterie gespielt, in der ein hoher Geld-Preis $\bar{P}_i$ oder ein geringerer Geldpreis $\underline{P}_i$ gewonnen werden kann. Die Gewinnwahrscheinlichkeit für $\bar{P}_i$ werde mit $p_i(s)$ bezeichnet. Die Gewinnwahrscheinlichkeit kann durch die Strategiewahl s auf der ersten Stufe beeinflusst werden. Die Lotterie werde mit $\mathcal{L}(s)$ bezeichnet. Bewertet man die Lotterie mit der Neumann/Morgenstern-Nutzenfunktion[1] $U(\cdot)$, so erhält man als Nutzen der Lotterie

$$U_i(\mathcal{L}(s)) = p_i(s)u_i(\bar{P}_i) + (1 - p_i(s))u_i(\underline{P}_i),$$

wobei $u_i(\cdot)$ die Geldnutzenfunktion von i bezeichnet.

Wir unterstellen die Gültigkeit der folgenden Annahmen:

- Jeder Teilnehmer zieht einen größeren Gewinn einem niedrigen Gewinn vor (man mache die Differenz genügend groß, um dieser Annahme mehr Plausibilität zu verleihen), d. h. $u_i(\bar{P}_i) > u_i(\underline{P}_i)$,
- jeder Teilnehmer genügt den Ansprüchen der Wahrscheinlichkeitsrechnung, insbesondere bei der Reduktion von zusammengesetzten Lotterien[2] zu einfachen Lotterien,
- $p_i(s)$ wird definiert durch

$$p_i(s) := \frac{H_i(s) - \underline{H}_i}{\bar{H}_i - \underline{H}_i + c_i},$$

---

[1] Siehe Anhang E.
[2] Eine zusammengesetzte Lotterie hat wiederum andere Lotterien als Prämien. Die obige Annahme besagt Folgendes: Angenommen, die Lotterie $\mathcal{L}(s)$ ist selbst Preis einer anderen Lotterie, bei der dieser Preis mit Wahrscheinlichkeit q gewonnen werden kann, dann ist die Wahrscheinlichkeit, z. B. $\bar{P}_i$ in der zusammengesetzten Lotterie zu gewinnen, gegeben durch $qp(s)$.

wobei gilt

$\underline{H}_i$ die minimale Auszahlung von Spieler i,
$\bar{H}_i$ die maximale Auszahlung von Spieler i und
c_i eine positive Konstante (so dass auch im trivialen Fall $\underline{H}_i = \bar{H}_i$ die Wahrscheinlichkeit wohl definiert ist).

Wir können nun das Hauptresultat dieses Abschnitts formulieren.

Satz F.1. *Spieler i ist risikoneutral.*

Beweis: Es sei $u_i(\cdot)$ die kardinale Nutzenfunktion von Spieler i. Da $u_i(\cdot)$ nur bis auf die Wahl von Einheit und Nullpunkt festgelegt ist, können wir setzen: $u_i(\bar{P}_i) = 1$ und $u_i(\underline{P}_i) = 0$. Da $p_i(s)$ die Wahrscheinlichkeit für den Erhalt von $\bar{P}_i$ ist, folgt

$$U_i(\mathcal{L}(s)) = p_i(s) u_i(\bar{P}_i) + (1 - p_i(s)) u_i(\underline{P}_i) = p_i(s) = A H_i(s) + B$$

mit $A := 1/(\bar{H}_i - \underline{H}_i + c_i)$ und $B := -\underline{H}_i/(\bar{H}_i - \underline{H}_i + c_i)$, d. h. der Nutzen $U_i(\mathcal{L}(s))$ des Spielers i hängt linear von seiner Spielauszahlung ab.

q. e. d.

Satz F.2. *Neben der Risikoneutralität lassen sich auch Risikofreude und Risikoaversion experimentell induzieren.*

Beweis: Man transformiert $p_i(s)$ mittels einer monoton steigenden und differenzierbaren Funktion $f(\cdot)$, d. h.

$$P_i(s) := f(p_i(s))$$

mit $f' > 0$. Ist diese Funktion konvex, so ist Spieler i per Definition risikofreudig, ist sie konkav, so ist er risikoavers.

q. e. d.

Die binäre Lotterie-Methode zeigt vor allem, auf welch schwachen Füßen die kardinale Nutzenkonzeption steht, nach der die Risikoeinstellung allein durch die Krümmung der Geldnutzen-Kurve bestimmt ist.

G

Zufallsexperiment und Zufallsvariable

Wir wollen in diesem Abschnitt nur einige Grundinformationen über die im Text verwendeten wahrscheinlichkeitstheoretischen Konzepte liefern. Diese Ausführungen dienen der Auffrischung von Grundkenntnissen der Wahrscheinlichkeitstheorie, die beim Leser vorausgesetzt werden.

In der Wahrscheinlichkeitstheorie steht das Konzept des *Zufallsexperiments* im Vordergrund. Ein Zufallsexperiment wird formal durch einen *Wahrscheinlichkeitsraum*, d. h. durch ein Tripel $(\Omega, \mathcal{F}, P)$ beschrieben, wobei der so genannte Stichprobenraum Ω eine Menge ist, die die möglichen Ausgänge ω eines Zufallsexperiments beschreibt. $\mathcal{F}$ bezeichnet ein System von Teilmengen von Ω, das alle für das Zufallsexperiment relevanten Ereignisse beschreibt.[1]. Und P bezeichnet das Wahrscheinlichkeitsmaß, das die Wahrscheinlichkeiten der Zufallsereignisse $\varepsilon \in \mathcal{F}$ beschreibt. Formal ist $P(\cdot)$ eine σ-additive Mengenfunktion auf dem Ereignissystem,[2] d. h. $P : \mathcal{F} \longrightarrow [0, 1]$. Die Normierung der Ereigniswahrscheinlichkeiten $P(\varepsilon)$ auf das Intervall $[0,1]$ ist willkürlich, andere Normierungen sind denkbar. Das einfachste Beispiel für ein Zufallsexperiment ist der einmalige Münzwurf mit einer fairen Münze. Der Stichprobenraum ist gegeben durch $\Omega = \{H, T\}$, wobei „H" (head) und „T" (tail) die möglichen Ausgänge des Münzwurfs beschreibe. Das Ereignissystem wird durch die Menge aller Teilmengen von Ω beschrieben, also

---

[1] Dabei wird zusätzlich angenommen, dass $\mathcal{F}$ eine σ-Algebra ist. Das heißt, wenn eine abzählbare Menge von Ereignissen $\{\varepsilon_n\}_n$ aus $\mathcal{F}$ vorliegt, dann ist auch das Ereignis $\varepsilon := \cup_n \varepsilon_n$ ein Element von $\mathcal{F}$. Und wenn ε ein Element von $\mathcal{F}$ ist, dann ist das Komplement ε^c von ε ebenfalls ein Element von $\mathcal{F}$

[2] Eine Mengenfunktion $P(\cdot)$ heißt σ-additiv, wenn für jede Folge von disjunkten Ereignissen $\{\varepsilon_n\}_n$ die Beziehung

$$P(\cup_n \varepsilon_n) = \sum_n P(\varepsilon_n)$$

gilt.

$\mathcal{F} = \{\emptyset, \Omega, \{T\}, \{H\}\}$. Die Wahrscheinlichkeiten der Ereignisse sind gegeben durch $P(\emptyset) = 0, P(\Omega) = 1, P(H) = P(T) = \frac{1}{2}$.

In ökonomischen Anwendungen interessiert man sich häufig nicht für den Stichprobenraum eines Zufallsexperiments selbst, sondern für ökonomische Resultate, die durch die Zufallsereignisse generiert werden. Dazu benötigt man das Konzept einer *reellen Zufallsvariablen*.

Definition G.1. *Eine reelle Zufallsvariable $X(\cdot)$ ist eine Abbildung*

$$X : \Omega \longrightarrow \mathbb{R}$$

mit der folgenden Eigenschaft:

Für jedes Ereignis[3] A in $\mathbb{R}$ gilt:

$$X^{-1}(A) \in \mathcal{F}$$

Besteht der Wertebereich von $X(\cdot)$ aus endlich vielen Elementen, dann nimmt die definierende Eigenschaft einer Zufallsvariablen folgende einfache Form an: Es bezeichne $\mathcal{X} := \{x_1, \ldots, x_M\}$ die Menge der Werte, die $X(\cdot)$ in $\mathbb{R}$ annehmen kann, dann ist $X(\cdot)$ eine Zufallsvariable, wenn alle Urbilder $X^{-1}(\{x_j\})$ Elemente in $\mathcal{F}$ sind, d. h. zulässige Ereignisse ε_j, für die die Wahrscheinlichkeit $P(\varepsilon_j)$ wohl definiert ist.

Jede Zufallsvariable erzeugt eine Verteilung P_X auf den Ereignissen von $\mathbb{R}$. Im einfachen Fall eines endlichen Wertebereichs von $X(\cdot)$ kann man P_X wie folgt konstruieren: Die Zufallsvariable $X(\cdot)$ nimmt ihre Werte x_j mit der Wahrscheinlichkeit

$$P_X(\{x_j\}) := P\left(\{X^{-1}(x_j)\}\right)$$

an. Erweitern wir das oben zitierte Münzwurf-Beispiel um folgendes Szenario: Das Ergebnis des Münzwurfs werde mit einem Geldgewinn verbunden. Fällt „H", dann erhält ein Entscheider a GE (Geldeinheiten); er erhält b GE, wenn „T" das Ergebnis des Münzwurfs ist. Dieser Zusammenhang werde durch eine Zufallsvariable $Y : \{H, T\} \longrightarrow \{a, b\}$ formalisiert. Dann wird durch $Y(\cdot)$ eine Wahrscheinlichkeitsverteilung P_Y induziert mit $P_Y(\{a\}) = P_Y(\{b\}) = \frac{1}{2}$.

Für allgemeinere Zufallsvariable $X(\cdot)$ wird die durch $X(\cdot)$ induzierte Verteilung komplizierter sein. Im elementaren Statistik-Unterricht unterscheidet man Zufallsvariable mit *diskreter* und *stetiger* Wahrscheinlichkeitsverteilung. Diskrete Zufallsvariable können nur abzählbar viele Werte annehmen, sie sind eine nahe liegende Verallgemeinerung der bisher betrachteten Verteilungen. Stetige Zufallsvariable können überabzählbar unendlich viele Werte in $\mathbb{R}$ annehmen. Stetige Zufallsvariable werden durch (fast überall) *stetige Dichtefunktionen* $f : \mathbb{R} \longrightarrow \mathbb{R}_+$ wie folgt charakterisiert: Die Wahrscheinlichkeit,

---

[3] Unter Ereignissen in $\mathbb{R}$ verstehen wir hier *Borel'sche Teilmengen* von $\mathbb{R}$. Wir können auf dieses Konzept hier nicht näher eingehen. Der Leser sei für weiterführende Literatur über Borel'sche Mengen auf die grundlegenden Lehrbücher in Mathematischer Statistik oder Wahrscheinlichkeitstheorie verwiesen.

dass eine stetige Zufallsvariable $X(\cdot)$ ihre Werte beispielsweise im Intervall $[a, b]$ annimmt, ist gegeben durch:

$$\text{Prob}\{X \in [a, b]\} = \int_a^b f(x)\, dx$$

Viele stochastische Phänomene lassen sich durch eine *Gleichverteilung* charakterisieren. Als Beispiel betrachten wir eine im Intervall $[c, d]$ (mit $d > c$) gleichverteilte Zufallsvariable $X(\cdot)$. Ihre Dichtefunktion ist wie folgt definiert:

$$f(x) = \begin{cases} \frac{1}{d-c} & \ldots x \in [c, d] \\ 0 & \ldots x \notin [c, d] \end{cases}$$

Die Wahrscheinlichkeit, dass diese Zufallsvariable Werte im Intervall $[c, d_1]$ (mit $d_1 < d$) annimmt, ist gegeben durch:

$$\text{Prob}\{X \in [c, d_1]\} = \int_c^{d_1} \frac{1}{d-c}\, dx = \frac{d_1 - c}{d - c}$$

Ein wichtiger Begriff ist der des *Erwartungswertes* einer Zufallsvariablen $X(\cdot)$.

Definition G.2. *Gegeben sei eine diskrete Zufallsvariable mit Wertebereich $\mathcal{X} = \{x_1, x_2, \ldots\}$, dann ist der Erwartungswert von $X(\cdot)$ gegeben durch*

$$E[X] = \sum_n x_n p_n,$$

wobei $p_n := P_X(\{x_n\})$ *gilt.*
Ist $X(\cdot)$ eine stetige Zufallsvariable (mit Dichtefunktion $f(\cdot)$), dann ist der Erwartungswert gegeben durch:[4]

$$E[X] = \int_{-\infty}^{+\infty} x f(x)\, dx$$

Ein häufig verwendetes Resultat über Erwartungswerte stellt die so genannte *Jensen'sche Ungleichung* dar, die wir in folgendem Satz präzisieren wollen.

Satz G.3. *Gegeben sei eine reelle Zufallsvariable $X(\cdot)$ und eine konkave Funktion $f: \mathbb{R} \longrightarrow \mathbb{R}$, dann gilt:*

$$E[f(X)] \leqq f(E[X])$$

---

[4] In formal allgemeineren Modellen, in denen entweder der Bildraum von $X(\cdot)$ ein unendlich-dimensionaler Raum ist und/oder die von $X(\cdot)$ induzierte Verteilung P_X nicht mehr durch eine stetige Dichtefunktion charakterisiert werden kann, schreibt man den Erwartungswert allgemein als (Lebesgues-) Integral $E[X] = \int x\, dP_X(x)$. In Abschnitt 2.7 haben wir diese Schreibweise auch verwendet.

Manchmal ist man an der simultanen Realisierung von zwei (oder mehreren) Zufallsvariablen interessiert. Sie wird durch eine gemeinsame Wahrscheinlichkeitsverteilung beschrieben. Betrachten wir konkret zwei diskrete Zufallsvariable $X(\cdot)$ und $Y(\cdot)$ mit den Wertebereichen $\mathcal{X} = \{x_1, x_2, \ldots\}$ und $\mathcal{Y} = \{y_1, y_2, \ldots\}$. Die gemeinsame Verteilung der beiden Zufallsvariablen $P_{X \times Y}$ sei gegeben durch $\{p_{ij}\}$ mit

$$P_{X \times Y}(x_i, y_j) = p_{ij}.$$

Definition G.4. *Gegeben sei die gemeinsame Verteilung zweier Zufallsvariablen. Dann kann man die Verteilung von $X(\cdot)$ und $Y(\cdot)$ alleine, d. h. die so genannten Randverteilungen von $X(\cdot)$ und $Y(\cdot)$ bestimmen durch:*

$$P_X(\{X = x_i\}) = \sum_j p_{ij} \quad \text{und} \quad P_Y(\{Y = y_j\}) = \sum_i p_{ij}$$

Mit Hilfe der Randverteilungen und der gemeinsamen Verteilung berechnet man *bedingte Verteilungen*, die eine wichtige Rolle in ökonomischen Anwendungen spielen. Durch bedingte Verteilungen will man den Einfluss zusätzlicher Informationen aus einem Zufallsexperiment ausdrücken. Zur Illustration betrachten wir das Ereignis, dass die Zufallsvariable $X(\cdot)$ einen Wert x_i annimmt, sofern man weiß, dass $Y(\cdot)$ einen Wert y_j angenommen hat.

Definition G.5. *Gegeben sei die gemeinsame Verteilung von $X(\cdot)$ und $Y(\cdot)$, die bedingte Wahrscheinlichkeit, dass $X(\cdot)$ den Wert x_i annimmt unter der Bedingung von $Y = y_j$ ist definiert durch*

$$Prob\{X = x_i\} \mid \{Y = y_j\} := \frac{p_{ij}}{P_Y(y_j)},$$

wobei P_Y hier die aus der gemeinsamen Verteilung von $P_{X \times Y}$ abgeleitete Randverteilung von $Y(\cdot)$ bezeichnet.

Zum Abschluss wollen wir nur kurz die Verallgemeinerung des Konzeptes der bedingten Verteilung auf stetige Zufallsvariable anführen: Bei stetigen Zufallsvariablen ist die gemeinsame Verteilung $P_{X \times Y}$ durch eine stetige *gemeinsame Dichtefunktion* $g : \mathbb{R}^2 \longrightarrow \mathbb{R}_+$ charakterisiert. Daraus leitet man dann bedingte Dichtefunktionen $h(\cdot|\cdot)$ – analog zum diskreten Fall – ab.

Definition G.6. *Gegeben sei die gemeinsame Dichtefunktion $g(\cdot)$ der stetigen Zufallsvariablen $X(\cdot)$ und $Y(\cdot)$, dann ist die bedingte Dichte von $X(\cdot)$ gegeben $Y(\cdot)$ gegeben durch*

$$h(x|y) = \frac{g(x,y)}{h_Y(y)},$$

wobei $h_Y(y) := \int_{-\infty}^{\infty} g(x,y)\, dx$ die Randdichte bzgl. $Y(\cdot)$ bezeichnet.

Bedingte Wahrscheinlichkeiten für Dichten verlangen natürlich $P_Y(y_j) \neq 0$ bzw. $h_Y(y) \neq 0$, um wohl definiert zu sein. In Spielen trifft das typischerweise oft nicht zu. Wenn z. B. eine Informationsmenge in einem Spiel nicht erreicht wird, sind die bedingten Wahrscheinlichkeiten seiner Entscheidungsknoten nicht wohl definiert. Genau dies wird durch die Idee der Strategieperturbation (siehe Definition 3.20) verhindert. In einem perturbierten Spiel wird natürlich jede Informationsmenge mit positiver Wahrscheinlichkeit erreicht.

H

Rangstatistiken

Es seien n voneinander unabhängige Ziehungen aus einer Verteilung F mit zugehöriger Dichte f gegeben, wobei $X_1, X_2, \ldots, X_n$ deren Zufallsvariablen und $x_1, x_2, \ldots, x_n$ deren Realisationen bezeichnen. Ist F an der Stelle x stetig, so gilt $dF(x)/dx = f(x)$.

Sei $x_{(1)}, x_{(2)}, \ldots, x_{(n)}$ eine Rangordnung der Realisation x_i ($i = 1, \ldots, n$), so dass gilt:

$$x_{(1)} > x_{(2)} > \ldots > x_{(n)}$$

Mit $X_{(k)}$ sei die Zufallsvariable bezeichnet, die sich in der k-höchsten Wertschätzung $x_{(k)}$ realisieren wird. Man nennt $X_{(k)}$ die *k-te Rangstatistik*. Durch das Konzept der Rangstatistiken erhält man der Größe nach geordnete Zufallsvariablen $X_{(1)} > X_{(2)} > \ldots > X_{(n-1)} > X_{(n)}$. Die Verteilungs- und Dichtefunktion von $X_{(k)}$, die entsprechend mit $F_{(k)}$ und $f_{(k)}$ bezeichnet werden, lassen sich über die Verteilung F und den Stichprobenumfang n ableiten.

Herleitung von $F_{(k)}$:

$$\begin{aligned}
F_{(k)}(x) &= \text{Prob}\left\{X_{(k)} \leq x\right\} \\
&= \text{Prob}\left\{\text{mind. } n - k + 1 \text{ der } n \text{ Ziehungen sind kleiner oder gleich } x\right\} \\
&= \text{Prob}\left\{n - k + 1 \text{ der } n \text{ Ziehungen sind kleiner oder gleich } x\right\} + \\
&\quad \text{Prob}\left\{n - k + 2 \text{ der } n \text{ Ziehungen sind kleiner oder gleich } x\right\} + \ldots + \\
&\quad \text{Prob}\left\{n - 1 \text{ der } n \text{ Ziehungen sind kleiner oder gleich } x\right\} + \\
&\quad \text{Prob}\left\{\text{alle } n \text{ Ziehungen sind kleiner oder gleich } x\right\} \\
&= \binom{n}{n-k+1} F^{n-k+1}(x)(1 - F(x))^{k-1} + \\
&\quad \binom{n}{n-k+2} F^{n-k+2}(x)(1 - F(x))^{k-2} + \ldots + \\
&\quad \binom{n}{n-1} F^{n-1}(x)(1 - F(x)) + \binom{n}{n} F^n(x)
\end{aligned}$$

$$= \sum_{i=n-k+1}^{n} \binom{n}{i} F^i(x)(1-F(x))^{n-i}$$

Aus dieser Formel kann man direkt die Verteilungsfunktion der ersten bzw. zweiten Rangstatistik ablesen:

$$F_{(1)}(x) = F^n(x)$$
$$F_{(2)}(x) = F^n(x) + n\,F^{n-1}(x)(1-F(x))$$

Die zu $F_{(k)}(x)$ gehörende Dichtefunktion $f_{(k)}(x)$ erhält man durch Differentiation von $F_{(k)}(x)$:

$$f_{(k)}(x) = \frac{dF_{(k)}(x)}{dx} = \sum_{i=n-k+1}^{n} i\binom{n}{i} F^{i-1}(x)(1-F(x))^{n-i} f(x)$$
$$- \sum_{i=n-k+1}^{n} (n-i)\binom{n}{i} F^i(x)(1-F(x))^{n-i-1} f(x)$$

Wegen $(n-i)\binom{n}{i} = (i+1)\binom{n}{i+1}$ gilt für die zweite Summe:

$$\sum_{i=n-k+1}^{n} (n-i)\binom{n}{i} F^i(x)(1-F(x))^{n-i-1} f(x)$$
$$= \sum_{i=n-k+1}^{n} (i+1)\binom{n}{i+1} F^i(x)(1-F(x))^{n-i-1} f(x)$$
$$\stackrel{i+1=j}{=} \sum_{j=n-k+2}^{n} j\binom{n}{j} F^{j-1}(x)(1-F(x))^{n-j} f(x)$$

Daraus folgt für $f_{(k)}(x)$:

$$f_{(k)}(x) = (n-k+1)\binom{n}{n-k+1} F^{n-k}(x)(1-F(x))^{k-1} f(x)$$

Die Dichtefunktionen der ersten bzw. zweiten Rangstatistik haben also folgende Form:

$$f_{(1)}(x) = n\,F^{n-1}(x)f(x)$$
$$f_{(2)}(x) = n(n-1)F^{n-2}(x)(1-F(x))f(x)$$

I
Markov-Ketten

I.1 Grundlagen

In Anhang G wurden *Zufallsvariable* als formale Präzisierung eines einmal durchgeführten Zufallsexperiments eingeführt. In vielen Anwendungen interessiert man sich für die n-fache Wiederholung eines Zufallsexperiments. Um Probleme dieser Art formal präzise beschreiben zu können, benötigt man das Konzept des *Stochastischen Prozesses*.

Definition I.1. *Ein Stochastischer Prozess ist ein gegeben durch ein Tupel*

$$\{X_t, (\Omega, \mathcal{F}, \mathcal{P}), (S, \mathcal{F}_S), t = 1, 2, \ldots\},$$

wobei $\{X_t\}_t$ *eine Folge von reellen Zufallsvariablen*

$$X_t : \Omega \longrightarrow S$$

ist.

Der Bildraum der Zufallsvariablen S wird *Zustandsraum* des Prozesses, die Menge $\{1, 2, \ldots\}$ wird *Parameterraum* des Prozesses genannt. $\mathcal{F}_S$ bezeichnet die Ereignis-Algebra auf dem Zustandsraum S. In vielen Fällen werden die Elemente des Parameterraums als Zeitpunkte interpretiert, so dass ein Stochastischer Prozess als Wiederholung von Zufallsexperimenten $X_t(\cdot)$ interpretiert werden kann, deren Wahrscheinlichkeitsverteilungen in $\mathcal{P}$ enthalten sind.

Markov-Ketten stellen eine besonders einfache Form von Stochastischen Prozessen dar. Sie haben einen abzählbaren Parameterraum $\{1, 2, 3, \ldots\}$ und einen abzählbaren Zustandsraum $(S, \mathcal{F}_S)$. Für die Zwecke dieses Buchs reicht es aus, S als eine abzählbare Teilmenge von $\mathbb{R}$ zu betrachten.

Stochastische Prozesse lassen eine große Vielfalt von stochastischen Abhängigkeiten zwischen den einzelnen X_t zu und sind damit geeignet, eine größere Klasse von stochastischen ökonomischen Phänomenen zu erfassen. Markov-Ketten sind durch eine spezielle Form der stochastischen Abhängigkeit gekennzeichnet, die auch als Nachwirkungsfreiheit bezeichnet wird. Wir verwenden im Folgenden die Konvention, die Zustandsmenge S einer Markov-Kette mit der Menge der natürlichen Zahlen $\{1, 2, \ldots\}$ bzw. mit einer endlichen Menge $\{1, 2, \ldots, n\}$ zu identifizieren.

Definition I.2. *Ein Stochastischer Prozess*

$$\{X_t, (\Omega, \mathcal{F}, \mathcal{P}), (S, \mathcal{F}_S), t = 1, 2, \ldots\}$$

heißt Markov-Kette, wenn gilt:

$$Prob\{X_t = i_t \mid X_{t-1} = i_{t-1}, \ldots, X_0 = i_0\} = Prob\{X_t = i_t \mid X_{t-1} = i_{t-1}\}$$

Charakteristisch für den stochastischen Zusammenhang der einzelnen Variablen der Markov-Kette ist, dass nur die Realisierung der Zufallsvariablen der zuletzt registrierten Periode relevant ist.[1]

Gemäß Definition I.2 reicht es aus, die stochastische Entwicklung von Zuständen $i \in S$ einer Markov-Kette durch die bedingten Wahrscheinlichkeiten $Prob\{X_t = i_t \mid X_{t-1} = i_{t-1}\}$ zu beschreiben, die wir mit dem Symbol p_{ij}^t bezeichnen. Also bezeichnet p_{ij}^t die Wahrscheinlichkeit, „in einem Schritt" in Periode $(t-1)$ vom Zustand i in den Zustand j in Periode t zu gelangen. Für die Zwecke dieses Buches benötigen wir eine einfachere Version der Markov-Ketten, die durch zeitunabhängige Übergangswahrscheinlichkeiten p_{ij} charakterisiert sind. Das heißt die Markov-Ketten, die wir betrachten, sind durch eine $|S| \times |S|$-Matrix von Übergangswahrscheinlichkeiten

$$P := \{p_{ij}\}_{i,j \in S}$$

charakterisiert. Sie heißen *homogene Markov-Ketten*.

Beispiele: a) Eine große Klasse von Anwendungsproblemen betrifft die so genannten Irrfahrtprobleme, von denen hier eine einfache Version dargestellt werden soll. Man betrachte die Bewegung eines Teilchens auf der Zahlengeraden, das jeweils eine der Zahlen 1 bis m annehmen kann. Das Teilchen kann von einem Zeitpunkt zum nächsten höchstens eine Einheit nach rechts oder links springen. An den Rändern (1 und m) sind im Prinzip zwei Hypothesen denkbar. Nimmt man an, dass der Prozess die Randpunkte nicht mehr verlassen kann, spricht man von *absorbierenden* Rändern, andernfalls spricht man von *reflektierenden* Rändern. Bei absorbierenden Rändern hat die Übergangsmatrix die folgende Gestalt

---

[1] Allgemeiner kann man die Markov-Eigenschaft für eine Folge $\{X_{t_k}\}_k$ mit $t_1 < t_2 < \ldots < t_n$ wie folgt formulieren:

$$Prob\{X_{t_n} = i_{t_n} \mid X_{t_{n-1}} = i_{t_{n-1}}, \ldots, X_{t_1} = i_{t_1}\} =$$
$$Prob\{X_{t_n} = i_{t_n} \mid X_{t_{n-1}} = i_{t_{n-1}}\}$$

$$P = \begin{bmatrix} 1 & 0 & 0 & 0 & \ldots & 0 & 0 & 0 \\ q & 0 & p & 0 & \ldots & 0 & 0 & 0 \\ 0 & p & 0 & q & \ldots & 0 & 0 & 0 \\ \vdots & \vdots & \vdots & \vdots & \ldots & \vdots & \vdots & \vdots \\ 0 & 0 & 0 & 0 & \ldots & q & 0 & p \\ 0 & 0 & 0 & 0 & \ldots & 0 & 0 & 1 \end{bmatrix},$$

wobei $q + p = 1$. Die Matrix hat m Zeilen und Spalten. Befindet sich der Prozess nicht in einem Randelement, geht er mit positiver Wahrscheinlichkeit (q oder p) in einen Nachbarzustand über.

Betrachtet man Irrfahrten mit reflektierenden Rändern, ändern sich nur erste und letzte Zeile der Übergangsmatrix P. Sie werden ersetzt durch (q p $0 \ldots 0$ 0) bzw. (0 0 $0 \ldots q$ p).

b) Unabhängige Münzwürfe (mit fairer Münze): Hier betrachten wir das Modell des unabhängigen Münzwurfs. Dieses Modell kann man als Markov-Kette mit zwei Zuständen $S = \{H, T\}$ auffassen. Die Übergangswahrscheinlichkeiten sind gegeben durch die Matrix

$$P = \begin{bmatrix} \frac{1}{2} & \frac{1}{2} \\ \frac{1}{2} & \frac{1}{2} \end{bmatrix}.$$

Da bei unabhängigen Versuchen die Zustandsübergänge nicht vom Zustand der vorhergehenden Periode abhängen, sind die Zeilen solcher Übergangsmatrizen identisch.

I.2 Stationäres Grenzverhalten von Markov-Ketten

Neben den einstufigen Übergangswahrscheinlichkeiten p_{ij} spielen die *n-stufigen Zustandsübergänge*

$$p_{ij}^{(2)} = \sum_k p_{ik} p_{kj}$$

$$\vdots$$

$$p_{ij}^n = \sum_k p_{ik} p_{kj}^{n-1},$$

die das langfristige Verhalten des Prozesses beschreiben, eine große Rolle. Die p_{ij}^n beschreiben die Wahrscheinlichkeit, nach (genau) n Perioden vom Zustand i in den Zustand j zu gelangen. Die Matrix der n-stufigen Zustandsübergänge ist gegeben durch

$$P^n = \underbrace{P \cdot \ldots \cdot P}_{n-\text{fach}},$$

wobei P die einstufige Übergangsmatrix und „·" das Skalarprodukt von Matrizen bezeichnet.

Der folgende Satz beschreibt das langfristige Verhalten der Übergangswahrscheinlichkeiten.

Satz I.3. *Gegeben sei eine Markov-Kette mit der Übergangsmatrix P. Angenommen es existiert eine natürliche Zahl r mit*

$$\forall j: \quad \min_i p_{ij}^r = \delta > 0, \qquad (*)$$

dann existieren nichtnegative reelle Zahlen $\{p_i^*\}$ mit $\sum_i p_i^* = 1$ und

$$\forall j: \quad p_j^* = \lim_{n \to \infty} p_{ij}^n$$

für beliebige $i \in S$.

Bemerkung Inhaltlich besagt das Resultat des Satzes, dass die n-stufigen Übergangswahrscheinlichkeiten p_{ij}^n in abnehmendem Maß vom jeweiligen Anfangszustand i abhängig sind, je länger der Prozess läuft. Der Prozess befindet sich dann approximativ mit den Wahrscheinlichkeiten p_j^* in den Zuständen $j \in S$. Die resultierende Matrix $P^* = \lim_n P^n$ besteht aus identischen Zeilenvektoren. Die Bedeutung der Annahme (*) in Satz I.3 wird an folgendem Gegenbeispiel illustriert:

Man betrachte eine Markov-Kette mit drei Zuständen, deren Übergangswahrscheinlichkeiten durch die Matrix

$$P = \begin{bmatrix} 1 & 0 & 0 \\ q & 0 & p \\ 0 & 0 & 1 \end{bmatrix}$$

gegeben sind (mit $p + q = 1$). Offenbar gilt für alle n-fach iterierten Übergangsmatrizen

$$P^n = P^{n-1} = \cdots = P,$$

d. h. die Bedingung (*) ist nicht erfüllt. Wegen $P^* = P$ besteht die Matrix nicht aus identischen Zeilen, das Resultat von Satz I.3 ist nicht gültig, die n-stufigen Übergangswahrscheinlichkeiten hängen vom Anfangszustand ab (z. B. $p_{11} = 1 \neq p_{21} = q$). Betrachtet man den das Verhalten dieser Markov-Kette genauer, so sieht man, dass hier zwei absorbierende Zustände (1 und 3) vorliegen. In einen dieser Zustände läuft der Prozess (wegen $p_{22} = 0$) mit Sicherheit hinein. Welchen der beiden absorbierenden Zustände er erreicht, hängt vom Anfangszustand des Prozesses ab. Diese Markov-Kette hat zwei Zustände, die nicht miteinander *kommunizieren*. Annahme (*) sichert, dass alle Zustände der Markov-Kette miteinander kommunizieren.

Die in Satz I.3 bestimmten Grenzwahrscheinlichkeiten p_i^* können explizit durch Lösung eines linearen Gleichungssystems berechnet werden. Aus $P^n =$

I.2 Stationäres Grenzverhalten von Markov-Ketten

$P^{n-1}P$ erhält man durch Grenzübergang sofort $P^* = P^*P$, woraus man das lineare Gleichungssystem

$$\forall j: \quad p_j^* = \sum_{k \in S} p_k^* p_{kj}$$

ableitet. Durch weitere Umformung erhält man das Gleichungssystem in der Form:

$$p^*(I - P) = 0$$

Da es sich um ein homogenes Gleichungssystem handelt, ist eine Lösung nur bis auf beliebige Vielfache bestimmt, d. h. die Lösung muss zu eins normiert werden.

Beispiel: Gegeben sei eine Markov-Kette mit der Übergangsmatrix

$$P = \begin{bmatrix} \frac{1}{2} & \frac{1}{2} & 0 \\ \frac{1}{2} & 0 & \frac{1}{2} \\ 0 & \frac{1}{2} & \frac{1}{2} \end{bmatrix}.$$

Man prüft leicht nach, dass für diese Matrix das Kriterium (*) erfüllt ist. Das resultierende Gleichungssystem für die Berechnung von p^* lautet

$$p_1^* = \frac{1}{2}p_1^* + \frac{1}{2}p_2^*$$
$$p_2^* = \frac{1}{2}p_1^* + \frac{1}{2}p_3^*$$
$$p_3^* = \frac{1}{2}p_2^* + \frac{1}{2}p_3^*,$$

woraus sich ergibt: $p_1^* = p_2^*$ und $p_2^* = p_3^*$. Wegen der Normierung

$$p_1^* + p_2^* + p_3^* = 1$$

erhält man die Lösung $p_1^* = p_2^* = p_3^* = \frac{1}{3}$. Die Lösung ist auch plausibel, denn der Markov-Prozess bewegt sich mit den gleichen Wahrscheinlichkeiten sukzessive zwischen den Zuständen (von 1 nach 2, von 2 nach 1 oder 3, von drei nach 2), daher werden langfristig alle Zustände mit gleicher Wahrscheinlichkeit angenommen.

Einen anderen Zugang zu dem Grenzverhalten einer Markov-Kette erhält man durch die folgende Beobachtung: Angenommen ein Markov-Prozess mit Zustandsraum $S = \{1, 2, \ldots, m\}$ startet mit der Anfangswahrscheinlichkeit $\pi^1 = (\pi_1^1, \ldots, \pi_m^1)$, dann wird die Zustandsverteilung in der nächsten Periode durch den Ausdruck

$$\pi_j^2 = \sum_{k \in S} \pi_k^1 p_{kj}$$

beschrieben, der alle möglichen Zustandsübergänge ($k \to j$) berücksichtigt, die nach j führen, und die Ausgangszustände mit der Startverteilung π^1 gewichtet. Allgemein erhält man für die Zustandsverteilung nach n Perioden

$$\pi^n = \pi^{n-1} P = (\pi^{n-2} P) P = \pi^{n-2} P^2 = \ldots = \pi^1 P^{n-1}.$$

Das langfristige stochastische Verhalten des Prozesses wird durch die Grenzwahrscheinlichkeit $\pi_i^* = \lim_n \pi^n$ charakterisiert. $\pi^*(s)$ ist die Wahrscheinlichkeit mit der sich der Prozess langfristig im Zustand s aufhalten wird. Es ist ein wesentliches Ergebnis in der Theorie der Markov-Ketten, dass unter den Annahmen von Satz I.3 gilt, dass 1.) π^* eindeutig ist, d. h. Grenzwert der Iteration beliebiger Startverteilungen ist und 2.) π^* Grenzwert der n-stufigen Übergangswahrscheinlichkeiten ist. Wir formulieren präziser:

Satz I.4. *Gegeben sei eine Markov-Kette, die die Bedingungen von Satz I.3 erfüllt, dann hat jede Startverteilung π^1 den gleichen Grenzwert*

$$\pi^* = \lim_{n \to \infty} \pi^1 P^{n-1}.$$

π^* ist identisch mit dem Grenzwert der n-stufigen Übergangswahrscheinlichkeiten p^*.

Wir haben gesehen, dass für die Wahrscheinlichkeitsverteilung p^* die Beziehung $p^* = p^* P$ gilt. Verteilungen mit dieser Eigenschaft heißen ergodisch.

Definition I.5. *Gegeben sei eine Markov-Kette. Dann heißt eine Wahrscheinlichkeitsverteilung π^* auf S ergodisch, wenn gilt:*

$$\pi^* = \pi^* P$$

Ergodische Verteilungen sind Verteilungen über den Zustandsraum, die sich von einer Periode zur nächsten nicht mehr ändern. Sie werden daher auch manchmal als *Stochastisches Gleichgewicht* einer Markov-Kette bezeichnet. Satz I.4 impliziert, dass jede Markov-Kette, welche die Bedingung (*) von Satz I.3 erfüllt, eine eindeutige ergodische Verteilung hat, die von jeder beliebigen Startverteilung π^1 erreicht wird.

I.3 Markov-Ketten und Graphentheorie

In Kap. 6.6 werden ausgiebig Konzepte aus der Graphentheorie herangezogen, um Aussagen über das Grenzverhalten von Markov-Ketten zu machen. Wir wollen an dieser Stelle die wichtigsten Konzepte anführen, die zum Verständnis von Kap. 6.6 notwendig sind.

Definition I.6. *Ein Graph Gr ist ein geordnetes Paar von disjunkten Mengen (V, E) derart, dass E eine Teilmenge der Menge V^2 von ungeordneten Paaren von V ist. V wird die Menge der Ecken, E die Menge der Kanten von Gr genannt.*

Sind zwei Ecken $x, y \in V$ durch eine Kante $e \in E$ verbunden, so schreibt man auch $e = (x, y)$. Durch Graphen lassen sich viele ökonomische Probleme anschaulich illustrieren. Betrachten wir z. B. eine Population von Spielern, in der nicht jeder Spieler mit jedem anderen ein wohl definiertes (2-Personen)-Spiel spielt, sondern in der eine so genannte *lokale Interaktionsstruktur* existiert, die den Spielern jeweils diejenige Referenzgruppe zuordnet, mit denen er ein wohl definiertes (2-Personen)-Spiel spielt. Ein einfaches Beispiel für eine lokale Interaktionsstruktur ist in Abb. I.1 gegeben.

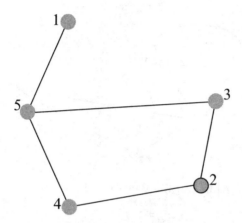

Abb. I.1. Graph einer lokalen Interaktionsstruktur

Diejenigen Spieler, die ein (2-Personen)-Spiel spielen, sind durch eine Kante des Interaktionsgraphen verbunden. Spieler 1 hat in diesem Beispiel-Graphen nur einen Nachbarn, Spieler 5 hat drei Nachbarn, während die übrigen Spieler nur zwei Nachbarn haben.

Für die Theorie der Markov-Ketten erweisen sich so genannte *gerichtete Graphen* (Digraphen) als wichtig.

Definition I.7. *Ein gerichteter Graph* **Gr** *ist ein geordnetes Paar von disjunkten Mengen* (V, E) *derart, dass E eine Teilmenge der Menge V^2 von geordneten Paaren von V ist. V wird die Menge der Ecken, E die Menge der Kanten von Gr genannt.*

In gerichteten Graphen sind Kanten durch geordnete Paare $\mathbf{e} = (x, y)$ beschrieben, die zusätzlich die Richtung angeben, mit der zwei Ecken des Graphen verbunden sind. Dabei soll $\mathbf{e} = (x, y)$ ausdrücken, dass die Kante von x nach y geht. In der graphischen Illustration wird die Richtung der Kanten durch einen Pfeil bezeichnet. Das Übergangsverhalten von Markov-Ketten kann man durch einen gerichteten Graphen beschreiben, bei dem die Ecken die Zustände der Markov-Kette und die Kanten die Zustandsübergänge (mit positiver Wahrscheinlichkeit) bezeichnen. Abbildung I.2 beschreibt den *Erreichbarkeitsgraphen* einer Markov-Kette mit 4 Zuständen und den folgenden Übergangswahrscheinlichkeiten

$$P = \begin{bmatrix} 0 & p_{12} & 0 & 0 \\ 0 & 0 & p_{23} & 0 \\ p_{31} & 0 & 0 & p_{34} \\ 0 & 0 & 0 & p_{44} \end{bmatrix}.$$

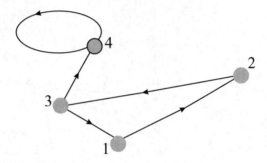

Abb. I.2. Ein Baum mit $|V| = 5, |E| = 4$

Offenbar ist dies ein Prozess, der beispielsweise von Zustand 1 startend mit Sicherheit in Zustand 2 und dann in 3 übergeht. Von 3 geht er mit positiver Wahrscheinlichkeit wieder nach 1 oder 4 mit positiver Wahrscheinlichkeit. Zustand 4 ist ein absorbierender Zustand.[2] Der Prozess wird demnach mit positiver Wahrscheinlichkeit in Zustand 4 enden.

Wir führen zusätzliche Konzepte für gerichtete Graphen ein.

Definition I.8. *a) Ein Weg in einem gerichteten Graphen ist eine Abfolge von endlich vielen Kanten* $(x_1, x_2) \ldots (x_{k-1}, x_k)$.
b) Ein Pfad ist ein Weg, in dem alle Ecken und Kanten verschieden sind.
c) Ein abgeschlossener Weg ist eine Folge von Kanten von der Form

$$(x_1, x_2) \ldots (x_{k-1}, x_1).$$

d) Ein Zyklus ist ein abgeschlossener Weg, in dem alle Kanten und alle Ecken $x_h \neq x_1$ *verschieden sind.*

Für die folgende Definition benötigen wir den Begriff des einem Digraphen **Gr** *zugrunde liegenden Graphen* Gr. Er besitzt die gleiche Eckenmenge wie **Gr** und die Kanten erhält man aus **Gr**, indem man zwei mögliche, gerichtete

---

[2] Wir entnehmen der Übergangsmatrix P, dass $p_{12} = p_{23} = p_{44} = 1$ und $p_{31}, p_{34} > 0$ gilt.

Kanten $e_1 = (x,y)$ und $e_2 = (y,x)$ identifiziert. Man kann leicht die Begriffe Pfad und Zyklus auf ungerichtete Graphen Gr übertragen. Ein ungerichteter Graph kann in verschiedene Komponenten zerfallen. Präzisiert wird das durch die folgende Definition.

Definition I.9. *Ein (ungerichteter) Graph Gr heißt zusammenhängend, wenn je zwei Ecken $x, y \in V$ durch einen Pfad verbunden werden können.*

Ist ein Graph zusammenhängend, so kann er offenbar nicht mehr in isolierte Komponenten zerfallen. Ein wichtiger Begriff in der Graphentheorie ist der eines *Baums*.

Definition I.10. *Ein gerichteter Graph ist ein Baum, wenn er keine Zyklen enthält und wenn der zugrunde liegende ungerichtete Graph zusammenhängend ist.*

Ein Beispiel für einen Baum ist in Abb. I.3 gegeben.

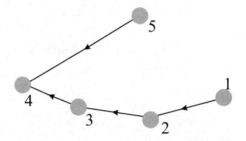

Abb. I.3. Ein Baum mit $|V| = 5, |E| = 4$

Wir sehen, dass der zugrunde liegende ungerichtete Graph zusammenhängend ist. Außerdem enthält er keinen Zyklus. Wie in Abschnitt 6.6 gezeigt, spielen Bäume eine wichtige Rolle bei der Bestimmung von stationären Grenzverteilungen einer irreduziblen Markov-Kette.

Betrachten wir einen gerichteten Graphen mit $|V|$ Ecken.

Definition I.11. *Die Kanten dieses Graphen bilden einen x-Baum für eine spezielle Ecke $x \in V$, wenn der Graph aus $|V| - 1$ Kanten besteht und von jeder Ecke $y \neq x$ aus ein eindeutiger gerichteter Pfad nach x existiert.*

Gemäß dieser Definition ist der in Abb. I.3 gezeigte gerichtete Graph ein 4-Baum. Man kann einen x-Baum durch eine Menge von geordneten Ecken-Paaren (y, z) darstellen. Ist der Erreichbarkeitsgraph einer Markov-Kette **G** durch einen x-Baum darstellbar, so kann man seine Wahrscheinlichkeit durch den Ausdruck

$$\text{Prob}(\mathbf{Gr}) = \prod_{(y,z) \in \mathbf{Gr}} p_{yz}$$

darstellen.

J
Dynamische Systeme

Durch ein *Dynamisches System* kann man die Bewegung von Punkten in einem Zustandsraum $\mathcal{S}$ beschreiben. Als Zustandsraum wollen wir eine offene Teilmenge eines Euklidischen Raumes annehmen. Präzise definieren wir:

Definition J.1. *Ein dynamisches System ist eine stetig differenzierbare Abbildung*
$$\Phi : \mathbb{R} \times \mathcal{S} \longrightarrow \mathcal{S}.$$
Definiert man eine Abbildung $\Phi_t(x) := \Phi(t,x)$, so hat $\Phi_t(\cdot)$ folgende Eigenschaften:

a) $\Phi_0 : \mathcal{S} \longrightarrow \mathcal{S}$ ist die Identität und
b) $\forall t, s \in \mathbb{R}: \quad \Phi_t \circ \Phi_s = \Phi_{t+s}$.

Ein Dynamisches System auf einem Zustandsraum gibt an, wo sich ein Punkt $x \in \mathcal{S}$ ein, zwei oder mehrere Perioden später in $\mathcal{S}$ befindet. Dafür verwendet man die Schreibweise x_t, bzw. $\Phi_t(x) = x_t$. Die Abbildung $\Phi_t : x \longrightarrow x_t$, die den Punkt x nach x_t überführt, ist für jedes t definiert. Φ_0 führt jeden Punkt des Zustandsraums in sich selbst über. Forderung b) in Definition J.1 ist bei der Interpretation von Φ_t plausibel. Denn $\Phi_s(\Phi_t(x)) = \Phi_{s+t}(x)$ besagt, dass es gleichgültig ist, ob man die Bewegung von x nach x_{t+s} in einem „Schritt" vollzieht (Φ_{t+s}) oder ob man die Bewegung in zwei Schritte zerlegt $(\Phi_t \circ \Phi_s)$.

Als einfaches Beispiel für ein Dynamisches System betrachten wir die Abbildung $\Phi_t(x) = e^{at}x$ (mit $a > 0$). Offenbar erfüllt Φ_t die Forderungen a) und b) von Definition J.1: Es gilt $\Phi_0(x) = x$ und $\Phi_t \circ \Phi_s(x) = e^{at}(e^{as}x) = e^{(s+t)a}x = \Phi_{s+t}(x)$.

Ein dynamisches System $\Phi_t(\cdot)$ generiert im Allgemeinen eine Differentialgleichung auf $\mathcal{S}$, d. h. ein Vektorfeld $f : \mathcal{S} \longrightarrow \mathbb{R}^n$, wobei $\mathcal{S} \subset \mathbb{R}^n$ gilt mit
$$f(x) = \frac{d\Phi_t}{dt}\Big|_{t=0}.$$

Gegeben $x \in \mathcal{S}$, $f(x)$ ist ein Vektor in $\mathbb{R}^n$, der als Tangentenvektor an die Kurve $t \longrightarrow \Phi_t(x)$ im Punkt $t = 0$ aufgefasst werden kann. In unserem einfachen Beispiel erhält man aus dem Dynamischen System $\Phi_t(x) = e^{at}x$ die Differentialgleichung:

$$f(x) = ae^{a \cdot 0}x = ax$$

Häufig stellt man die Differentialgleichung durch folgende Gleichung dar:

$$\dot{x} = f(x)$$

Dann bezeichnet $x(t)$ oder $\Phi_t(x)$ die Lösungskurve der Differentialgleichung mit $x(0) = x$. Umgekehrt kann man aus einer Differentialgleichung (unter bestimmten Annahmen) ein Dynamisches System bestimmen.

Im Folgenden interessieren wir uns für Gleichgewichte von Differentialgleichungen.

Definition J.2. *Gegeben sei eine Differentialgleichung*

$$\dot{x} = f(x),$$

wobei $f : W \longrightarrow \mathbb{R}^n$ (W ist eine offene Teilmenge von $\mathbb{R}^n$) stetig differenzierbar ist, dann heißt $\bar{x} \in W$ dynamisches Gleichgewicht, wenn $f(\bar{x}) = 0$ gilt.

Der Ausdruck „Gleichgewicht" für Punkte mit der oben bezeichneten Eigenschaft ist sinnvoll, denn ist einmal ein solcher Punkt von einer Lösungskurve $x(t)$ zu einem Zeitpunkt t' erreicht, dann ändert sich der Zustand des Systems nicht mehr, d. h. es gilt $x(t) = \bar{x}$ für $t \geq t'$.

Wenn Gleichgewichte keine „Stabilität" aufweisen, wären sie sicher nicht sehr interessant für die Anwendung auf ökonomische Probleme. Denn hat ein ökonomisches System einmal ein dynamisches Gleichgewicht $\bar{x}$ erreicht, so wird es i. d. R. durch innovative ökonomische Aktivitäten ständig aus dem Gleichgewicht geworfen, ohne sich allzu weit von $\bar{x}$ zu entfernen. In den Sozialwissenschaften ist man daher nur an solchen Gleichgewichten interessiert, die wieder erreicht werden, wenn sich der Systemzustand nicht zu sehr vom Gleichgewicht entfernt. Wir präzisieren diese Forderung in folgender Definition.

Definition J.3. *Angenommen, $\bar{x}$ ist dynamisches Gleichgewicht einer Differentialgleichung $\dot{x} = f(x)$. Das Gleichgewicht heißt asymptotisch stabil, wenn es eine Umgebung U von $\bar{x}$ gibt, so dass für jede Lösungskurve $x(t)$, die in $x(0) \in U$ startet, gilt:*

- *$x(t)$ ist wohl definiert und in U enthalten für alle $t > 0$,*
- *$\lim_{t \to \infty} x(t) = \bar{x}$.*

Zum Abschluss dieses Abschnitts geben wir zwei Kriterien an, welche die asymptotische Stabilität von dynamischen Gleichgewichten sichern. Beide werden in unseren Ausführungen über evolutionäre Spiele angewendet.

Satz J.4. *Gegeben sei ein dynamisches Gleichgewicht $\bar{x}$ einer Differentialgleichung*

$$\dot{x} = f(x),$$

so dass die Jakobi'sche Matrix $Df(\bar{x})$ nur Eigenwerte mit negativem Realteil hat, dann ist $\bar{x}$ asymptotisch stabil.

Satz J.5. *Sei $\bar{x}$ ein dynamisches Gleichgewicht der Differentialgleichung*

$$\dot{x} = f(x).$$

Angenommen es existiert eine Umgebung U von $\bar{x}$ und eine auf $U' := U - \{\bar{x}\}$ definierte stetig differenzierbare Funktion[1] $L : U' \longrightarrow \mathbb{R}$ mit folgenden Eigenschaften

i) $\forall x \in U' : \quad L(x) \leqq L(\bar{x}),$
ii) $\forall x \in U' : \quad L(f(x)) > 0,$

dann ist $\bar{x}$ asymptotisch stabil.

---

[1] Die Funktion $L(\cdot)$ wird auch *Ljapunov-Funktion* genannt.

Literaturverzeichnis

Anderhub, V., Engelmann, D. und Güth, W. (2002), 'An experimental study of the repeated trust game with incomplete information', *Journal of Economic Behavior and Organization* **48**, 197–216.

Anderhub, V., Gneezy, U., Güth, W. und Sonsino, D. (2001), 'On the interaction of risk and time preferences – an experimental study', *German Economic Review* **2**, 239–253.

Anderhub, V., Güth, W., Kamecke, U. und Normann, H. T. (2003), 'Capacity choices and price competition in experimental markets', *Experimental Economics* **6**, 27–52.

Anderhub, V., Güth, W. und Marchand, N. (2001), 'Alternating offer bargaining experiments with varying institutional details'. Discussion Paper # 180, Department of Economics, Humboldt University, Berlin.

Anderson, L. R. und Holt, C. (1997), 'Information cascades in the laboratory', *American Economic Review* **87**, 847–862.

Aumann, R. J. (1974), 'Subjectivity and correlation in randomized strategies', *Journal of Mathematical Economics* **1**, 67–96.

Aumann, R. J. (1987), 'Correlated equilibrium as an expression of Bayesian rationality', *Econometrica* **55**, 1–19.

Aumann, R. J. und Maschler, M. (1972), 'Some thoughts on the minimax principle', *Management Science* **18**, 54–63.

Ausubel, L. M. und Cramton, P. (2002), 'Demand reduction and inefficiency in multi-unit auctions'. Arbeitspapier, University of Maryland (Erste Version: November 1995).

Bagwell, K. (1995), 'Commitment and observability in games', *Games and Economic Behavior* **8**, 271–280.

Bazerman, M. H. und Samuelson, W. F. (1983), 'I won the auction but don't want the price', *Journal of Conflict Resolution* **27**, 618–634.

Becker, G. M., DeGroot, M. H. und Marschak, J. (1964), 'Measuring utility by a single-response sequential method', *Behavioral Science* **9**, 226–232.

Benoit, J. P. und Krishna, V. (1985), 'Finitely repeated games', *Econometrica* **53**, 905–922.

Berninghaus, S. K. und Güth, W. (2001), On the evolution of power indices in collective bargaining, *in* S. K. Berninghaus und M. Braulke, Hrsg., 'Beiträge zur

Mikro- und zur Makroökonomik, Festschrift für Hans-Jürgen Ramser', Springer, Berlin, S. 33–48.

Berninghaus, S. K., Güth, W., Lechler, R. und Ramser, H. J. (2001), 'Decentralized versus collective bargaining – an experimental study', *International Journal of Game Theory* **30**, 437–448.

Berninghaus, S. K., Güth, W. und Ramser, H. J. (1999), 'How competition in investing, hiring, and selling affects (un)employment – An analysis of equilibrium scenarios', *ifo-Studien* **3**, 449–467.

Binmore, K. (1992), *Fun and Games*, D.C. Heath, Lexington, MA.

Binmore, K., Rubinstein, A. und Wolinsky, A. (1986), 'The Nash bargaining solution in economic modelling', *Rand Journal of Economics* **17**, 176–188.

Binmore, K., Shaked, A. und Sutton, J. (1985), 'Testing non-cooperative bargaining theory: A preliminary study', *American Economic Review* **75**, 1178–1180.

Böhm, V. (1982), *Mathematische Grundlagen für Wirtschaftswissenschaftler*, Springer, Berlin.

Bolton, G. und Zwick, R. (1995), 'Anonymity versus punishment in ultimatum bargaining', *Games and Economic Behavior* **10**, 95–121.

Bomze, I. und Pötscher, B. (1989), *Game Theoretical Foundations of Evolutionary Stability*, Springer, Berlin.

Brandts, J. und Figueras, N. (2003), 'An exploration of reputation formation in experimental games', *Journal of Economic Behavior and Organization* **50**, 89–115.

Bryant, J. (1983), 'A simple rational expectations Keynes-type model', *Quarterly Journal of Economics* **98**, 525–528.

Burger, E. (1966), *Einführung in die Theorie der Spiele*, Walter de Gruyter, Berlin.

Bush, R. R. und Mosteller, F. (1955), *Stochastic Models for Learning*, Wiley, New York.

Camerer, C., Johnson, E., Sen, S. und Rymon, T. (2002), 'Detecting failures of backward induction: Monitoring information search in sequential bargaining', *Journal of Economic Theory* **104**, 16–47.

Camerer, C. und Weber, M. (1987), 'Recent developments in modelling preferences under risk', *OR-Spektrum* **9**, 129–151.

Camerer, C. und Weigelt, K. (1988), 'Experimental tests of the sequential equilibrium reputation model', *Econometrica* **56**, 1–36.

Chae, S. und Yang, J. A. (1988), 'The unique perfect equilibrium of an n-person bargaining game', *Economics Letters* **28**, 221–223.

Cho, I. K. und Kreps, D. (1987), 'Signaling games and stable equilibria', *Quarterly Journal of Economics* **102**, 179–221.

Cooper, R. und John, A. (1988), 'Coordinating coordination failures in keynesian models', *Quarterly Journal of Economics* **103**, 441–463.

Cooper, R. W., DeJong, D. V., Forsythe, R. und Ross, T. W. (1990), 'Selection criteria in coordination games', *American Economic Review* **80**, 218–233.

Cooper, R. W., DeJong, D. V., Forsythe, R. und Ross, T. W. (1992), 'Forward induction in coordination games', *Economics Letters* **40**, 167–172.

Cournot, A. (1838), *Recherches sur les principes mathematique de la theorie des richesses*, Hachette, Paris.

Crawford, V. P. (1991), 'An "evolutionary" interpretation of Van Huyck, Battalio and Beil's experimental results on coordination', *Games and Economic Behavior* **3**, 25–59.

Crott, H., Kutschker, M. und Lamm, H. (1977), *Verhandlungen, 2 Bde.*, Kohlhammer, Stuttgart.
Davis, D. D. und Holt, C. A. (1993), *Experimental Economics*, Princeton University Press, Princeton.
Debreu, G. (1959), *Theory of Value*, Wiley, New York.
Debreu, G. (1974), 'Four aspects of the mathematical theory of economic equilibrium', *Proceedings of the International Congress of Mathematicians* **1**, 65–77.
Dufwenberg, M. und Güth, W. (1999), 'Indirect evolution versus strategic delegation: A comparison of two approaches to explaining economic institutions', *European Journal of Political Economy* **15**, 281–295.
Edgeworth, F. Y. (1881), *Mathematical Psychics*, P. Kegan, London.
Ehrhart, K.-M. (1997), 'Kollektivgut-Spiele in diskreter und stetiger Zeit'. Dissertation, Universität Karlsruhe.
Ehrhart, K.-M. (2001), 'European central bank operations: Experimental investigation of the fixed rate tender', *Journal of International Money and Finance* **20**, 871–893.
Ehrhart, K.-M. und Ott, M. (2005), Auctions, information, and new technologies, *in* G. Kouzelis, M. Pournari, M. Stöppler und V. Tselfes, Hrsg., 'Knowledge in the New Technologies', Peter Lang, Frankfurt am Main, S. 125–137.
Eichberger, J. (1993), *Game Theory for Economists*, Academic Press, San Diego.
Engelmann, D. (2000), *Trust and Trustworthiness*, Shaker Verlag, Aachen.
Fishburn, P. C. und Rubinstein, A. (1982), 'Time preference', *International Economic Review* **23**, 719–736.
Forsythe, R., Horowitz, J. L., Savin, N. E. und Sefton, M. (1988), 'Replicability, fairness and pay in experiments with simple bargaining games', *Games and Economic Behavior* **6**, 347–369.
Foster, D. und Young, P. (1990), 'Stochastic evolutionary game dynamics', *Theoretical Population Biology* **38**, 219–232.
Freidlin, M. und Wentzell, A. (1984), *Random Perturbations of Dynamical Systems*, Springer, Berlin.
Frey, B. (1997), *Not Just for the Money – An Economic Theory of Personal Motivation*, Edward Elgar, Cheltenham.
Friedman, J. (1986), *Game Theory with Applications to Economics*, Oxford Press.
Fudenberg, D. und Maskin, E. (1986), 'The Folk theorem in repeated games with discounting and with incomplete information', *Econometrica* **54**, 533–554.
Fudenberg, D. und Tirole, J. (1991), *Game Theory*, MIT Press, Cambridge, MA.
Gandenberger, O. (1961), *Die Ausschreibung*, Quelle & Meyer, Heidelberg.
Gantner, A. und Königstein, M. (1998), 'Spontaneous strategies in the repeated prisoners' dilemma with imperfect monitoring'. Discussion Paper # 131, Department of Economics, Humboldt University, Berlin.
Gigerenzer, G. (2000), *Adaptive Thinking: Rationality in the Real World*, Oxford University Press, New York.
Gneezy, U. und Güth, W. (2003), 'On competing rewards standards – an experimental study of ultimatum bargaining', *The Journal of Socio-Economics* **31**, 599–607.
Güth, W. (1986), 'Auctions, public tenders, and fair division games: An axiomatic approach', *Mathematical Social Sciences* **11**, 283–294.
Güth, W. (1995), 'On ultimatum bargaining – a personal review', *Journal of Economic Behavior and Organization* **27**, 329–344.

Güth, W. und Huck, S. (1997), 'From ultimatum bargaining to dictatorship – an experimental study of four games varying in veto power', *Metroeconomica* **48**, 262–279.

Güth, W., Huck, S. und Rapaport, A. (1998), 'The limitations of the positional order effect: Can it support silent threats and non-equilibrium behavior?', *Journal of Economic Behavior and Organization* **34**, 313–325.

Güth, W., Ivanova-Stenzel, R. und Kröger, S. (2000), 'Procurement experiments – how to choose quality when its costs are not known –'. Discussion Paper # 173, Department of Economics, Humboldt University, Berlin.

Güth, W., Ivanova-Stenzel, R., Sutter, M. und Weck-Hannemann, H. (2000), 'The prize but also the price may be high – an experimental study of family bargaining'. Discussion Paper # 2000/7, Department of Economics, University of Innsbruck, Innsbruck.

Güth, W., Ivanova-Stenzel, R. und Tjotta, S. (2004), 'Please, marry me! – an experimental study of risking a joint venture', *Metroeconomica* **55**, 1–21.

Güth, W. und Kalkofen, B. (1989), *Unique Solutions for Strategic Games*, Springer, Berlin.

Güth, W., Kirchsteiger, G. und Ritzberger, K. (1998), 'Imperfectly observable commitments in n-player games', *Games and Economic Behavior* **23**, 54–74.

Güth, W. und Kliemt, H. (1994), 'Competition or cooperation: On the evolutionary economics of trust, exploitation and moral attitudes', *Metroeconomica* **45**, 155–187.

Güth, W. und Kliemt, H. (2000), 'Evolutionarily stable co-operative commitments', *Theory and Decision* **49**, 197–221.

Güth, W., Ockenfels, P. und Ritzenberger, K. (1995), 'On durable goods monopolies – An experimental study of intrapersonal price competition and price discrimination over time', *Journal of Economic Psychology* **16**, 247–274.

Güth, W., Ockenfels, P. und Wendel, M. (1993), 'Efficiency by trust in fairness? Multiperiod ultimatum bargaining experiments with an increasing cake', *International Journal of Game Theory* **22**, 51–73.

Güth, W. und Peleg, B. (1997), 'On the survival of the fittest: An indirect evolutionary approach based on differentiability'. CentER Discussion Paper # 9768, Tilburg University.

Güth, W. und Ritzberger, K. (2000), 'Preemption or wait and see? Endogenous timing in bargaining'. Mimeo. Department of Economics, Humboldt-University, Berlin.

Güth, W., Schmittberger, R. und Schwarze, B. (1982), 'An experimental analysis of ultimatum bargaining', *Journal of Economic Behavior and Organization* **3**, 367–388.

Güth, W. und Tietz, R. (1988), Ultimatum bargaining for a shrinking cake – an experimental analysis –, *in* R. Tietz, W. Albers und R. Selten, Hrsg., 'Bounded Rational Behavior in Experimental Games and Markets', Springer, Berlin, S. 111–128. Lecture Notes in Economics and Mathematical Systems 314.

Güth, W. und Tietz, R. (1990), 'Ultimatum bargaining behavior – a survey and comparison of experimental results', *Journal of Economic Psychology* **11**, 417–449.

Güth, W. und van Damme, E. (1998), 'Information, strategic behavior, and fairness in ultimatum bargaining: An experimental study', *Journal of Mathematical Psychology* **42**, 227–247.

Güth, W. und Yaari, M. (1992), Explaining reciprocal behavior in simple strategic games: An evolutionary approach, *in* U. Witt, Hrsg., 'Explaining Processes and Change', University of Michigan Press, Ann Arbor, S. 23–24.

Haller, H. (1986), 'Non-cooperative bargaining of $n \geq 3$ players', *Economics Letters* **22**, 11–13.

Harsanyi, J. C. (1967), 'Games with incomplete information played by 'Bayesian' players, Part I', *Management Science* **14**, 159–182.

Harsanyi, J. C. (1968a), 'Games with incomplete information played by 'Bayesian' players, Part II', *Management Science* **14**, 320–332.

Harsanyi, J. C. (1968b), 'Games with incomplete information played by 'Bayesian' players, Part III', *Management Science* **14**, 468–502.

Harsanyi, J. C. (1973a), 'Games with randomly disturbed payoffs: A new rationale for mixed strategy equilibrium points', *International Journal of Game Theory* **2**, 1–23.

Harsanyi, J. C. (1973b), 'Oddness of the number of equilibrium points: A new proof', *International Journal of Game Theory* **2**, 235–250.

Harsanyi, J. C. (1977), *Rational Behavior and Bargaining Equilibrium in Games and Social Situation*, Cambridge University Press, Cambridge.

Harsanyi, J. C. und Selten, R. (1972), 'A generalized Nash solution for two-person bargaining games with incomplete information', *Management Science* **18**, 80–106.

Harsanyi, J. C. und Selten, R. (1988), *A General Theory of Equilibrium Selection in Games*, MIT Press, Cambridge, MA.

Hart, O. und Holstrom, B. (1987), The theory of contracts, *in* T. Bewley, Hrsg., 'Advances in Economic Theory', Vol. 5-th World Congress, Cambridge University Press, Cambridge.

Hildenbrand, W. (1974), *Core and Equilibria of a Large Economy*, Princeton University Press, Princeton.

Hildenbrand, W. und Kirman, A. (1988), *Equilibrium Analysis*, North-Holland, New York.

Hines, W. G. S. (1987), 'Evolutionary stable strategies: A review of basic theory', *Theoretical Population Biology* **31**, 195–272.

Hoffman, E., McCabe, K., Shachat, K. und Smith, V. (1994), 'Preferences, property rights, and anonymity in bargaining games', *Games and Economic Behavior* **7**, 346–380.

Hoggat, A., Selten, R., Crockett, D., Gill, S. und Moore, J. (1978), Bargaining experiments with incomplete information, *in* H. Sauermann, Hrsg., 'Contributions to Experimental Economics, Bargaining Behavior', Vol. 7, Mohr-Siebeck, Tübingen, S. 127–178.

Homans, G. C. (1961), *Social Behavior: Its Elementary Forms*, Wiley, New York.

Huck, S., Normann, H. T. und Oechssler, J. (1999), 'Learning in cournot oligopoly – an experiment', *Economic Journal* **109**, C80–C95.

Kagel, J., Kim, C. und Moser, D. (1996), 'Fairness in ultimatum games with asymmetric information and asymmetric payoffs', *Games and Economic Behavior* **13**, 100–110.

Kahneman, D., Knetsch, J. L. und Thaler, R. (1990), 'Experimental tests of the endowment effect and the Coase theorem', *Journal of Political Economy* **98**, 1325–1348.

Kalai, E. und Smorodinsky, M. (1975), 'Other solutions to Nash's bargaining problem', *Econometrica* **43**, 513–518.

Kandori, M., Mailath, G. und Rob, R. (1993), 'Learning, mutation, and long-run equilibria in games', *Econometrica* **61**, 29–56.

Kandori, M. und Rob, R. (1995), 'Evolution of equilibria in the long run: A general theory and applications', *Journal of Economic Theory* **65**, 29–56.

Kapteyn, A. und Kooreman, P. (1990), 'On the empirical implementation of some game theoretic models of household labor supply', *Journal of Human Resources* **25**, 584–598.

Kapteyn, A., Kooreman, P. und van Soest, A. H. O. (1990), 'Quantity rationing and concavity in a flexible household labor supply model', *The Review of Economics and Statistics* **72**, 55–62.

Kareev, Y. (1992), 'Not that bad after all: Generation of random sequences', *Journal of Experimental Psychology* **18**, 1189–1194.

Klemperer, P. (2002), 'What really matters in auction design', *Journal of Economic Perspectives* **16**, 169–189.

Kohlberg, E. und Mertens, J. F. (1986), 'On the strategic stability of equilibria', *Econometrica* **54**, 1003–1039.

Krelle, W. (1975), 'A new theory of bargaining – applied to the problem of wage determination and strikes'. Mimeo, Department of Economics, University of Bonn.

Kreps, D. (1987), 'Out of equilibrium beliefs and out of equilibrium behavior'. Mimeo, Stanford University, Stanford.

Kreps, D. (1990), *A Course in Microeconomic Theory*, Harvester Wheatsheaf, New York.

Kreps, D., Milgrom, P., Roberts, J. und Wilson, R. (1982), 'Rational cooperation in the finitely-repeated prisoners' dilemma', *Journal of Economic Theory* **27**, 245–252.

Kreps, D. und Wilson, R. (1982), 'Sequential equilibria', *Econometrica* **50**, 863–894.

Krishna, V. (2002), *Auction Theory*, Academic Press, San Diego.

Kräkel, M. (1992), *Auktionstheorie und interne Organisation*, Gabler, Wiesbaden.

Kuhn, H. W. (1982), 'Extensive games and the problem of information', *Annals of Mathematics Studies* **28**, 193–216.

Laibson, D. und Harris, C. (2003), Hyperbolic discounting and consumption, *in* M. Dewatripont, L. P. Hansen und S. Turnovsky, Hrsg., 'Advances in Economics and Econometrics: Theory and Applications', Vol. 1, Eighth World Congress of the Econometric Society. Econometric Society Monographs, S. 258–298.

Lancaster, K. (1969), *Mathematical Economics*, MacMillan, Toronto.

Ledyard, J. O. (1995), Public goods: A survey of experimental research, *in* J. H. Kagel und A. E. Roth, Hrsg., 'The Handbook of Experimental Economics', Princeton University Press, Princeton.

Lensberg, T. (1988), 'Stability and the Nash-solution', *Journal of Economic Theory* **45**, 330–341.

Luce, R. D. und Raiffa, H. (1957), *Games and Decisions: Introduction and Critical Survey*, Wiley, New York.

Manning, A. (1987), 'An integration of trade union models in a sequential bargaining framework', *Economic Journal* **97**, 121–139.

Manser, M. und Brown, M. (1980), 'Marriage and household decision-making: A bargaining analysis', *International Economic Review* **21**, 31–44.

Martin, S. (1993), *Advanced Industrial Economics*, Blackwell Publishers, Cambridge, MA.

Mas-Colell, A., Whinston, M. D. und Green, J. R. (1995), *Microeconomic Theory*, Oxford University Press, New York.

Maskin, E. S. und Riley, J. G. (2003), 'Uniqueness of equilibrium in sealed high-bid auctions'. Arbeitspapier, revidierte Version, Princeton University.

Matthews, S. A. (1987), 'Comparing auctions for risk averse buyers point of view', *Econometrica* **55**, 633–646.

Maynard Smith, J. (1982), *Evolution and the Theory of Games*, Cambridge University Press, Cambridge.

Maynard Smith, J. und Price, G. R. (1973), 'The logic of animal conflict', *Nature* **246**, 15–18.

McAfee, R. P. und McMillan, J. (1987a), 'Auctions and bidding', *Journal of Economic Literature* **25**, 699–738.

McAfee, R. P. und McMillan, J. (1987b), 'Auctions with a stochastic number of bidders', *Journal of Economic Theory* **43**, 1–19.

McDonald, I. M. und Solow, R. M. (1981), 'Wage bargaining and employment', *American Economic Review* **71**, 896–908.

McElroy, M. B. und Horney, M. J. (1981), 'Nash bargained decisions: Towards a generalization of the theory of demand', *International Economic Review* **22**, 333–349.

McKelvey, R. D. und Palfrey, T. R. (1992), 'An experimental study of the centipede game', *Econometrica* **60**, 803–836.

McLennan, A. (1985), 'Justifiable beliefs in sequential equilibrium', *Econometrica* **53**, 889–904.

Mertens, J. F. und Zamir, S. (1985), 'Formulation of Bayesian analysis for games with incomplete information', *International Journal of Game Theory* **14**, 1–29.

Milgrom, P. (2004), *Putting Auction Theory to Work*, Cambridge University Press, Cambridge.

Milgrom, P. und Weber, R. J. (1982), 'A theory of auctions and competitive bidding', *Econometrica* **50**, 1089–1122.

Miller, J. H. und Andreoni, J. (1991), 'Can evolutionary dynamics explain free riding in experiments?', *Economics Letters* **36**, 9–15.

Mitzkewitz, M. und Nagel, R. (1993), 'Experimental results on ultimatum games with incomplete information', *International Journal of Game Theory* **22**, 171–198.

Müller, W. (2001), 'Strategies, heuristics and attitudes towards risk in a dynamic decision problem', *Journal of Economic Psychology* **22**, 493–522.

Myerson, R. B. (1978), 'Refinements of the Nash equilibrium concept', *International Journal of Game Theory* **7**, 73–80.

Myerson, R. B. (1991), *Game Theory – Analysis of Conflict –*, Harvard University Press, Cambridge, MA.

Nash, J. F. (1950a), 'The bargainig problem', *Econometrica* **18**, 155–162.

Nash, J. F. (1950b), 'Equilibrium points in n-person games', *Proceedings of the National Academy of Science USA* **36**, 48–49.

Nash, J. F. (1951), 'Non-cooperative games', *Annals of Mathematics* **54**, 289–295.

Nash, J. F. (1953), 'Two-person cooperative games', *Econometrica* **21**, 128–140.

Neelin, J., Sonnenschein, H. und Spiegel, M. (1988), 'A further test of noncooperative bargaining theory', *American Economic Review* **78**, 824–836.

Nelson, R. und Winter, S. (1982), *An Evolutionary Theory of Economic Change*, Harvard University Press, Cambridge, MA.

Neral, J. und Ochs, J. (1992), 'The sequential equilibrium theory of reputation building: A further test', *Econometrica* **60**, 1151–1169.

Norde, H., Potters, J., Reijnierse, H. und Vermeulen, D. (1996), 'Equilibrium selection and consistency', *Games and Economic Behavior* **12**, 219–225.

Nydegger, R. und Owen, G. (1975), 'Two-person bargaining: An experimental test of nash axioms', *International Journal of Game Theory* **3**, 239–249.

Ochs, J. und Roth, A. E. (1989), 'An experimental study of sequential bargaining', *American Economic Review* **79**, 355–384.

Oswald, A. (1982), 'The microeconomic theory of the trade union', *Economic Journal* **92**, 576–595.

Ott, M. (2002), *B2B-Internet-Einkaufsauktionen*, Diplomarbeit, Universität Karlsruhe.

Peleg, B. und Tijs, S. (1996), 'The consistency principle for games in strategic form', *International Journal of Game Theory* **25**, 13–34.

Pruitt, D. G. (1967), 'Reward structure and cooperation: The decomposed prisoners' dilemma game', *Journal of Personality and Social Psychology* **7**, 21–27.

Radner, R. (1975), 'Satisficing', *Journal of Mathematical Economics* **2**, 253–262.

Rapaport, A. (1997), 'Order of play in strategically equivalent games in extensive form', *International Journal of Game Theory* **26**, 113–136.

Riley, J. (1979), 'Evolutionary equilibrium strategies', *Journal of Theoretical Biology* **76**, 109–123.

Rogoff, K. (1985), 'Can international monetary cooperation be counterproductive?', *Journal of International Economics* **18**, 199–217.

Roth, A. E. (1979), *Axiomatic Models of Bargaining*, Springer, Berlin.

Roth, A. E. (1995), Introduction to experimental economics, *in* J. K. Kagel und A. E. Roth, Hrsg., 'The Handbook of Experimental Economics', Princeton University Press, Princeton, S. 3–109.

Roth, A. E. und Erev, I. (1998), 'Reinforcement learning in experimental games with unique, mixed strategy equilibria', *American Economic Review* **88**, 848–881.

Roth, A. E. und Malouf, M. W. K. (1979), 'Game theoretic models and the role of information in bargaining', *Psychological Review* **86**, 574–594.

Roth, A. E. und Sotomayor, M. (1990), *Two-Sided Matching: A Study in Game-Theoretic Modelling and Analysis*, Cambridge University Press, Cambridge. Econometric Society Monograph Series.

Rubinstein, A. (1982), 'Perfect equilibrium in a bargaining model', *Econometrica* **50**, 97–109.

Rubinstein, A. (1985), 'A bargaining model with incomplete information about time preferences', *Econometrica* **53**, 1151–1173.

Samuelson, L. (1991), 'How to tremble if you must'. Working Paper #9122, University of Wisconsin.

Scholz, R. W. (1983), *Decision Making Under Uncertainty: Cognitive Decision Research, Social Interaction, Development and Epistemology*, North-Holland, Amsterdam.

Schwalbe, U. und Walker, P. S. (2001), 'Zermelo and the early history of game theory', *Games and Economic Behavior* **34**, 123–137.

Schwödiauer, G. (2001), Die Enstehungsgeschichte der "Theory of Games and Economic Behavior", *in* K. D. Grüske, Hrsg., 'Klassiker der Nationalökonomie: John von Neumanns und Oskar Morgensterns "Theory of Games and Economic Behavior"', Verlag Wirtschaft und Finanzen, Düsseldorf, S. 51–79.

Seifert, S. und Ehrhart, K.-M. (2005), 'Design of the 3G spectrum auctions in the UK and in Germany: An experimental investigation', *German Economic Review* **6**, 229–248.

Selten, R. (1965), 'Spieltheorethische Behandlung eines Oligopolmodells mit Nachfrageträgheit', *Zeitschrift für die gesamte Staatswissenschaft* **12**, 301–324.

Selten, R. (1975), 'Reexamination of the perfectness concept for equilibrium points in extensive games', *International Journal of Game Theory* **4**, 141–201.

Selten, R. (1978), 'The chain store paradox', *Theory and Decision* **9**, 127–159.

Selten, R. (1980), 'A note on evolutionarily stable strategies in asymmetric animal conflicts', *Journal of Theoretical Biology* **84**, 93–101.

Selten, R. (1983), 'Evolutionary stability in extensive 2-person games', *Mathematical Social Sciences* **5**, 269–363.

Selten, R. (1991), 'Evolution, learning, and economic behavior', *Games and Economic Behavior* **3**, 3–24.

Selten, R. und Stoecker, R. (1986), 'End behaviour in sequences of finite prisoner's dilemma supergames: A learning theory approach', *Journal of Economic Behavior and Organization* **7**, 47–70.

Shaffer, M. E. (1988), 'Evolutionarily stable strategies for a finite population and a variable contest size', *Journal of Theoretical Biology* **132**, 469–478.

Shaked, A. und Sutton, I. (1984), 'Involuntary unemployment as a perfect equilibrium in a bargaining model', *Econometrica* **52**, 1351–1364.

Shapley, L. S. (1969), Utility comparison and the theory of games, *in* G. T. Guilbaud, Hrsg., 'La Decision', Edition du CNRS, Paris, S. 251–263.

Shapley, L. S. und Shubik, M. (1974), *Game Theory in Economics – Chapter 4: Preferences and Utility*, RAND Corporation, R-904/4 NSF, Santa Monica.

Shubik, M. (1959), Edgeworth market games, *in* R. D. Luce und A. W. Tucker, Hrsg., 'Contributions to the Theory of Games', Vol. IV, Princeton University Press, Princeton.

Simon, H. (1957), *Models of Man*, Wiley, New York.

Slembeck, T. (1999), 'Reputations and fairness in bargaining – experimental evidence from a repeated ultimatum game with fixed opponents'. Discussion Paper # 9904, Department of Economics, University of St. Gallen, St. Gallen.

Spence, M. (1973), 'Job market signalling', *Quarterly Journal of Economics* **87**, 355–374.

Ståhl, I. (1972), *Bargaining Theory*, Stockholm School of Economics, Stockholm.

Stearns, R. E. (1967), 'A formal information concept for games with incomplete information'. In: Mathematica Report (b), Princeton, Kap. IV.

Strecker, S. (2004), *Multiattribute Auctions in Electronic Procurement*, Dissertation, Universität Karlsruhe.

Sutton, J. (1985), 'Noncooperative bargaining theory: An introduction', *Review of Economic Studies LIII* **176**, 709–725.

Thompson, W. (1990), The consistency principle, *in* T. Ichiishi, A. Neyman und Y. Tauman, Hrsg., 'Game Theory and Applications', Academic Press, San Diego, S. 183–186.

Tirole, J. (1988), *The Theory of Industrial Organization*, MIT Press, Cambridge, MA.

Trockel, W. (1996), 'A walrasian approach to bargaining games', *Economics Letters* **51**, 295–301.

Van Damme, E. (1986), 'The nash bargaining solution is optimal', *Journal of Economic Theory* **38**, 78–100.

Van Damme, E. (1996), *Stability and Perfection of Nash Equilibria*, Springer, Heidelberg, New York.

Van Damme, E. und Hurkens, S. (1997), 'Games with imperfectly observable commitment', *Games and Economic Behavior* **21**, 282–308.

Van Damme, E., Selten, R. und Winter, E. (1990), 'Alternating bid bargaining with a smallest money unit', *Games and Economic Behavior* **2**, 188–201.

Van Huyck, R., Battalio, C. und Beil, R. O. (1990), 'Tacit coordination games, strategic uncertainty, and coordination failure', *American Economic Review* **80**, 234–248.

Varian, H. R. (1984), *Microeconomic Analysis*, Norton, New York.

Vega-Redondo, F. (1997), 'The evolution of Walrasian behavior', *Econometrica* **65**, 375–384.

Vickers, G. und Cannings, C. (1987), 'On the definition of an evolutionarily stable strategy', *Journal of Theoretical Biology* **129**, 349–353.

Vickrey, W. (1961), 'Counterspeculation, auctions and competitive sealed tenders', *Journal of Finance* **16**, 8–37.

Von Neumann, J. und Morgenstern, O. (1944), *Theory of Games and Economic Behavior*, Princeton University Press.

Von Stackelberg, H. (1934), *Marktform und Gleichgewicht*, Springer, Wien.

Weg, E., Rappoport, A. und Felsenthal, D. S. (1990), 'Two-person bargaining behavior in fixed discounting factors games with infinite horizon', *Games and Economic Behavior* **2**, 76–95.

Williamson, O. (1975), *Markets and Hierarchies: Analysis and Antitrust Implications*, Free Press, New York.

Wilson, R. B. (1977), 'A bidding model of perfect competition', *Review of Economic Studies* **44**, 511–518.

Wolfstetter, E. (1996), 'Auctions: An introduction', *Journal of Economic Surveys* **10**, 367–420.

Yang, J. A. (1992), 'Another n-person bargaining game with a unique perfect equilibrium', *Economics Letters* **38**, 275–277.

Young, H. P. (1993a), 'Evolution of conventions', *Econometrica* **61**, 57–84.

Young, H. P. (1993b), 'An evolutionary model of bargaining', *Journal of Economic Theory* **59**, 145–168.

Zermelo, E. (1913), 'Über eine Anwendung der Mengenlehre auf die Theorie des Schachspiels', S. 501–504. Proceedings of the International Fifth Congress of Mathematicians, Vol. II, Cambridge University Press, Cambridge.

Zeuthen, F. (1930), *Problems of Monopoly and Economic Warfare*, Routledge and P. Kegan, London.

Sachverzeichnis

Agenten-Normalform, 133–139
Aktion, 12, 92, 348
Aktionskonfiguration, 349
Aktionsmenge, 93
Anpassungsprozess, 294
Arrow-Pratt-Maß, 247
Artefaktproblematik, 415
Aufteilungsproblem, 180
Auktion, 225
    Eingutauktion, 226–257
    Einheitspreisauktion, 261
    Einkaufsauktion, 226
    einseitige, 226
    Englische (EA), 228
    Höchstpreisauktion, 228
    Holländische (DA), 228
    Mehrgüterauktion, 226, 258–272
        Eigenschaften, 266–272
        simultane, 260
    Mehrrundenauktion
        simultane, 265
    Powerauktion, 262
    preisdiskriminierende, 261
    sequentielle, 259
    simultane Erstpreisauktion (FA), 228
    simultane Zweitpreisauktion (SA), 228
    Verkaufsauktion, 226
    Vickrey Eingutauktion, 228
    Vickrey Mehrgüterauktion, 262
    zweiseitige, 226
Auktionator, 225
Ausschlussprinzip, 247

Auszahlung, 12
    bedingt-erwartete, 119
    globale, 306
    lokale, 306
    Maximin, 346
    Minimax, 344
Auszahlungsfunktion, 12, 94, 194, 275, 278, 322, 441–442
Auszahlungsmatrix, 275, 278
Axiomensystem von Nash, 160–164

base game, 341
Basisspiel, 341, 343
Bayes-Spiel, 230
beat the average, 308
bedingte Verteilung, 448
bedingte Wahrscheinlichkeit, 448
Bertrand-Lösung, 47
Beste Antwort, 34–37, 73, 121, 327
    Funktion, 35, 144
    Korrespondenz, 36, 37
    Menge, 61, 285
bid shading, 237
Bieter, 225
    asymmetrische Struktur, 249
    Höchstbieter, 228
    risikoaverse, 247
    risikofreudige, 249
    unbekannte Anzahl, 251
Bietfunktion, 232
Bietrecht, 265
Biologie, 273
Budgetgleichung, 186

common prior, 230
common value, 227
constituent game, 341
Cournot-Lösung, 43, 319

Dichtefunktion, 446
  gemeinsame, 448
Differentialgleichung, 293, 463
Differenzengleichung, 292, 311
Distanz
  Mengen, 430
  Vektoren, 429
double blind, 222
Drohpunkt, 159, 188, 194
Drohung, 109
  glaubwürdige, 109
  unglaubwürdige, 109, 123, 371, 372
  willkürliche, 372
Duopol, 46–49, 143–146, 319
Durchschnittskriterium, 376
Dynamisches System, 463–465

Effizienz, 226
Effizienzaxiom, 164
Einigungsdividende, 165
Eliminierung dominierter Strategien, 21
Endpunkt, 92
Entscheidungsknoten, 93
Envelope-Theorem, 236
Erwartungswert, 447
evolutionär stabile Strategie (ESS), 274–291
  Definition, 278
  Eindeutigkeit, 286–291
  Existenz, 282–286
  neutral (NESS), 285
Evolutionsspiel, 322
Existenz, 66
Experimente
  Battle of the sexes, 160
  Diktatorspiel, 222
  Gefangenendilemma, 15, 16, 388, 402
  Kalai/Smorodinsky-Lösung, 180
  Kollektivgut-Spiel, 308–312
  kooperative Nash-Lösung, 161, 170
  kooperative Verhandlungstheorie, 190–193
  Koordinationsspiel, 26, 176, 312–317
  Markteintrittsspiel, 111

nicht-kooperative Verhandlungstheorie, 117, 206, 221–224
  perfektes Gleichgewicht, 133
  Reihenfolge von Entscheidungen, 12
  Signalspiel, 133
  Stackelberg-Märkte, 145
  Ultimatumspiel, 114, 133, 221
  wiederholtes Spiel, 388, 402, 409–411
experimentelle Kontrolle, 416, 418
experimentelle Methode, 413–423
Extensivform, 91–154, 342

Fairness, 193, 222
Feldforschung, 413–414
first mover advantage, 212
Fitness, 275, 278
Fixpunkt, 36, 174
Fluch des Gewinners, 254
Folk-Theorem, 360, 369, 378, 385, 392, 395
Formation, 68
Funktion, 430–433
  implizite, 433
  konkave, 430
  konvexe, 430
  quasi-konkave, 430
  quasi-konvexe, 430
  stetige, 432

Gebot
  Gebotsvektor, 260
  Höchstgebot, 228
  Paketgebot, 269
  repräsentatives, 231
Gebotsabgabe
  offene, 229
  verdeckte, 229
gerechtfertigte Überzeugungen, 125–126
Geschichte eines Spiels, 207, 350
Gewinn, 231
Gleichgewicht, 17, 24–85, 104–143
  ε-perfektes, 61
  asymptotisch konvergentes, 398
  auszahlungsdominantes, 26
  axiomatische Charakterisierung, 49–53
  Bayes-Nash-Gleichgewicht, 82
  Cournot-Nash-Gleichgewicht, 41
  in nicht dominierten Strategien, 63

in streng dominanten Strategien, 27
isomorphieinvariantes gemischtes, 74
korreliertes, 345
Nash-Gleichgewicht, 24–41, 104, 137, 195, 197, 208, 353, 356, 374, 377, 391
Pareto-dominantes, 26
perfektes, 54–76, 127–133, 137–138, 287
Reputationsgleichgewichte, 111
risikodominantes, 27
sequentielles, 117–126
striktes, 67, 279
teilspielperfektes, 107–117, 145, 209, 221, 310, 354, 362, 374, 381, 394
teilspielkonsistentes, 373, 398
Gleichgewicht eines Dynamischen Systems, 294, 464
asymptotisch stabiles, 295, 464
instabiles, 299
Gleichgewichtsauswahlproblem, 25, 41, 195, 312, 324
Graphentheorie, 458–461
Güter
heterogene, 258
homogene, 258
komplementäre, 258
substitutive, 258
Gut
öffentliches, 188
privates, 188
quasi-öffentliches, 188

Harsanyi-Transformation, 150
Hausdorff-Distanz, 355, 430

Independent-Private-Values-Modell, 229–234
Inertia, 324
Information
asymmetrische, 80, 150
private, 81, 132, 227
unvollkommene, 93, 150
unvollständige, 76–85, 132, 149–154, 400
vollkommene, 93, 349
fast, 349
vollständige, 77
Informationsmenge, 93

Informationspartition, 93
Informationssituation, 305
Informationszerlegung, 93
Interaktionsstruktur, 459
intuitives Kriterium, 152–154
IPV-Grundmodell, 235–242
Erweiterungen, 242–252
irrelevante Alternativen, 163
isolierter Punkt, 285
isomorphe Spiele, 73, 372, 397

Jakobi'sche Matrix, 296, 465
Jensen'sche Ungleichung, 295, 447
justifiable beliefs, 125–126

Kakutani'scher Fixpunktsatz, 38, 437
Kalai/Smorodinsky-Lösung, 176–180
Konfliktgrenze, 200
Konsistenz, 51, 122, 282
umgekehrte, 52
Konsistenzaxiom, 165
Konvergenz, 285, 426
von Mengen, 355
konvexe Hülle, 157, 345, 366, 426
Konzession, 199
kooperative Haushaltstheorie, 186–189
kooperative Nash-Lösung, 160–176
Koordinationsgleichgewicht, 158
Koordinationsspiel, 25–27, 92, 280, 283, 298, 313, 327
Korrespondenz, 435–437
konvexwertige, 437
oberhalb-halbstetige, 435
stetige, 436
unterhalb-halbstetige, 435
Kurzsichtigkeit, 325, 327

leader-follower, 143
Limitpreis, 243
optimaler, 244, 245
Ljapunov-Funktion, 295, 465
Lösung
faire, 193
focal point, 193
Lösung eines Spiels, 17
Lösung eines Verhandlungsproblems, 159
Lösungsfunktion, 17, 66
Lösungskonzept, 16–24

nicht-kooperatives, 17
Lösungsmenge, 50
Lohnverhandlung, 181–185
Lotterie, 443–444
   binäre, 443–444
   zusammengesetzte, 443

Markov-Kette, 329, 453–461
   homogene, 454
Mechanism Design, 86, 225, 227
Mechanismus, 225, 227
   Vickrey-Clarke-Groves, 262
Mechanismusgestaltung, 86, 225, 227
Menge, 425–430
   abgeschlossene, 427
   Abschließung, 426
   beschränkte, 428
   Borel'sche, 446
   Inneres, 427
   kompakte, 428
   konvexe, 426
   offene, 427
   Rand, 427
      absorbierender, 454
      reflektierender, 454
Minimumwahrscheinlichkeit, 55, 127, 317
monetärer Anreiz, 413
Monopol-Gewerkschaft, 146–149, 181
Monopol-Lösung, 185
Monotonieaxiom, 177
Mouse-Lab-Methode, 224
Mutant, 276, 301
Mutanten-Gruppe, 279
Mutation, 324–339
Myopia, 325

Nachfragereduktion, strategische, 270
Nash-Gleichgewicht, 24–41, 104, 137, 195, 197, 208, 353, 356, 374, 377, 391
   Existenz, 37–41
   in gemischten Strategien, 32
   in reinen Strategien, 24
Nash-Gleichgewichtspfad, 353, 356, 377, 391
Nash-Produkt, 166, 189, 201

Neumann/Morgenstern-Nutzenfunktion, 231, 441, 443
Neumann/Morgenstern-Nutzentheorie, 160, 441
Neuverhandlung, 372
Normalform, 13, 278, 326, 343
   induzierte, 104–107
   reduzierte, 51
Nullsummen-Spiel, 20, 402
Nutzenfunktion, 441–442
   indirekte, 187
   kardinale, 441
   ordinale, 173
Nutzenkombination, 156
Nutzenraum, 156

Oligopol, 41–49
One Shot-Spiel, 12
optimale Bestrafung, 344
Optimalität, 50
Overtaking-Kriterium, 376

paarweise Dominanz, 20
Parameterraum, 453
Pareto-Grenze, 162
Pareto-Optimalität, 170
Pareto-Rand, 162, 202
Partie, 94
perfect recall, 98, 349
Periode, 348
perturbiertes Spiel, 56, 127
Pfad, 94, 352
   stationärer, 352
playing the field, 315
Population, 273
   endliche, 300–303, 325
   monomorphe, 276
   polymorphe, 292, 315
   unendliche, 275–277
Populationsspiel, 306
Potenzmenge, 435
Präferenzrelation, 204, 213, 353, 441
Preisregel, 261
private value, 227
Problem des nachträglichen Bedauerns, 272

random matching, 278, 280, 305

Randverteilung, 448
Rangstatistik, 231, 451–452
rationale Erwartung, 50
Rationalität
  beschränkte, 308, 318, 324
  individuelle, 170
  kollektive, 164
  perfekte, 422
  sequentielle, 121
Reaktionsfunktion, 35, 44, 144
Reaktionskurve, 35, 44
regret problem, 272
Repair Shop, 421
Replikatordynamik, 292–293, 308
  in diskreter Zeit, 292
  in stetiger Zeit, 293
Reproduktion, 280
  asexuelle, 280
Reputationsgleichgewicht, 402–411
Revelationsprinzip, 89, 241
Revenue Equivalence Theorem (RET), 239, 244
Risikoaversion, 444
Risikofreude, 444
Risikoneutralität, 444
Risikoprämie, 248
Rubinstein-Verhandlungsspiel, 202–224
Rückwärtsinduktion, 111, 144

satisfying behavior, 318
Sattelpunktlösung, 401
Satz von Kuhn, 102
Selektion, 275, 277, 324–339
Sigma-Algebra (σ-Algebra), 445
Signal, 253
Signalspiel, 125, 154
Spielbaum, 91–95
Spiele
  Battle of the Bismarck Sea, 19
  Battle of the sexes, 23, 157
  Beer-Quiche-Spiel, 151
  Centipede-Spiel, 113
  Chain Store-Spiel, 110
  Diktatorspiel, 222
  Gefangenendilemma, 14–15, 388, 393
  Hawk-Dove-Spiel, 275, 283, 299, 303
  Kollektivgutspiel, 309
  Markteintrittsspiel, 108
  Matching Pennies-Spiel, 28

OPEC-Spiel, 13
Prisoners' Dilemma, 14
Ultimatumspiel, 114, 116, 221
Vertrauensspiel, 404
weakest link-Spiel, 313
Spielergebnis, 12
Spielerzerlegung, 93
Spielverlauf, 352
spiteful behaviour, 302
Stabilitätskonzept, 139
Stackelberg-Lösung, 143
stage game, 341
stationärer Zustand, 294
statistische Unabhängigkeit, 419
Stichprobenraum, 445
stochastische Störung, 79–81
Stochastischer Prozess, 453
Stochastisches Gleichgewicht einer
    Markov-Kette, 458
Stochastisches Spiel, 81
Strategie, 11–12, 95–104
  bourgeoise, 307
  dominante, 283, 298
  dominierte, 21
  erwartete, 81
  gemischte, 29–34, 76–85, 97, 278, 343
  paradoxe, 307
  reine, 11, 96, 343
  Strategiemenge, 343
  streng dominante, 18
  vollständig gemischte, 287
Strategiekonfiguration, 12, 31, 156–158
Strategiemenge, 11, 30, 194, 278, 343
  perturbierte, 55
Strategiemethode, 417
Strategieprofil, 12
Strategievektormethode, 417
Superspiel, 342
survival of the fittest, 320–324
Symmetrieaxiom, 161
symmetrische Hülle, 167
System von Überzeugungen, 119

Teilspiel, 109, 354
teilspielperfekter Gleichgewichtspfad, 354, 362, 381, 394
Tender, 262
Theorie der Firma, 318
Tit-for-Tat, 389

Träger einer gemischten Strategie, 61, 285
Trägheit, 324, 327
Transformation
 affin lineare, 160, 441
 monotone, 173
trembling function, 55, 127
Trennung von konvexen Mengen, 431
Trigger-Strategie, 357, 378

Übergangsmatrix, 454
Ultimatumspiel, 201–202
Umgebung, 432
Unabhängigkeitsaxiom, 162
Ungeduld, 203
Unmöglichkeits-Theorem, 174
Ursprungsspiel, 341

Vergeltungsstrategie, 357
Verhaltensstrategie, 97, 207, 306, 351
Verhaltenstheorie, 421
Verhandlungslösung
 kooperative, 159
Verhandlungsmenge, 156–158, 188, 194, 202
Verhandlungsproblem, 159, 199
Verhandlungsprozess, 199–200, 202–203
 unendlicher, 205
Verhandlungssituation, 159
Verhandlungstheorie, 155–224
 kooperative, 156–193
 nicht-kooperative, 193–224
Versteigerer, 225

Vorwärtsinduktion, 141

Wahrscheinlichkeitsraum, 445
Wahrscheinlichkeitsverteilung, 446
 diskrete, 446
 ergodische, 458
 stetige, 446
Wertschätzungen
 private, 227
 unbekannte voneinander abhängige, 252–257
Wiederholbarkeit, 418
wiederholtes Spiel, 341–411
 Definition, 348
 endlich, 310, 348, 355–376
  mit Diskontierung, 373–376
  ohne Diskontierung, 355–373
 mit unvollständiger Information, 400–411
  Definition, 400
 unendlich, 348, 376–399
  mit Diskontierung, 390–397
  ohne Diskontierung, 376–390
winner's curse, 254

Zahlungsbereitschaft, 226
Zeitpfad, 293
Zeuthen-Lösung, 199–201
Zufallsexperiment, 445–449
Zufallsspieler, 95
Zufallsvariable, 446
Zustandsraum, 453
Zuteilungsregel, 260

 **Springer** **springer.de**

VWL-Wissen für's Studium

Einführung in die Volkswirtschaftslehre

P. Engelkamp, F. L. Sell

Die Einführung zeigt die wichtigsten Fragestellungen der Volkswirtschaftslehre auf und stellt die Methoden vor, mit denen man sie zu beantworten sucht. Nach einem kurzen Überblick über die Grundlagen der Volkswirtschaftslehre werden Mikro- und Makroökonomie sowie die Theorie der Wirtschaftspolitik und der Finanzwissenschaft behandelt.

3., verb. Aufl. 2005. XVI, 454 S. 162 Abb. (Springer-Lehrbuch) Brosch.
ISBN 3-540-24400-X ▶ **€ 28,95 | sFr 49,50**

Mikroökonomik
Eine Einführung in 379 Aufgaben

H. Wiese

Auf der Basis der Haushaltstheorie und der Unternehmenstheorie erläutert die Einführung das Modell der vollkommenen Konkurrenz und das erste Wohlfahrtstheorem. Weiterhin werden die Marktformen Monopol und Oligopol (letzteres auf der Basis der Spieltheorie) dargestellt. Den Abschluss bildet die Behandlung externer Effekte und öffentlicher Güter.

4., überarb. Aufl. 2005. XX, 467 S. 188 Abb. (Springer-Lehrbuch) Brosch.
ISBN 3-540-24203-1 ▶ **€ 29,95 | sFr 51,00**

Mikroökonomik
Eine Einführung

F. Breyer

Der Autor erklärt das Angebots- und Nachfrageverhalten von Haushalten und Unternehmungen und ihr Zusammenwirken auf Güter- und Faktormärkten. Zentrales Analysekonzept ist dabei das (allgemeine) Gleichgewicht. Das Buch macht konsequent von der algebraischen Methode Gebrauch; auch moderne dualitätstheoretische Konzepte werden verwendet.

2., verb. Aufl. 2005. XII, 215 S. 83 Abb. (Springer-Lehrbuch) Brosch.
ISBN 3-540-25035-2 ▶ **€ 16,95 | sFr 29,00**

Grundzüge der Finanzwissenschaft

B. U. Wigger

Schneller Einstieg in die konzeptionellen Grundlagen der modernen Finanzwissenschaft. Behandelt werden die normative und die positive Theorie der Staatstätigkeit, die öffentlichen Einnahmen durch Besteuerung und Staatsverschuldung sowie die wohlfahrtsstaatlichen Ausgabenprogramme, die Sozialversicherung und die öffentliche Bildung.

2., verb. u. erw. Aufl. 2006. XVI, 268 S. 36 Abb. (Springer-Lehrbuch) Brosch.
ISBN 3-540-28169-X ▶ **€ 23,95 | sFr 41,00**

Bei Fragen oder Bestellung wenden Sie sich bitte an ▶ Springer Distribution Center GmbH, Haberstr. 7, 69126 Heidelberg ▶ **Telefon:** +49 (0) 622-345-4301 ▶ **Fax:** +49 (0) 622-345-4229 ▶ **Email:** SDC-bookorder@springer.com ▶ Die €-Preise für Bücher sind gültig in Deutschland und enthalten 7% MwSt. ▶ Preisänderungen und Irrtümer vorbehalten. ▶ Springer-Verlag GmbH, Handelsregistersitz: Berlin-Charlottenburg, HR B 91022. Geschäftsführer: Haank, Mos, Gebauer, Hendriks   BA 28414/1

Springer-Lehrbücher VWL

Unternehmensstrategien im Wettbewerb
Eine spieltheoretische Analyse
W. Pfähler, H. Wiese

Grundlegende Wettbewerbsstrategien von Unternehmen zur Kostenführerschaft und zur Produktdifferenzierung werden mit Hilfe spieltheoretischer Konzepte im Rahmen einfacher Modelle des oligopolistischen Wettbewerbs untersucht.
Mit neuen Kapiteln zum Innovationswettbewerb und zur Taxonomie von Unternehmensstrategien.

2., vollst. überarb. Aufl. 2006. XX, 387 S. 143 Abb. (Springer-Lehrbuch) Brosch.
ISBN 3-540-28000-6 ▶ € 29,95 | sFr 51,00

Wirtschaftspolitik
Allokation und kollektive Entscheidung
J. Weimann

Der Autor entwickelt eine konsistente ökonomische Sicht "rationaler Politik" und zeigt deren Leistungsfähigkeit an Beispielen und Fallstudien auf. Das Buch bietet viele Lernhilfen und über 40 "Sidesteps" mit praktischen Anwendungen, Anekdoten, weiterführenden Theorien und neueren Ideen – Unterhaltungswert garantiert!

4., überarb. Aufl. 2006. XX, 454 S. 61 Abb. (Springer-Lehrbuch) Brosch.
ISBN 3-540-28856-2 ▶ € 29,95 | sFr 51,00

Wettbewerbsökonomie
Regulierungstheorie, Industrieökonomie, Wettbewerbspolitik
G. Knieps

Das Lehrbuch integriert die traditionell separaten Gebiete der Regulierungstheorie, der Industrieökonomie und der Wettbewerbspolitik unter dem einheitlichen wettbewerbsökonomischen Fokus der Funktionsfähigkeit von Märkten. Im Zentrum steht die Lokalisierung und Disziplinierung von Marktmacht, sowohl im Bereich natürlicher Monopole als auch auf Oligopolmärkten.

2., überarb. Aufl. 2005. XX, 295 S. 43 Abb. (Springer-Lehrbuch) Brosch.
ISBN 3-540-25298-3 ▶ € 24,95 | sFr 42,50

Makroökonomik und neue Makroökonomik
B. Felderer, S. Homburg

Mit diesem Standardwerk ist es den Autoren gelungen, den Leser umfassend in den derzeitigen Stand der makroökonomischen Theorie einzuführen. In bewährter Weise wird auch in der Neuauflage ein Großteil der makroökonomischen Methodik inklusive Modelle offener Volkswirtschaften abgehandelt.

9., verb. Aufl. 2005. XV, 473 S. 106 Abb. (Springer-Lehrbuch) Brosch.
ISBN 3-540-25020-4 ▶ € 19,95 | sFr 34,00

Bei Fragen oder Bestellung wenden Sie sich bitte an ▶ Springer Distribution Center GmbH, Haberstr. 7, 69126 Heidelberg ▶ **Telefon:** +49 (0) 622-345-4301 ▶ **Fax:** +49 (0) 622-345-4229 ▶ **Email:** SDC-bookorder@springer.com ▶ Die €-Preise für Bücher sind gültig in Deutschland und enthalten 7% MwSt. ▶ Preisänderungen und Irrtümer vorbehalten. ▶ Springer-Verlag GmbH, Handelsregistersitz: Berlin-Charlottenburg, HR B 91022. Geschäftsführer: Haank, Mos, Gebauer, Hendriks